《量子电动力学（第四版）》

本书是《理论物理学教程》的第四卷，内容包括外场中自由粒子的相对论理论，光发射和散射理论，相对论微扰理论及其在电动力学过程中的应用，辐射修正理论，高能过程的渐近理论。本书的处理透彻、仔细而不学究式。本书可作为高等学校物理专业高年级本科生教学参考书，也可供相关专业的研究生、科研人员和教师参考。

《统计物理学 I （第五版）》

ISBN:978-7-04-030572-2

本书是《理论物理学教程》的第五卷，根据俄文最新版译出。本书以吉布斯方法为基础讲述统计物理学。全书论述热力学基础，理想气体，非理想气体理论，费米分布与玻色分布，固体统计理论，溶液理论，化学反应与表面现象，高密度下物质的性质，晶体的对称性，涨落理论，相平衡，二级相变和临界现象。本书可作为高等学校物理专业高年级本科生或研究生的教学参考书，也可供相关专业的研究生、科研人员和教师参考。

《流体力学（第五版）》

ISBN: 978-7-04-034659-6

本书是《理论物理学教程》的第六卷，将流体力学作为理论物理学的一部分来阐述，全书风格独特，内容和视角与其它教材相比有很大不同。作者尽可能全面地研究了所有对物理学有重要意义的问题，尽可能清晰地描述了诸多物理现象和它们之间的相互关系。主要内容除了流体力学的基本理论外，还包括湍流、传热传质、声波、气体力学、激波、燃烧、相对论流体力学和超流体等专题。本书可作为高等学校物理专业高年级本科生教学参考书，也可供相关专业的研究生和科研人员参考。

列夫·达维多维奇·朗道（1908—1968） 理论物理学家、苏联科学院院士、诺贝尔物理学奖获得者。1908 年 1 月 22 日生于今阿塞拜疆共和国的首都巴库，父母是工程师和医生。朗道 19 岁从列宁格勒大学物理系毕业后在列宁格勒物理技术研究所开始学术生涯。1929—1931 年赴德国、瑞士、荷兰、英国、比利时、丹麦等国家进修，特别是在哥本哈根，曾受益于玻尔的指引。1932—1937 年，朗道在哈尔科夫担任乌克兰物理技术研究所理论部主任。从 1937 年起在莫斯科担任苏联科学院物理问题研究所理论部主任。朗道非常重视教学工作，曾先后在哈尔科夫大学、莫斯科大学等学校教授理论物理，撰写了大量教材和科普读物。

朗道的研究工作几乎涵盖了从流体力学到量子场论的所有理论物理学分支。1927 年朗道引入量子力学中的重要概念——密度矩阵；1930 年创立电子抗磁性的量子理论（相关现象被称为朗道抗磁性，电子的相应能级被称为朗道能级）；1935 年创立铁磁性的磁畴理论和反铁磁性的理论解释；1936—1937 年创立二级相变的一般理论和超导体的中间态理论（相关理论被称为朗道相变理论和朗道中间态结构模型）；1937 年创立原子核的概率理论；1940—1941 年创立液氦的超流理论（被称为朗道超流理论）和量子液体理论；1946 年创立等离子体振动理论（相关现象被称为朗道阻尼）；1950 年与金兹堡一起创立超导理论（金兹堡–朗道唯象理论）；1954 年创立基本粒子的电荷约束理论；1956—1958 年创立了费米液体的量子理论（被称为朗道费米液体理论）并提出了弱相互作用的 CP 不变性。

朗道于 1946 年当选为苏联科学院院士，曾 3 次获得苏联国家奖；1954 年获得社会主义劳动英雄称号；1961 年获得马克斯·普朗克奖章和弗里茨·伦敦奖；1962 年他与栗弗席兹合著的《理论物理学教程》获得列宁奖，同年，他因为对凝聚态物质特别是液氦的开创性工作而获得了诺贝尔物理学奖。朗道还是丹麦皇家科学院院士、荷兰皇家科学院院士、英国皇家学会会员、美国国家科学院院士、美国国家艺术与科学院院士、英国和法国物理学会的荣誉会员。

"朗道十诫"石板*

1958年苏联原子能研究所为庆贺朗道50岁寿辰，送给他的刻有朗道在物理学上最重要的10项科学成果的大理石板，这10项成果是：

1. 量子力学中的密度矩阵和统计物理学（1927年）

2. 自由电子抗磁性的理论（1930年）

3. 二级相变的研究（1936—1937年）

4. 铁磁性的磁畴理论和反铁磁性的理论解释（1935年）

5. 超导体的混合态理论（1934年）

6. 原子核的概率理论（1937年）

7. 氦 II 超流性的量子理论（1940—1941年）

8. 基本粒子的电荷约束理论（1954年）

9. 费米液体的量子理论（1956年）

10. 弱相互作用的CP不变性（1957年）

★ Бессараб М Я. Ландау: Страницы жизни. Москва: Московский рабочий, 1988.

ТЕОРЕТИЧЕСКАЯ ФИЗИКА ТОМ II

Л. Д. ЛАНДАУ
Е. М. ЛИФШИЦ

ТЕОРИЯ ПОЛЯ

理论物理学教程　第二卷

CHANGLUN

场　　论 （第八版）

Л. Д. 朗道　Е. М. 栗弗席兹　著　鲁欣　任朗　袁炳南　译　邹振隆　校

俄罗斯联邦教育部推荐大学物理专业教学参考书

高等教育出版社·北京
HIGHER EDUCATION PRESS　BEIJING

图字:01-2007-0911 号

Л. Д. Ландау, Е. М. Лифшиц. Теоретическая физика. Учебное пособие для
вузов в 10 томах

Copyright © FIZMATLIT ® PUBLISHERS RUSSIA, ISBN 5-9221-0053-X

The Chinese language edition is authorized by FIZMATLIT ® PUBLISHERS
RUSSIA for publishing and sales in the People's Republic of China

图书在版编目(CIP)数据

理论物理学教程. 第 2 卷, 场论：第 8 版 /(俄罗斯)
朗道,(俄罗斯)栗弗席兹著；鲁欣, 任朗, 袁炳南译.
--北京：高等教育出版社, 2012. 8(2023.10 重印)
　　ISBN 978-7-04-035173-6

　　Ⅰ.①理… Ⅱ.①朗… ②栗… ③鲁… ④任… ⑤袁
… Ⅲ.①理论物理学-教材②场论-教材 Ⅳ.①
O41②O412.3

中国版本图书馆 CIP 数据核字(2012)第 160899 号

策划编辑　王　超　　　责任编辑　王　超　　　封面设计　张　志　　　版式设计　余　杨
责任校对　刘春萍　　　责任印制　高　峰

出版发行	高等教育出版社	咨询电话	400-810-0598
社　　址	北京市西城区德外大街 4 号	网　　址	http://www.hep.edu.cn
邮政编码	100120		http://www.hep.com.cn
印　　刷	固安县铭成印刷有限公司	网上订购	http://www.landraco.com
开　　本	787mm×1092mm 1/16		http://www.landraco.com.cn
印　　张	28.75		
字　　数	540 千字	版　　次	2012 年 8 月第 1 版
插　　页	1	印　　次	2023 年 10 月第 9 次印刷
购书热线	010-58581118	定　　价	99.00 元

本书如有缺页、倒页、脱页等质量问题, 请到所购图书销售部门联系调换
版权所有　侵权必究
物 料 号　35173-00

目　录

第七版编者序言

E. M. 栗弗席兹从 1985 年起就开始准备《场论》的新版本，甚至在他临终前在医院卧病的日子里仍然坚持着这项工作。他建议的修改在这个版本里都考虑到了。其中需要指出的是，本书对相对论力学中角动量守恒定律的证明进行了某些修改，对引力理论中克里斯托夫符号的对称性问题进行了更为详细的论述。在电磁场应力张量的定义中改变了符号（在上一版本中这个张量的定义方式和本教程其余几卷都不一样）。

针对本书出版的准备过程中产生的一系列问题，В. Д. 沙弗朗诺夫和我进行了讨论，我对他表示感谢。

Л. П. 皮塔耶夫斯基
1987 年 6 月

第六版序言

本书第一版问世已经三十多年了。在这数十年间，本书历经修改和增补，多次再版，现在的篇幅和最初相比几乎增加了一倍。但是，朗道所提出的构建理论的方式和他所提倡的行文方式始终无须改变，其主要特点就是——追求简单明了。即使在我不得不独自一人完成修订工作的时候，我也尽一切努力保持这种风格。

和上一版（第五版）相比，本书前九章关于电动力学的内容几乎没有变化。对论述引力场理论的相关章节作了修改和补充。这些章节的内容在历次再版时都有显著增加，所以最终有必要对这些内容进行重新编排和整理。

在这里我想对自己的所有同事表示深切的感谢，由于人数太多，实难在此一一列举他们的姓名。他们提出大量意见和建议帮助我弥补了书中的不足之处，使本书得以不断完善。假如没有这些建议，没有这些在我遇到问题时随时准备提供的帮助，继续出版这套教程的工作肯定会困难得多。

我要特别感谢 Л. П. 皮塔耶夫斯基，我一直和他讨论修订中出现的问题。也要特别感谢 B. A. 别林斯基，他帮助检查了全书的公式并审读了校样。

E. M. 粟弗席兹

1972 年 12 月

第一版和第二版序言摘录

本书阐述电磁场和引力场的理论，也就是电动力学和广义相对论。完整的、逻辑上严谨的电磁场理论本身就包含了狭义相对论。因此，我们将后者作为叙述的基础。基本关系的推导以变分原理为出发点，这样做能使对问题的表述达到最大限度的普遍性和统一性，就其实质而言，给出最为简单的表述。

按照我们对《理论物理学教程》的整体规划（本书是其中的一部分），这一卷完全没有涉及连续介质的电动力学问题，只局限在"微观"的电动力学——真空和点电荷的电动力学。

为了阅读本书，必须了解普通物理学课程范围内的电磁现象，还必须熟练掌握矢量分析。不要求读者具有张量分析的预备知识，因为有关内容会在建立引力场理论时一并予以叙述。

Л. 朗道，Е. 栗弗席兹

莫斯科，1939 年 12 月

莫斯科，1947 年 6 月

重要符号

三维空间中的量

三维张量的指标用希腊字母表示

$\mathrm{d}V, \mathrm{d}\boldsymbol{f}, \mathrm{d}\boldsymbol{l}$	体积元，面元，线元
$\boldsymbol{p}$ 和 $\mathscr{E}$	粒子的动量和能量
$\mathscr{H}$	哈密顿函数
φ 和 $\boldsymbol{A}$	电磁场的标势和矢势
$\boldsymbol{E}$ 和 $\boldsymbol{H}$	电场强度和磁场强度
ρ 和 $\boldsymbol{j}$	电荷密度和电流密度
$\boldsymbol{d}$	电偶极矩
$\boldsymbol{m}$	磁偶极矩

四维空间中的量

四维张量的指标用拉丁字母表示

字母 $i, k, l, \cdots$ 的取值范围是 $0, 1, 2, 3$

采用带有号差 $(+ - - -)$ 的度规

指标的上移和下移法则——在 16 页

四维矢量的分量以 $A^i = (A^0, \boldsymbol{A})$ 的形式列出

e^{iklm}	四阶反对称单位张量，并且 $e^{0123} = 1$（定义见 19 页）
$\mathrm{d}\Omega = \mathrm{d}x^0 \mathrm{d}x^1 \mathrm{d}x^2 \mathrm{d}x^3$	四维体积元
$\mathrm{d}S^i$	超曲面元（定义见 22 页）
$x^i = (ct, \boldsymbol{r})$	四维径矢
$u^i = \mathrm{d}x^i/\mathrm{d}s$	四维速度
$p^i = (\mathscr{E}/c, \boldsymbol{p})$	四维动量
$j^i = (c\rho, \rho\boldsymbol{v})$	四维电流
$A^i = (\varphi, \boldsymbol{A})$	电磁场的四维势
$F_{ik} = \dfrac{\partial A_k}{\partial x^i} - \dfrac{\partial A_i}{\partial x^k}$	四维电磁场张量（分量 F_{ik} 与 $\boldsymbol{E}$ 和 $\boldsymbol{H}$ 的分量之间的关系见 69 页）
T^{ik}	四维能量动量张量（其分量的定义见 89 页）

在引用本教程其他各卷的章节和公式时, 卷号与书名的对应关系为:

第一卷:《力学》, 俄文第五版, 中文第一版;

第三卷:《量子力学 (非相对论理论)》, 俄文第六版, 中文第一版;

第五卷:《统计物理学 I 》, 俄文第五版, 中文第一版;

第六卷:《流体力学》, 俄文第五版, 中文第一版;

第八卷:《连续介质电动力学》, 俄文第四版, 中文第一版。

第一章

相对性原理

§1 相互作用的传播速度

为了描述自然界中所发生的过程，必须有一个所谓**参考系**.参考系应理解为一个坐标系和固定在这个坐标系里的钟.坐标系用来刻画一个粒子在空间的位置，钟用来指示时间.

有这样一类参考系，在其中，一个自由运动物体，即一个无外力作用于其上的运动物体，是以恒定速度行进的.这类参考系叫做**惯性系**.

如果两个参考系彼此相对作匀速直线运动，而其中的一个又是惯性系，那么，另外一个显然也是惯性系（在这个参考系中每一个自由运动也将是匀速直线运动）.因此，我们可以有任意多个惯性参考系，它们彼此相对作匀速直线运动.

实验表明，所谓**相对性原理**是有效的.按照这个原理，所有的自然定律在所有惯性参考系中都是相同的.换句话说，表示自然定律的方程对于由一个惯性系到另一个惯性系的时间与坐标的各种变换来说是不变的.这就是说，描述自然界定律的方程，如用不同的惯性参考系的坐标与时间写出来，将有同样的形式.

粒子间的相互作用在普通力学中由相互作用势能来描述，相互作用势能是相互作用的粒子的坐标的函数.很容易看出，这种描述相互作用的方式，包含着一个假定，即假定相互作用是瞬时传播的.事实上，按照上面的说法，每一个粒子在某一瞬时受到其他各粒子的作用力，仅与那些粒子在该瞬时的位置有关.在这些相互作用的粒子中，如果有一个粒子改变了位置，立刻就会影响到其他各粒子.

然而，实验表明，瞬时的相互作用在自然界中是不存在的.因此，基于相互作用的瞬时传播概念的力学本身就含有某些不准确性.实际上，如果相互作用的物体中的一个发生任何变动, 仅仅在过了某段时间以后才能影响到其他物体. 只有在这段时间以后, 由最初变动所产生的物理过程才开始在第二个物体上发生. 用这段时间除两个物体间的距离, 就得到**相互作用的传播速度**.

我们要注意, 这个速度, 严格地说, 应该称为相互作用的**最大**传播速度. 这个速度仅仅决定某一物体的变动**开始**在第二个物体上表现出来所需要的时间间隔. 显然, 相互作用的最大传播速度的存在, 同时也就暗示着, 在自然界中, 物体运动的速度一般不可能大于这个速度. 事实上, 假若真的有这种运动存在, 那么我们就可以利用这种运动实现一个相互作用, 其传播速度比上面所说的最大传播速度还要大.

从一个粒子向另一个粒子传播的相互作用往往叫做 "信号", 它由第一个粒子发出, 将第一个粒子所经历的变化 "通知" 第二个粒子. 因此相互作用的传播速度称为**信号速度**.

值得注意的是, 由相对性原理可以推断相互作用的传播速度在**所有**惯性参考系中都是**一样的**. 因此, 相互作用的传播速度是一个普适常数.

以后我们将要证明, 这个恒定速度就是光在真空中的速度. 我们通常用字母 c 来代表**光速**, 其值等于

$$c = 2.998 \times 10^{10}\,\mathrm{cm/s}. \tag{1.1}$$

这个速度很高, 这可以解释经典力学为何在大多数情况下都足够精确. 我们有机会遇到的各种速度通常都比光速小得多, 以至假设光速为无限大, 对结果的精确性并无实质上的影响.

把相对性原理同相互作用传播速度的有限性结合起来, 就是**爱因斯坦的相对性原理** (爱因斯坦在 1905 年提出这个原理), 它不同于伽利略的相对性原理, 伽利略的相对性原理基于无限大的相互作用传播速度.

以爱因斯坦的相对性原理 (以后我们通常简称它为相对性原理) 为基础的力学, 称为**相对论力学**. 在运动物体的速度远小于光速的极限情形下, 我们就可以略去传播速度的有限性对于运动的影响. 这样一来, 相对论力学就变为通常的力学了, 通常的力学基于相互作用瞬时传播这一假定; 这种力学称为**牛顿力学**或**经典力学**. 在相对论力学的公式中, 取 $c \to \infty$ 极限, 就可由相对论力学在形式上过渡到经典力学.

在经典力学中, 距离已经是相对的, 就是说, 不同事件的空间关系依赖于描述这些事件所用的参考系. 所以, 说两件不同时的事件发生在空间同一点上, 或者更普遍而言, 说两件不同时的事件发生在彼此间有一定距离的两点上, 只有当我们指明了我们所用的是哪一个参考系时才有意义.

另一方面, 在经典力学中, 时间是绝对的; 换句话说, 经典力学假定时间的特性与参考系无关, 对所有参考系来说, 时间只有一个. 这就是说, 假如对于某一个观察者来说, 有两个现象是同时发生的, 那么, 对所有其他观察者来说, 这两个现象也是同时发生的. 更普遍而言, 两个给定事件发生的时间间隔在一切参考系中必须一样.

然而, 很容易证明, 绝对时间的概念是与爱因斯坦的相对性原理完全冲突的. 为了说明这一点, 我们只需回忆一下, 在以绝对时间的概念为基础的经典力学中, 速度合成的通用法则是有效的. 按照这个法则, 复合运动的合速度简单地等于组成这个运动的各个速度的 (矢量) 和. 这个法则既然是普遍适用的, 就应该可以应用于相互作用的传播. 由此可以推出, 传播速度在不同的惯性参考系中必定是不同的, 这就与相对性原理冲突了. 但是, 实验完全证实了相对性原理. 在 1881 年迈克耳孙首次测量的结果显示, 光速与其传播方向并无关系; 然而, 按照经典力学, 光速在与地球运动方向相同的方向上, 应该比在与地球运动方向相反的方向上为小.

因此, 相对性原理导出一个结果, 即时间不是绝对的. 在不同的参考系中, 时间的流逝也是不同的. 所以, "两个不同的事件之间有一定的时间间隔" 这样的陈述, 仅在肯定地指明了所应用的是哪一个参考系的情况下才有意义. 特别是, 在某一个参考系内同时发生的事件, 对另一个参考系来说并不是同时的.

为了弄清楚这个概念, 我们先考虑下面的简单例子.

我们来研究两个惯性参考系 K 和 K', 其坐标轴分别为 xyz 及 $x'y'z'$, 而 K' 则相对于 K 沿 x 和 x' 轴向右运动 (图 1).

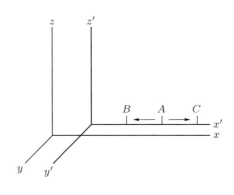

图 1

设信号从 x' 轴上某一点 A 向两个相反的方向发出. 既然信号在 K' 系中的传播速度, 正如在所有惯性系中一样, (在两个方向上) 都等于 c, 那么, 它就会（在 K' 系里）同时到达与 A 等距离的两点 B 及 C.

但是，很显然，同样的两事件（信号到达 B 及 C 两点），对于在 K 系内的观察者来说，绝不是同时的. 实际上，按照相对性原理，信号相对于 K 系的速度也等于 c，并且因为 B 点对于 K 系而言，是对着向它发出的信号移动，而 C 点则背离（由 A 向 C 发出的）信号移动，所以在 K 系中，信号到达 B 点要比到达 C 点为早.

因此，爱因斯坦的相对性原理使基本物理概念发生了极深刻的和根本的改变. 由我们日常生活经验所导出的空间和时间的概念仅仅是近似的，因为我们日常生活所遇到的速度，都比光速小得多.

§2　间隔

以后我们常常要用**事件**这一概念. 一个事件是由其发生的地点及其发生的时间来描述的. 因此，在某一实物粒子上所发生的事件可由粒子的三个坐标及事件发生的时间来决定.

为表述便利起见，使用一个假想的四维空间往往是很实用的. 在这个四维空间的四个轴中，三个用来刻画位置坐标，一个用来标示时间. 在这个空间内，事件可用点来表示，这个点称为**世界点**. 在这个假想的四维空间内，每一个粒子都对应于一条线，称为**世界线**. 这条线上的各点决定了粒子在所有时刻的坐标. 很容易证明，与一个作匀速直线运动的粒子相对应的世界线是一条直线.

现在我们用数学形式来表示光速不变原理. 为此，我们考虑两个彼此以恒定速度作相对运动的参考系 K 及 K'. 这时我们选择 x 轴与 x' 轴重合，而 y 和 z 轴则分别与 y' 和 z' 轴平行，并以 t 和 t' 分别表示在 K 和 K' 参考系内的时间.

设第一个事件是：在 K 系内的 t_1 时刻从具有坐标 x_1, y_1, z_1（在同一参考系中）的点送出一个以光速传播的信号. 我们就在 K 系内观察这个信号的传播. 再设第二个事件是：信号在 t_2 时刻到达点 x_2, y_2, z_2. 信号传播的速度既然是 c，所以它所经过的距离就是 $c(t_2 - t_1)$. 另一方面，这同一个距离又等于 $[(x_2 - x_1)^2 + (y_2 - y_1)^2 + (z_2 - z_1)^2]^{1/2}$. 因此，我们可以写出 K 系内两个事件的坐标的关系：

$$(x_2 - x_1)^2 + (y_2 - y_1)^2 + (z_2 - z_1)^2 - c^2(t_2 - t_1)^2 = 0. \tag{2.1}$$

同样两个事件，即该信号的传播，也可以在 K' 系内观察：

设第一个事件在 K' 内的坐标为 x_1', y_1', z_1', t_1'，而第二个事件则为 x_2', y_2', z_2', t_2'. 按照光速不变原理，信号传播的速度在 K' 系内与在 K 系

内相同, 所以我们得到与 (2.1) 式相似的方程

$$(x_2' - x_1')^2 + (y_2' - y_1')^2 + (z_2' - z_1')^2 - c^2(t_2' - t_1')^2 = 0. \tag{2.2}$$

假如 x_1, y_1, z_1, t_1 及 x_2, y_2, z_2, t_2 是任何两个事件的坐标, 则

$$s_{12} = [c^2(t_2 - t_1)^2 - (x_2 - x_1)^2 - (y_2 - y_1)^2 - (z_2 - z_1)^2]^{1/2} \tag{2.3}$$

称为这两个事件的**间隔**.

因此, 由光速不变原理, 我们可以断定, 假如两个事件的间隔在某一个坐标系内为零, 那么, 它在所有其他坐标系内均为零.

如果两个事件彼此无限地接近, 那么, 其间隔 ds 将满足下面的方程:

$$ds^2 = c^2 dt^2 - dx^2 - dy^2 - dz^2. \tag{2.4}$$

从数学形式上看, 表达式 (2.3) 和 (2.4) 容许我们把该间隔设想为四维空间内两点之间的距离 (该空间的 4 个轴以 x, y, z 和积 ct 标记). 但是, 构成这个量的法则与普通几何的法则之间有一个根本区别: 在构成间隔的平方时, 沿不同轴的坐标差平方是以相异而非相同的运算符号求和的. ①

上面已经证明, 如果在某一惯性系内 $ds = 0$, 则在任一其他惯性系内也有 $ds' = 0$. 此外, ds 与 ds' 为同阶的两个无穷小量. 由以上两个情况可以得出结论, ds^2 与 ds'^2 彼此必须成比例:

$$ds^2 = a ds'^2,$$

而且其中系数 a 仅与两个惯性系的相对速度的绝对值有关. 系数 a 不可能与坐标或时间有关系, 否则, 空间的不同点及时间的不同时刻就不等价了, 这是与时间及空间的均匀性相矛盾的. 系数 a 也不可能与惯性系的相对速度的方向有关, 因为这就与空间的各向同性的性质相矛盾了.

考虑三个参考系 K, K_1, K_2, 令 V_1 和 V_2 为 K_1 和 K_2 相对于 K 的速度, 则我们有:

$$ds^2 = a(V_1) ds_1^2, \quad ds^2 = a(V_2) ds_2^2.$$

类似地, 我们可以写出

$$ds_1^2 = a(V_{12}) ds_2^2,$$

式中 V_{12} 是 K_2 相对于 K_1 速度的绝对值. 相互比较这些关系之后, 我们发现必须有

$$\frac{a(V_2)}{a(V_1)} = a(V_{12}). \tag{2.5}$$

---

① 二次式 (2.4) 所描述的四维几何, 是 H. 闵可夫斯基为相对论而引入的. 这种几何称为**伪欧几里得几何**, 以区别于普通的欧几里得几何.

但是，V_{12} 不仅依赖于矢量 $\boldsymbol{V}_1$ 和 $\boldsymbol{V}_2$ 的绝对值，而且依赖于它们之间的夹角. 不过，这个角在 (2.5) 式左边并未出现. 因此显而易见，这个公式只有当函数 $a(V)$ 为一常数时才成立，根据同一公式，该常数应等于 1.

因此，

$$\mathrm{d}s^2 = \mathrm{d}s'^2, \tag{2.6}$$

再从无限小间隔的相等得出有限间隔的相等：$s = s'$.

因此，我们得到一个很重要的结论：两个事件的间隔在所有惯性参考系里都是一样的，即当由一个惯性参考系变换到任何其他惯性参考系时，它是不变的. 这个不变性就是光速不变的数学表示.

再次假设 x_1, y_1, z_1, t_1 及 x_2, y_2, z_2, t_2 是在某一个参考系 K 内的两个事件的坐标. 我们要问，是否有一个参考系 K' 存在，在其中这两个事件在同一空间点发生？

我们采用下面的符号：

$$t_2 - t_1 = t_{12}, \quad (x_2 - x_1)^2 + (y_2 - y_1)^2 + (z_2 - z_1)^2 = l_{12}^2.$$

于是，在 K 系内，两个事件之间的间隔是：

$$s_{12}^2 = c^2 t_{12}^2 - l_{12}^2,$$

而在 K' 系内则是

$$s_{12}'^2 = c^2 t_{12}'^2 - l_{12}'^2,$$

并且因为间隔的不变性，所以

$$c^2 t_{12}^2 - l_{12}^2 = c^2 t_{12}'^2 - l_{12}'^2.$$

我们要求两个事件在 K' 系中的同一点发生，即要求 $l_{12}'^2 = 0$. 这时

$$s_{12}^2 = c^2 t_{12}^2 - l_{12}^2 = c^2 t_{12}'^2 > 0.$$

因之，如果 $s_{12}^2 > 0$，即如果两个事件的间隔是实数的话，则具有我们所要求特性的参考系是存在的. 实数间隔称为**类时间隔**.

因此，若两个事件的间隔是类时的，那么就有这样一个参考系存在，在其中两个事件发生于同一地点. 在这个系内，这两个事件的时间间隔等于

$$t_{12}' = \frac{1}{c}\sqrt{c^2 t_{12}^2 - l_{12}^2} = \frac{s_{12}}{c}. \tag{2.7}$$

若任何两个事件在同一物体上发生, 那么, 它们的间隔将永为类时的. 事实上, 因为物体运动的速度不可能大于 c, 所以在两个事件之间, 物体所行走的距离不可能大于 ct_{12}, 因此我们永远有

$$l_{12} < ct_{12}.$$

现在我们再问, 能否找到一个参考系, 在其中这两个事件会同时发生? 同上面一样, 我们在 K 及 K' 两个参考系中有 $c^2 t_{12}^2 - l_{12}^2 = c^2 t_{12}'^2 - l_{12}'^2$. 我们要求 $t_{12}' = 0$, 从而

$$s_{12}^2 = -l_{12}'^2 < 0.$$

因之, 仅当两个事件的间隔 s_{12} 是虚数的情况下, 我们才可以找到所要求的参考系. 虚数间隔称为 **类空间隔**.

因此, 若两个事件的间隔是类空的, 那么就有一个参考系存在, 在其中, 两个事件同时发生. 在这个参考系中发生这两个事件的两点间的距离等于

$$l_{12}' = \sqrt{l_{12}^2 - c^2 t_{12}^2} = \mathrm{i} s_{12}. \tag{2.8}$$

由于间隔的不变性, 将其分为类空间隔及类时间隔具有绝对的意义. 这就是说, 一个间隔的类空性或类时性与参考系无关.

取某一个事件 O 作为时间及空间坐标的原点. 换句话说, 其轴上标有 x, y, z, t 的四维坐标系中, 事件 O 的世界点就是坐标系的原点. 现在我们来研究所有其他事件对于本事件 O 的关系. 为了便于作图说明, 我们只考虑一维空间与时间, 并将它们取在图 2 的两个轴上. 一个当 $t = 0$ 时经过 $x = 0$ 点的粒子的匀速直线运动, 可以用一条直线来表示, 这条直线经过 O 点, 与 t 轴成一角, 此角的正切等于粒子的速度. 因为最大可能的速度是 c, 所以这条直线与 t 轴所成之角也有一个最大值. 图 2 中有两条直线, 代表两个信号经过事件 O (即当 $t = 0$ 时经过 $x = 0$) (以光速) 向相反两个方向的传播. 所有代表粒子运动的直线只能在 aOc 及 dOb 两个区域内. 显然, 在直线 ab 及 cd 上, $x = \pm ct$. 我们先研究世界点在 aOc 区域内的那些事件. 很容易理解, 在这个区域内所有的点, $c^2 t^2 - x^2 > 0$. 换句话说, 在这个区域内的任何事件与 O 事件的间隔是类时的. 在这个区域内 $t > 0$, 即其中所有的事件都发生在 O 事件之 "后". 但是两个事件若被类时间隔所分开, 无论在哪一个参考系内都不可能同时发生. 可见, 不可能找到一个参考系, 其中 aOc 区域的任何事件会在事件 O 之 "前" 发生, 即在 $t < 0$ 时发生. 因此, 在 aOc 区域内的所有事件对 O 来说在任何参考系中都是未来的事件. 所以, 这个区域对事件 O 来说可称为 **绝对未来**.

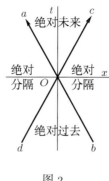

图 2

完全类似地，所有在区域 bOd 内的事件对 O 来说都是**绝对过去**，即本区域内的事件，无论在任何参考系中都在 O 事件前发生.

最后，再研究 dOa 及 cOb 两个区域. 本区域内的任何事件与 O 事件的间隔都是类空的. 这些事件在任何参考系中发生在空间里的不同点. 因此，这些区域对于 O 来说都可称为**绝对分隔**. 但是，关于这些事件的"同时"、"较早"及"较晚"等概念都是相对的. 对这些区域内的任何事件来说，在一些参考系中，此事件在 O 事件后发生；在另一些参考系中，此事件在 O 事件前发生；最后也有一个参考系存在，在其中此事件与 O 事件同时发生.

我们要注意，如果考虑所有三个空间坐标轴，而不只考虑一个空间坐标轴，那么，代替图 2 中的两条相交的线，在四维空间坐标系 x, y, z, t 内，我们将有一个"圆锥体" $x^2 + y^2 + z^2 - c^2t^2 = 0$，圆锥体的轴与 t 轴重合（这个圆锥体称为**光锥**）. 这时，绝对未来与绝对过去就由锥体的两个内区域来代表.

两个事件仅仅在其间隔是类时间隔的情况下，彼此才能有因果关系；这可由相互作用的传播速度不能大于光速这一事实直接推出来. 如我们刚才已经看到的，正是对这些事件来说，"较早"与"较晚"等概念才有绝对意义，而这一点又是使因果概念具有意义的必要条件.

§3　固有时

假设我们在某一个惯性参考系内观察一只钟，这只钟相对于我们可作任意形式的运动. 在各个不同的时刻，该钟的运动可以认为是匀速的. 因此，在每一时刻，我们可以引入一个固联于运动钟上的坐标系，这个坐标系（和该钟在一起）也是一个惯性参考系.

在无限小的时间间隔 dt 内（根据我们静止系内钟的读数），运动的钟所行进的距离是 $\sqrt{dx^2 + dy^2 + dz^2}$. 我们要问，这段时间运动的钟所指示

的时间间隔 dt' 又如何? 在与运动的钟固联的坐标系内, 钟是静止的, 即 $dx' = dy' = dz' = 0$, 因为间隔是不变的, 所以

$$ds^2 = c^2dt^2 - dx^2 - dy^2 - dz^2 = c^2dt'^2,$$

由此可得

$$dt' = dt\sqrt{1 - \frac{dx^2 + dy^2 + dz^2}{c^2dt^2}}.$$

但是

$$\frac{dx^2 + dy^2 + dz^2}{dt^2} = v^2,$$

其中 v 为运动的钟的速度; 所以

$$dt' = \frac{ds}{c} = dt\sqrt{1 - \frac{v^2}{c^2}}. \tag{3.1}$$

将上式积分, 我们可以得到, 当静止的钟所行走的时间为 $t_2 - t_1$ 时, 运动的钟所指示的时间间隔是

$$t_2' - t_1' = \int_{t_1}^{t_2} dt\sqrt{1 - \frac{v^2}{c^2}}. \tag{3.2}$$

随着某一给定物体一同运动的钟所指示的时间, 称为该物体的**固有时**. 公式 (3.1) 及 (3.2) 是将固有时通过观察运动的参考系的时间表示出来.

由 (3.1) 及 (3.2) 可见, 一个运动物体的固有时永远较在静止系内相对应的时间间隔为小. 换句话说, 运动的钟较静止的钟走得慢些.

假设有一只钟相对于某一惯性参考系 K 作匀速直线运动. 一个同这只钟固联着的参考系 K' 也是惯性系. 从 K 系内的观察者来看, K' 系内的钟走慢了. 反过来说, 从 K' 系内的观察者来看, K 系内的钟走慢了. 为了使我们相信这是不矛盾的, 可以注意下面的事实, 为了确定 K' 系内的钟比 K 系内的钟慢, 我们必须按下述方法去做. 假设在某一时刻, K' 内的那只钟经过 K 内的一只钟的旁边, 而在这一时刻, 两只钟所指示的时间恰好一样. 为了比较 K 及 K' 内钟的快慢, 我们必须再次将 K' 内同一只动钟的读数与 K 内的钟的读数作比较. 但是在新的时刻, K' 内的钟将从 K 内的另一些钟旁边经过, 现在我们就将运动的钟与那些钟比较. 这时我们发现, K' 内的钟比借以比较的 K 内的钟走得慢. 由此可见, 为了比较两个参考系内的钟的快慢, 我们需要在一个参考系内有几只钟, 而在另一个参考系内有一只钟. 因此这种过程对这两个参考系来说, 并不是对称的. 与另一参考系内不同的一些钟相比较的那一只钟总是走得慢的钟.

假设我们有两只钟,其中之一描绘一闭合路径,又回到出发点(即静止的钟所在之点),显然运动的钟慢了(与静止的钟相比).相反,若设想运动的钟静止(而静止的钟运动),就不能做上面的推论了,因为那只钟既然描绘了一条闭合曲线,它的运动就不是匀速直线运动,因而与之相连的参考系就不是惯性系.

因为自然定律只有在不同的惯性系内才是一样的,与静止的钟相连的系统(惯性系)及与运动的钟相连的系统(非惯性系)具有不同的特性,因而导致静止的钟应当变慢这个结论的论证就不对了.

一只钟所指示的时间间隔,等于沿着钟的世界线而取的积分 $\frac{1}{c}\int ds$. 假如钟是静止的,则显然它的世界线是一条与 t 轴平行的直线;假如钟在闭合路径上作非匀速运动而且又回到出发点,那么,它的世界线就是一条曲线,这条曲线经过静止钟的直的世界线的两点,这两点对应运动的起点及终点.另一方面,我们看到,静止钟所指示的时间间隔永远较运动钟所指示的为大.因此,我们得到一个结论,在两个世界点间所取的积分 $\int ds$,如果是沿着连接这两点的直的世界线进行则有最大值①.

§4　洛伦兹变换

我们现在的目的是要找出从一个惯性系到另一个惯性系的变换公式,根据这个公式,当某一个事件在 K 系内的坐标 x,y,z,t 为已知时,就可以找到同一事件在另一个惯性系 K' 内的坐标 x',y',z',t'.

在经典力学中,这个问题可以很简单地解决.由于时间的绝对性,我们有 $t=t'$;其次,假若坐标轴的取法和通常一样(即 x,x' 两轴重合,y,z 分别与 y',z' 轴平行,运动是沿着 x,x' 轴),那么很明显,y,z 就等于 y',z',而 x 与 x' 则相差一个距离,即一个坐标系相对于另一坐标系所走的距离.假如两个坐标系重合的时刻被取为时间的原点,并假设 K' 系对于 K 系的相对运动的速度为 V,那么,这个距离就是 Vt. 所以,

$$x=x'+Vt,\quad y=y',\quad z=z',\quad t=t'. \tag{4.1}$$

这些公式称为**伽利略变换**.很容易证明,这个变换式,如我们所预料的一样,不能满足相对论的要求;这个变换式不能使事件与事件之间的间隔不变.

我们将从事件之间间隔不变的要求出发,推出相对论的变换公式.

---

① 当然,需假设 a 及 b 两点和连接它们的曲线满足如下要求:沿该曲线的所有线元 ds 都是类时的.积分的这个性质同四维几何的伪欧几里得特性有关.在欧几里得空间中,这个积分沿直线当然取最小值.

正如在 §2 里所看到的，二事件间的间隔可以认为是在四维空间内的相对应的两个世界点间的距离. 因此我们可以说，所要求的变换，必须使在四维空间 x, y, z, ct 内的所有距离不变. 但是这些变换仅仅包含坐标系的平移与转动. 其中，我们对于坐标轴相对于自己作的平移并无兴趣，因为这不过是将空间坐标的原点移动一下，并将时间的参考点改变一下而已. 所以，所要求的变换，在数学上应当表示为四维坐标系 x, y, z, ct 的转动.

四维空间内的一切转动可以分解为六个分别在六个平面 $xy, zy, xz,$ tx, ty, tz 内的转动（正如在三维空间内的一切转动可以分解为三个分别在 xy, yz, xz 三个平面内的转动一样）. 其中，前三个转动仅仅变换空间坐标，它们对应通常的空间转动.

我们研究在 tx 平面内的转动，这时 y 与 z 坐标是不变的. 具体地说，这个变换必须使差值 $(ct)^2 - x^2$，即点 (ct, x) 到原点"距离"的平方保持不变. 新旧坐标的关系最一般地由以下二式决定：

$$x = x' \cosh\psi + ct' \sinh\psi, \quad ct = x' \sinh\psi + ct' \cosh\psi, \tag{4.2}$$

式中 ψ 为转动角；简单验算表明，实际上有 $c^2t^2 - x^2 = c^2t'^2 - x'^2$. (4.2) 式与坐标轴转动变换的通常公式不同之处在于，后者中的三角函数换成了双曲函数. 这就是伪欧几里得几何与欧几里得几何的差别.

我们现在要找出由一个惯性参考系 K 到另外一个惯性系 K' 的变换公式，K' 以速度 V 沿 x 轴对 K 作相对运动. 在此情况下，显然只有空间坐标 x 与时间 t 发生变化. 所以这个变换必须有 (4.2) 的形式. 现在只剩下决定转动角 ψ 的问题，ψ 仅与相对速度 V 有关[①].

我们来研究参考系 K' 的原点在 K 内的运动. 这时 $x' = 0$，而公式 (4.2) 可写成

$$x = ct' \sinh\psi, \quad ct = ct' \cosh\psi,$$

相除可得

$$\frac{x}{ct} = \tanh\psi.$$

但 x/t 显然是 K' 对 K 的速度 V. 因此，

$$\tanh\psi = \frac{V}{c}.$$

[①] 注意，为了避免弄混，以后永远用 V 表示两个惯性系相对运动的恒定速度，用 v 表示粒子运动的速度，v 并不必须为常数.

由此得

$$\sinh \psi = \frac{\dfrac{V}{c}}{\sqrt{1 - \dfrac{V^2}{c^2}}}, \quad \cosh \psi = \frac{1}{\sqrt{1 - \dfrac{V^2}{c^2}}}.$$

代入 (4.2), 得:

$$x = \frac{x' + Vt'}{\sqrt{1 - \dfrac{V^2}{c^2}}}, \quad y = y', \quad z = z', \quad t = \frac{t' + \left(\dfrac{V}{c^2}\right)x'}{\sqrt{1 - \dfrac{V^2}{c^2}}}. \tag{4.3}$$

这就是所要求的变换公式. 它们被称为**洛伦兹变换**, 是今后讨论的基础.

用 x, y, z, t 来表示 x', y', z', t' 的逆公式只需以 $-V$ 代替 V 便得 (因为 K 系以速度 $-V$ 相对 K' 运动). 这些公式也可直接求解方程式 (4.3) 得到.

由 (4.3) 式易见, 取 $c \to \infty$ 的经典力学极限, 洛伦兹变换事实上就过渡到伽利略变换了.

当 $V > c$ 时, (4.3) 式中的 x, t 变成虚数; 这与运动速度不可能大于光速的事实符合. 此外, 我们也不可以用以光速运动的参考系, 因为在这种情形下, (4.3) 式的分母将为零.

当 V 比光速小很多时, 我们可以用下面的近似公式代替 (4.3):

$$x = x' + Vt', \quad y = y', \quad z = z', \quad t = t' + \frac{V}{c^2}x'. \tag{4.4}$$

假设在 K 系内有一根平行于 x 轴的静止杆. 假定它在 K 系内测定的长度为 $\Delta x = x_2 - x_1$ (x_2 及 x_1 为杆两端在 K 系内的坐标). 我们现在来求此杆在 K' 系内的长度. 为此目的, 我们需要在同一时刻 t' 找出杆两端在 K' 内的坐标 x_2' 及 x_1'. 由 (4.3) 我们得到

$$x_1 = \frac{x_1' + Vt'}{\sqrt{1 - \dfrac{V^2}{c^2}}}, \quad x_2 = \frac{x_2' + Vt'}{\sqrt{1 - \dfrac{V^2}{c^2}}}.$$

杆在 K' 内的长度是 $\Delta x' = x_2' - x_1'$; 由 x_2 减去 x_1, 得

$$\Delta x = \frac{\Delta x'}{\sqrt{1 - \dfrac{V^2}{c^2}}}.$$

杆的**固有长度**是它在相对它静止的参考系内的长度. 以 $l_0 = \Delta x$ 代表这个固有长度, 以 l 代表它在任何其他参考系 K' 内的长度. 那么,

$$l = l_0 \sqrt{1 - \frac{V^2}{c^2}}. \tag{4.5}$$

因此，一根杆在它是静止的那个参考系内最长. 在它是以速度 V 运动的那个参考系内，它的长度就要减少一个因子 $\sqrt{1 - \dfrac{V^2}{c^2}}$. 相对论的这个结果称为**洛伦兹收缩**.

因为物体的横向尺度（如宽及高）都不因运动而变，所以它的体积 $\mathscr{V}$ 也按照相似的公式收缩，即

$$\mathscr{V} = \mathscr{V}_0 \sqrt{1 - \frac{V^2}{c^2}}, \tag{4.6}$$

其中 $\mathscr{V}_0$ 代表物体的**固有体积**.

由洛伦兹变换，还可以得到我们已经知道的有关固有时（§3）的结果. 假设在 K' 系内有一只静止的钟. 我们假定有两个事件发生在 K' 内同一空间点 x', y', z'. 在 K' 内这两事件之间的时间为 $\Delta t' = t_2' - t_1'$. 现在我们要找出，在 K 系内，同样的两事件之间的时间 Δt. 由（4.3）得

$$t_1 = \frac{t_1' + \dfrac{V}{c^2} x'}{\sqrt{1 - \dfrac{V^2}{c^2}}}, \quad t_2 = \frac{t_2' + \dfrac{V}{c^2} x'}{\sqrt{1 - \dfrac{V^2}{c^2}}},$$

相减则得

$$t_2 - t_1 = \Delta t = \frac{\Delta t'}{\sqrt{1 - \dfrac{V^2}{c^2}}},$$

这一公式与公式（3.1）完全符合.

最后，我们再谈谈洛伦兹变换有别于伽利略变换的另一个一般性质. 后者具有可对易性，即接连两次伽利略变换（具有不同速度 $\boldsymbol{V}_1$ 和 $\boldsymbol{V}_2$）的联合结果与施行变换的顺序无关. 另一方面，接连两次洛伦兹变换的结果一般却依赖于它们的顺序. 这一点已经可以从我们将这些变换公式描述为四维坐标系的转动而纯数学地看出来：我们知道，两次转动（绕不同轴）的结果依赖于施行它们的顺序. 唯一的例外是矢量 $\boldsymbol{V}_1$ 和 $\boldsymbol{V}_2$ 平行的变换情况（这等价于四维坐标系绕相同轴的两次转动）.

§5 速度的变换

在上节中，我们求得一些公式，用这些公式，我们能够从一个事件在一个参考系内的坐标找出同一事件在第二个参考系内的坐标. 现在我们要求出公式，用以表示一个实物粒子在一个参考系内的速度与其在第二个参考系内的速度之间的关系.

我们再一次假定 K' 系相对于 K 系以速度 V 沿 x 轴运动. 设 $v_x = \mathrm{d}x/\mathrm{d}t$ 为粒子在系统 K 内的速度的分量，而 $v_x' = \mathrm{d}x'/\mathrm{d}t'$ 为同一粒子在系统 K' 内

的速度的分量. 由 (4.3), 得

$$\mathrm{d}x = \frac{\mathrm{d}x' + V\mathrm{d}t'}{\sqrt{1 - \dfrac{V^2}{c^2}}}, \quad \mathrm{d}y = \mathrm{d}y', \quad \mathrm{d}z = \mathrm{d}z', \quad \mathrm{d}t = \frac{\mathrm{d}t' + \dfrac{V}{c^2}\mathrm{d}x'}{\sqrt{1 - \dfrac{V^2}{c^2}}}.$$

用第四个方程除前三个并引入速度

$$\boldsymbol{v} = \frac{\mathrm{d}\boldsymbol{r}}{\mathrm{d}t}, \quad \boldsymbol{v}' = \frac{\mathrm{d}\boldsymbol{r}'}{\mathrm{d}t'}$$

则得

$$v_x = \frac{v_x' + V}{1 + v_x'\dfrac{V}{c^2}}, \quad v_y = \frac{v_y'\sqrt{1 - \dfrac{V^2}{c^2}}}{1 + v_x'\dfrac{V}{c^2}}, \quad v_z = \frac{v_z'\sqrt{1 - \dfrac{V^2}{c^2}}}{1 + v_x'\dfrac{V}{c^2}}. \tag{5.1}$$

这些公式就决定了速度的变换. 它们是相对论里的速度合成法则. 在极限情形下, 即 $c \to \infty$ 时, 它们就变为经典力学里的公式:

$$v_x = v_x' + V, \quad v_y = v_y', \quad v_z = v_z'.$$

在粒子沿 x 轴运动的特殊情况下, $v_x = v$, $v_y = v_z = 0$. 那么, $v_y' = v_z' = 0$, $v_x' = v'$, 并且

$$v = \frac{v' + V}{1 + v'\dfrac{V}{c^2}}. \tag{5.2}$$

很容易证明, 如果两个速度各小于或等于光速, 其合成速度, 根据这个公式, 也不会大于光速.

假如速度 V 比光速 c 小很多 (v 可以是任意的), 我们将近似地 (精确到 V/c 的项) 得到

$$v_x = v_x' + V\left(1 - \frac{v_x'^2}{c^2}\right), \quad v_y = v_y' - v_x'v_y'\frac{V}{c^2}, \quad v_z = v_z' - v_x'v_z'\frac{V}{c^2}.$$

这 3 个公式可以简写成一个矢量公式

$$\boldsymbol{v} = \boldsymbol{v}' + \boldsymbol{V} - \frac{1}{c^2}(\boldsymbol{V} \cdot \boldsymbol{v}')\boldsymbol{v}'. \tag{5.3}$$

我们可以指出, 在相对论的速度合成公式 (5.1) 中, 相加的两个速度 $\boldsymbol{v}'$ 和 $\boldsymbol{V}$ 是以不对称的方式引入的 (倘若它们不都沿 x 轴指向的话). 这个事实同洛伦兹变换的非对易性有关, 我们将在下节提到.

让我们这样来选择坐标轴, 使粒子的速度在给定时刻是在 xy 平面内. 这时粒子在 K 系内的速度分量是 $v_x = v\cos\theta$, $v_y = v\sin\theta$, 而在 K' 内则为

$v'_x = v' \cos\theta'$, $v'_y = v' \sin\theta'$ (v, v' 为速度在 K 及 K' 内的绝对值；θ, θ' 为速度与 x 轴及 x' 轴所夹之角). 用 (5.1) 式, 我们就得到

$$\tan\theta = \frac{v'\sqrt{1 - \dfrac{V^2}{c^2}}\sin\theta'}{v'\cos\theta' + V}. \tag{5.4}$$

这个公式决定了速度的方向从一个参考系变换到另一个参考系时的改变.

让我们来详尽地研究这个公式的一个重要特例, 即光由一个参考系变换到另一个参考系时的偏差, 即所谓**光行差**现象. 在这种情形下 $v = v' = c$, 因而 (5.4) 式化为

$$\tan\theta = \frac{\sqrt{1 - \dfrac{V^2}{c^2}}\sin\theta'}{\dfrac{V}{c} + \cos\theta'}. \tag{5.5}$$

由同一变换公式 (5.1), 用相似的方法, 很容易得到

$$\sin\theta = \frac{\sqrt{1 - \dfrac{V^2}{c^2}}}{1 + \dfrac{V}{c}\cos\theta'}\sin\theta', \quad \cos\theta = \frac{\cos\theta' + \dfrac{V}{c}}{1 + \dfrac{V}{c}\cos\theta'}. \tag{5.6}$$

如果 $V \ll c$, 由 (5.6) 式我们可以得到精确到数量级为 V/c 项的公式如下:

$$\sin\theta - \sin\theta' = -\frac{V}{c}\sin\theta'\cos\theta'.$$

若引入 $\Delta\theta = \theta' - \theta$ (光行差角), 我们就得到同级的近似公式

$$\Delta\theta = \frac{V}{c}\sin\theta', \tag{5.7}$$

这就是著名的光行差的基本公式.

§6　四维矢量

一个事件的坐标 (ct, x, y, z) 可以看成四维空间中一个四维径向矢量的分量. 我们将把它的分量记为 x^i, 这里指标 i 取值 $0, 1, 2, 3$, 而且

$$x^0 = ct, \quad x^1 = x, \quad x^2 = y, \quad x^3 = z.$$

该径向四维矢量 "长度" 的平方由下式给出

$$(x^0)^2 - (x^1)^2 - (x^2)^2 - (x^3)^2.$$

它在四维坐标系的任意转动下不变, 特别是, 它在洛伦兹变换下不变.

　　更一般地, 如果 4 个量 A^0, A^1, A^2, A^3, 在四维坐标系的变换下像四维径向矢量的分量 x^i 那样变换, 我们就将这 4 个量的集合称为**四维矢量** A^i. 在洛伦兹变换下,

$$A^0 = \frac{A'^0 + \dfrac{V}{c}A'^1}{\sqrt{1 - \dfrac{V^2}{c^2}}}, \quad A^1 = \frac{A'^1 + \dfrac{V}{c}A'^0}{\sqrt{1 - \dfrac{V^2}{c^2}}}, \quad A^2 = A'^2, \quad A^3 = A'^3. \tag{6.1}$$

与四维径向矢量的平方类似, 任一四维矢量数值的平方定义为:

$$(A^0)^2 - (A^1)^2 - (A^2)^2 - (A^3)^2.$$

为表示方便起见, 我们引入四维矢量分量的两种 "类型", 用带上标和下标的符号 A^i 和 A_i 来标记它们. 两者之间的关系是

$$A_0 = A^0, \quad A_1 = -A^1, \quad A_2 = -A^2, \quad A_3 = -A^3. \tag{6.2}$$

量 A^i 称为四维矢量的**逆变分量**, A_i 称为**协变分量**. 四维矢量的平方则取形式

$$\sum_{i=0}^{3} A^i A_i = A^0 A_0 + A^1 A_1 + A^2 A_2 + A^3 A_3.$$

　　人们通常略去求和号, 将这样的求和简单记为 $A^i A_i$. 也就是约定遍历所有重复指标求和, 而把求和号省去. 每对指标中必须一个为上标, 另一个为下标. 这种遍历 "傀" 指标求和的约定非常方便, 可大大简化公式的书写.

　　我们将用拉丁字母 $i, k, l, \cdots$ 表示四维指标, 取值 $0, 1, 2, 3$.

　　与四维矢量的平方类比, 我们可以构造两个不同四维矢量的**标积**:

$$A^i B_i = A^0 B_0 + A^1 B_1 + A^2 B_2 + A^3 B_3.$$

显然, 这既可以写为 $A^i B_i$, 也可以写为 $A_i B^i$, 结果相同. 我们一般可以交换任何一对傀指标中的上标和下标[①].

　　积 $A^i B_i$ 是一个**四维标量**——它在四维坐标系的转动下是不变的. 这一点很容易直接验证[②], 但也可从所有四维矢量都按相同法则变换的事实预先

[①] 现代文献中常常省略四维矢量的指标, 将它们的平方与标积写为 A^2 和 AB. 在本教程中我们将不用这些符号.

[②] 应当记得, 以协变分量表示的四维矢量变换法则 (在正负号上) 不同于以逆变分量表示的同一法则. 因此, 代替 (6.1), 我们有:

$$A_0 = \frac{A'_0 - \dfrac{V}{c}A'_1}{\sqrt{1 - \dfrac{V^2}{c^2}}}, \quad A_1 = \frac{A'_1 - \dfrac{V}{c}A'_0}{\sqrt{1 - \dfrac{V^2}{c^2}}}, \quad A_2 = A'_2, \quad A_3 = A'_3.$$

看出（与平方 $A^i A_i$ 类比）.

分量 A^0 称为四维矢量的**时间分量**，A^1, A^2, A^3 称为四维矢量的**空间分量**（与四维径向矢量类比）. 四维矢量的平方可以为正、负或零；这样的矢量分别称为**类时矢量**、**类空矢量**和**类光矢量**（类似于对间隔所用的术语）[①].

在纯空间转动（即不影响时间轴的变换）下，四维矢量 A^i 的三个空间分量构成一个三维矢量 $\boldsymbol{A}$. 该四维矢量的时间分量（在这些变换下）是一个三维标量. 为了列举四维矢量的分量，我们常将其写为

$$A^i = (A^0, \boldsymbol{A}).$$

同一四维矢量的协变分量为 $A_i = (A^0, -\boldsymbol{A})$. 该四维矢量的平方是 $A^i A_i = (A^0)^2 - \boldsymbol{A}^2$. 因此，对于四维径向矢量：

$$x^i = (ct, \boldsymbol{r}), \quad x_i = (ct, -\boldsymbol{r}), \quad x^i x_i = c^2 t^2 - \boldsymbol{r}^2.$$

对于三维矢量（带坐标 x, y, z），没有必要区分逆变和协变分量. 只要能够做到这一点而不致引起混淆，我们将用希腊字母作为下标把这些分量记为 $A_\alpha (\alpha = x, y, z)$. 特别是我们将假设对于任何重复指标遍历 x, y, z 求和（例如，$\boldsymbol{A} \cdot \boldsymbol{B} = A_\alpha B_\alpha$）.

二阶**四维张量**是 16 个量 A^{ik} 的集合，它在坐标变换下像两个四维矢量分量的积那样变换. 我们可以类似地定义更高阶的四维张量.

一个二阶张量的分量可以写为三种形式：协变的 A_{ik}，逆变的 A^{ik} 和混合的 $A^i{}_k$（这里，在后一种情形下，应当区分 $A^i{}_k$ 和 $A_i{}^k$，即应当仔细搞清楚两个指标中哪一个是上标，哪一个是下标）. 不同类型分量之间的联系由以下通则决定：升或降一个空间指标 $(1, 2, 3)$ 改变分量的正负号，而升或降时间指标 (0) 则不变号. 因此：

$$A_{00} = A^{00}, \quad A_{01} = -A^{01}, A_{11} = A^{11}, \cdots,$$
$$A^0{}_0 = A^{00}, \quad A_0{}^1 = A^{01}, \quad A^0{}_1 = -A^{01}, \quad A^1{}_1 = -A^{11}, \cdots$$

在纯空间变换下，9 个量 $A^{11}, A^{12}, \cdots$ 构成一个三维张量. 三个分量 A^{01}, A^{02}, A^{03} 和三个分量 A^{10}, A^{20}, A^{30} 构成三维矢量，而分量 A^{00} 是一个三维标量.

如果 $A^{ik} = A^{ki}$，张量 A^{ik} 称为**对称的**；如果 $A^{ik} = -A^{ki}$，则称**反对称的**. 在反对称张量中，所有对角分量（即分量 $A^{00}, A^{11}, \cdots$）都是零，因为，例如，我们必须有 $A^{00} = -A^{00}$. 对于一个对称张量 A^{ik}，混合分量 $A^i{}_k$ 和 $A_k{}^i$

---

① 类光矢量也称各向同性矢量.

显然重合；在这样的情形下，我们把一个指标置于另一个上方，简单地记为 $A^i{}_k$.

在每个张量方程中，等号两边所含的自由指标（区别于傀指标）必须字母相同且位置相同（即上或下）. 张量方程中的自由指标可以上移或下移，但必须对方程中所有的项同时进行. 让不同张量的协变和逆变分量相等是"非法的"；这样的方程即便碰巧在特定参考系中成立，在变换到另一个参考系时也会失效.

通过对张量 A^{ik} 的分量求和可以形成一个标量

$$A^i{}_i = A^0{}_0 + A^1{}_1 + A^2{}_2 + A^3{}_3$$

（当然，这里 $A^i{}_i = A_i{}^i$）. 这个和称为**张量的迹**，求得它的运算称为**缩并**.

前面讨论的两个四维矢量的标积的形成就是一个缩并运算：它是从张量 $A^i B_k$ 形成标量 $A^i B_i$. 缩并任何一对指标一般会使张量的阶减去 2. 例如，$A^i{}_{kli}$ 是一个二阶张量，$A^i{}_k B^k$ 是一个四维矢量，$A^{ik}{}_{ik}$ 是一个标量，等等.

单位四维张量 δ^i_k 满足如下条件：对于任意四维矢量 A^i，

$$\delta^k_i A^i = A^k. \tag{6.3}$$

这个张量的分量显然是

$$\delta^k_i = \begin{cases} 1, & \text{当 } i = k, \\ 0, & \text{当 } i \neq k. \end{cases} \tag{6.4}$$

它的迹是 $\delta^i_i = 4$.

通过在 δ^k_i 中升一个指标或降另一个指标，我们可以得到逆变张量 g^{ik} 或协变张量 g_{ik}，称之为**度规张量**. 张量 g^{ik} 和 g_{ik} 具有相同的分量，可以写成矩阵：

$$(g^{ik}) = (g_{ik}) = \begin{bmatrix} 1 & 0 & 0 & 0 \\ 0 & -1 & 0 & 0 \\ 0 & 0 & -1 & 0 \\ 0 & 0 & 0 & -1 \end{bmatrix} \tag{6.5}$$

（指标 i 标记行，k 标记列，顺序为 $0, 1, 2, 3$）. 显然有

$$g_{ik} A^k = A_i, \quad g^{ik} A_k = A^i. \tag{6.6}$$

两个四维矢量的标积因而可以写成形式：

$$A^i A_i = g_{ik} A^i A^k = g^{ik} A_i A_k. \tag{6.7}$$

张量 δ_k^i，g_{ik} 和 g^{ik} 的特别之处在于，它们的分量在所有坐标系中都相同．四阶的**全反对称单位张量** e^{iklm} 具有同样性质．这个张量的分量在交换任一对指标时变号，其非零分量为 ± 1．从反对称性可知，有两个指标相同的所有分量均为零，所以，仅有的非零分量是那些所有 4 个指标都不同者．我们令

$$e^{0123} = +1 \tag{6.8}$$

（所以，$e_{0123} = -1$）．于是，所有其他的非零分量 e^{iklm} 等于 $+1$ 或 -1，依 i, k, l, m 这几个数能经偶数还是奇数次换位排成 $0, 1, 2, 3$ 而定．这样的分量数是 $4! = 24$．所以，

$$e^{iklm} e_{iklm} = -24. \tag{6.9}$$

对于坐标系的转动而言，e^{iklm} 诸量的特性与张量分量的特性相同，但是如果我们改变 1 个或 3 个坐标的正负号，分量 e^{iklm} 并不改变，因为按定义它们在所有坐标系中都相同，而张量的分量在这种情况下是应当变号的．所以，严格地说，e^{iklm} 并不是张量，而是一个**赝张量**．任意阶的赝张量，特别是赝标量，在所有的坐标变换下都具有张量的性质，只有那些不能归结为转动的变换，即反射（不能归结为转动的坐标正负号改变）是例外．

乘积 $e^{iklm} e^{prst}$ 构成一个 8 阶四维张量，它是一个真正的张量，通过缩并一对或多对指标可以得到 6 阶，4 阶和 2 阶张量．所有这些张量在所有坐标系中具有相同的形式．所以，它们的分量必须表示为单位张量 δ_k^i（其分量在所有坐标系中都相同的唯一真张量）分量乘积的组合．从指标排列必须具有的对称性出发，这些组合是不难求得的[①]．

如果 A^{ik} 是一个反对称张量，则张量 A^{ik} 和赝张量 $A^{*ik} = (1/2) e^{iklm} A_{lm}$ 称为彼此**对偶**．类似地，$e^{iklm} A_m$ 是一个与矢量 A^i 对偶的三阶反对称赝张量．对偶张量的乘积 $A^{ik} A_{ik}^*$ 显然是一个赝标量．

[①] 我们给出下列公式以备参考：

$$e^{iklm} e_{prst} = - \begin{vmatrix} \delta_p^i & \delta_r^i & \delta_s^i & \delta_t^i \\ \delta_p^k & \delta_r^k & \delta_s^k & \delta_t^k \\ \delta_p^l & \delta_r^l & \delta_s^l & \delta_t^l \\ \delta_p^m & \delta_r^m & \delta_s^m & \delta_t^m \end{vmatrix}, \quad e^{iklm} e_{prsm} = - \begin{vmatrix} \delta_p^i & \delta_r^i & \delta_s^i \\ \delta_p^k & \delta_r^k & \delta_s^k \\ \delta_p^l & \delta_r^l & \delta_s^l \end{vmatrix},$$

$$e^{iklm} e_{prlm} = -2(\delta_p^i \delta_r^k - \delta_r^i \delta_p^k), \quad e^{iklm} e_{pklm} = -6\delta_p^i.$$

这些公式中的整体系数可以用 (6.9) 式给出的完全缩并的结果来核对．

由这些公式我们得出如下结果：

$$e^{prst} A_{ip} A_{kr} A_{ls} A_{mt} = -A e_{iklm}, \quad e^{iklm} e^{prst} A_{ip} A_{kr} A_{ls} A_{mt} = 24A,$$

式中 A 是由量 A_{ik} 形成的行列式．

联系这里的讨论, 我们来提一提三维矢量和张量的一些类似性质. 三阶全反对称单位赝张量 $e_{\alpha\beta\gamma}$ 是这样一些量的集合, 它们在任何一对指标换位时变号. 在 $e_{\alpha\beta\gamma}$ 的分量中, 只有那些具有 3 个不同指标者才不等于零. 我们令 $e_{xyz} = 1$；其他的分量等于 1 或 -1 则依 α, β, γ 这个序列能经偶数还是奇数次换位排成 x, y, z 的顺序而定.[①]

乘积 $e_{\alpha\beta\gamma}e_{\lambda\mu\nu}$ 构成一个 6 阶真三维张量, 因而可以表示为单位三维张量 $\delta_{\alpha\beta}$ 分量乘积的组合.[②]

在坐标系的反射 (即所有坐标变号) 下, 一个普通矢量也变号. 这样的矢量称为**极矢量**. 一个矢量若能写成两个极矢量的矢积, 则其分量在反演下不变号. 这样的矢量称为**轴矢量**. 一个极矢量和一个轴矢量的标积并不是一个真标量, 而是一个赝标量；它在坐标反演下变号. 轴矢量是赝矢量, 对偶于某反对称张量. 因此, 如果 $\boldsymbol{C} = \boldsymbol{A} \times \boldsymbol{B}$, 那么

$$C_\alpha = \frac{1}{2}e_{\alpha\beta\gamma}C_{\beta\gamma}, \quad 这里 \quad C_{\beta\gamma} = A_\beta B_\gamma - A_\gamma B_\beta.$$

现在考虑四维张量. 反对称张量 A^{ik} 的空间分量 $(i, k, \cdots = 1, 2, 3)$ 对于纯空间变换构成一个三维反对称张量；根据我们的论述, 其分量可以用一个三维轴矢量的分量来表示. 对于同样的变换, 分量 A^{01}, A^{02}, A^{03} 构成一个三维极矢量. 因此一个反对称四维张量可以写成矩阵:

$$(A^{ik}) = \begin{bmatrix} 0 & p_x & p_y & p_z \\ -p_x & 0 & -a_z & a_y \\ -p_y & a_z & 0 & -a_x \\ -p_z & -a_y & a_x & 0 \end{bmatrix}, \tag{6.10}$$

这里, 对于空间变换, $\boldsymbol{p}$ 和 $\boldsymbol{a}$ 分别为极矢量和轴矢量. 在列出反对称四维张量的分量时, 我们将它们写成形式

$$A^{ik} = (\boldsymbol{p}, \boldsymbol{a});$$

---

① 四维张量 e^{iklm} 的分量在四维坐标系的转动下不变, 以及三维张量 $e_{\alpha\beta\gamma}$ 的分量在空间轴的转动下不变的事实, 是如下普遍法则的特殊情况: 任何阶数等于其定义空间维数的全反对称张量在该空间中坐标系的转动下是不变的.

② 我们给出下面的公式以备参考:

$$e_{\alpha\beta\gamma}e_{\lambda\mu\nu} = \begin{vmatrix} \delta_{\alpha\lambda} & \delta_{\alpha\mu} & \delta_{\alpha\nu} \\ \delta_{\beta\lambda} & \delta_{\beta\mu} & \delta_{\beta\nu} \\ \delta_{\gamma\lambda} & \delta_{\gamma\mu} & \delta_{\gamma\nu} \end{vmatrix}.$$

通过缩并该张量的一对、两对和三对指标, 我们得到

$$e_{\alpha\beta\gamma}e_{\lambda\mu\gamma} = \delta_{\alpha\lambda}\delta_{\beta\mu} - \delta_{\alpha\mu}\delta_{\beta\lambda}, \quad e_{\alpha\beta\gamma}e_{\lambda\beta\gamma} = 2\delta_{\alpha\lambda}, \quad e_{\alpha\beta\gamma}e_{\alpha\beta\gamma} = 6.$$

同一张量的协变分量则为

$$A_{ik} = (-\boldsymbol{p}, \boldsymbol{a}).$$

最后，我们来考虑四维张量分析的某些微分和积分运算.

标量 φ 的四维梯度是四维矢量

$$\frac{\partial \varphi}{\partial x^i} = \left(\frac{1}{c} \frac{\partial \varphi}{\partial t}, \nabla \varphi \right).$$

我们必须记住，这些导数是被看做该四维矢量的协变分量. 事实上，该标量的微分

$$\mathrm{d}\varphi = \frac{\partial \varphi}{\partial x^i} \mathrm{d}x^i$$

也是一个标量. 从它的形式（两个四维矢量的标积）看，我们的论断是显然的.

一般说来，对于坐标 x^i 微分的算符 $\partial / \partial x^i$ 应当看成是该算符四维矢量的协变分量. 因此，例如说，一个四维矢量的散度是一个标量，表达式为 $\partial A^i / \partial x^i$，其中我们是对逆变分量 A^i 进行微分的.[①]

在三维空间中，可以沿体积，曲面或曲线进行积分. 在四维空间中积分有四种类型：

1. 沿四维空间中一条曲线的积分. 积分元就是线元，即四维矢量 $\mathrm{d}x^i$.

2. 沿四维空间中一个（二维）曲面的积分. 我们知道，在三维空间中，由两个矢量 $\mathrm{d}\boldsymbol{r}$ 和 $\mathrm{d}\boldsymbol{r}'$ 构成的平行四边形的面积在坐标平面 $x_\alpha x_\beta$ 上的投影是 $\mathrm{d}x_\alpha \mathrm{d}x'_\beta - \mathrm{d}x_\beta \mathrm{d}x'_\alpha$. 类似地，在四维空间中，无限小面元由二阶反对称张量 $\mathrm{d}f^{ik} = \mathrm{d}x^i \mathrm{d}x'^k - \mathrm{d}x^k \mathrm{d}x'^i$ 给定，其分量为该面元在坐标平面上的投影. 众所周知，在三维空间中，人们不用张量 $\mathrm{d}f_{\alpha\beta}$ 而用与之对偶的矢量 $\mathrm{d}f_\alpha$ 来表示面元：$\mathrm{d}f_\alpha = \frac{1}{2} e_{\alpha\beta\gamma} \mathrm{d}f_{\beta\gamma}$. 在几何上，这是一个与面元垂直的矢量，其绝对值等

---

① 如果我们对于"协变坐标" x_i 进行微分，则导数

$$\frac{\partial \varphi}{\partial x_i} = g^{ik} \frac{\partial \varphi}{\partial x^k} = \left(\frac{1}{c} \frac{\partial \varphi}{\partial t}, -\nabla \varphi \right)$$

构成一个四维矢量的逆变分量. 我们将只在特殊情形下采用这种形式（例如，为了写出四维梯度的平方 $\dfrac{\partial \varphi}{\partial x^i} \dfrac{\partial \varphi}{\partial x_i}$）.

注意，在文献中对于坐标的偏导数常用符号缩写

$$\partial^i = \frac{\partial}{\partial x_i}, \quad \partial_i = \frac{\partial}{\partial x^i}.$$

以这种形式书写微分算符时，由它们构成的量的协变或逆变性质是一目了然的. 另一种书写导数的缩写符号也有同样的优点，即在指标前面放一逗号：

$$\varphi_{,i} = \frac{\partial \varphi}{\partial x^i}, \quad \varphi^{,i} = \frac{\partial \varphi}{\partial x_i}.$$

于面元的面积. 在四维空间中, 我们不能构造这样的矢量, 但可以构造与张量 $\mathrm{d}f^{ik}$ 对偶的张量 $\mathrm{d}f^{*ik}$,

$$\mathrm{d}f^{*ik} = \frac{1}{2}e^{iklm}\mathrm{d}f_{lm}. \tag{6.11}$$

在几何上, 它描述这样一个面元, 这个面元等于并 "垂直" 于面元 $\mathrm{d}f^{ik}$; 其内的所有线段均正交于面元 $\mathrm{d}f^{ik}$ 内的所有线段. 显然有 $\mathrm{d}f^{ik}\mathrm{d}f_{ik}^* = 0$.

3. 沿一个超曲面, 即沿一个三维流形的积分. 在三维空间中, 由 3 个矢量张成的平行六面体的体积等于由这些矢量的分量构成的 3 阶行列式. 类似地, 可以得到由 3 个四维矢量 $\mathrm{d}x^i, \mathrm{d}x'^i, \mathrm{d}x''^i$ 张成的平行六面体体积（即该超曲面的 "面积"）的投影; 它们由如下行列式给出

$$\mathrm{d}S^{ikl} = \begin{vmatrix} \mathrm{d}x^i & \mathrm{d}x'^i & \mathrm{d}x''^i \\ \mathrm{d}x^k & \mathrm{d}x'^k & \mathrm{d}x''^k \\ \mathrm{d}x^l & \mathrm{d}x'^l & \mathrm{d}x''^l \end{vmatrix},$$

这构成一个 3 阶张量, 对所有 3 个指标都是反对称的. 像沿超曲面的积分元一样, 使用与张量 $\mathrm{d}S^{ikl}$ 对偶的四维矢量 $\mathrm{d}S^i$ 更方便:

$$\mathrm{d}S^i = -\frac{1}{6}e^{iklm}\mathrm{d}S_{klm}, \quad \mathrm{d}S_{klm} = e_{nklm}\mathrm{d}S^n. \tag{6.12}$$

这里

$$\mathrm{d}S^0 = \mathrm{d}S^{123}, \quad \mathrm{d}S^1 = \mathrm{d}S^{023}, \cdots$$

在几何上, $\mathrm{d}S^i$ 是一个四维矢量, 数值上等于超曲面元的 "面积", 并与该面元垂直（即垂直于该超曲面元内的所有线段）. 特别是, $\mathrm{d}S^0 = \mathrm{d}x\mathrm{d}y\mathrm{d}z$, 这就是三维体积元 $\mathrm{d}V$, 即超曲面元在超平面 $x^0 = \mathrm{const}$ 上的投影.

4. 沿一个四维体积的积分; 积分元是标量

$$\mathrm{d}\Omega = \mathrm{d}x^0\mathrm{d}x^1\mathrm{d}x^2\mathrm{d}x^3 = c\mathrm{d}t\mathrm{d}V. \tag{6.13}$$

这个积分元是一标量: 四维空间一部分的体积在坐标系转动时显然是不变的.[①]

类似三维矢量分析中的高斯定理和斯托克斯定理, 有些定理使我们能做四维积分的变换.

---

① 在积分变量 x^0, x^1, x^2, x^3 变换到变量 x'^0, x'^1, x'^2, x'^3 时, 积分元 $\mathrm{d}\Omega$ 变为 $J\mathrm{d}\Omega'$, 这里 $\mathrm{d}\Omega' = \mathrm{d}x'^0\mathrm{d}x'^1\mathrm{d}x'^2\mathrm{d}x'^3$

$$J = \frac{\partial(x'^0, x'^1, x'^2, x'^3)}{\partial(x^0, x^1, x^2, x^3)}$$

是该变换的雅可比行列式. 对于形为 $x'^i = \alpha_k^i x^k$ 的线性变换, 雅可比行列式 J 就是行列式 $|\alpha_k^i|$ 并且对于坐标系的转动等于 1; 这显示了 $\mathrm{d}\Omega$ 的不变性.

沿一闭合超曲面的积分可以变换到沿包含在它里面的四维体积的积分，办法是用算符

$$\mathrm{d}S_i \to \mathrm{d}\Omega \frac{\partial}{\partial x^i} \tag{6.14}$$

代替积分元 $\mathrm{d}S_i$. 例如，对于矢量 A^i 的积分，我们有：

$$\oint A^i \mathrm{d}S_i = \int \frac{\partial A^i}{\partial x^i} \mathrm{d}\Omega. \tag{6.15}$$

这个公式是高斯定理的推广.

沿一个二维曲面的积分可以变换为"包含"它的超曲面的积分，办法是用算符

$$\mathrm{d}f_{ik}^* \to \mathrm{d}S_i \frac{\partial}{\partial x^k} - \mathrm{d}S_k \frac{\partial}{\partial x^i}. \tag{6.16}$$

代替积分元 $\mathrm{d}f_{ik}^*$. 例如，对于反对称张量 A^{ik} 的积分，我们有：

$$\frac{1}{2} \oint A^{ik} \mathrm{d}f_{ik}^* = \frac{1}{2} \int \left(\mathrm{d}S_i \frac{\partial A^{ik}}{\partial x^k} - \mathrm{d}S_k \frac{\partial A^{ik}}{\partial x^i} \right) = \int \mathrm{d}S_i \frac{\partial A^{ik}}{\partial x^k}. \tag{6.17}$$

沿一条四维闭合曲线的积分可以通过代换：

$$\mathrm{d}x^i \to \mathrm{d}f^{ki} \frac{\partial}{\partial x^k}. \tag{6.18}$$

变换为"包含"它的曲面的积分. 因此，对于一个矢量的积分，我们有：

$$\oint A_i \mathrm{d}x^i = \int \mathrm{d}f^{ki} \frac{\partial A_i}{\partial x^k} = -\frac{1}{2} \int \mathrm{d}f^{ki} \left(\frac{\partial A_k}{\partial x^i} - \frac{\partial A_i}{\partial x^k} \right), \tag{6.19}$$

这是斯托克斯定理的推广.

习　　题

1. 求一个对称四维张量 A^{ik} 的分量在洛伦兹变换 (6.1) 下的变换法则.

解：将该张量的分量看做两个四维矢量分量的乘积，我们得到：

$$A^{00} = \frac{1}{1 - \frac{V^2}{c^2}} \left(A'^{00} + 2\frac{V}{c} A'^{01} + \frac{V^2}{c^2} A'^{11} \right),$$

$$A^{11} = \frac{1}{1 - \dfrac{V^2}{c^2}} \left(A'^{11} + 2\frac{V}{c}A'^{01} + \frac{V^2}{c^2}A'^{00} \right),$$

$$A^{22} = A'^{22}, \quad A^{23} = A'^{23}, \quad A^{12} = \frac{1}{\sqrt{1 - \dfrac{V^2}{c^2}}} \left(A'^{12} + \frac{V}{c}A'^{02} \right),$$

$$A^{01} = \frac{1}{1 - \dfrac{V^2}{c^2}} \left[A'^{01} \left(1 + \frac{V^2}{c^2} \right) + \frac{V}{c}A'^{00} + \frac{V}{c}A'^{11} \right],$$

$$A^{02} = \frac{1}{\sqrt{1 - \dfrac{V^2}{c^2}}} \left(A'^{02} + \frac{V}{c}A'^{12} \right),$$

以及对于 A^{33}, A^{13} 和 A^{03} 的类似公式.

2. 对反对称张量 A^{ik} 求解同样的问题.

解：因为坐标 x^2 和 x^3 不变，张量分量 A^{23} 就不变，而分量 A^{12}, A^{13} 和 A^{02}, A^{03} 像 x^1 和 x^0 一样变换：

$$A^{23} = A'^{23}, \quad A^{12} = \frac{A'^{12} + \dfrac{V}{c}A'^{02}}{\sqrt{1 - \dfrac{V^2}{c^2}}}, \quad A^{02} = \frac{A'^{02} + \dfrac{V}{c}A'^{12}}{\sqrt{1 - \dfrac{V^2}{c^2}}}.$$

类似地可得 A^{13}, A^{03}.

对于 $x^0 x^1$ 平面内二维坐标系的转动（它就是我们正在考虑的变换），分量 $A^{01} = -A^{10}, A^{00} = A^{11} = 0$，构成一个 2 阶反对称张量，阶数 2 等于空间维数. 因此（见式 (6.9) 后第 2 个脚注），这些分量在该变换下不变：

$$A^{01} = A'^{01}.$$

§7　四维速度

由普通的三维速度矢量，我们可以构造一个四维矢量. 一个粒子的**四维速度**（四速度）是矢量

$$u^i = \frac{\mathrm{d}x^i}{\mathrm{d}s}. \tag{7.1}$$

为了求出它的分量，我们应注意，根据 (3.1)，

$$\mathrm{d}s = c\mathrm{d}t\sqrt{1 - \frac{v^2}{c^2}},$$

其中 v 为粒子的普通三维速度. 因此,

$$u^1 = \frac{\mathrm{d}x^1}{\mathrm{d}s} = \frac{\mathrm{d}x}{c\mathrm{d}t\sqrt{1-\dfrac{v^2}{c^2}}} = \frac{v_x}{c\sqrt{1-\dfrac{v^2}{c^2}}},$$

我们用同样的方法来求 u^2, u^3, u^0, 结果我们得到:

$$u^i = \left(\frac{1}{\sqrt{1-\dfrac{v^2}{c^2}}}, \frac{\boldsymbol{v}}{c\sqrt{1-\dfrac{v^2}{c^2}}} \right). \tag{7.2}$$

应该注意, 四维速度是一个无量纲量.

　　四维速度的分量并不彼此独立. 注意到, $\mathrm{d}x_i\mathrm{d}x^i = \mathrm{d}s^2$, 我们有

$$u^i u_i = 1. \tag{7.3}$$

所以, 就几何意义言之, 我们可以说, u^i 是与粒子世界线相切的一个四维单位矢量.

　　与四维速度的定义类似, 二阶导数

$$w^i = \frac{\mathrm{d}^2 x^i}{\mathrm{d}s^2} = \frac{\mathrm{d}u^i}{\mathrm{d}s}$$

可以称为四维加速度. 微分 (7.3), 我们求得

$$u_i w^i = 0, \tag{7.4}$$

即四维速度矢量和四维加速度矢量是相互正交的.

习　　题

　　确定相对论的匀加速运动, 即在固有参考系中 (每个时刻) 加速度 w 保持不变的直线运动.

　　解: 在粒子速度 $v = 0$ 的参考系中, 四维加速度的分量 $w^i = (0, w/c^2, 0, 0)$ (这里 w 是普通三维加速度, 指向沿 x 轴). 相对论不变的匀加速条件必须表达为四维标量 (在固有参考系中与 w^2 一致) 的常数性:

$$w^i w_i = \text{const} \equiv -\frac{w^2}{c^4}.$$

　　在与之参照来观察运动的这个 "固定" 系中, 写出 $w^i w_i$ 的表达式, 得到方程

$$\frac{\mathrm{d}}{\mathrm{d}t} \frac{v}{\sqrt{1-\dfrac{v^2}{c^2}}} = w, \quad \text{或} \quad \frac{v}{\sqrt{1-\dfrac{v^2}{c^2}}} = wt + \text{const}.$$

对于 $t=0$ 令 $v=0$, 我们得到 const $=0$, 所以

$$v = \frac{wt}{\sqrt{1+\dfrac{w^2t^2}{c^2}}}$$

再积分一次并对 $t=0$ 令 $x=0$, 我们得到:

$$x = \frac{c^2}{w}\left(\sqrt{1+\frac{w^2t^2}{c^2}}-1\right).$$

对于 $wt \ll c$, 这些公式过渡到经典表达式 $v = wt$, $x = wt^2/2$. 对于 $wt \to \infty$, 速度趋于恒定值 c.

一个匀加速粒子的固有时由如下积分给出

$$\int_0^t \sqrt{1-\frac{v^2}{c^2}}\mathrm{d}t = \frac{c}{w}\mathrm{arsinh}\,\frac{wt}{c}.$$

当 $t \to \infty$ 时, 按照规律 $\dfrac{c}{w}\ln\dfrac{2wt}{c}$, 它比 t 增加慢得多.

第二章

相对论力学

§8　最小作用量原理

为了研究实物粒子的运动，我们将从最小作用量原理出发. 大家知道，**最小作用量原理**是说：对于每一个力学体系，有一个叫做**作用量**的积分 S 存在，这个积分对于实际运动有最小值，因此它的变分 δS 为零.[①]

为了决定对于一个自由实物粒子（一个不在任何外力影响下的粒子）的作用量积分，我们要注意这个积分必定与参考系的选择无关，这就是说，它必须对于洛伦兹变换保持不变. 由此可知，它必定是一个标量函数. 此外，很明显地，被积分的函数必须是一个一阶微分. 但是对于一个自由粒子，我们所能造出的唯一的这种标量，仅仅是间隔 $\mathrm{d}s$，或 $\alpha\mathrm{d}s$，其中 α 是某一常数. 这样一来，对于一个自由粒子，作用量积分必须取下面的形式：

$$S = -\alpha \int_a^b \mathrm{d}s,$$

其中 $\int_a^b$ 表示沿着粒子在两个特定事件间的世界线的积分，这两个特定事件就是粒子在 t_1 时刻到达初位置和在 t_2 时刻到达末位置，也就是说，$\int_a^b$ 是沿着两个世界点之间的世界线的积分；而 α 则为表征该粒子的一个常数. 很容易看出，对所有粒子来说，α 必须是正数，的确，在 §3 中，我们已经看到 $\int_a^b \mathrm{d}s$ 沿着一条直的世界线的值是最大；沿着一条弯曲的世界线，我们可以使积分任意小. 所以，积分 $\int_a^b \mathrm{d}s$ 如果取正号，则不可能有最小值；如果取负

[①] 严格说来，最小作用量原理断定，积分 S 仅仅对于小的积分区间才应当是最小值. 对于任意长度的积分区间，只能断定积分 S 有极端值，并非必须有最小值.（参见第一卷 §2）.

号，那么，显然，沿着这一条直的世界线积分时，它有最小值.

这个作用量可以变为对时间的积分 $S = \int_{t_1}^{t_2} L\mathrm{d}t$. 众所周知，系数 L 叫做这个力学体系的**拉格朗日函数**. 利用 (3.1)，我们求得

$$S = -\int_{t_1}^{t_2} \alpha c\sqrt{1 - \frac{v^2}{c^2}}\mathrm{d}t,$$

其中 v 为实物粒子的速度. 因之，对粒子来说，拉格朗日函数是

$$L = -\alpha c\sqrt{1 - \frac{v^2}{c^2}}.$$

上面已经说过，α 是表征该粒子的一个量. 在经典力学中，每个粒子的特征就是它的质量 m. 我们来找 m 与 α 之间的关系. 这可以从下面的条件定出来，在作 $c \to \infty$ 的极限过渡时，L 的表达式应当过渡到它的经典表达式 $L = \frac{1}{2}mv^2$. 为了实现这个过渡，我们将 L 展开为 v/c 的幂级数. 略去高次项以后，我们便得到

$$L = -\alpha c\sqrt{1 - \frac{v^2}{c^2}} \approx -\alpha c + \frac{\alpha v^2}{2c}.$$

拉格朗日函数中的常数项对运动方程没有影响，因而可以略去. 从 L 中略去常数 αc，并同经典力学中的表达式 $L = mv^2/2$ 比较，我们发现 $\alpha = mc$.

所以，自由实物粒子的作用量是

$$S = -mc\int_a^b \mathrm{d}s, \tag{8.1}$$

而拉格朗日函数是

$$L = -mc^2\sqrt{1 - \frac{v^2}{c^2}}. \tag{8.2}$$

§9　能量与动量

我们把矢量 $\boldsymbol{p} = \partial L/\partial \boldsymbol{v}$ 称为一个粒子的**动量**（$\partial L/\partial \boldsymbol{v}$ 是表示该矢量的符号，其分量为 L 对 $\boldsymbol{v}$ 的相应分量的导数）. 利用 (8.2)，我们得到

$$\boldsymbol{p} = \frac{m\boldsymbol{v}}{\sqrt{1 - \frac{v^2}{c^2}}}. \tag{9.1}$$

对于很小的速度（$v \ll c$），或 $c \to \infty$ 的极限情形下，上式就变为经典的公式 $\boldsymbol{p} = m\boldsymbol{v}$. 当 $v = c$ 时，动量 $\boldsymbol{p}$ 就变为无穷大.

动量对时间的导数就是作用于粒子的力. 假定粒子的速度只是在方向上有变化, 即假设力与速度的方向垂直, 则有

$$\frac{\mathrm{d}\boldsymbol{p}}{\mathrm{d}t} = \frac{m}{\sqrt{1 - \dfrac{v^2}{c^2}}} \frac{\mathrm{d}\boldsymbol{v}}{\mathrm{d}t}. \tag{9.2}$$

若速度仅仅改变大小, 就是说, 若力平行于速度, 那么

$$\frac{\mathrm{d}\boldsymbol{p}}{\mathrm{d}t} = \frac{m}{\left(1 - \dfrac{v^2}{c^2}\right)^{3/2}} \frac{\mathrm{d}\boldsymbol{v}}{\mathrm{d}t}. \tag{9.3}$$

我们看到, 力与加速度之比, 在两种情况下, 并不相等.

粒子的**能量** $\mathscr{E}$, 我们知道, 可用下式定义 (参见第一卷 §6):

$$\mathscr{E} = \boldsymbol{p} \cdot \boldsymbol{v} - L.$$

用表达式 (8.2) 及 (9.1) 代替 L 及 $\boldsymbol{p}$, 则得

$$\mathscr{E} = \frac{mc^2}{\sqrt{1 - \dfrac{v^2}{c^2}}}. \tag{9.4}$$

特别是, 由这个非常重要的表达式可以看出, 在相对论力学中, 一个自由粒子的能量在 $v = 0$ 时并不为零, 而是取有限值

$$\mathscr{E} = mc^2. \tag{9.5}$$

这个量称为该粒子的**静能**.

在速度很小 ($v/c \ll 1$) 的情况下, 将 (9.4) 式展为 v/c 的幂级数, 我们得到

$$\mathscr{E} \approx mc^2 + \frac{mv^2}{2},$$

就是说, 扣除静能后, 此式就是一个粒子动能的经典表达式.

必须强调, 尽管我们这里谈的是 "粒子", 但从未用到它的 "基本性". 因此, 这些公式同样可以用于许多粒子组成的复合物体. 此时 m 是指该物体的总质量, 而 v 是指它作为整体的运动速度. 特别地, (9.5) 式适用于整体静止的任何物体. 请注意, 在相对论力学中, 任何自由物体 (即任何封闭系统) 的能量是一个完全确定的量, 它总是正的, 并与该物体的质量直接相关. 为此我们可以回忆在经典力学中, 一个物体的能量只确定到差一个任意常数, 并且既可以为正值, 也可以为负值.

一个静止物体的能量，除其组成粒子的静能外，还包括粒子的动能和它们的相互作用能. 换句话说，mc^2 并不等于 $\sum m_\alpha c^2$（m_α 是诸粒子的质量），所以，m 并不等于 $\sum m_\alpha$. 因此，在相对论力学中，质量守恒定律并不成立：复合物体的质量并不等于其各个部分质量之和，而只有包含粒子静能在内的能量守恒定律是成立的.

将（9.1）及（9.4）平方并同这些结果比较，我们得到粒子能量和动量之间的下列关系

$$\frac{\mathscr{E}^2}{c^2} = p^2 + m^2 c^2. \tag{9.6}$$

用动量来表示的能量称为哈密顿函数 $\mathscr{H}$：

$$\mathscr{H} = c\sqrt{p^2 + m^2 c^2}. \tag{9.7}$$

对于低速情况，$p \ll mc$，我们近似地有

$$\mathscr{H} = mc^2 + \frac{p^2}{2m},$$

就是说，除静能外我们得到了哈密顿量熟悉的经典表达式.

从（9.1）及（9.4）我们得到一个自由粒子的能量、动量与速度的关系如下：

$$\boldsymbol{p} = \frac{\mathscr{E}\boldsymbol{v}}{c^2}. \tag{9.8}$$

当 $v = c$ 时，粒子的动量与能量都变为无穷大，这就是说，一个粒子，如果它的质量不为零，就不可能以光速运动. 然而在相对论力学中，可能存在质量为零而以光速运动的粒子（例如光子和中微子）. 由（9.8），对于这一类粒子我们有

$$p = \frac{\mathscr{E}}{c}. \tag{9.9}$$

同样的公式对于非零质量的粒子在**极端相对论**情况下也近似成立，那时粒子的能量 $\mathscr{E}$ 远大于其静能 mc^2.

现在我们来推导得到的所有关系式的四维形式. 按照最小作用量原理，

$$\delta S = -mc\delta \int_a^b \mathrm{d}s = 0.$$

为了建立 δS 的表达式，我们注意到 $\mathrm{d}s = \sqrt{\mathrm{d}x_i \mathrm{d}x^i}$，因此，

$$\delta S = -mc \int_a^b \frac{\mathrm{d}x_i \delta \mathrm{d}x^i}{\mathrm{d}s} = -mc \int_a^b u_i \mathrm{d}\delta x^i.$$

用分部积分法，我们得到

$$\delta S = -mc u_i \delta x^i \Big|_a^b + mc \int_a^b \delta x^i \frac{\mathrm{d}u_i}{\mathrm{d}s} \mathrm{d}s. \tag{9.10}$$

大家知道, 为了求得运动方程, 就必须比较经过两个给定点的不同的轨道, 即在上限和下限有 $(\delta x^i)_a = (\delta x^i)_b = 0$. 实际的轨道则是由 $\delta S = 0$ 这个条件来决定的. 由 (9.10) 我们得到方程 $\dfrac{\mathrm{d} u_i}{\mathrm{d} s} = 0$, 也就是自由粒子的四维速度恒定.

为了表示作用量的变分为坐标的函数, 我们知道, a 点必须当做固定的, 所以 $(\delta x^i)_a = 0$. 第二点应该当做变化的, 但是这时只考虑实际的轨道, 即那些满足运动方程的轨道. 因此, 在表示 δS 的 (9.10) 式中, 积分项为零. 代替 $(\delta x^i)_b$, 可以简单地写 δx^i, 因之, 得

$$\delta S = -mc u_i \delta x^i. \tag{9.11}$$

四维矢量

$$p_i = -\frac{\partial S}{\partial x^i} \tag{9.12}$$

称为**四维动量矢量**. 我们从力学中知道, 导数 $\partial S/\partial x, \partial S/\partial y, \partial S/\partial z$ 是粒子动量矢量 $\boldsymbol{p}$ 的 3 个分量, 而导数 $-\partial S/\partial t$ 是粒子的能量 $\mathscr{E}$. 因此, 四维动量的协变分量是 $p_i = (\mathscr{E}/c, -\boldsymbol{p})$, 而逆变分量是[①]

$$p^i = \left(\frac{\mathscr{E}}{c}, \boldsymbol{p}\right). \tag{9.13}$$

由 (9.11) 可知, 一个自由粒子的四维动量的分量是

$$p^i = mc u^i. \tag{9.14}$$

代入 (7.2) 式中四维速度的分量, 我们事实上就得到 $\boldsymbol{p}$ 和 $\mathscr{E}$ 的表达式 (9.1) 和 (9.4).

因之, 在相对论力学中, 动量与能量是一个四维矢量的分量. 从而就直接得到动量与能量由一个惯性系到另一个惯性系的变换公式. 将 (9.13) 代入四维矢量的普遍变换公式 (6.1) 内, 我们得到

$$p_x = \frac{p'_x + \dfrac{V}{c^2}\mathscr{E}'}{\sqrt{1 - \dfrac{V^2}{c^2}}}, \quad p_y = p'_y, \quad p_z = p'_z, \quad \mathscr{E} = \frac{\mathscr{E}' + V p'_x}{\sqrt{1 - \dfrac{V^2}{c^2}}}, \tag{9.15}$$

式中 p_x, p_y, p_z 是三维矢量 $\boldsymbol{p}$ 的分量.

从四维动量 (9.14) 的定义以及恒等式 $u^i u_i = 1$, 我们就得到自由粒子四维动量的平方

$$p_i p^i = m^2 c^2. \tag{9.16}$$

[①] 请注意有一个辅助方法可以帮助我们记住物理四维矢量的定义: **逆变分量**同相应的三维矢量 ($\boldsymbol{r}$ 对于 x^i, $\boldsymbol{p}$ 对于 p^i) 相关, 带 "正确的" 正号.

代入 (9.13) 式，我们就回到 (9.6).

同力的通常定义类比，力的四维矢量可定义为导数：

$$g^i = \frac{\mathrm{d}p^i}{\mathrm{d}s} = mc\frac{\mathrm{d}u^i}{\mathrm{d}s}. \tag{9.17}$$

其分量满足恒等式 $g_i u^i = 0$. 这个四维矢量可用通常的三维力矢量 $\boldsymbol{f} = \mathrm{d}\boldsymbol{p}/\mathrm{d}t$ 表示为：

$$g^i = \left(\frac{\boldsymbol{f} \cdot \boldsymbol{v}}{c^2 \sqrt{1 - \dfrac{v^2}{c^2}}}, \frac{\boldsymbol{f}}{c\sqrt{1 - \dfrac{v^2}{c^2}}} \right). \tag{9.18}$$

时间分量与该力所做的功相关.

将 (9.12) 式代入 (9.16)，就得到相对论的哈密顿–雅可比方程：

$$\frac{\partial S}{\partial x_i}\frac{\partial S}{\partial x^i} \equiv g^{ik}\frac{\partial S}{\partial x^i}\frac{\partial S}{\partial x^k} = m^2 c^2, \tag{9.19}$$

或者，将求和明显写出：

$$\frac{1}{c^2}\left(\frac{\partial S}{\partial t}\right)^2 - \left(\frac{\partial S}{\partial x}\right)^2 - \left(\frac{\partial S}{\partial y}\right)^2 - \left(\frac{\partial S}{\partial z}\right)^2 = m^2 c^2. \tag{9.20}$$

在方程 (9.20) 中过渡到经典力学极限情况的做法如下. 首先我们必须注意，正如 (9.7) 式中相应的过渡那样，相对论力学中一个粒子的能量包含 mc^2 项，而该项在经典力学中没有. 因为作用量 S 同能量 $\mathscr{E}$ 有关系 $\mathscr{E} = -\partial S/\partial t$，所以在过渡到经典力学时，我们必须用一个新的作用量 S' 来替换作用量 S，其关系为：

$$S = S' - mc^2 t.$$

将此式代入 (9.20)，我们得到

$$\frac{1}{2mc^2}\left(\frac{\partial S'}{\partial t}\right)^2 - \frac{\partial S'}{\partial t} - \frac{1}{2m}\left[\left(\frac{\partial S'}{\partial x}\right)^2 + \left(\frac{\partial S'}{\partial y}\right)^2 + \left(\frac{\partial S'}{\partial z}\right)^2\right] = 0.$$

在 $c \to \infty$ 的极限情况下，这个方程就回到经典的哈密顿–雅可比方程.

§10　分布函数的变换

在许多物理问题中我们都要处理粒子动量的**分布函数**：$f(\boldsymbol{p})\mathrm{d}p_x\mathrm{d}p_y\mathrm{d}p_z$ 是动量分量在给定间隔 $\mathrm{d}p_x, \mathrm{d}p_y, \mathrm{d}p_z$ 内的粒子数（或者，简言之，在"动量空间"给定体积元 $\mathrm{d}^3p \equiv \mathrm{d}p_x\mathrm{d}p_y\mathrm{d}p_z$ 内的粒子数）. 于是当我们从一个参考系变换到另一个参考系时，就面临着寻找分布函数 $f(\boldsymbol{p})$ 变换规律的问题.

为了解决这个问题, 我们先来确定"体积元"$dp_x dp_y dp_z$ 在洛伦兹变换下的性质. 如果我们引入一个四维坐标系, 在其轴上标以粒子的四维动量的分量, 则 $dp_x dp_y dp_z$ 可以看作是由方程 $p^i p_i = m^2 c^2$ 定义的超曲面元的零分量. 这个超曲面元是沿该超曲面法线指向的四维矢量; 在这种情况下, 该法线的方向显然与四维矢量 p_i 的方向一致. 由此可知, 比值

$$\frac{dp_x dp_y dp_z}{\mathscr{E}} \tag{10.1}$$

是一个不变量, 因为它是两个平行四维矢量的对应分量的比值.[①]

粒子数 $f dp_x dp_y dp_z$ 显然也是一个不变量, 因为它不依赖于参考系的选择. 将其写为形式

$$f(\boldsymbol{p})\mathscr{E}\frac{dp_x dp_y dp_z}{\mathscr{E}},$$

并应用比值 (10.1) 的不变性, 我们得出乘积 $f(\boldsymbol{p})\mathscr{E}$ 是不变量. 于是 K' 系中的分布函数与 K 系中的分布函数通过下式联系起来

$$f'(\boldsymbol{p}') = \frac{f(\boldsymbol{p})\mathscr{E}}{\mathscr{E}'}, \tag{10.2}$$

式中 $\boldsymbol{p}$ 和 $\mathscr{E}$ 必须用变换公式 (9.15) 通过 $\boldsymbol{p}'$ 和 $\mathscr{E}'$ 表示.

现在再回到不变表达式 (10.1). 如果我们在动量空间引入"球坐标", 则体积元 $dp_x dp_y dp_z$ 变为 $p^2 dp do$, 式中 do 是围绕矢量 $\boldsymbol{p}$ 方向的立体角元. 注意到 $p dp = \mathscr{E} d\mathscr{E}/c^2$ (由 (9.6)), 我们有:

$$\frac{p^2 dp do}{\mathscr{E}} = \frac{p d\mathscr{E} do}{c^2}.$$

于是我们发现

$$p\, d\mathscr{E}\, do \tag{10.3}$$

也是不变量.

在气体动理论中, 分布函数的概念表现为另一种形式: 乘积 $f(\boldsymbol{r}, \boldsymbol{p}) dp_x dp_y dp_z dV$ 是体积元 dV 中动量在间隔 dp_x, dp_y, dp_z 内的粒子数. 函数 $f(\boldsymbol{r}, \boldsymbol{p})$ 称为**相空间**(粒子的坐标和动量空间) 中的分布函数, 微分乘积 $d\tau = d^3 p\, dV$ 是这个空间的体积元. 我们将寻求这个函数的变换法则.

---

① 对体积元 (10.1) 的积分可以借助 δ 函数 (参见 §28 第一个脚注) 在四维形式中表示为对

$$\frac{2}{c}\delta(p^i p_i - m^2 c^2) d^4 p, \quad d^4 p = dp^0 dp^1 dp^2 dp^3. \tag{10.1a}$$

的积分. 4 个分量 p^i 被看做独立变量 (p^0 只取正值). (10.1a) 式显然来自其中出现的 δ 函数的下列表示:

$$\delta(p^i p_i - m^2 c^2) = \delta\left(p_0^2 - \frac{\mathscr{E}^2}{c^2}\right) = \frac{c}{2\mathscr{E}}\left[\delta\left(p_0 + \frac{\mathscr{E}}{c}\right) + \delta\left(p_0 - \frac{\mathscr{E}}{c}\right)\right], \tag{10.1b}$$

式中 $\mathscr{E} = c\sqrt{p^2 + m^2 c^2}$, 而这个公式则来自该脚注中的公式 (5).

除了参考系 K 和 K' 外，我们也引入具有给定动量的粒子在其中处于静止的参考系 K_0；粒子占据的体积元的固有体积 dV_0 就是相对于该参考系定义的. 按照定义，K 和 K' 系相对于 K_0 系的速度与这些粒子在 K 和 K' 系中的速度 v 和 v' 一致. 因此，按照 (4.6) 式，我们有：

$$dV = dV_0 \sqrt{1 - \frac{v^2}{c^2}}, \quad dV' = dV_0 \sqrt{1 - \frac{v'^2}{c^2}},$$

由此，

$$\frac{dV}{dV'} = \frac{\mathscr{E}'}{\mathscr{E}}.$$

将此式乘以 $d^3p/d^3p' = \mathscr{E}/\mathscr{E}'$ 式，我们得到

$$d\tau = d\tau', \tag{10.4}$$

即相空间的体积元是不变量. 因为粒子数 $f d\tau$ 按定义也是不变量，我们得出结论：相空间的分布函数是不变量：

$$f'(\boldsymbol{r}', \boldsymbol{p}') = f(\boldsymbol{r}, \boldsymbol{p}), \tag{10.5}$$

式中 $\boldsymbol{r}', \boldsymbol{p}'$ 由洛伦兹变换公式同 $\boldsymbol{r}, \boldsymbol{p}$ 相联系.

§11 粒子的衰变

我们来考虑一个质量为 M 的粒子自发衰变为质量为 m_1 和 m_2 两部分的情形. 将衰变中能量守恒定律应用于该粒子处于静止的参考系，我们得到[1]

$$M = \mathscr{E}_{10} + \mathscr{E}_{20}, \tag{11.1}$$

式中 $\mathscr{E}_{10}$ 和 $\mathscr{E}_{20}$ 是出射粒子的能量. 因为 $\mathscr{E}_{10} > m_1$ 和 $\mathscr{E}_{20} > m_2$，仅当 $M > m_1 + m_2$ 时 (11.1) 式才能得到满足，即一个粒子可以自发衰变为质量之和小于该粒子质量的两部分. 另一方面，如果 $M < m_1 + m_2$，则粒子（对于该特定衰变）是稳定的，不会自发衰变. 在这种情形下为引起衰变，我们必须从外面提供给该粒子至少等于其"束缚能"$(m_1 + m_2 - M)$ 的能量.

衰变过程中动量和能量一样必须守恒. 因为粒子的初始动量是零，出射粒子的动量之和必须是零：$\boldsymbol{p}_{10} + \boldsymbol{p}_{20} = 0$. 因而 $p_{10}^2 = p_{20}^2$，或

$$\mathscr{E}_{10}^2 - m_1^2 = \mathscr{E}_{20}^2 - m_2^2. \tag{11.2}$$

---

[1] 在 §11—§13 中，我们令 $c = 1$. 即把光速取为测量速度的单位（所以长度和时间的量纲变得相同）. 这种选择在相对论力学中是自然的，且能大大简化公式的书写. 不过，在本书中（它也含有相当数量的非相对论性理论）我们通常不用这种单位制，而在每次用到时予以说明.

如果公式中已令 $c = 1$，换回通常的单位是容易的：在其中引入光速以保证量纲正确即可.

(11.1) 和 (11.2) 两式唯一地决定了出射粒子的能量:

$$\mathscr{E}_{10} = \frac{M^2 + m_1^2 - m_2^2}{2M}, \quad \mathscr{E}_{20} = \frac{M^2 - m_1^2 + m_2^2}{2M}. \tag{11.3}$$

在一定意义上, 这个问题的逆问题是计算两个碰撞粒子在其总动量为零的参考系中的总能量 M. (这个参考系简称为**动量中心系**或"C 系".) 这个量的计算给出了伴随碰撞粒子状态改变或新粒子"产生"的各种非弹性碰撞过程可能存在的判据. 仅当"反应产物"的质量之和不超过 M 时, 这类过程才能够发生.

假设在初始参考系 (**实验室系**) 中, 一个质量为 m_1 能量为 $\mathscr{E}_1$ 的粒子同一个质量为 m_2 的静止粒子相撞. 两个粒子的总能量是

$$\mathscr{E} = \mathscr{E}_1 + \mathscr{E}_2 = \mathscr{E}_1 + m_2,$$

它们的总动量是 $\boldsymbol{p} = \boldsymbol{p}_1 + \boldsymbol{p}_2 = \boldsymbol{p}_1$. 把两个粒子一起看成单一的复合系统, 从 (9.8) 我们得到它作为一个整体的运动速度是:

$$\boldsymbol{V} = \frac{\boldsymbol{p}}{\mathscr{E}} = \frac{\boldsymbol{p}_1}{\mathscr{E}_1 + m_2}. \tag{11.4}$$

这个量是 C 系相对于实验室系 (L 系) 的运动速度.

然而, 在测定质量 M 时, 没有必要从一个参考系变换到另一个参考系. 我们可以直接应用 (9.6) 式, 它既可以个别应用于每个粒子, 也同样可以应用于复合系统. 于是我们有

$$M^2 = \mathscr{E}^2 - p^2 = (\mathscr{E}_1 + m_2)^2 - (\mathscr{E}_1^2 - m_1^2),$$

由此

$$M^2 = m_1^2 + m_2^2 + 2m_2\mathscr{E}_1. \tag{11.5}$$

习　题

1. 一个以速度 V 运动的粒子在"飞行"中分解为两个粒子. 求这些粒子的出射角同其能量之间的关系.

解: 设 $\mathscr{E}_0$ 是衰变粒子之一在 C 系中的能量 (即 (11.3) 中的 $\mathscr{E}_{10}$ 或 $\mathscr{E}_{20}$), $\mathscr{E}$ 是这同一粒子在 L 系中的能量, θ 是它在 L 系中 (相对于 $\boldsymbol{V}$ 的方向) 的出射角. 用变换公式我们得到:

$$\mathscr{E}_0 = \frac{\mathscr{E} - Vp\cos\theta}{\sqrt{1 - V^2}},$$

所以

$$\cos\theta = \frac{\mathscr{E} - \mathscr{E}_0\sqrt{1 - V^2}}{V\sqrt{\mathscr{E}^2 - m^2}}. \tag{1}$$

为从 $\cos\theta$ 反求 $\mathscr{E}$, 我们得到 (相对于 $\mathscr{E}$) 的二次方程

$$\mathscr{E}^2(1 - V^2\cos^2\theta) - 2\mathscr{E}\mathscr{E}_0\sqrt{1 - V^2} + \mathscr{E}_0^2(1 - V^2) + V^2m^2\cos^2\theta = 0, \quad (2)$$

它有一个正根 (如果衰变粒子在 C 系中的速度 v_0 满足 $v_0 > V$) 或两个正根 (如果 $v_0 < V$).

从图示可以清楚这种不确定性的来由. 按照 (9.15), L 系中的动量分量用参照 C 系的量来表达是通过公式

$$p_x = \frac{p_0\cos\theta_0 + \mathscr{E}_0 V}{\sqrt{1 - V^2}}, \quad p_y = p_0\sin\theta_0.$$

消去 θ_0, 我们得到

$$p_y^2 + (p_x\sqrt{1 - V^2} - \mathscr{E}_0 V)^2 = p_0^2.$$

相对于变量 p_x, p_y 这就是半轴为 $p_0/\sqrt{1 - V^2}, p_0$ 的椭圆, 其中心 (图 3 中的点 O) 从点 $\boldsymbol{p} = 0$ (图 3 中的点 A) 移动了距离 $\mathscr{E}_0 V/\sqrt{1 - V^2}$ [①].

如果 $V > p_0/\mathscr{E}_0 = v_0$, 点 A 处于椭圆的外面 (图 3b), 以至对于固定的角 θ, 矢量 $\boldsymbol{p}$ (因而能量 $\mathscr{E}$) 可以有两个不同的值. 由此结构也显见, 在这种情形下, 角 θ 不能超过确定值 θ_{max} (相应于矢量 $\boldsymbol{p}$ 同椭圆相切处的位置). θ_{max} 的值很容易从二次方程 (2) 的判别式等于零的条件解析地确定:

$$\sin\theta_{max} = \frac{p_0\sqrt{1 - V^2}}{mV}.$$

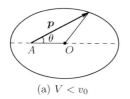
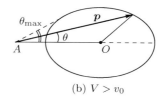

(a) $V < v_0$ (b) $V > v_0$

图 3

2. 求衰变粒子在 L 系中的能量分布.

解: 在 C 系中, 衰变粒子是各向同性分布的, 即在立体角元 $\mathrm{d}o_0 = 2\pi\sin\theta_0\mathrm{d}\theta_0$ 中的粒子数是

$$\mathrm{d}N = \frac{1}{4\pi}\mathrm{d}o_0 = \frac{1}{2}|\mathrm{d}\cos\theta_0|. \quad (1)$$

---

① 在经典极限下, 该椭圆变为圆, 见本教程第一卷 §16.

L 系中的能量用参照 C 系中的量表达为

$$\mathscr{E} = \frac{\mathscr{E}_0 + p_0 V \cos\theta_0}{\sqrt{1-V^2}},$$

取值范围从

$$\frac{\mathscr{E}_0 - V p_0}{\sqrt{1-V^2}} \quad 到 \quad \frac{\mathscr{E}_0 + V p_0}{\sqrt{1-V^2}}.$$

用 $\mathrm{d}\mathscr{E}$ 来表达 $|\mathrm{d}\cos\theta_0|$,我们得到归一化的能量分布(对两类衰变粒子的每一种):

$$\mathrm{d}N = \frac{1}{2V p_0} \sqrt{1-V^2}\, \mathrm{d}\mathscr{E}.$$

3. 对于衰变为两个全同粒子的情形,求 L 系中两个衰变粒子之间的角(它们的分离角)的取值范围.

解:在 C 系中,粒子反向飞离,所以 $\theta_{10} = \pi - \theta_{20} \equiv \theta_0$ 按照 (5.4) 式,C 系和 L 系中角之间的关系由以下公式给出:

$$\cot\theta_1 = \frac{v_0 \cos\theta_0 + V}{v_0 \sin\theta_0 \sqrt{1-V^2}}, \quad \cot\theta_2 = \frac{-v_0 \cos\theta_0 + V}{v_0 \sin\theta_0 \sqrt{1-V^2}}$$

(因为在目前情形下,$v_{10} = v_{20} \equiv v_0$). 要求的分离角是 $\Theta = \theta_1 + \theta_2$,简单的计算给出:

$$\cot\Theta = \frac{V^2 - v_0^2 + V^2 v_0^2 \sin^2\theta_0}{2V v_0 \sqrt{1-V^2}\sin\theta_0}.$$

考察该表达式的极值给出下列 Θ 可能的取值范围:

对于 $V < v_0$:

$$2\arctan\left(\frac{v_0}{V}\sqrt{1-V^2}\right) < \Theta < \pi;$$

对于 $v_0 < V < \dfrac{v_0}{\sqrt{1-v_0^2}}$:

$$0 < \Theta < \arcsin\sqrt{\frac{1-V^2}{1-v_0^2}} < \frac{\pi}{2};$$

对于 $V > \dfrac{v_0}{\sqrt{1-v_0^2}}$:

$$0 < \Theta < 2\arctan\left(\frac{v_0}{V}\sqrt{1-V^2}\right) < \frac{\pi}{2}.$$

4. 求零质量的衰变粒子在 L 系中的角分布.

解:按照 (5.6) 式,$m = 0$ 的粒子在 C 系和 L 系中出射角之间的关系是

$$\cos\theta_0 = \frac{\cos\theta - V}{1 - V\cos\theta}.$$

将这个表达式代入习题 2 中的 (1) 式, 我们得到:

$$dN = \frac{(1-V^2)do}{4\pi(1-V\cos\theta)^2}.$$

5. 对于衰变为两个零质量粒子的情形, 求 L 系中张角的分布.

解: L 系中出射角 θ_1, θ_2 之间的关系, 以及 C 系中角 $\theta_{10} \equiv \theta_0, \theta_{20} = \pi - \theta_0$ 由 (5.6) 式给出, 所以对于张角 $\Theta = \theta_1 + \theta_2$ 我们有:

$$\cos\Theta = \frac{2V^2 - 1 - V^2\cos^2\theta_0}{1 - V^2\cos^2\theta_0}$$

反过来,

$$\cos\theta_0 = \sqrt{1 - \frac{1-V^2}{V^2}\cot^2\frac{\Theta}{2}}.$$

把这个表达式代入习题 2 的 (1) 式, 我们得到:

$$dN = \frac{1-V^2}{16\pi V}\frac{do}{\sin^3\frac{\Theta}{2}\sqrt{V^2 - \cos^2\frac{\Theta}{2}}}.$$

角 Θ 取值从 π 到 $\Theta_{\min} = 2\arccos V$.

6. 当一个质量 M 的静止粒子衰变为质量为 m_1, m_2 和 m_3 的 3 个粒子时, 这 3 个粒子之一能够带出的最大能量是多少?

解: 粒子 m_1 有其最大能量的条件是, 其他两个粒子 m_2 和 m_3 构成的系统有其最小可能的质量; 后者等于和 $m_2 + m_3$ (且相应于这两个粒子以相同速度一起运动的情形), 因此这个问题化为一个粒子衰变为两部分, 从 (11.3) 我们得到:

$$\mathscr{E}_{1\max} = \frac{M^2 + m_1^2 - (m_2 + m_3)^2}{2M}.$$

§12　不变截面

碰撞过程由其**有效截面** (或**截面**) 表征, 它决定碰撞的粒子束之间发生的 (特定类型的) 碰撞数.

假设有两个碰撞束; 我们用 n_1 和 n_2 表示其中的粒子密度 (即单位体积内的粒子数), 用 $\boldsymbol{v}_1$ 和 $\boldsymbol{v}_2$ 表示粒子的速度. 在粒子 2 处于静止的参考系 (或者说粒子 2 的**静止系**) 中, 我们讨论的是粒子束 1 同静止靶的碰撞. 于是按照碰撞截面 σ 的通常定义, 体积 dV 内时间 dt 中发生的碰撞数是

$$d\nu = \sigma v_{\mathrm{rel}} n_1 n_2 dV dt,$$

式中 v_{rel} 是粒子 1 在粒子 2 静止系中的速度（它恰好就是相对论力学中两个粒子相对速度的定义）.

$\mathrm{d}\nu$ 这个数就其本性而言是一个不变量. 让我们来试着将它表示为可适用于任何参考系的形式:

$$\mathrm{d}\nu = An_1n_2\mathrm{d}V\mathrm{d}t, \tag{12.1}$$

式中 A 是一个待定的数, 我们知道, 在粒子之一的静止系中它的值是 $v_{\mathrm{rel}}\sigma$. 我们将总是用 σ 来严格表示粒子之一的静止系中的截面, 即按照定义, 它是一个不变量. 从其定义可知, 相对速度 v_{rel} 也是不变量.

在 (12.1) 式中, 乘积 $\mathrm{d}V\mathrm{d}t$ 是不变量. 因而乘积 An_1n_2 必定也是不变量.

注意到给定体积元 $\mathrm{d}V$ 中的粒子数 $n\mathrm{d}V$ 是不变量, 就不难求得粒子密度 n 的变换规律. 记 $n\mathrm{d}V = n_0\mathrm{d}V_0$（指标 0 表示静止系）, 用 (4.6) 式作为体积的变换公式, 我们求得:

$$n = \frac{n_0}{\sqrt{1-v^2}}, \tag{12.2}$$

或 $n = n_0\mathscr{E}/m$, 式中 $\mathscr{E}$ 是粒子的能量, m 是粒子的质量.

因此, An_1n_2 是不变的这个论断与 $A\mathscr{E}_1\mathscr{E}_2$ 的不变性等价. 这个条件更方便地表述为如下形式

$$A\frac{\mathscr{E}_1\mathscr{E}_2}{p_{1i}p_2^i} = A\frac{\mathscr{E}_1\mathscr{E}_2}{\mathscr{E}_1\mathscr{E}_2 - \boldsymbol{p}_1\cdot\boldsymbol{p}_2} = \mathrm{inv}, \tag{12.3}$$

式中分母（两个粒子四维动量的乘积）是不变量.

在粒子 2 的静止系中, 我们有 $\mathscr{E}_2 = m_2, \boldsymbol{p}_2 = 0$, 故不变量 (12.3) 化为 A. 另一方面, 在该参考系中, $A = \sigma v_{\mathrm{rel}}$. 所以, 在任意参考系中,

$$A = \sigma v_{\mathrm{rel}}\frac{p_{1i}p_2^i}{\mathscr{E}_1\mathscr{E}_2}. \tag{12.4}$$

为将此式表为其最终形式, 我们用粒子在任意参考系中的动量或速度来表示 v_{rel}. 为了做到这一点, 我们注意在粒子 2 的静止系中,

$$p_{1i}p_2^i = \frac{m_1}{\sqrt{1-v_{\mathrm{rel}}^2}}m_2.$$

于是,

$$v_{\mathrm{rel}} = \sqrt{1 - \frac{m_1^2m_2^2}{(p_{1i}p_2^i)^2}}. \tag{12.5}$$

利用 (9.1) 和 (9.4) 式通过速度 $\boldsymbol{v}_1$ 和 $\boldsymbol{v}_2$ 来表示量 $p_{1i}p_2^i = \mathscr{E}_1\mathscr{E}_2 - \boldsymbol{p}_1\cdot\boldsymbol{p}_2$:

$$p_{1i}p_2^i = m_1m_2\frac{1-\boldsymbol{v}_1\cdot\boldsymbol{v}_2}{\sqrt{(1-v_1^2)(1-v_2^2)}},$$

代入 (12.5)，在做一些简单的变换后，我们得到相对速度的如下表达式

$$v_{\text{rel}} = \frac{\sqrt{(\boldsymbol{v}_1 - \boldsymbol{v}_2)^2 - (\boldsymbol{v}_1 \times \boldsymbol{v}_2)^2}}{1 - \boldsymbol{v}_1 \cdot \boldsymbol{v}_2} \tag{12.6}$$

（我们注意到，这个表达式对 $\boldsymbol{v}_1$ 和 $\boldsymbol{v}_2$ 是对称的，即相对速度的数值与用来定义它的粒子的选择无关.）

将 (12.5) 或 (12.6) 代入 (12.4) 然后代入 (12.1)，得到解决我们问题的最后公式：

$$\mathrm{d}\nu = \sigma \frac{\sqrt{(p_{1i}p_2^i)^2 - m_1^2 m_2^2}}{\mathscr{E}_1 \mathscr{E}_2} n_1 n_2 \mathrm{d}V \mathrm{d}t \tag{12.7}$$

或

$$\mathrm{d}\nu = \sigma \sqrt{(\boldsymbol{v}_1 - \boldsymbol{v}_2)^2 - (\boldsymbol{v}_1 \times \boldsymbol{v}_2)^2}\, n_1 n_2 \mathrm{d}V \mathrm{d}t \tag{12.8}$$

（W. Pauli，1933）.

如果速度 $\boldsymbol{v}_1$ 和 $\boldsymbol{v}_2$ 共线，则 $\boldsymbol{v}_1 \times \boldsymbol{v}_2 = 0$，于是 (12.8) 式取如下形式：

$$\mathrm{d}\nu = \sigma |\boldsymbol{v}_1 - \boldsymbol{v}_2| n_1 n_2 \mathrm{d}V \mathrm{d}t. \tag{12.9}$$

习　　题

求相对论"速度空间"的"线元".

解：要求的线元 $\mathrm{d}l_v$ 是速度为 $\boldsymbol{v}$ 和 $\boldsymbol{v} + \mathrm{d}\boldsymbol{v}$ 的两点间的相对速度. 所以我们从 (12.6) 得

$$\mathrm{d}l_v^2 = \frac{(\mathrm{d}\boldsymbol{v})^2 - (\boldsymbol{v} \times \mathrm{d}\boldsymbol{v})^2}{(1 - v^2)^2} = \frac{\mathrm{d}v^2}{(1 - v^2)^2} + \frac{v^2}{1 - v^2}(\mathrm{d}\theta^2 + \sin^2\theta \cdot \mathrm{d}\varphi^2),$$

式中 θ, φ 是 $\boldsymbol{v}$ 的方向的极角和方位角. 如果我们通过方程 $v = \tanh\chi$ 引进新的变量 χ 来代替 v，则线元表为：

$$\mathrm{d}l_v^2 = \mathrm{d}\chi^2 + \sinh^2\chi(\mathrm{d}\theta^2 + \sin^2\theta \cdot \mathrm{d}\varphi^2).$$

从几何的观点看，这就是三维罗巴切夫斯基空间（负常曲率空间）的线元（见 (111.12)）.

§13　粒子的弹性碰撞

让我们从相对论力学的观点来考虑粒子的**弹性碰撞**. 我们将两个碰撞粒子（质量为 m_1 和 m_2）的动量和能量记为 $\boldsymbol{p}_1, \mathscr{E}_1$ 和 $\boldsymbol{p}_2, \mathscr{E}_2$；用撇号代表碰撞后相应的量.

碰撞中的动量和能量守恒定律可以一起写成四维动量守恒方程：

$$p_1^i + p_2^i = p_1'^i + p_2'^i. \tag{13.1}$$

从这个四维矢量方程，我们来构造有助于进一步计算的不变关系式. 为此将 (13.1) 改写成形式：

$$p_1^i + p_2^i - p_1'^i = p_2'^i,$$

再将两边平方（即写出每边同自身的标积）. 注意到四维动量 p_1^i 和 $p_1'^i$ 的平方等于 m_1^2，p_2^i 和 $p_2'^i$ 的平方等于 m_2^2，我们得到：

$$m_1^2 + p_{1i}p_2^i - p_{1i}p_1'^i - p_{2i}p_1'^i = 0. \tag{13.2}$$

类似地，平方方程 $p_1^i + p_2^i - p_2'^i = p_1'^i$，我们得出：

$$m_2^2 + p_{1i}p_2^i - p_{2i}p_2'^i - p_{1i}p_2'^i = 0. \tag{13.3}$$

我们来考虑参考系（L 系）中的碰撞，该系中粒子之一（m_2）碰撞前处于静止. 于是 $\boldsymbol{p}_2 = 0, \mathscr{E}_2 = m_2$，且 (13.2) 式中出现的标积是：

$$\begin{aligned}
p_{1i}p_2^i &= \mathscr{E}_1 m_2, \\
p_{2i}p_1'^i &= m_2 \mathscr{E}_1', \\
p_{1i}p_1'^i &= \mathscr{E}_1 \mathscr{E}_1' - \boldsymbol{p}_1 \cdot \boldsymbol{p}_1' = \mathscr{E}_1 \mathscr{E}_1' - p_1 p_1' \cos\theta_1,
\end{aligned} \tag{13.4}$$

式中 θ_1 是入射粒子 m_1 的散射角. 将这些表达式代入 (13.2) 我们得到：

$$\cos\theta_1 = \frac{\mathscr{E}_1'(\mathscr{E}_1 + m_2) - \mathscr{E}_1 m_2 - m_1^2}{p_1 p_1'}, \tag{13.5}$$

类似地，我们从 (13.3) 得到：

$$\cos\theta_2 = \frac{(\mathscr{E}_1 + m_2)(\mathscr{E}_2' - m_2)}{p_1 p_2'}, \tag{13.6}$$

式中 θ_2 是入射粒子的动量 $\boldsymbol{p}_1$ 同变换后动量 $\boldsymbol{p}_2'$ 之间的夹角.

公式 (13.5)—(13.6) 将 L 系中两个粒子的散射角同它们在碰撞中的能量变化联系了起来. 反演这些公式，我们可以用 θ_1 或 θ_2 来表示能量 $\mathscr{E}_1', \mathscr{E}_2'$. 将 $p_1 = \sqrt{\mathscr{E}_1^2 - m_1^2}, p_2' = \sqrt{\mathscr{E}_2'^2 - m_2^2}$ 代入 (13.6) 并将两边平方，经简单计算后得到：

$$\mathscr{E}_2' = m_2 \frac{(\mathscr{E}_1 + m_2)^2 + (\mathscr{E}_1^2 - m_1^2)\cos^2\theta_2}{(\mathscr{E}_1 + m_2)^2 - (\mathscr{E}_1^2 - m_1^2)\cos^2\theta_2}. \tag{13.7}$$

反演公式 (13.5) 可得出在一般情形下用 θ_1 表示 $\mathscr{E}_1'$ 的非常复杂的公式.

我们注意到，如果 $m_1 > m_2$，即入射粒子重于靶粒子，则散射角 θ_1 不能超过某个最大值. 通过初等计算不难发现，该值由下式给出：

$$\sin\theta_{1\ \max} = \frac{m_2}{m_1}, \tag{13.8}$$

这同熟悉的经典结果一致.

当入射粒子质量为零，即 $m_1 = 0$，因而 $p_1 = \mathscr{E}_1, p_1' = \mathscr{E}_1'$ 时，公式（13.5）—（13.6）将得以简化. 对于这种情形，入射粒子在碰撞后用其偏转角表示的能量公式为：

$$\mathscr{E}_1' = \frac{m_2}{1 - \cos\theta_1 + \dfrac{m_2}{\mathscr{E}_1}}. \tag{13.9}$$

现在让我们再次回到任意质量粒子碰撞的一般情形. 在 C 系中讨论碰撞最为简单. 给这个参考系中的量附加下标 0，我们有 $\boldsymbol{p}_{10} = -\boldsymbol{p}_{20} \equiv \boldsymbol{p}_0$. 由动量守恒，碰撞中两个粒子的动量只有转动，保持数值相等且方向相反. 由能量守恒，每个动量的数值保持不变.

设 χ 为 C 系中的散射角，即动量 $\boldsymbol{p}_{10}$ 和 $\boldsymbol{p}_{20}$ 由于碰撞而转过的角. 这个量完全决定了 C 系中，因而也是任何其他参考系中的散射过程. 在 L 系中描述碰撞时它也是方便的，是应用动量和能量守恒以后仍然不定的单一参量.

我们借助这个参量来表示两个粒子在 L 系中的终态能. 为此我们回到（13.2），但这次在 C 系中写出乘积 $p_{1i}p_1^{\prime i}$：

$$p_{1i}p_1^{\prime i} = \mathscr{E}_{10}\mathscr{E}_{10}' - \boldsymbol{p}_{10}\cdot\boldsymbol{p}_{10}' = \mathscr{E}_{10}^2 - p_0^2\cos\chi = p_0^2(1 - \cos\chi) + m_1^2$$

（在 C 系里粒子的能量在碰撞中不变：$\mathscr{E}_{10}' = \mathscr{E}_{10}$）. 我们在 L 系中写出另外两个乘积，即利用（13.4）. 结果我们得到：

$$\mathscr{E}_1' - \mathscr{E}_1 = -\frac{p_0^2}{m_2}(1 - \cos\chi).$$

我们还必须用 L 系中的量表示 p_0^2. 让 L 系和 C 系中不变量 $p_{1i}p_2^i$ 的值相等就不难做到这一点：

$$\mathscr{E}_{10}\mathscr{E}_{20} - \boldsymbol{p}_{10}\cdot\boldsymbol{p}_{20} = \mathscr{E}_1 m_2,$$

或

$$\sqrt{(p_0^2 + m_1^2)(p_0^2 + m_2^2)} = \mathscr{E}_1 m_2 - p_0^2.$$

对 p_0^2 求解此方程，我们得到：

$$p_0^2 = \frac{m_2^2(\mathscr{E}_1^2 - m_1^2)}{m_1^2 + m_2^2 + 2m_2\mathscr{E}_1}. \tag{13.10}$$

因此，我们最后有：

$$\mathscr{E}_1' = \mathscr{E}_1 - \frac{m_2(\mathscr{E}_1^2 - m_1^2)}{m_1^2 + m_2^2 + 2m_2\mathscr{E}_1}(1 - \cos\chi). \tag{13.11}$$

第二个粒子的能量从守恒定律：$\mathscr{E}_1 + m_2 = \mathscr{E}_1' + \mathscr{E}_2'$ 得出. 因而

$$\mathscr{E}_2' = m_2 + \frac{m_2(\mathscr{E}_1^2 - m_1^2)}{m_1^2 + m_2^2 + 2m_2\mathscr{E}_1}(1 - \cos\chi). \tag{13.12}$$

这些公式的第二项表示第一个粒子失去并转给第二个粒子的能量. 当 $\chi = \pi$ 时出现最大的能量转移，等于

$$\mathscr{E}_{2\,\mathrm{max}}' - m_2 = \mathscr{E}_1 - \mathscr{E}_{1\,\mathrm{min}}' = \frac{2m_2(\mathscr{E}_1^2 - m_1^2)}{m_1^2 + m_2^2 + 2m_2\mathscr{E}_1}. \tag{13.13}$$

碰撞后入射粒子的最小动能与其初始能量的比是：

$$\frac{\mathscr{E}_{1\,\mathrm{min}}' - m_1}{\mathscr{E}_1 - m_1} = \frac{(m_1 - m_2)^2}{m_1^2 + m_2^2 + 2m_2\mathscr{E}_1}. \tag{13.14}$$

在低速极限情况下（当 $\mathscr{E} \approx m + mv^2/2$ 时），这个关系趋于常数极限，等于

$$\left(\frac{m_1 - m_2}{m_1 + m_2}\right)^2.$$

在能量 $\mathscr{E}_1$ 很大的相反极限下，关系 (13.14) 趋于 0；量 $\mathscr{E}_{1\,\mathrm{min}}'$ 趋于常数极限，这个极限是

$$\mathscr{E}_{1\,\mathrm{min}}' = \frac{m_1^2 + m_2^2}{2m_2}.$$

假设 $m_2 \gg m_1$，即入射粒子的质量同静止粒子的质量相比很小. 按照经典力学，轻粒子只能转移其能量的可忽略部分（见本教程第一卷 §17）. 在相对论力学中，情况却并不如此. 从 (13.14) 式我们看到，对于足够大的能量 $\mathscr{E}_1$，转移能量的比例可以达到 1 的量级. 为此 m_1 的速度量级为 1 是不够的，必须有

$$\mathscr{E}_1 \sim m_2,$$

即轻粒子必须具有重粒子静能量级的能量.

当 $m_2 \ll m_1$，即重粒子入射到轻粒子上时出现类似的情形. 按照经典力学，这里能量转移也不显著. 只有当能量

$$\mathscr{E}_1 \sim \frac{m_1^2}{m_2}$$

时，转移能量的比例才开始显著起来. 注意，我们不是简单地取速度为光速量级，而是能量同 m_1 相比很大，即我们讨论的是极端相对论情形.

习 题

1. 图 4 中的三角形 ABC 由入射粒子的动量矢量 $\boldsymbol{p}_1$ 和碰撞后两个粒子的动量 $\boldsymbol{p}'_1, \boldsymbol{p}'_2$ 构成. 求相应于 $\boldsymbol{p}'_1, \boldsymbol{p}'_2$ 所有可能值 C 点的轨迹.

解：要求的曲线是一椭圆，其半轴可用 §11 习题 1 中得出的公式求得. 事实上，那里给出的结构所决定的 L 系中矢量 $\boldsymbol{p}$ 的轨迹，在 C 系中可从给定长度 p_0 的任意指向矢量 $\boldsymbol{p}_0$ 得到.

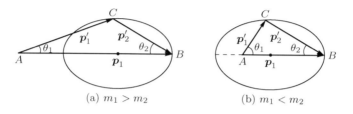

(a) $m_1 > m_2$ (b) $m_1 < m_2$

图 4

因为两个碰撞粒子动量的绝对值在 C 系中相等且在碰撞中不变，我们在该情形下涉及的是与矢量 $\boldsymbol{p}'_1$ 类似的结构，该矢量在 C 系中为

$$p_0 \equiv p_{10} = p_{20} = \frac{m_2 V}{\sqrt{1-V^2}},$$

式中 V 是粒子 m_2 在 C 系中的速度，在数值上同惯性中心的速度一致，等于 $V = p_1/(\mathscr{E}_1 + m_2)$（见 (11.4)）. 结果我们得到该椭圆的半短轴和半长轴是

$$p_0 = \frac{m_2 p_1}{\sqrt{m_1^2 + m_2^2 + 2m_2 \mathscr{E}_1}},$$

$$\frac{p_0}{\sqrt{1-V^2}} = \frac{m_2 p_1 (\mathscr{E}_1 + m_2)}{m_1^2 + m_2^2 + 2m_2 \mathscr{E}_1}$$

（当然，上述第一式与 (13.10) 式相同）.

对于 $\theta_1 = 0$，矢量 $\boldsymbol{p}'_1$ 与 $\boldsymbol{p}_1$ 重合，所以距离 AB 等于 $\boldsymbol{p}_1$. 比较 $\boldsymbol{p}_1$ 与椭圆长轴的长度，容易证明如果 $m_1 > m_2$，点 A 处于椭圆的外面（图 4a），如果 $m_1 < m_2$，则在其里面（图 4b）.

2. 决定两个质量相等的粒子（$m_1 = m_2 \equiv m$）碰撞后的最小分离角 $\Theta_{\min}$.

解：如果 $m_1 = m_2$，图的点 A 在椭圆上，最小分离角相应于点 C 在短轴一端的情形（图 5）. 从这一构形显见，$\tan(\Theta_{\min}/2)$ 是两个轴长度之比，并且我们得到：

$$\tan \frac{\Theta_{\min}}{2} = \sqrt{\frac{2m}{\mathscr{E}_1 + m}},$$

或者
$$\cos \Theta_{\min} = \frac{\mathscr{E}_1 - m}{\mathscr{E}_1 + 3m}.$$

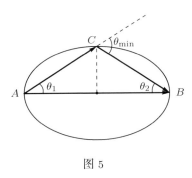

图 5

3. 对于质量都等于 m 的两个粒子的碰撞, 利用 L 系中的散射角 θ_1 来表达 $\mathscr{E}_1', \mathscr{E}_2', \chi$.

解: 在这种情形下, 反演 (13.5) 式得到:

$$\mathscr{E}_1' = \frac{(\mathscr{E}_1 + m) + (\mathscr{E}_1 - m)\cos^2 \theta_1}{(\mathscr{E}_1 + m) - (\mathscr{E}_1 - m)\cos^2 \theta_1} m,$$

$$\mathscr{E}_2' = m + \frac{(\mathscr{E}_1^2 - m^2)\sin^2 \theta_1}{2m + (\mathscr{E}_1 - m)\sin^2 \theta_1}.$$

比较利用 χ 来表达 $\mathscr{E}_1'$ 的式子:

$$\mathscr{E}_1' = \mathscr{E}_1 - \frac{\mathscr{E}_1 - m}{2}(1 - \cos \chi),$$

我们得到 C 系中的散射角:

$$\cos \chi = \frac{2m - (\mathscr{E}_1 + 3m)\sin^2 \theta_1}{2m + (\mathscr{E}_1 - m)\sin^2 \theta_1}.$$

§14 角动量

由经典力学熟知, 对于一个封闭系统, 除能量和动量守恒外还有角动量守恒, 即矢量

$$\boldsymbol{M} = \sum \boldsymbol{r} \times \boldsymbol{p}$$

守恒. 式中 $\boldsymbol{r}$ 和 $\boldsymbol{p}$ 是粒子的径矢和动量; 求和遍历组成系统的所有粒子. 角动量守恒是这一事实的结果: 由于空间各向同性, 封闭系统的拉格朗日函数在系统整体转动下不变.

通过在四维形式中进行类似的推演，我们得到角动量的相对论表达式. 设 x^i 是该系统中一个粒子的坐标. 我们在四维空间中作一无限小转动. 在这样的变换下，坐标 x^i 取新值 x'^i，使差 $x'^i - x^i$ 为线性函数：

$$x'^i - x^i = x_k \delta\Omega^{ik}, \tag{14.1}$$

$\delta\Omega_{ik}$ 为无限小系数. 四维张量 $\delta\Omega_{ik}$ 的诸分量通过一些关系彼此相连，这些关系是如下要求的结果：径矢的长度在转动下必须保持不变，即 $x'_i x'^i = x_i x^i$. 从 (14.1) 中取代 x'^i，并略去 $\delta\Omega_{ik}$ 中作为高阶无穷小的二次项，我们得出

$$x^i x^k \delta\Omega_{ik} = 0.$$

这个方程必须对任意的 x^i 满足. 因为 $x^i x^k$ 是对称张量，$\delta\Omega_{ik}$ 必为反对称张量（对称张量和反对称张量的乘积显然恒为零）. 于是我们得到：

$$\delta\Omega_{ki} = -\delta\Omega_{ik}. \tag{14.2}$$

对于起点为 a、终点为 b 的轨道的无限小坐标变换，作用量的改变具有形式（见 (9.10)）：

$$\delta S = -\sum p^i \delta x_i \Big|_a^b$$

（求和遍历系统中的所有粒子）. 在我们现在考虑的转动情形下，$\delta x_i = \delta\Omega_{ik} x^k$，于是有

$$\delta S = -\delta\Omega_{ik} \sum p^i x^k \Big|_a^b.$$

如果我们把张量 $\sum p^i x^k$ 分解为对称和反对称两部分，则第一部分与反对称张量 $\delta\Omega_{ik}$ 的乘积恒为零. 所以只取 $\sum p^i x^k$ 的反对称部分，我们可将上式改写为如下形式：

$$\delta S = -\delta\Omega_{ik} \cdot \frac{1}{2} \sum (p^i x^k - p^k x^i) \Big|_a^b. \tag{14.3}$$

对于封闭系统，拉格朗日函数是一不变量，它不因四维空间中的转动而改变. 这意味着 (14.3) 中 $\delta\Omega_{ik}$ 的系数必须为零：

$$\sum (p^i x^k - p^k x^i)_b = \sum (p^i x^k - p^k x^i)_a.$$

因而，我们看出，对于封闭系统而言，张量

$$M^{ik} = \sum (x^i p^k - x^k p^i) \tag{14.4}$$

是守恒的. 这个反对称张量称为**四维角动量张量**. 这个张量的空间分量是三维角动量矢量 $\boldsymbol{M} = \sum \boldsymbol{r} \times \boldsymbol{p}$ 的分量：

$$M^{23} = M_x, \quad -M^{13} = M_y, \quad M^{12} = M_z.$$

分量 M^{01}, M^{02}, M^{03} 构成一个矢量 $\sum(t\boldsymbol{p} - \mathscr{E}\boldsymbol{r}/c^2)$. 于是，我们可以把张量 M^{ik} 的分量写成形式：

$$M^{ik} = \left(c\sum\left(t\boldsymbol{p} - \frac{\mathscr{E}\boldsymbol{r}}{c^2} \right), -\boldsymbol{M} \right) \tag{14.5}$$

（比较 (6.10)）.

特别是，由于 M^{ik} 对于封闭系统守恒，我们有

$$\sum\left(t\boldsymbol{p} - \frac{\mathscr{E}\boldsymbol{r}}{c^2} \right) = \text{const}.$$

另一方面，因为总能量 $\sum\mathscr{E}$ 也守恒，这个等式可以写成形式

$$\frac{\sum\mathscr{E}\boldsymbol{r}}{\sum\mathscr{E}} - t\frac{c^2\sum\boldsymbol{p}}{\sum\mathscr{E}} = \text{const}.$$

由此我们看到，具有径矢

$$\boldsymbol{R} = \frac{\sum\mathscr{E}\boldsymbol{r}}{\sum\mathscr{E}} \tag{14.6}$$

的点以速度

$$\boldsymbol{v} = \frac{c^2\sum\boldsymbol{p}}{\sum\mathscr{E}} \tag{14.7}$$

作匀速运动. 这正是系统整体的运动速度.（按公式 (9.8)，它把总能量和总动量联系起来.）公式 (14.6) 给出了系统**惯性中心**坐标的相对论定义. 如果所有粒子的速度都远小于光速 c，我们可以近似地令 $\mathscr{E} \approx mc^2$，(14.6) 于是化为通常的经典表达式[1]

$$\boldsymbol{R} = \frac{\sum m\boldsymbol{r}}{\sum m}.$$

请注意，矢量 (14.6) 的分量并不构成任何四维矢量的空间分量，故在参考系的变换下它们并不像一个点的坐标那样变换. 因此同一粒子系统的惯性中心，对不同的参考系来说是不同的点.

习　题

一物体（粒子系统）在其以速度 $\boldsymbol{V}$ 运动的参考系 K 中角动量为 $\boldsymbol{M}$，在该物体总体静止的参考系 K_0 中角动量为 $\boldsymbol{M}^{(0)}$，试求 $\boldsymbol{M}$ 和 $\boldsymbol{M}^{(0)}$ 之间的关系；两种情形下角动量都是相对于同一点——物体在 K_0 系中的惯性中心定义的[2].

---

[1] 请注意，惯性中心的经典公式可以同样好地适用于相互作用和无相互作用的粒子，而公式 (14.6) 只有在忽略相互作用时才能成立. 在相对论力学中，为定义相互作用粒子系统的惯性中心，要求我们把粒子所产生的场的能量和动量明显地包括进来.

[2] 我们提请读者回忆，虽然在 K_0 系中（那里 $\sum\boldsymbol{p} = 0$）角动量与定义它的点的选择无关，而在 K 系中（那里 $\sum\boldsymbol{p} \neq 0$）角动量却依赖于这种选择（见本教程第一卷 §9）.

解：K_0 系相对于 K 系以速度 $\boldsymbol{V}$ 运动；我们选其方向为 x 轴. 我们要求的张量 M^{ik} 的分量按如下公式变换（见 §6，习题 2）：

$$M^{12} = \frac{M^{(0)12} + \dfrac{V}{c} M^{(0)02}}{\sqrt{1 - \dfrac{V^2}{c^2}}}, \quad M^{13} = \frac{M^{(0)13} + \dfrac{V}{c} M^{(0)03}}{\sqrt{1 - \dfrac{V^2}{c^2}}}, \quad M^{23} = M^{(0)23}.$$

因为坐标原点选在物体的惯性中心（在 K_0 系中），在该系中 $\sum \mathscr{E} \boldsymbol{r} = 0$，又因为在该系中 $\sum \boldsymbol{p} = 0$，故 $M^{(0)02} = M^{(0)03} = 0$. 利用 M^{ik} 和矢量 $\boldsymbol{M}$ 分量之间的关系，我们对后者求得：

$$M_z = M_x^{(0)}, \quad M_y = \frac{M_y^{(0)}}{\sqrt{1 - \dfrac{V^2}{c^2}}}, \quad M_z = \frac{M_z^{(0)}}{\sqrt{1 - \dfrac{V^2}{c^2}}}.$$

第三章

电磁场中的电荷

§15 相对论中的基本粒子

粒子与粒子间的相互作用，可以借助力**场**的概念来描述. 这就是说，我们不说一个粒子作用于另一个粒子，而说粒子在它自己周围建立起场；这个场内的任何其他粒子都受一定的力作用. 在经典力学中，场仅仅是描述粒子相互作用这一物理现象的一种方法. 在相对论中，因为相互作用是以有限速度传播的，情况就根本改变了. 在某一时刻，作用在一个粒子上的力并不由其他粒子在该时刻的位置决定. 粒子中的一个改变了位置，仅在经过某一段时间以后方能影响到别的粒子. 这就是说，场本身具有物理的真实性. 我们不可以说，彼此间有距离的粒子直接地相互作用. 在每一时刻的相互作用仅能发生在空间中紧密相邻的各点之间（接触作用）. 所以，我们应该说，一个粒子同场相互作用，而后场与另一个粒子相互作用.

我们将研究两种形态的场：引力场与电磁场. 关于引力场，我们留到第十章至第十四章再研究，在其余各章内，我们只讨论电磁场.

在考虑粒子同电磁场的相互作用以前，我们要对相对论力学中"粒子"的概念做一些评论.

在经典力学中，人们可以引入刚体的概念，所谓刚体，就是在任何条件下都不能变形的物体. 在相对论中，刚体似乎应该相应地理解为这样一些物体，在它们处于静止的参考系中其所有尺寸都保持不变. 然而，不难看出，相对论使得一般情况下刚体不可能存在.

例如，我们考虑一个绕自身轴转动的圆盘，并假设它是刚体. 固联于该盘的参考系显然不是惯性系. 但是，对于圆盘的每个无限小单元，可以引入一个惯性参考系，其中该单元在某一给定时刻处于静止；对于圆盘上有不同速度的单元，这些惯性系显然是不同的. 现在我们来考察沿盘某一半径分布的一系列线元. 因为圆盘是刚体, 所以每一段的长度 (在与该段相应的惯性系中) 与圆盘静止时该段的长度相同. 因为每一段都垂直于自己的速度, 因而在这种情况下就没有洛伦兹收缩, 所以, 一个静止的观察者, 当圆盘的半径从他旁边扫过时, 所量出的线段长度, 与圆盘静止时所量出的一样. 因此, 静止观察者量得的半径总长 (等于组成它的各段之和), 同圆盘静止时量得的一样. 另一方面, 在给定时刻, 圆盘圆周上从静止观察者旁边经过的每一单元的长度都要发生洛伦兹收缩, 所以整个圆周的长度 (即静止观察者所测出的各线段之和) 将小于静止圆盘的周长. 于是我们得出结论, 由于圆盘的转动, (静止观察者测得的) 圆周与半径之比必须改变, 而不再等于 2π. 这一结论的荒谬性表明, 实际上圆盘不可能是刚体, 它在转动时必然发生了某种复杂的形变, 这种形变与其组成物质的弹性有关.

我们还可以用另一种方法来证明刚体是不可能存在的. 假设某一外力作用于某一固体的某一点上, 使这个物体运动. 如果这个物体是刚体, 那么, 它的所有各点都必须与受外力作用的点一起运动, 否则物体就要变形了. 然而根据相对论, 这是不可能的. 因为力的作用是以有限速度从其作用点传到另外的点, 因而, 所有的点不可能同时开始运动.

从这些讨论中我们得出有关 **基本** 粒子的一些结论. 基本粒子是这样的粒子, 我们认为可以通过给定其作为整体的三个坐标和三个速度分量, 就能完全决定它们的力学状态. 显然, 如果基本粒子具有有限的尺寸, 即具有空间广延, 那么它就不可能变形, 因为变形的概念同物体各个部分独立运动的可能性联系着. 但是我们刚才已经看到, 相对论指出刚体是不可能存在的.

因此我们得到一个重要的结论: 在经典的 (非量子的) 相对论力学中, 我们不能赋予那些被看做基本的粒子有限的尺寸. 换句话说, 在经典理论的框架内, 必须把基本粒子当做几何点看待[①].

§16　场的四维势

一个在给定电磁场中运动粒子的作用量由两部分组成: 一项是自由粒子的作用量 (8.1), 另一项描述粒子与场的相互作用. 后者必定包括表征粒子的量和表征场的量.

---

① 量子力学在这种情况下做出了根本的改变, 但相对论在这里再次使引入任何非点的相互作用变得极其困难.

事实表明[①]，粒子同电磁场相互作用的性质由一个量所决定. 这个量称为粒子的**电荷** e. 电荷可以为正，也可以为负（也可以为零）. 场的性质由一个四维矢量 A_i——**四维势**表征，其分量是坐标和时间的函数. 这些量借助式子

$$-\frac{e}{c}\int_a^b A_i\mathrm{d}x^i$$

出现在作用量里，式中函数 A_i 取值于粒子世界线上的点. 因子 $1/c$ 是为方便引入的. 应当指出，只要我们还没有把电荷或势同已知的量联系起来的公式，测量这些新量的单位就可以任意选取[②].

因此，电磁场中电荷的作用量将有如下的形式：

$$S = \int_a^b \left(-mc\mathrm{d}s - \frac{e}{c}A_i\mathrm{d}x^i\right). \tag{16.1}$$

四维矢量 A^i 的三个空间分量构成一个三维空间矢量 $\boldsymbol{A}$，称为场的**矢势**，时间分量称为**标势**；我们记之为 $A^0 = \varphi$. 因此，

$$A^i = (\varphi, \boldsymbol{A}). \tag{16.2}$$

所以作用量积分可以写为下式：

$$S = \int_a^b \left(-mc\mathrm{d}s + \frac{e}{c}\boldsymbol{A}\cdot\mathrm{d}\boldsymbol{r} - e\varphi\mathrm{d}t\right).$$

引入 $\boldsymbol{v} = \mathrm{d}\boldsymbol{r}/\mathrm{d}t$，并变为对 t 积分：

$$S = \int_{t_1}^{t_2} \left(-mc^2\sqrt{1 - \frac{v^2}{c^2}} + \frac{e}{c}\boldsymbol{A}\cdot\boldsymbol{v} - e\varphi\right)\mathrm{d}t. \tag{16.3}$$

被积函数正是一个电荷在电磁场中的拉格朗日量：

$$L = -mc^2\sqrt{1 - \frac{v^2}{c^2}} + \frac{e}{c}\boldsymbol{A}\cdot\boldsymbol{v} - e\varphi. \tag{16.4}$$

这个函数与自由粒子的拉格朗日量 (8.2) 相差之项是 $(e/c)\boldsymbol{A}\cdot\boldsymbol{v} - e\varphi$，该项描述电荷与场的相互作用.

[①] 下面的论断在一定程度上可以看成是实验数据的推论. 粒子在电磁场中作用量的形式不能只基于一般的考虑（例如像相对论不变性的要求）来确定. 后者会允许 (16.1) 式中出现 $\int A\mathrm{d}s$ 形式的量，式中 A 是一个标量函数.

为了避免任何误解，我们再次指出，我们现在考虑的是经典（而非量子）理论，因而不包括与粒子自旋有关的效应.

[②] 关于这些单位的建立，参见 §27.

导数 $\partial L/\partial \boldsymbol{v}$ 是粒子的广义动量；我们用 $\boldsymbol{P}$ 来代表它. 微分可得

$$\boldsymbol{P} = \frac{m\boldsymbol{v}}{\sqrt{1 - \dfrac{v^2}{c^2}}} + \frac{e}{c}\boldsymbol{A} = \boldsymbol{p} + \frac{e}{c}\boldsymbol{A}. \tag{16.5}$$

这里我们用 $\boldsymbol{p}$ 代表这个粒子的普通动量，以后我们简称之为动量.

由拉格朗日量，按照熟知的通式

$$\mathscr{H} = \boldsymbol{v} \cdot \frac{\partial L}{\partial \boldsymbol{v}} - L,$$

我们可以求出粒子在场内的哈密顿量. 将（16.4）代入，我们得到

$$\mathscr{H} = \frac{mc^2}{\sqrt{1 - \dfrac{v^2}{c^2}}} + e\varphi. \tag{16.6}$$

但是，哈密顿量不应该用速度来表示，而应该用粒子的广义动量来表示.

从（16.5）和（16.6）显见，$\mathscr{H} - e\varphi$ 与 $\boldsymbol{P} - (e/c)\boldsymbol{A}$ 之间的关系同场不存在时 $\mathscr{H}$ 和 $\boldsymbol{p}$ 之间的关系一样，即

$$\left(\frac{\mathscr{H} - e\varphi}{c}\right)^2 = m^2c^2 + \left(\boldsymbol{P} - \frac{e}{c}\boldsymbol{A}\right)^2, \tag{16.7}$$

或者

$$\mathscr{H} = \sqrt{m^2c^4 + c^2\left(\boldsymbol{P} - \frac{e}{c}\boldsymbol{A}\right)^2} + e\varphi. \tag{16.8}$$

对于低速情况，即是说在经典力学中，拉格朗日量（16.4）化为

$$L = \frac{mv^2}{2} + \frac{e}{c}\boldsymbol{A} \cdot \boldsymbol{v} - e\varphi. \tag{16.9}$$

在这种近似下，

$$\boldsymbol{p} = m\boldsymbol{v} = \boldsymbol{P} - \frac{e}{c}\boldsymbol{A},$$

并且我们可求得哈密顿量的表达式：

$$\mathscr{H} = \frac{1}{2m}\left(\boldsymbol{P} - \frac{e}{c}\boldsymbol{A}\right)^2 + e\varphi. \tag{16.10}$$

最后，我们来写电磁场中粒子的哈密顿–雅可比方程. 在哈密顿量中，用 $\partial S/\partial \boldsymbol{r}$ 代替 $\boldsymbol{P}$，用 $-\partial S/\partial t$ 代替 $\mathscr{H}$，就可得到这个方程. 因此，由（16.7），我们得到

$$\left(\nabla S - \frac{e}{c}\boldsymbol{A}\right)^2 - \frac{1}{c^2}\left(\frac{\partial S}{\partial t} + e\varphi\right)^2 + m^2c^2 = 0. \tag{16.11}$$

§17 场中电荷的运动方程

位于场内的电荷不只受到场的作用力，而是也反过来对场起作用，改变场. 但是，假如电荷 e 不大，电荷对于场的作用就可以略去不计. 在这种情况下，当我们考虑电荷在一给定的场内运动时，我们可以假设场本身与电荷的坐标或速度无关. 要能够把电荷认为是在上述意义上的小，它所应该满足的确切条件将在以后讲述（见 §75）. 以下我们假设这个条件已被满足.

我们现在要找出电荷在给定电磁场内的运动方程. 这些方程可以通过对作用量进行变分得到. 因而，运动方程就是拉格朗日方程

$$\frac{\mathrm{d}}{\mathrm{d}t}\frac{\partial L}{\partial \boldsymbol{v}} = \frac{\partial L}{\partial \boldsymbol{r}}, \tag{17.1}$$

其中 L 由公式 (16.4) 确定.

导数 $\partial L/\partial \boldsymbol{v}$ 是粒子的广义动量 (16.5). 其次，我们可写出

$$\frac{\partial L}{\partial \boldsymbol{r}} \equiv \nabla L = \frac{e}{c}\operatorname{grad}\boldsymbol{A}\cdot\boldsymbol{v} - e\operatorname{grad}\varphi.$$

但是由已知的矢量分析的公式可得

$$\operatorname{grad}(\boldsymbol{a}\cdot\boldsymbol{b}) = (\boldsymbol{a}\cdot\nabla)\boldsymbol{b} + (\boldsymbol{b}\cdot\nabla)\boldsymbol{a} + \boldsymbol{b}\times\operatorname{rot}\boldsymbol{a} + \boldsymbol{a}\times\operatorname{rot}\boldsymbol{b},$$

其中 $\boldsymbol{a}$ 及 $\boldsymbol{b}$ 是两个任意矢量. 应用这个公式到 $\boldsymbol{A}\cdot\boldsymbol{v}$，并记住，对 $\boldsymbol{r}$ 微分时，$\boldsymbol{v}$ 是常数，如是，则求得

$$\frac{\partial L}{\partial \boldsymbol{r}} = \frac{e}{c}(\boldsymbol{v}\cdot\nabla)\boldsymbol{A} + \frac{e}{c}\boldsymbol{v}\times\operatorname{rot}\boldsymbol{A} - e\operatorname{grad}\varphi.$$

因此，拉格朗日方程具有如下的形式：

$$\frac{\mathrm{d}}{\mathrm{d}t}\left(\boldsymbol{p} + \frac{e}{c}\boldsymbol{A}\right) = \frac{e}{c}(\boldsymbol{v}\cdot\nabla)\boldsymbol{A} + \frac{e}{c}\boldsymbol{v}\times\operatorname{rot}\boldsymbol{A} - e\operatorname{grad}\varphi.$$

但是全微分 $(\mathrm{d}\boldsymbol{A}/\mathrm{d}t)\mathrm{d}t$ 包含两部分：矢势在空间的某一给定点因时间变化而发生的变化 $(\partial\boldsymbol{A}/\partial t)\mathrm{d}t$ 以及由空间的一点移动一段距离 $\mathrm{d}\boldsymbol{r}$ 至另一点所发生的变化. 第二部分是 $(\mathrm{d}\boldsymbol{r}\cdot\nabla)\boldsymbol{A}$. 因此导数 $\mathrm{d}\boldsymbol{A}/\mathrm{d}t$ 可以写成以下的形式：

$$\frac{\mathrm{d}\boldsymbol{A}}{\mathrm{d}t} = \frac{\partial\boldsymbol{A}}{\partial t} + (\boldsymbol{v}\cdot\nabla)\boldsymbol{A}.$$

将此式代入前面的方程，得到

$$\frac{\mathrm{d}\boldsymbol{p}}{\mathrm{d}t} = -\frac{e}{c}\frac{\partial\boldsymbol{A}}{\partial t} - e\operatorname{grad}\varphi + \frac{e}{c}\boldsymbol{v}\times\operatorname{rot}\boldsymbol{A}. \tag{17.2}$$

这就是一个粒子在电磁场内的运动方程. 等号左边是粒子的动量对时间的导数. 所以 (17.2) 式等号右边的式子就是作用于电磁场内的粒子上的力.

我们看出, 这个力包含两部分. 第一部分 ((17.2) 式右边的第一、第二两项) 与粒子的速度无关. 第二部分 (第三项) 与速度有关, 它与速度成正比, 而且垂直于速度.

作用于单位电荷上的第一种类型的力, 称为**电场强度**; 我们用 E 来代表它. 于是, 按定义,

$$E = -\frac{1}{c}\frac{\partial A}{\partial t} - \text{grad}\,\varphi. \tag{17.3}$$

作用于单位电荷上的第二种类型的力中, 速度的因子, 严格说来是 v/c 的因子, 称为**磁场强度**. 我们用 H 来代表它. 于是, 按定义,

$$H = \text{rot}\,A. \tag{17.4}$$

假如在一电磁场中, $E \neq 0$, 但 $H = 0$, 我们就说它是**电场**; 假如 $E = 0$, 但 $H \neq 0$, 我们就说它是**磁场**. 在一般情况下, 电磁场是电场与磁场的叠加.

我们指出, E 是极矢量, 而 H 是轴矢量.

一个电荷在电磁场中的运动方程现在可以写成

$$\frac{\mathrm{d}p}{\mathrm{d}t} = eE + \frac{e}{c}v \times H. \tag{17.5}$$

等号右边的式子称为**洛伦兹力**. 其第一部分 (电场作用于电荷上的力) 与电荷速度无关, 并沿着 E 的方向. 第二部分 (磁场作用于电荷上的力) 与电荷的速度成正比, 而其方向则既垂直于速度又垂直于磁场 H.

对于比光速小很多的速度, 动量 p 近似地等于它的经典表达式 mv, 因而运动方程 (17.5) 变为

$$m\frac{\mathrm{d}v}{\mathrm{d}t} = eE + \frac{e}{c}v \times H. \tag{17.6}$$

下面我们还要导出粒子的动能随时间的变化率的方程[①], 即确定下面导数的方程,

$$\frac{\mathrm{d}\mathscr{E}_{\text{kin}}}{\mathrm{d}t} = \frac{\mathrm{d}}{\mathrm{d}t}\left(\frac{mc^2}{\sqrt{1 - \dfrac{v^2}{c^2}}}\right).$$

很容易验证

$$\frac{\mathrm{d}\mathscr{E}_{\text{kin}}}{\mathrm{d}t} = v \cdot \frac{\mathrm{d}p}{\mathrm{d}t}.$$

将 (17.5) 式中的 $\mathrm{d}p/\mathrm{d}t$ 代入, 并注意到 $v \times H \cdot v = 0$, 我们有

$$\frac{\mathrm{d}\mathscr{E}_{\text{kin}}}{\mathrm{d}t} = eE \cdot v. \tag{17.7}$$

①　这里"动能"是指能量 (9.4), 它包含静能.

动能随时间的变化率就是场在单位时间内对粒子所做的功. 从 (17.7) 可以看出, 这个功等于速度与电场作用于电荷上的力的乘积. 场在时间 dt 内所做的功, 即在电荷移动 d$\boldsymbol{r}$ 距离时所做的功, 显然等于 $e\boldsymbol{E}\cdot\mathrm{d}\boldsymbol{r}$.

我们强调这个事实, 即对电荷做功的仅仅是电场; 磁场不能对在其中运动的电荷做功. 这是因为磁场对电荷的作用力永与电荷的速度垂直.

力学方程相对于时间变号, 即相对于将来与过去对调来说是不变的. 换句话说, 在力学中两个时间方向是等价的. 这就意味着, 假如某一种运动能按照力学方程进行, 那么, 相反的运动也是可能的, 在这个相反的运动中, 力学体系经历同样的状态, 但是次序相反.

很容易看出, 这对于相对论中的电磁场也成立. 但是在这种情况下, 除了将时间 t 变为 $-t$ 外, 我们还必须改变磁场的符号. 事实上, 很容易看出, 假如我们作下列代换:

$$t \to -t, \quad \boldsymbol{E} \to \boldsymbol{E}, \quad \boldsymbol{H} \to -\boldsymbol{H}, \tag{17.8}$$

运动方程 (17.5) 是不变的.

按照 (17.3) 及 (17.4), 这并不改变标势, 但是矢势变了号:

$$\varphi \to \varphi, \quad \boldsymbol{A} \to -\boldsymbol{A}. \tag{17.9}$$

因此, 假如某种运动在电磁场中是可能的, 那么, 相反的运动在 $\boldsymbol{H}$ 方向相反的电磁场中也是可能的.

习 题

用粒子的速度及电场强度和磁场强度来表示它的加速度.

解: 将 $\boldsymbol{p} = \boldsymbol{v}\mathscr{E}_{\mathrm{kin}}/c^2$ 代入 (17.5), 并按 (17.7) 表示 $\mathrm{d}\mathscr{E}_{\mathrm{kin}}/\mathrm{d}t$, 求得

$$\dot{\boldsymbol{v}} = \frac{e}{m}\sqrt{1 - \frac{\boldsymbol{v}^2}{c^2}}\left\{\boldsymbol{E} + \frac{1}{c}\boldsymbol{v} \times \boldsymbol{H} - \frac{1}{c^2}\boldsymbol{v}(\boldsymbol{v}\cdot\boldsymbol{E})\right\}.$$

§18 规范不变性

现在让我们来研究场的势可唯一地确定到什么程度. 首先, 我们应该注意这个事实, 就是场是由它对其内电荷运动所产生的影响来刻画的. 但是在运动方程 (17.5) 内并未出现势, 而只出现了场强 $\boldsymbol{E}$ 及 $\boldsymbol{H}$. 所以两个场如果以相同两个矢量 $\boldsymbol{E}$ 及 $\boldsymbol{H}$ 来描述, 那么, 这两个场在物理上是全同的.

假如给定了势 $\boldsymbol{A}$ 及 φ, 那么, 根据 (17.3) 及 (17.4), $\boldsymbol{E}$ 及 $\boldsymbol{H}$ 就由它们完全唯一地确定了. 但是同一个场可以相应于不同的势. 为了证明这件事, 我

们可将 $-\partial f/\partial x^k$ 这个量加到势的每一个分量上，其中 f 是坐标与时间的任意函数. 因此，势 A_k 变为

$$A'_k = A_k - \frac{\partial f}{\partial x^k}. \tag{18.1}$$

经过这样的改变，在作用量积分（16.1）中将出现附加项

$$\frac{e}{c}\frac{\partial f}{\partial x^k}\mathrm{d}x^k = \mathrm{d}\left(\frac{e}{c}f\right), \tag{18.2}$$

但是，将一个全微分加在作用量积分的被积函数内，运动方程并不受影响（见本教程第一卷 §2）.

　　如果我们引入标势及矢势来代替四维势，而且用 ct, x, y, z, 来代替 x^i，那么（18.1）中的四个方程就可以写成下面的形式；

$$\boldsymbol{A}' = \boldsymbol{A} + \mathrm{grad}\, f, \quad \varphi' = \varphi - \frac{1}{c}\frac{\partial f}{\partial t}. \tag{18.3}$$

很容易验证，当用（18.3）式定义的 $\boldsymbol{A}'$ 及 φ' 代替 $\boldsymbol{A}$ 及 φ 时，由方程（17.3）及（17.4）所定义的电场及磁场实际上并不改变. 因此，势的变换（18.1）并不改变场. 所以势并没有被唯一地确定，确定矢势仅仅精确到一个任意函数的梯度，而确定标势仅仅精确到同一个任意函数的时间导数.

　　特别是，我们显然可以加一个任意的常矢量到矢势上，加一个任意常数到标势上. 这也可直接由如下事实看出来，$\boldsymbol{E}$ 及 $\boldsymbol{H}$ 仅仅包含 $\boldsymbol{A}$ 及 φ 的导数，所以加些常量到 $\boldsymbol{A}$ 及 φ 上，并不影响场的强度.

　　只有那些对于势变换（18.3）为不变的量才有物理意义；特别是，所有方程在这个变换下必须是不变的. 这种不变性称为**规范不变性**（德文为 Eichinvarianz，英文为 Gauge invariance）[①].

　　因为势缺乏唯一性，我们就有可能去选择它们，使它们满足我们所选择的附加条件. 我们强调指出，我们能够令它们满足一个条件，这是因为我们可以任意选择（18.3）中的函数 f. 特别而言，我们总能这样来选择势，使得标势 φ 为零. 假如矢势不是零，那么，一般来说，我们不可能使它为零，因为条件 $\boldsymbol{A} = 0$ 表示三个附加条件（即 $\boldsymbol{A}$ 的三个分量为零）.

§19　恒定电磁场

　　所谓**恒定**电磁场就是与时间无关的电磁场. 显然，恒定电磁场的势可以这样选择：使它们仅仅是坐标的函数，而不是时间的函数. 恒定磁场同以前一样等于 $\boldsymbol{H} = \mathrm{rot}\,\boldsymbol{A}$. 恒定电场等于

$$\boldsymbol{E} = -\mathrm{grad}\,\varphi. \tag{19.1}$$

[①] 我们强调指出，这与（18.2）中假设 e 的不变性有关. 因此，电动力学方程的规范不变性（见下）同电荷守恒彼此密切相关.

因此,恒定电场仅为标势所决定,而恒定磁场仅为矢势所决定.

我们在前一节中已经知道,势并未被唯一地确定. 但是很容易相信,假如我们用与时间无关的势来描述恒定电磁场,那么,我们可以在标势上加一个任意常数而不改变场(这个任意常数既与坐标无关,也与时间无关). 通常要给 φ 加上一个附加条件,即在空间内某一特定点有一定的值;常常规定 φ 在无穷远处的值为零. 这时,上面所说的任意常数就被确定了,因而恒定场的标势也就被唯一地确定了.

另一方面,同以前一样,即使对于恒定电磁场,矢势也还是没有被唯一地确定;就是说,我们可以把坐标的一个任意函数的梯度加到矢势上.

现在我们要确定一个电荷在恒定电磁场内的能量. 既然场是恒定的,那么,电荷的拉格朗日量也就不是时间的显函数. 如我们所知道的,在这种情况下,能量是守恒的,而且它就是哈密顿量.

按照 (16.6),我们得到

$$\mathscr{E} = \frac{mc^2}{\sqrt{1 - \dfrac{v^2}{c^2}}} + e\varphi. \tag{19.2}$$

因之,由于场的存在,粒子的能量加上了一项 $e\varphi$,它是电荷在场内的势能. 我们应该注意一个重要的事实,即能量仅与标势有关,而与矢势无关. 这就意味着磁场不影响电荷的能量. 只有电场才改变粒子的能量. 这同如下事实有关,即磁场与电场不同,它对电荷不做功.

假如场强在空间所有点上都一样,那么这样的场称为**均匀场**. 让我们用场强 $\boldsymbol{E}$ 来表示一个均匀电场的标势. 很容易证明,对于一个均匀场来说,

$$\varphi = -\boldsymbol{E} \cdot \boldsymbol{r}. \tag{19.3}$$

实际上,因为 $\boldsymbol{E}$ 是常量,所以 $\nabla(\boldsymbol{E} \cdot \boldsymbol{r}) = (\boldsymbol{E} \cdot \nabla)\boldsymbol{r} = \boldsymbol{E}$.

均匀磁场的矢势可以用场强 $\boldsymbol{H}$ 表示为:

$$\boldsymbol{A} = \frac{1}{2}\boldsymbol{H} \times \boldsymbol{r}. \tag{19.4}$$

事实上,我们注意到 $\boldsymbol{H} = \text{const}$,利用矢量分析中熟知的公式可得

$$\text{rot}\,(\boldsymbol{H} \times \boldsymbol{r}) = \boldsymbol{H}\,\text{div}\,\boldsymbol{r} - (\boldsymbol{H} \cdot \nabla)\boldsymbol{r} = 2\boldsymbol{H}$$

(注意,$\text{div}\,\boldsymbol{r} = 3$).

均匀磁场的矢势也可以选择为下列形式:

$$A_x = -Hy, \quad A_y = A_z = 0 \tag{19.5}$$

（选择 z 轴沿着 $\boldsymbol{H}$ 的方向）. 很容易证明，这样选择了 $\boldsymbol{A}$，我们就有 $\boldsymbol{H} = \mathrm{rot}\,\boldsymbol{A}$. 按照变换式 (18.3)，势 (19.4) 和 (19.5) 彼此之间的差为某个函数的梯度：由 (19.4) 加上 ∇f 就得到 (19.5)，式中 $f = -xyH/2$.

习　题

在相对论力学中，写出恒定电磁场内粒子轨道的变分原理（即莫培督原理）.

解：莫培督原理可表述如下：假如一个粒子的能量是守恒的（在一个恒定场内运动），那么，它的轨道可从下面的变分方程确定：

$$\delta \int \boldsymbol{P} \cdot \mathrm{d}\boldsymbol{r} = 0,$$

其中 $\boldsymbol{P}$ 是粒子的广义动量，这个广义动量 $\boldsymbol{P}$ 可以用能量及坐标的微分来表示：至于积分就应该沿粒子的轨道进行（见本教程第一卷 §44）. 将 $\boldsymbol{P} = \boldsymbol{p} + (e/c)\boldsymbol{A}$ 代入，注意 $\boldsymbol{p}$ 与 $\mathrm{d}\boldsymbol{r}$ 同方向，我们就得到

$$\delta \int \left(p\mathrm{d}l + \frac{e}{c}\boldsymbol{A} \cdot \mathrm{d}\boldsymbol{r} \right) = 0,$$

其中 $\mathrm{d}l = \sqrt{\mathrm{d}\boldsymbol{r}^2}$ 是弧元. 从 $p^2 + m^2c^2 = (\mathscr{E} - e\varphi)^2/c^2$ 来定 p，我们最后得到

$$\delta \int \left\{ \sqrt{\left(\frac{\mathscr{E} - e\varphi}{c} \right)^2 - m^2c^2}\,\mathrm{d}l + \frac{e}{c}\boldsymbol{A} \cdot \mathrm{d}\boldsymbol{r} \right\} = 0.$$

§20　在恒定均匀电场中的运动

现在我们研究电荷 e 在均匀的恒定电场 $\boldsymbol{E}$ 中的运动. 我们取电场的方向为 x 轴. 该运动显然在一个平面内进行. 我们取这个平面为 xy 平面. 这时，运动方程 (17.5) 变为

$$\dot{p}_x = eE, \quad \dot{p}_y = 0$$

（上面的一点表示对时间 t 微分），所以：

$$p_x = eEt, \quad p_y = p_0. \tag{20.1}$$

我们把时间的参考点选在 $p_x = 0$ 的时刻，p_0 表示粒子在该时刻的动量.

粒子的动能（场内势能以外的能量）是 $\mathscr{E}_{\mathrm{kin}} = c\sqrt{m^2c^2 + p^2}$，将 (20.1) 代入，我们求得，在现在这种情况下，

$$\mathscr{E}_{\mathrm{kin}} = \sqrt{m^2c^4 + c^2p_0^2 + (ceEt)^2} = \sqrt{\mathscr{E}_0^2 + (ceEt)^2}, \tag{20.2}$$

其中, $\mathscr{E}_0$ 是 $t = 0$ 时的能量.

按照 (9.8) 式, 粒子的速度 $\boldsymbol{v} = \boldsymbol{p}c^2/\mathscr{E}_{\mathrm{kin}}$. 因而, 对于速度 $v_x = \dot{x}$, 我们有

$$\frac{\mathrm{d}x}{\mathrm{d}t} = \frac{p_x c^2}{\mathscr{E}_{\mathrm{kin}}} = \frac{c^2 eEt}{\sqrt{\mathscr{E}_0^2 + (ceEt)^2}}.$$

经过积分, 我们求得

$$x = \frac{1}{eE}\sqrt{\mathscr{E}_0^2 + (ceEt)^2} \tag{20.3}$$

(其中我们已经令积分常数等于零) [①].

为了求得 y, 我们有

$$\frac{\mathrm{d}y}{\mathrm{d}t} = \frac{p_y c^2}{\mathscr{E}_{\mathrm{kin}}} = \frac{p_0 c^2}{\sqrt{\mathscr{E}_0^2 + (ceEt)^2}},$$

从而

$$y = \frac{p_0 c}{eE}\,\mathrm{arsinh}\,\frac{ceEt}{\mathscr{E}_0}. \tag{20.4}$$

利用 (20.4) 式通过 y 来表示 t, 并将它代入 (20.3), 我们得到轨道方程如下:

$$x = \frac{\mathscr{E}_0}{eE}\cosh\frac{eEy}{p_0 c}. \tag{20.5}$$

由此可见, 在均匀电场中一个电荷沿着悬链线运动.

假如粒子的速度 $v \ll c$, 那么, 我们可以使 $p_0 = mv_0, \mathscr{E}_0 = mc^2$, 并将 (20.5) 式展开为 $1/c$ 的幂级数. 略去高阶项, 我们得到

$$x = \frac{eE}{2mv_0^2}y^2 + \mathrm{const},$$

就是说, 电荷沿着抛物线运动, 这是我们在经典力学中熟知的结果.

§21 在恒定均匀磁场中的运动

我们现在来研究电荷 e 在恒定均匀磁场 $\boldsymbol{H}$ 中的运动. 我们选择磁场的方向为 z 轴的方向. 我们将动量 ((9.8) 式)

$$\boldsymbol{p} = \frac{\mathscr{E}\boldsymbol{v}}{c^2}$$

(式中 $\mathscr{E}$ 是粒子的能量, 它在磁场中是恒定的) 代入运动方程

$$\dot{\boldsymbol{p}} = \frac{e}{c}\boldsymbol{v}\times\boldsymbol{H},$$

[①] 这个结果 (对于 $p_0 = 0$) 同具有恒定 "固有加速度" $w_0 = eE/m$ 的相对论运动问题的解一致 (见 §7 的习题). 对于目前的情形, 加速度的恒定性与速度 $\boldsymbol{V}$ 沿着场的方向时, 洛伦兹变换不改变电场这一事实有关 (见 §24).

就可将其改写成另一种形式. 这样一来, 运动方程就化成了下面的形式:

$$\frac{\mathscr{E}}{c^2}\frac{\mathrm{d}\boldsymbol{v}}{\mathrm{d}t} = \frac{e}{c}\boldsymbol{v} \times \boldsymbol{H}, \tag{21.1}$$

或用分量表示为

$$\dot{v}_x = \omega v_y, \quad \dot{v}_y = -\omega v_x, \quad \dot{v}_z = 0, \tag{21.2}$$

其中引入了符号

$$\omega = \frac{ecH}{\mathscr{E}}. \tag{21.3}$$

将 (21.2) 中的第二个方程乘以 i, 加到第一个方程中, 就得到:

$$\frac{\mathrm{d}}{\mathrm{d}t}(v_x + \mathrm{i}v_y) = -\mathrm{i}\omega(v_x + \mathrm{i}v_y),$$

因而

$$v_x + \mathrm{i}v_y = a\mathrm{e}^{-\mathrm{i}\omega t},$$

其中 a 是一个复常数. 这个复常数可以写成 $a = v_{0t}\mathrm{e}^{-\mathrm{i}\alpha}$ 这样的形式, 其中 v_{0t} 及 α 都是实数. 因此,

$$v_x + \mathrm{i}v_y = v_{0t}\mathrm{e}^{-\mathrm{i}(\omega t + \alpha)},$$

将实部与虚部分开, 我们得到

$$v_x = v_{0t}\cos(\omega t + \alpha), \quad v_y = -v_{0t}\sin(\omega t + \alpha). \tag{21.4}$$

常数 v_{0t} 及 α 都要由初始条件来决定, α 是初相位, 至于 v_{0t}, 则从 (21.4) 看出

$$v_{0t} = \sqrt{v_x^2 + v_y^2},$$

即是说, v_{0t} 是粒子在 xy 平面内的速度, 而且它在整个运动过程中保持不变.

再次积分 (21.4), 我们得到

$$x = x_0 + r\sin(\omega t + \alpha), \quad y = y_0 + r\cos(\omega t + \alpha), \tag{21.5}$$

其中

$$r = \frac{v_{0t}}{\omega} = \frac{v_{0t}\mathscr{E}}{ecH} = \frac{cp_t}{eH} \tag{21.6}$$

(p_t 是动量在 xy 平面上的投影). 从 (21.2) 的第三个方程, 我们得到 $v_z = v_{0z}$, 以及

$$z = z_0 + v_{0z}t. \tag{21.7}$$

从 (21.5) 及 (21.7), 可以很明显地看出, 电荷在均匀磁场中沿着螺旋线运动, 螺旋线的轴沿着磁场的方向, 螺旋线的半径由 (21.6) 式来决定. 粒子

的速度是常数. 在 $v_{0z} = 0$, 即粒子没有沿磁场方向的速度分量的特殊情况下, 粒子就在与磁场垂直的平面内作圆周运动.

从上面各公式我们可以看出, ω 是粒子在与磁场垂直的平面内转动的角频率.

假如粒子的速度很低, 那么, 我们就可以近似地令 $\mathscr{E} = mc^2$. 这时频率 ω 变为

$$\omega = \frac{eH}{mc}. \tag{21.8}$$

现在我们假设磁场保持均匀, 但数值和方向缓慢变化的情形, 探究此时带电粒子的运动如何改变.

我们知道: 在运动条件缓慢变化的情况下, 某些被称为 "浸渐不变量" 的量保持恒定. 因为在与磁场垂直的平面内的运动是周期性的, 所以积分

$$I = \frac{1}{2\pi} \oint \boldsymbol{P}_t \cdot \mathrm{d}\boldsymbol{r}$$

是浸渐不变量, 这个积分应该在运动的整个周期内来进行. 在我们所讨论的情形下, 就是沿着圆周来进行 ($\boldsymbol{P}_t$ 是广义动量在这个平面上的投影) [①]. 将 $\boldsymbol{P}_t = \boldsymbol{p}_t + (e/c)\boldsymbol{A}$ 代入, 就得到

$$I = \frac{1}{2\pi} \oint \boldsymbol{P}_t \cdot \mathrm{d}\boldsymbol{r} = \frac{1}{2\pi} \oint \boldsymbol{p}_t \cdot \mathrm{d}\boldsymbol{r} + \frac{e}{2\pi c} \oint \boldsymbol{A} \cdot \mathrm{d}\boldsymbol{r}.$$

在第一项中我们应注意 $\boldsymbol{p}_t$ 的绝对值是常数, 其方向沿着 $\mathrm{d}\boldsymbol{r}$, 对第二项应用斯托克斯定理, 并写出 $\mathrm{rot}\,\boldsymbol{A} = \boldsymbol{H}$, 则得:

$$I = rp_t - \frac{e}{2c}Hr^2,$$

其中 r 是轨道半径 [②]. 将 r 的表达式 (21.6) 代入, 可得

$$I = \frac{cp_t^2}{2eH}. \tag{21.9}$$

由上式可以看出, 对于 H 的缓慢变化, 切向动量 p_t 的变化近似与 $\sqrt{H}$ 成正比.

---

① 见本教程第一卷 §49. 一般说来, 沿特定坐标 q 的一个周期进行的积分 $\oint p\,\mathrm{d}q$ 是浸渐不变量. 在本情形下, 垂直于 $\boldsymbol{H}$ 的平面内的两个坐标周期一致, 我们已经写出的积分 I 是两个相应浸渐不变量之和. 然而, 这些不变量每一个单独说来并没有特殊意义, 因为它们依赖于场的矢势 (非唯一的) 选择. 由此得出的浸渐不变量的非唯一性反映了如下事实, 当我们认为磁场在全空间均匀时, 原则上不能决定由 $\boldsymbol{H}$ 改变所产生的电场, 因为它实际上依赖于无穷远处的特定条件.

② 对于给定方向的 $\boldsymbol{H}$ 考察电荷沿轨道的运动方向, 我们发现, 如果沿 $\boldsymbol{H}$ 看去, 它是逆时针的. 所以第二项是负号.

这个结果也适用于另一种情况，即粒子在并不严格均匀的磁场中沿螺旋轨道运动（使得场在可以同螺旋线的半径和步长相比的距离上变化很小）. 这样的运动可以看成在随时间移动的圆轨道上进行，场相对于轨道表现为随时间变化但却保持均匀. 于是我们可以说，垂直于场方向的动量分量按照规律：$p_t = \sqrt{CH}$ 变化，这里 C 是一常数，H 是坐标的给定函数. 另一方面，正如任何恒定磁场中的运动那样，粒子的能量（因而其动量的平方 p^2）保持不变. 因此动量的纵向分量按照如下公式变化：

$$p_l^2 = p^2 - p_t^2 = p^2 - CH(x, y, z). \tag{21.10}$$

因为我们总是应当有 $p_l^2 \geqslant 0$，粒子穿入场足够强的区域（$CH > p^2$）是不可能的. 在沿场增加方向的运动进程中，螺旋轨道的半径按 p_t/H 成比例地减小（即比例于 $1/\sqrt{H}$），而步长比例于 p_l. 在达到 p_l 变为零的边界处，粒子被反射：在继续沿相同方向转动的同时，开始朝场梯度相反的方向运动.

场的不均匀性也导致另一种现象——粒子螺旋轨道的**导引中心**（像称圆轨道的中心那样）缓慢地横向移动（**漂移**）；下一节习题 3 将讨论这个问题.

习　　题

将一个带电的空间振子置于均匀恒定磁场内；这个振子（在没有置于场内时的振动）的本征频率是 ω_0，求它在置于场内后的振动频率.

解：振子在磁场（磁场方向沿着 z 轴）内的受迫振动方程是

$$\ddot{x} + \omega_0^2 x = \frac{eH}{mc}\dot{y}, \quad \ddot{y} + \omega_0^2 y = -\frac{eH}{mc}\dot{x}, \quad \ddot{z} + \omega_0^2 z = 0.$$

用 i 乘第二个方程并与第一个方程相加，得到

$$\ddot{\xi} + \omega_0^2 \xi = -\mathrm{i}\frac{eH}{mc}\dot{\xi},$$

其中 $\xi = x + \mathrm{i}y$. 由此可以得到振子在与磁场垂直的平面内的振动频率为

$$\omega = \sqrt{\omega_0^2 + \frac{1}{4}\left(\frac{eH}{mc}\right)^2} \pm \frac{eH}{2mc}.$$

假如磁场 H 很弱，这个公式就变为

$$\omega = \omega_0 \pm \frac{eH}{2mc}.$$

沿着场的方向的振动将保持不变.

§22　电荷在均匀恒定的电场和磁场中的运动

最后, 我们来研究在电场及磁场都存在并且都是均匀恒定的情况下, 一个电荷如何运动. 我们的讨论只限于粒子的速度 $v \ll c$ 的情形, 因此质点的动量 $\boldsymbol{p} = m\boldsymbol{v}$; 以后我们将要知道, 出现这种情形的必要条件是电场比磁场小得多.

我们选择 $\boldsymbol{H}$ 的方向为 z 轴的方向, 而选择通过 $\boldsymbol{H}$ 及 $\boldsymbol{E}$ 的平面为 yz 平面. 这时, 运动方程

$$m\dot{\boldsymbol{v}} = e\boldsymbol{E} + \frac{e}{c}\boldsymbol{v} \times \boldsymbol{H}$$

可以写成如下式:

$$
\begin{aligned}
m\ddot{x} &= \frac{e}{c}\dot{y}H, \\
m\ddot{y} &= eE_y - \frac{e}{c}\dot{x}H, \\
m\ddot{z} &= eE_z.
\end{aligned}
\tag{22.1}
$$

由上面的第三个方程, 我们可以看出, 电荷以匀加速度沿着 z 轴方向运动, 就是说,

$$z = \frac{eE_z}{2m}t^2 + v_{0z}t. \tag{22.2}$$

用 i 乘 (22.1) 中的第二个方程, 再与第一个方程联立, 我们得到

$$\frac{\mathrm{d}}{\mathrm{d}t}(\dot{x} + \mathrm{i}\dot{y}) + \mathrm{i}\omega(\dot{x} + \mathrm{i}\dot{y}) = \mathrm{i}\frac{e}{m}E_y$$

($\omega = eH/mc$). 将 $\dot{x} + \mathrm{i}\dot{y}$ 当做未知量, 上面方程的解就等于上面的方程略去等号右边项的解, 与该方程保留等号右边项的一个特解之和. 第一个解是 $a\mathrm{e}^{-\mathrm{i}\omega t}$, 第二个解是 $eE_y/m\omega = cE_y/H$, 因此,

$$\dot{x} + \mathrm{i}\dot{y} = a\mathrm{e}^{-\mathrm{i}\omega t} + \frac{cE_y}{H}.$$

常数 a 一般来说是个复数. 将它写成 $a = b\mathrm{e}^{\mathrm{i}\alpha}$ 的形式, 其中 b 及 α 为实数, 我们可以看出, 既然 a 被 $\mathrm{e}^{-\mathrm{i}\omega t}$ 乘了, 那么, 只要我们选择时间原点得当, 就可以赋予相位 α 以任何一个值. 我们适当选择时间原点, 使 a 为实数. 将 $\dot{x} + \mathrm{i}\dot{y}$ 分解为实部及虚部, 我们便得到

$$\dot{x} = a\cos\omega t + c\frac{E_y}{H}, \quad \dot{y} = -a\sin\omega t. \tag{22.3}$$

在 $t=0$ 时, 速度沿着 x 轴.

我们可以看出，粒子的速度是时间的周期函数. 它们的平均值是：

$$\bar{\dot{x}} = \frac{cE_y}{H}, \quad \bar{\dot{y}} = 0.$$

电荷在正交的电场和磁场中运动的这个平均速度常称为电**漂移**速度. 它的方向与两个场都垂直并与电荷的正负无关. 可以把它写成矢量形式：

$$\bar{\boldsymbol{v}} = \frac{c\boldsymbol{E} \times \boldsymbol{H}}{H^2}. \tag{22.4}$$

这一节的所有公式，都假设了粒子的速度比光速小得多；可以看出，为了实现这种情形，特别要求电场与磁场必须满足下面的条件：

$$\frac{E_y}{H} \ll 1, \tag{22.5}$$

而 E_y 及 H 的绝对大小可以是任意的.

将方程 (22.3) 再积分一次，并这样来选择积分常数，使当 $t = 0$ 时，$x = y = 0$，我们就可得到

$$x = \frac{a}{\omega} \sin \omega t + \frac{cE_y}{H}t,$$
$$y = \frac{a}{\omega}(\cos \omega t - 1). \tag{22.6}$$

将以上二式看做一个曲线的参数方程，这两个方程定义一条次摆线. 至于轨道在 xy 平面上的投影到底是如图 6a 还是如图 6b 所示的，那就得看 a 的绝对值是大于还是小于 cE_y/H.

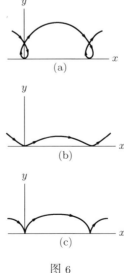

图 6

假如 $a = -cE_y/H$，那么，(22.6) 就变为

$$x = \frac{cE_y}{\omega H}(\omega t - \sin \omega t),$$
$$y = \frac{cE_y}{\omega H}(1 - \cos \omega t),$$

(22.7)

就是说，轨道在 xy 平面上的投影是一条旋轮线 (图 6c).

习　　题

1. 求电荷在平行均匀电场和磁场中的相对论运动.

解：磁场对沿 $\boldsymbol{E}$ 和 $\boldsymbol{H}$ 共同方向 (z 轴) 上的运动没有影响，因而 z 方向上的运动只在电场的影响下发生；于是根据 §20，我们得到：

$$z = \frac{\mathscr{E}_{\text{kin}}}{eE}, \quad \mathscr{E}_{\text{kin}} = \sqrt{\mathscr{E}_0^2 + (ceEt)^2}.$$

对于 xy 平面上的运动，我们有方程

$$\dot{p}_x = \frac{e}{c}Hv_y, \quad \dot{p}_y = -\frac{e}{c}Hv_x,$$

或

$$\frac{\text{d}}{\text{d}t}(p_x + \text{i}p_y) = -\text{i}\frac{eH}{c}(v_x + \text{i}v_y) = -\frac{\text{i}eHc}{\mathscr{E}_{\text{kin}}}(p_x + \text{i}p_y).$$

由此得

$$p_x + \text{i}p_y = p_t\text{e}^{-\text{i}\varphi},$$

式中 p_t 是动量在 xy 平面上投影的恒定值，而辅助量 φ 由如下关系决定

$$\text{d}\varphi = eHc\frac{\text{d}t}{\mathscr{E}_{\text{kin}}},$$

由此

$$ct = \frac{\mathscr{E}_0}{eE}\sinh\frac{E}{H}\varphi.$$

(1)

然后我们有：

$$p_x + \text{i}p_y = p_t\text{e}^{-\text{i}\varphi} = \frac{\mathscr{E}_{\text{kin}}}{c^2}(\dot{x} + \text{i}\dot{y}) = \frac{eH}{c}\frac{\text{d}(x + \text{i}y)}{\text{d}\varphi},$$

所以

$$x = \frac{cp_t}{eH}\sin\varphi, \quad y = \frac{cp_t}{eH}\cos\varphi.$$

(2)

公式 (1),(2) 和公式

$$z = \frac{\mathscr{E}_0}{eE}\cosh\frac{E}{H}\varphi,$$

(3)

一起以参数形式决定了粒子的运动. 轨道是一条螺旋线, 半径为 cp_t/eH, 步长单调增加, 粒子沿着该螺旋线以减小的角速度 $\varphi = eHc/\mathscr{E}_{\mathrm{kin}}$ 运动, 沿 z 轴的速度趋向值 c.

2. 求电荷在相互垂直且数值相等的电场和磁场中的相对论运动[①].

解：选 z 轴沿 $\boldsymbol{H}$ 方向, y 轴沿 $\boldsymbol{E}$ 方向, 令 $E = H$, 我们写出运动方程：

$$\frac{\mathrm{d}p_x}{\mathrm{d}t} = \frac{e}{c}Ev_y, \quad \frac{\mathrm{d}p_y}{\mathrm{d}t} = eE\left(1 - \frac{v_x}{c}\right), \quad \frac{\mathrm{d}p_z}{\mathrm{d}t} = 0$$

以及——作为它们的结果——（17.7）式：

$$\frac{\mathrm{d}\mathscr{E}_{\mathrm{kin}}}{\mathrm{d}t} = eEv_y.$$

由这些方程, 我们有：

$$p_z = \mathrm{const}, \quad \mathscr{E}_{\mathrm{kin}} - cp_x = \mathrm{const} \equiv \alpha.$$

再用方程

$$\mathscr{E}_{\mathrm{kin}}^2 - c^2p_x^2 = (\mathscr{E}_{\mathrm{kin}} + cp_x)(\mathscr{E}_{\mathrm{kin}} - cp_x) = c^2p_y^2 + \varepsilon^2$$

（式中 $\varepsilon^2 = m^2c^4 + c^2p_z^2 = \mathrm{const}$）我们有：

$$\mathscr{E}_{\mathrm{kin}} + cp_x = \frac{1}{\alpha}(c^2p_y^2 + \varepsilon^2),$$

所以

$$\mathscr{E}_{\mathrm{kin}} = \frac{\alpha}{2} + \frac{c^2p_y^2 + \varepsilon^2}{2\alpha},$$

$$p_x = -\frac{\alpha}{2c} + \frac{c^2p_y^2 + \varepsilon^2}{2\alpha c}.$$

我们进一步写出

$$\mathscr{E}_{\mathrm{kin}}\frac{\mathrm{d}p_y}{\mathrm{d}t} = eE\left(\mathscr{E}_{\mathrm{kin}} - \frac{\mathscr{E}_{\mathrm{kin}}\,v_x}{c}\right) = eE(\mathscr{E}_{\mathrm{kin}} - cp_x) = eE\alpha,$$

由此

$$2eEt = \left(1 + \frac{\varepsilon^2}{\alpha^2}\right)p_y + \frac{c^2}{3\alpha^2}p_y^3. \tag{1}$$

为了决定轨道, 我们在方程

$$\frac{\mathrm{d}x}{\mathrm{d}t} = \frac{c^2p_x}{\mathscr{E}_{\mathrm{kin}}}, \cdots$$

---

① 相互垂直而数值不等的 $\boldsymbol{E}$ 和 $\boldsymbol{H}$ 场中的运动问题, 可以通过适当的参考系变换, 化为纯电场或纯磁场中运动的问题, 见 §25.

中作变量代换，对变量 p_y 使用关系式 $\mathrm{d}t = \mathscr{E}_{\mathrm{kin}}\mathrm{d}p_y/eE\alpha$，之后积分给出公式：

$$x = \frac{c}{2eE}\left(-1 + \frac{\varepsilon^2}{\alpha^2}\right)p_y + \frac{c^3}{6\alpha^2 eE}p_y^3,$$

$$y = \frac{c^2}{2\alpha eE}p_y^2, \quad z = \frac{p_z c^2}{eE\alpha}p_y. \tag{2}$$

公式（1）和（2）以参数形式（参数 p_y）完全决定了粒子的运动．请注意如下事实，速度在垂直于 $\boldsymbol{E}$ 和 $\boldsymbol{H}$ 轴的方向（x 轴）增加得最快．

3. 试求非相对论带电粒子在准均匀磁场中轨道导引中心的漂移速度 (H. Alven, 1940).

解：我们首先假设粒子在圆轨道上运动，即它的速度没有（沿着场的）纵向分量．写出形如 $\boldsymbol{r} = \boldsymbol{R}(t) + \boldsymbol{\zeta}(t)$ 的轨道方程，式中 $\boldsymbol{R}(t)$ 是导引中心的径矢（为时间的缓变函数），而 $\boldsymbol{\zeta}(t)$ 是一快速振荡的量，描述围绕导引中心的转动．我们在振荡的（圆）运动周期内对作用于粒子上的力 $(e/c)\dot{\boldsymbol{r}} \times \boldsymbol{H}(\boldsymbol{r})$ 进行平均（比较本教程第一卷 §30）．将这个式子中的函数 $\boldsymbol{H}(\boldsymbol{r})$ 以 $\boldsymbol{\zeta}$ 的幂展开：

$$\boldsymbol{H}(\boldsymbol{r}) = \boldsymbol{H}(\boldsymbol{R}) + (\boldsymbol{\zeta} \cdot \nabla)\boldsymbol{H}(\boldsymbol{R}).$$

平均后，振荡量 $\boldsymbol{\zeta}(t)$ 的一次项为零，而二次项产生一附加的力

$$\boldsymbol{f} = \frac{e}{c}\overline{\dot{\boldsymbol{\zeta}} \times (\boldsymbol{\zeta} \cdot \nabla)}\boldsymbol{H}.$$

对于圆轨道

$$\dot{\boldsymbol{\zeta}} = \omega\boldsymbol{\zeta} \times \boldsymbol{n}, \quad \zeta = \frac{v_\perp}{\omega},$$

式中 $\boldsymbol{n}$ 是沿 $\boldsymbol{H}$ 的单位矢量；频率 $\omega = eH/mc$，$v_\perp$ 是粒子圆周运动的速度．矢量 $\boldsymbol{\zeta}$ 在一平面内转动（该平面垂直于 $\boldsymbol{n}$），其分量乘积的平均值为：

$$\overline{\zeta_\alpha \zeta_\beta} = \frac{1}{2}\zeta^2 \delta_{\alpha\beta},$$

式中 $\delta_{\alpha\beta}$ 是这个平面内的单位张量．结果我们得到：

$$\boldsymbol{f} = -\frac{mv_\perp^2}{2H}(\boldsymbol{n} \times \nabla) \times \boldsymbol{H}.$$

由于恒定场 $\boldsymbol{H}(\boldsymbol{R})$ 满足方程 $\operatorname{div}\boldsymbol{H} = 0$ 和 $\operatorname{rot}\boldsymbol{H} = 0$，我们有：

$$(\boldsymbol{n} \times \nabla) \times \boldsymbol{H} = -\boldsymbol{n}\operatorname{div}\boldsymbol{H} + (\boldsymbol{n} \cdot \nabla)\boldsymbol{H} + \boldsymbol{n} \times \operatorname{rot}\boldsymbol{H} = (\boldsymbol{n} \cdot \nabla)\boldsymbol{H}$$

$$= H(\boldsymbol{n} \cdot \nabla)\boldsymbol{n} + \boldsymbol{n}(\boldsymbol{n} \cdot \nabla H).$$

我们对垂直于 $\boldsymbol{n}$，产生轨道漂移的力感兴趣；它等于：

$$\boldsymbol{f} = -\frac{mv_\perp^2}{2}(\boldsymbol{n} \cdot \nabla)\boldsymbol{n} = \frac{mv_\perp^2}{2\rho}\boldsymbol{\nu},$$

式中 ρ 是场的力线在给定点的曲率半径，$\boldsymbol{\nu}$ 是从曲率中心指向该点的单位矢量.

粒子也具有纵向速度 $v_\parallel$（沿着 $\boldsymbol{n}$）的情况可以化为上述情形，只需我们换到绕力线（导引中心的轨道）的瞬时曲率中心转动的参考系即可，转动的角速度为 $v_\parallel/\rho$. 在这个参考系中，粒子没有纵向速度，但有一附加横向力，即离心力 $\boldsymbol{\nu} mv_\parallel^2/\rho$. 因此，总的横向力是

$$\boldsymbol{f}_\perp = \boldsymbol{\nu}\frac{m}{\rho}\left(v_\parallel^2 + \frac{v_\perp^2}{2}\right).$$

这个力等价于强度为 $\boldsymbol{f}_\perp/e$ 的恒定电场. 按照 (22.4)，它引起轨道导引中心的漂移，速度为

$$\boldsymbol{v}_{\mathrm{d}} = \frac{1}{\omega\rho}\left(v_\parallel^2 + \frac{v_\perp^2}{2}\right)\boldsymbol{\nu} \times \boldsymbol{n}.$$

这个速度的正负号依赖于电荷的正负号.

§23　电磁场张量

在 §17 中，我们从写成三维形式的拉格朗日量 (16.4) 导出了电荷在场内运动的方程. 现在我们直接从写成四维形式的作用量 (16.1) 导出同样的方程.

最小作用量原理是：

$$\delta S = \delta \int_a^b \left(-mc\mathrm{d}s - \frac{e}{c}A_i\mathrm{d}x^i\right) = 0. \tag{23.1}$$

注意到 $\mathrm{d}s = \sqrt{\mathrm{d}x_i\mathrm{d}x^i}$，我们便求得（为了简便起见，下面我们略去积分限 a 和 b）：

$$\delta S = -\int\left(mc\frac{\mathrm{d}x_i\mathrm{d}\delta x^i}{\mathrm{d}s} + \frac{e}{c}A_i\mathrm{d}\delta x^i + \frac{e}{c}\delta A_i\mathrm{d}x^i\right) = 0.$$

将被积函数中前两项作分部积分，并且在第一项中令 $\mathrm{d}x_i/\mathrm{d}s = u_i$，其中 u_i 是四维速度的分量. 于是，

$$\int\left(mc\mathrm{d}u_i\delta x^i + \frac{e}{c}\delta x^i\mathrm{d}A_i - \frac{e}{c}\delta A_i\mathrm{d}x^i\right) - \left(mcu_i + \frac{e}{c}A_i\right)\delta x^i = 0. \tag{23.2}$$

由于积分的变分是在两个边界具有固定坐标值的条件下取的，上式中的第二项等于零，此外：

$$\delta A_i = \frac{\partial A_i}{\partial x^k}\delta x^k, \quad \mathrm{d}A_i = \frac{\partial A_i}{\partial x^k}\mathrm{d}x^k,$$

因此

$$\int \left(mc\,du_i\delta x^i + \frac{e}{c}\frac{\partial A_i}{\partial x^k}\delta x^i dx^k - \frac{e}{c}\frac{\partial A_i}{\partial x^k}dx^i\delta x^k \right) = 0.$$

在第一项中，我们写 $du_i = \dfrac{du_i}{ds}ds$；在第二和第三项中，我们写 $dx^i = u^i ds$；在第三项中将指标 i 与 k 交换（因为 i 和 k 都是求和指标，所以交换以后什么也不改变）. 于是，

$$\int \left[mc\frac{du_i}{ds} - \frac{e}{c}\left(\frac{\partial A_k}{\partial x^i} - \frac{\partial A_i}{\partial x^k} \right)u^k \right]\delta x^i ds = 0.$$

由于 δx^i 的任意性，我们可以推断，被积函数必须为零，即

$$mc\frac{du_i}{ds} - \frac{e}{c}\left(\frac{\partial A_k}{\partial x^i} - \frac{\partial A_i}{\partial x^k} \right)u^k = 0.$$

现在我们引入下面的符号：

$$F_{ik} = \frac{\partial A_k}{\partial x^i} - \frac{\partial A_i}{\partial x^k}. \tag{23.3}$$

反对称张量 F_{ik} 称为**电磁场张量**. 这样一来，运动方程取下面的形式：

$$mc\frac{du^i}{ds} = \frac{e}{c}F^{ik}u_k. \tag{23.4}$$

这就是四维形式的电荷运动方程.

将 $A_i = (\varphi, -\boldsymbol{A})$ 的值代入定义式 (23.3)，我们很容易看出张量 F_{ik} 的各个分量的意义. 结果可以写成一个矩阵，其中指标 $i = 0, 1, 2, 3$ 表示行，指标 k 表示列：

$$F_{ik} = \begin{bmatrix} 0 & E_x & E_y & E_z \\ -E_x & 0 & -H_z & H_y \\ -E_y & H_z & 0 & -H_x \\ -E_z & -H_y & H_x & 0 \end{bmatrix}, \quad F^{ik} = \begin{bmatrix} 0 & -E_x & -E_y & -E_z \\ E_x & 0 & -H_z & H_y \\ E_y & H_z & 0 & -H_x \\ E_z & -H_y & H_x & 0 \end{bmatrix}. \tag{23.5}$$

上式可以更简洁地写成（见 §6）：

$$F_{ik} = (\boldsymbol{E}, \boldsymbol{H}), \quad F^{ik} = (-\boldsymbol{E}, \boldsymbol{H}).$$

由此可见，电场强度与磁场强度的分量是同一四维电磁场张量的分量.

改变到三维符号，容易验证，(23.4) 的三个空间分量 ($i = 1, 2, 3$) 与矢量运动方程 (17.5) 相同，而时间分量 ($i = 0$) 给出功方程 (17.7). 后者是运动方程的推论；四个方程中只有三个独立这一事实，也容易通过直接将 (23.4)

两边乘以 u^i 发现. 由于四维矢量 u^i 和 $\mathrm{d}u_i/\mathrm{d}s$ 的正交性, 此时方程的左边为零, 而由于 F_{ik} 的反对称性, 方程的右边为零.

假如在变分 δS 中, 只考虑真实的轨道, 那么, (23.2) 中的第一项就恒等于零. 这时, 第二项 (其中积分上限认为是变化的) 给出作为坐标函数的作用量的微分. 因之

$$\delta S = -\left(mcu_i + \frac{e}{c}A_i\right)\delta x^i. \tag{23.6}$$

由此可得,

$$-\frac{\partial S}{\partial x^i} = mcu_i + \frac{e}{c}A_i = p_i + \frac{e}{c}A_i. \tag{23.7}$$

四维矢量 $-\partial S/\partial x^i$ 是粒子的广义动量四维矢量 P_i. 代入分量值 p_i 和 A_i, 我们求出:

$$P_i = \left(\frac{\mathscr{E}_{\mathrm{kin}} + e\varphi}{c}, \boldsymbol{p} + \frac{e}{c}\boldsymbol{A}\right). \tag{23.8}$$

正如预期, 这个四维矢量 P_i 的三个空间分量构成三维广义动量矢量 (16.5), 其时间分量是 $\mathscr{E}/c$, 其中 $\mathscr{E}$ 是电荷在场中的总能量.

§24 场的洛伦兹变换

在本节内, 我们将寻找场的变换公式, 利用这些公式, 假如在某一个惯性参考系内场是已知的, 在另一个惯性参考系内, 我们也能够决定这个场.

势的变换公式可以直接从四维矢量的变换通式 (6.1) 得出. 只需记起 $A^i = (\varphi, \boldsymbol{A})$, 我们就很容易得到

$$\varphi = \frac{\varphi' + \dfrac{V}{c}A_x'}{\sqrt{1 - \dfrac{V^2}{c^2}}}, \quad A_x = \frac{A_x' + \dfrac{V}{c}\varphi'}{\sqrt{1 - \dfrac{V^2}{c^2}}}, \quad A_y = A_y', \quad A_z = A_z'. \tag{24.1}$$

反对称二阶张量 (如 F^{ik}) 的变换公式可以从 §6 的习题 2 找到: 分量 F^{23} 和 F^{01} 不变, 而分量 F^{02}, F^{03} 和 F^{12}, F^{13} 分别像 x^0 和 x^1 一样变换. 按照 (23.5) 把 F^{ik} 的分量用场 $\boldsymbol{E}$ 和 $\boldsymbol{H}$ 的分量来表示, 我们就得到电场的变换公式:

$$E_x = E_x', \quad E_y = \frac{E_y' + \dfrac{V}{c}H_z'}{\sqrt{1 - \dfrac{V^2}{c^2}}}, \quad E_z = \frac{E_z' - \dfrac{V}{c}H_y'}{\sqrt{1 - \dfrac{V^2}{c^2}}} \tag{24.2}$$

和磁场的变换公式:

$$H_x = H_x', \quad H_y = \frac{H_y' - \dfrac{V}{c}E_z'}{\sqrt{1 - \dfrac{V^2}{c^2}}}, \quad H_z = \frac{H_z' + \dfrac{V}{c}E_y'}{\sqrt{1 - \dfrac{V^2}{c^2}}}, \tag{24.3}$$

因此, 电场与磁场, 正如大多数的物理量一样, 是相对的; 就是说, 它们在不同的参考系中有不同的特性. 特别是, 电场或磁场在一个参考系中可以等于零, 而同时在另外一个参考系中却又存在.

公式 (24.2) 和 (24.3) 在 $V \ll c$ 的情况下将大大简化. 精确到 V/c 的数量级, 我们有

$$E_x = E_x', \quad E_y = E_y' + \frac{V}{c}H_z', \quad E_z = E_z' - \frac{V}{c}H_y';$$

$$H_x = H_x', \quad H_y = H_y' - \frac{V}{c}E_z', \quad H_z = H_z' + \frac{V}{c}E_y'.$$

这些公式可以写成矢量形式

$$\boldsymbol{E} = \boldsymbol{E}' + \frac{1}{c}\boldsymbol{H}' \times \boldsymbol{V}, \quad \boldsymbol{H} = \boldsymbol{H}' - \frac{1}{c}\boldsymbol{E}' \times \boldsymbol{V}. \tag{24.4}$$

从 K' 到 K 的逆变换公式可以通过改变 V 的符号并移动撇号直接由 (24.2) — (24.4) 求得.

假如在 K' 系中磁场 $\boldsymbol{H}' = 0$, 那么, 根据 (24.2) 及 (24.3), 我们可以很容易验证, 在 K 系中, 电场与磁场之间存在着下面的关系:

$$\boldsymbol{H} = \frac{1}{c}\boldsymbol{V} \times \boldsymbol{E}. \tag{24.5}$$

假如在 K' 系中, $\boldsymbol{E}' = 0$, 那么, 在 K 系中

$$\boldsymbol{E} = -\frac{1}{c}\boldsymbol{V} \times \boldsymbol{H}. \tag{24.6}$$

因此, 在以上两种情况下, 电场与磁场在 K 系中都是相互垂直的.

反向应用这些公式也是有意义的: 如果场 $\boldsymbol{E}$ 和 $\boldsymbol{H}$ 在某个参考系 K 中相互垂直 (但数值不等), 那就存在一个参考系 K', 其中场是纯电场或纯磁场.

这个系统的速度 $\boldsymbol{V}$ (相对于 K) 垂直于 $\boldsymbol{E}$ 和 $\boldsymbol{H}$, 并在数值上等于 cH/E (这种情况必须有 $H < E$), 或者等于 cE/H ($E < H$ 的情形).

§25　场的不变量

从电磁场张量我们可以造出一些不变量, 这些不变量在从一个惯性参考系过渡到另一个惯性参考系时保持不变.

从场的四维表示出发, 用反对称四维张量 F^{ik}, 容易得出这些不变量的形式. 显然我们可以从这个张量的分量构造如下不变量:

$$F_{ik}F^{ik} = 不变量, \tag{25.1}$$

$$e^{iklm}F_{ik}F_{lm} = 不变量, \tag{25.2}$$

式中 e^{iklm} 是四阶全反对称单位张量（见 §6）. 第一个量是标量, 而第二个量是赝标量（张量 F^{ik} 同其对偶张量的乘积）[①].

用（23.5）借助 E 和 H 的分量来表示 F^{ik}, 容易证明, 在三维形式下, 这些不变量为:

$$H^2 - E^2 = \text{inv}, \tag{25.3}$$

$$E \cdot H = \text{inv}. \tag{25.4}$$

其中第二个的赝标量特征从如下事实可以看出, 它是极矢量 E 和轴矢量 H 的乘积（尽管其平方 $(E \cdot H)^2$ 是一个真标量）.

从上面得到的两个表达式的不变性, 我们得出如下定理. 如果电场和磁场在任一惯性系中相互垂直, 即 $E \cdot H = 0$, 那么它们在其他每个惯性系中也垂直. 如果 E 和 H 的绝对值在任一惯性系中彼此相等, 那么它们在任何其他惯性系中也相等.

下面的不等式也显然成立. 如果在任一参考系中 $E > H$（或 $H > E$）, 那么在每个其他参考系中也有 $E > H$（或 $H > E$）. 如果在任一参考系中矢量 E 和 H 成锐角（或钝角）, 那么它们在每个其他参考系中也成锐角（或钝角）.

借助洛伦兹变换, 我们总可以给予 E 和 H 任何任意的值, 唯一的附加条件是 $E^2 - H^2$ 和 $E \cdot H$ 具有固定值. 特别是, 我们总可以找到一个惯性系, 其中电场和磁场在给定点彼此平行. 在这个参考系中 $E \cdot H = EH$, 并且从下面两个方程

$$E^2 - H^2 = E_0^2 - H_0^2, \quad EH = E_0 \cdot H_0$$

我们可以求出 E 和 H 在这个参考系中的值（E_0 和 H_0 是在原来参考系中的电场和磁场）.

两个不变量都为零的情形除外. 在这种情形下, E 和 H 在所有参考系中都相等并且相互垂直.

如果 $E \cdot H = 0$, 我们总可以找到一个参考系, 其中 $E = 0$ 或者 $H = 0$（依 $E^2 - H^2 <$ 或 > 0 而定）, 即纯磁场或纯电场. 反之, 如果在任一参考系中 $E = 0$ 或者 $H = 0$, 则它们在每个其他参考系中都相互垂直, 这与上节末的论述一致.

我们还将用另外的方法来求解反对称四维张量的不变量. 特别是, 从这个方法我们将看到,（25.3）和（25.4）实际上是仅有的两个独立的不变量, 同

[①] 我们注意到, 赝标量（25.2）也可以表示为一个四维散度:

$$e^{iklm} F_{ik} F_{lm} = 4 \frac{\partial}{\partial x^i} \left(e^{iklm} A_k \frac{\partial}{\partial x^l} A_m \right),$$

这一点可以通过 e^{iklm} 的反对称性容易得到验证.

时我们将阐明, 在应用于这样一种四维张量时, 洛伦兹变换所具有的富有教益的数学性质.

我们来考虑复矢量

$$\boldsymbol{F} = \boldsymbol{E} + \mathrm{i}\boldsymbol{H}. \tag{25.5}$$

用公式 (24.2)—(24.3), 容易看出, 对于这个矢量的洛伦兹变换 (沿 x 轴) 具有形式

$$F_x = F'_x, \quad F_y = F'_y \cosh\varphi - \mathrm{i}F'_z \sinh\varphi = F'_y \cos\mathrm{i}\varphi - F'_z \sin\mathrm{i}\varphi,$$

$$F_z = F'_z \cos\mathrm{i}\varphi + F'_y \sin\mathrm{i}\varphi, \quad \tanh\varphi = \frac{V}{c}. \tag{25.6}$$

我们看到, 对于矢量 $\boldsymbol{F}$ 来说, 在四维空间 xt 平面内的转动 (就是这个洛伦兹变换), 等价于在三维空间 yz 平面内转动一个虚角. 四维空间内所有可能转动的集合 (也包括绕 x, y 和 z 轴的简单转动), 等价于三维空间内转动一个复角的所有可能转动 (这里四维空间内的 6 个转动角, 相应于三维空间中的 3 个复转动角).

矢量在转动下的唯一不变量是它的平方: $\boldsymbol{F}^2 = E^2 - H^2 + 2\mathrm{i}\boldsymbol{E}\cdot\boldsymbol{H}$. 因此, 实量 $E^2 - H^2$ 和 $\boldsymbol{E}\cdot\boldsymbol{H}$ 是张量 F_{ik} 仅有的两个独立的不变量.

如果 $\boldsymbol{F}^2 \neq 0$, 矢量 $\boldsymbol{F}$ 可以写成 $\boldsymbol{F} = a\boldsymbol{n}$, 式中 $\boldsymbol{n}$ 是复单位矢量 ($\boldsymbol{n}^2 = 1$). 通过适当的复转动, 我们可以让 $\boldsymbol{n}$ 指向一条坐标轴; 显然 $\boldsymbol{n}$ 变为实并决定了两个矢量 $\boldsymbol{E}$ 和 $\boldsymbol{H}$ 的方向: $\boldsymbol{F} = (E + \mathrm{i}H)\boldsymbol{n}$. 换言之, 我们得到 $\boldsymbol{E}$ 和 $\boldsymbol{H}$ 彼此平行的结果.

习　　题

有一个参考系, 在其中, 电场与磁场是相互平行的, 试求这个参考系的速度.

解: 满足所提条件的参考系 K' 有无穷多. 假如我们找到一个这样的参考系, 那么, 相对这个参考系的运动速度沿着 $\boldsymbol{E}$ 及 $\boldsymbol{H}$ 的共同方向之任何其他参考系, 也都具有同样的特性. 因此, 我们只需找到这些参考系中的一个就够了, 这个参考系有与两个场都垂直的速度. 选择速度的方向为 x 轴的方向, 利用这个事实, 即在 K' 中 $E'_x = H'_x = 0, E'_y H'_z - E'_z H'_y = 0$, 我们借助于公式 (24.2) 及 (24.3) 得到参考系 K' 相对于原来参考系的速度 $\boldsymbol{V}$ 的方程如下:

$$\frac{\dfrac{V}{c}}{1 + \dfrac{V^2}{c^2}} = \frac{\boldsymbol{E} \times \boldsymbol{H}}{E^2 + H^2}$$

(在二次方程的两个根中自然应该选择 $V < c$ 的那一个根).

第四章

电磁场方程

§26 第一对麦克斯韦方程

从场 $\boldsymbol{E}$ 及 $\boldsymbol{H}$ 的表达式

$$\boldsymbol{H} = \operatorname{rot} \boldsymbol{A}, \quad \boldsymbol{E} = -\frac{1}{c}\frac{\partial \boldsymbol{A}}{\partial t} - \operatorname{grad} \varphi,$$

很容易得到仅含有 $\boldsymbol{E}$ 及 $\boldsymbol{H}$ 的方程. 为了做到这一点, 我们来求 $\operatorname{rot} \boldsymbol{E}$:

$$\operatorname{rot} \boldsymbol{E} = -\frac{1}{c}\frac{\partial}{\partial t}\operatorname{rot} \boldsymbol{A} - \operatorname{rot} \operatorname{grad} \varphi.$$

但是任何梯度的旋度都为零, 所以,

$$\operatorname{rot} \boldsymbol{E} = -\frac{1}{c}\frac{\partial \boldsymbol{H}}{\partial t}. \tag{26.1}$$

取方程 $\operatorname{rot} \boldsymbol{A} = \boldsymbol{H}$ 两边的散度, 并且记起旋度的散度等于零, 我们便得到

$$\operatorname{div} \boldsymbol{H} = 0. \tag{26.2}$$

方程 (26.1) 及 (26.2) 称为第一对麦克斯韦方程[①]. 我们要注意, 这两个方程还不能完全确定场的特性. 这一点可以从这个事实清楚地看出来, 即它们决定了磁场对时间的变化 (即导数 $\partial \boldsymbol{H}/\partial t$), 但是并没有决定导数 $\partial \boldsymbol{E}/\partial t$.

方程 (26.1) 及 (26.2) 可以写成积分形式. 按照高斯定理,

$$\int \operatorname{div} \boldsymbol{H} \mathrm{d}V = \oint \boldsymbol{H} \cdot \mathrm{d}\boldsymbol{f},$$

此式右边的面积分是沿着包围着左边体积分所涉及之体积的封闭曲面而取的. 基于 (26.2), 我们得到

$$\oint \boldsymbol{H} \cdot \mathrm{d}\boldsymbol{f} = 0. \tag{26.3}$$

[①] 麦克斯韦方程组 (电动力学的基本方程) 是麦克斯韦在 1860 年首先建立的.

一个矢量在一个曲面上的积分称为通过该曲面的**矢量的通量**. 因此, 磁场通过每个封闭曲面的通量为零.

按照斯托克斯定理,

$$\int \mathrm{rot}\, \boldsymbol{E} \cdot \mathrm{d}\boldsymbol{f} = \oint \boldsymbol{E} \cdot \mathrm{d}\boldsymbol{l},$$

此式右边的线积分是沿着包围左边面积分所涉及之曲面的闭合回路而取的. 沿着任一曲面积分 (26.1) 式的两边, 我们便求得

$$\oint \boldsymbol{E} \cdot \mathrm{d}\boldsymbol{l} = -\frac{1}{c}\frac{\partial}{\partial t} \int \boldsymbol{H} \cdot \mathrm{d}\boldsymbol{f}. \tag{26.4}$$

一个矢量沿着一条闭合回路的积分, 称为该矢量沿该闭合回路的**环流**. 电场强度的环流也称为该回路内的**电动势**. 所以任何回路内的电动势, 等于穿过由该回路所包围的曲面的磁场强度通量的时间导数的负值.

麦克斯韦方程 (26.1) 及 (26.2) 可以写成四维形式. 用电磁场张量的定义

$$F_{ik} = \frac{\partial A_k}{\partial x^i} - \frac{\partial A_i}{\partial x^k},$$

很容易验证

$$\frac{\partial F_{ik}}{\partial x^l} + \frac{\partial F_{kl}}{\partial x^i} + \frac{\partial F_{li}}{\partial x^k} = 0. \tag{26.5}$$

左边的表达式是一个三阶张量, 它对所有三个指标都是反对称的. 只有那些 $i \neq k \neq l$ 的分量才不等于零. 将 (23.5) 式代入, 很容易验证这四个方程正好就是方程 (26.1) 及 (26.2).

将这个三阶反对称四维矢量乘以 e^{iklm} 并就三对指标缩并, 我们可以构造与其对偶的四维矢量 (见 §6). 因此 (26.5) 可以写成形式

$$e^{iklm}\frac{\partial F_{lm}}{\partial x^k} = 0, \tag{26.6}$$

这明示独立的方程只有四个.

§27 电磁场的作用量

由电磁场和场内的粒子所组成的整个体系的作用量 S, 应当包含有三个部分:

$$S = S_{\mathrm{f}} + S_{\mathrm{m}} + S_{\mathrm{mf}}. \tag{27.1}$$

其中 S_{m} 是作用量中仅仅与粒子的性质有关的一部分. 这部分作用量不是别的, 就是自由粒子的作用量. 单个自由粒子的作用量由 (8.1) 式给出. 如果有几个粒子, 它们的总作用量就是单个粒子的作用量之和. 因此,

$$S_{\mathrm{m}} = -\sum mc \int \mathrm{d}s. \tag{27.2}$$

S_{mf} 是作用量中与粒子及场之间的相互作用有关的那一部分. 按照 §16, 对于粒子系统我们有:

$$S_{\mathrm{mf}} = -\sum \frac{e}{c} \int A_k \mathrm{d}x^k. \tag{27.3}$$

在这个和的每一项中, A_k 是相应粒子所在的那个时空点处场的势. 和数 $S_{\mathrm{m}} + S_{\mathrm{mf}}$ 是我们已经熟悉的电荷在场内的作用量 (16.1).

最后, S_{f} 是作用量中仅仅与场本身的特性有关的那一部分, 就是说, S_{f} 是场在没有电荷时的作用量. 到现在为止, 因为我们仅仅注意了电荷在某一给定电磁场内的运动, 没有注意到与粒子无关的量 S_{f}, 因为这一项并不能影响粒子的运动. 但是, 假如我们要寻找决定场本身的方程, 这一项倒是必需的了. 这是同下列事实相对应的: 从作用量的 $S_{\mathrm{m}} + S_{\mathrm{mf}}$ 这部分, 我们只能求出场的两个方程, 即 (26.1) 及 (26.2), 要由这一对方程完全决定场是不够的.

为了建立场的作用量 S_{f} 的形式, 我们从电磁场如下非常重要的性质出发. 实验表明, 电磁场满足所谓**叠加原理**. 这个原理可以叙述如下: 一个电荷系统所产生的场, 是每一个电荷单独所产生的场简单相加的结果. 这就是说, 在每一点的总场强等于在该点的各个场强的 (矢量) 和.

场方程的每一个解给出一个在自然界中存在的场. 按照叠加原理, 任何这样一些场的和也必须是一个在自然界中存在的场, 这就是说, 必然满足场方程.

大家知道, 线性微分方程恰恰具有这个特性, 即任意一些解的和也是一个解. 因此, 场方程必须是线性微分方程.

从这个讨论可以推断, 在作用量 S_{f} 的积分号内, 必定有一个场的二次式. 仅仅在这种情形下, 场方程才是线性的; 因为场方程是由作用量的变分得来, 而在变分的过程中, 积分号内的式子的幂将要减小一.

势不能包含在作用量 S_{f} 内, 因为它们还没有唯一地被确定 (在 S_{mf} 中, 缺乏这样的唯一性并不重要). 因此, S_{f} 应当是电磁场张量 F_{ik} 的某函数的积分. 但是作用量必须是一个标量, 因而必须是某一个标量的积分. 这样的量只有乘积 $F_{ik}F^{ik}$.[①]

---

① S_{f} 中积分号下的函数必须不包含 F_{ik} 的导数, 因为除坐标以外, 拉格朗日量只能包含坐标对时间的一阶导数. 在这种情形下, 场的势 A_k 起着 "坐标" (即最小作用原理中被变分的变量) 的作用. 这与力学中的情形类似, 即力学系统的拉格朗日量只含粒子的坐标和它们对时间的一阶导数.

至于量 $e^{iklm}F_{ik}F_{lm}$ (§25), (正如 §25 第一个脚注指出的那样) 它是一个完全的四维散度, 所以把它加到 S_{f} 中积分号下的表达式里不会影响 "运动方程". 有趣的是, 这个量已经从作用量中被排除, 理由与它是赝标量而非真标量这一情况无关.

因此, S_f 必须有下面的形式:

$$S_f = a \iint F_{ik} F^{ik} \mathrm{d}V \mathrm{d}t, \quad \mathrm{d}V = \mathrm{d}x\mathrm{d}y\mathrm{d}z,$$

其中积分应该遍及全部空间和已知的两个时刻之间的时间间隔; a 是某一常数. 积分号内的量是 $F_{ik}F^{ik} = 2(H^2 - E^2)$. 场 $\boldsymbol{E}$ 包含导数 $\partial \boldsymbol{A}/\partial t$; 然而很容易看出, $(\partial \boldsymbol{A}/\partial t)^2$ 必须带着正号出现在作用量内 (因而 E^2 必须有正号). 因为假如 $(\partial \boldsymbol{A}/\partial t)^2$ 带着负号出现在 S_f 内, 那么, 势对时间的变化要是足够快的话 (在我们研究的时间间隔以内), 我们总能够使 S_f 变为绝对值任意大的负量. 因此, S_f 不能有最小作用量原理所要求的最小值. 因此, a 必须是负数.

a 的数值与场的测量单位的选择有关. 我们注意, 当 a 以及场的测量单位选定了以后, 所有其他电磁量的测量单位也就确定了.

从现在起, 我们将采用**高斯单位制**, 在这个单位制中, a 是一个无量纲的量, 其数值是 $-1/(16\pi)$ [①].

因此, 场的作用量有下面的形式:

$$S_f = -\frac{1}{16\pi c} \int F_{ik} F^{ik} \mathrm{d}\Omega, \quad \mathrm{d}\Omega = c\mathrm{d}t\mathrm{d}x\mathrm{d}y\mathrm{d}z. \tag{27.4}$$

在三维形式中,

$$S_f = \frac{1}{8\pi} \iint (E^2 - H^2)\mathrm{d}V\mathrm{d}t. \tag{27.5}$$

换句话说, 电磁场的拉格朗日量是:

$$L_f = \frac{1}{8\pi} \int (E^2 - H^2)\mathrm{d}V. \tag{27.6}$$

场连同其中的电荷的作用量有下面的形式:

$$S = -\sum \int mc\mathrm{d}s - \sum \int \frac{e}{c} A_k \mathrm{d}x^k - \frac{1}{16\pi c} \int F_{ik} F^{ik} \mathrm{d}\Omega. \tag{27.7}$$

我们要注意, 现在并不像在推导一个电荷在给定场内的运动方程那样假设电荷很小. 因此, A_k 及 F_{ik} 是指实际的场, 即外场加上电荷本身所产生的场; 现在 A_k 及 F_{ik} 与电荷的位置和速度有关.

§28 四维电流矢量

为了数学上的便利, 我们时常不把电荷看做为点, 而设想它们是在空间中连续分布的. 这时我们可以引入**电荷密度** ρ, 使 $\rho\mathrm{d}V$ 等于体积 $\mathrm{d}V$ 所包含

① 除高斯单位制外, 还有赫维赛德单位制, 其中 $a = -1/4$. 在这个单位制中, 场方程将有比较便利的形式 (4π 不出现), 但是另一方面, 4π 却出现在库仑定律内. 反之, 在高斯单位制中, 场方程包含着 4π, 但是库仑定律却有简单的形式.

的电荷. 密度 ρ 一般是坐标和时间的函数. 在某一个体积内取的体积分 $\int \rho \mathrm{d}V$ 等于该体积内的电荷.

这里, 我们必须记得, 电荷实际上是点状的, 因而除了点电荷所在点以外密度 ρ 都是零, 而积分 $\int \rho \mathrm{d}V$ 必须等于在给定体积内的所有电荷之和. 因而 ρ 可以利用 δ 函数写成下面的形式[①]:

$$\rho = \sum_a e_a \delta(\boldsymbol{r} - \boldsymbol{r}_a), \tag{28.1}$$

此式对所有电荷求和, 而 $\boldsymbol{r}_a$ 是电荷 e_a 的径矢.

从电荷的定义可以知道, 粒子的电荷是一个不变量, 即是说, 电荷与参考系的选择无关. 另一方面, 密度 ρ 一般来说并不是不变量, 不变的仅仅是乘积 $\rho \mathrm{d}V$.

用 $\mathrm{d}x^i$ 乘等式 $\mathrm{d}e = \rho \mathrm{d}V$ 的两边得

$$\mathrm{d}e \mathrm{d}x^i = \rho \mathrm{d}V \mathrm{d}x^i = \rho \mathrm{d}V \mathrm{d}t \frac{\mathrm{d}x^i}{\mathrm{d}t}.$$

左边是一个四维矢量 (因为 $\mathrm{d}e$ 是一个标量, 而 $\mathrm{d}x^i$ 是一个四维矢量). 这就意味着右边也是一个四维矢量. 但 $\mathrm{d}V \mathrm{d}t$ 应当是一个标量, 所以 $\rho(\mathrm{d}x^i/\mathrm{d}t)$ 是

---

① δ 函数 $\delta(x)$ 可定义如下: 当 $x \neq 0$ 时, $\delta(x) = 0$; 当 $x = 0$ 时, $\delta(0) = \infty$, 且使得积分

$$\int_{-\infty}^{+\infty} \delta(x) \mathrm{d}x = 1. \tag{1}$$

从这个定义, 可以推断出下面的特性: 假如 $f(x)$ 是任意的一个连续函数, 那么

$$\int_{-\infty}^{+\infty} f(x) \delta(x - a) \mathrm{d}x = f(a); \tag{2}$$

其中一个特殊情况是

$$\int_{-\infty}^{+\infty} f(x) \delta(x) \mathrm{d}x = f(0) \tag{3}$$

(自然, 积分限不一定是 $\pm\infty$, 积分的区间可以是任何包含 δ 函数不为零的点的范围).

我们再写出两个 δ 函数的等式. 这两个等式的意思是, 它们的左右两边在积分号内作因子时给出同样的结果:

$$\delta(-x) = \delta(x), \quad \delta(ax) = \frac{1}{|a|}\delta(x). \tag{4}$$

最后那个等式是如下更普遍关系的特例:

$$\delta[\varphi(x)] = \sum_i \frac{1}{|\varphi'(a_i)|} \delta(x - a_i), \tag{5}$$

式中 $\varphi(x)$ 是单值函数 (其逆并不单值) 而 a_i 是方程 $\varphi(x) = 0$ 的根.

类似于定义一个变量 x 的 $\delta(x)$, 我们可以引入三维 δ 函数 $\delta(\boldsymbol{r})$, 这个函数除了在三维空间坐标的原点外, 都是零, 而其遍及全部空间的积分值是 1. 显然我们可以用乘积 $\delta(x)\delta(y)\delta(z)$ 来表示这样的一个函数.

一个四维矢量. 这个矢量（我们用 j^i 来表示）称为**四维电流矢量**：

$$j^i = \rho \frac{\mathrm{d}x^i}{\mathrm{d}t}.\tag{28.2}$$

这个矢量的空间分量构成**电流密度矢量**，

$$\boldsymbol{j} = \rho\boldsymbol{v},\tag{28.3}$$

其中 $\boldsymbol{v}$ 是处于给定点的电荷的速度. 四维矢量 (28.2) 的时间分量是 $c\rho$. 因此，

$$j^i = (c\rho, \boldsymbol{j}).\tag{28.4}$$

全部空间中的总电荷等于遍及全部空间的积分 $\int \rho \mathrm{d}V$. 我们可以将这个积分写成四维形式：

$$\int \rho \mathrm{d}V = \frac{1}{c} \int j^0 \mathrm{d}V = \frac{1}{c} \int j^i \mathrm{d}S_i,\tag{28.5}$$

其中积分应该遍及整个与 x^0 轴垂直的四维空间的超平面（这个积分显然就是遍及整个三维空间的积分）. 一般说来，遍及一个任意超曲面取的积分

$$\frac{1}{c} \int j^i \mathrm{d}S_i$$

是世界线通过该曲面的那些电荷之和.

我们将四维电流矢量引入作用量的表达式 (27.7)，并对该式中的第二项进行变换. 引入以密度 ρ 连续分布的电荷来代替点电荷 e，我们必须将该项写成

$$-\frac{1}{c} \int \rho A_i \mathrm{d}x^i \mathrm{d}V,$$

用遍及整个体积的积分来代替电荷之和. 将其改写成形式

$$-\frac{1}{c} \int \rho \frac{\mathrm{d}x^i}{\mathrm{d}t} A_i \mathrm{d}V \mathrm{d}t,$$

我们看出这一项等于

$$-\frac{1}{c^2} \int A_i j^i \mathrm{d}\Omega.$$

因此作用量 S 取下面的形式：

$$S = -\sum \int mc\mathrm{d}s - \frac{1}{c^2} \int A_i j^i \mathrm{d}\Omega - \frac{1}{16\pi c} \int F_{ik} F^{ik} \mathrm{d}\Omega.\tag{28.6}$$

§29　连续性方程

在某一个体积内的电荷对时间的变化取决于导数

$$\frac{\partial}{\partial t} \int \rho \mathrm{d}V.$$

另一方面，单位时间内电荷的变化取决于单位时间内离开这个体积而走到外面去的电量，或者反过来，由外面进入这个体积内的电量. 在单位时间内经过包围该体积的曲面的面元 $\mathrm{d}\boldsymbol{f}$ 的电荷等于 $\rho\boldsymbol{v}\cdot\mathrm{d}\boldsymbol{f}$，此处 $\boldsymbol{v}$ 是电荷在面元 $\mathrm{d}\boldsymbol{f}$ 所在的空间点的速度. 矢量 $\mathrm{d}\boldsymbol{f}$ 如通常一样，沿着曲面的外法线方向，就是说沿着由所考虑的体积指向外面的法线的方向. 所以假如电荷离开体积，$\rho\boldsymbol{v}\cdot\mathrm{d}\boldsymbol{f}$ 为正；假如电荷进入体积，$\rho\boldsymbol{v}\cdot\mathrm{d}\boldsymbol{f}$ 就为负. 因此，在单位时间内离开给定体积的总电荷是 $\oint \rho\boldsymbol{v}\cdot\mathrm{d}\boldsymbol{f}$，此处的积分必须遍及包围这个体积的整个封闭曲面.

从这两个表达式相等，我们得到

$$\frac{\partial}{\partial t} \int \rho \mathrm{d}V = -\oint \rho \boldsymbol{v} \cdot \mathrm{d}\boldsymbol{f}. \tag{29.1}$$

右边出现了负号，因为假如在一个给定体积内总电荷增加的话，左边就是正的. 方程 (29.1) 称为**连续性方程**，这个方程是用积分形式来表示电荷守恒的. 注意到 $\rho\boldsymbol{v}$ 是电流密度，我们可以将 (29.1) 改写为

$$\frac{\partial}{\partial t} \int \rho \mathrm{d}V = -\oint \boldsymbol{j} \cdot \mathrm{d}\boldsymbol{f}. \tag{29.2}$$

我们再来将这个方程写成微分形式. 为此，在 (29.2) 式的右边应用高斯定理：

$$\oint \boldsymbol{j} \cdot \mathrm{d}\boldsymbol{f} = \int \operatorname{div} \boldsymbol{j} \mathrm{d}V,$$

我们得到

$$\int \left(\operatorname{div} \boldsymbol{j} + \frac{\partial \rho}{\partial t} \right) \mathrm{d}V = 0.$$

因为这个方程对于在任意体积上取积分都是有效的，所以被积函数必须为零：

$$\operatorname{div} \boldsymbol{j} + \frac{\partial \rho}{\partial t} = 0. \tag{29.3}$$

这就是连续性方程的微分形式.

很容易验证，以 δ 函数形式表达 ρ 的 (28.1) 式自动地满足方程 (29.3). 为简便起见，假设总共只有一个电荷，则

$$\rho = e\delta(\boldsymbol{r} - \boldsymbol{r}_0).$$

这时电流 $\boldsymbol{j}$ 是

$$\boldsymbol{j} = e\boldsymbol{v}\delta(\boldsymbol{r} - \boldsymbol{r}_0),$$

此处 $\boldsymbol{v}$ 是电荷的速度. 现在我们来确定导数 $\partial\rho/\partial t$. 电荷运动时, 它的坐标要改变, 即矢量 $\boldsymbol{r}_0$ 要改变. 所以

$$\frac{\partial\rho}{\partial t} = \frac{\partial\rho}{\partial\boldsymbol{r}_0} \cdot \frac{\partial\boldsymbol{r}_0}{\partial t}.$$

但是 $\partial\boldsymbol{r}_0/\partial t$ 恰是电荷的速度 $\boldsymbol{v}$. 此外, 因为 ρ 是 $\boldsymbol{r} - \boldsymbol{r}_0$ 的函数, 所以

$$\frac{\partial\rho}{\partial\boldsymbol{r}_0} = -\frac{\partial\rho}{\partial\boldsymbol{r}}.$$

因此

$$\frac{\partial\rho}{\partial t} = -\boldsymbol{v} \cdot \operatorname{grad}\rho = -\operatorname{div}(\rho\boldsymbol{v}).$$

（电荷的速度 $\boldsymbol{v}$ 当然与 $\boldsymbol{r}$ 无关）. 因此, 我们得到了方程 (29.3).

很容易验证, 连续性方程 (29.3) 可以用四维形式表述为, 四维电流矢量的四维散度等于零:

$$\frac{\partial j^i}{\partial x^i} = 0. \tag{29.4}$$

在上一节中我们已经看出, 全部空间中的总电荷可以写成

$$\frac{1}{c}\int j^i \mathrm{d}S_i,$$

这个积分应该遍及超平面 $x^0 = \mathrm{const}$. 每一时刻, 总电荷都由这样一个遍及与 x^0 轴垂直的不同超平面的积分给出. 很容易验证, 方程 (29.4) 实际上可导出电荷守恒定律, 即不论我们在哪一个超平面 $x^0 = \mathrm{const}$ 上取积分, 积分 $\int j^i \mathrm{d}S_i$ 都是一样的. 在这两个超平面上的积分 $\int j^i \mathrm{d}S_i$ 之差, 可以写成 $\oint j^i \mathrm{d}S_i$, 此处的积分是沿整个封闭的超曲面而取的, 而这个封闭的超曲面包围着我们所考虑的两个超平面之间的四维体积（这个积分与所求之差的区别是一个沿无穷远的"侧"超曲面的积分, 但因在无穷远处没有电荷, 所以后面那个积分为零）. 利用高斯定理 (6.15), 我们可以将这个积分转换为一个遍及两个超平面之间的四维体积的积分, 从而验证

$$\oint j^i \mathrm{d}S_i = \int \frac{\partial j^i}{\partial x^i} \mathrm{d}\Omega = 0. \tag{29.5}$$

上面的证明显然对任意两个积分 $\int j^i \mathrm{d}S_i$ 都是有效的, 此处的积分是遍及任意两个无限超曲面（不仅是超平面 $x^0 = \mathrm{const}$）, 每个超曲面都包括整个

（三维）空间. 由此得到下面的结论, 即积分 $\dfrac{1}{c}\displaystyle\int j^i\mathrm{d}S_i$ 不管是沿着哪个这样的超曲面而取的, 其值实际上是相同的（等于空间中的总电荷）.

我们已经提到过（见 §18 的脚注）, 电动力学方程的规范不变性和电荷守恒定律之间存在着密切联系. 现在让我们用形如 (28.6) 的作用量表达式再次证明这一点. 用 $A_i - \partial f/\partial x^i$ 替换 A_i, 将积分

$$\frac{1}{c^2}\int j^i\frac{\partial f}{\partial x^i}\mathrm{d}\Omega$$

加到这个表达式的第二项. 它正好就是以连续性方程 (29.4) 表达的电荷守恒. 它使我们能把被积函数写成四维散度 $\partial(fj^i)/\partial x^i$, 然后用高斯定理, 沿四维体积的积分就换为沿闭合超曲面的积分; 对作用量变分时, 这些积分为零, 因此对运动方程没有影响.

§30　第二对麦克斯韦方程

在利用最小作用量原理来推导场方程时, 我们应当认为电荷的运动是已知的, 而只变分势（这里看作系统的"坐标"）; 另一方面, 在推导运动方程时, 我们又认为场是已知的, 而只变分粒子的轨道.

所以 (28.6) 式中第一项的变分是零, 而在第二项中, 我们不能变分电流 j^i. 因此,

$$\delta S = -\frac{1}{c}\int\left[\frac{1}{c}j^i\delta A_i + \frac{1}{8\pi}F^{ik}\delta F_{ik}\right]\mathrm{d}\Omega = 0$$

（式中我们已经用了 $F^{ik}\delta F_{ik}\equiv F_{ik}\delta F^{ik}$ 这个结果）. 将

$$F_{ik} = \frac{\partial A_k}{\partial x^i} - \frac{\partial A_i}{\partial x^k}$$

代入, 我们就得到

$$\delta S = -\frac{1}{c}\int\left\{\frac{1}{c}j^i\delta A_i + \frac{1}{8\pi}F^{ik}\frac{\partial}{\partial x^i}\delta A_k - \frac{1}{8\pi}F^{ik}\frac{\partial}{\partial x^k}\delta A_i\right\}\mathrm{d}\Omega.$$

在第二项中, 我们将指标 i 同 k 交换, 其中 i, k 是求和指标, 此外用 $-F_{ik}$ 代替 F_{ki}, 于是我们得到

$$\delta S = -\frac{1}{c}\int\left\{\frac{1}{c}j^i\delta A_i - \frac{1}{4\pi}F^{ik}\frac{\partial}{\partial x^k}\delta A_i\right\}\mathrm{d}\Omega.$$

将第二项作分部积分, 换句话说, 就是应用高斯定理:

$$\delta S = -\frac{1}{c}\int\left\{\frac{1}{c}j^i + \frac{1}{4\pi}\frac{\partial F^{ik}}{\partial x^k}\right\}\delta A_i\mathrm{d}\Omega - \frac{1}{4\pi c}\int F^{ik}\delta A_i\mathrm{d}S_k. \tag{30.1}$$

在第二项中, 我们应当取它在积分限上的值. 坐标的积分限是在无穷远处, 在无穷远处的场为零. 在时间的积分限上, 就是在给定的初时刻与末时刻, 势的变分为零, 因为按照最小作用量原理的意思, 势在这两个时刻是给定的. 因此, (30.1) 式中的第二项为零, 从而我们得到

$$\int \left(\frac{1}{c} j^i + \frac{1}{4\pi} \frac{\partial F^{ik}}{\partial x^k} \right) \delta A_i \mathrm{d}\Omega = 0.$$

因为按照最小作用量原理, 变分 δA_i 是任意的, 所以 δA_i 的系数应当等于零:

$$\frac{\partial F^{ik}}{\partial x^k} = -\frac{4\pi}{c} j^i. \tag{30.2}$$

现在我们把这四个方程 ($i = 0, 1, 2, 3$) 写为三维形式. 第一个方程 ($i = 1$) 是

$$\frac{1}{c} \frac{\partial F^{10}}{\partial t} + \frac{\partial F^{11}}{\partial x} + \frac{\partial F^{12}}{\partial y} + \frac{\partial F^{13}}{\partial z} = -\frac{4\pi}{c} j^1.$$

将 F^{ik} 的分量值代入, 我们得到

$$\frac{1}{c} \frac{\partial E_x}{\partial t} - \frac{\partial H_z}{\partial y} + \frac{\partial H_y}{\partial z} = -\frac{4\pi}{c} j_x.$$

这个方程连同 $i = 2, 3$ 的两个方程可以写成一个矢量方程:

$$\mathrm{rot}\, \boldsymbol{H} = \frac{1}{c} \frac{\partial \boldsymbol{E}}{\partial t} + \frac{4\pi}{c} \boldsymbol{j}. \tag{30.3}$$

最后, 第四个方程 ($i = 0$) 是

$$\mathrm{div}\, \boldsymbol{E} = 4\pi\rho. \tag{30.4}$$

方程 (30.3) 及 (30.4) 是用矢量形式写成的第二对麦克斯韦方程[①]. 和第一对麦克斯韦方程一起, 它们完全确定了电磁场. 它们是电磁场理论, 或如通常所说, 是**电动力学**的基本方程.

现在我们来将这些方程写成积分形式. 在某一个体积上积分 (30.4), 应用高斯定理

$$\int \mathrm{div}\, \boldsymbol{E} \mathrm{d}V = \oint \boldsymbol{E} \cdot \mathrm{d}\boldsymbol{f},$$

我们得到

$$\oint \boldsymbol{E} \cdot \mathrm{d}\boldsymbol{f} = 4\pi \int \rho \mathrm{d}V. \tag{30.5}$$

因此, 电场通过一个封闭曲面的通量等于 4π 乘曲面所包围的体积内的总电荷.

---

① 适用于真空中电磁场内的一个点电荷的麦克斯韦方程组的形式是由 H.A. 洛伦兹给出的.

在一个非封闭曲面上积分（30.3）并应用斯托克斯定理

$$\int \operatorname{rot} \boldsymbol{H} \cdot \mathrm{d}\boldsymbol{f} = \oint \boldsymbol{H} \cdot \mathrm{d}\boldsymbol{l},$$

我们得到

$$\oint \boldsymbol{H} \cdot \mathrm{d}\boldsymbol{l} = \frac{1}{c}\frac{\partial}{\partial t}\int \boldsymbol{E} \cdot \mathrm{d}\boldsymbol{f} + \frac{4\pi}{c}\int \boldsymbol{j} \cdot \mathrm{d}\boldsymbol{f}. \tag{30.6}$$

我们称

$$\frac{1}{4\pi}\frac{\partial \boldsymbol{E}}{\partial t} \tag{30.7}$$

这个量为**位移电流**. 从 (30.6) 的如下形式：

$$\oint \boldsymbol{H} \cdot \mathrm{d}\boldsymbol{l} = \frac{4\pi}{c}\int \left(\boldsymbol{j} + \frac{1}{4\pi}\frac{\partial \boldsymbol{E}}{\partial t}\right) \cdot \mathrm{d}\boldsymbol{f}, \tag{30.8}$$

我们知道，磁场绕着任何回路的环流等于穿过此回路所包围之曲面的真实电流与位移电流之和乘 $4\pi/c$.

从麦克斯韦方程组，我们可以得到已经知道的连续性方程（29.3）. 取 (30.3) 式两边的散度，我们得到

$$\operatorname{div} \operatorname{rot} \boldsymbol{H} = \frac{1}{c}\frac{\partial}{\partial t}\operatorname{div} \boldsymbol{E} + \frac{4\pi}{c}\operatorname{div} \boldsymbol{j}.$$

但是按照 (30.4) 式，$\operatorname{div} \operatorname{rot} \boldsymbol{H} \equiv 0$，而 $\operatorname{div} \boldsymbol{E} = 4\pi\rho$. 因此我们又重新得到了方程 (29.3). 在四维形式中，从 (30.2) 式我们可得到

$$\frac{\partial^2 F^{ik}}{\partial x^i \partial x^k} = -\frac{4\pi}{c}\frac{\partial j^i}{\partial x^i}.$$

但是由于算符 $\partial^2/\partial x^i\partial x^k$ 对于指标 i 和 k 的对称性，它作用于反对称张量 F^{ik} 时将得到恒为零的结果，于是我们得到四维形式的连续性方程 (29.4).

§31　能量密度和能流

我们用 $\boldsymbol{E}$ 乘 (30.3) 式的两边，用 $\boldsymbol{H}$ 乘 (26.1) 式的两边，再将所得的方程相加，可得

$$\frac{1}{c}\boldsymbol{E} \cdot \frac{\partial \boldsymbol{E}}{\partial t} + \frac{1}{c}\boldsymbol{H} \cdot \frac{\partial \boldsymbol{H}}{\partial t} = -\frac{4\pi}{c}\boldsymbol{j} \cdot \boldsymbol{E} - (\boldsymbol{H} \cdot \operatorname{rot} \boldsymbol{E} - \boldsymbol{E} \cdot \operatorname{rot} \boldsymbol{H}).$$

应用众所周知的矢量分析公式

$$\operatorname{div}(\boldsymbol{a} \times \boldsymbol{b}) = \boldsymbol{b} \cdot \operatorname{rot} \boldsymbol{a} - \boldsymbol{a} \cdot \operatorname{rot} \boldsymbol{b},$$

我们改写这个方程如下：

$$\frac{1}{2c}\frac{\partial}{\partial t}(E^2 + H^2) = -\frac{4\pi}{c}\boldsymbol{j} \cdot \boldsymbol{E} - \operatorname{div}(\boldsymbol{E} \times \boldsymbol{H}),$$

或

$$\frac{\partial}{\partial t}\left(\frac{E^2 + H^2}{8\pi}\right) = -\boldsymbol{j} \cdot \boldsymbol{E} - \operatorname{div} \boldsymbol{S}. \tag{31.1}$$

矢量

$$\boldsymbol{S} = \frac{c}{4\pi}\boldsymbol{E} \times \boldsymbol{H} \tag{31.2}$$

称为**坡印亭矢量**.

将 (31.1) 在一个体积上积分, 并对右边第二项应用高斯定理, 则我们得到

$$\frac{\partial}{\partial t}\int\frac{E^2 + H^2}{8\pi}\mathrm{d}V = -\int\boldsymbol{j} \cdot \boldsymbol{E}\mathrm{d}V - \oint\boldsymbol{S} \cdot \mathrm{d}\boldsymbol{f}. \tag{31.3}$$

假如积分遍及整个空间, 那么, 面积分就等于零 (因为在无穷远处场为零). 此外, 我们可以用对所有电荷求和的式子 $\sum e\boldsymbol{v} \cdot \boldsymbol{E}$ 来表示积分 $\int\boldsymbol{j} \cdot \boldsymbol{E}\mathrm{d}V$, 并按 (17.7) 式, 将

$$e\boldsymbol{v} \cdot \boldsymbol{E} = \frac{\mathrm{d}}{\mathrm{d}t}\mathscr{E}_{\mathrm{kin}}$$

代入, 那么 (31.3) 式化为

$$\frac{\mathrm{d}}{\mathrm{d}t}\left\{\int\frac{E^2 + H^2}{8\pi}\mathrm{d}V + \sum\mathscr{E}_{\mathrm{kin}}\right\} = 0. \tag{31.4}$$

因此, 对于一个包括电磁场及场内粒子的封闭系统, 上面方程括号内的量是守恒的. 括号内的第二项是全部粒子的动能 (还包括静能; 见 §17 的脚注), 因而第一项就是场本身的能量. 因此, 我们称

$$W = \frac{E^2 + H^2}{8\pi} \tag{31.5}$$

为电磁场的**能量密度**; 它是场在每单位体积内的能量.

假如我们在任何一个有限体积上积分, 那么, (31.3) 式中的面积分一般不等于零, 因而我们可以将这个方程写成下面的形式:

$$\frac{\partial}{\partial t}\left\{\int\frac{E^2 + H^2}{8\pi}\mathrm{d}V + \sum\mathscr{E}_{\mathrm{kin}}\right\} = -\oint\boldsymbol{S} \cdot \mathrm{d}\boldsymbol{f}, \tag{31.6}$$

其中括号内的第二项的求和仅涉及所考虑的体积内的各粒子. 上式的左边是场与粒子的总能量在单位时间内的变化. 因此, 积分 $\oint\boldsymbol{S} \cdot \mathrm{d}\boldsymbol{f}$ 必须认为是经过包围给定体积的曲面的场的能流, 因而坡印亭矢量 $\boldsymbol{S}$ 就是这个能流密度 —— 在单位时间内流过曲面的单位面积的场能量[①].

---

① 我们假定, 在那一时刻, 所研究体积之表面本身上无粒子, 如果不是这样, 那么, 在右边应当包括穿过曲面的粒子输运的能流.

§32　能量动量张量

在上一节中我们已经求出电磁场能量的表达式. 现在我们来求出这个式子及场的动量的四维形式. 为简便起见, 我们现在只考虑无电荷的电磁场. 为了以后的应用(对于引力场的应用), 也为了简化计算, 我们在一般形式下进行推导, 而不将体系的具体类型特殊化.

我们考虑一个任意体系, 它的作用量积分为

$$S = \int \Lambda\left(q, \frac{\partial q}{\partial x^i}\right) \mathrm{d}V\mathrm{d}t = \frac{1}{c}\int \Lambda\mathrm{d}\Omega, \tag{32.1}$$

其中 Λ 是一些量 q(用来描写这个体系的状态)和它们对坐标及时间的一阶导数的某个函数(对于电磁场而言, 四维势的分量就是量 q); 为简便起见, 这里我们只写了一个 q. 我们应注意, 空间积分 $\int \Lambda\mathrm{d}V$ 是这个体系的拉格朗日量, 所以 Λ 可以认为是拉格朗日量的"密度". 体系的封闭性的数学表示是 Λ 与 x^i 不存在任何明显关系, 这同封闭力学体系的拉格朗日量不显含时间相似.

按照最小作用量原理, 运动方程(假如我们研究某种场, 它就是场方程)可以通过变分 S 来得到. 我们有(为简便起见, 我们用符号 $q_{,i} \equiv \partial q/\partial x^i$)

$$\delta S = \frac{1}{c}\int \left(\frac{\partial \Lambda}{\partial q}\delta q + \frac{\partial \Lambda}{\partial q_{,i}}\delta q_{,i}\right)\mathrm{d}\Omega =$$

$$= \frac{1}{c}\int \left[\frac{\partial \Lambda}{\partial q}\delta q + \frac{\partial}{\partial x^i}\left(\frac{\partial \Lambda}{\partial q_{,i}}\delta q\right) - \delta q\frac{\partial}{\partial x^i}\frac{\partial \Lambda}{\partial q_{,i}}\right]\mathrm{d}\Omega = 0.$$

被积函数内的第二项经过用高斯定理变换后, 在整个空间内取积分将等于零, 如是我们就得到下面的"运动方程":

$$\frac{\partial}{\partial x^i}\frac{\partial \Lambda}{\partial q_{,i}} - \frac{\partial \Lambda}{\partial q} = 0 \tag{32.2}$$

(当然应当理解为遍历重复的指标 i 求和).

其余的推导与在力学中推导能量守恒定律的过程相似. 亦即写出

$$\frac{\partial \Lambda}{\partial x^i} = \frac{\partial \Lambda}{\partial q}\frac{\partial q}{\partial x^i} + \frac{\partial \Lambda}{\partial q_{,k}}\frac{\partial q_{,k}}{\partial x^i}.$$

将(32.2)式代入, 并注意 $q_{,k,i} = q_{,i,k}$, 我们便得到

$$\frac{\partial \Lambda}{\partial x^i} = \frac{\partial}{\partial x^k}\left(\frac{\partial \Lambda}{\partial q_{,k}}\right)q_{,i} + \frac{\partial \Lambda}{\partial q_{,k}}\frac{\partial q_{,i}}{\partial x^k} = \frac{\partial}{\partial x^k}\left(q_{,i}\frac{\partial \Lambda}{\partial q_{,k}}\right).$$

另一方面, 我们可以写

$$\frac{\partial \Lambda}{\partial x^i} = \delta_i^k\frac{\partial \Lambda}{\partial x^k},$$

所以, 引入符号

$$T_i^k = q_{,i} \frac{\partial \Lambda}{\partial q_{,k}} - \delta_i^k \Lambda, \tag{32.3}$$

我们可以将上面的关系式写成

$$\frac{\partial T_i^k}{\partial x^k} = 0. \tag{32.4}$$

我们应注意, 假如不是一个而有几个量 $q^{(l)}$, 那么, 代替 (32.3) 我们可以写

$$T_i^k = \sum_l q_{,i}^{(l)} \frac{\partial \Lambda}{\partial q_{,k}^{(l)}} - \delta_i^k \Lambda. \tag{32.5}$$

但是在 §29 中我们已经看出, 方程 $\partial A^k / \partial x^k = 0$, 亦即一个矢量的四维散度等于零, 就相当于说这个矢量在超曲面 (这个超曲面包括整个三维空间) 上的积分 $\int A^k \mathrm{d}S_k$ 守恒. 显然类似的结果对于张量的散度也是成立的. 方程 (32.4) 就相当于说, 矢量

$$P^i = \text{const} \cdot \int T^{ik} \mathrm{d}S_k$$

是守恒的.

这个矢量必定与体系的四维动量矢量相同. 我们这样来选择积分号前面的常数, 使矢量 P^i 的时间分量 P^0 按照前面的定义等于这个体系的能量乘以 $1/c$. 为此, 我们要注意, 如果积分在超平面 $x^0 = \text{const}$ 上进行, 就有:

$$P^0 = \text{const} \cdot \int T^{0k} \mathrm{d}S_k = \text{const} \cdot \int T^{00} \mathrm{d}V,$$

另一方面, 按照 (32.3) 式,

$$T^{00} = \dot{q} \frac{\partial \Lambda}{\partial \dot{q}} - \Lambda$$

(其中 $\dot{q} \equiv \partial q / \partial t$). 将这个量同通常联系能量与拉格朗日量的公式作比较, 可知它应当被认为是体系的能量密度. 因此 $\int T^{00} \mathrm{d}V$ 就是体系的总能量. 所以我们应当令 $\text{const} = 1/c$, 最后我们得到体系的四维动量表达式

$$P^i = \frac{1}{c} \int T^{ik} \mathrm{d}S_k. \tag{32.6}$$

张量 T^{ik} 称为体系的 **能量动量张量**.

必须指出, 张量 T^{ik} 的定义实质上不是唯一的. 事实上, 如果 T^{ik} 由方程 (32.3) 定义, 那么任何其他形如

$$T^{ik} + \frac{\partial}{\partial x^l} \psi^{ikl}, \quad \psi^{ikl} = -\psi^{ilk} \tag{32.7}$$

的张量也将满足方程 (32.4)，因为张量 ψ^{ikl} 对于指标 k, l 的反对称性，我们恒有 $\partial^2\psi^{ikl}/\partial x^k\partial x^l = 0$. 体系的四维总动量在这种情况下一般不改变，因为按照 (6.17) 我们可以写出

$$\int \frac{\partial \psi^{ikl}}{\partial x^l}\mathrm{d}S_k = \frac{1}{2}\int\left(\mathrm{d}S_k\frac{\partial\psi^{ikl}}{\partial x^l} - \mathrm{d}S_l\frac{\partial\psi^{ikl}}{\partial x^k}\right) = \frac{1}{2}\oint\psi^{ikl}\mathrm{d}f_{kl}^*,$$

此处，等式左边的积分遍及一超曲面，而右边积分应遍及"包围"此超曲面的（普通）曲面. 这个曲面在三维空间中显然是在无穷远处，而因为场或粒子在无穷远处都不存在，所以这个积分为零. 因此体系的四维动量是唯一决定了的量.

　　为了唯一地确定张量 T^{ik}，我们可以利用这样一个条件，即体系的四维角动量张量（见 §14）可借助于下式用四维动量来表示:

$$M^{ik} = \int(x^i\mathrm{d}P^k - x^k\mathrm{d}P^i) = \frac{1}{c}\int(x^iT^{kl} - x^kT^{il})\mathrm{d}S_l, \tag{32.8}$$

就是说，体系的角动量"密度"可按普通公式以动量的"密度"表示之.

　　很容易确定能量动量张量应当满足些什么条件，才能做到这一点. 如我们已经知道的，角动量守恒定律可以用 M^{ik} 的积分号内表达式的散度等于零来表示. 因此

$$\frac{\partial}{\partial x^l}(x^iT^{kl} - x^kT^{il}) = 0. \tag{32.9}$$

注意到 $\partial x^i/\partial x^l = \delta_l^i$，而 $\partial T^{kl}/\partial x^l = 0$，我们可由此得到

$$\delta_l^iT^{kl} - \delta_l^kT^{il} = T^{ki} - T^{ik} = 0,$$

或

$$T^{ik} = T^{ki}, \tag{32.10}$$

即能量动量张量必须是对称的.

　　我们要注意，一般地说，用公式 (32.5) 定义的 T^{ik} 并不是对称的，但是加上了带合适 ψ^{ikl} 的变换 (32.7) 以后，就可使它变为一个对称张量. 以后（§94）我们可以看出，有一个直接的方法去求得对称张量 T^{ik}.

　　上面已经说过，假如我们将 (32.6) 的积分在超平面 $x^0 = $ const 上进行，那么，P^i 就取下面的形式:

$$P^i = \frac{1}{c}\int T^{i0}\mathrm{d}V, \tag{32.11}$$

此处的积分遍及整个（三维）空间. 既然 P^i 的空间分量构成体系的三维动量矢量而且时间分量是它的能量乘以 $1/c$，那么分量为

$$\frac{1}{c}T^{10}, \quad \frac{1}{c}T^{20}, \quad \frac{1}{c}T^{30}$$

的矢量可以称为**动量密度**, 而量

$$W = T^{00}$$

则称为**能量密度**.

为了明白 T^{ik} 其余分量的意义, 我们将守恒方程 (32.4) 分成空间和时间部分:

$$\frac{1}{c}\frac{\partial T^{00}}{\partial t} + \frac{\partial T^{0\alpha}}{\partial x^{\alpha}} = 0, \quad \frac{1}{c}\frac{\partial T^{\alpha 0}}{\partial t} + \frac{\partial T^{\alpha\beta}}{\partial x^{\beta}} = 0. \tag{32.12}$$

我们将这两个方程在空间的一个体积内 V 积分. 从第一个方程得到

$$\frac{1}{c}\frac{\partial}{\partial t}\int T^{00}\mathrm{d}V + \int \frac{\partial T^{0\alpha}}{\partial x^{\alpha}}\mathrm{d}V = 0,$$

用高斯定理变换第二个积分, 则得

$$\frac{\partial}{\partial t}\int T^{00}\mathrm{d}V = -c\oint T^{0\alpha}\mathrm{d}f_{\alpha}, \tag{32.13}$$

此式右边的积分应该在包围体积 V 的曲面上取 ($\mathrm{d}f_x, \mathrm{d}f_y, \mathrm{d}f_z$ 是面元 $\mathrm{d}\boldsymbol{f}$ 的三维矢量的分量). 左边的式子是体积 V 中所含的能量随时间的改变率; 因此, 右边的式子显然是穿过体积 V 的边界面的能量, 而带分量

$$cT^{01}, \quad cT^{02}, \quad cT^{03}$$

的矢量 $\boldsymbol{S}$ 则是能流密度——单位时间内穿过单位面积的能量. 因此, 我们得到如下重要结论, 即由量 T^{ik} 的张量特性表示的相对论不变性要求, 自动导致了能流和动量密度之间的确定关系: 能流密度等于动量密度乘以 c^2.

从 (32.12) 的第二个方程, 我们可同样地求得

$$\frac{\partial}{\partial t}\int \frac{1}{c}T^{\alpha 0}\mathrm{d}V = -\oint T^{\alpha\beta}\mathrm{d}f_{\beta}. \tag{32.14}$$

式子的左边是体系在单位时间中体积 V 内的动量变化, 所以 $\oint T^{\alpha\beta}\mathrm{d}f_{\beta}$ 就是在单位时间内从体积 V 穿出来的动量, 而能量动量张量的 $T^{\alpha\beta}$ 分量构成三维动量流密度张量; 我们记之为 $-\sigma_{\alpha\beta}$, 这里 $\sigma_{\alpha\beta}$ 称为**应力张量**. 能流密度是一个矢量; 因为动量流本身是一个矢量, 所以动量流密度必须是一个张量 (这个张量的分量 $T^{\alpha\beta}$ 是在单位时间内穿过垂直于 x^{β} 轴的单位面积的动量的 α 分量).

我们用下式来指明能量动量张量每个分量的意义:

$$T^{ik} = \begin{pmatrix} W & S_x/c & S_y/c & S_z/c \\ S_x/c & -\sigma_{xx} & -\sigma_{xy} & -\sigma_{xz} \\ S_y/c & -\sigma_{yx} & -\sigma_{yy} & -\sigma_{yz} \\ S_z/c & -\sigma_{zx} & -\sigma_{zy} & -\sigma_{zz} \end{pmatrix}. \tag{32.15}$$

§33 电磁场的能量动量张量

现在我们将前节所得的一般关系应用到电磁场中. 对于电磁场, (32.1) 式中积分号内的量 Λ, 按照 (27.4) 式, 应该等于

$$\Lambda = -\frac{1}{16\pi} F_{kl} F^{kl}.$$

量 q 是场的四维势的分量 A_k. 于是张量 T_i^k 的定义 (32.5) 变为

$$T_i^k = \frac{\partial A_l}{\partial x^i} \frac{\partial \Lambda}{\partial \left(\dfrac{\partial A_l}{\partial x^k}\right)} - \delta_i^k \Lambda.$$

为了计算此处出现的 Λ 的导数, 我们来求变分 $\delta\Lambda$. 我们有

$$\delta\Lambda = -\frac{1}{8\pi} F^{kl} \delta F_{kl} = -\frac{1}{8\pi} F^{kl} \left(\delta \frac{\partial A_l}{\partial x^k} - \delta \frac{\partial A_k}{\partial x^l}\right)$$

交换指标并利用 $F_{kl} = -F_{lk}$, 则得

$$\delta\Lambda = -\frac{1}{4\pi} F^{kl} \delta \frac{\partial A_l}{\partial x^k}.$$

由此可见,

$$\frac{\partial \Lambda}{\partial \left(\dfrac{\partial A_l}{\partial x^k}\right)} = -\frac{1}{4\pi} F^{kl},$$

由此

$$T_i^k = -\frac{1}{4\pi} \frac{\partial A_l}{\partial x^i} F^{kl} + \frac{1}{16\pi} \delta_i^k F_{lm} F^{lm},$$

或者对逆变分量有

$$T^{ik} = -\frac{1}{4\pi} \frac{\partial A^l}{\partial x_i} F^k{}_l + \frac{1}{16\pi} g^{ik} F_{lm} F^{lm}.$$

但这个张量是不对称的. 为使它对称化, 我们加上一项

$$\frac{1}{4\pi} \frac{\partial A^i}{\partial x_l} F^k{}_l.$$

按照不存在电荷时的场方程 (30.2), $\partial F^k{}_l / \partial x_l = 0$, 因而有

$$\frac{1}{4\pi} \frac{\partial A^i}{\partial x_l} F^k{}_l = \frac{1}{4\pi} \frac{\partial}{\partial x_l} (A^i F^k{}_l),$$

因此, 增加这一项相当于对 T^{ik} 作了形如 (32.7) 的改变, 因而是允许的. 既然 $\partial A^l / \partial x_i - \partial A^i / \partial x_l = F^{il}$, 那么我们最后可求得电磁场能量动量张量的表达式:

$$T^{ik} = \frac{1}{4\pi} \left(-F^{il} F^k{}_l + \frac{1}{4} g^{ik} F_{lm} F^{lm}\right). \tag{33.1}$$

这个张量显然是对称的. 此外, 它还有一个特性:

$$T_i^i = 0. \tag{33.2}$$

即对角线上的项之和为零.

现在我们用电场和磁场强度来表示张量 T^{ik} 的分量. 利用 F_{ik} 分量的表达式 (23.5), 很容易容易验证 T^{00} 同能量密度 (31.5) 一致, 而分量 $cT^{0\alpha}$ 与坡印亭矢量 (31.2) 的分量相同. 空间分量 $T^{\alpha\beta}$ 构成一个三维张量, 其分量为

$$-\sigma_{xx} = \frac{1}{8\pi}(E_y^2 + E_z^2 - E_x^2 + H_y^2 + H_z^2 - H_x^2),$$

$$-\sigma_{xy} = -\frac{1}{4\pi}(E_x E_y + H_x H_y),$$

等等, 或者

$$\sigma_{\alpha\beta} = \frac{1}{4\pi}\left\{ E_\alpha E_\beta + H_\alpha H_\beta - \frac{1}{2}\delta_{\alpha\beta}(E^2 + H^2) \right\}. \tag{33.3}$$

这个张量称为**电磁场应力张量**.

为了将张量 T^{ik} 化为对角形式, 我们必须变换到这样的参考系, 使得其中矢量 $\boldsymbol{E}$ 和 $\boldsymbol{H}$ (在给定的空间点和给定时刻) 彼此平行, 或者使得它们之一为零. 如我们所知 (§25), 除了 $\boldsymbol{E}$ 和 $\boldsymbol{H}$ 彼此垂直并且数值相等, 这样的变换总是可能的. 容易看出, 变换之后 T^{ik} 的非零分量只有

$$T^{00} = -T^{11} = T^{22} = T^{33} = W$$

(x 轴已经取为沿着场的方向).

假如 $\boldsymbol{E}$ 同 $\boldsymbol{H}$ 相互垂直, 且其绝对值相等, 那么, T^{ik} 就不能化为对角形式.[①] 在这种情形, 不为零的分量是

$$T^{00} = T^{33} = T^{30} = W$$

(取沿着 $\boldsymbol{E}$ 的方向为 x 轴, 沿着 $\boldsymbol{H}$ 的方向为 y 轴).

到现在为止, 我们只考虑了没有电荷存在的场. 在有带电粒子存在时, 整个系统的能量动量张量就是电磁场能量动量张量与粒子的能量动量张量之和, 在后一种情形下, 我们假设了粒子之间不存在相互作用.

为了决定粒子能量动量张量的形式, 我们必须像用电荷密度描述点电荷的分布那样, 用 "质量密度" 描述它们在空间中的质量分布. 与电荷密度的公式 (28.1) 类似, 我们可以将质量密度写为形式

$$\mu = \sum_a m_a \delta(\boldsymbol{r} - \boldsymbol{r}_a), \tag{33.4}$$

[①] 对称四维张量 T^{ik} 可能不能化为主轴这一事实, 同四维空间的非欧几里得性质有关 (参见 §94 习题).

式中 r_a 是粒子的径矢，求和遍历系统中的所有粒子.

粒子的动量密度由 $\mu c u^\alpha$ 给定. 我们知道，这个密度是能量动量张量的分量 $T^{0\alpha}/c$，即

$$T^{0\alpha} = \mu c^2 u^\alpha \quad (\alpha = 1, 2, 3).$$

但是质量密度是四维矢量 $\mu/c(\mathrm{d}x^k/\mathrm{d}t)$ 的时间分量（类似于电荷密度；见 §28）. 因此非相互作用粒子系统的能量动量张量是

$$T^{ik} = \mu c \frac{\mathrm{d}x^i}{\mathrm{d}s} \frac{\mathrm{d}x^k}{\mathrm{d}t} = \mu c u^i u^k \frac{\mathrm{d}s}{\mathrm{d}t}. \tag{33.5}$$

如所预期，这个张量是对称的.

通过直接计算可以验证，系统的能量和动量（定义为场和粒子的能量与动量之和）实际上是守恒的. 换言之，我们要来验证表达了这些守恒定律的方程：

$$\frac{\partial}{\partial x^k}(T^{(\mathrm{f})\,k}_{\quad i} + T^{(p)\,k}_{\quad i}) = 0. \tag{33.6}$$

微分 (33.1)，我们写出

$$\frac{\partial T^{(\mathrm{f})\,k}_{\quad i}}{\partial x^k} = \frac{1}{4\pi}\left(\frac{1}{2}F^{lm}\frac{\partial F_{lm}}{\partial x^i} - F^{kl}\frac{\partial F_{il}}{\partial x^k} - F_{il}\frac{\partial F^{kl}}{\partial x^k}\right).$$

代入麦克斯韦方程 (26.5) 和 (30.2)，即

$$\frac{\partial F_{lm}}{\partial x^i} = -\frac{\partial F_{mi}}{\partial x^l} - \frac{\partial F_{il}}{\partial x^m}, \quad \frac{\partial F^{kl}}{\partial x^k} = \frac{4\pi}{c}j^l,$$

我们有：

$$\frac{\partial T^{(\mathrm{f})\,k}_{\quad i}}{\partial x^k} = \frac{1}{4\pi}\left(-\frac{1}{2}F^{lm}\frac{\partial F_{mi}}{\partial x^l} - \frac{1}{2}F^{lm}\frac{\partial F_{il}}{\partial x^m} - F^{kl}\frac{\partial F_{il}}{\partial x^k} - \frac{4\pi}{c}F_{il}j^l\right).$$

交换指标很容易证明，右边前三项相互消掉了，因而我们得到了所要求的结果：

$$\frac{\partial T^{(\mathrm{f})\,k}_{\quad i}}{\partial x^k} = -\frac{1}{c}F_{il}j^l. \tag{33.7}$$

对粒子能量动量张量的表达式 (33.5) 进行微分给出：

$$\frac{\partial T^{(\mathrm{p})\,k}_{\quad i}}{\partial x^k} = c u_i \frac{\partial}{\partial x^k}\left(\mu\frac{\mathrm{d}x^k}{\mathrm{d}t}\right) + \mu c\frac{\mathrm{d}x^k}{\mathrm{d}t}\frac{\partial u_i}{\partial x^k}.$$

由于非相互作用粒子的质量守恒，这个表达式的第一项为零. 事实上，与四维电流矢量 (28.2) 类似，$\mu(\mathrm{d}x^k/\mathrm{d}t)$ 构成四维"质量流"矢量. 这个四维矢量的散度等于零：

$$\frac{\partial}{\partial x^k}\left(\mu\frac{\mathrm{d}x^k}{\mathrm{d}t}\right) = 0, \tag{33.8}$$

表达了质量守恒, 就正如方程 (29.4) 表达了电荷守恒一样. 因此我们有:

$$\frac{\partial T^{(\mathrm{p})k}_{\ \ i}}{\partial x^k} = \mu c \frac{\mathrm{d}x^k}{\mathrm{d}t}\frac{\partial u_i}{\partial x^k} = \mu c \frac{\mathrm{d}u_i}{\mathrm{d}t}.$$

下面我们用 (表为四维形式的) 电荷在场中的运动方程 (23.4):

$$mc\frac{\mathrm{d}u_i}{\mathrm{d}s} = \frac{e}{c}F_{ik}u^k.$$

从密度 μ 和 ρ 的定义, 变到电荷和质量的连续分布时, 我们有: $\mu/m = \rho/e$. 因此我们可以将运动方程写成形式

$$\mu c\frac{\mathrm{d}u_i}{\mathrm{d}s} = \frac{\rho}{c}F_{ik}u^k$$

或

$$\mu c\frac{\mathrm{d}u_i}{\mathrm{d}t} = \frac{1}{c}F_{ik}\rho u^k\frac{\mathrm{d}s}{\mathrm{d}t} = \frac{1}{c}F_{ik}j^k.$$

于是,

$$\frac{\partial T^{(\mathrm{p})k}_{\ \ i}}{\partial x^k} = \frac{1}{c}F_{ik}j^k. \tag{33.9}$$

将上式与 (33.7) 式联立, 我们实际上就得到方程 (33.6).

<h2 style="text-align:center">习　　题</h2>

求能量密度、能流密度、应力张量分量在洛伦兹变换下的变换规律.

解: 设 K' 坐标系相对于 K 系沿 x 轴以速度 V 运动. 将 §6 习题 1 的公式用于对称张量 T^{ik}, 我们得到:

$$W = \frac{1}{1-\frac{V^2}{c^2}}\left(W' + \frac{V}{c^2}S'_x - \frac{V^2}{c^2}\sigma'_{xx}\right),$$

$$S_x = \frac{1}{1-\frac{V^2}{c^2}}\left[\left(1+\frac{V^2}{c^2}\right)S'_x + VW' - V\sigma'_{xx}\right],$$

$$S_y = \frac{1}{\sqrt{1-\frac{V^2}{c^2}}}(S'_y - V\sigma'_{xy}),$$

$$\sigma_{xx} = \frac{1}{1-\frac{V^2}{c^2}}\left(\sigma'_{xx} - 2\frac{V}{c^2}S'_x - \frac{V^2}{c^2}W'\right),$$

$$\sigma_{yy} = \sigma'_{yy}, \quad \sigma_{zz} = \sigma'_{zz}, \quad \sigma_{yz} = \sigma'_{yz},$$

$$\sigma_{xy} = \frac{1}{\sqrt{1-\frac{V^2}{c^2}}}\left(\sigma'_{xy} - \frac{V}{c^2}S'_y\right)$$

及对于 S_z 和 σ_{xz} 的类似的公式.

§34　位力定理

因为电磁场能量动量张量对角线上诸项之和等于零, 所以对于任何相互作用系统, 和值 T_i^i 就化为仅仅是粒子能量动量张量的迹. 因此用 (33.5) 我们得到:

$$T_i^i = T^{(\mathrm{p})}{}_i^i = \mu c u_i u^i \frac{\mathrm{d}s}{\mathrm{d}t} = \mu c \frac{\mathrm{d}s}{\mathrm{d}t} = \mu c^2 \sqrt{1 - \frac{v^2}{c^2}}.$$

对所有粒子求和, 即将 μ 换为和式 (33.4), 我们最后得到:

$$T_i^i = \sum_a m_a c^2 \sqrt{1 - \frac{v_a^2}{c^2}} \delta(\boldsymbol{r} - \boldsymbol{r}_a). \tag{34.1}$$

我们注意到, 按照这个公式, 对于所有系统都有:

$$T_i^i \geqslant 0, \tag{34.2}$$

式中等号只对没有电荷的电磁场成立.

现在来考虑一个由进行有限运动的带电粒子组成的封闭系统, 表征该系统的所有量 (坐标、动量) 在有限范围内变化.[①]

我们来寻求系统的总能量与描述它的某个时间平均值的关系.

将方程

$$\frac{1}{c} \frac{\partial T^{\alpha 0}}{\partial t} + \frac{\partial T^{\alpha \beta}}{\partial x^\beta} = 0$$

(见 32.12) 对时间做平均. 像任何有界量导数的平均一样, 导数 $\partial T^{\alpha 0} / \partial t$ 的平均为零[②]. 因此, 我们得到

$$\frac{\partial}{\partial x^\beta} \overline{T}_\alpha^\beta = 0.$$

我们用 x^α 乘这个方程, 并将它对整个空间积分. 用高斯定理来变换这个积分, 并记着在无穷远处 $T_\alpha^\beta = 0$, 所以面积分为零:

$$\int x^\alpha \frac{\partial \overline{T}_\alpha^\beta}{\partial x^\beta} \mathrm{d}V = -\int \frac{\partial x^\alpha}{\partial x^\beta} \overline{T}_\alpha^\beta \mathrm{d}V = -\int \delta_\beta^\alpha \overline{T}_\alpha^\beta \mathrm{d}V = 0,$$

---

①　这里我们也假定系统的电磁场在无限远处足够快地趋于零. 在特殊情形下这一条件可能会要求忽略该系统的电磁波辐射.

②　设 $f(t)$ 是这样一个函数, 那么, 导数 $\mathrm{d}f/\mathrm{d}t$ 经过一个时间间隔 T 的平均值是

$$\overline{\frac{\mathrm{d}f}{\mathrm{d}t}} = \frac{1}{T} \int_0^T \frac{\mathrm{d}f}{\mathrm{d}t} \mathrm{d}t = \frac{f(T) - f(0)}{T}.$$

自然 $f(t)$ 仅在有限范围内变化, 那么, 当 T 趋向无穷大时, $\mathrm{d}f/\mathrm{d}t$ 的平均值显然趋近于零.

或者有：

$$\int \overline{T}^{\alpha}_{\alpha} \mathrm{d}V = 0. \tag{34.3}$$

根据这个等式，对于 $\overline{T}^i_i = \overline{T}^{\alpha}_{\alpha} + \overline{T}^0_0$ 的积分，我们可以写出

$$\int \overline{T}^i_i \mathrm{d}V = \int \overline{T}^0_0 \mathrm{d}V = \mathscr{E},$$

式中，$\mathscr{E}$ 是系统的总能量.

最后，用表达式 (34.1) 代入则得：

$$\mathscr{E} = \sum_a m_a c^2 \overline{\sqrt{1 - \frac{v_a^2}{c^2}}}. \tag{34.4}$$

这个关系就是经典力学的**位力定理**在相对论中的推广（见本教程第一卷 §10）. 对于低速情形，它化为

$$\mathscr{E} - \sum_a m_a c^2 = -\sum_a \overline{\frac{m_a v_a^2}{2}},$$

就是说，总能量（减去静能）等于动能平均值的负数——这与经典力学中带电粒子体系（按照库仑定律相互作用着）的位力定理相同.

必须指出，我们得到的公式都比较形式化，因而有必要使之更为精确. 问题在于，电磁场能量中包含了使点电荷的电磁自能为无穷大的项（见 §37）. 考虑到内禀电磁能已经包含在粒子的动能 (9.4) 中，为使相应的表达式有意义，我们必须去掉这些项. 这意味着我们应当在 (34.4) 中通过代换

$$\mathscr{E} \rightarrow \mathscr{E} - \sum_a \int \frac{E_a^2 + H_a^2}{8\pi} \mathrm{d}V,$$

使能量"重正化"，式中 $\boldsymbol{E}_a$ 和 $\boldsymbol{H}_a$ 是第 a 个粒子产生的场. 与 (34.3) 类似，我们应当作代换[①]

$$\int T^{\alpha}_{\alpha} \mathrm{d}V \rightarrow \int T^{\alpha}_{\alpha} \mathrm{d}V + \sum_a \int \frac{E_a^2 + H_a^2}{8\pi} \mathrm{d}V.$$

---

① 请注意，不做这种改变的话，表达式

$$-\int T^{\alpha}_{\alpha} \mathrm{d}V = \int \frac{E^2 + H^2}{8\pi} \mathrm{d}V + \sum_a \frac{m_a v_a^2}{\sqrt{1 - v_a^2/c^2}}$$

实质上就是正值且不能变为零.

§35　宏观物体的能量动量张量

除了点粒子系统的能量动量张量 (33.5) 外，我们也需要该张量对于那些可看做是连续的宏观物体的表达式.

穿过一个物体表面面元 $\mathrm{d}\boldsymbol{f}$ 的动量流就是作用在这个面元上的力. 所以 $-\sigma_{\alpha\beta}\mathrm{d}f_\beta$ 是作用在这个面元上的力的 α 分量. 现在我们引入一个参考系，物体的一个指定的体积元在其中是静止的. 在这样一个参考系中，帕斯卡定律是有效的，即是说，作用于物体的某一部分上的压强 p 在一切方向都是相等的，而且在无论任何地方都垂直于它所作用的面[1]. 因此，我们可以写出 $\sigma_{\alpha\beta}\mathrm{d}f_\beta = -p\mathrm{d}f_\alpha$，从而应力张量是 $\sigma_{\alpha\beta} = -p\delta_{\alpha\beta}$. 至于代表动量密度的分量 $T^{\alpha 0}$，对于我们所用参考系中给定的体积元，它们等于零. 分量 T^{00} 照例是物体的能量密度，我们用 ε 来代表它；ε/c^2 是物体的质量密度，即每单位体积内的质量. 我们着重指出，这里所讨论的是单位"固有"体积，也就是在物体的给定部分处于静止的那个参考系中的体积.

因此，在我们所考虑的参考系中，能量动量张量（对物体的指定部分）有如下形式：

$$T^{ik} = \begin{pmatrix} \varepsilon & 0 & 0 & 0 \\ 0 & p & 0 & 0 \\ 0 & 0 & p & 0 \\ 0 & 0 & 0 & p \end{pmatrix}. \tag{35.1}$$

现在很容易求出宏观物体在任意参考系中能量动量张量的表达式. 为此，我们对于物体一个体积元的宏观运动引入四维速度 u^i. 在该体积元是静止的参考系中，四维速度的分量 $u^i = (1,0)$. T^{ik} 的式子必须如此选择，使它在这个参考系中取 (35.1) 的形式. 很容易验证，它等于

$$T^{ik} = (p + \varepsilon)u^i u^k - pg^{ik}, \tag{35.2}$$

或者，对于混合分量

$$T_i^k = (p + \varepsilon)u_i u^k - p\delta_i^k.$$

这个式子就给出了宏观物体的能量动量张量. 能量密度 W，能流矢量 $\boldsymbol{S}$

---

① 严格地说，帕斯卡定律仅仅对于液体及气体有效. 但是对于固体，在不同方向的应力的最大可能差，较之在相对论中可以起作用的应力，是微不足道的，因此，我们也就不考虑它了.

和应力张量 $\sigma_{\alpha\beta}$ 是:

$$W = \frac{\varepsilon + p\dfrac{v^2}{c^2}}{1 - \dfrac{v^2}{c^2}}, \quad \boldsymbol{S} = \frac{(p+\varepsilon)\boldsymbol{v}}{1 - \dfrac{v^2}{c^2}},$$

$$\sigma_{\alpha\beta} = -\frac{(p+\varepsilon)v_\alpha v_\beta}{c^2\left(1 - \dfrac{v^2}{c^2}\right)} - p\delta_{\alpha\beta}. \tag{35.3}$$

如果宏观运动的速度 $\boldsymbol{v}$ 比光速小很多,那么,我们就近似地有:

$$\boldsymbol{S} = (p+\varepsilon)\boldsymbol{v}.$$

既然 S/c^2 是动量密度,那么我们可以看出,在这种情况下,$(p+\varepsilon)/c^2$ 就起着物体的质量密度的作用.

假如构成宏观物体的所有粒子的速度都比光速小很多(宏观运动速度可以任意),T^{ik} 的式子就可简化. 在这种情况下,在能量密度 ε 中,我们可以略去所有比静能小的各项,亦即我们可以用 $\mu_0 c^2$ 来代替 ε,此处 μ_0 是在物体的单位(固有)体积中所有粒子的质量之和(我们着重指出,在一般情况下,μ_0 应当与物体的实际质量密度 ε/c^2 有差别,后者还包含着与物体内粒子微观运动的能量相应的质量,及与粒子彼此相互作用的能量相应的质量). 分子的微观运动能量所决定的压强,在这种情形下显然也比静止能量密度 $\mu_0 c^2$ 小很多. 因此我们求得

$$T^{ik} = \mu_0 c^2 u^i u^k. \tag{35.4}$$

由 (35.2) 式,我们得到

$$T_i^i = \varepsilon - 3p. \tag{35.5}$$

任何体系能量动量张量的一般特性 (34.2) 表明,一个宏观物体的压强与密度总是满足下面的不等式:

$$p < \frac{\varepsilon}{3}. \tag{35.6}$$

现在让我们将关系式 (35.5) 同对任何参考系都有效的通式 (34.1) 相比较. 既然我们现在是考虑宏观物体,那么就应当将 (34.1) 式对在单位体积内 $\boldsymbol{r}$ 的所有值求平均. 因此,我们得到

$$\varepsilon - 3p = \sum m_a c^2 \sqrt{1 - \frac{v_a^2}{c^2}} \tag{35.7}$$

(求和遍历单位体积内的所有粒子).

这个方程的右边在极端相对论情形下趋于零, 所以在这个极限下物态方程是[①]:

$$p = \frac{\varepsilon}{3}. \tag{35.8}$$

现在来把得到的公式应用到理想气体中去, 我们假设这种气体由完全一样的粒子组成. 既然理想气体的粒子彼此没有相互作用, 那么我们便可以应用公式 (33.5), 而只需先对此公式取平均就行了. 因此对于理想气体,

$$T^{ik} = nmc\overline{\frac{\mathrm{d}x^i}{\mathrm{d}t} \cdot \frac{\mathrm{d}x^k}{\mathrm{d}s}},$$

式中, n 是单位体积内的粒子数, 上面的一横是对所有粒子求平均值的意思. 假如在气体中没有宏观运动, 那么, 在左边我们可以用 T^{ik} 的表达式 (35.1). 比较这两个公式, 我们得到方程:

$$\varepsilon = nm\overline{\left(\frac{c^2}{\sqrt{1 - \dfrac{v^2}{c^2}}}\right)}, \quad p = \frac{nm}{3}\overline{\left(\frac{v^2}{\sqrt{1 - \dfrac{v^2}{c^2}}}\right)}. \tag{35.9}$$

这两个方程是用粒子的速度来表示相对论中理想气体的密度与压强; 第二个方程代替了非相对论性气体动理论中的著名公式 $p = nm\overline{v^2}/3$.

[①] 在这里, 这个极限物态方程是假设粒子之间有电磁相互作用而得到的. 我们将假设 (在第十四章中需要如此), 它对于粒子之间任何其他可能的相互作用仍然有效, 尽管这一假设的证明目前还不存在.

第五章

恒定电磁场

§36 库仑定律

对于恒定电场，或者如通常所说**静电场**，麦克斯韦方程组有下面的形式：

$$\operatorname{div} \boldsymbol{E} = 4\pi\rho, \tag{36.1}$$

$$\operatorname{rot} \boldsymbol{E} = 0. \tag{36.2}$$

电场 $\boldsymbol{E}$ 可以只利用一个标势来表示如下：

$$\boldsymbol{E} = -\operatorname{grad}\varphi. \tag{36.3}$$

将 (36.3) 代入 (36.1)，我们得到一个恒定电场的势所应满足的方程

$$\Delta\varphi = -4\pi\rho. \tag{36.4}$$

这个方程称为**泊松方程**. 就特例言之，在真空中，即当 $\rho = 0$ 时，势满足**拉普拉斯方程**

$$\Delta\varphi = 0. \tag{36.5}$$

从上面的方程可以得出一些结论，例如断定电场的势没有一处为最大或为最小. 事实上，为要使 φ 有极值，那么，φ 对于坐标的一阶导数必须为零，而二阶导数 $\partial^2\varphi/\partial x^2, \partial^2\varphi/\partial y^2, \partial^2\varphi/\partial z^2$ 又都有同样的符号. 后一要求是不可能的，因为满足了这样的要求，就不能满足 (36.5) 了.

我们现在来求一个点电荷所产生的场. 从对称性的考虑可以知道，场的方向是从电荷 e 的所在点沿着径矢指向空间各点. 从同样的考虑还可以知道，场的大小 E 仅与离开电荷的距离 R 有关. 为了求出绝对值，我们应用方程

(36.1) 的积分形式 (30.5). 穿过一个半径为 R, 包围着电荷 e（以 e 所在点为中心）的球面的电场通量等于 $4\pi R^2 E$；这个通量必须等于 $4\pi e$. 由此, 我们得到

$$E = \frac{e}{R^2}.$$

用矢量符号表示, 场 $\boldsymbol{E}$ 可以写成

$$\boldsymbol{E} = \frac{e\boldsymbol{R}}{R^3}. \tag{36.6}$$

因此, 一个点电荷所产生的场与从电荷算起的距离的平方成反比. 就是**库仑定律**. 这个场的势显然是

$$\varphi = \frac{e}{R}. \tag{36.7}$$

如果我们有一个电荷体系, 那么, 按照叠加原理, 这个体系所产生的电场等于各个电荷单独所产生的电场之和. 这个场的势是

$$\varphi = \sum_a \frac{e_a}{R_a},$$

式中 R_a 是从电荷 e_a 的所在点到我们求它的势的那一点的距离. 如果我们引用电荷密度 ρ, 这个公式就变为

$$\varphi = \int \frac{\rho}{R} \mathrm{d}V, \tag{36.8}$$

其中 R 是从体积元 $\mathrm{d}V$ 到给定点的距离.

将点电荷的 ρ 及 φ 的值, 即 $\rho = e\delta(\boldsymbol{R})$ 及 $\varphi = e/R$, 代入 (36.4) 式, 我们得到

$$\Delta \frac{1}{R} = -4\pi\delta(\boldsymbol{R}). \tag{36.9}$$

§37　电荷的静电能

我们来求一个电荷体系的能量. 我们将从场的能量的概念出发, 即从能量密度的公式 (31.5) 出发来讨论. 一个电荷体系的能量应当等于

$$U = \frac{1}{8\pi} \int E^2 \mathrm{d}V,$$

其中 $\boldsymbol{E}$ 是诸电荷所产生的场, 而积分则应该遍及全部空间. 将 $\boldsymbol{E} = -\mathrm{grad}\,\varphi$ 代入, 则可按下面的方式来变换 U：

$$U = -\frac{1}{8\pi} \int \boldsymbol{E} \cdot \mathrm{grad}\,\varphi \mathrm{d}V = -\frac{1}{8\pi} \int \mathrm{div}\,(\boldsymbol{E}\varphi)\mathrm{d}V + \frac{1}{8\pi} \int \varphi \mathrm{div}\,\boldsymbol{E}\mathrm{d}V.$$

按照高斯定理，第一个积分等于 $\boldsymbol{E}\varphi$ 在包围积分体积的曲面上的积分，但是因为场在无穷远处为零，而积分又要遍及全部空间，所以第一个积分为零. 将 $\operatorname{div}\boldsymbol{E} = 4\pi\rho$ 代入第二个积分，则得到电荷体系的能量表达式

$$U = \frac{1}{2}\int \rho\varphi\mathrm{d}V. \tag{37.1}$$

对于一个点电荷体系 e_a，我们可以用对电荷求和的符号来代替积分号：

$$U = \frac{1}{2}\sum e_a\varphi_a, \tag{37.2}$$

其中，φ_a 是所有电荷在 e_a 所在点所产生的场的势.

按照库仑定律，如果我们对一个带电的基本粒子（例如电子）和粒子本身所产生的场应用所得的公式，那么，我们就得到一个结论，即电荷应当具有等于 $e\varphi/2$ 的"自己的"势能，这里 φ 是电荷在其所在点产生的场的势. 但是我们知道，在相对论中，每一个基本粒子应当当做一个点. 因此，基本粒子的场的势 $\varphi = e/R$ 在 $R = 0$ 的这一点变为无穷大. 这样一来，按照电动力学，电子就应当具有无限大的"自"能，因而也就有无限大的质量. 这个结论的物理荒谬性表明，电动力学本身的基本原理就导致一个结果，即电动力学的应用应当限制在一定范围内.

我们要注意，从电动力学，我们得到了无限大的"自"能与质量，因此在电动力学中就不能提出到底电子的总质量是不是电磁质量（就是与粒子的电磁自能有关的质量）这个问题. [1]

既然基本粒子的没有物理意义的无限大"自"能的出现，与粒子应当看做一个点的事实有关，那么我们可以得出结论：作为一个逻辑上完备的物理理论的电动力学，当过渡到充分小的距离时，就成为自相矛盾的了. 我们可以提出这个距离有多大数量级的问题. 注意到电子的电磁自能与静能 mc^2 同数量级，就可以答复这个问题了. 另外一方面，如果我们认为电子具有一定的半径 R_0，那么，它的自有势能应该与 e^2/R_0 同数量级. 从这两个量应同级的要求，亦即从 $e^2/R_0 \sim mc^2$ 的要求出发，我们得到

$$R_0 \sim \frac{e^2}{mc^2}. \tag{37.3}$$

这个尺度（称为电子的"半径"）决定了电动力学适用于电子的范围，这是从它的基本原理得来的. 但是我们应该注意，实际上，由于量子现象，电动

---

[1] 从纯形式的观点看，电子质量的有限性可以通过如下方式来处理，即引入一个非电磁起源的无限大负质量来补偿电磁质量的无限性（质量"重正化"）. 然而，我们下面将会看到（§75），这并不能消除经典电动力学的所有内在矛盾.

力学应用范围比我们在这里所确定的范围还要小得多①.

现在我们再回到公式 (37.2). 从库仑定律知道, 公式中的势 φ_a 等于

$$\varphi_a = \sum \frac{e_b}{R_{ab}}, \tag{37.4}$$

其中, R_{ab} 是电荷 e_a, e_b 间的距离. 能量的表达式 (37.2) 包含两部分. 第一, 它包含一个无限大的常数, 即电荷的自能, 它与电荷之间的相互位置无关. 第二部分是电荷的相互作用能, 它与电荷之间的相互位置有关. 显然, 物理学上关心的仅仅是第二部分. 这部分等于

$$U' = \frac{1}{2} \sum e_a \varphi_a', \tag{37.5}$$

其中

$$\varphi_a' = \sum_{b(\neq a)} \frac{e_b}{R_{ab}} \tag{37.6}$$

是除了 e_a 以外的所有电荷在 e_a 所在点产生的势. 换句话说, 我们可以写

$$U' = \frac{1}{2} \sum_{a \neq b} \frac{e_a e_b}{R_{ab}}. \tag{37.7}$$

就特例言之, 两个粒子的相互作用能是

$$U' = \frac{e_1 e_2}{R_{12}}. \tag{37.8}$$

§38　匀速运动电荷的场

我们来求一个以速度 V 匀速运动的电荷 e 所产生的场. 我们称静止参考系为 K 系; 称随电荷一起运动的参考系为 K' 系. 设电荷位于 K' 系的坐标原点, K' 系沿 x 轴对 K 作相对运动, y 轴与 z 轴分别平行于 y' 与 z'. 在 $t = 0$ 的时刻, 两个系统的原点相重合. 因此, 电荷在 K 系中的坐标是 $x = Vt, y = z = 0$. 在 K' 系中, 我们有一个恒定电场, 它的矢势 $\boldsymbol{A}' = 0$, 而它的标势则等于 $\varphi' = e/R'$, 式中 $R'^2 = x'^2 + y'^2 + z'^2$. 按照 (24.1), 当 $\boldsymbol{A}' = 0$ 时, 在 K 系中,

$$\varphi = \frac{\varphi'}{\sqrt{1 - \dfrac{V^2}{c^2}}} = \frac{e}{R'\sqrt{1 - \dfrac{V^2}{c^2}}}. \tag{38.1}$$

现在我们应当用 K 系中的 x, y, z 来表示 R'. 按照洛伦兹变换公式,

$$x' = \frac{x - Vt}{\sqrt{1 - \dfrac{V^2}{c^2}}}, \quad y' = y, \quad z' = z,$$

---

① 量子效应在与 $\hbar/(mc)$ 同数量级的距离上就变得很重要了, 这里的 $\hbar$ 是普朗克常数. 这些距离同 R_0 之比量级为 $\hbar c/e^2 \sim 137$.

由此得到

$$R'^2 = \frac{(x - Vt)^2 + \left(1 - \dfrac{V^2}{c^2}\right)(y^2 + z^2)}{1 - \dfrac{V^2}{c^2}}. \tag{38.2}$$

将此式代入 (38.1), 就得到

$$\varphi = \frac{e}{R^*}, \tag{38.3}$$

式中, 我们引入了记号 R^*:

$$R^{*2} = (x - Vt)^2 + \left(1 - \frac{V^2}{c^2}\right)(y^2 + z^2). \tag{38.4}$$

在 K 系中, 矢势等于

$$\boldsymbol{A} = \varphi\frac{\boldsymbol{V}}{c} = \frac{e\boldsymbol{V}}{cR^*}. \tag{38.5}$$

在 K' 系中, 磁场 $\boldsymbol{H}'$ 不存在, 而电场则是

$$\boldsymbol{E}' = \frac{e\boldsymbol{R}'}{R'^3}.$$

从公式 (24.2), 我们得到

$$E_x = E_x' = \frac{ex'}{R'^3}, \quad E_y = \frac{E_y'}{\sqrt{1 - \dfrac{V^2}{c^2}}} = \frac{ey'}{R'^3\sqrt{1 - \dfrac{V^2}{c^2}}},$$

$$E_z = \frac{ez'}{R'^3\sqrt{1 - \dfrac{V^2}{c^2}}}.$$

将用 x, y, z 表示的 R', x', y', z' 的式子代入, 就得到

$$\boldsymbol{E} = \left(1 - \frac{V^2}{c^2}\right)\frac{e\boldsymbol{R}}{R^{*3}}, \tag{38.6}$$

式中, $\boldsymbol{R}$ 是从电荷 e 到坐标为 x, y, z 的点的径矢 (它的分量是 $x - Vt, y, z$).

如果我们引入运动方向与径矢 $\boldsymbol{R}$ 所夹之角 θ, $\boldsymbol{E}$ 的表达式可以写成另一形式. 显然, $y^2 + z^2 = R^2\sin^2\theta$, 所以 R^{*2} 可以写成下面的形式:

$$R^{*2} = R^2\left(1 - \frac{V^2}{c^2}\sin^2\theta\right). \tag{38.7}$$

于是, 对于 $\boldsymbol{E}$, 我们就有

$$\boldsymbol{E} = \frac{e\boldsymbol{R}}{R^3}\frac{1 - \dfrac{V^2}{c^2}}{\left(1 - \dfrac{V^2}{c^2}\sin^2\theta\right)^{3/2}}. \tag{38.8}$$

在离电荷的距离为 R 时，若 θ 从零增加到 $\pi/2$（或者 θ 从 π 减至 $\pi/2$），则场 E 的值将随之增加. 沿着运动方向的场 $E_\parallel$（$\theta = 0$ 或 π）将有最小值；它等于

$$E_\parallel = \frac{e}{R^2}\left(1 - \frac{V^2}{c^2}\right).$$

最大的场与速度垂直（$\theta = \pi/2$），并等于

$$E_\perp = \frac{e}{R^2}\frac{1}{\sqrt{1 - \dfrac{V^2}{c^2}}}.$$

我们要注意，当速度增加时，场 $E_\parallel$ 减小，而 $E_\perp$ 则增大. 我们可以形象地叙述这种现象：一个运动电荷的电场在运动的方向"收缩". 对于一个同光速接近的速度 V，公式（38.8）中的分母在 $\theta = \pi/2$ 的附近的一个狭小范围内接近于零. 这个范围的"宽度"的数量级为

$$\Delta\theta \sim \sqrt{1 - \frac{V^2}{c^2}}.$$

因此，仅仅在赤道平面的邻近的一个狭小角度范围内，一个快速运动着的电荷的电场是大的，而这个范围则随着 V 的增加而减小，其减小的情况如同 $\sqrt{1 - V^2/c^2}$.

在 K 系内，磁场等于

$$\boldsymbol{H} = \frac{1}{c}\boldsymbol{V} \times \boldsymbol{E} \tag{38.9}$$

（见（24.5））. 在 $V \ll c$ 的情况下，我们近似地得到 $\boldsymbol{E} = e\boldsymbol{R}/R^3$，而磁场为

$$\boldsymbol{H} = \frac{e}{c}\frac{\boldsymbol{V} \times \boldsymbol{R}}{R^3}. \tag{38.10}$$

习　　题

求两个以相同速度 $\boldsymbol{V}$ 运动的电荷之间的力（在 K 系中）.

解：我们要求的力 $\boldsymbol{F}$ 可以通过计算一个电荷（e_1）在另一电荷（e_2）产生的场中所受到的力来决定. 用（38.9）式，我们得到

$$\boldsymbol{F} = e_1\boldsymbol{E}_2 + \frac{e_1}{c}\boldsymbol{V} \times \boldsymbol{H}_2 = e_1\left(1 - \frac{V^2}{c^2}\right)\boldsymbol{E}_2 + \frac{e_1}{c^2}\boldsymbol{V}(\boldsymbol{V} \cdot \boldsymbol{E}_2).$$

由（38.8）代入 $\boldsymbol{E}_2$，我们就得到力在运动方向的分量（F_x）和垂直于它的分量（F_y）：

$$F_x = \frac{e_1e_2}{R^2}\frac{\left(1 - \dfrac{V^2}{c^2}\right)\cos\theta}{\left(1 - \dfrac{V^2}{c^2}\sin^2\theta\right)^{3/2}}, \quad F_y = \frac{e_1e_2}{R^2}\frac{\left(1 - \dfrac{V^2}{c^2}\right)^2\sin\theta}{\left(1 - \dfrac{V^2}{c^2}\sin^2\theta\right)^{3/2}},$$

式中 R 是从 e_2 到 e_1 的径矢, θ 是 R 和 V 之间的夹角.

§39 库仑场内的运动

我们来研究一个质量为 m、电荷为 e 的粒子在另一个电荷 e' 所产生的场内的运动; 我们假设第二个电荷的质量比 m 大得如此之多, 以致我们可以把它当做固定的. 这样一来, 我们的问题就化成了研究一个电荷 e 在中心对称电场 (其势为 $\varphi = e'/r$) 内的运动.

粒子的总能量 $\mathscr{E}$ 等于

$$\mathscr{E} = c\sqrt{p^2 + m^2c^2} + \frac{\alpha}{r},$$

式中, $\alpha = ee'$. 如果我们在粒子的运动平面内采用极坐标, 那么, 由力学可知

$$p^2 = \frac{M^2}{r^2} + p_r^2,$$

式中的 p_r 是动量的径向分量, 而 M 则是粒子的恒定角动量. 这时,

$$\mathscr{E} = c\sqrt{p_r^2 + \frac{M^2}{r^2} + m^2c^2} + \frac{\alpha}{r}. \tag{39.1}$$

现在我们来讨论粒子在运动过程中能否随意地接近中心的问题. 首先, 很容易看出, 如果 e 同 e' 相互排斥, 即 e 同 e' 有同样的符号, 那么, 这种接近就永远不可能. 此外, 在相互吸引的情形下 (e 同 e' 有相反的符号), 如果 $Mc > |\alpha|$, 随意接近中心是不可能的, 因为在这种情况下, (39.1) 式中的第一项永比第二项大, 并且当 $r \to 0$ 时, 方程的右边就要变为无限大. 反之, 如果 $Mc < |\alpha|$, 那么, 当 $r \to 0$ 时, 这个式子可以保持有限值 (在此, 不用说, p_r 趋向无限大). 因此, 如果

$$Mc < |\alpha|, \tag{39.2}$$

粒子在运动过程中就能够 "降落" 到吸引它的电荷上, 这与非相对论力学不同, 在非相对论力学中, 对于库仑场, 这样的 "降落" 一般是不可能的 (只有 $M = 0$ 情形除外, 这时粒子 e 沿着一条直线飞向 e').

为了完全决定一个电荷在库仑场内的运动, 从哈密顿–雅可比方程出发是最便利的. 我们在运动平面内取极坐标 r, φ. 哈密顿–雅可比方程 (16.11) 可以写成

$$-\frac{1}{c^2}\left(\frac{\partial S}{\partial t} + \frac{\alpha}{r}\right)^2 + \left(\frac{\partial S}{\partial r}\right)^2 + \frac{1}{r^2}\left(\frac{\partial S}{\partial \varphi}\right)^2 + m^2c^2 = 0.$$

我们来寻求下面形式的 S:

$$S = -\mathscr{E}t + M\varphi + f(r),$$

式中, $\mathscr{E}$ 及 M 分别为运动粒子的恒定能量及恒定角动量. 结果我们求得

$$S = -\mathscr{E}t + M\varphi + \int \sqrt{\frac{1}{c^2}\left(\mathscr{E} - \frac{\alpha}{r}\right)^2 - \frac{M^2}{r^2} - m^2 c^2}\,\mathrm{d}r. \qquad (39.3)$$

轨道由方程 $\partial S/\partial M = \mathrm{const}$ 决定. 积分 (39.3) 后, 得到下面的结果:

(a) 如果 $Mc > |\alpha|$,

$$(c^2 M^2 - \alpha^2)\frac{1}{r} =$$

$$= c\sqrt{(M\mathscr{E})^2 - m^2 c^2 (M^2 c^2 - \alpha^2)}\cos\left(\varphi\sqrt{1 - \frac{\alpha^2}{c^2 M^2}}\right) - \mathscr{E}\alpha; \qquad (39.4)$$

(b) 如果 $Mc < |\alpha|$,

$$(\alpha^2 - c^2 M^2)\frac{1}{r} =$$

$$= \pm c\sqrt{(M\mathscr{E})^2 + m^2 c^2 (\alpha^2 - M^2 c^2)}\cosh\left(\varphi\sqrt{\frac{\alpha^2}{c^2 M^2} - 1}\right) + \mathscr{E}\alpha; \qquad (39.5)$$

(c) 如果 $Mc = |\alpha|$

$$\frac{2\mathscr{E}\alpha}{r} = \mathscr{E}^2 - m^2 c^4 - \varphi^2\left(\frac{\mathscr{E}\alpha}{cM}\right)^2. \qquad (39.6)$$

积分常数已经包含在角 φ 的计算起点的任意选择内了.

在 (39.4) 式中, 平方根前面未指明正负号并不重要, 因为余弦符号后的角 φ 的计算起点的选择是任意的. 在相互吸引的情形下 $(\alpha < 0)$, 如果 $\mathscr{E} < mc^2$, 与这个方程相对应的轨道上, r 之值皆为有限 (有限运动). 如果 $\mathscr{E} > mc^2$, 那么, r 可以是无限大 (无限运动). 在非相对论力学中, 有限运动与在闭合轨道 (椭圆) 上的运动相对应. 从 (39.4) 式可以看出, 在相对论力学中, 轨道不可能是封闭的; 当 φ 变动 2π 时, 到中心的距离 r 并不回到它的原来的值. 我们得到的轨道不是椭圆, 而是张开的 "玫瑰形". 因此, 在非相对论力学中, 在库仑场中的有限运动的轨道是封闭的, 而在相对论力学中, 库仑场就失去了这个特性.

在 (39.5) 式中, 当 $\alpha < 0$ 时, 根号前应当选择正号, 而当 $\alpha > 0$ 时, 就应当选择负号 (正负号的另一种选择对应于 (39.1) 式中的根号前正负号改变).

在 $\alpha < 0$ 的情况下, 轨道 (39.5) 及 (39.6) 是螺线, 当 $\varphi \to \infty$ 时, 距离 $r \to 0$. 电荷 "降落" 到坐标原点所需的时间是有限的. 这可以从下面看出, r 的坐标与时间的关系是由方程 $\partial S/\partial \mathscr{E} = \mathrm{const}$ 决定的; 将 (39.3) 代入, 我们看出, 决定时间的积分当 $r \to 0$ 时是收敛的.

习 题

1. 求一个电荷在排斥的库仑场 ($\alpha > 0$) 中飞行时的偏转角.

解：偏转角 $\chi = \pi - 2\varphi_0$，这里 $2\varphi_0$ 是轨道（39.4）的两个渐近线所夹之角. 我们求得

$$\chi = \pi - \frac{2cM}{\sqrt{c^2M^2 - \alpha^2}} \arctan \frac{v\sqrt{c^2M^2 - \alpha^2}}{c\alpha},$$

式中，v 是电荷在无穷远处的速度.

2. 求质点在库仑场中小偏角散射的有效截面.

解：有效截面 $\mathrm{d}\sigma$ 是在一秒钟内散射到一定的立体角元 $\mathrm{d}o$ 内的粒子数与被散射粒子的通量密度（即每秒经过垂直于粒子束的 $1\mathrm{cm}^2$ 面积的粒子数）之比.

因为粒子在通过场时的偏转角 χ 由 **碰撞参量** ρ 决定（ρ 即从中心到一条直线的距离，这条直线就是粒子在场不存在时应该沿其运动的直线），

$$\mathrm{d}\sigma = 2\pi\rho\mathrm{d}\rho = 2\pi\rho\frac{\mathrm{d}\rho}{\mathrm{d}\chi}\mathrm{d}\chi = \rho\frac{\mathrm{d}\rho}{\mathrm{d}\chi}\frac{\mathrm{d}o}{\sin\chi},$$

式中，$\mathrm{d}o = 2\pi\sin\chi\mathrm{d}\chi$.（参看本教程第一卷 §18）. 偏转角（如果很小）可以认为等于动量的变化对于它的初值之比. 动量的变化等于作用于电荷上的力的时间积分，这个力在垂直于运动方向的分量近似地等于 $(\alpha/r^2) \cdot (\rho/r)$. 因此，我们得到

$$\chi = \frac{1}{p}\int_{-\infty}^{+\infty}\frac{\alpha\rho\mathrm{d}t}{(\rho^2 + v^2t^2)^{3/2}} = \frac{2\alpha}{p\rho v}$$

（v 是粒子的速度）. 从而，我们求得在小 χ 情况下的有效截面：

$$\mathrm{d}\sigma = 4\left(\frac{\alpha}{pv}\right)^2\frac{\mathrm{d}o}{\chi^4}.$$

在非相对论情形下，$p \approx mv$，这个表达式与从卢瑟福公式在小 χ 时的得到的一致（参见本教程第一卷 §19）.

§40 偶极矩

我们现在来研究一个电荷体系在与这个体系相距很远之处所产生的场，所谓很远之处，就是说该处与体系的距离比这个体系中各电荷间的距离大得多.

我们引入一个坐标系，它的原点在电荷体系内的任意一点上. 设各电荷的径矢为 $\boldsymbol{r}_a$. 所有电荷在以 $\boldsymbol{R}_0$ 为径矢的点所生的场的势等于

$$\varphi = \sum \frac{e_a}{|\boldsymbol{R}_0 - \boldsymbol{r}_a|} \tag{40.1}$$

（求和遍及所有电荷）；式中，$\boldsymbol{R}_0 - \boldsymbol{r}_a$ 是从电荷 e_a 到我们正在求势那一点的径矢.

我们必须对大的 $\boldsymbol{R}_0(\boldsymbol{R}_0 \gg \boldsymbol{r}_a)$ 来研究这个表达式. 为此，我们将它展开为 $\boldsymbol{r}_a/\boldsymbol{R}_0$ 的幂级数，利用公式

$$f(\boldsymbol{R}_0 - \boldsymbol{r}) = f(\boldsymbol{R}_0) - \boldsymbol{r} \cdot \operatorname{grad} f(\boldsymbol{R}_0)$$

（梯度符号 grad 是对矢量 $\boldsymbol{R}_0$ 的端点坐标进行微分）. 准确到一级项，

$$\varphi = \frac{\sum e_a}{R_0} - \sum e_a \boldsymbol{r}_a \cdot \operatorname{grad} \frac{1}{R_0}. \tag{40.2}$$

我们称

$$\boldsymbol{d} = \sum e_a \boldsymbol{r}_a \tag{40.3}$$

为电荷体系的**偶极矩**，应该注意，如果所有的电荷之和为零，即 $\sum e_a = 0$，那么，偶极矩就与坐标原点的选择无关，因为同一个电荷在两个不同的坐标系中的径矢 $\boldsymbol{r}_a$ 及 $\boldsymbol{r}'_a$ 有下面的关系：

$$\boldsymbol{r}'_a = \boldsymbol{r}_a + \boldsymbol{a},$$

式中，$\boldsymbol{a}$ 是一个常矢量. 因此，如果 $\sum e_a = 0$，偶极矩在两个坐标系中是相等的：

$$\boldsymbol{d}' = \sum e_a \boldsymbol{r}'_a = \sum e_a \boldsymbol{r}_a + \boldsymbol{a} \sum e_a = \boldsymbol{d}.$$

如果我们用 $e_a^+, \boldsymbol{r}_a^+$ 和 $-e_a^-, \boldsymbol{r}_a^-$ 代表这个体系的正电荷和负电荷以及它们的径矢，那么，我们可以将偶极矩写成

$$\boldsymbol{d} = \sum e_a^+ \boldsymbol{r}_a^+ - \sum e_a^- \boldsymbol{r}_a^- = \boldsymbol{R}^+ \sum e_a^+ - \boldsymbol{R}^- \sum e_a^-, \tag{40.4}$$

式中，

$$\boldsymbol{R}^+ = \frac{\sum e_a^+ \boldsymbol{r}_a^+}{\sum e_a^+}, \quad \boldsymbol{R}^- = \frac{\sum e_a^- \boldsymbol{r}_a^-}{\sum e_a^-} \tag{40.5}$$

是正电荷及负电荷的"电荷中心"的径矢. 如果 $\sum e_a^+ = \sum e_a^- = e$，那么，

$$\boldsymbol{d} = e\boldsymbol{R}_{+-}, \tag{40.6}$$

式中，$\boldsymbol{R}_{+-} = \boldsymbol{R}^+ - \boldsymbol{R}^-$ 是从负电荷中心到正电荷中心的径矢. 就特殊情形言之，如果只有两个电荷，那么，$\boldsymbol{R}_{+-}$ 就是这两个电荷间的径矢.

如果 $\sum e_a = 0$，那么，这个体系在远距离处的场的势是：

$$\phi = -\boldsymbol{d} \cdot \nabla \frac{1}{R_0} = \frac{\boldsymbol{d} \cdot \boldsymbol{R}_0}{R_0^3}. \tag{40.7}$$

场强 E 是:

$$E = -\operatorname{grad} \frac{\boldsymbol{d} \cdot \boldsymbol{R}_0}{R_0^3} = -\frac{1}{R_0^3} \operatorname{grad}(\boldsymbol{d} \cdot \boldsymbol{R}_0) - (\boldsymbol{d} \cdot \boldsymbol{R}_0)\operatorname{grad}\frac{1}{R_0^3},$$

或者,最后有

$$E = \frac{3(\boldsymbol{n} \cdot \boldsymbol{d})\boldsymbol{n} - \boldsymbol{d}}{R_0^3}, \tag{40.8}$$

式中 $\boldsymbol{n}$ 是沿 $\boldsymbol{R}_0$ 的单位矢量. 场的另一个有用表达式为

$$E = (\boldsymbol{d} \cdot \nabla)\nabla\frac{1}{R_0}. \tag{40.9}$$

因此,一个总电荷等于零的电荷体系在远距离处所产生的场的势与到这个体系的距离的平方成反比,而场的强度则与距离的立方成反比. 这个场围绕 $\boldsymbol{d}$ 的方向具有轴对称性. 在穿过该方向(我们取为 z 轴)的平面内,矢量 $\boldsymbol{E}$ 的分量是:

$$E_z = d\frac{3\cos^2\theta - 1}{R_0^3}, \quad E_x = d\frac{3\sin\theta\cos\theta}{R_0^3}. \tag{40.10}$$

在这个平面内的径向和切向分量是

$$E_R = d\frac{2\cos\theta}{R_0^3}, \quad E_\theta = -d\frac{\sin\theta}{R_0^3}. \tag{40.11}$$

§41 多极矩

在势按 $1/R_0$ 的幂展开的展开式

$$\varphi = \varphi^{(0)} + \varphi^{(1)} + \varphi^{(2)} + \cdots \tag{41.1}$$

中,$\varphi^{(n)}$ 这一项与 $1/R_0^{n+1}$ 成正比. 我们看出,第一项 $\varphi^{(0)}$ 为所有电荷的和所决定;第二项 $\varphi^{(1)}$ 有时称为体系的偶极势,为体系的偶极矩所决定.

展开式中的第三项是

$$\varphi^{(2)} = \frac{1}{2}\sum e x_\alpha x_\beta \frac{\partial^2}{\partial X_\alpha \partial X_\beta}\frac{1}{R_0}, \tag{41.2}$$

式中的求和遍历所有电荷,我们在此没有写出电荷的编号;x_α 是矢量 $\boldsymbol{r}$ 的分量,X_α 是矢量 $\boldsymbol{R}_0$ 的分量. 势的这一部分通常称为**四极势**. 如果体系的电荷的和及偶极矩的和都等于零,展开式就从 $\varphi^{(2)}$ 开始.

在 (41.2) 式中,有六个量 $\sum e x_\alpha x_\beta$ 出现. 但是,很容易看出场实际上并不与六个独立的量有关,而仅与五个独立的量有关. 这是因为函数 $1/R_0$ 满足拉普拉斯方程,即

$$\Delta\frac{1}{R_0} \equiv \delta_{\alpha\beta}\frac{\partial^2}{\partial X_\alpha \partial X_\beta}\frac{1}{R_0} = 0.$$

因而, 我们可以将 $\varphi^{(2)}$ 写成下面的形式:

$$\varphi^{(2)} = \frac{1}{2} \sum e \left(x_\alpha x_\beta - \frac{1}{3} r^2 \delta_{\alpha\beta} \right) \frac{\partial^2}{\partial X_\alpha \partial X_\beta} \frac{1}{R_0}.$$

张量

$$D_{\alpha\beta} = \sum e(3x_\alpha x_\beta - r^2 \delta_{\alpha\beta}) \tag{41.3}$$

称为这个体系的 **四极矩**. 从 $D_{\alpha\beta}$ 的定义, 很容易看出, 对角线上的元素之和为零:

$$D_{\alpha\alpha} = 0. \tag{41.4}$$

因此对称张量 $D_{\alpha\beta}$ 一共有五个独立的分量. 利用 $D_{\alpha\beta}$, 我们可以写出

$$\varphi^{(2)} = \frac{D_{\alpha\beta}}{6} \frac{\partial^2}{\partial X_\alpha \partial X_\beta} \frac{1}{R_0}, \tag{41.5}$$

或者, 进行微分,

$$\frac{\partial^2}{\partial X_\alpha \partial X_\beta} \frac{1}{R_0} = \frac{3X_\alpha X_\beta}{R_0^5} - \frac{\delta_{\alpha\beta}}{R_0^3},$$

并考虑到 $\delta_{\alpha\beta} D_{\alpha\beta} = D_{\alpha\alpha} = 0$,

$$\varphi^{(2)} = \frac{D_{\alpha\beta} n_\alpha n_\beta}{2R_0^3}. \tag{41.6}$$

像所有对称的三维张量一样, 张量 $D_{\alpha\beta}$ 可以化到主轴. 由于 (41.4), 三个主值中一般只有两个是独立的. 如果正好电荷系统围绕某个轴 (z 轴) 对称[①], 则这个轴必为张量 $D_{\alpha\beta}$ 的主轴之一, 其他两个轴在 xy 平面内的位置是任意的, 三个主值之间的关系为:

$$D_{xx} = D_{yy} = -\frac{1}{2} D_{zz}. \tag{41.7}$$

将分量 D_{zz} 记为 D (在这种情形就简称为四极矩), 我们得到势

$$\varphi^{(2)} = \frac{D}{4R_0^3}(3\cos^2\theta - 1) = \frac{D}{2R_0^3} P_2(\cos\theta), \tag{41.8}$$

式中 θ 是 $\boldsymbol{R}_0$ 与 z 轴之间的夹角, P_2 是勒让德多项式.

正如我们在上节对偶极矩所做的那样, 容易证明, 如果一个系统的总电荷和偶极矩都等于零, 该系统的四极矩就不依赖于坐标原点的选择.

我们可以用完全相似的方法来写出展开式 (41.1) 中的以后各项. 展开式的第 l 项定义了一个 l 阶张量 (称为这个体系的 2^l 极矩张量), 对于全部指标

---

① 指的是任何高于 2 阶的对称轴.

都是对称的，而当对于任何一对指标缩并时，所得结果为零；可以证明，这样的张量一共有 $2l+1$ 个独立分量。[1]

我们将用球谐函数理论中的著名公式

$$\frac{1}{|\boldsymbol{R}_0 - \boldsymbol{r}|} = \frac{1}{\sqrt{R_0^2 + r^2 - 2rR_0\cos\chi}} = \sum_{l=0}^{\infty} \frac{r^l}{R_0^{l+1}} \mathrm{P}_l(\cos\chi) \tag{41.9}$$

把势的展开式中的一般项表为另一种形式，式中 χ 是 $\boldsymbol{R}_0$ 和 $\boldsymbol{r}$ 之间的夹角. 我们引入 $\boldsymbol{R}_0$ 和 $\boldsymbol{r}$ 分别同固定坐标轴形成的球面角 Θ, Φ 和 θ, φ，应用球谐函数的加法定理:

$$\mathrm{P}_l(\cos\chi) = \sum_{m=-l}^{l} \frac{(l-|m|)!}{(l+|m|)!} \mathrm{P}_l^{|m|}(\cos\Theta) \mathrm{P}_l^{|m|}(\cos\theta) \mathrm{e}^{-\mathrm{i}m(\Phi-\varphi)}, \tag{41.10}$$

式中 P_l^m 是缔合勒让德多项式.

我们也引入球面函数[2]

$$\mathrm{Y}_{lm}(\theta,\varphi) = (-1)^m \mathrm{i}^l \sqrt{\frac{2l+1}{4\pi} \frac{(l-m)!}{(l+m)!}} \mathrm{P}_l^m(\cos\theta) \mathrm{e}^{\mathrm{i}m\varphi}, \quad m \geqslant 0,$$

$$\mathrm{Y}_{l,-|m|}(\theta,\varphi) = (-1)^{l-m} \mathrm{Y}_{l,|m|}^*. \tag{41.11}$$

则展开式 (41.9) 取形式:

$$\frac{1}{|\boldsymbol{R}_0 - \boldsymbol{r}|} = \sum_{l=0}^{\infty} \sum_{m=-l}^{l} \frac{r^l}{R_0^{l+1}} \frac{4\pi}{2l+1} \mathrm{Y}_{lm}^*(\Theta, \Phi) \mathrm{Y}_{lm}(\theta, \varphi).$$

对 (40.1) 中每一项进行这样的展开，我们最后得到势的展开式中第 l 项的如下表达式:

$$\varphi^{(l)} = \frac{1}{R_0^{l+1}} \sum_{m=-l}^{l} \sqrt{\frac{4\pi}{2l+1}} Q_m^{(l)} \mathrm{Y}_{lm}^*(\Theta, \Phi), \tag{41.12}$$

式中

$$Q_m^{(l)} = \sum_a e_a r_a^l \sqrt{\frac{4\pi}{2l+1}} \mathrm{Y}_{lm}(\theta_a, \varphi_a). \tag{41.13}$$

$2l+1$ 个量 $Q_m^{(l)}$ 的集合构成电荷系统的 2^l 极矩.

以这种方式定义的量 $Q_m^{(l)}$ 与偶极矩矢量 $\boldsymbol{d}$ 的分量关系如下

$$Q_0^{(1)} = \mathrm{i}d_z, \quad Q_{\pm 1}^{(1)} = \pm \frac{\mathrm{i}}{\sqrt{2}}(d_x \pm \mathrm{i}d_y). \tag{41.14}$$

---

[1] 这样的张量称为**不可约张量**，缩并时为零意味着不能由其分量构造出较低阶的张量.

[2] 按照量子力学的定义.

量 $Q_m^{(2)}$ 与张量分量 $D_{\alpha\beta}$ 的关系如下

$$Q_0^{(2)} = -\frac{1}{2}D_{zz}, \quad Q_{\pm 1}^{(2)} = \pm\frac{1}{\sqrt{6}}(D_{xz} \pm \mathrm{i}D_{yz}),$$
$$Q_{\pm 2}^{(2)} = -\frac{1}{2\sqrt{6}}(D_{xx} - D_{yy} \pm 2\mathrm{i}D_{xy}). \tag{41.15}$$

习　　题

求一个均匀带电椭球相对于其中心的四极矩.

解：将 (41.3) 式中的求和换为遍历椭球体积的积分，我们有：

$$D_{xx} = \rho \iiint (2x^2 - y^2 - z^2)\mathrm{d}x\mathrm{d}y\mathrm{d}z, \mathrm{etc.}$$

选取坐标轴沿椭球的轴，原点置于椭球中心；从对称性考虑显然可见，这些轴就是张量 $D_{\alpha\beta}$ 的主轴. 借助变换

$$x = x'a, \quad y = y'b, \quad z = z'c,$$

遍历椭球

$$\frac{x^2}{a^2} + \frac{y^2}{b^2} + \frac{z^2}{c^2} = 1$$

体积的积分就化为遍历单位球

$$x'^2 + y'^2 + z'^2 = 1$$

体积的积分. 结果我们得到：

$$D_{xx} = \frac{e}{5}(2a^2 - b^2 - c^2), \quad D_{yy} = \frac{e}{5}(2b^2 - a^2 - c^2),$$
$$D_{zz} = \frac{e}{5}(2c^2 - a^2 - b^2),$$

式中 $e = (4\pi/3)abc\rho$ 是椭球的总电荷.

§42　外场中的电荷体系

现在我们来研究一个位于外电场中的电荷体系. 我们用 $\varphi(\boldsymbol{r})$ 表示电荷 e_a 所在点的外电场的势. 每个电荷的势能是 $e_a\varphi(\boldsymbol{r}_a)$，而这个体系的总势能则有

$$U = \sum_a e_a\varphi(\boldsymbol{r}_a). \tag{42.1}$$

我们仍然采用原点在电荷体系内一任意点上的坐标系；$\boldsymbol{r}_a$ 是电荷 e_a 在这个坐标系中的径矢.

假设外场在电荷体系所在的区域中缓慢地变化，即对于该系统是准均匀的. 这时，我们可以将能量 U 展开为 $\boldsymbol{r}_a$ 的幂级数.

$$U = U^{(0)} + U^{(1)} + U^{(2)} + \cdots \tag{42.2}$$

展开式中的第一项是

$$U^{(0)} = \varphi_0 \sum_a e_a, \tag{42.3}$$

式中，φ_0 是势在坐标原点之值. 在这个近似中，体系的能量同所有的电荷都集中在一点（坐标原点）时的能量一样.

展开式中的第二项是

$$U^{(1)} = (\operatorname{grad} \varphi)_0 \cdot \sum e_a \boldsymbol{r}_a.$$

引入原点的电场强度 $\boldsymbol{E}_0$ 和系统的偶极矩 $\boldsymbol{d}$，我们得到

$$U^{(1)} = -\boldsymbol{d} \cdot \boldsymbol{E}_0. \tag{42.4}$$

作用在准均匀外场中一个系统上的总力（精确到我们考虑的量级）是

$$\boldsymbol{F} = \boldsymbol{E}_0 \sum e_a + [\operatorname{grad}(\boldsymbol{d} \cdot \boldsymbol{E})]_0.$$

如果总电荷为零，则第一项消失，于是有

$$\boldsymbol{F} = (\boldsymbol{d} \cdot \nabla)\boldsymbol{E}, \tag{42.5}$$

就是说，力决定于场强的导数（取在原点）. 作用于系统的总力矩是

$$\boldsymbol{K} = \sum (\boldsymbol{r}_a \times e_a \boldsymbol{E}_0) = \boldsymbol{d} \times \boldsymbol{E}_0, \tag{42.6}$$

就是说，精确到最低阶，它决定于场强本身.

假设有两个电荷体系，每一个体系的总电荷为零，而偶极矩则为 $\boldsymbol{d}_1$ 及 $\boldsymbol{d}_2$. 两个体系的距离比体系本身的尺度大很多. 我们来求他们的相互作用势能 U. 为此，我们将两个体系中的一个认为处在另一个体系的场中. 这时，

$$U = -\boldsymbol{d}_2 \cdot \boldsymbol{E}_1,$$

式中，$\boldsymbol{E}_1$ 是第一个体系的场. 将 $\boldsymbol{E}_1$ 的表达式（40.8）代入，我们得到

$$U = \frac{(\boldsymbol{d}_1 \cdot \boldsymbol{d}_2)R^2 - 3(\boldsymbol{d}_1 \cdot \boldsymbol{R})(\boldsymbol{d}_2 \cdot \boldsymbol{R})}{R^5}, \tag{42.7}$$

式中，$\boldsymbol{R}$ 是两个体系间的距离矢量.

如果体系之一的总电荷不为零（而等于 e），则同理可得

$$U = e\frac{\boldsymbol{d} \cdot \boldsymbol{R}}{R^3}, \tag{42.8}$$

式中，$\boldsymbol{R}$ 是一个矢量，从偶极子指向电荷.

展开式（42.1）中的下一项是

$$U^{(2)} = \frac{1}{2} \sum e x_\alpha x_\beta \frac{\partial^2 \varphi_0}{\partial x_\alpha \partial x_\beta}.$$

在这里，也像在 §41 中一样，我们略去了电荷编号的指标；势的二阶导数值取在原点；但是势 φ 满足拉普拉斯方程，

$$\frac{\partial^2 \varphi}{\partial x_\alpha^2} = \delta_{\alpha\beta} \frac{\partial^2 \varphi}{\partial x_\alpha \partial x_\beta} = 0.$$

因此，我们可以写出：

$$U^{(2)} = \frac{1}{2} \frac{\partial^2 \varphi_0}{\partial x_\alpha \partial x_\beta} \sum e \left(x_\alpha x_\beta - \frac{1}{3} \delta_{\alpha\beta} r^2 \right),$$

或最后有

$$U^{(2)} = \frac{D_{\alpha\beta}}{6} \frac{\partial^2 \varphi_0}{\partial x_\alpha \partial x_\beta}. \tag{42.9}$$

级数（42.2）中的一般项可以借助上节定义的 2^l 极矩 $D_m^{(l)}$ 来表示. 为此我们首先把势 $\varphi(\boldsymbol{r})$ 展开为球谐函数；这种展开的一般形式为

$$\varphi(\boldsymbol{r}) = \sum_{l=0}^{\infty} r^l \sum_{m=-l}^{l} a_{lm} \sqrt{\frac{4\pi}{2l+1}} \mathrm{Y}_{lm}(\theta, \varphi), \tag{42.10}$$

式中 r, θ, φ 是点的球坐标，a_{lm} 是常系数. 构造和式（42.1）并用定义（41.13）我们得到：

$$U^{(l)} = \sum_{m=-l}^{l} a_{lm} Q_m^{(l)}. \tag{42.11}$$

§43　恒定磁场

我们来研究一个作有限运动的电荷体系所产生的磁场. 所谓有限运动，是指粒子在一切时间都在空间的有限区域内运动，而且它们的动量在一切时间都是有限的. 这样的运动具有"稳定"的特征，考虑电荷所产生的磁场（对时间）的平均值 $\overline{\boldsymbol{H}}$ 是饶有兴趣的；这个平均磁场现在将仅是坐标的函数，而不是时间的函数，亦即是恒定的.

为了求出平均场 $\overline{\boldsymbol{H}}$ 的方程, 我们先对麦克斯韦方程

$$\operatorname{div}\boldsymbol{H} = 0, \quad \operatorname{rot}\boldsymbol{H} = \frac{1}{c}\frac{\partial\boldsymbol{E}}{\partial t} + \frac{4\pi}{c}\boldsymbol{j}$$

取时间平均值.

这些方程中的第一个简单地给出

$$\operatorname{div}\overline{\boldsymbol{H}} = 0. \tag{43.1}$$

在第二个方程中, 导数 $\partial\boldsymbol{E}/\partial t$ 的平均值为零, 正像在一般情况下任何一个在有限范围内变化的量的导数的平均值一样 (见 §34 第二个脚注). 因此, 第二个麦克斯韦方程化为

$$\operatorname{rot}\overline{\boldsymbol{H}} = \frac{4\pi}{c}\overline{\boldsymbol{j}}. \tag{43.2}$$

这两个方程就决定了恒定场 $\overline{\boldsymbol{H}}$.

我们按照

$$\operatorname{rot}\overline{\boldsymbol{A}} = \overline{\boldsymbol{H}}$$

引入平均矢势 $\overline{\boldsymbol{A}}$. 将这个方程代入 (43.2). 可得

$$\operatorname{grad}\operatorname{div}\overline{\boldsymbol{A}} - \Delta\overline{\boldsymbol{A}} = \frac{4\pi}{c}\overline{\boldsymbol{j}}.$$

但是我们知道, 场的矢势未被唯一地确定, 因而我们可以加一个任意的附加条件. 根据这点, 我们这样来选择矢势 $\overline{\boldsymbol{A}}$, 使

$$\operatorname{div}\overline{\boldsymbol{A}} = 0. \tag{43.3}$$

这时, 确定恒定磁场矢势的方程化为

$$\Delta\overline{\boldsymbol{A}} = -\frac{4\pi}{c}\overline{\boldsymbol{j}}. \tag{43.4}$$

很容易求解这个方程, 因为 (43.4) 式与恒定电场的标势的泊松方程 (36.4) 完全相似, 不过在那里的电荷密度 ρ 被这里的电流密度 $\overline{\boldsymbol{j}}/c$ 所代替而已. 与泊松方程的解 (36.8) 相似, 我们可以直接写出

$$\overline{\boldsymbol{A}} = \frac{1}{c}\int\frac{\overline{\boldsymbol{j}}}{R}\mathrm{d}V, \tag{43.5}$$

式中, R 是从我们求 $\overline{\boldsymbol{A}}$ 的那一点到体积元 $\mathrm{d}V$ 的距离.

在公式 (43.5) 中, 如果我们用 $\rho\boldsymbol{v}$ 代替 $\boldsymbol{j}$, 并且记住所有的电荷都是点电荷, 我们就可以从积分过渡到对电荷求和了. 在这里, 我们必须记着, 在积

分 (43.5) 中, R 不过是一个积分变量, 因此, 它在求平均值的过程中不起作用. 如果我们用和

$$\sum \frac{e_a \boldsymbol{v}_a}{R_a}$$

代替

$$\int \frac{\boldsymbol{j}}{R} \mathrm{d}V,$$

那么, R_a 就是各个粒子的径矢, 这些径矢在电荷运动时是变动的. 因此, 我们应该写出

$$\overline{\boldsymbol{A}} = \frac{1}{c} \sum \overline{\frac{e_a \boldsymbol{v}_a}{R_a}}, \tag{43.6}$$

此外我们是对求和记号下的整个式子求平均值.

知道了 $\overline{\boldsymbol{A}}$, 我们就可以求出磁场,

$$\overline{\boldsymbol{H}} = \mathrm{rot}\,\overline{\boldsymbol{A}} = \mathrm{rot}\,\frac{1}{c} \int \frac{\overline{\boldsymbol{j}}}{R} \mathrm{d}V.$$

算符 rot 只关系着我们求场的那一点的坐标, 因此, rot 可以写在积分号内, 而在微分的过程中, $\boldsymbol{j}$ 可以当做常量. 将熟知的公式

$$\mathrm{rot}\, f\boldsymbol{a} = f\,\mathrm{rot}\,\boldsymbol{a} + \mathrm{grad}\, f \times \boldsymbol{a}$$

(式中的 f 和 $\boldsymbol{a}$ 是任意的标量及矢量) 应用到积 $\overline{\boldsymbol{j}} \cdot \dfrac{1}{R}$, 我们得到

$$\mathrm{rot}\,\frac{\overline{\boldsymbol{j}}}{R} = \mathrm{grad}\,\frac{1}{R} \times \overline{\boldsymbol{j}} = \frac{\overline{\boldsymbol{j}} \times \boldsymbol{R}}{R^3},$$

因此,

$$\overline{\boldsymbol{H}} = \frac{1}{c} \int \frac{\overline{\boldsymbol{j}} \times \boldsymbol{R}}{R^3} \mathrm{d}V \tag{43.7}$$

(径矢 $\boldsymbol{R}$ 是从 $\mathrm{d}V$ 指向我们求它的场的那一点). 这就是**毕奥 – 萨伐尔定律**.

§44　磁矩

现在我们来研究一个稳定运动着的电荷体系在与电荷体系相距很远的地方所产生的平均磁场. 所谓很远, 就是说与电荷体系的距离远大于电荷体系本身的尺度.

我们引入一个坐标系, 让坐标原点在电荷体系内任意一点上, 像在 §40 中所做的一样. 我们仍以 $\boldsymbol{r}_a$ 代表各个电荷的径矢, 而以 $\boldsymbol{R}_0$ 代表我们正在求场的那一点的径矢, 那么, $\boldsymbol{R}_0 - \boldsymbol{r}_a$ 就是从电荷 e_a 到场点的径矢. 按照 (43.6) 式, 对于矢势我们有

$$\overline{\boldsymbol{A}} = \frac{1}{c} \sum \overline{\frac{e_a \boldsymbol{v}_a}{|\boldsymbol{R}_0 - \boldsymbol{r}_a|}}. \tag{44.1}$$

像在 §40 中一样, 我们将上式展开为 r_a 的幂级数. 如果只要求精确到第一阶, 我们有 (略去指标 a)

$$\overline{\boldsymbol{A}} = \frac{1}{cR_0} \sum e\overline{\boldsymbol{v}} - \frac{1}{c} \sum \overline{e\boldsymbol{v}\left(\boldsymbol{r} \cdot \nabla \frac{1}{R_0}\right)}.$$

在第一项中, 我们可以写出

$$\sum e\overline{\boldsymbol{v}} = \overline{\frac{\mathrm{d}}{\mathrm{d}t} \sum e\boldsymbol{r}}.$$

但是在一个有限范围内变化的量的导数的平均值 (如 $\sum e\boldsymbol{r}$ 的导数的平均值) 为零. 因此, 对于 $\overline{\boldsymbol{A}}$, 余下来的式子是

$$\overline{\boldsymbol{A}} = -\frac{1}{c} \sum \overline{e\boldsymbol{v}\left(\boldsymbol{r} \cdot \nabla \frac{1}{R_0}\right)} = \frac{1}{cR_0^3} \sum \overline{e\boldsymbol{v}(\boldsymbol{r} \cdot \boldsymbol{R}_0)}.$$

将上式作如下变换. 注意到 $\boldsymbol{v} = \dot{\boldsymbol{r}}$, 我们可以写出 (记着 $\boldsymbol{R}_0$ 是一个常矢量)

$$\sum e(\boldsymbol{R}_0 \cdot \boldsymbol{r})\boldsymbol{v} = \frac{1}{2}\frac{\mathrm{d}}{\mathrm{d}t} \sum e\boldsymbol{r}(\boldsymbol{r} \cdot \boldsymbol{R}_0) + \frac{1}{2} \sum e[\boldsymbol{v}(\boldsymbol{r} \cdot \boldsymbol{R}_0) - \boldsymbol{r}(\boldsymbol{v} \cdot \boldsymbol{R}_0)].$$

当把上式代入 $\overline{\boldsymbol{A}}$ 的表达式以后, 第一项 (包含有对时间的导数) 的平均值又为零, 我们得到

$$\overline{\boldsymbol{A}} = \frac{1}{2cR_0^3} \sum \overline{e[\boldsymbol{v}(\boldsymbol{r} \cdot \boldsymbol{R}_0) - \boldsymbol{r}(\boldsymbol{v} \cdot \boldsymbol{R}_0)]}.$$

我们引入一个叫做体系的**磁矩**的矢量

$$\mathfrak{m} = \frac{1}{2c} \sum e\boldsymbol{r} \times \boldsymbol{v}, \tag{44.2}$$

这样, 我们就得到 $\overline{\boldsymbol{A}}$ 的表达式

$$\overline{\boldsymbol{A}} = \frac{\overline{\mathfrak{m}} \times \boldsymbol{R}_0}{R_0^3} = \nabla \frac{1}{R_0} \times \overline{\mathfrak{m}}. \tag{44.3}$$

知道了矢势, 就很容易求得磁场. 利用公式

$$\mathrm{rot}\,(\boldsymbol{a} \times \boldsymbol{b}) = (\boldsymbol{b} \cdot \nabla)\boldsymbol{a} - (\boldsymbol{a} \cdot \nabla)\boldsymbol{b} + \boldsymbol{a}\,\mathrm{div}\,\boldsymbol{b} - \boldsymbol{b}\,\mathrm{div}\,\boldsymbol{a},$$

我们得到

$$\overline{\boldsymbol{H}} = \mathrm{rot}\,\overline{\boldsymbol{A}} = \mathrm{rot}\,\left(\frac{\overline{\mathfrak{m}} \times \boldsymbol{R}_0}{R_0^3}\right) = \overline{\mathfrak{m}}\,\mathrm{div}\,\frac{\boldsymbol{R}_0}{R_0^3} - (\overline{\mathfrak{m}} \cdot \nabla)\frac{\boldsymbol{R}_0}{R_0^3}.$$

其次, 当 $\boldsymbol{R}_0 \neq 0$ 时, 因为

$$\mathrm{div}\,\frac{\boldsymbol{R}_0}{R_0^3} = \boldsymbol{R}_0 \cdot \mathrm{grad}\,\frac{1}{R_0^3} + \frac{1}{R_0^3}\mathrm{div}\,\boldsymbol{R}_0 = 0$$

和

$$\left(\overline{\mathfrak{m}} \cdot \nabla\right)\frac{\boldsymbol{R}_0}{R_0^3} = \frac{1}{R_0^3}(\overline{\mathfrak{m}} \cdot \nabla)\boldsymbol{R}_0 + \boldsymbol{R}_0(\overline{\mathfrak{m}} \cdot \nabla)\frac{1}{R_0^3} = \frac{\overline{\mathfrak{m}}}{R_0^3} - \frac{3\boldsymbol{R}_0(\overline{\mathfrak{m}} \cdot \boldsymbol{R}_0)}{R_0^5}.$$

所以

$$\overline{\boldsymbol{H}} = \frac{3\boldsymbol{n}(\overline{\mathfrak{m}} \cdot \boldsymbol{n}) - \overline{\mathfrak{m}}}{R_0^3}, \tag{44.4}$$

式中 $\boldsymbol{n}$ 还是沿 $\boldsymbol{R}_0$ 方向的单位矢量. 由上式可以看出, 用磁矩表示磁场的公式, 像用偶极矩表示电场的公式一样 (见 (40.8) 式).

如果体系内的所有电荷都有相同的荷质比, 那么, 我们就可以写出:

$$\mathfrak{m} = \frac{1}{2c}\sum e\boldsymbol{r} \times \boldsymbol{v} = \frac{e}{2mc}\sum m\boldsymbol{r} \times \boldsymbol{v}.$$

如果所有电荷的速度 $v \ll c$, 那么 $m\boldsymbol{v}$ 就是电荷的动量 $\boldsymbol{p}$, 于是我们得到

$$\mathfrak{m} = \frac{e}{2mc}\sum \boldsymbol{r} \times \boldsymbol{p} = \frac{e}{2mc}\boldsymbol{M}, \tag{44.5}$$

式中, $\boldsymbol{M} = \sum \boldsymbol{r} \times \boldsymbol{p}$ 是体系的机械角动量. 因此, 在现在的情况下, 磁矩与角动量之比是一个常数, 并且等于 $e/(2mc)$.

习　　题

求由两个电荷 (速度 $v \ll c$) 所组成的电荷体系的磁矩与角动量的比.

解: 选择两个粒子的质心作为坐标的原点, 我们便得到 $m_1\boldsymbol{r}_1 + m_2\boldsymbol{r}_2 = 0$, 及 $\boldsymbol{p}_1 = -\boldsymbol{p}_2 = \boldsymbol{p}$, 式中 $\boldsymbol{p}$ 是相对运动的动量. 利用这些关系, 我们得到

$$\mathfrak{m} = \frac{1}{2c}\left(\frac{e_1}{m_1^2} + \frac{e_2}{m_2^2}\right)\frac{m_1 m_2}{m_1 + m_2}\boldsymbol{M}.$$

§45　拉莫尔定理

我们来考虑一个处于外在恒定均匀磁场中的电荷系统.

作用在该系统上的力的时间平均

$$\overline{\boldsymbol{F}} = \sum \frac{e}{c}\overline{\boldsymbol{v} \times \boldsymbol{H}} = \overline{\frac{\mathrm{d}}{\mathrm{d}t}\sum \frac{e}{c}\boldsymbol{r} \times \boldsymbol{H}}$$

是零, 正如在有限范围内变化的量的时间导数的时间平均一样. 力矩的平均值是

$$\overline{\boldsymbol{K}} = \sum \frac{e}{c}\overline{(\boldsymbol{r} \times (\boldsymbol{v} \times \boldsymbol{H}))}$$

且不等于零. 通过展开矢量三重积, 可以将它用系统的磁矩表示出来:

$$\boldsymbol{K} = \sum \frac{e}{c}\{\boldsymbol{v}(\boldsymbol{r} \cdot \boldsymbol{H}) - \boldsymbol{H}(\boldsymbol{v} \cdot \boldsymbol{r})\} = \sum \frac{e}{c}\left\{\boldsymbol{v}(\boldsymbol{r} \cdot \boldsymbol{H}) - \frac{1}{2}\boldsymbol{H}\frac{\mathrm{d}}{\mathrm{d}t}r^2\right\}.$$

第二项平均后为零, 所以

$$\overline{K} = \sum \frac{e}{c}\overline{v(r \cdot H)} = \frac{1}{2c}\sum e\{\overline{v(r \cdot H)} - \overline{r(v \cdot H)}\}$$

(最后的变换类似于推导 (44.3) 时用过的变换), 或者最后有

$$\overline{K} = \overline{m} \times H. \tag{45.1}$$

请注意这个式子同电场情况的公式 (42.6) 类似.

处于外在恒定均匀磁场中电荷系统的拉格朗日量 (同封闭系统比较) 包含一个附加项

$$L_H = \sum \frac{e}{c}A \cdot v = \sum \frac{e}{2c}(H \times r) \cdot v = \sum \frac{e}{2c}(r \times v) \cdot H \tag{45.2}$$

(这里我们已经用了 (19.4) 式来表达均匀磁场中的矢势). 引入系统的磁矩, 我们得到:

$$L_H = \overline{m} \cdot H. \tag{45.3}$$

我们注意到这种情形与存在电场的情形相似; 在均匀电场内, 一个总电荷为零的电荷体系的拉格朗日量包含有

$$L_E = d \cdot E$$

的项 (d 是电荷体系的偶极矩), 且在这种情形下, 就等于电荷体系的势能反号 (见 §42).

我们现在考虑一个电荷体系, 它在一个中心对称的电场内作有限运动 (其速度 $v \ll c$), 这个中心对称场是由某一个静止电荷所产生的.

我们从静止坐标系变换到绕着通过静止电荷的轴而匀速旋转的坐标系中去. 根据熟知的公式, 我们得到粒子在新坐标系内的速度 v 与在旧坐标系内的速度 v' 关系式:

$$v' = v + \Omega \times r,$$

式中, r 是粒子的径矢, 而 Ω 是旋转坐标系的角速度. 在静止坐标系统中, 电荷体系的拉格朗日量是

$$L = \sum \frac{mv'^2}{2} - U,$$

式中, U 是诸电荷在外场中的势能与它们彼此之间的相互作用能之和. 量 U 是电荷体系内各电荷与静止电荷之间的距离的函数, 也是电荷体系内各电荷彼此间的距离的函数; 当变换到旋转坐标时, 它显然保持不变. 因此, 在新坐标系中, 拉格朗日量将是

$$L = \sum \frac{m}{2}(v + \Omega \times r)^2 - U.$$

如果所有的电荷都有同样的荷质比 e/m, 并假定

$$\boldsymbol{\Omega} = \frac{e}{2mc}\boldsymbol{H}. \tag{45.4}$$

那么, 在 H 足够小的情况下 (当可以略去 H^2 时), 拉格朗日量具有下面的形式:

$$L = \sum \frac{mv^2}{2} + \frac{1}{2c}\sum e\boldsymbol{H} \times \boldsymbol{r} \cdot \boldsymbol{v} - U.$$

可以看出, 这个式子与存在恒定磁场时, 所研究的电荷在静止坐标系中运动的拉格朗日量的表达式 (见 (45.2) 式) 一样.

因此我们得出结论: 在非相对论情形下, 一个电荷体系 (所有电荷的荷质比 e/m 都相等) 在一中心对称电场和弱均匀磁场 $\boldsymbol{H}$ 内作有限运动, 且这个电荷体系的行为与同一电荷体系在同一电场中在一个以角速度 (45.4) 匀速旋转的坐标系内的行为一样. 这就是所谓**拉莫尔定理**, 角速度 $\Omega = eH/(2mc)$ 称为**拉莫尔频率**.

我们可以从不同的观点来研究这同一个问题. 如果磁场 $\boldsymbol{H}$ 足够弱, 拉莫尔频率同电荷系统有限运动的频率相比很小. 则我们可以考虑 (在可与周期 $2\pi/\Omega$ 相比的时间内) 对描述该系统的量进行平均. 这些新的量将 (以频率 Ω) 随时间缓慢变化.

我们来考虑系统角动量 $\boldsymbol{M}$ 平均值随时间的变化. 按照力学中熟知的方程, $\boldsymbol{M}$ 的导数等于作用在系统上的力矩 $\boldsymbol{K}$. 因而用 (45.1), 我们得到:

$$\frac{\mathrm{d}\overline{\boldsymbol{M}}}{\mathrm{d}t} = \overline{\boldsymbol{K}} = \overline{\mathfrak{m}} \times \boldsymbol{H}.$$

如果荷质比 e/m 对于系统的所有粒子都相同, 角动量和磁矩彼此成正比例, 我们用 (44.5) 和 (45.4) 得到:

$$\frac{\mathrm{d}\overline{\boldsymbol{M}}}{\mathrm{d}t} = -\boldsymbol{\Omega} \times \overline{\boldsymbol{M}}. \tag{45.5}$$

这个方程表明, 矢量 $\overline{\boldsymbol{M}}$ (随之磁矩 $\overline{\mathfrak{m}}$) 以角速度 $-\Omega$ 绕着场的方向转动, 而其绝对大小和它与这个方向所成的角保持不变. (这种运动称为**拉莫尔进动**.)

第六章

电磁波

§46 波动方程

真空中的电磁场可由 $\rho = 0, \boldsymbol{j} = 0$ 的麦克斯韦方程来决定，我们将这些方程再写一次：

$$\operatorname{rot} \boldsymbol{E} = -\frac{1}{c}\frac{\partial \boldsymbol{H}}{\partial t}, \quad \operatorname{div} \boldsymbol{H} = 0, \tag{46.1}$$

$$\operatorname{rot} \boldsymbol{H} = \frac{1}{c}\frac{\partial \boldsymbol{E}}{\partial t}, \qquad \operatorname{div} \boldsymbol{E} = 0. \tag{46.2}$$

这些方程具有不为零的解. 这就是说，即使没有任何电荷，电磁场也能存在.

在没有电荷存在的真空中所出现的电磁场称为**电磁波**. 我们现在来研究这种场的特性.

首先我们注意没有电荷存在时的这种电磁场必定是随着时间而变化的. 事实上，在相反的情形中，$\partial \boldsymbol{H}/\partial t = \partial \boldsymbol{E}/\partial t = 0$，方程 (46.1) 及 (46.2) 就变为恒定场的方程 (36.1)，(36.2) 及 (43.1)，(43.2) 了，不过这时在方程中 $\rho = 0, \boldsymbol{j} = 0$. 但是这时此方程的解 (36.8) 及 (43.5) 在 $\rho = 0, \boldsymbol{j} = 0$ 时等于零.

我们现在来推导决定电磁波势的方程.

我们已经知道，由于势的非单值性，我们总可以使之满足某一附加条件. 根据这点，我们可以这样来选择电磁波的势，使标势满足方程：

$$\varphi = 0. \tag{46.3}$$

这时，

$$\boldsymbol{E} = -\frac{1}{c}\frac{\partial \boldsymbol{A}}{\partial t}, \quad \boldsymbol{H} = \operatorname{rot} \boldsymbol{A}. \tag{46.4}$$

将这两个式子代入方程 (46.2) 的第一个，得到

$$\operatorname{rot}\operatorname{rot} \boldsymbol{A} = -\Delta \boldsymbol{A} + \operatorname{grad}\operatorname{div} \boldsymbol{A} = -\frac{1}{c^2}\frac{\partial^2 \boldsymbol{A}}{\partial t^2}. \tag{46.5}$$

　　虽然我们已经对势加上了一个附加条件，矢势 $\boldsymbol{A}$ 却仍未被完全唯一地确定. 就是说，我们可以将一个与时间无关的任意函数的梯度加在 $\boldsymbol{A}$ 上（这时不改变 φ）. 就特例言之，我们可以这样选择电磁波的势，使

$$\mathrm{div}\,\boldsymbol{A} = 0. \tag{46.6}$$

实际上，将 (46.4) 代入 $\mathrm{div}\,\boldsymbol{E} = 0$ 内，得到

$$\mathrm{div}\,\frac{\partial \boldsymbol{A}}{\partial t} = \frac{\partial}{\partial t}\mathrm{div}\,\boldsymbol{A} = 0,$$

这就是说，$\mathrm{div}\,\boldsymbol{A}$ 与时间无关，而仅是坐标的函数. 将一个适当的、与时间无关的函数的梯度加到 $\boldsymbol{A}$ 上，我们总可以使 $\mathrm{div}\,\boldsymbol{A} = 0$.

　　方程 (46.5) 现在变为

$$\Delta\boldsymbol{A} - \frac{1}{c^2}\frac{\partial^2 \boldsymbol{A}}{\partial t^2} = 0. \tag{46.7}$$

这就是确定电磁波的势的方程. 这个方程称为**达朗贝尔方程**或**波动方程**[①].

　　将算符 rot 及 $\partial/\partial t$ 应用于 (46.7)，我们可以证明电场 $\boldsymbol{E}$ 及磁场 $\boldsymbol{H}$ 满足同一个波动方程.

　　我们来用四维形式将波动方程再推导一遍. 对于不存在电荷的场，第二对麦克斯韦方程可以写成形式

$$\frac{\partial F^{ik}}{\partial x^k} = 0$$

（这就是 $j^i = 0$ 的方程 (30.2)），代入用势表达的 F^{ik}，

$$F^{ik} = \frac{\partial A^k}{\partial x_i} - \frac{\partial A^i}{\partial x_k},$$

我们得到

$$\frac{\partial^2 A^k}{\partial x_i\,\partial x^k} - \frac{\partial^2 A^i}{\partial x_k\,\partial x^k} = 0. \tag{46.8}$$

　　给势加上附加条件：

$$\frac{\partial A^k}{\partial x^k} = 0 \tag{46.9}$$

（这个条件称为**洛伦兹条件**，选取满足这个条件的势就说是取**洛伦兹规范**）. 于是 (46.8) 式第一项为零，留下

$$\frac{\partial^2 A^i}{\partial x_k\,\partial x^k} \equiv g^{kl}\frac{\partial^2 A^i}{\partial x^k\,\partial x^l} = 0. \tag{46.10}$$

---

① 波动方程有时可以写成 $\square\boldsymbol{A} = 0$，式中

$$\square = -\frac{\partial^2}{\partial x_i\,\partial x^i} = \Delta - \frac{1}{c^2}\frac{\partial^2}{\partial t^2}$$

称为**达朗贝尔算符**.

这就是写成四维形式的波动方程①.

条件 (46.9) 的三维形式是:

$$\frac{1}{c}\frac{\partial\varphi}{\partial t} + \text{div}\,\boldsymbol{A} = 0. \tag{46.11}$$

它比早先使用的条件 $\varphi = 0$ 和 $\text{div}\,\boldsymbol{A} = 0$ 更为一般;满足这些条件的势也满足 (46.11). 但与它们不同,洛伦兹条件具有相对论不变的特性:在一个参考系中满足它的势在任何其他参考系也满足它(而如果变换参考系,条件 (46.6) 一般说来就破坏了).

§47 平面波

我们来研究电磁波的一个特例,这种电磁波的场仅依赖于一个坐标,假定是 x(同时也依赖于时间). 这样的波称为**平面波**. 在这种情形下,场的方程为

$$\frac{\partial^2 f}{\partial t^2} - c^2\frac{\partial^2 f}{\partial x^2} = 0, \tag{47.1}$$

式中, f 代表矢量 $\boldsymbol{E}$ 或 $\boldsymbol{H}$ 的任意一个分量.

为了解这个方程,我们将它改写为下面的形式:

$$\left(\frac{\partial}{\partial t} - c\frac{\partial}{\partial x}\right)\left(\frac{\partial}{\partial t} + c\frac{\partial}{\partial x}\right)f = 0$$

并且引入新变数

$$\xi = t - \frac{x}{c}, \quad \eta = t + \frac{x}{c},$$

所以

$$t = \frac{1}{2}(\eta + \xi), \quad x = \frac{c}{2}(\eta - \xi).$$

很容易证明,

$$\frac{\partial}{\partial\xi} = \frac{1}{2}\left(\frac{\partial}{\partial t} - c\frac{\partial}{\partial x}\right), \quad \frac{\partial}{\partial\eta} = \frac{1}{2}\left(\frac{\partial}{\partial t} + c\frac{\partial}{\partial x}\right),$$

因而 f 的方程变为

$$\frac{\partial^2 f}{\partial\xi\partial\eta} = 0.$$

这个方程的解显然具有形式

$$f = f_1(\xi) + f_2(\eta),$$

① 应当提及,条件 (46.9) 还是没有唯一决定势的选择. 我们可以给 $\boldsymbol{A}$ 加上一项 $\text{grad}\,f$ 再从 φ 减去一项 $\frac{1}{c}\frac{\partial f}{\partial t}$,这里函数 f 不是任意的,但必须满足方程 $\Box f = 0$.

这里的 f_1 及 f_2 是任意函数. 因此,

$$f = f_1\left(t - \frac{x}{c}\right) + f_2\left(t + \frac{x}{c}\right). \tag{47.2}$$

例如, 设 $f_2 = 0$, 则 $f = f_1(t - x/c)$. 现在让我们来说明这个解的意义. 在每一 $x = \text{const}$ 的平面内, 场随时间而变化; 在给定的时刻, 场因不同的 x 而不同. 显然, 对于满足 $t - x/c = \text{const}$ 的坐标 x 及时间 t, 即

$$x = \text{const} + ct,$$

场有相同的值. 这就是说, 如果在某一时刻 $t = 0$, 场在空间某点 x 有个一定的值, 那么, 在一段时间 t 以后, 场在沿 x 轴与原来点相距 ct 处有同样的值. 我们可以说, 所有电磁场的值都以光速 c 在空间沿 x 轴传播.

因此, $f_1(t - x/c)$ 是向 x 轴正方向行进的平面波. 很容易判断, $f_2(t + x/c)$ 是沿着相反的方向, 即沿着 x 轴的负方向行进的平面波.

在 §46 中我们已经证明, 电磁波的势可以如此地选择, 使 $\varphi = 0, \text{div}\,\boldsymbol{A} = 0$. 我们也可以同样地选择我们现在研究的平面波的势. 因为所有的量都与 y 及 z 无关, 所以 $\text{div}\,\boldsymbol{A} = 0$ 这个条件, 在现在的情况下给出

$$\frac{\partial A_x}{\partial x} = 0,$$

按照 (47.1) 式, 我们也就有 $\partial^2 A_x/\partial t^2 = 0$ 即 $\partial A_x/\partial t = \text{const}$. 但是导数 $\partial \boldsymbol{A}/\partial t$ 决定电场, 而且我们可以看出, 在现在的情形下, 分量 A_x 不为零就意味着有一个纵向恒定电场存在. 因为这样的电场与电磁波无关, 我们可以令 $A_x = 0$.

因此, 平面波的矢势总可以被选择为垂直于 x 轴, 即垂直于这个波的传播方向.

我们来考虑一个沿着 x 轴的正方向行进的平面波; 在这个波里, 所有的量, 特别是 $\boldsymbol{A}$, 仅仅是 $t - x/c$ 的函数. 从公式

$$\boldsymbol{E} = -\frac{1}{c}\frac{\partial \boldsymbol{A}}{\partial t}, \quad \boldsymbol{H} = \text{rot}\,\boldsymbol{A},$$

我们得到

$$\boldsymbol{E} = -\frac{1}{c}\boldsymbol{A}', \quad \boldsymbol{H} = \nabla \times \boldsymbol{A} = \nabla\left(t - \frac{x}{c}\right) \times \boldsymbol{A}' = -\frac{1}{c}\boldsymbol{n} \times \boldsymbol{A}', \tag{47.3}$$

此处的一撇, 表示对 $t - x/c$ 微分, $\boldsymbol{n}$ 则代表沿着波的传播方向的单位矢量. 将第一个方程代入第二个, 得到

$$\boldsymbol{H} = \boldsymbol{n} \times \boldsymbol{E}. \tag{47.4}$$

我们可以看出，平面波的电场 $\boldsymbol{E}$ 及磁场 $\boldsymbol{H}$ 都垂直于波的传播方向. 根据这个理由，电磁波被称为**横波**. 此外，从 (47.4) 式显然可见，平面波的电场和磁场相互垂直，并且绝对值彼此相等.

平面波内的能流，即坡印亭矢量是

$$S = \frac{c}{4\pi} \boldsymbol{E} \times \boldsymbol{H} = \frac{c}{4\pi} \boldsymbol{E} \times (\boldsymbol{n} \times \boldsymbol{E}),$$

因为 $\boldsymbol{E} \cdot \boldsymbol{n} = 0$，所以

$$S = \frac{c}{4\pi} E^2 \boldsymbol{n} = \frac{c}{4\pi} H^2 \boldsymbol{n}.$$

因此能流是沿着波的传播方向. 因为

$$W = \frac{1}{8\pi}(E^2 + H^2) = \frac{E^2}{4\pi}$$

是波的能量密度，按照场以光速传播的事实，我们就可以写出

$$S = cW\boldsymbol{n}. \tag{47.5}$$

电磁场的每个单位体积内的动量是 S/c^2. 对于平面波来说，它等于 $(W/c)\boldsymbol{n}$. 我们应该注意电磁波的能量 W 与动量 W/c 之间的关系，正如以光速运动着的粒子的能量与动量之间的关系一样 (见 (9.9) 式).

场的动量流是由电磁场应力张量的分量 $\sigma_{\alpha\beta}$ (33.3) 所决定的. 如果选择波的传播方向为 x 轴的方向，我们求出 $T^{\alpha\beta}$ 的唯一非零分量是

$$T^{xx} = -\sigma_{xx} = W. \tag{47.6}$$

正如应当的那样，动量流沿着波的传播方向，而且其绝对值等于能量密度.

我们来求平面电磁波的能量密度在从一个惯性系变到另一个惯性系时的变换规律. 为此我们从如下公式出发

$$W = \frac{1}{1 - \dfrac{V^2}{c^2}} \left(W' + 2\frac{V}{c^2} S_x' - \frac{V^2}{c^2} \sigma_{xx}' \right)$$

(见 §33 习题) 并须作代换

$$S_x' = cW' \cos\alpha', \quad \sigma_{xx}' = -W' \cos^2\alpha',$$

式中 α' 是 x' 轴 (速度 $\boldsymbol{V}$ 沿该轴指向) 同波传播方向之间的夹角 (在 K' 系中). 我们得到:

$$W = W' \frac{\left(1 + \dfrac{V}{c}\cos\alpha'\right)^2}{1 - \dfrac{V^2}{c^2}}. \tag{47.7}$$

因为 $W = E^2/4\pi = H^2/4\pi$，所以波内场强的绝对值像 $\sqrt{W}$ 那样变换.

习　　题

1. 入射平面电磁波在一壁上反射（反射系数为 R），求作用于壁上的力.

解：作用在该壁单位面积上的力 $\boldsymbol{f}$ 由穿过该面积的动量流给出，即它是一个矢量，分量为

$$f_\alpha = -\sigma_{\alpha\beta} N_\beta - \sigma'_{\alpha\beta} N_\beta,$$

式中 $\boldsymbol{N}$ 是垂直于壁表面的矢量，$\sigma_{\alpha\beta}$ 和 $\sigma'_{\alpha\beta}$ 是入射和反射波的能量动量张量的分量. 用 (47.6)，我们得到：

$$\boldsymbol{f} = W\boldsymbol{n}(\boldsymbol{N} \cdot \boldsymbol{n}) + W'\boldsymbol{n}'(\boldsymbol{N} \cdot \boldsymbol{n}').$$

从反射系数的定义，我们有：$W' = RW$. 再引入入射角 θ（等于反射角）并写出分量，我们就得到法向力（"光压"）

$$f_{\mathrm{N}} = W(1 + R)\cos^2\theta$$

和切向力

$$f_{\mathrm{t}} = W(1 - R)\sin\theta\cos\theta.$$

2. 用哈密顿–雅可比方法求电荷在具有矢势 $\boldsymbol{A}[t - (x/c)]$ 的平面电磁波场中的运动.

解：我们写出四维形式的哈密顿–雅可比方程：

$$g^{ik}\left(\frac{\partial S}{\partial x^i} + \frac{e}{c}A_i\right)\left(\frac{\partial S}{\partial x^k} + \frac{e}{c}A_k\right) = m^2 c^2. \tag{1}$$

场是平面波这一事实意味着，A^i 是一个独立变量的函数，该变量可以写成形式 $\xi = k_i x^i$，式中 k^i 是一个其平方等于零，即 $k_i k^i = 0$ 的常四维矢量（见下节）. 我们让势满足洛伦兹条件：

$$\frac{\partial A^i}{\partial x^i} = \frac{\mathrm{d}A^i}{\mathrm{d}\xi}k_i = 0;$$

对于可变的场，这等价于条件 $A^i k_i = 0$.

我们来求方程 (1) 如下形式的解

$$S = -f_i x^i + F(\xi),$$

式中 $f^i = (f^0, \boldsymbol{f})$ 是满足条件 $f_i f^i = m^2 c^2$ 的常矢量（$S = -f_i x^i$ 是哈密顿–雅可比方程对于具有四维动量 $p^i = f^i$ 的自由粒子的解）. 代入 (1)，得到方程

$$\frac{e^2}{c^2}A_i A^i - 2\gamma\frac{\mathrm{d}F}{\mathrm{d}\xi} - \frac{2e}{c}f_i A^i = 0,$$

式中常数 $\gamma = k_i f^i$. 由此方程决定 F 后，我们得到

$$S = -f_i x^i - \frac{e}{c\gamma} \int f_i A^i \mathrm{d}\xi + \frac{e^2}{2\gamma c^2} \int A_i A^i \mathrm{d}\xi. \tag{2}$$

变到三维记号和固定参考系，我们选择波的传播方向为 x 轴. 则 $\xi = ct - x$，而常数 $\gamma = f^0 - f^1$. 将二维矢量 f_y, f_z 记为 $\boldsymbol{\varkappa}$，我们从条件 $f_i f^i = (f^0)^2 - (f^1)^2 - \boldsymbol{\varkappa}^2 = m^2 c^2$ 得到

$$f^0 + f^1 = \frac{m^2 c^2 + \boldsymbol{\varkappa}^2}{\gamma}.$$

我们选择势时取这样的规范，其中 $\varphi = 0$，而 $\boldsymbol{A}(\xi)$ 处于 yz 平面内. 则方程 (2) 取形式：

$$S = \boldsymbol{\varkappa} \cdot \boldsymbol{r} - \frac{\gamma}{2}(ct + x) - \frac{m^2 c^2 + \boldsymbol{\varkappa}^2}{2\gamma}\xi + \frac{e}{c\gamma} \int \boldsymbol{\varkappa} \cdot \boldsymbol{A} \mathrm{d}\xi - \frac{e^2}{2\gamma c^2} \int \boldsymbol{A}^2 \mathrm{d}\xi.$$

按照一般法则（见本教程第一卷 §47），为了决定运动，我们必须令导数 $\partial S/\partial \boldsymbol{\varkappa}, \partial S/\partial \gamma$ 等于某些新常数，通过适当选择坐标原点和时间原点，这些常数可以变为零. 于是我们得到了含 ξ 的参数方程：

$$y = \frac{1}{\gamma}\varkappa_y \xi - \frac{e}{c\gamma} \int A_y \mathrm{d}\xi, \quad z = \frac{1}{\gamma}\varkappa_z \xi - \frac{e}{c\gamma} \int A_z \mathrm{d}\xi,$$

$$x = \frac{1}{2}\left(\frac{m^2 c^2 + \boldsymbol{\varkappa}^2}{\gamma^2} - 1\right)\xi - \frac{e}{c\gamma^2} \int \boldsymbol{\varkappa} \cdot \boldsymbol{A} \mathrm{d}\xi + \frac{e^2}{2\gamma^2 c^2} \int \boldsymbol{A}^2 \mathrm{d}\xi, \quad ct = \xi + x.$$

广义动量 $\boldsymbol{P} = \boldsymbol{p} + \dfrac{e}{c}\boldsymbol{A}$ 和能量 $\mathscr{E}$ 可通过将作用量对坐标和时间微分求得；这样就给出：

$$p_y = \varkappa_y - \frac{e}{c}A_y, \quad p_z = \varkappa_z - \frac{e}{c}A_z,$$

$$p_x = -\frac{\gamma}{2} + \frac{m^2 c^2 + \boldsymbol{\varkappa}^2}{2\gamma} - \frac{e}{c\gamma}\boldsymbol{\varkappa} \cdot \boldsymbol{A} + \frac{e^2}{2\gamma c^2}\boldsymbol{A}^2;$$

$$\mathscr{E} = (\gamma + p_x)c.$$

如果我们对这些量做时间平均，周期函数 $\boldsymbol{A}(\xi)$ 中的一次项将变为零. 假定参考系已经做了这样的选择，使得粒子在其中平均说来处于静止，即它的平均动量为零. 则

$$\boldsymbol{\varkappa} = 0, \quad \gamma^2 = m^2 c^2 + \frac{e^2}{c^2}\overline{\boldsymbol{A}^2}.$$

决定运动的最后公式具有形式：

$$x = \frac{e^2}{2\gamma^2 c^2} \int (\boldsymbol{A}^2 - \overline{\boldsymbol{A}^2})\mathrm{d}\xi, \quad y = -\frac{e}{c\gamma} \int A_y \mathrm{d}\xi, \quad z = -\frac{e}{c\gamma} \int A_z \mathrm{d}\xi,$$

$$ct = \xi + \frac{e^2}{2\gamma^2 c^2} \int (\boldsymbol{A}^2 - \overline{\boldsymbol{A}^2}) \mathrm{d}\xi; \tag{3}$$

$$p_x = \frac{e^2}{2\gamma c^2}(\boldsymbol{A}^2 - \overline{\boldsymbol{A}^2}), \quad p_y = -\frac{e}{c}A_y, \quad p_z = -\frac{e}{c}A_z,$$

$$\mathscr{E} = c\gamma + \frac{e^2}{2\gamma c}(\boldsymbol{A}^2 - \overline{\boldsymbol{A}^2}). \tag{4}$$

§48　单色平面波

电磁波的一个非常重要的特例，是这样一种波，在这种波内，场是时间的简单周期函数. 这种波称为**单色波**. 在单色波内，所有的量（势、场的分量）以形如 $\cos(\omega t + \alpha)$ 的因子与时间发生关系，ω 这个量称为波的**循环频率**（我们将简称它为**频率**）.

在波动方程中，场对时间的二阶导数现在是 $\partial^2 f / \partial t^2 = -\omega^2 f$，所以，对于单色波，场在空间的分布由方程

$$\Delta f + \frac{\omega^2}{c^2} f = 0 \tag{48.1}$$

决定.

在（沿着 x 轴传播的）平面波内，场仅是 $t - x/c$ 的函数. 因此，如果平面波是单色的，那么它的场将是 $t - x/c$ 的简单周期函数. 这种波的矢势写成一个复数式的实数部分是最方便的了，即写成

$$\boldsymbol{A} = \mathrm{Re}\left\{ \boldsymbol{A}_0 \mathrm{e}^{-\mathrm{i}\omega\left(t - \frac{x}{c}\right)} \right\}. \tag{48.2}$$

这里，$\boldsymbol{A}_0$ 是某一个复常矢量. 显而易见，这种波的场 $\boldsymbol{E}$ 与场 $\boldsymbol{H}$ 有相似的形式，即两个场有同一的频率 ω.

我们称

$$\lambda = \frac{2\pi c}{\omega} \tag{48.3}$$

为**波长**；它是场在给定时刻 t 随坐标 x 而变化的周期.

矢量

$$\boldsymbol{k} = \frac{\omega}{c}\boldsymbol{n} \tag{48.4}$$

（式中 $\boldsymbol{n}$ 是沿波传播方向的单位矢量）称为**波矢**. 我们可以借助它把（48.2）写成形式

$$\boldsymbol{A} = \mathrm{Re}\left\{ \boldsymbol{A}_0 \mathrm{e}^{\mathrm{i}(\boldsymbol{k}\cdot\boldsymbol{r} - \omega t)} \right\}, \tag{48.5}$$

它与坐标轴的选择无关. 指数中与 i 相乘的量称为波的**相位**.

只要我们仅仅进行线性运算，就可以略去取实部的符号 Re，像对复量运算一样[①]. 因此，将

$$\boldsymbol{A} = \boldsymbol{A}_0 \mathrm{e}^{\mathrm{i}(\boldsymbol{k}\cdot\boldsymbol{r}-\omega t)}$$

代入 (47.3)，我们就得到单色平面波的强度和矢势之间形如下面的关系：

$$\boldsymbol{E} = \mathrm{i}k\boldsymbol{A}, \quad \boldsymbol{H} = \mathrm{i}\boldsymbol{k}\times\boldsymbol{A}. \tag{48.6}$$

现在我们要更细致地讨论单色波场的方向. 为了明确起见，我们来讨论电场

$$\boldsymbol{E} = \mathrm{Re}\,\{\boldsymbol{E}_0 \mathrm{e}^{\mathrm{i}(\boldsymbol{k}\cdot\boldsymbol{r}-\omega t)}\}$$

（当然下面所说的一切也同样适用于磁场）. $\boldsymbol{E}_0$ 是个复矢量，它的平方 $\boldsymbol{E}_0^2$ 一般也是复数. 如果这个数的辐角是 -2α （即 $\boldsymbol{E}_0^2 = |\boldsymbol{E}_0^2|\mathrm{e}^{-2\mathrm{i}\alpha}$），由

$$\boldsymbol{E}_0 = \boldsymbol{b}\mathrm{e}^{-\mathrm{i}\alpha} \tag{48.7}$$

定义的矢量 $\boldsymbol{b}$ 将具有它的平方实部，$\boldsymbol{b}^2 = |\boldsymbol{E}_0|^2$. 用这个定义，我们写出

$$\boldsymbol{E} = \mathrm{Re}\,\{\boldsymbol{b}\mathrm{e}^{\mathrm{i}(\boldsymbol{k}\cdot\boldsymbol{r}-\omega t-\alpha)}\}. \tag{48.8}$$

我们将 $\boldsymbol{b}$ 写成形式

$$\boldsymbol{b} = \boldsymbol{b}_1 + \mathrm{i}\boldsymbol{b}_2,$$

式中 $\boldsymbol{b}_1$ 和 $\boldsymbol{b}_2$ 是实矢量. 因为 $\boldsymbol{b}^2 = \boldsymbol{b}_1^2 - \boldsymbol{b}_2^2 + 2\mathrm{i}\boldsymbol{b}_1\cdot\boldsymbol{b}_2$ 必须是一个实量，$\boldsymbol{b}_1\cdot\boldsymbol{b}_2 = 0$，即矢量 $\boldsymbol{b}_1$ 和 $\boldsymbol{b}_2$ 相互垂直. 我们选择 $\boldsymbol{b}_1$ 的方向为 y 轴（且 x 轴沿波的传播方向）. 则从 (48.8) 我们有：

$$E_y = b_1 \cos(\omega t - \boldsymbol{k}\cdot\boldsymbol{r} + \alpha),$$
$$E_z = \pm b_2 \sin(\omega t - \boldsymbol{k}\cdot\boldsymbol{r} + \alpha), \tag{48.9}$$

---

① 如果把两个量 $\boldsymbol{A}(t)$ 和 $\boldsymbol{B}(t)$ 写成复数形式

$$\boldsymbol{A}(t) = \boldsymbol{A}_0 \mathrm{e}^{-\mathrm{i}\omega t}, \quad \boldsymbol{B}(t) = \boldsymbol{B}_0 \mathrm{e}^{-\mathrm{i}\omega t},$$

那么在构造它们的积时，我们当然必须首先将实部分离出来，但若像通常发生的那样，我们只对这个积的时间平均值感兴趣，就可以把它算作

$$\frac{1}{2}\mathrm{Re}\,\{\boldsymbol{A}\cdot\boldsymbol{B}^*\}.$$

实际上，我们有：

$$\mathrm{Re}\,\boldsymbol{A}\cdot\mathrm{Re}\,\boldsymbol{B} = \frac{1}{4}(\boldsymbol{A}_0\mathrm{e}^{-\mathrm{i}\omega t} + \boldsymbol{A}_0^*\mathrm{e}^{\mathrm{i}\omega t})\cdot(\boldsymbol{B}_0\mathrm{e}^{-\mathrm{i}\omega t} + \boldsymbol{B}_0^*\mathrm{e}^{\mathrm{i}\omega t}).$$

当我们作平均时，含有因子 $\mathrm{e}^{\pm 2\mathrm{i}\omega t}$ 的项为零，于是留下

$$\overline{\mathrm{Re}\,\boldsymbol{A}\cdot\mathrm{Re}\,\boldsymbol{B}} = \frac{1}{4}(\boldsymbol{A}_0\cdot\boldsymbol{B}_0^* + \boldsymbol{A}_0^*\cdot\boldsymbol{B}_0) = \frac{1}{2}\mathrm{Re}\,(\boldsymbol{A}\cdot\boldsymbol{B}^*).$$

式中用正（负）号的条件是 $\boldsymbol{b}_2$ 沿正（负）z 轴. 从 (48.9) 可以得出

$$\frac{E_y^2}{b_1^2} + \frac{E_z^2}{b_2^2} = 1. \tag{48.10}$$

因此我们看到，在空间中每一点，电场矢量在垂直于波传播方向的一个平面内转动，而其端点描绘出椭圆 (48.10). 这样的波称为**椭圆偏振波**. 如果在 (48.9) 中取正（负）号，则转动发生在绕 x 轴旋转的右手螺旋（反）方向.

如果 $b_1 = b_2$ 椭圆 (48.10) 化为圆，即矢量 $\boldsymbol{E}$ 转动时保持大小不变. 在这种情形下，我们说波是**圆偏振波**. 现在 y 和 z 轴方向的选择显然是任意的. 我们看到这样的波中复振幅 $\boldsymbol{E}_0$ 的 y 和 z 分量之比是

$$\frac{E_{0z}}{E_{0y}} = \pm i \tag{48.11}$$

相应于转动与右手螺旋方向相同或相反（**右旋**或**左旋**偏振）[①].

最后，如果 b_1 或 b_2 等于零，波的场时时处处平行（或反平行）于同一个方向. 在这种情形下，称为**线偏振波**，或平面偏振波. 椭圆偏振波显然可以看做两个平面偏振波的叠加.

现在我们转向波矢的定义并引入四维波矢，其分量为

$$k^i = \left(\frac{\omega}{c}, \boldsymbol{k}\right). \tag{48.12}$$

这些量实际上构成四维矢量，理由显然在于，将它们乘以 x^i 我们会得到标量（波的相位）：

$$k_i x^i = \omega t - \boldsymbol{k} \cdot \boldsymbol{r}. \tag{48.13}$$

从定义式 (48.4) 和 (48.12) 可见，四维波矢量的平方等于零：

$$k^i k_i = 0. \tag{48.14}$$

这个关系也可直接从如下事实得到，即表达式

$$\boldsymbol{A} = \boldsymbol{A}_0 \exp(-\mathrm{i}k_i x^i)$$

必须是波动方程 (46.10) 的解.

同所有平面波的情形一样，在沿 x 轴传播的单色波中，能量动量张量只有如下分量不等于零（见 §47）：

$$T^{00} = T^{01} = T^{11} = W.$$

[①] 我们假设坐标轴 x, y, z 构成右手系.

利用四维波矢量, 这些等式可以写成张量形式如

$$T^{ik} = \frac{Wc^2}{\omega^2} k^i k^k, \tag{48.15}$$

最后, 利用四维波矢量的变换法则, 我们能够容易地处理所谓**多普勒效应** —— 相对于观察者运动的源发出的波频率 ω, 与同一个源在其静止系 (K_0) 中的 "真" 频率 ω_0 相比所发生的改变.

设 V 是源的速度, 即 K_0 系相对于 K 系的速度. 按照四维矢量变换的一般公式, 我们有:

$$k^{(0)0} = \frac{k^0 - \dfrac{V}{c} k^1}{\sqrt{1 - \dfrac{V^2}{c^2}}}$$

(K 系相对于 K_0 系的速度是 $-V$). 代入 $k^0 = \omega/c, k^1 = k \cos \alpha = \dfrac{\omega}{c} \cos \alpha$ 式中 α 是波的发射方向与源的运动方向之间的夹角 (在 K 系中), 用 ω_0 表示 ω, 我们得到:

$$\omega = \omega_0 \frac{\sqrt{1 - \dfrac{V^2}{c^2}}}{1 - \dfrac{V}{c} \cos \alpha}. \tag{48.16}$$

这就是要求的公式. 对于 $V \ll c$, 并且如果角 α 不太接近于 $\pi/2$, 它给出:

$$\omega \approx \omega_0 \left(1 + \frac{V}{c} \cos \alpha \right). \tag{48.17}$$

对于 $\alpha = \pi/2$ 我们有:

$$\omega = \omega_0 \sqrt{1 - \frac{V^2}{c^2}} \approx \omega_0 \left(1 - \frac{V^2}{2c^2} \right); \tag{48.18}$$

在这种情形下, 频率的相对改变正比于 V/c 的平方.

习 题

1. 利用复振幅 $\boldsymbol{E}_0$ 求偏振椭圆轴的方向和大小.

解: 问题在于求矢量 $\boldsymbol{b} = \boldsymbol{b}_1 + \mathrm{i}\boldsymbol{b}_2$, 其平方是实数. 我们从 (48.7) 得到:

$$\boldsymbol{E}_0 \cdot \boldsymbol{E}_0^* = b_1^2 + b_2^2, \quad \boldsymbol{E}_0 \times \boldsymbol{E}_0^* = -2\mathrm{i}\boldsymbol{b}_1 \times \boldsymbol{b}_2, \tag{1}$$

或

$$b_1^2 + b_2^2 = A^2 + B^2, \quad b_1 b_2 = AB \sin \delta,$$

这里我们引入了记号

$$|E_{0y}| = A, \quad |E_{0z}| = B, \quad \frac{E_{0z}}{B} = \frac{E_{0y}}{A}e^{i\delta}$$

来表示 E_{0y} 和 E_{0z} 的绝对值, 以及它们之间的相差 δ. 于是有

$$2b_{1,2} = \sqrt{A^2 + B^2 + 2AB\sin\delta} \pm \sqrt{A^2 + B^2 - 2AB\sin\delta}, \tag{2}$$

由此我们得到了偏振椭圆半轴的大小.

为了决定它们的方向 (相对于任意初始轴 y 和 z), 我们从等式

$$\mathrm{Re}\{(\boldsymbol{E}_0 \cdot \boldsymbol{b}_1)(\boldsymbol{E}_0^* \cdot \boldsymbol{b}_2)\} = 0$$

出发, 这个等式容易通过代入 $\boldsymbol{E}_0 = (\boldsymbol{b}_1 + \mathrm{i}\boldsymbol{b}_2)e^{-\mathrm{i}\alpha}$ 来验证. 在 y, z 坐标中写出这个等式, 我们就得到 $\boldsymbol{b}_1$ 的方向和 y 轴之间的夹角 θ:

$$\tan 2\theta = \frac{2AB\cos\delta}{A^2 - B^2}. \tag{3}$$

场的转动方向由矢量 $\boldsymbol{b}_1 \times \boldsymbol{b}_2$ 的 x 分量的正负号决定. 从 (1) 写出其表达式

$$2\mathrm{i}(\boldsymbol{b}_1 \times \boldsymbol{b}_2)_x = E_{0z}E_{0y}^* - E_{0z}^*E_{0y} = |E_{0y}|^2\left\{\left(\frac{E_{0z}}{E_{0y}}\right) - \left(\frac{E_{0z}}{E_{0y}}\right)^*\right\},$$

我们看到, $\boldsymbol{b}_1 \times \boldsymbol{b}_2$ 的方向 (无论它与 x 轴的正向相同还是相反), 以及转动方向 (无论与 x 轴右手螺旋方向相同还是相反), 均由比值 E_{0z}/E_{0y} 虚部的正负号决定 (第一种情况为正, 第二种情况为负). 这是对圆偏振情形的法则 (48.11) 的推广.

2. 求电荷在平面单色线性偏振波场中的运动.

解: 选择波场 $\boldsymbol{E}$ 的方向为 y 轴, 我们写出:

$$E_y = E = E_0\cos\omega\xi, \quad A_y = A = -\frac{cE_0}{\omega}\sin\omega\xi$$

($\xi = t - x/c$). 从 §47 习题 2 的公式 (3) 和 (4) 我们得到 (在粒子平均处于静止的参考系中) 下列借助参数 $\eta = \omega\xi$ 来表述运动的公式:

$$x = -\frac{e^2E_0^2c}{8\gamma^2\omega^3}\sin 2\eta, \quad y = -\frac{eE_0c}{\gamma\omega^2}\cos\eta, \quad z = 0,$$

$$t = \frac{\eta}{\omega} - \frac{e^2E_0^2}{8\gamma^2\omega^3}\sin 2\eta, \quad \gamma^2 = m^2c^2 + \frac{e^2E_0^2}{2\omega^2},$$

$$p_x = -\frac{e^2E_0^2}{4\gamma\omega^2}\cos 2\eta, \quad p_y = \frac{eE_0}{\omega}\sin\eta, \quad p_z = 0.$$

因此，电荷在 xy 平面内沿着一个对称的 8 字形曲线运动（其纵轴沿着 y 轴）. 在一个运动周期内，η 从 0 变到 2π.

3. 求电荷在圆偏振波场中的运动.

解：对于圆偏振波的场，我们有：

$$E_y = E_0 \cos\omega\xi, \qquad E_z = E_0 \sin\omega\xi,$$

$$A_y = -\frac{cE_0}{\omega}\sin\omega\xi, \quad A_z = \frac{cE_0}{\omega}\cos\omega\xi.$$

运动由下列公式给出：

$$x = 0, \quad y = -\frac{ecE_0}{\gamma\omega^2}\cos\omega t, \quad z = -\frac{ecE_0}{\gamma\omega^2}\sin\omega t,$$

$$p_x = 0, \quad p_y = \frac{eE_0}{\omega}\sin\omega t, \quad p_z = -\frac{eE_0}{\omega}\cos\omega t,$$

$$\gamma^2 = m^2c^2 + \frac{c^2E_0^2}{\omega^2}.$$

因此，电荷在 yz 平面内沿半径为 $ecE_0/\gamma\omega^2$ 的圆运动，动量具有常数值 $p = eE_0/\omega$，在每个时刻，动量 $\boldsymbol{p}$ 的方向与波的磁场 $\boldsymbol{H}$ 的方向相反.

§49 谱分解

每种波都可以进行谱分解，即表为不同频率的单色波的叠加. 这种展开的特性随场的时间依赖特性而变化.

其中一类同如下情况有关，那里的展开包含组成离散值序列的频率. 这一类中最简单的情况出现于纯周期性（尽管不是单色）的场的分解. 这就是通常的傅里叶级数展开；它包含的频率是"基本"频率 $\omega_0 = 2\pi/T$ 的整数倍，这里 T 是场的周期. 我们把它写成形式

$$f = \sum_{n=-\infty}^{\infty} f_n e^{-i\omega_0 nt} \tag{49.1}$$

（式中，f 是任何描述场的量）. 量 f_n 通过积分

$$f_n = \frac{1}{T}\int_{-T/2}^{T/2} f(t)e^{in\omega_0 t}dt \tag{49.2}$$

利用函数 f 来决定. 因为 $f(t)$ 必须是实数，那么，

$$f_{-n} = f_n^*. \tag{49.3}$$

在更复杂的情况下, 展开可以包含几个不同的无公度基频的整数倍 (或它们之和).

在对和式 (49.1) 进行平方及时间平均时, 由于含有振荡因子, 带不同频率项的乘积得零. 留下来的项只有 $f_n f_{-n} = |f_n|^2$. 因此, 场的平方的平均值, 即波的平均强度, 是其单色分量强度之和:

$$\overline{f^2} = \sum_{n=-\infty}^{\infty} |f_n|^2 = 2\sum_{n=1}^{\infty} |f_n|^2 \tag{49.4}$$

(这里假设了函数 f 对一个周期的平均值是零, 即 $f_0 = \overline{f} = 0$).

另一类场可以展开为含连续分布的不同频率的傅里叶积分. 为了实现这一点, 函数 $f(t)$ 必须满足一定的条件; 通常我们考虑在 $t = \pm\infty$ 时变为零的函数. 这样的展开具有形式

$$f(t) = \int_{-\infty}^{\infty} f_\omega \mathrm{e}^{-\mathrm{i}\omega t} \frac{\mathrm{d}\omega}{2\pi}, \tag{49.5}$$

式中傅里叶分量借助函数 $f(t)$ 通过积分

$$f_\omega = \int_{-\infty}^{\infty} f(t) \mathrm{e}^{\mathrm{i}\omega t} \mathrm{d}t \tag{49.6}$$

给出. 类似于 (49.3),

$$f_{-\omega} = f_\omega^*. \tag{49.7}$$

我们来把波的总强度, 即 f^2 对所有时间的积分, 用傅里叶分量的强度表示之. 用 (49.5) 及 (49.6) 两式, 我们得到

$$\int_{-\infty}^{\infty} f^2 \mathrm{d}t = \int_{-\infty}^{\infty} \left\{ f \int_{-\infty}^{\infty} f_\omega \mathrm{e}^{-\mathrm{i}\omega t} \frac{\mathrm{d}\omega}{2\pi} \right\} \mathrm{d}t =$$

$$= \int_{-\infty}^{\infty} \left\{ f_\omega \int_{-\infty}^{\infty} f \mathrm{e}^{-\mathrm{i}\omega t} \mathrm{d}t \right\} \frac{\mathrm{d}\omega}{2\pi} = \int_{-\infty}^{\infty} f_\omega f_{-\omega} \frac{\mathrm{d}\omega}{2\pi},$$

或者, 用 (49.7) 得

$$\int_{-\infty}^{\infty} f^2 \mathrm{d}t = \int_{-\infty}^{\infty} |f_\omega|^2 \frac{\mathrm{d}\omega}{2\pi} = 2\int_0^{\infty} |f_\omega|^2 \frac{\mathrm{d}\omega}{2\pi}. \tag{49.8}$$

§50　部分偏振光

每一单色波, 依照自己的定义, 必定是偏振的. 然而, 我们经常所遇到的波, 它们仅仅是近似单色的, 包含着小间隔 $\Delta\omega$ 中的各种不同频率. 我们考

虑这种波, 并且假设 ω 是它的某一中间频率. 这时, 它在空间给定点的场 (为确定起见, 我们将考虑电场 $\boldsymbol{E}$) 可以写成形式

$$\boldsymbol{E}_0(t)\mathrm{e}^{-\mathrm{i}\omega t},$$

这里的复数振幅 $\boldsymbol{E}_0(t)$ 是某一个缓变的时间的函数 (对于严格单色波来说, $\boldsymbol{E}_0$ 就是常数了). 既然 $\boldsymbol{E}_0$ 决定波的偏振, 那么, 这就意味着, 在波的每一点, 偏振随着时间变化; 这样的波称之为**部分偏振波**.

用实验来观察电磁波的偏振特性, 特别是, 观察光的偏振特性, 是将所研究的光通过各种物体 (例如尼科耳棱镜), 然后观察透过的光的强度. 从数学的观点来看, 这就意味着, 我们可以从光场的某些二次函数的值得出关于光的偏振特性的一些结论. 在此, 不言而喻, 我们所研究的是这些函数的时间平均值.

场的二次函数是一些与乘积 $E_\alpha E_\beta$, $E_\alpha^* E_\beta^*$ 或 $E_\alpha E_\beta^*$ 成正比的项所构成的. 形如

$$E_\alpha E_\beta = E_{0\alpha}E_{0\beta}\mathrm{e}^{-2\mathrm{i}\omega t}, \quad E_\alpha^* E_\beta^* = E_{0\alpha}^* E_{0\beta}^*\mathrm{e}^{2\mathrm{i}\omega t}$$

的乘积包含着快速振荡的因子 $\mathrm{e}^{\pm 2\mathrm{i}\omega t}$ 当取时间平均值时, 结果为零. 乘积 $E_\alpha E_\beta^* = E_{0\alpha}E_{0\beta}^*$ 不包含那种因子, 因而它对时间的平均值不为零. 由此可见, 光的偏振特性完全为张量

$$J_{\alpha\beta} = \overline{E_{0\alpha}E_{0\beta}^*} \tag{50.1}$$

所决定.

因为矢量 $\boldsymbol{E}_0$ 总在垂直于波的方向的平面内, 张量 $J_{\alpha\beta}$ 一共有四个分量 (在本节内, 指标 α,β 应被理解为只取两个值, 即 $\alpha,\beta = 1,2$, 相应于 y 和 z 轴; x 轴沿波的传播方向).

张量 $J_{\alpha\beta}$ 的对角元素之和 (我们记为 J) 是一个实量——矢量 $\boldsymbol{E}_0$ (或 $\boldsymbol{E}$) 模数的平方平均值:

$$J \equiv J_{\alpha\alpha} = \overline{\boldsymbol{E}_0 \cdot \boldsymbol{E}_0^*}. \tag{50.2}$$

这个量决定波的强度, 如能流密度所测量的一样. 为了消去那些与偏振没有直接关系的量, 我们引入张量

$$\rho_{\alpha\beta} = \frac{J_{\alpha\beta}}{J} \tag{50.3}$$

来替换 $J_{\alpha\beta}$. 对它来说, $\rho_{\alpha\alpha} = 1$; 我们称之为**偏振张量**.

从 (50.1) 的定义, 可以看出在张量 $J_{\alpha\beta}$, 以及相应的 $\rho_{\alpha\beta}$ 的分量间存在着下面的关系:

$$\rho_{\alpha\beta} = \rho_{\beta\alpha}^* \tag{50.4}$$

（即该张量是厄米的）. 因而, 对角分量 ρ_{11} 和 ρ_{22} 为实数（且 $\rho_{11} + \rho_{22} = 1$）, 而 $\rho_{21} = \rho_{12}^*$. 所以, 偏振由三个实参数表征.

我们来研究对于完全偏振光, 张量 $\rho_{\alpha\beta}$ 必须满足的条件. 在这种情形下, $\boldsymbol{E}_0 = \text{const}$, 所以我们简单地得到

$$J_{\alpha\beta} = J\rho_{\alpha\beta} = E_{0\alpha}E_{0\beta}^* \tag{50.5}$$

（未平均）, 即该张量的分量可以写成某个常矢量分量的乘积. 其充要条件是行列式为零:

$$|\rho_{\alpha\beta}| = \rho_{11}\rho_{22} - \rho_{12}\rho_{21} = 0. \tag{50.6}$$

相反的情况是非偏振光或**自然光**. 完全不存在偏振意味着, 所有的方向（在 yz 平面内）等价. 换言之, 偏振张量必须具有形式:

$$\rho_{\alpha\beta} = \frac{1}{2}\delta_{\alpha\beta}. \tag{50.7}$$

行列式是 $|\rho_{\alpha\beta}| = 1/4$.

在任意偏振的一般情形下, 行列式的值从 0 到 $1/4$[①]. 所谓**偏振度**是指正量 P, 定义为

$$|\rho_{\alpha\beta}| = \frac{1}{4}(1 - P^2). \tag{50.8}$$

P 值从 0（对于非偏振光）变到 1（对于偏振光）.

任意张量 $\rho_{\alpha\beta}$ 可以分为对称的和反对称的两部分. 其中对称部分

$$S_{\alpha\beta} = \frac{1}{2}(\rho_{\alpha\beta} + \rho_{\beta\alpha})$$

是实的, 因为 $\rho_{\alpha\beta}$ 具有厄米性. 反对称部分是纯虚的. 像任何阶数等于维数的反对称张量一样, 它化为一个赝标量（见 §6 第五个脚注）:

$$\frac{1}{2}(\rho_{\alpha\beta} - \rho_{\beta\alpha}) = -\frac{\mathrm{i}}{2}e_{\alpha\beta}A,$$

式中 A 是一个实赝标量, $e_{\alpha\beta}$ 是单位反对称张量（其分量 $e_{12} = -e_{21} = 1$）. 因此, 偏振张量具有形式:

$$\rho_{\alpha\beta} = S_{\alpha\beta} - \frac{\mathrm{i}}{2}e_{\alpha\beta}A, \quad S_{\alpha\beta} = S_{\beta\alpha}, \tag{50.9}$$

---

① 通过考虑平均值易见, 形如 (50.1) 的任何张量的行列式均为正. 为简单起见, 求和对分立值进行, 再用熟知的代数不等式

$$\left|\sum_{a,b}x_ay_b\right|^2 \leqslant \sum_a|x_a|^2\sum_b|y_b|^2.$$

即它化为一个实对称张量和一个赝标量.

对于圆偏振波, 矢量 $\boldsymbol{E}_0 = \text{const}$, 这里

$$E_{02} = \pm \mathrm{i} E_{01}.$$

于是易见, $S_{\alpha\beta} = \delta_{\alpha\beta}/2$, 而 $A = \pm 1$. 另一方面, 对于线偏振波, 常矢量 $\boldsymbol{E}_0$ 可以选为实的, 所以 $A = 0$. 在一般情形下, 量 A 可以称为圆偏振度; 它取值从 $+1$ 到 -1, 极限值分别对应右旋和左旋圆偏振波.

实对称张量 $S_{\alpha\beta}$, 像任何对称张量一样, 可以化到主轴, 不同的主值我们记为 λ_1 和 λ_2. 主轴的方向相互垂直. 将沿这些方向的单位矢量记为 $\boldsymbol{n}^{(1)}$ 和 $\boldsymbol{n}^{(2)}$, 我们可以把 $S_{\alpha\beta}$ 写为形式:

$$S_{\alpha\beta} = \lambda_1 n_\alpha^{(1)} n_\beta^{(1)} + \lambda_2 n_\alpha^{(2)} n_\beta^{(2)}, \quad \lambda_1 + \lambda_2 = 1. \tag{50.10}$$

量 λ_1 和 λ_2 是正数, 取值从 0 到 1.

假设 $A = 0$, 便有 $\rho_{\alpha\beta} = S_{\alpha\beta}$. (50.10) 式的两项中, 每项的形式均为常矢量 ($\sqrt{\lambda_1}\boldsymbol{n}^{(1)}$ 或 $\sqrt{\lambda_2}\boldsymbol{n}^{(2)}$) 的两个分量之积. 换言之, 每项对应于线偏振光. 此外我们看到, (50.10) 中没有含两个波分量乘积的项. 这意味着两部分可以看成是在物理上彼此独立的, 或者如人们所说, 它们是**非相干**的. 实际上, 如果两个波独立, 乘积 $E_\alpha^{(1)} E_\beta^{(2)}$ 的平均值就等于每个因子平均值的乘积, 因为它们每个都是零, 所以

$$\overline{E_\alpha^{(1)} E_\beta^{(2)}} = 0.$$

于是我们得到如下结论, 在这种情形下 ($A = 0$), 部分偏振波可以表示为两个非相干波 (强度正比于 λ_1 和 λ_2) 的叠加, 沿相互垂直的方向线性地偏振[1]. (在复张量 $\rho_{\alpha\beta}$ 的一般情形下, 可以证明, 光能够表示为两个非相干椭圆偏振波的叠加, 它们的偏振椭圆相似且相互垂直, 见习题 2.

令 φ 为轴 1 (y 轴) 和单位矢量 $\boldsymbol{n}^{(1)}$ 之间的夹角; 于是

$$\boldsymbol{n}^{(1)} = (\cos\varphi, \sin\varphi), \quad \boldsymbol{n}^{(2)} = (-\sin\varphi, \cos\varphi).$$

引入量 $l = \lambda_1 - \lambda_2$ (设 $\lambda_1 > \lambda_2$), 我们将张量 (50.10) 的分量写为如下形式:

$$S_{\alpha\beta} = \frac{1}{2} \begin{pmatrix} 1 + l\cos 2\varphi & l\sin 2\varphi \\ l\sin 2\varphi & 1 - l\cos 2\varphi \end{pmatrix}. \tag{50.11}$$

因此, 对于轴 y 和 z 的任意选择, 波的偏振特性可以用下列三个实数来表征: A—圆偏振度, l—最大线偏振度和 φ—最大偏振方向 $\boldsymbol{n}^{(1)}$ 和 y 轴之间的夹角.

---

[1] 行列式 $|S_{\alpha\beta}| = \lambda_1\lambda_2$; 假设 $\lambda_1 > \lambda_2$, 则偏振度, 如 (50.8) 所定义, 是 $P = 1 - 2\lambda_2$. 在目前的情形 ($A = 0$), 人们常用**退偏振系数** (定义为比值 λ_2/λ_1) 来表征偏振度.

我们可以用另外三个参数的集合（**斯托克斯参数**）：

$$\xi_1 = l\sin 2\varphi, \quad \xi_2 = A, \quad \xi_3 = l\cos 2\varphi \tag{50.12}$$

来替换这三个参数. 偏振张量可以利用它们表示为

$$\rho_{\alpha\beta} = \frac{1}{2}\begin{pmatrix} 1+\xi_3 & \xi_1 - \mathrm{i}\xi_2 \\ \xi_1 + \mathrm{i}\xi_2 & 1-\xi_3 \end{pmatrix}. \tag{50.13}$$

所有三个参数的取值范围都从 -1 到 $+1$. 参数 ξ_3 表征沿 y 和 z 轴的线偏振：值 $\xi_3 = 1$ 相应于沿 y 轴的完全线偏振，$\xi_3 = -1$ 相应于沿 z 轴的完全线偏振. 参数 ξ_1 表征沿与 y 轴成 $45°$ 角方向的线偏振：值 $\xi_1 = 1$ 意味着在角 $\varphi = \pi/4$ 的完全偏振，而 $\xi_1 = -1$ 意味着在角 $\varphi = -\pi/4$ 的完全偏振[①].

（50.13）式的行列式等于

$$|\rho_{\alpha\beta}| = \frac{1}{4}(1 - \xi_1^2 - \xi_2^2 - \xi_3^2). \tag{50.14}$$

与（50.8）比较，我们看出

$$P = \sqrt{\xi_1^2 + \xi_2^2 + \xi_3^2}. \tag{50.15}$$

于是，对于给定的总偏振度 P，可以有不同类型的偏振，由三个量 ξ_1, ξ_2, ξ_3 的值表征，其平方和是固定的；它们构成一类长度固定的矢量.

我们指出，量 $\xi_2 = A$ 和 $\sqrt{\xi_1^2 + \xi_3^2} = l$ 是洛伦兹变换下的不变量. 从这些量作为圆偏振度和线偏振度本身的意义来看，这一点已经几乎是不言而喻的了[②].

习　　题

1. 将一任意的部分偏振光分解为"自然光"和"偏振光"两部分.

解：这个解意味着将张量 $J_{\alpha\beta}$ 表示为如下形式

$$J_{\alpha\beta} = \frac{1}{2}J^{(\mathrm{n})}\delta_{\alpha\beta} + E_{0\alpha}^{(\mathrm{p})}E_{0\beta}^{(\mathrm{p})*}.$$

[①] 对于椭圆轴为 b_1 和 b_2 的完全椭圆偏振波（见 §48），斯托克斯参数是：

$$\xi_1 = 0, \quad \xi_2 = \pm 2b_1 b_2/J, \quad \xi_3 = (b_1^2 - b_2^2)/J.$$

这里 y 轴沿着 b_1，而 ξ_2 中的正负号对应于 b_2 是沿着还是相反于 z 轴的方向.

[②] 为给出直接证明，我们指出，因为波场在任何参考系中都是横场，一开始就很清楚，张量 $\rho_{\alpha\beta}$ 在任何新参考系中仍然是二维的. $\rho_{\alpha\beta}$ 到 $\rho'_{\alpha\beta}$ 的变换不改变绝对平方和 $\rho_{\alpha\beta}\rho_{\alpha\beta}^*$（实际上，变换的形式并不依赖于光的特殊偏振性质，而对于完全偏振波，这个和在任何参考系中都等于 1）. 因为这个变换是实的，张量 $\rho_{\alpha\beta}$（50.9）的实部和虚部独立地变换，所以每个分量的平方和各自保持常数，用 l 和 A 表示.

第一项对应自然光部分, 第二项对应偏振光部分. 为了确定这些部分的强度, 我们注意行列式

$$\left| J_{\alpha\beta} - \frac{1}{2} J^{(n)} \delta_{\alpha\beta} \right| = \left| E_{0\alpha}^{(p)} E_{0\beta}^{(p)*} \right| = 0.$$

将 $J_{\alpha\beta} = J\rho_{\alpha\beta}$ 写为形式 (50.13), 解方程得到

$$J^{(n)} = J(1 - P).$$

偏振部分的强度是 $J^{(p)} = |\boldsymbol{E}_0^{(p)}|^2 = J - J^{(n)} = JP$.

偏振光部分一般说来是椭圆偏振波, 椭圆轴的方向同张量 $S_{\alpha\beta}$ 的主轴重合. 椭圆轴的长度 b_1 和 b_2 以及 $\boldsymbol{b}_1$ 轴和 y 轴的夹角 φ 由如下方程给定:

$$b_1^2 + b_2^2 = JP, \quad 2b_1 b_2 = JP\xi_2, \quad \tan 2\varphi = \frac{\xi_1}{\xi_3}.$$

2. 将任意的部分偏振波表示为两个非相干椭圆偏振波的叠加.

解: 对于厄米张量 $\rho_{\alpha\beta}$, "主轴" 由两个单位复矢量 $\boldsymbol{n}(\boldsymbol{n} \cdot \boldsymbol{n}^* = 1)$ 决定, 它们满足方程

$$\rho_{\alpha\beta} n_\beta = \lambda n_\alpha. \tag{1}$$

主值 λ_1 和 λ_2 是方程

$$|\rho_{\alpha\beta} - \lambda\delta_{\alpha\beta}| = 0$$

的根. 将 (1) 两边乘以 n_α^*, 我们得到:

$$\lambda = \rho_{\alpha\beta} n_\alpha^* n_\beta = \frac{1}{J} \overline{|E_{0\alpha} n_\alpha^*|^2},$$

由此可见 λ_1, λ_2 都是正实数. 将方程

$$\rho_{\alpha\beta} n_\beta^{(1)} = \lambda_1 n_\alpha^{(1)}, \quad \rho_{\alpha\beta}^* n_\beta^{(2)*} = \lambda_2 n_\alpha^{(2)*}$$

乘以 $n_\alpha^{(2)*}$ (对第一个) 和 $n_\alpha^{(1)}$ (对第二个), 取结果的差, 并考虑到 $\rho_{\alpha\beta}$ 的厄米性, 我们得到:

$$(\lambda_1 - \lambda_2) n_\alpha^{(1)} n_\alpha^{(2)*} = 0.$$

于是有 $\boldsymbol{n}^{(1)} \cdot \boldsymbol{n}^{(2)*} = 0$, 即单位矢量 $\boldsymbol{n}^{(1)}$ 和 $\boldsymbol{n}^{(2)}$ 相互正交.

波的展开由下列公式提供

$$\rho_{\alpha\beta} = \lambda_1 n_\alpha^{(1)} n_\beta^{(1)*} + \lambda_2 n_\alpha^{(2)} n_\beta^{(2)*}.$$

我们总可以选择复振幅, 使得两个相互垂直的分量一个为实, 另一个为虚 (比较 §48). 令

$$n_1^{(1)} = b_1, \quad n_2^{(1)} = ib_2$$

（现在这里的 b_1 及 b_2 理解为按条件 $b_1^2 + b_2^2 = 1$ 进行了归一化），从方程 $\boldsymbol{n}^{(1)} \cdot \boldsymbol{n}^{(2)*} = 0$ 我们得到：

$$n_1^{(2)} = \mathrm{i}b_2, \quad n_2^{(2)} = b_1.$$

于是我们看到，两个椭圆偏振的椭圆是相似的（有相同的轴比），而其中的一个相对于另一个旋转了 $90°$.

3. 求 y, z 轴转动角度 φ 时斯托克斯参数的变换法则.

解：该法则由斯托克斯参数与 yz 平面内二维张量分量之间的联系决定，由如下公式给出

$$\xi_1' = \xi_1 \cos 2\varphi - \xi_3 \sin 2\varphi, \quad \xi_3' = \xi_1 \sin 2\varphi + \xi_3 \cos 2\varphi, \quad \xi_2' = \xi_2.$$

§51　静电场的傅里叶分解

电荷所产生的场在形式上也可以分解为平面波（即展开为傅里叶积分）. 然而这种展开，在本质上与电磁波在真空中的展开是不同的. 实际上，电荷所产生的场并不满足齐次的波动方程，因而这个展开式的每一项也不满足这个方程. 由此可以断定，电荷产生的场所能展开的平面波，并不满足 $k^2 = \omega^2/c^2$ 这个关系，而这个关系对于单色平面波却是有效的.

就特例言之，如果我们形式地将静电场表为平面波的叠加，这些波的"频率"显然为零，因为所考虑的场与时间无关；波矢量本身当然不为零.

现在我们来考虑处在坐标原点的点电荷 e 所产生的场. 该场的势 φ 为如下方程所决定（见 §36）

$$\Delta\varphi = -4\pi e\delta(\boldsymbol{r}). \tag{51.1}$$

我们将 φ 展开为傅里叶积分，即我们把它表为形式：

$$\varphi = \int_{-\infty}^{+\infty} \mathrm{e}^{\mathrm{i}\boldsymbol{k}\cdot\boldsymbol{r}} \varphi_{\boldsymbol{k}} \frac{\mathrm{d}^3 k}{(2\pi)^3}, \quad \mathrm{d}^3 k = \mathrm{d}k_x \mathrm{d}k_y \mathrm{d}k_z. \tag{51.2}$$

式中

$$\varphi_{\boldsymbol{k}} = \int \varphi(\boldsymbol{r})\mathrm{e}^{-\mathrm{i}\boldsymbol{k}\cdot\boldsymbol{r}}\mathrm{d}V.$$

将拉普拉斯算符应用到（51.2）的两边，我们得到

$$\Delta\varphi = -\int_{-\infty}^{+\infty} k^2 \mathrm{e}^{\mathrm{i}\boldsymbol{k}\cdot\boldsymbol{r}} \varphi_{\boldsymbol{k}} \frac{\mathrm{d}^3 k}{(2\pi)^3},$$

所以, $\Delta\varphi$ 的表达式的傅里叶分量是

$$(\Delta\varphi)_{\boldsymbol{k}} = -k^2\varphi_{\boldsymbol{k}}.$$

另一方面, 我们取方程 (51.1) 两边的傅里叶分量, 就可以求得 $(\Delta\varphi)_{\boldsymbol{k}}$:

$$(\Delta\varphi)_{\boldsymbol{k}} = -\int 4\pi e\delta(\boldsymbol{r})\mathrm{e}^{-\mathrm{i}\boldsymbol{k}\cdot\boldsymbol{r}}\mathrm{d}V = -4\pi e.$$

比较 $(\Delta\varphi)_{\boldsymbol{k}}$ 的以上两个式子, 得

$$\varphi_{\boldsymbol{k}} = \frac{4\pi e}{k^2}. \tag{51.3}$$

这个公式解决了所提出的问题.

像对势 φ 一样, 我们也可以展开场

$$\boldsymbol{E} = \int_{-\infty}^{+\infty} \boldsymbol{E}_{\boldsymbol{k}}\mathrm{e}^{\mathrm{i}\boldsymbol{k}\cdot\boldsymbol{r}}\frac{\mathrm{d}^3k}{(2\pi)^3}. \tag{51.4}$$

利用 $(51,2)$, 我们得到

$$\boldsymbol{E} = -\mathrm{grad}\int_{-\infty}^{+\infty} \varphi_{\boldsymbol{k}}\mathrm{e}^{\mathrm{i}\boldsymbol{k}\cdot\boldsymbol{r}}\frac{\mathrm{d}^3k}{(2\pi)^3} = -\int \mathrm{i}\boldsymbol{k}\varphi_{\boldsymbol{k}}\mathrm{e}^{\mathrm{i}\boldsymbol{k}\cdot\boldsymbol{r}}\frac{\mathrm{d}^3k}{(2\pi)^3}.$$

同 (51.4) 相比较, 得

$$\boldsymbol{E}_{\boldsymbol{k}} = -\mathrm{i}\boldsymbol{k}\varphi_{\boldsymbol{k}} = -\mathrm{i}\frac{4\pi e\boldsymbol{k}}{k^2}. \tag{51.5}$$

由此可见, 库仑场可以分解的波的场沿着波矢量方向. 因此, 这些波可以称为**纵波**.

§52 场的本征振动

我们来考虑空间一有限体积内的电磁场 (不存在电荷). 为了简化以后的计算, 假设这个体积的形状是一个长方体, 其边是 A, B, C. 这时我们可以将场的所有特征量在这个长方体内展开为三重傅里叶级数 (按三个坐标). 这个展开式可以写成 (例如对于矢势):

$$\boldsymbol{A} = \sum_{\boldsymbol{k}} \boldsymbol{A}_{\boldsymbol{k}}\mathrm{e}^{\mathrm{i}\boldsymbol{k}\cdot\boldsymbol{r}}. \tag{52.1}$$

求和应对矢量 $\boldsymbol{k}$ 的所有可能值进行, 矢量 $\boldsymbol{k}$ 的分量可取

$$k_x = \frac{2\pi n_x}{A}, \quad k_y = \frac{2\pi n_y}{B}, \quad k_z = \frac{2\pi n_z}{C} \tag{52.2}$$

各值, n_x, n_y, n_z 是正整数或负整数.

因为 $\boldsymbol{A}$ 必须为实, 展开式 (52.1) 的系数必须满足关系式 $\boldsymbol{A}_{-\boldsymbol{k}} = \boldsymbol{A}_{\boldsymbol{k}}^*$. 从 $\operatorname{div}\boldsymbol{A} = 0$ 这个方程, 对于每一个 $\boldsymbol{k}$, 我们有

$$\boldsymbol{k} \cdot \boldsymbol{A}_{\boldsymbol{k}} = 0, \tag{52.3}$$

就是说, 复矢量 $\boldsymbol{A}_{\boldsymbol{k}}$ 垂直于其相应的波矢量 $\boldsymbol{k}$. 矢量 $\boldsymbol{A}_{\boldsymbol{k}}$ 当然是时间的函数; 从波动方程 (46.7) 可知, 它们满足方程

$$\ddot{\boldsymbol{A}}_{\boldsymbol{k}} + c^2 k^2 \boldsymbol{A}_{\boldsymbol{k}} = 0. \tag{52.4}$$

如果体积的边 A, B, C 足够大, 那么, k_x, k_y, k_z 的相邻的值 (它们的 n_x, n_y, n_z 相差 1) 彼此几乎相等. 在这种情形下, 我们可以讨论 k_x, k_y, k_z 在小间隔 $\Delta k_x, \Delta k_y, \Delta k_z$ 中的可能值的数目. 既然与 k_x 邻近值相应的 n_x 相差 1, 那么, 在间隔 Δk_x 内 k_x 可能值的数目 Δn_x 就简单地等于 n_x 之值的相应的间隔. 因此, 得到

$$\Delta n_x = \frac{A}{2\pi}\Delta k_x, \quad \Delta n_y = \frac{B}{2\pi}\Delta k_y, \quad \Delta n_z = \frac{C}{2\pi}\Delta k_z.$$

分量在间隔 $\Delta k_x, \Delta k_y, \Delta k_z$ 内的矢量 $\boldsymbol{k}$ 的可能值的总数 Δn 等于 $\Delta n_x \Delta n_y \Delta n_z$, 即

$$\Delta n = \Delta n_x \Delta n_y \Delta n_z = \frac{V}{(2\pi)^3}\Delta k_x \Delta k_y \Delta k_z, \tag{52.5}$$

式中, $V = ABC$ 是场的体积. 由此很容易决定其绝对值在间隔 Δk 内, 而其方向在立体角元 Δo 内的波矢量可能值的数目. 为此, 我们只需在 "$\boldsymbol{k}$ 空间" 内变换到球坐标, 并且用这个坐标表示的体积元来代替 $\Delta k_x \Delta k_y \Delta k_z$. 因此,

$$\Delta n = \frac{V}{(2\pi)^3}k^2 \Delta k \Delta o. \tag{52.6}$$

以 4π 代 Δo, 绝对值在间隔 Δk 内而方向任意的波矢量 $\boldsymbol{k}$ 值的总数就是 $\Delta n = V k^2 \Delta k / 2\pi^2$.

我们来计算场在体积 V 内的总能量

$$\mathscr{E} = \frac{1}{8\pi}\int (\boldsymbol{E}^2 + \boldsymbol{H}^2)\mathrm{d}V,$$

把它表示为量 $\boldsymbol{A}_{\boldsymbol{k}}$ 的函数. 对于电场和磁场, 我们有

$$\boldsymbol{E} = -\frac{1}{c}\dot{\boldsymbol{A}} = -\frac{1}{c}\sum_{\boldsymbol{k}}\dot{\boldsymbol{A}}_{\boldsymbol{k}}\mathrm{e}^{\mathrm{i}\boldsymbol{k}\cdot\boldsymbol{r}},$$

$$\boldsymbol{H} = \operatorname{rot}\boldsymbol{A} = -\mathrm{i}\sum_{\boldsymbol{k}}(\boldsymbol{k}\times\boldsymbol{A}_{\boldsymbol{k}})\mathrm{e}^{\mathrm{i}\boldsymbol{k}\cdot\boldsymbol{r}}. \tag{52.7}$$

当求这些和的平方时, 必须记着, 所有含波矢量 $\boldsymbol{k}$ 和 $\boldsymbol{k}'(\boldsymbol{k} \neq \boldsymbol{k}')$ 项的乘积在整个体积内积分时为零. 事实上, 这样的项含有形如 $\mathrm{e}^{\mathrm{i}(\boldsymbol{k}+\boldsymbol{k}')\cdot\boldsymbol{r}}$ 的因子, 而积分, 例如

$$\int_0^A \exp\left(\mathrm{i}\frac{2\pi}{A}n_x x\right)\mathrm{d}x$$

当 n_x 是不为零的整数时, 等于零. 在含有 $\boldsymbol{k}' = -\boldsymbol{k}$ 的项中, 指数为零, 对 $\mathrm{d}V$ 的积分恰恰等于体积 V.

结果, 我们求得

$$\mathscr{E} = \frac{V}{8\pi} \sum_{\boldsymbol{k}} \left\{ \frac{1}{c^2}\dot{\boldsymbol{A}}_{\boldsymbol{k}} \cdot \dot{\boldsymbol{A}}_{\boldsymbol{k}}^* + (\boldsymbol{k} \times \boldsymbol{A}_{\boldsymbol{k}}) \cdot (\boldsymbol{k} \times \boldsymbol{A}_{\boldsymbol{k}}^*) \right\}.$$

从 (52.3), 我们有

$$(\boldsymbol{k} \times \boldsymbol{A}_{\boldsymbol{k}}) \cdot (\boldsymbol{k} \times \boldsymbol{A}_{\boldsymbol{k}}^*) = k^2 \boldsymbol{A}_{\boldsymbol{k}} \cdot \boldsymbol{A}_{\boldsymbol{k}}^*,$$

于是我们最后得到

$$\mathscr{E} = \frac{V}{8\pi c^2} \sum_{\boldsymbol{k}} \{\dot{\boldsymbol{A}}_{\boldsymbol{k}} \cdot \dot{\boldsymbol{A}}_{\boldsymbol{k}}^* + k^2 c^2 \boldsymbol{A}_{\boldsymbol{k}} \cdot \boldsymbol{A}_{\boldsymbol{k}}^*\}. \tag{52.8}$$

这个和中的每一项对应于展开式 (52.1) 中的一项.

由于 (52.4), 矢量 $\boldsymbol{A}_{\boldsymbol{k}}$ 是时间的调和函数, 频率 $\omega_k = ck$ 仅取决于波矢的绝对值. 依赖于这些函数的选择, 展开式 (52.1) 中的项可以表示平面驻波或行波. 我们将场的展开式写成这样的形式, 使它描述平面行波. 为此, 我们将它写成形式

$$\boldsymbol{A} = \sum_{\boldsymbol{k}} (\boldsymbol{a}_{\boldsymbol{k}}\mathrm{e}^{\mathrm{i}\boldsymbol{k}\cdot\boldsymbol{r}} + \boldsymbol{a}_{\boldsymbol{k}}^*\mathrm{e}^{-\mathrm{i}\boldsymbol{k}\cdot\boldsymbol{r}}) \tag{52.9}$$

(这个形式明白地显出 $\boldsymbol{A}$ 为实), 并且每一个 $\boldsymbol{a}_{\boldsymbol{k}}$ 按以下规律依赖于时间:

$$\boldsymbol{a}_{\boldsymbol{k}} \sim \mathrm{e}^{-\mathrm{i}\omega_k t}, \quad \omega_k = ck. \tag{52.10}$$

和式 (52.9) 内的每一项都仅是差 $\boldsymbol{k} \cdot \boldsymbol{r} - \omega_k t$ 的函数, 它与在矢量 $\boldsymbol{k}$ 方向传播的波相应.

比较展开式 (52.9) 和 (52.1), 我们发现, 它们的系数通过公式

$$\boldsymbol{A}_{\boldsymbol{k}} = \boldsymbol{a}_{\boldsymbol{k}} + \boldsymbol{a}_{-\boldsymbol{k}}^*$$

相关联, 而从 (52.10) 可见, 时间导数通过

$$\dot{\boldsymbol{A}}_{\boldsymbol{k}} = -\mathrm{i}ck(\boldsymbol{a}_{\boldsymbol{k}} - \boldsymbol{a}_{\boldsymbol{k}}^*)$$

相关联. 代入 (52.8)，我们用展开式 (52.9) 的系数表示出场的能量. 带有形式 $a_k \cdot a_{-k}$ 或 $a_k^* \cdot a_{-k}^*$ 乘积的项彼此相消；也注意到，和式 $\sum a_k \cdot a_k^*$ 和 $\sum a_{-k} \cdot a_{-k}^*$ 的差别仅在于求和指标的记号，因而彼此相同，最后得到：

$$\mathscr{E} = \sum_k \mathscr{E}_k, \quad \mathscr{E}_k = \frac{k^2 V}{2\pi} a_k \cdot a_k^*. \tag{52.11}$$

因此，场的总能量是用能量 $\mathscr{E}_k$ 之和来表示的，而 $\mathscr{E}_k$ 又与每一单个的平面波相联系.

用同样的方法，我们可以计算场的总动量.

$$\frac{1}{c^2} \int \boldsymbol{S} \mathrm{d}V = \frac{1}{4\pi c} \int \boldsymbol{E} \times \boldsymbol{H} \mathrm{d}V,$$

并且得到

$$\sum_k \frac{\boldsymbol{k}}{k} \frac{\mathscr{E}_k}{c}. \tag{52.12}$$

从平面波的能量与动量的关系 (见 §47)，也可以预料到这个结果.

展开式 (52.9) 是用不连续的变量序列 (矢量 a_k) 来实现场的描述，而不是用连续的变量序列来描述，后者实际上是给空间各点以势 $\boldsymbol{A}(x, y, z, t)$. 我们现在将变量 a_k 作一个变换，使场方程变为与力学中正则方程 (哈密顿方程) 相似的形式.

引入实 "正则变量" $\boldsymbol{Q}_k$ 及 $\boldsymbol{P}_k$，其关系如下：

$$\boldsymbol{Q}_k = \sqrt{\frac{V}{4\pi c^2}}(a_k + a_k^*),$$

$$\boldsymbol{P}_k = -\mathrm{i}\omega_k \sqrt{\frac{V}{4\pi c^2}}(a_k - a_k^*) = \dot{\boldsymbol{Q}}_k. \tag{52.13}$$

将这些关系代入能量表达式 (52.11)，就得到场的哈密顿量：

$$\mathscr{H} = \sum_k \mathscr{H}_k = \sum_k \frac{1}{2}(\boldsymbol{P}_k^2 + \omega_k^2 \boldsymbol{Q}_k^2). \tag{52.14}$$

于是哈密顿方程 $\partial \mathscr{H}/\partial \boldsymbol{P}_k = \dot{\boldsymbol{Q}}_k$ 与 $\boldsymbol{P}_k = \dot{\boldsymbol{Q}}_k$ 相符，因此它是运动方程的推论 (通过适当选择 (52.13) 中的系数就可以实现这一点). 运动方程 $\partial \mathscr{H}/\partial \boldsymbol{Q}_k = -\boldsymbol{P}_k$ 则变为

$$\ddot{\boldsymbol{Q}}_k + \omega_k^2 \boldsymbol{Q}_k = 0, \tag{52.15}$$

就是说，它们同场方程完全一样了.

矢量 $\boldsymbol{P_k}$ 及 $\boldsymbol{Q_k}$ 中的每一个都垂直于波矢 $\boldsymbol{k}$, 即有两个独立分量. 这些矢量的方向决定其相应行波的偏振方向. 用 $\boldsymbol{Q_{kj}}, j = 1, 2$, 代表矢量 $\boldsymbol{Q_k}$ 的两个分量 (在与 $\boldsymbol{k}$ 垂直的平面内), 我们就有

$$\boldsymbol{Q_k^2} = \sum_j Q_{kj}^2,$$

对于 $\boldsymbol{P_k}$, 我们也可以得到相似的式子. 于是,

$$\mathscr{H} = \sum_{kj} \mathscr{H}_{kj}, \quad \mathscr{H}_{kj} = \frac{1}{2}(P_{kj}^2 + \omega_k^2 Q_{kj}^2). \tag{52.16}$$

由此可见, 哈密顿量分解为若干独立项 $\mathscr{H}_{kj}$ 之和, 每项仅含一对量 $\boldsymbol{Q_{kj}}$ 及 P_{kj}. 每个这样的项与一个有一定波矢量及偏振的行波相对应. 量 $\mathscr{H}_{kj}$ 具有作简谐振动的一维 "振子" 的哈密顿量的形式. 因为这个理由, 我们有时说用振子来展开场.

我们来写出显含变量 $\boldsymbol{P_k}, \boldsymbol{Q_k}$ 的场的表达式. 从 (52.13) 得到

$$\boldsymbol{a_k} = \frac{\mathrm{i}}{k}\sqrt{\frac{\pi}{V}}(\boldsymbol{P_k} - \mathrm{i}\omega_k \boldsymbol{Q_k}), \quad \boldsymbol{a_k^*} = -\frac{\mathrm{i}}{k}\sqrt{\frac{\pi}{V}}(\boldsymbol{P_k} + \mathrm{i}\omega_k \boldsymbol{Q_k}). \tag{52.17}$$

将这些式子代入 (52.1), 我们得到场的矢势

$$\boldsymbol{A} = 2\sqrt{\frac{\pi}{V}} \sum_k \frac{1}{k}(ck\boldsymbol{Q_k}\cos\boldsymbol{k}\cdot\boldsymbol{r} - \boldsymbol{P_k}\sin\boldsymbol{k}\cdot\boldsymbol{r}). \tag{52.18}$$

对于电场与磁场, 我们求得

$$\boldsymbol{E} = -2\sqrt{\frac{\pi}{V}} \sum_k (ck\boldsymbol{Q_k}\sin\boldsymbol{k}\cdot\boldsymbol{r} + \boldsymbol{P_k}\cos\boldsymbol{k}\cdot\boldsymbol{r}),$$

$$\boldsymbol{H} = -2\sqrt{\frac{\pi}{V}} \sum_k \frac{1}{k}\{ck(\boldsymbol{k}\times\boldsymbol{Q_k})\sin\boldsymbol{k}\cdot\boldsymbol{r} + (\boldsymbol{k}\times\boldsymbol{P_k})\cos\boldsymbol{k}\cdot\boldsymbol{r}\}. \tag{52.19}$$

第七章

光的传播

§53 几何光学

平面波的特征是它的传播方向和振幅处处相同. 任意的电磁波当然没有这种特性.

然而,在许多情况下,电磁波虽然不是平面波,但具有如下特性,即它们在空间的每一个小区域内可以当做是平面波. 为了满足这个要求,显然,波的振幅和方向在与波长同数量级的距离内必须是几乎不变的.

如果这个条件被满足了,我们可以引入一个所谓**波面**,它是这样一个面,在该面上的所有点,波的相位(在给定时刻)都是一样的(平面波的波面显然是一个与光的传播方向相垂直的平面). 在空间的每一个小区域内,我们可以说光的传播方向垂直于波面. 这样,我们可以引入**光线**这个概念,光线是其上每一点的切线都同光的传播方向相合的线.

用这种方法研究波的传播规律属于**几何光学**的范畴. 因此,几何光学将波的传播,特别是光的传播,当做光线的传播,因而完全同它的波的特性脱离了关系. 换句话说,几何光学相当于波长 $\lambda \to 0$ 的极限情形.

我们现在来求几何光学的基本方程——决定光线方向的方程. 设 f 是描写波场的任意一个量($\boldsymbol{E}$ 或 $\boldsymbol{H}$ 的任意一个分量). 在单色平面波中,f 有下面的形式:

$$f = a \exp[\mathrm{i}(\boldsymbol{k} \cdot \boldsymbol{r} - \omega t + \alpha)] = a \exp[\mathrm{i}(-k_i x^i + \alpha)] \tag{53.1}$$

(我们略去了符号 Re;以后遇到的所有式子都理解为取其实数部分).

我们将场的表达式写成

$$f = a\mathrm{e}^{\mathrm{i}\psi}. \tag{53.2}$$

对于波不是平面的,但几何光学可以适用的情况,振幅 a 一般来说是坐标与时间的函数,而相位 ψ,也叫做**程函**,没有像(53.1)那样简单的形式. 但是在本质上，ψ 是一个很大的量. 这可以直接从下面的事实看出来，即当我们移动一个波长时，ψ 就变动 2π，而几何光学是与极限 $\lambda \to 0$ 相应的.

在一个小的空间区域中和一个小的时间间隔内，程函可以展开为级数；如果只精确到第一级，则我们有

$$\psi = \psi_0 + \boldsymbol{r} \cdot \frac{\partial \psi}{\partial \boldsymbol{r}} + t\frac{\partial \psi}{\partial t}$$

（坐标及时间原点都选择在所研究的空间区域及时间间隔内；导数在原点取值）. 将上式与 (53.1) 式相比较，得到

$$\boldsymbol{k} = \frac{\partial \psi}{\partial \boldsymbol{r}} \equiv \operatorname{grad} \psi, \quad \omega = -\frac{\partial \psi}{\partial t}, \tag{53.3}$$

这相应于下面的事实，即在空间的每一个小区域内（且在每个小的时间间隔内），波可以当做是平面的. 用四维空间形式，(53.3) 式可以写成

$$k_i = -\frac{\partial \psi}{\partial x^i}, \tag{53.4}$$

其中 k_i 是波四维矢量.

在 §48 中我们已经看出，四维矢量 k^i 的分量之间有 $k_i k^i = 0$ 的关系. 将 (53.4) 代入，得到

$$\frac{\partial \psi}{\partial x_i}\frac{\partial \psi}{\partial x^i} = 0. \tag{53.5}$$

这个方程称为**程函方程**，它是几何光学的基本方程.

在波动方程内作直接的极限过渡 $\lambda \to 0$，也可以导出程函方程. 场 f 满足波动方程

$$\frac{\partial^2 f}{\partial x_i \partial x^i} = 0.$$

将 $f = a\mathrm{e}^{\mathrm{i}\psi}$ 代入，得到

$$\frac{\partial^2 a}{\partial x_i \partial x^i}\mathrm{e}^{\mathrm{i}\psi} + 2\mathrm{i}\frac{\partial a}{\partial x_i}\frac{\partial \psi}{\partial x^i}\mathrm{e}^{\mathrm{i}\psi} + \mathrm{i}f\frac{\partial^2 \psi}{\partial x_i \partial x^i} - \frac{\partial \psi}{\partial x_i}\frac{\partial \psi}{\partial x^i}f = 0. \tag{53.6}$$

但是上面已经指出，程函 ψ 是一个很大的量；因此前三项与第四项相比可以略去，于是我们重又得到方程 (53.5).

在这里，我们还将求出一系列关系. 虽然将这些关系应用于光在真空中的传播时只能导出一些显而易见的结果，不过，它们还是重要的. 因为就其一般形式而言，这些推导也适用于光在物质介质中的传播.

从程函方程的形式，得到一个在几何光学与实物粒子力学间的惊人的相似性. 粒子运动决定于哈密顿 – 雅可比方程 (16.11). 这个方程，正如程函

程一样，是一阶偏导数的、二次的方程. 我们知道，作用量 S 与粒子的动量 $\boldsymbol{p}$ 及哈密顿量 $\mathscr{H}$ 有下列关系：

$$\boldsymbol{p} = \frac{\partial S}{\partial \boldsymbol{r}}, \quad \mathscr{H} = -\frac{\partial S}{\partial t}.$$

将这些公式与 (53.3) 比较，我们看出，波矢在几何光学中所扮演的角色正如粒子的动量在力学中所扮演的角色一样，而频率所扮演的角色是哈密顿量，即粒子的能量. 波矢的绝对值 k 同频率的关系为 $k = \omega/c$. 我们看出，这个关系正与一个质量为零而速度等于光速的粒子的动量与能量的关系 $p = \mathscr{E}/c$ 相似.

对于质点，哈密顿方程

$$\dot{\boldsymbol{p}} = -\frac{\partial \mathscr{H}}{\partial \boldsymbol{r}}, \quad \boldsymbol{v} = \dot{\boldsymbol{r}} = \frac{\partial \mathscr{H}}{\partial \boldsymbol{p}}$$

成立. 鉴于上述的相似性，我们可以直接写出光线的类似方程

$$\dot{\boldsymbol{k}} = -\frac{\partial \omega}{\partial \boldsymbol{r}}, \quad \dot{\boldsymbol{r}} = \frac{\partial \omega}{\partial \boldsymbol{k}}. \tag{53.7}$$

在真空中，$\omega = ck$，因而 $\dot{\boldsymbol{k}} = 0, \boldsymbol{v} = c\boldsymbol{n}$（$\boldsymbol{n}$ 是沿着波的传播方向的单位矢量）；就是说，在真空中，光线是直线，光沿着这条直线以速度 c 传播.

下面的考虑，更加清楚地说明了波的波矢与粒子的动量的相似性. 我们来考虑一种波，它是许多频率不同的单色波在某一小间隔内的叠加，这个波只占据空间的某个有限区域（这就是所谓**波包**）. 我们利用公式 (32.6) 及能量动量张量 (48.15) 来计算这个波的场的四维动量（对于每一个单色分量）. 用某些平均值代替这个公式中的 k^i，我们得到如下形式的表达式

$$P^i = Ak^i, \tag{53.8}$$

这里四维矢量 P^i 与 k^i 的比例常数 A 是一标量. 写成三维形式，这个关系给出

$$\boldsymbol{P} = A\boldsymbol{k}, \quad \mathscr{E} = A\omega. \tag{53.9}$$

由此可见，当我们从一个参考系过渡到另一个参考系时，波包的动量和能量像波矢和频率一样变换.

再往前追溯这种相似，我们可以为几何光学建立一个原理，这个原理与力学中的最小作用量原理相似. 然而，不能将它写成如 $\delta \int L \mathrm{d}t = 0$ 那样的哈密顿形式，因为对于光线，不可能引入像粒子的拉格朗日量那样的函数. 事实上，粒子的拉格朗日量 L 与哈密顿量 $\mathscr{H}$ 有 $L = \boldsymbol{p} \cdot \partial \mathscr{H}/\partial \boldsymbol{p} - \mathscr{H}$ 的关系. 如

果用频率 ω 代替哈密顿量，用波矢 $\boldsymbol{k}$ 代替动量，那么，光学中的拉格朗日量就应该写成 $\boldsymbol{k} \cdot \partial w/\partial \boldsymbol{k} - \omega$. 但是这个式子等于零，因为 $\omega = ck$. 前面已经提到过，光线的传播同一个质量为零的粒子的运动相似，因此，对于光线引入拉格朗日量之不可能也是显而易见的.

如果波有一定的恒定频率 ω，那么，它的场与时间的关系就为一个因子 $\mathrm{e}^{-\mathrm{i}\omega t}$ 所决定. 因此，这样的波的程函就是

$$\psi = -\omega t + \psi_0(x, y, z), \tag{53.10}$$

式中，ψ_0 仅是坐标的函数. 程函方程（53.5）现在取下面的形式：

$$(\operatorname{grad} \psi_0)^2 = \frac{\omega^2}{c^2}. \tag{53.11}$$

波面就是定值程函的曲面，亦即曲面族 $\psi_0(x, y, z) = \operatorname{const}$. 光线本身在每一点都垂直于相应的波面；光线的方向为梯度 $\nabla\psi_0$ 所决定.

众所周知，如果能量是常数，粒子的最小作用量原理也可以写成所谓**莫培督原理**的形式：

$$\delta S = \delta \int \boldsymbol{p} \cdot \mathrm{d}\boldsymbol{l} = 0,$$

这里的积分是沿着两点间的粒子的轨道而取的. 在这个式子内，我们假设动量是能量与坐标的函数. 光线的类似原理是**费马原理**. 在这种情形下，我们将费马原理写成类似的形式：

$$\delta\psi = \delta \int \boldsymbol{k} \cdot \mathrm{d}\boldsymbol{l} = 0. \tag{53.12}$$

在真空中，$\boldsymbol{k} = \dfrac{\omega}{c}\boldsymbol{n}$，我们得到 $(\mathrm{d}\boldsymbol{l} \cdot \boldsymbol{n} = \mathrm{d}l)$：

$$\delta \int \mathrm{d}l = 0, \tag{53.13}$$

这与光沿直线传播相应.

§54 强 度

在几何光学中，光波可以当做一束光线. 然而光线本身仅仅决定光在每一点的传播方向，还余下来一个问题，即光的强度在空间分布的问题.

在所考虑的光线束的波面上，我们取出一个无限小的面元. 从微分几何知道，在每一个曲面的每一点上，有两个（一般说是不同的）主曲率半径. 设 ac 和 bd（图 7）为主曲率圆的线元，它们在波面的给定面元上. 通过 a 和 c 的

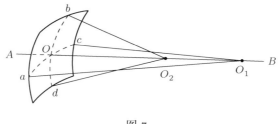

图 7

光线相交于相应的曲率中心 O_1, 而通过 b 和 d 的光线则相交于另一曲率中心 O_2.

当从 O_1 和 O_2 出发的光束的开放角一定时, 弧 ac 和 bd 之长显然与曲率半径 R_1 和 R_2 成正比 (即与 O_1O 及 O_2O 成正比). 面元的面积与长度 ac 和 bd 之积成正比, 即与 R_1R_2 成正比. 换句话说, 如果考虑由一束光线所构成的波面元, 那么, 当沿着光线移动时, 面元的面积将与 R_1R_2 成正比地改变.

另一方面, 光的强度, 即能流密度, 与一定的光能量通过的曲面面积成反比. 因此, 我们得到一个结果, 即光的强度是

$$I = \frac{\text{const}}{R_1R_2}. \tag{54.1}$$

这个公式必须理解如下. 在每一条光线上 (图 7 中的 AB), 存在着确定的点 O_1 及 O_2, 这两点是所有与光线相交的波面的曲率中心. OO_1 与 OO_2 是从 O 点 (波面与光线相交之点) 到 O_1 和 O_2 的距离, 即波面在 O 点的曲率半径 R_1 及 R_2. 因此, 公式 (54.1) 决定光沿着一条光线上的强度变化, 表示为到该线上二定点之距离的函数. 我们强调指出, 这个公式不能用来比较同一波面上的不同点的强度.

因为强度为场的模的平方所决定, 我们就可以写出场本身沿光线的变化如下:

$$f = \frac{\text{const}}{\sqrt{R_1R_2}} \mathrm{e}^{ikR}, \tag{54.2}$$

式中, 在相因子 e^{ikR} 内, 我们既可以用 R_1 也可以用 R_2 代替 R. 对于一给定的光线, e^{ikR_1} 和 e^{ikR_2} 两个量只相差一个常量因子, 因为差 $R_1 - R_2$ 即两个曲率中心的距离, 是一个常数.

如果波面的两个曲率半径相等, 那么, (54.1) 和 (54.2) 就有如下的形式:

$$I = \frac{\text{const}}{R^2}, \quad f = \frac{\text{const}}{R} \mathrm{e}^{ikR}. \tag{54.3}$$

当光是从一个点源射出时, 就对应于这种情形 (波面都是同心球, R 是从光源到波面的距离).

从 (54.1) 式, 我们看出, 在 $R_1 = 0$, $R_2 = 0$ 各点, 即在波面的曲率中心, 强度变为无穷大. 将这个结论应用到光线束, 我们得到在一给定光线束内, 光的强度, 一般来说, 在两个曲面上变为无穷大, 这两个曲面就是波面的所有曲率中心构成的几何图形. 这两个曲面称为**焦散面**. 在光束的波面是球面的特殊情形下, 两个焦散面就合为一点 (**焦点**).

必须指出, 按照微分几何中熟知的曲面族的曲率中心几何构形的性质, 光线与焦散面相切.

我们应当记着, 对于凸波面, 波面的曲率中心可以不在光线本身, 而在其延长线上, 在发出光线的光学系统之外. 在这种情形下, 我们说它是**虚焦散面** (或**虚焦点**). 这时, 光的强度无论在哪里都不会变为无限大.

至于光的强度变为无限大, 实际上应当理解为, 强度在焦散面上变大了, 但仍是有限的 (见 §59 中的习题). 形式上, 光强度为无限大就说明几何光学近似不能应用到焦散面附近. 与此有关的还有下述事实, 即相位沿着光线的变化可以由公式 (54.2) 来决定, 但是只限于不包含与焦散面相切之点的一段. 以后在 §59 中我们还要证明, 实际上当光线穿过焦散面时, 场的相位减少 $\pi/2$. 这就是说, 如果在光线上与焦散面第一次相交之前的那一段上, 场与因子 e^{ikx} (x 是沿光线的坐标) 成正比, 那么, 穿过焦散面以后, 场将与 $e^{i(kx-\pi/2)}$ 成正比. 在第二个焦散面的切点的附近, 又会发生同样的情形, 在这点以后, 场将与 $e^{i(kx-\pi)}$ 成正比[①].

§55 角程函

如果一条光线在真空中行进, 投射在一个透明物体上, 当它从这个物体射出时, 它的方向与原来的方向一般来说是不同的. 这种方向的改变当然与物体的特性和物体的形状有关. 但是, 我们可以求得一些一般的规律, 这些规律给出光线经过一个任意物体时方向的改变. 在此, 我们只假定几何光学可以应用到在我们所考虑的物体内行进的光线. 依照惯例, 光线所穿过的透明物体称为**光学系统**.

按照 §53 所指出的光线传播与粒子运动的相似性, 这些普遍定律, 对这样的粒子运动方向的改变也是有效的, 这个粒子在真空中最初沿直线运动, 以后经过某一电磁场, 再从这个场中穿出来到真空中. 但是, 为了确定起见, 我们以后总是说光线的传播.

我们在上节已经看出, (对于一定频率的光) 描述光线传播的程函方程可以写成 (53.11) 的形式. 从现在起, 为便利起见, 我们用 ψ 代表被常数 ω/c 除

---

① 尽管公式 (54.2) 本身在焦散面附近不成立, 场的相位改变在形式上相应于这个公式中 R_1 或 R_2 正负号的改变 (即乘以 $e^{i\pi}$).

过了的程函 ψ_0. 这时，几何光学的基本方程有下列形式：

$$(\nabla\psi)^2 = 1. \tag{55.1}$$

该方程的每一个解描述一个确定的光线束，其中经过空间给定点的光线的方向由 ψ 在该点的梯度决定. 然而为了我们的目的，这种描述是不够的，因为我们正在寻找的，是决定任意光线（而不是一个确定的光线束）经过一个光学系统的路径的普遍关系. 因此，我们必须应用程函的这样一个形式，它可以描述所有一般可能的光线，也就是经过空间任意一对点的光线. 通常形式的程函 $\psi(\mathbf{r})$ 是经过点 $\mathbf{r}$ 的某束光线的相位. 现在我们应当引入为两点坐标函数 $\psi(\mathbf{r}, \mathbf{r}')$ 的程函（$\mathbf{r}$ 和 $\mathbf{r}'$ 是光线起点和终点的径矢）. 对于每一对点 $\mathbf{r}, \mathbf{r}'$，都可以有光线经过这两点，而 $\psi(\mathbf{r}, \mathbf{r}')$ 是光线上两点 $\mathbf{r}$ 和 $\mathbf{r}'$ 的相位差（或如一般所称的，**光程长**）. 从现在起，我们把 $\mathbf{r}$ 和 $\mathbf{r}'$ 理解为透过光学系统之前和之后光线上两点的径矢.

如果在 $\psi(\mathbf{r}, \mathbf{r}')$ 中，认为径矢之一，例如 $\mathbf{r}'$，是给定的，那么，ψ 是 $\mathbf{r}$ 的函数，描写一个确定的光线束，即经过 $\mathbf{r}'$ 点的光线束. ψ 应当满足方程 (55.1)，方程中的微分是对 $\mathbf{r}$ 的分量进行的. 同理，如果 $\mathbf{r}$ 固定，我们又得到一个 $\psi(\mathbf{r}, \mathbf{r}')$ 的方程，因此

$$(\nabla\psi)^2 = 1, \quad (\nabla'\psi)^2 = 1. \tag{55.2}$$

从上节我们知道，光线的方向由它的相位的梯度所决定. 既然 $\psi(\mathbf{r}, \mathbf{r}')$ 是在点 $\mathbf{r}$ 及点 $\mathbf{r}'$ 的相位差，在 $\mathbf{r}'$ 点的光线的方向就由矢量 $\mathbf{n}' = \partial\psi/\partial\mathbf{r}'$ 所决定，而在 $\mathbf{r}$ 点的光线的方向，则由矢量 $\mathbf{n} = -\partial\psi/\partial\mathbf{r}$ 决定. 从 (55.2) 式可以看出，$\mathbf{n}$ 及 $\mathbf{n}'$ 是单位矢量：

$$\mathbf{n}^2 = \mathbf{n}'^2 = 1. \tag{55.3}$$

四个矢量 $\mathbf{r}, \mathbf{r}', \mathbf{n}, \mathbf{n}'$ 相互间有一定的关系，因为其中两个（$\mathbf{n}$ 和 $\mathbf{n}'$）是某一函数 ψ 对另外两个（$\mathbf{r}$ 和 $\mathbf{r}'$）的导数. 至于函数 ψ 本身，它是满足附加条件方程 (55.2) 的.

为了求出 $\mathbf{n}, \mathbf{n}', \mathbf{r}, \mathbf{r}'$ 的关系，最便利的方法是用另外一个量代替 ψ，对这个量不加任何附带条件（即不要求它满足任何微分方程）. 我们可以按照下面的方法去做. 在函数 ψ 内，独立变量是 $\mathbf{r}$ 和 $\mathbf{r}'$，因此，对于微分 $\mathrm{d}\psi$，我们有

$$\mathrm{d}\psi = \frac{\partial\psi}{\partial\mathbf{r}} \cdot \mathrm{d}\mathbf{r} + \frac{\partial\psi}{\partial\mathbf{r}'} \cdot \mathrm{d}\mathbf{r}' = -\mathbf{n} \cdot \mathrm{d}\mathbf{r} + \mathbf{n}' \cdot \mathrm{d}\mathbf{r}'.$$

现在我们作一个勒让德变换，从 $\mathbf{r}, \mathbf{r}'$ 变换到新的独立变量 $\mathbf{n}, \mathbf{n}'$；亦即我们写

$$\mathrm{d}\psi = -\mathrm{d}(\mathbf{n} \cdot \mathbf{r}) + \mathbf{r} \cdot \mathrm{d}\mathbf{n} + \mathrm{d}(\mathbf{n}' \cdot \mathbf{r}') - \mathbf{r}' \cdot \mathrm{d}\mathbf{n}',$$

引入函数

$$\chi = \boldsymbol{n}' \cdot \boldsymbol{r}' - \boldsymbol{n} \cdot \boldsymbol{r} - \psi, \tag{55.4}$$

我们得到

$$\mathrm{d}\chi = -\boldsymbol{r} \cdot \mathrm{d}\boldsymbol{n} + \boldsymbol{r}' \cdot \mathrm{d}\boldsymbol{n}'. \tag{55.5}$$

函数 χ 称为**角程函**; 从 (55.5) 式可以看出, 角程函内的独立变量是 $\boldsymbol{n}$ 和 $\boldsymbol{n}'$. 没有附带条件加在 χ 上. 事实上, 方程 (55.3) 现在仅仅表示关于独立变量的条件: 在矢量 $\boldsymbol{n}$ 的三个分量 n_x, n_y, n_z 中, 只有两个是独立的 (对于 $\boldsymbol{n}'$ 也有类似情况). 我们以后选取 n_y, n_z, n_y', n_z' 为独立变量; 于是,

$$n_x = \sqrt{1 - n_y^2 - n_z^2}, \quad n_x' = \sqrt{1 - n_y'^2 - n_z'^2}.$$

将这些式子代入

$$\mathrm{d}\chi = -x\mathrm{d}n_x - y\mathrm{d}n_y - z\mathrm{d}n_z + x'\mathrm{d}n_x' + y'\mathrm{d}n_y' + z'\mathrm{d}n_z',$$

我们得到微分 $\mathrm{d}\chi$ 的表达式

$$\mathrm{d}\chi = -\left(y - \frac{n_y}{n_x}x\right)\mathrm{d}n_y - \left(z - \frac{n_z}{n_x}x\right)\mathrm{d}n_z +$$
$$+ \left(y' - \frac{n_y'}{n_x'}x'\right)\mathrm{d}n_y' + \left(z' - \frac{n_z'}{n_x'}x'\right)\mathrm{d}n_z'.$$

由此, 我们最后便求得下面的方程:

$$y - \frac{n_y}{n_x}x = -\frac{\partial\chi}{\partial n_y}, \quad z - \frac{n_z}{n_x}x = -\frac{\partial\chi}{\partial n_z},$$
$$y' - \frac{n_y'}{n_x'}x' = \frac{\partial\chi}{\partial n_y'}, \quad z' - \frac{n_z'}{n_x'}x' = \frac{\partial\chi}{\partial n_z'}, \tag{55.6}$$

这就是我们所求的 $\boldsymbol{n}, \boldsymbol{n}', \boldsymbol{r}, \boldsymbol{r}'$ 间的一般关系. 函数 χ 描述光线所经过的物体的特性 (或者对于带电粒子运动的情形, χ 描述场的特性).

当 $\boldsymbol{n}$ 和 $\boldsymbol{n}'$ 之值固定时, (55.6) 中每一对方程都表示直线. 这些直线正是穿过光学系统前后的光线. 因此, 方程 (55.6) 直接决定光学系统两边光线的路径.

§56 窄束光线

在研究光线束经过光学系统时, 所有光线都相交于一点的光线束是值得特别注意的 (这样的光线束称为**同心光线束**).

经过光学系统后，同心光线束一般不再是同心的了，亦即经过物体后，光线不再会聚在一点了. 仅仅在特殊情况下，光才会从一个发光点出发，穿过光学系统后，又会聚在一点（发光点的像）[1].

可以证明（见 §57），整个同心光线束经过光学系统后仍然保持为同心光线束的唯一情形是所谓全同成像，在此情形下，像与物体的差别仅在于平移、转动或镜像反射.

因此，没有光学系统能给予具有一定大小的物体以完全清晰的像，只有全同成像的情形是例外[2]. 在全同成像以外的任何其他情形，一个有一定大小的物体只能产生近似清晰，而不是完全清晰的像.

一个同心光线束近似变换到另一个同心光线束的最重要的情况，是在一条（对该光学系统而言）特定的线附近行进的十分窄的（张角甚小）光线束. 这条线称为光学系统的**光轴**.

然而必须注意，甚至无限窄的光线束（在三维空间内）在一般情况下也不是同心的；我们已经看到（图 7），即使在这样的光束内，不同的光线也不会相交于同一点（这种现象称为**像散**）. 只有两个主曲率半径相等的波面上的那些点是例外，这些点附近的波面上的小区域可以当做是球面，其相应的窄光线束是同心的.

我们来考虑一个具有轴对称的光学系统[3]. 这个系统的对称轴同时也是它的光轴. 沿着这个轴行进的光线束的波面也有轴对称性；正如我们所知道的，旋转面在它们与对称轴相交的那些点有相等的曲率半径. 因此在这个方向行进的窄光线束保持为同心的.

为了得到定量的关系，以及借助窄光线束来决定经过一个轴对称光学系统的像的形成，我们利用通式 (55.6). 首先当然要确定函数 χ 在所研究的情形中应取的形式.

因为光线束是窄的，而且在光轴的近旁行进，那么，每束光线的矢量 n 及 n' 差不多都沿着这个轴的方向. 如果我们选择光轴作为 x 轴，那么，分量 n_y, n_z, n_y', n_z' 就比 1 小了. 对于 n_x, n_x' 而言，$n_x \approx 1$，而 n_x' 则近似地等于 $+1$ 或 -1. 在第一种情形下，光线几乎沿着原来方向继续行进，穿过光学系统而进入其另一边的空间内. 这种光学系统称为**透镜**. 在第二种情形，光线改变方向到几乎相反的方向上；这种光学系统称为**反射镜**.

利用 n_y, n_z, n_y', n_z' 值很小的性质，将角程函 $\chi(n_y, n_z, n_y', n_z')$ 展开

---

① 交点可以在光线本身之上，也可以在它们的延长线上；取决于这两种不同的情形，像被称为实像或者虚像.

② 这种成像可以借助平面镜实现.

③ 可以证明，借助于在光轴近旁行进的窄光线束来处理的在一个非轴对称光学系统内成像的问题，可以化为在轴对称系统内成像，加上如此所得的像相对于物体的旋转.

为级数并只保留前几项. 由于整个系统的轴对称性, χ 对于坐标系绕光轴的转动来说是不变量. 由此可见, 在 χ 的展开式中不可能有与矢量 $\boldsymbol{n}$ 和 $\boldsymbol{n}'$ 的 y 分量和 z 分量的一次幂成比例的一阶项; 这样的项不可能具有所要求的不变性. 具有所要求特性的二阶项是 $\boldsymbol{n}^2, \boldsymbol{n}'^2$ 和标积 $\boldsymbol{n} \cdot \boldsymbol{n}'$. 因此, 精确到二阶项为止的轴对称光学系统的角程函有下面的形式:

$$\chi = \text{const} + \frac{g}{2}(n_y^2 + n_z^2) + f(n_y n_y' + n_z n_z') + \frac{h}{2}(n_y'^2 + n_z'^2), \tag{56.1}$$

式中, f, g, h 是常数.

为了确定起见, 我们现在来研究一个透镜, 这时我们令 $n_x' \approx 1$; 对于反射镜, 以后可以知道, 所有的公式都有相似的形式. 现在将 (56.1) 代入通式 (55.6) 内, 我们得到:

$$\begin{aligned} n_y(x - g) - f n_y' = y, \quad f n_y + n_y'(x' + h) = y', \\ n_z(x - g) - f n_z' = z, \quad f n_z + n_z'(x' + h) = z'. \end{aligned} \tag{56.2}$$

我们考虑一个从点 x, y, z 射出来的同心光束; 设点 x', y', z' 是光束的光线透过透镜后的交点. 如果 (56.2) 的第一对方程与第二对方程都是独立的, 那么, 这四个方程当 x, y, z, x', y', z' 为已知时决定了 n_y, n_z, n_y', n_z' 的一组确定值, 这意味着只有一条光线从点 x, y, z 出发并且经过点 x', y', z'. 因此, 为了使所有从 x, y, z 出发的光线都经过 x', y', z', (56.2) 就必须不是独立的, 也就是说, 这些方程中的一对可以从另一对推出来. 这种相依性的必要条件显然是这些方程中, 一对方程的系数与另一对方程的系数成比例. 因此我们有

$$\frac{x - g}{f} = -\frac{f}{x' + h} = \frac{y}{y'} = \frac{z}{z'}; \tag{56.3}$$

特别有

$$(x - g)(x' + h) = -f^2. \tag{56.4}$$

我们所求得的这些方程就是窄光束成像情形中, 像坐标与物坐标所满足的关系.

光轴上的两点 $x = g$ 及 $x' = -h$ 称为光学系统的 **主焦点**. 我们来考虑平行于光轴的光线束. 这种光的源点显然是光轴的无穷远点, 即 $x = \infty$. 从 (56.3) 式看出, 在这种情况下, $x' = -h$. 因此, 一个平行光线束经过光学系统后, 会相交于主焦点. 反之, 一束从主焦点射出的光线, 经过光学系统后就变为平行光了.

在方程 (56.3) 中, 坐标 x 和 x' 都是从光轴上同一原点量起的. 然而, 如果选择相应的主焦点作为原点, 并从这些不同的原点去测量物坐标及像坐

标，会更加便利些. 我们选择从相应的主焦点到光行进的一边的方向为正方向. 用大写字母代表新的物坐标及像坐标，则我们有

$$X = x - g, \quad X' = x' + h, \quad Y = y, \quad Y' = y', \quad Z = z, \quad Z' = z'.$$

成像的方程（56.3）及（56.4）在新坐标中取下面的形式：

$$XX' = -f^2, \tag{56.5}$$

$$\frac{Y'}{Y} = \frac{Z'}{Z} = \frac{f}{X} = -\frac{X'}{f}. \tag{56.6}$$

f 这个量称为这个系统的**主焦距**.

Y'/Y 这个比值称为**横向放大率**. 至于**纵向放大率**，因为坐标并不彼此成简单比例，它就必须写成微分形式，用来比较物元素的长（沿轴的方向）与相应的像元素的长. 从（56.5）式，我们得到"纵向放大率"为

$$\left| \frac{\mathrm{d}X'}{\mathrm{d}X} \right| = \frac{f^2}{X^2} = \left(\frac{Y'}{Y} \right)^2. \tag{56.7}$$

由此可见，哪怕对于无限小的物体来说，也不可能得到几何相似的像. 纵向放大率绝对不会等于横向放大率（除了全同成像这种平凡情形外）.

从光轴上 $X = f$ 点出发的光线束，又交于同一轴上 $X' = -f$ 点；这两个点称为**主点**. 从方程（56.2）（$n_y X - f n_y' = Y, n_z X - f n_z' = Z$）显而易见，在这种情形（$X = f, Y = Z = 0$）下，我们得到方程 $n_y = n_y', n_z = n_z'$. 因此，每条从主点出发的光线，又在另一主点与光轴相交，其方向与原方向平行.

如果物和它的像的坐标是从主点量起，而不是从主焦点量起，那么，对于这些坐标 ξ 和 ξ'，我们有

$$\xi' = X' + f, \quad \xi = X - f.$$

将上式代入（56.5），很容易得到成像方程如下：

$$\frac{1}{\xi} - \frac{1}{\xi'} = -\frac{1}{f}. \tag{56.8}$$

可以证明，对于薄光学系统（例如反射镜或薄透镜），两个主点差不多重合. 在这种情形下，方程（56.8）就特别方便，因为在这个方程中，ξ 和 ξ' 实际上从同一点量起.

如果焦距为正，那么，位于焦点前面（$X > 0$）的物所生成的像是正立的（$Y'/Y > 0$）；这种光学系统称为**会聚**的. 如果 $f < 0$，那么，当 $X > 0$ 时，我

们得到 $Y'/Y < 0$，这就意味着物所生成的像是倒立的；这种光学系统称为**发散**的.

还有一个成像的极限情形没有被包含在公式 (56.8) 内；在这种情形下，所有三个系数 f, g, h 都是无穷大（也就是说，光学系统有无限大的焦距，而其主焦点位于无限远处）. 在 (56.4) 式中取 f, g, h 趋近于无穷大的极限，我们得到

$$x' = \frac{h}{g}x + \frac{f^2 - gh}{g}.$$

因为我们只对物和像与光学系统之间的距离有限的情形感兴趣，f, g, h 必须这样地趋近于无穷大，使比值 $h/g, (f^2 - gh)/g$ 为有限. 用 α^2 和 β 分别代表这两个比值，则我们有 $x' = \alpha^2 x + \beta$.

对于其他两个坐标，我们现在从一般方程 (56.7) 得到：

$$\frac{y'}{y} = \frac{z'}{z} = \pm\alpha.$$

最后，再次从不同的原点测量坐标 x 和 x'，即从轴上的某一任意点及这个点的像测量坐标 x 和 x'，我们最终得到成像方程的如下简单形式：

$$X' = \alpha^2 X, \quad Y' = \pm\alpha Y, \quad Z' = \pm\alpha Z. \tag{56.9}$$

因此，纵向放大率和横向放大率都是常数（然而像在几何上并不与物相似，因为两个放大率不相等）. 这种成像的情形称为**望远镜式**.

我们为透镜求出的从 (56.5) 到 (56.9) 的所有方程，对于反射镜同样可以应用，甚至于对非轴对称的光学系统也可以应用，只要用来成像的窄光线束是在光轴的附近行进就可以了. 同时，物和像的坐标 x 的度量必须总是从相应的点（主焦点及主点）顺着光线传播方向沿光轴进行. 这时，必须记住，在不具备轴对称性的光学系统中，光学系统前后的光轴方向不在同一直线上.

习 题

1. 利用两个光轴重合的轴对称光学系统成像，试求其焦距.

解：设 f_1 和 f_2 是这两个系统的焦距. 对于每一个系统，我们分别有

$$X_1 X_1' = -f_1^2, \quad X_2 X_2' = -f_2^2.$$

因为第一个系统所产生的像是第二个系统的物，那么，用 l 来代表第一个系统后主焦点与第二个系统前焦点的距离，我们就有 $X_2 = X_1' - l$；通过 X_1 来表示 X_2'，得到

$$X_2' = \frac{X_1 f_2^2}{f_1^2 + l X_1},$$

或

$$\left(X_1 + \frac{f_1^2}{l}\right)\left(X_2' - \frac{f_2^2}{l}\right) = -\left(\frac{f_1 f_2}{l}\right)^2,$$

由此可见, 组合系统的主焦点位于点 $X_1 = -f_1^2/l, X_2' = f_2^2/l$, 而焦距则是

$$f = -\frac{f_1 f_2}{l}$$

(为了选择这个式子的正负号, 我们必须写出相应的横向放大率的方程).

在 $l = 0$ 的情形, 焦距 $f = \infty$, 这就意味着由组合系统得到望远镜式的成像. 在这种情形下, 我们有 $X_2' = X_1(f_2/f_1)^2$, 就是说, 通式 (56.9) 中的参数 $\alpha = f_2/f_1$.

2. 求带电粒子 "磁透镜" 的焦距, 该磁透镜由长为 l 的一段纵向均匀磁场所产生 (图 8) [①].

解: 粒子在磁场中运动时它的动能是守恒的; 因而对于约化作用量 $S_0(\boldsymbol{r})$ (总作用量为 $S = -\mathscr{E}t + S_0$) 的哈密顿 – 雅可比方程是

$$\left(\nabla S_0 - \frac{e}{c}\boldsymbol{A}\right)^2 = p^2,$$

式中

$$p^2 = \frac{\mathscr{E}^2}{c^2} - m^2 c^2 = \text{const}.$$

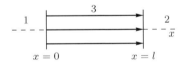

图 8

用均匀磁场矢势的公式 (19.4), 选择沿场的方向为 x 轴, 并将该轴看成轴对称光学系统的光轴, 我们得到形如下式的哈密顿 – 雅可比方程:

$$\left(\frac{\partial S_0}{\partial x}\right)^2 + \left(\frac{\partial S_0}{\partial r}\right)^2 + \frac{e^2}{4c^2}H^2 r^2 = p^2, \tag{1}$$

式中 r 是离 x 轴的距离, S_0 是 x 和 r 的函数.

因为窄束粒子靠近光轴行进, 坐标 r 很小, 所以我们可以尝试把 S_0 表为 r 的幂级数. 这个级数的头两项是

$$S_0 = px + \frac{1}{2}\sigma(x)r^2, \tag{2}$$

① 在忽略螺线管两端附近场的均匀性的扰动时, 螺线管内部就有这样的场.

式中 $\sigma(x)$ 满足方程

$$p\sigma'(x) + \sigma^2 + \frac{e^2}{4c^2}H^2 = 0. \tag{3}$$

在透镜前方的区域 1，我们得到：

$$\sigma^{(1)} = \frac{p}{x - x_1},$$

式中 $x_1 < 0$ 是常数. 这个解对应于自由粒子束，沿着直线从区域 1 内光轴上 $x = x_1$ 点出射. 实际上，对于从 $x = x_1$ 点出射的具有动量 p 的自由运动粒子，作用量函数是

$$S_0 = p\sqrt{r^2 + (x - x_1)^2} \approx p(x - x_1) + \frac{pr^2}{2(x - x_1)}.$$

类似地，在透镜后方区域 2 中，我们写出：

$$\sigma^{(2)} = \frac{p}{x - x_2},$$

式中常数 x_2 是点 x_1 的像的坐标.

在透镜里面的区域 3，可以用分离变量法得到方程 (3) 的解，我们有：

$$\sigma^{(3)} = \frac{eH}{2c}\cot\left(\frac{eH}{2cp}x + C\right),$$

式中 C 是一个任意常数.

常数 C 和 x_2（对于给定的 x_1）可以借助 $\sigma(x)$ 在 $x = 0$ 和 $x = l$ 的连续性要求定出：

$$-\frac{p}{x_1} = \frac{eH}{2c}\cot C, \quad \frac{p}{l - x_2} = \frac{eH}{2c}\cot\left(\frac{eH}{2cp}l + C\right).$$

从这些方程消去常数 C，我们得到

$$(x_1 - g)(x_2 + h) = -f^2,$$

式中[1]

$$g = -\frac{2cp}{eH}\cot\frac{eHl}{2cp}, \quad h = g + l,$$

$$f = \frac{2cp}{eH\sin\dfrac{eHl}{2cp}}.$$

---

[1] 所给的 f 值有正确的正负号，不过为证明这一点，需要作更多的研究.

§57　宽光线束成像

我们在上节所考虑的用窄光线束来成像的情形是近似的；光束愈窄，像愈准确（即像愈清晰）. 我们现在来讨论利用任意宽的光线束给物体成像的问题.

用窄光线束给物体成像对于任何具有轴对称性的光学系统都可能办到，与此情形不同，利用宽光线束来成像仅仅对于特别构造的光学系统才有可能. 在 §56 中已经指出过，即使加上了这个限制，成像也不是在空间所有的点都可能.

以后的推导都基于下面的重要说明. 设所有从某一点 O 出发的光线，穿过光学系统后，又在另外一点 O' 相交. 很容易看出，所有光线的光程长 ψ 都是一样的. 实际上，在 O 或 O' 每一点的近旁，相交的光线的波面是分别以 O 及 O' 为心的球面，且在趋近于 O 和 O' 的极限情形下，波面退化为这两个点. 但是波面是等相位面，因此，沿着不同的光线，在它们与两个已定波面的交点之间的相位变化是一样的. 从上面所说的可以推断，不同的光线在 O 和 O' 两点间的总的相位变化也是一样的.

首先让我们来考虑利用宽光线束使一小段直线生成像所必须满足的条件；这时，像也是一小段直线. 我们选择这两个线段的方向为 ξ 和 ξ' 轴的方向，其原点相应地在物点 O 和像点 O' 上. 设 ψ 为从 O 出发到达 O' 的光线的光程长度. 如果一条光线从与 O 点无限近的一点（其坐标为 $\mathrm{d}\xi$）出发，到达像所在的一点（其坐标为 $\mathrm{d}\xi'$），这条光线的光程长将是 $\psi + \mathrm{d}\psi$，其中

$$\mathrm{d}\psi = \frac{\partial \psi}{\partial \xi}\mathrm{d}\xi + \frac{\partial \psi}{\partial \xi'}\mathrm{d}\xi'.$$

我们引入"放大率"

$$\alpha\xi = \frac{\mathrm{d}\xi'}{\mathrm{d}\xi}$$

它是像元的长 $\mathrm{d}\xi'$ 与物元的长 $\mathrm{d}\xi$ 之比. 因为物的线段很短，放大率 α 沿着该线段可以当做是常数. 按照平常的写法，$\partial\psi/\partial\xi = -n_\xi$，$\partial\psi/\partial\xi' = n'_\xi$（$n_\xi$，$n'_\xi$ 是光线与相应的 ξ 轴和 ξ' 轴夹角的余弦），我们得到

$$\mathrm{d}\psi = (\alpha_\xi n'_\xi - n_\xi)\mathrm{d}\xi.$$

对于每一对物与像的相应点，光程长 $\psi + \mathrm{d}\psi$ 对于所有从点 $\mathrm{d}\xi$ 出发而到达点 $\mathrm{d}\xi'$ 的光线都是一样的. 从此我们得到一个条件：

$$\alpha_\xi n'_\xi - n_\xi = \mathrm{const}. \tag{57.1}$$

这就是我们所求的条件, 它是在利用宽光线束使一段直线成像时, 光线在光学系统内的路程所必须满足的条件. 所有从 O 点出发的光线都必须满足 (57.1) 式.

让我们应用条件 (57.1) 到利用轴对称光学系统成像的情形.

从与系统的光轴 (x 轴) 重合的线段成像开始, 显而易见, 像也与光轴重合. 由于光学系统的轴对称性, 一条沿光轴行进的光线 ($n_x = 1$) 通过光学系统后并不改变它的方向, 也就是说, $n'_x = 1$. 由此可以断定, (57.1) 式中的常数在这种情况下等于 $\alpha_x - 1$; 我们可以将 (57.1) 式改写为

$$\frac{1 - n_x}{1 - n'_x} = \alpha_x.$$

用 θ 和 θ' 代表光线在物与像的所在点与光轴的夹角, 则我们有

$$1 - n_x = 1 - \cos\theta = 2\sin^2\frac{\theta}{2}, \quad 1 - n'_x = 2\sin^2\frac{\theta'}{2}.$$

因此, 我们得到成像的条件如下:

$$\frac{\sin\dfrac{\theta}{2}}{\sin\dfrac{\theta'}{2}} = \text{const} = \sqrt{\alpha_x}. \tag{57.2}$$

接下来, 我们来研究垂直于轴对称系统光轴的一小块平面的成像; 该像显然也垂直于这个轴. 将 (57.1) 用于待成像平面内的任意线段. 再用 θ 和 θ' 代表光线与光轴的夹角, 我们得到:

$$\alpha_r \sin\theta' - \sin\theta = \text{const},$$

对于从物平面与光轴的交点出射而又沿着这个光轴行进的光线 ($\theta = 0$), 根据对称性, 我们必定有 $\theta' = 0$. 因此, $\text{const} = 0$, 于是我们得到成像条件为

$$\frac{\sin\theta}{\sin\theta'} = \text{const} = \alpha_r. \tag{57.3}$$

至于利用宽光线束来形成三维物体的像, 很容易看出, 即使对于一个无限小的体积, 这也是不可能的, 因为条件 (57.2) 和 (57.3) 不能兼容.

§58. 几何光学的极限

直接从单色平面波的定义可以知道, 这种波的振幅无论在任何位置和任何时刻都是一样的. 这样的波在空间的任何方向都无限延伸, 而且在从 $-\infty$ 到 $+\infty$ 的整个时间范围内都存在. 假如波的振幅在所有位置和所有时刻不保

持为常量, 那么, 这种波最多只能是近乎于单色的. 我们现在来讨论一个波的"非单色程度"的问题.

让我们来考虑一个振幅为时间函数的电磁波. 换句话说, 在波经过的空间每一点, 波的振幅随着时间变化. 设 ω_0 是波的某一平均频率. 这时, 波的场, 例如电场, 在一指定点有 $\boldsymbol{E}_0(t)\mathrm{e}^{-\mathrm{i}\omega_0 t}$ 的形式. 这个场本身当然不是单色的, 然而可以展开为单色波, 即可以展开为傅里叶积分. 这个展开式中, 分量的振幅与积分

$$\int_{-\infty}^{+\infty} \boldsymbol{E}_0(t)\mathrm{e}^{\mathrm{i}(\omega-\omega_0)t}\mathrm{d}t.$$

成正比, ω 是展开式的分量的频率. 因子 $\mathrm{e}^{\mathrm{i}(\omega-\omega_0)t}$ 是一个周期性函数, 其平均值为零. 如果 $\boldsymbol{E}_0$ 是常量, 那么, 对于所有 $\omega \neq \omega_0$ 的角频率, 积分就真正等于零了. 如果 $\boldsymbol{E}_0(t)$ 是变量, 但是在一个大小与 $1/|\omega-\omega_0|$ 同量级的时间间隔内变化很小, 那么, 这个积分就几乎等于零, $\boldsymbol{E}_0$ 的变化愈慢, 积分就愈近于零. 为了使积分与零有显著的不同, $\boldsymbol{E}_0(t)$ 在一个与 $1/|\omega-\omega_0|$ 同量级的时间间隔内必须有显著的变化.

我们用 Δt 表示这样一个时间间隔的量级, 在这个时间间隔内, 波的振幅在空间一给定点的变化是显著的. 从这些考虑, 现在可以推断, 那些在这个波的谱分解中有显著强度的、与 ω_0 相差最大的频率将由 $1/|\omega-\omega_0| \sim \Delta t$ 这个条件决定. 如果用 $\Delta\omega$ 表示平均频率 ω_0 附近的频率间隔, 而这个频率间隔是在波的谱分解之内, 那么, 我们将有关系式

$$\Delta\omega \cdot \Delta t \sim 1. \tag{58.1}$$

由此可见, Δt 愈大, 波愈近于单色 (亦即 $\Delta\omega$ 愈小), 也就是说, 波在空间给定点的振幅变化也就愈慢.

对于波矢也容易推导出与 (58.1) 相似的关系. 设 Δx, Δy, Δz 是沿着 x, y, z 各轴的距离的数量级, 在这些距离内, 波的振幅有显著的变化. 在给定时刻, 波的场作为坐标 x 的函数 (y 和 z 固定) 有如下形式

$$\boldsymbol{E}_0(\boldsymbol{r})\mathrm{e}^{\mathrm{i}\boldsymbol{k}_0\cdot\boldsymbol{r}},$$

此处的 $\boldsymbol{k}_0$ 是波矢的某个平均值. 与推导 (58.1) 式完全一样, 我们可以求得波的傅里叶积分展开式中所含的间隔值 $\Delta\boldsymbol{k}$. 这时, 我们得到

$$\Delta k_x \cdot \Delta x \sim 1, \quad \Delta k_y \cdot \Delta y \sim 1, \quad \Delta k_z \cdot \Delta z \sim 1. \tag{58.2}$$

让我们来研究在有限时间间隔内辐射出去的波这个特例. 用 Δt 代表这个时间间隔的数量级. 波在空间给定点的振幅在波完全通过该点的时段 Δt 内

有显著的变化. 根据 (58.1) 式, 我们现在可以说这样的波的"非单色性" $\Delta\omega$ 不能小于 $1/\Delta t$ (大一些当然是可以的):

$$\Delta\omega \gtrsim \frac{1}{\Delta t}. \tag{58.3}$$

同样, 如果 Δx, Δy, Δz 是波在空间延展的数量级, 那么, 对于在波的分解中的波矢分量值的分布, 我们得到

$$\Delta k_x \gtrsim \frac{1}{\Delta x}, \quad \Delta k_y \gtrsim \frac{1}{\Delta y}, \quad \Delta k_z \gtrsim \frac{1}{\Delta z}. \tag{58.4}$$

从这些公式可以断定, 如果光束有有限的宽度, 那么, 在这样的光束中, 光的传播方向不可能严格不变. 取光束中光的 (平均) 方向作为 x 轴, 我们得到

$$\theta_y \gtrsim \frac{1}{k\Delta y} \sim \frac{\lambda}{\Delta y}, \tag{58.5}$$

式中, θ_y 是光束在 xy 平面内对其平均方向偏差的数量级, λ 是波长.

另一方面, 公式 (58.5) 回答了光学成像清晰度的极限问题. 按照几何光学, 一束光束的所有光线都应相交在一点, 而在实际上, 所得的像并不是一个几何点, 而是形成一个斑点. 按照 (58.5) 式, 我们得到这个斑点的宽度 Δ

$$\Delta \sim \frac{1}{k\theta} \sim \frac{\lambda}{\theta}, \tag{58.6}$$

其中, θ 是光束的张角. 这些公式不但可以应用到像上, 而且也可以应用到物上. 就是说, 我们可以断定, 在观察从一个发光点出射的光束时, 不可能区别这个点与一个大小为 λ/θ 的物体. 相应地, 公式 (58.6) 决定显微镜的**分辨能力**的极限. Δ 的最小值是 λ (在 $\theta \sim 1$ 时达到), 这与如下事实完全符合, 即几何光学的极限是由光波的波长决定的.

习 题

求一个与光阑相距 l 的平行光束所产生的光束的最小宽度的数量级.

解: 设在光阑上的孔径为 d, 从 (58.5) 得到光束的偏转角 ("衍射角") 为 λ/d, 从而得到光束宽度的数量级为 $d + (\lambda/d)l$. 这个量的最小值 $\sim \sqrt{\lambda l}$.

§59 衍射

几何光学定律只有在波长可以看做无限小的理想情况下才是严格正确的. 这个条件满足得愈不好, 与几何光学的偏差就愈大. 由这种差异所导致的现象被称为**衍射现象**.

　　例如，在光①传播的路径上，放置一个障碍物——一个任意形状的不透明物体（我们称它为**屏**），或者，例如，光经过不透明屏的孔，这时，我们就能观察到衍射现象. 如果几何光学定律被严格地满足的话，那么，在屏后的影区与光照区域会有非常清楚的分界线. 由于衍射，光与影之间没有明晰的界限，而光强分布图形甚为复杂. 屏愈小，或屏上的光孔愈小，或波长愈大，这种衍射现象就愈强.

　　衍射理论的任务就是，在物体位置与形状一定（光源位置也一定）的情况下，求光的分布，亦即整个空间电磁场的分布. 这个问题的严格解只有通过求解波动方程才可能得到，求解时要利用到物体表面所满足的适当边界条件，而这些边界条件则与物质的光学性质有关. 这样的求解往往遇到很大的数学困难.

　　然而，在大多数情况下，对于光在光与影的界限附近的分布问题，利用近似方法求解就够了. 我们可以将这种方法用于与几何光学相差不大的情形，这种情形是：第一，所有物体的大小都比波长大很多（这个要求既适用于屏和孔的尺度，也适用于从物体到光的发射点和观察点的距离）；第二，光的方向与几何光学所给出的光线方向相差很小.

　　现在我们来考虑任意一个有孔的屏，光线从光源出发穿过这个孔. 图 9 表示屏的断面（粗线）；光行进的方向是从左向右. 用 u 代表 E 或 H 的任一分量. 这时，我们把 u 理解为仅仅是坐标的函数，即不包含与时间有关的因子 $e^{-i\omega t}$. 我们的问题是决定光的强度，也就是决定在屏后面的任何一个观察点 P 的场 u. 在与几何光学相差无几的情况下近似求解这个问题时，我们可以认为，在屏孔的点上，场与没有屏存在时一样. 换句话说，此处的场可以直接从几何光学推出. 屏背面的所有点上，场可以算做零. 这时，屏本身的特性（即屏物质的特性）显然不起作用. 同时也很明显，在我们所考虑的情形下，对于衍射，重要的仅是屏孔的边缘形状，至于不透明的屏的形状则无关紧要.

　　我们用任一曲面盖着屏的孔，而这个曲面以孔的边缘为界（这样的一个曲面的断面图用虚线表示在图 9 中）. 我们将这个曲面分割为面积为 df 的若干块，df 的尺度比孔小，但比光的波长大. 我们可以将这些小块（光要经过这些小块）中的每一块本身当做光波的源，光波从这个小块向各方向射出. 我们来考虑在 P 点的场，这一点的场是遮盖着屏孔表面的所有小块 df 在该点所产生的场的叠加的结果（这被称为**惠更斯原理**）.

　　小块 df 在 P 点所产生的场显然与在小块 df 本身上的场之值 u 成正比（提醒一下，我们已经假定了，在 df 本身上的场与没有屏存在时一样）. 此

————————————

　　① 以后我们所讨论的衍射，都是光的衍射；所有这些同样的讨论，当然也可以应用于任意的电磁波.

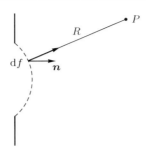

图 9

外, 在 P 点的场又与面积 $\mathrm{d}f$ 在与方向 $\boldsymbol{n}$ 垂直的平面上的投影 $\mathrm{d}f_n$ 成正比, 方向 $\boldsymbol{n}$ 是光从光源到 $\mathrm{d}f$ 的方向. 这是从以下的事实得来的, 即不管面元 $\mathrm{d}f$ 的形状如何, 只要投影面 $\mathrm{d}f_n$ 保持不变, 相同的光线将经过面元 $\mathrm{d}f$; 因此面元 $\mathrm{d}f$ 对 P 点的场的影响将是一样的.

由引可见, 小块 $\mathrm{d}f$ 在 P 点所产生的场与 $u\mathrm{d}f_n$ 成正比. 此外, 我们还必须考虑到波从 $\mathrm{d}f$ 传播到 P 点的过程中的相位与振幅的变化. 这种变化的规律是由公式 (54.3) 来决定的. 因此必须以 $(1/R)\mathrm{e}^{ikR}$ 乘 $u\mathrm{d}f_n$ (此处的 R 是从 $\mathrm{d}f$ 到 P 的距离, 而 k 则是光的波矢的绝对值), 于是我们得到所求的场等于

$$au\frac{\mathrm{e}^{ikR}}{R}\mathrm{d}f_n,$$

其中 a 仍是一个未知常数. P 点的场是所有面元 $\mathrm{d}f$ 在该点所产生的场的叠加的结果, 因此它等于

$$u_P = a \int \frac{u\mathrm{e}^{ikR}}{R}\mathrm{d}f_n, \tag{59.1}$$

此处的积分遍及以屏孔边缘为界的曲面. 在我们所考虑的近似中, 这个积分当然不能与这个曲面的形状有关. 公式 (59.1) 显然不仅可以应用到屏上有孔的衍射, 而且也可以应用到光在其周围可以自由传播的屏的衍射. 在这种情形下, (59.1) 式内的积分面应该伸延到屏的各个边线.

为了决定常数 a, 我们考虑一个沿 x 轴传播的平面波; 波面与 yz 平面平行. 设 u 为场在 yz 平面内的值. 那么, P 点 (我们选择这一点在 x 轴上) 的场等于 $u_P = u\mathrm{e}^{ikx}$. 另一方面, P 点的场也可以由公式 (59.1) 来决定, 选取 (例如) yz 平面为积分面. 同时, 因为衍射角很小, 在 yz 平面内的点中, 只有那些靠近原点的点在积分中才重要, 即重要的是 $y, z \ll x$ 的点 (x 是 P 点的坐标). 因此,

$$R = \sqrt{x^2 + y^2 + z^2} \approx x + \frac{y^2 + z^2}{2x}$$

而 (59.1) 则化为

$$u_P = au\frac{\mathrm{e}^{ikx}}{x}\int_{-\infty}^{+\infty}\exp\left(ik\frac{y^2}{2x}\right)\mathrm{d}y\cdot\int_{-\infty}^{+\infty}\exp\left(ik\frac{z^2}{2x}\right)\mathrm{d}z,$$

式中, u 是常数 (在 yz 平面内的场); 在因子 $1/R$ 中, 我们可以使 $R \approx x = $ const. 若将 $y = \xi\sqrt{2x/k}$ 代入, 则每个积分都变为

$$\int_{-\infty}^{+\infty}\mathrm{e}^{i\xi^2}\mathrm{d}\xi = \int_{-\infty}^{+\infty}\cos\xi^2\mathrm{d}\xi + i\int_{-\infty}^{+\infty}\sin\xi^2\mathrm{d}\xi = \sqrt{\frac{\pi}{2}}(1+i),$$

从而我们得到 $u_P = au\mathrm{e}^{ikx}\cdot 2i\pi/k$. 另一方面, $u_P = u\mathrm{e}^{ikx}$, 因此 $a = k/(2\pi i)$. 将它代入 (59.1) 式, 我们最后得到所提出问题的解如下:

$$u_P = \int\frac{ku}{2\pi iR}\mathrm{e}^{ikR}\mathrm{d}f_n. \tag{59.2}$$

在推导 (59.2) 式时, 假设了光源实质上是一个点, 并且假设了光是严格单色的。然而, 对于发射非单色光的实际延展光源的情形, 并不需要做特殊的处理。由于光源不同点发射的光完全独立 (非相干), 以及发射光不同谱成分的非相干性, 总的衍射图案就是从光的各独立成分衍射得到的强度分布之和.

现在让我们应用公式 (59.2) 来求一条光线在经过它与焦散面相切之点时的相位变化问题 (见 §54 末尾). 我们选择任意的一个波面作为在 (59.2) 式中的积分面, 再求 P 点的场 u_P, 此处的 P 点是在某一条光线上, 它与光线同我们所选定的波面的交点的距离为 x (我们选定这一点作为坐标原点 O, 而以在 O 点与波面相切的平面作为 yz 平面). 在求 (59.2) 的积分时, 仅仅波面在 O 点附近的一个小面积是重要的. 如果选择 xy 和 xz 平面与波面在 O 点的主曲率平面相重合, 那么, 在这一点的附近, 波面的方程是

$$X = \frac{y^2}{2R_1} + \frac{z^2}{2R_2},$$

式中, R_1 和 R_2 是曲率半径. 从在波面上以 X, y, z 为坐标的一点到以 $x, 0, 0$ 为坐标的 P 点的距离 R 则是

$$R = \sqrt{(x-X)^2+y^2+z^2} \approx x + \frac{y^2}{2}\left(\frac{1}{x}-\frac{1}{R_1}\right) + \frac{z^2}{2}\left(\frac{1}{x}-\frac{1}{R_2}\right).$$

在波面上, 场 u 可以当做常数; 因子 $1/R$ 亦可当做常数. 既然我们只对波的相位变化有兴趣, 所以我们略去系数, 并简单地写

$$u_P \sim \frac{1}{i}\int\mathrm{e}^{ikR}\mathrm{d}f_n \approx$$
$$\approx \frac{\mathrm{e}^{ikx}}{i}\int_{-\infty}^{+\infty}\exp\left[ik\frac{y^2}{2}\left(\frac{1}{x}-\frac{1}{R_1}\right)\right]\mathrm{d}y\cdot\int_{-\infty}^{+\infty}\exp\left[ik\frac{z^2}{2}\left(\frac{1}{x}-\frac{1}{R_2}\right)\right]\mathrm{d}z.$$
$$\tag{59.3}$$

波面的曲率中心是在我们所考虑的光线上的 $x = R_1$ 和 $x = R_2$ 两点；这两点就是光线与焦散面相切的切点. 设 $R_2 < R_1$. 当 $x < R_2$ 时, 两个积分号内的指数式中的 i 的系数都是正数, 这两个积分的每一个都正比于 $(1+i)$. 因此, 在未与焦散面第一次相切的这部分光线上, 我们有 $u_P \sim \mathrm{e}^{\mathrm{i}kx}$. 当 $R_2 < x < R_1$ 时, 在两个切点之间的这部分光线上, 沿着 y 的积分正比于 $(1+i)$, 但沿着 z 的积分则正比于 $1 - \mathrm{i}$, 因此两者之积就不包含 i. 于是在这里我们有 $u_P \sim -\mathrm{i}\mathrm{e}^{\mathrm{i}kx} = \mathrm{e}^{\mathrm{i}(kx-\pi/2)}$, 就是说, 当光线经过第一个焦散面附近时, 光线的相位发生了 $-\pi/2$ 的额外变化. 最后, 当 $x > R_1$ 时, 我们有 $u_P \sim -\mathrm{e}^{\mathrm{i}kx} = \mathrm{e}^{\mathrm{i}(kx-\pi)}$, 就是说当光线经过第二个焦散面附近时, 相位又发生了一次 $-\pi/2$ 的变化.

习 题

求光线与焦散面相切的切点附近的光强度分布.

解: 为了解决这个问题, 我们利用公式 (59.2), 其中的积分面可以用任意的一个波面, 但这个波面离开光线同焦散面的切点要足够地远. 在图 10 中, ab 是这个波面的一段, 而 $a'b'$ 是焦散面的一段; $a'b'$ 是曲线 ab 的渐屈线. 我们所要研究的是光线 QO 与焦散面的切点 O 附近的光强度分布; 假设光线 QO 段的长度 D 足够大. 我们用 x 代表从 O 点沿着焦散面的法线的距离, 并认为在法线上的点的 x 值向着曲率中心的方向为正.

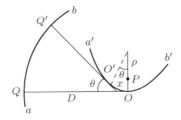

图 10

(59.2) 式中的被积函数是距离 R 的函数, R 是从波面上任意一点 Q' 到 P 点的距离. 按照熟知的渐屈线的性质, 弧 OO' 的长与线段 $Q'O'$ 的长之和 ($Q'O'$ 切于 O' 点) 等于线段 QO 之长 (QO 切于 O 点). 对于互相邻近的点 O 与 O', 我们有 $OO' = \theta\rho$ (ρ 是焦散面在 O 点的曲率半径). 因此 $Q'O' = D - \theta\rho$. 距离 $Q'O$ (沿直线) 近似地等于 (假设 θ 角很小):

$$Q'O \approx Q'O' + \rho\sin\theta = D - \theta\rho + \rho\sin\theta \approx D - \frac{\rho\theta^3}{6}.$$

最后, 距离 $R = Q'P$ 是 $R \approx Q'O - x\sin\theta \approx Q'O - x\theta$, 即

$$R \approx D - x\theta - \frac{1}{6}\rho\theta^3.$$

将上式代入 (59.2)，我们得到

$$u_P \sim \int_{-\infty}^{+\infty} \exp\left(-\mathrm{i}kx\theta - \frac{\mathrm{i}k\rho}{6}\theta^3\right)\mathrm{d}\theta = 2\int_0^{\infty} \cos\left(kx\theta + \frac{k\rho}{6}\theta^3\right)\mathrm{d}\theta$$

（被积函数内的 $1/D$ 的变化是很慢的，因而比起指数因子来就不重要了，所以我们假设它是常数）. 引入新积分变量 $\xi = (k\rho/2)^{1/3}\theta$，我们得到

$$u_P \sim \Phi\left(x\sqrt[3]{\frac{2k^2}{\rho}}\right),$$

式中，$\Phi(t)$ 即所谓艾里函数[①].

对于强度 $I \sim |u_P|^2$，我们可写出

$$I = 2A\left(\frac{2k^2}{\rho}\right)^{1/6}\Phi^2\left(x\sqrt[3]{\frac{2k^2}{\rho}}\right)$$

（关于常数因子的选择，见下）.

当 x 是大的正值时，我们由此得到渐近公式

$$I \approx \frac{A}{2\sqrt{x}}\exp\left(-\frac{4x^{3/2}}{3}\sqrt{\frac{2k^2}{\rho}}\right),$$

---

① 艾里函数 $\Phi(t)$ 的定义是

$$\Phi(t) = \frac{1}{\sqrt{\pi}}\int_0^{\infty}\cos\left(\frac{\xi^3}{3} + \xi t\right)\mathrm{d}\xi \tag{1}$$

（见本教程第三卷 §b）. 当函数的自变量是大的正值时，$\Phi(t)$ 的渐近式是

$$\Phi(t) \approx \frac{1}{2t^{1/4}}\exp\left(-\frac{2}{3}t^{3/2}\right). \tag{2}$$

就是说 $\Phi(t)$ 按照指数式趋近于零. 当 t 是大的负值时，$\Phi(t)$ 按规律

$$\Phi(t) \approx \frac{1}{(-t)^{1/4}}\sin\left[\frac{2}{3}(-t)^{3/2} + \frac{\pi}{4}\right]. \tag{3}$$

作减幅振荡.

艾里函数与 1/3 阶麦克唐纳函数（变型汉克尔函数）的关系为：

$$\Phi(t) = \sqrt{\frac{t}{3\pi}}K_{1/3}\left(\frac{2}{3}t^{3/2}\right). \tag{4}$$

公式 (2) 对应于 $K_\nu(t)$ 的渐进展开：

$$K_\nu(t) \approx \sqrt{\frac{\pi}{2t}}\mathrm{e}^{-t}.$$

就是说强度按指数规律下降（影区）. 当 x 是大的负值时, 我们有

$$I \approx \frac{2A}{\sqrt{-x}} \sin^2 \left[\frac{2(-x)^{3/2}}{3} \sqrt{\frac{2k^2}{\rho}} + \frac{\pi}{4} \right],$$

就是说强度快速地振荡; 强度在振荡时的平均值是

$$\overline{I} = \frac{A}{\sqrt{-x}}.$$

由此显见常数 A 的意义——它是忽略衍射效应时从几何光学得到的远离焦散面的强度.

函数 $\Phi(t)$ 在 $t = -1.02$ 达到其最大值 0.949, 因而在 $x(2k^2/\rho)^{1/3} = -1.02$ 达到最大强度

$$I = 2.03 A k^{1/3} \rho^{-1/6}.$$

在光线与焦散面相切那一点 $(x = 0)$, 我们有

$$I = 0.89 A k^{1/3} \rho^{-1/6}$$

（因为 $\Phi(0) = 0.629$）. 所以在焦散面附近, 光强度正比于 $k^{1/3}$, 即正比于 $\lambda^{-1/3}$（λ 是波长）. 当 $\lambda \to 0$ 时, 光强度趋向无穷大, 正如它所应该的那样（见 §54）.

§60 菲涅耳衍射

如果光源和我们求光强度的那一点 P 都位于与屏的距离为有限之处, 那么, 在求 P 点光的强度时, 我们在 (59.2) 中取积分的波面上, 只有一个小区域内的点才是重要的, 这个区域是在光源和 P 点的连线附近. 实际上, 既然同几何光学的偏差不大, 从波面的各点到达 P 点的光的强度, 当我们从这条线移开时, 就减小得很快. 这种只有波面的一小部分起作用的衍射现象称为**菲涅耳衍射**现象.

现在我们来考虑任意一个屏的菲涅耳衍射. 上面我们已经说过, 对于给定点 P, 只有在屏的边缘的一个小区域对于这种衍射是重要的. 但是, 对于足够小的区域, 屏的边缘总可以当做一条直线. 从现在起, 凡说到屏的边缘意思就是指这样一小段直线.

我们选择经过光源 Q 和屏的边缘线的平面作为 xy 平面（图 11）. 我们选择 xz 平面同 xy 平面垂直并且经过 Q 点和观察点 P, P 点就是我们求光强度的那点. 最后我们选择坐标原点 O 在屏的边缘上, 这样一来, 所有三个轴的位置就完全确定了.

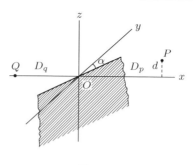

图 11

设从光源 Q 到原点的距离为 D_q. 我们用 D_p 代表观察点 P 的 x 坐标,而用 d 代表 P 点的 z 坐标,即从 P 点到 xy 平面的距离. 按照几何光学,光只能穿过 xy 平面上方的点;至于在 xy 平面下方的区域,按照几何光学应当处于阴影中(几何影区).

现在我们来确定几何影区边缘附近屏上的光强度分布,即是在 d 的值比 D_p 和 D_q 都小之处的光强度分布. 负的 d 值表示 P 点位于几何影区中.

我们选择经过屏边缘线且垂直于 xy 平面的半平面为 (59.2) 中的积分面. 在这个面上的点的 x 和 y 坐标有 $x = y\tan\alpha$ 的关系(α 是屏边缘线与 y 轴的夹角),而 z 坐标是正的. 光源 Q 在相距为 R_q(从 Q 所在点算起)的地方所产生的波的场正比于因子 $\exp(\mathrm{i}kR_q)$. 因此在积分面上的场 u 正比于

$$u \sim \exp\left[\mathrm{i}k\sqrt{y^2 + z^2 + (D_q + y\tan\alpha)^2}\,\right].$$

在积分式 (59.2) 中,现在 R 必须代以

$$R = \sqrt{y^2 + (z - d)^2 + (D_p - y\tan\alpha)^2}.$$

被积函数中的缓变因子比起指数因子来是不重要的. 因此,我们可以将 $1/R$ 当做常数,而以 $\mathrm{d}y\mathrm{d}z$ 代替 $\mathrm{d}f_n$. 于是我们求得在 P 点的场为

$$u_P \sim \int_{-\infty}^{+\infty} \int_0^{\infty} \exp\left[\mathrm{i}k\sqrt{(D_q + y\tan\alpha)^2 + y^2 + z^2} + \right.$$
$$\left. + \sqrt{(D_p - y\tan\alpha)^2 + y^2 + (z - d)^2}\,\right] \mathrm{d}y\mathrm{d}z. \tag{60.1}$$

我们已经说过,落到 P 点的光线主要是来自积分平面上 O 点附近的点. 因此在积分 (60.1) 中,只有那些比 D_q 和 D_p 都小的 y 和 z 的值才是重要的.

根据这个理由，可以写出

$$\sqrt{(D_q + y\tan\alpha)^2 + y^2 + z^2} \approx D_q + \frac{y^2 + z^2}{2D_q} + y\tan\alpha,$$

$$\sqrt{(D_p - y\tan\alpha)^2 + y^2 + (z-d)^2} \approx D_p + \frac{y^2 + (z-d)^2}{2D_p} - y\tan\alpha.$$

我们将上式代入 (60.1). 因为我们只注意作为距离 d 的函数的场，所以常数因子 $\exp[\mathrm{i}k(D_p + D_q)]$ 可以略去；对 $\mathrm{d}y$ 的积分所得的式子也不包含 d，因而也可以略去，于是我们有

$$u_P \sim \int_0^\infty \exp\left[\mathrm{i}k\left(\frac{1}{2D_q}z^2 + \frac{1}{2D_p}(z-d)^2\right)\right]\mathrm{d}z.$$

这个式子也可以写成

$$u_P \sim \exp\left\{\mathrm{i}k\frac{d^2}{2(D_p + D_q)}\right\}\int_0^\infty \exp\left\{\mathrm{i}k\frac{\frac{1}{2}\left[\left(\frac{1}{D_p} + \frac{1}{D_q}\right)z - \frac{d}{D_p}\right]^2}{\frac{1}{D_p} + \frac{1}{D_q}}\right\}\mathrm{d}z. \quad (60.2)$$

光的强度由场的平方所决定，就是说，由 u_P 的模的平方 $|u_P|^2$ 决定. 因此，当计算强度时，积分号前面的因子不存在了，因为用它的复共轭式来乘，其结果为 1. 在积分内，我们作以下的替换：

$$\frac{k}{2}\frac{\left[\left(\frac{1}{D_p} + \frac{1}{D_q}\right)y - \frac{d}{D_p}\right]^2}{\frac{1}{D_p} + \frac{1}{D_q}} = \eta^2$$

那么，我们得到

$$u_P \sim \int_{-w}^\infty \mathrm{e}^{\mathrm{i}\eta^2}\mathrm{d}\eta, \quad (60.3)$$

其中

$$w = d\sqrt{\frac{kD_q}{2D_p(D_q + D_p)}}. \quad (60.4)$$

因此，P 点的强度 I 是

$$I = \frac{I_0}{2}\left|\sqrt{\frac{2}{\pi}}\int_{-w}^\infty \mathrm{e}^{\mathrm{i}\eta^2}\mathrm{d}\eta\right|^2 = \frac{I_0}{2}\left[\left(C(w^2) + \frac{1}{2}\right)^2 + \left(S(w^2) + \frac{1}{2}\right)^2\right], \quad (60.5)$$

其中

$$C(z) = \sqrt{\frac{2}{\pi}}\int_0^{\sqrt{z}}\cos\eta^2\mathrm{d}\eta, \quad S(z) = \sqrt{\frac{2}{\pi}}\int_0^{\sqrt{z}}\sin\eta^2\mathrm{d}\eta$$

称为**菲涅耳积分**. 公式 (60.5) 解决了所提出的问题, 即确定作为 d 的函数的光强度. 我们可以看出, I_0 是在照明区内同影子边缘不太接近的点上之强度; 更正确一些说, 是 $w \gg 1$ 的地方的光强 (在 $w \to \infty$ 时 $C(\infty) = S(\infty) = 1/2$).

几何影区与负 w 相应. 在 w 为负值且绝对值很大的情况下, 容易求出 $I(w)$ 的渐近式. 为此, 我们按下面方式进行. 作分部积分, 我们有

$$\int_{|w|}^{\infty} \mathrm{e}^{\mathrm{i}\eta^2} \mathrm{d}\eta = -\frac{1}{2\mathrm{i}|w|} \mathrm{e}^{\mathrm{i}w^2} + \frac{1}{2\mathrm{i}} \int_{|w|}^{\infty} \mathrm{e}^{\mathrm{i}\eta^2} \frac{\mathrm{d}\eta}{\eta^2}.$$

在方程式的右边再作一次分部积分, 并重复这种过程, 我们得到 $1/|w|$ 的幂级数:

$$\int_{|w|}^{\infty} \mathrm{e}^{\mathrm{i}\eta^2} \mathrm{d}\eta = \mathrm{e}^{\mathrm{i}w^2} \left(-\frac{1}{2\mathrm{i}|w|} + \frac{1}{4|w|^3} - \cdots \right). \tag{60.6}$$

虽然这样的一个无穷极数不收敛, 但是因为当 $|w|$ 很大时, 以后的项衰减得很快, 因而当 $|w|$ 足够大时第一项已经很好地代表左边函数了 (这种级数称为**渐近的**). 因此, 对于强度 $I(w)$, (60.5), 我们得到适用于 w 为绝对值很大的负值的情形的渐近公式如下:

$$I = \frac{I_0}{4\pi w^2}. \tag{60.7}$$

我们看出, 在几何影区内, 距影边缘很远的地方, 强度与到影边缘的距离的平方成反比地趋近于零.

我们现在来考虑 w 的正值, 即考虑 xy 平面上方的区域. 我们写出

$$\int_{-w}^{\infty} \mathrm{e}^{\mathrm{i}\eta^2} \mathrm{d}\eta = \int_{-\infty}^{+\infty} \mathrm{e}^{\mathrm{i}\eta^2} \mathrm{d}\eta - \int_{-\infty}^{-w} \mathrm{e}^{\mathrm{i}\eta^2} \mathrm{d}\eta = (1+\mathrm{i})\sqrt{\frac{\pi}{2}} - \int_{w}^{\infty} \mathrm{e}^{\mathrm{i}\eta^2} \mathrm{d}\eta.$$

对于足够大的 w, 可以用方程式右边的积分的渐近式, 于是我们有

$$\int_{-w}^{\infty} \mathrm{e}^{\mathrm{i}\eta^2} \mathrm{d}\eta \approx (1+\mathrm{i})\sqrt{\frac{\pi}{2}} + \frac{1}{2\mathrm{i}w} \mathrm{e}^{\mathrm{i}w^2} \tag{60.8}$$

将上式代入 (60.5), 则我们得到

$$I = I_0 \left[1 + \sqrt{\frac{1}{\pi}} \frac{\sin(w^2 - \pi/4)}{w} \right]. \tag{60.9}$$

因此, 在照明区域内距影边缘甚远处, 强度有无穷多的极大值和极小值, 因而比值 I/I_0 在 1 的两边振荡不已. 随着 w 增大, 振荡的振幅随着与影边缘的距离成反比地减小, 极大值与极小值的位置逐渐地彼此接近.

对于小的 w, 定性来说, $I(w)$ 也有同样的特性. 图 12 就表出了这种特性. 在几何影区内, 当我们从影的边界移开时, 强度单调地减小 (在影区边界本身上, $I/I_0 = 1/4$). 对于正的 w, 强度将有交替的极大值和极小值. 在第一个 (最大的) 极大值, $I/I_0 = 1.37$.

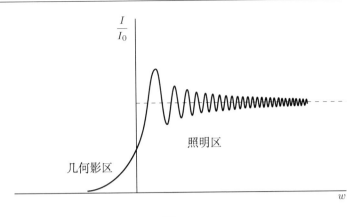

图 12

§61 夫琅禾费衍射

物理应用中特别感兴趣的衍射现象，是那些在平面平行光束入射到屏上时所发生的现象．由于衍射的结果，光束不再平行，有光线沿着与初始方向不同的方向传播．我们来考虑决定在屏后远距离处衍射光强随方向分布的问题（此处所阐述的问题即为 **夫琅禾费衍射**）．这里我们再次限于同几何光学偏离很小的情形，即假设光线同初始方向的偏离角（衍射角）很小．

这个问题的解决可以从通式（59.2）出发，然后过渡到光源和观察点都离屏无穷远的极限情况．我们正在考虑的情况的特征是，在决定衍射光强度的积分中，取积分的整个波面都是重要的（与此对照，在菲涅尔衍射的情况下，只有屏边缘附近的波面才重要）[①]．

然而，较简单的办法是重新处理这个问题，而不借助通式（59.2）．

我们用 u_0 表示假如几何光学严格成立的话屏后可能存在的场．这个场是平面波，但其截面上有某个区域（相应于不透明屏的"阴影"）场为零．用 S 表示该平面截面上场 u_0 不等于零的部分；因为每个这样的平面是平面波的波面，所以在整个 S 面上 $u_0 = \text{const}$．

然而，实际上，截面积有限的波不可能是严格的平面波（见 §58）．在它的空间傅里叶展开中，会出现具有不同方向波矢的分量，这正是衍射的起源．

[①] 回到公式（60.2）并将其应用到（例如）宽度为 a 的狭缝（而不是孤立屏的边缘），我们容易得到菲涅尔衍射和夫琅禾费衍射的判据．（60.2）中对 dz 的积分则应当从 0 到 a 进行．菲涅尔衍射对应的情况是，被积函数指数中含 z^2 的项是重要的，且积分上限换为 ∞．对于这种情况，我们有

$$ka^2 \left(\frac{1}{D_p} + \frac{1}{D_q} \right) \gg 1.$$

另一方面，如果把这个不等式反过来，含 z^2 的项可以略去，这种情况就对应于夫琅禾费衍射．

将场 u_0 对波横截面平面内的坐标 y, z 展开为二维傅里叶积分. 对于傅里叶分量, 我们有:

$$u_{\boldsymbol{q}} = \iint u_0 \mathrm{e}^{-\mathrm{i}\boldsymbol{q}\cdot\boldsymbol{r}} \mathrm{d}y \mathrm{d}z, \tag{61.1}$$

式中矢量 $\boldsymbol{q}$ 是 yz 平面内的常矢量; 积分实际上只沿 yz 平面内 u_0 不等于零的 S 部分进行. 如果 $\boldsymbol{k}$ 是入射波的波矢, 场分量 $u_{\boldsymbol{q}}\mathrm{e}^{\mathrm{i}\boldsymbol{q}\cdot\boldsymbol{r}}$ 就给出波矢 $\boldsymbol{k}' = \boldsymbol{k} + \boldsymbol{q}$. 因此矢量 $\boldsymbol{q} = \boldsymbol{k}' - \boldsymbol{k}$ 决定了衍射中波矢的变化. 因为绝对值 $k = k' = \omega/c$, 故 xy 和 xz 平面内的小衍射角 θ_y, θ_z 与矢量 $\boldsymbol{q}$ 分量有如下关系:

$$q_y = \frac{\omega}{c}\theta_y, \quad q_z = \frac{\omega}{c}\theta_z. \tag{61.2}$$

因为同几何光学偏离很小, 可以假设场 u_0 展开式中的分量与实际衍射光场的分量恒等, 所以公式 (61.1) 完全解决了我们的问题.

衍射光的强度分布由作为矢量 $\boldsymbol{q}$ 的函数的平方 $|u_{\boldsymbol{q}}|^2$ 给出. 与入射光强度的关系由如下公式决定

$$\iint u_0^2 \mathrm{d}y\mathrm{d}z = \iint |u_{\boldsymbol{q}}|^2 \frac{\mathrm{d}q_y \mathrm{d}q_z}{(2\pi)^2} \tag{61.3}$$

(比较 (49.8)). 由此可见, 衍射到立体角 $\mathrm{d}o = \mathrm{d}\theta_y \mathrm{d}\theta_z$ 内的相对强度由下式给出

$$\frac{|u_{\boldsymbol{q}}|^2}{u_0^2} \frac{\mathrm{d}q_y \mathrm{d}q_z}{(2\pi)^2} = \left(\frac{\omega}{2\pi c}\right)^2 \left|\frac{u_{\boldsymbol{q}}}{u_0}\right|^2 \mathrm{d}o. \tag{61.4}$$

现在我们来考虑两个 "互补屏" 的夫琅禾费衍射. 第一个屏上有一些孔, 第二个屏在第一个屏的孔处是不透明的, 反之则反. 我们用 $u^{(1)}$ 和 $u^{(2)}$ 来代表这些屏所衍射的光的场 (两种情况的入射光相同). 因为 $u_{\boldsymbol{q}}^{(1)}$ 和 $u_{\boldsymbol{q}}^{(2)}$ 是用在这些屏孔径面上的积分 (61.1) 来表示的, 而两个互补屏上的孔径结合起来就构成整个平面, 所以和 $u_{\boldsymbol{q}}^{(1)} + u_{\boldsymbol{q}}^{(2)}$ 是屏不存在时场的傅里叶分量, 也就是说, 它就是入射光. 但入射光是具有确定传播方向的严格平面波, 所以对于 $\boldsymbol{q}$ 的所有非零值, $u_{\boldsymbol{q}}^{(1)} + u_{\boldsymbol{q}}^{(2)} = 0$. 因此我们有 $u_{\boldsymbol{q}}^{(1)} = -u_{\boldsymbol{q}}^{(2)}$, 或者对于相应的光强度有

$$|u_{\boldsymbol{q}}^{(1)}|^2 = |u_{\boldsymbol{q}}^{(2)}|^2, \quad \text{对于 } \boldsymbol{q} \neq 0. \tag{61.5}$$

这意味着互补的两个屏产生同样的衍射光强度分布 (即所谓 **巴比涅原理**).

这里请注意巴比涅原理的一个有趣的推论. 我们来考虑任何一个黑体, 即一个吸收所有落于其上光线的物体. 按照几何光学, 当这个物体被照射时, 在它后面产生一个几何阴影区, 其横截面积就等于物体在垂直于入射光线方向的面积. 然而, 由于衍射的存在, 从物体近旁经过的光有一部分偏离了初

始方向. 结果, 在物体后面的远处就不存在完全的阴影了, 除了在原方向传播的光以外, 还有一部分光在与原方向成一个小角的一些方向行进. 求出这种散射光的强度是容易的. 为此, 我们指出, 按照巴比涅原理, 由所研究物体的衍射而偏折的光量, 等于由屏孔的衍射而偏折的光量, 这个孔是从一个不透明的屏切割出来的, 孔的形状和面积同物体的横截面一样. 但是在孔的夫琅禾费衍射中, 所有经过孔的光都偏折了. 由此可以断定, 被黑体散射的总光量等于落于其表面并被它吸收了的光量.

习 题

1. 计算垂直入射在无限长狭缝 (宽度为 $2a$) 上的平面波的夫琅禾费衍射, 狭缝的平行边在不透明的屏上切出.

解: 我们选择狭缝的平面为 yz 平面, z 轴沿着狭缝 (图 13 表示该屏的截面). 对于垂直入射光, 狭缝的平面是波面之一. 我们选择它作为 (61.1) 中积分的面. 因为狭缝是无限长的, 光只在 xy 平面内偏折 (积分 (61.1) 对于 $q_z \neq 0$ 等于零).

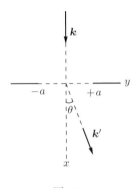

图 13

因而场只应当在 y 坐标中展开:

$$u_q = u_0 \int_{-a}^{a} \mathrm{e}^{-\mathrm{i}qy} \mathrm{d}y = \frac{2u_0}{q} \sin qa.$$

在角范围 $\mathrm{d}\theta$ 内衍射光的强度是

$$\mathrm{d}I = \frac{I_0}{2a} \left| \frac{u_q}{u_0} \right|^2 \frac{\mathrm{d}q}{2\pi} = \frac{I_0}{\pi a k} \frac{\sin^2 ka\theta}{\theta^2} \mathrm{d}\theta,$$

式中, $k = \omega/c$, I_0 是入射到狭缝上的光的总强度.

$\mathrm{d}I/\mathrm{d}\theta$ 作为衍射角的函数具有图 14 所显示的形状. 随着 θ 从 $\theta = 0$ 朝两边增加, 强度历经一系列高度迅速减小的极大值. 相邻的极大值被处于 $\theta = n\pi/ka$ 点的极小值隔开 (式中 n 是整数); 在极小值处, 强度下降到零.

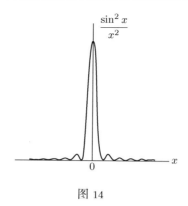

图 14

2. 计算衍射光栅的夫琅禾费衍射. 衍射光栅是一个平面屏上面刻了一系列完全一样的平行狭缝, 狭缝的宽度为 $2a$, 相邻狭缝之间不透明屏的宽度为 $2b$, 狭缝的总数为 N.

解: 我们选定光栅的平面作为 yz 平面, z 轴与狭缝平行. 衍射只发生在 xy 平面内, 将 (61.1) 积分得到:

$$u_q = u'_q \sum_{n=0}^{N-1} \mathrm{e}^{-2\mathrm{i}nqd} = u'_q \frac{1 - \mathrm{e}^{-2\mathrm{i}Nqd}}{1 - \mathrm{e}^{-2\mathrm{i}qd}},$$

式中, $d = a+b$, 而 u'_q 则是沿一条狭缝积分的结果. 利用习题 1 的结果, 我们得到:

$$\mathrm{d}I = \frac{I_0 a}{N\pi} \left(\frac{\sin Nqd}{\sin qd} \right)^2 \left(\frac{\sin qa}{qa} \right)^2 \mathrm{d}q = \frac{I_0}{N\pi ak} \left(\frac{\sin Nk\theta d}{\sin k\theta d} \right)^2 \frac{\sin^2 ka\theta}{\theta^2} \mathrm{d}\theta$$

(I_0 是经过所有狭缝的总光强度).

在有很多狭缝的情形下, 就是当 $N \to \infty$ 时, 这个公式可以写成另一形式. 对于 $q = \pi n/d$ 的值 (n 是整数), $\mathrm{d}I/\mathrm{d}q$ 有一极大值; 在这些极大值的近旁 (即 $qd = n\pi + \varepsilon$, ε 很小):

$$\mathrm{d}I = I_0 a \left(\frac{\sin qa}{qa} \right)^2 \frac{\sin^2 N\varepsilon}{\pi N\varepsilon^2} \mathrm{d}q.$$

但是当 $N \to \infty$ 时, 下面的公式成立①:

$$\lim_{N\to\infty} \frac{\sin^2 Nx}{\pi N x^2} = \delta(x).$$

---

① 对于 $x \neq 0$, 方程左边的函数为零, 而按照傅里叶级数理论中熟知的公式

$$\lim_{N\to\infty} \left(\frac{1}{\pi} \int_{-a}^{a} f(x) \frac{\sin^2 Nx}{Nx^2} \mathrm{d}x \right) = f(0).$$

由此可见, 函数的特性实际上与 δ 函数的特性相合 (见 §28 的脚注).

因而在每个极大值近旁，我们得到：

$$\mathrm{d}I = I_0 \frac{a}{d} \left(\frac{\sin qa}{qa} \right)^2 \delta(\varepsilon)\mathrm{d}\varepsilon,$$

就是说，在极大值宽度无限窄的极限下，第 n 个极大值的总光强是

$$I^{(n)} = I_0 \frac{d}{\pi^2 a} \frac{\sin^2(n\pi a/d)}{n^2}.$$

3. 光垂直射入半径为 a 的圆孔径的平面，求衍射光强度随方向的分布.

解：我们引入柱坐标 z, r, φ，z 轴经过圆孔径的中心并垂直于圆孔径的平面. 显然衍射是绕 z 轴对称的，所以矢量 $\boldsymbol{q}$ 只有径向分量 $q_r = q = k\theta$. 从方向 $\boldsymbol{q}$ 测量角 φ，在 (61.1) 中沿孔径平面进行积分，我们得到：

$$u_q = u_0 \int_0^a \int_0^{2\pi} \mathrm{e}^{-\mathrm{i}qr\cos\varphi}r\mathrm{d}\varphi\mathrm{d}r = 2\pi u_0 \int_0^a \mathrm{J}_0(qr)r\mathrm{d}r,$$

式中，J_0 是零阶的贝塞耳函数，用熟知的公式

$$\int_0^a \mathrm{J}_0(qr)r\mathrm{d}r = \frac{a}{q}\mathrm{J}_1(aq),$$

我们于是得到

$$u_q = \frac{2\pi u_0 a}{q}\mathrm{J}_1(aq),$$

按照 (61.4)，我们得出衍射到立体角 $\mathrm{d}o$ 内光的强度

$$\mathrm{d}I = I_0 \frac{\mathrm{J}_1^2(ak\theta)}{\pi\theta^2}\mathrm{d}o,$$

式中，I_0 是入射到孔径上光的总强度.

第八章

运动电荷的场

§62 推迟势

在第五章中我们研究了静止电荷所产生的恒定场，而在第六章中我们研究了不存在电荷的变化场. 现在我们来研究存在任意运动电荷的变化场.

我们来推导决定任意运动电荷的场的势的方程. 这个推导用四维形式为最便利. 重复 §46 末的推导，一个改变是我们将第二对麦克斯韦方程写成 (30.2) 的形式：

$$\frac{\partial F^{ik}}{\partial x^k} = -\frac{4\pi}{c} j^i.$$

右边也同样出现在 (46.8) 中，在势上施加洛伦兹条件

$$\frac{\partial A^i}{\partial x^i} = 0, \quad \text{即} \quad \frac{1}{c}\frac{\partial \varphi}{\partial t} + \operatorname{div} \boldsymbol{A} = 0, \tag{62.1}$$

以后，我们得到

$$\frac{\partial^2 A^i}{\partial x_k \partial x^k} = \frac{4\pi}{c} j^i. \tag{62.2}$$

这就是决定任意电磁场势的方程. 如用三维形式表示，这个方程可以写成两个方程，一个是 $\boldsymbol{A}$ 的方程，一个是 φ 的方程：

$$\Delta \boldsymbol{A} - \frac{1}{c^2}\frac{\partial^2 \boldsymbol{A}}{\partial t^2} = -\frac{4\pi}{c}\boldsymbol{j}, \tag{62.3}$$

$$\Delta \varphi - \frac{1}{c^2}\frac{\partial^2 \varphi}{\partial t^2} = -4\pi\rho. \tag{62.4}$$

对于恒定场，这些方程就化为熟知的方程 (36.4) 和 (43.4)，而对于没有电荷的变化场就化为齐次波动方程.

我们知道，非齐次线性方程 (62.3) 和 (62.4) 的解可以用一个和来表示，这个和的第一项是不要右边项的这些方程的通解，第二项是加上右边项的这

些方程的特解. 为了寻找这个特解, 我们将整个空间分为无限小的区域, 求其中的一个体积元内的电荷所产生的场. 由于这些场方程是线性的, 实际的场将是每个体积元所产生的场之和.

在某一体积元内的电荷 de 一般来说是时间的函数. 假如我们将坐标原点选择在我们所考虑的体积元内, 那么, 电荷密度是 $\rho = de(t)\delta(\boldsymbol{R})$, 此处的 $\boldsymbol{R}$ 是到原点的距离. 因此, 我们必须解方程

$$\Delta\varphi - \frac{1}{c^2}\frac{\partial^2\varphi}{\partial t^2} = -4\pi de(t)\delta(\boldsymbol{R}). \tag{62.5}$$

除原点外, 到处 $\delta(\boldsymbol{R}) = 0$, 因而我们有方程

$$\Delta\varphi - \frac{1}{c^2}\frac{\partial^2\varphi}{\partial t^2} = 0. \tag{62.6}$$

显然, 在我们所考虑的情形下, φ 具有中心对称性, 就是说, φ 仅是 R 的函数. 因此, 假如我们将拉普拉斯算符写成球坐标形式, (62.6) 就化为

$$\frac{1}{R^2}\frac{\partial}{\partial R}\left(R^2\frac{\partial\varphi}{\partial R}\right) - \frac{1}{c^2}\frac{\partial^2\varphi}{\partial t^2} = 0.$$

为了解这个方程, 我们作 $\varphi = \chi(R,t)/R$ 的替换, 那么, 对于 χ 我们得到方程

$$\frac{\partial^2\chi}{\partial R^2} - \frac{1}{c^2}\frac{\partial^2\chi}{\partial t^2} = 0.$$

而这是平面波的方程, 它的解有如下的形式 (见 §47):

$$\chi = f_1\left(t - \frac{R}{c}\right) + f_2\left(t + \frac{R}{c}\right).$$

因为我们只求方程的特解, 因此只选函数 f_1 和 f_2 中的任意一个就够了. 通常便利的做法是选取 $f_2 = 0$ (关于这点, 可参看后面). 因此, 除了原点外, φ 到处有如下形式:

$$\varphi = \frac{\chi(t - R/c)}{R}. \tag{62.7}$$

这个等式中的函数 χ 暂且是任意的; 现在我们如此地选择它, 使得在原点也能得到势的正确的值. 换句话说, 我们必须如此地选择 χ, 使方程 (62.5) 在原点也得到满足. 这是很容易办到的, 须注意当 $R \to 0$ 时, 势将趋向无穷大, 因此, 它对坐标的导数比它对时间的导数增加得快些. 所以, 当 $R \to 0$ 时, 在方程 (62.5) 中, 同 $\Delta\varphi$ 比较, $\dfrac{1}{c^2}\dfrac{\partial^2\varphi}{\partial t^2}$ 这一项就可以略去了. 这时, (62.5) 化为熟知的方程 (36.9), 后者可导出库仑定律. 因此, 在原点的附近, (62.7) 应该化为库仑定律, 由此可以推出 $\chi(t) = de(t)$, 即

$$\varphi = \frac{de\left(t - \dfrac{R}{c}\right)}{R}.$$

由此很容易推得方程（62.4）对于任意分布电荷 $\rho(x, y, z, t)$ 的解. 为此我们写出 $\mathrm{d}e = \rho \mathrm{d}V$（$\mathrm{d}V$ 是体积元），并在整个空间取积分就够了. 在所得的非齐次方程（62.4）的解上，我们还要加上同一方程去掉右边后的解 φ_0. 由此，通解有下面的形式：

$$\varphi(\boldsymbol{r}, t) = \int \frac{1}{R} \rho\left(\boldsymbol{r}', t - \frac{R}{c}\right) \mathrm{d}V' + \varphi_0, \qquad (62.8)$$

$$\boldsymbol{R} = \boldsymbol{r} - \boldsymbol{r}', \quad \mathrm{d}V' = \mathrm{d}x' \mathrm{d}y' \mathrm{d}z',$$

式中

$$\boldsymbol{r} = (x, y, z), \quad \boldsymbol{r}' = (x', y', z');$$

R 是从体积元 $\mathrm{d}V$ 到我们求势的"观察点"的距离. 我们将此式简写为

$$\varphi = \int \frac{\rho_{t-R/c}}{R} \mathrm{d}V + \varphi_0, \qquad (62.9)$$

式中，下标 $t - R/c$ 表明 ρ 这个量应当取 $t - R/c$ 这一时刻的值，而在 $\mathrm{d}V$ 上的一撇已略去了.

对于矢势我们类似地得到：

$$\boldsymbol{A} = \frac{1}{c} \int \frac{\boldsymbol{j}_{t-R/c}}{R} \mathrm{d}V + \boldsymbol{A}_0, \qquad (62.10)$$

式中，$\boldsymbol{A}_0$ 是方程（62.3）去掉右边项的解.

（62.9）和（62.10）式（不带 φ_0 和 $\boldsymbol{A}_0$）称为**推迟势**.

假如电荷是静止的（即 ρ 与时间无关），公式（62.9）就化为熟知的静电场的公式（36.8）；而对于电荷平稳运动的情形（62.10）经过求平均以后则变为恒定磁场的公式（43.5）.

通过决定（62.9）式中的 φ_0 和（62.10）式中的 $\boldsymbol{A}_0$，要使得问题的条件能够得到满足. 为此，显然只需给出初始条件，即给出场在开始时的值就够了. 但是通常我们并不必须讨论这些初始条件. 作为代替，我们给出在与电荷系统相距很远之处、在所有时刻的条件. 也就是说，辐射是从系统外面入射到系统上的. 与此相应，辐射与系统相互作用的结果所建立的场与外场的差别仅仅是系统所发出的辐射. 这个系统所发出的辐射在远处有波的形式，由系统向外沿着 R 增加的方向传播. 但是这个条件正好为推迟势所满足. 因此，这些解代表系统所产生的场，而 φ_0 和 $\boldsymbol{A}_0$ 必须等于作用于系统上的外场.

§63　李纳–维谢尔势

一个点电荷沿轨道 $\boldsymbol{r} = \boldsymbol{r}_0(t)$ 进行给定的运动，让我们来求它所产生的场的势.

按照推迟势的公式, 时刻 t 在观察点 $P(x,y,z)$ 的场, 由电荷在较早时刻 t' 的运动状态决定, 光信号从电荷所在点 $\boldsymbol{r}_0(t')$ 传播到观察点 P 的时间正好与差 $t - t'$ 一致. 令 $\boldsymbol{R}(t) = \boldsymbol{r} - \boldsymbol{r}_0(t)$ 为电荷 e 到点 P 的径矢; 像 $\boldsymbol{r}_0(t)$ 一样, 它是时间的给定函数. 于是时刻 t' 由如下方程决定

$$t' + \frac{R(t')}{c} = t. \tag{63.1}$$

对于每个 t 值, 这个方程只有一个根 t'[①].

在 t' 时刻粒子为静止的参考系中, 观察点在 t 时刻的势正好是库仑势, 即

$$\varphi = \frac{e}{R(t')}, \quad \boldsymbol{A} = 0. \tag{63.2}$$

在任意的参考系中, 势的表达式可以直接从求一个四维矢量得到, 这个四维矢量当 $\boldsymbol{v} = 0$ 时与方才所得的 φ 及 $\boldsymbol{A}$ 的表达式相合. 应当注意, 按照 (63.1), (63.2) 中的 φ 也可以写成下面的形式:

$$\varphi = \frac{e}{c(t - t')},$$

我们得到所要求的四维矢量是:

$$A^i = e\frac{u^i}{R_k u^k}, \tag{63.3}$$

其中 u^k 是电荷的四维速度, 而 $R^k = [c(t - t'), \boldsymbol{r} - \boldsymbol{r}']$, 式中 x', y', z', t' 通过 (63.1) 彼此相关; 写成四维形式是

$$R_k R^k = 0. \tag{63.4}$$

现在再变为三维表示法, 我们得到一个任意运动的点电荷所产生的场的势如下:

$$\varphi = \frac{e}{\left(R - \dfrac{\boldsymbol{v} \cdot \boldsymbol{R}}{c}\right)}, \quad \boldsymbol{A} = \frac{e\boldsymbol{v}}{c\left(R - \dfrac{\boldsymbol{v} \cdot \boldsymbol{R}}{c}\right)}, \tag{63.5}$$

其中 $\boldsymbol{R}$ 是从电荷所在点到观察点 P 的径矢, 而在方程右边的所有的量都必须取在 (63.1) 所决定时刻 t' 的值. 场的势写成 (63.5) 的形式称为**李纳-维谢尔势**.

[①] 这一点是显然的, 但可以直接验证. 为此, 我们选择观察点 P 和观察时刻 t 作为四维坐标系的原点 O, 并以 O 为其顶点构造光锥 (§2). 这个锥的下半部分包围着 "绝对" 过去 (对事件 O 而言) 的区域, 是这样一些世界点构成的几何图形, 光信号可从这些点达到点 O. 这个超曲面同电荷的世界线的交点显然正是 (63.1) 的根. 但是因为粒子的速度总小于光速, 它的运动的世界线对于时轴的斜度总处处小于光锥的斜度. 由此可知, 粒子的世界线仅仅在一点能与光锥的下半部分相交.

为了从公式

$$\boldsymbol{E} = -\frac{1}{c}\frac{\partial \boldsymbol{A}}{\partial t} - \operatorname{grad} \varphi, \quad \boldsymbol{H} = \operatorname{rot} \boldsymbol{A}$$

来计算电场和磁场的强度, 我们必须将 φ 及 $\boldsymbol{A}$ 对点的坐标 x, y, z 和观察时刻 t 微分. 但是公式 (63.5) 是用 t' 的函数来表示势, 而只有通过关系式 (63.1) 才能表示势为 x, y, z, t 的隐函数. 因此, 为了计算所需要的导数, 必须先计算对 t' 的导数. 将关系式 $R(t') = c(t - t')$ 对 t 微分, 得

$$\frac{\partial R}{\partial t} = \frac{\partial R}{\partial t'}\frac{\partial t'}{\partial t} = -\frac{\boldsymbol{R}\cdot\boldsymbol{v}}{R}\frac{\partial t'}{\partial t} = c\left(1 - \frac{\partial t'}{\partial t}\right).$$

($\partial R/\partial t'$ 的值由微分恒等式 $R^2 = \boldsymbol{R}^2$, 并将 $\partial \boldsymbol{R}(t')/\partial t' = -\boldsymbol{v}(t')$ 代入来求得. 前面有负号是因为 $\boldsymbol{R}$ 是从电荷 e 到 P 点的径矢, 而不是从 P 点到电荷 e 的径矢.) 因此,

$$\frac{\partial t'}{\partial t} = \frac{1}{1 - \dfrac{\boldsymbol{v}\cdot\boldsymbol{R}}{Rc}}. \tag{63.6}$$

同理, 将同一个关系式对坐标微分, 我们得到

$$\operatorname{grad} t' = -\frac{1}{c}\operatorname{grad} R(t') = -\frac{1}{c}\left(\frac{\partial R}{\partial t'}\operatorname{grad} t' + \frac{\boldsymbol{R}}{R}\right),$$

所以

$$\operatorname{grad} t' = -\frac{\boldsymbol{R}}{c\left(R - \dfrac{\boldsymbol{R}\cdot\boldsymbol{v}}{c}\right)}. \tag{63.7}$$

利用这些公式, 求场 $\boldsymbol{E}$ 及 $\boldsymbol{H}$ 的运算过程就不难了. 略去运算的中间过程, 我们得到结果:

$$\boldsymbol{E} = e\frac{1 - \dfrac{v^2}{c^2}}{\left(R - \dfrac{\boldsymbol{R}\cdot\boldsymbol{v}}{c}\right)^3}\left(\boldsymbol{R} - \frac{\boldsymbol{v}}{c}R\right) + \frac{e}{c^2\left(R - \dfrac{\boldsymbol{R}\cdot\boldsymbol{v}}{c}\right)^3}\boldsymbol{R}\times\left\{\left(\boldsymbol{R} - \frac{\boldsymbol{v}}{c}R\right)\times\dot{\boldsymbol{v}}\right\},$$

$$\tag{63.8}$$

$$\boldsymbol{H} = \frac{1}{R}\boldsymbol{R}\times\boldsymbol{E}. \tag{63.9}$$

式中 $\dot{\boldsymbol{v}} = \partial \boldsymbol{v}/\partial t'$; 等式右边所有的量都是取在 t' 时刻的值. 值得注意, 磁场无论在何处都与电场垂直.

电场 (63.8) 由两个不同类型的部分组成. 第一项只依赖于粒子的速度 (而不依赖于其加速度), 且在大距离处像 $1/R^2$ 那样变化. 第二项依赖于加速度, 且对于大的 R 像 $1/R$ 那样变化. 以后 (§66) 我们将看到, 这个第二项与粒子辐射的电磁波有关.

至于第一项,因为它与加速度无关,必定对应着匀速运动电荷产生的场.实际上,由于速度恒定,差

$$\boldsymbol{R}_{t'} - \frac{\boldsymbol{v}}{c} R_{t'} = \boldsymbol{R}_{t'} - \boldsymbol{v}(t - t')$$

就是在准确的观察时刻从电荷到观察点的距离 $\boldsymbol{R}_t$. 也容易直接证明,

$$R_{t'} - \frac{1}{c}\boldsymbol{R}_{t'} \cdot \boldsymbol{v} = \sqrt{R_t^2 - \frac{1}{c^2}(\boldsymbol{v} \times \boldsymbol{R}_t)^2} = R_t\sqrt{1 - \frac{v^2}{c^2}\sin^2\theta_t},$$

式中, θ_t 是 $\boldsymbol{R}_t$ 和 $\boldsymbol{v}$ 之间的夹角. 因而, (63.8) 的第一项与表达式 (38.8) 相同.

习　题

通过积分 (62.9) — (62.10) 推导李纳–维谢尔势.

解:我们将 (62.8) 写为形式

$$\varphi(\boldsymbol{r}, t) = \iint \frac{\rho(\boldsymbol{r}', \tau)}{|\boldsymbol{r} - \boldsymbol{r}'|} \delta\left(\tau - t + \frac{1}{c}|\boldsymbol{r} - \boldsymbol{r}'|\right) \mathrm{d}\tau \mathrm{d}V'$$

(对 $\boldsymbol{A}(\boldsymbol{r}, t)$ 作同样处理),引入附加的 δ 函数从而消去函数 ρ 中的隐宗量. 对于沿轨道 $\boldsymbol{r} = \boldsymbol{r}_0(t)$ 运动的点电荷我们有:

$$\rho(\boldsymbol{r}', \tau) = e\delta[\boldsymbol{r}' - \boldsymbol{r}_0(\tau)].$$

将这个表达式代入并对 $\mathrm{d}V'$ 积分,我们得到:

$$\varphi(\boldsymbol{r}, t) = e \int \frac{\mathrm{d}\tau}{|\boldsymbol{r} - \boldsymbol{r}_0(\tau)|} \delta\left[\tau - t + \frac{1}{c}|\boldsymbol{r} - \boldsymbol{r}_0(\tau)|\right],$$

对 τ 积分是用如下公式进行的

$$\delta[F(\tau)] = \frac{\delta(\tau - t')}{|F'(t')|}$$

(式中 t' 是 $F(t') = 0$ 的根),于是得到公式 (63.5).

§64　推迟势的谱分解

运动电荷所产生的场可以展开为单色波. 场的不同的单色分量(傅里叶分量)的势具有 $\varphi_\omega \mathrm{e}^{-\mathrm{i}\omega t}, \boldsymbol{A}_\omega \mathrm{e}^{-\mathrm{i}\omega t}$ 的形式. 产生场的电荷系统的电荷密度和电流密度也都可以展开为傅里叶级数或傅里叶积分. 很清楚, ρ 和 $\boldsymbol{j}$ 的傅里叶分量产生场的相应的单色分量.

为了用电荷密度和电流密度的傅里叶分量表示场的傅里叶分量,我们分别用 $\varphi_\omega \mathrm{e}^{-\mathrm{i}\omega t}$ 和 $\rho_\omega \mathrm{e}^{-\mathrm{i}\omega t}$ 代替 (62.9) 式中的 φ 和 ρ,这样,就得到

$$\varphi_\omega \mathrm{e}^{-\mathrm{i}\omega t} = \int \rho_\omega \frac{\mathrm{e}^{-\mathrm{i}\omega(t - R/c)}}{R} \mathrm{d}V.$$

将 $e^{-i\omega t}$ 消去, 并引用波矢的绝对值 $k = \omega/c$, 我们得到:

$$\varphi_\omega = \int \rho_\omega \frac{e^{ikR}}{R} dV. \tag{64.1}$$

同样, 对于 $\boldsymbol{A}_\omega$, 我们得到

$$\boldsymbol{A}_\omega = \int \boldsymbol{j}_\omega \frac{e^{ikR}}{cR} dV. \tag{64.2}$$

我们指出, 公式 (64.1) 是更广泛形式的泊松方程

$$\Delta \varphi_\omega + k^2 \varphi_\omega = -4\pi \rho_\omega \tag{64.3}$$

的解 (该方程是从 (62.4) 对于 ρ 和 φ 与时间的关系为 $e^{-i\omega t}$ 的情形得来的).

如果我们所研究的是傅里叶积分的展开式, 那么, 电荷密度的傅里叶分量是

$$\rho_\omega = \int_{-\infty}^{+\infty} \rho e^{i\omega t} dt.$$

将上式代入 (64.1), 我们得到

$$\varphi_\omega = \int_{-\infty}^{+\infty} \int \frac{\rho}{R} e^{i(\omega t + kR)} dV dt. \tag{64.4}$$

我们还必须从电荷密度的连续分布过渡到正在考虑其运动的点电荷. 因此, 若只有一个点电荷, 令

$$\rho = e\delta[\boldsymbol{r} - \boldsymbol{r}_0(t)],$$

式中 $\boldsymbol{r}_0(t)$ 是电荷的径矢, 它是时间的已知函数. 将此式代入 (64.4) 再对空间积分 (这样积分归结为用 $\boldsymbol{r}_0(t)$ 代替 $\boldsymbol{r}$), 我们得到

$$\varphi_\omega = e \int_{-\infty}^{\infty} \frac{1}{R(t)} e^{i\omega[t + R(t)/c]} dt, \tag{64.5}$$

这里 $R(t)$ 是从电荷到观察点的距离. 同样, 对于矢势, 我们得到

$$\boldsymbol{A}_\omega = \frac{e}{c} \int_{-\infty}^{\infty} \frac{\boldsymbol{v}(t)}{R(t)} e^{i\omega[t + R(t)/c]} dt, \tag{64.6}$$

式中 $\boldsymbol{v} = \dot{\boldsymbol{r}}_0(t)$ 是电荷的速度.

对于电荷密度和电流密度的谱分解含一系列离散频率的情形, 也可以写出类似 (64.5), (64.6) 的公式. 因此, 对于点电荷的周期运动 (周期 $T = 2\pi/\omega_0$), 场的谱分解只含形如 $n\omega_0$ 的频率, 相应的矢势分量是

$$\boldsymbol{A}_n = \frac{e}{cT} \int_0^T \frac{\boldsymbol{v}(t)}{R(T)} e^{in\omega_0[t + R(t)/c]} dt \tag{64.7}$$

(对于 φ_n 有类似公式). 在 (64.6), (64.7) 中傅里叶分量都是按 §49 定义的.

习　　题

把匀速直线运动的电荷所产生的场展开为平面波.

解: 我们按照 §51 中的方式进行. 将电荷密度写为 $\rho = e\delta(\boldsymbol{r} - \boldsymbol{v}t)$ 的形式, 此处的 $\boldsymbol{v}$ 是电荷的速度. 取方程 $\Box\varphi = -4\pi e\delta(\boldsymbol{r} - \boldsymbol{v}t)$ 的傅里叶分量, 我们得到

$$(\Box\varphi)_{\boldsymbol{k}} = -4\pi e \cdot \mathrm{e}^{-\mathrm{i}(\boldsymbol{v}\cdot\boldsymbol{k})t}.$$

另一方面, 由于

$$\varphi = \int \mathrm{e}^{\mathrm{i}\boldsymbol{k}\cdot\boldsymbol{r}} \varphi_{\boldsymbol{k}} \frac{\mathrm{d}^3 k}{(2\pi)^3}$$

所以我们有

$$(\Box\varphi)_{\boldsymbol{k}} = -k^2\varphi_{\boldsymbol{k}} - \frac{1}{c^2}\frac{\partial^2\varphi_{\boldsymbol{k}}}{\partial t^2}.$$

因此,

$$\frac{1}{c^2}\frac{\partial^2\varphi_{\boldsymbol{k}}}{\partial t^2} + k^2\varphi_{\boldsymbol{k}} = 4\pi e \cdot \mathrm{e}^{-\mathrm{i}(\boldsymbol{k}\cdot\boldsymbol{v})t},$$

从而, 最后得到

$$\varphi_{\boldsymbol{k}} = 4\pi e\, \frac{\mathrm{e}^{-\mathrm{i}(\boldsymbol{k}\cdot\boldsymbol{v})t}}{k^2 - \left(\dfrac{\boldsymbol{k}\cdot\boldsymbol{v}}{c}\right)^2}.$$

从此可以推断, 以 $\boldsymbol{k}$ 为波矢量的波的频率是 $\omega = \boldsymbol{k}\cdot\boldsymbol{v}$.

同样, 我们得到矢势:

$$\boldsymbol{A}_{\boldsymbol{k}} = \frac{4\pi e}{c}\, \frac{\boldsymbol{v}\mathrm{e}^{-\mathrm{i}(\boldsymbol{k}\cdot\boldsymbol{v})t}}{k^2 - \left(\dfrac{\boldsymbol{k}\cdot\boldsymbol{v}}{c}\right)^2}.$$

最后, 我们得到场的表达式如下:

$$\boldsymbol{E}_{\boldsymbol{k}} = -\mathrm{i}\boldsymbol{k}\varphi_{\boldsymbol{k}} + \mathrm{i}\frac{\boldsymbol{k}\cdot\boldsymbol{v}}{c}\boldsymbol{A}_{\boldsymbol{k}} = \mathrm{i}4\pi e\, \frac{-\boldsymbol{k} + \dfrac{(\boldsymbol{k}\cdot\boldsymbol{v})}{c^2}\boldsymbol{v}}{k^2 - \left(\dfrac{\boldsymbol{k}\cdot\boldsymbol{v}}{c}\right)^2}\mathrm{e}^{-\mathrm{i}(\boldsymbol{k}\cdot\boldsymbol{v})t},$$

$$\boldsymbol{H}_{\boldsymbol{k}} = \mathrm{i}\boldsymbol{k}\times\boldsymbol{A}_{\boldsymbol{k}} = \mathrm{i}\frac{4\pi e}{c}\, \frac{\boldsymbol{k}\times\boldsymbol{v}}{k^2 - \left(\dfrac{\boldsymbol{k}\cdot\boldsymbol{v}}{c}\right)^2}\mathrm{e}^{-\mathrm{i}(\boldsymbol{k}\cdot\boldsymbol{v})t}.$$

§65　精确到二阶的拉格朗日量

在普通经典力学中，我们利用仅仅与粒子（在同一时刻）的坐标和速度有关的拉格朗日量来描写彼此相互作用的粒子体系. 这种作法的可行性，归根到底是来自于，在经典力学中假定粒子间的相互作用的传播速度是无穷大.

我们已经知道，因为相互作用的传播速度是有限的，场必须被看做是一个有本身"自由度"的独立体系. 由此可得出结论：假如有一个相互作用的粒子（电荷）体系，那么，为了描述它，我们就必须认为这个体系由这些粒子和场组成. 因此，当考虑到相互作用传播速度的有限性时，一般说来，不可能用仅仅和粒子的坐标和速度有关，而并不包含与场的内部"自由度"有关量的拉格朗日量来严格描写相互作用的粒子体系.

然而，如果所有粒子的速度 v 都比光速小很多，那么，这个电荷体系就可以用某个近似的拉格朗日量来描写. 这时，就可能引入一个拉格朗日量，这个拉格朗日量不仅在忽略所有 v/c 的幂的情况下描写这个体系（经典的拉格朗日量），而且还准确到 v^2/c^2 的数量级. 最后这个论断与如下事实有关，即运动电荷辐射电磁波（因而出现"自"场），只是在 v/c 的三级近似下发生（参见下面的 §67）[①].

我们预先指出，在零级近似中，即当我们完全略去势的推迟时，电荷体系的拉格朗日量有以下的形式：

$$L^{(0)} = \sum_a \frac{m_a v_a^2}{2} - \sum_{a>b} \frac{e_a e_b}{R_{ab}} \tag{65.1}$$

（求和应该对于组成体系的所有电荷进行）. 第二项是相互作用的势能，正如静止电荷的情况一样.

为了得到拉格朗日量的高一级的近似式，我们按下述方式进行. 电荷 e_a 在外场中的拉格朗日量是

$$L_a = -m_a c^2 \sqrt{1 - \frac{v_a^2}{c^2}} - e_a \varphi + \frac{e_a}{c} \boldsymbol{A} \cdot \boldsymbol{v}_a. \tag{65.2}$$

选定电荷体系中的任意一个电荷，我们求出所有其余电荷在第一电荷所在点产生的场的势，并且用产生这个场的电荷的坐标和速度来表示它们（这一点只能近似作到——对于 φ，精确到 v^2/c^2；对于 $\boldsymbol{A}$，精确到 v/c）. 将这样求得的势的表达式代入 (65.2)，我们就得到电荷体系中的一个电荷的拉格朗日量（当其余电荷的运动已知时）. 从此，不难求出整个体系的拉格朗日量 L.

[①] 对于由荷质比相同的粒子组成的系统，辐射在 v/c 的第五级近似才发生；在这种情形下，拉格朗日量含有直到 v/c 的四级项.（参见 Barker B. M., O'Connel R. F.//Canad. J. Phys. 1980. V. 58. P. 1659）.

我们从推迟势的表达式：

$$\varphi = \int \frac{\rho_{t-R/c}}{R}\mathrm{d}V, \quad \boldsymbol{A} = \frac{1}{c}\int \frac{\boldsymbol{j}_{t-R/c}}{R}\mathrm{d}V$$

出发，如果所有电荷的速度都比光速小很多，那么，电荷的分布在时间 R/c 内不致于有显著的改变. 因此，我们可以将 $\rho_{t-R/c}$ 和 $\boldsymbol{j}_{t-R/c}$ 展开为 R/c 的幂级数. 因此，对于标势，我们得到精确到二阶项的表达式

$$\varphi = \int \frac{\rho\mathrm{d}V}{R} - \frac{1}{c}\frac{\partial}{\partial t}\int \rho\mathrm{d}V + \frac{1}{2c^2}\frac{\partial^2}{\partial t^2}\int R\rho\mathrm{d}V$$

（没有下标的 ρ 是指它在 t 时刻的值，$\dfrac{\partial}{\partial t}$ 和 $\dfrac{\partial^2}{\partial t^2}$ 显然可以从积分号内提出）. 但是 $\int \rho\mathrm{d}V$ 是总电荷，它是一个与时间无关的常量. 因此上式中的第二项为零，从而

$$\varphi = \int \frac{\rho\mathrm{d}V}{R} + \frac{1}{2c^2}\frac{\partial^2}{\partial t^2}\int R\rho\mathrm{d}V. \tag{65.3}$$

对于 $\boldsymbol{A}$，我们也可以用同样方式进行. 但是用电流密度表示矢势的式子已经包含了 $1/c$，而当我们把它代入拉格朗日量时，还要乘上 $1/c$. 既然我们正在求仅仅精确到二阶的拉格朗日量，我们在 $\boldsymbol{A}$ 的展开式中只取其第一项就足够了，即

$$\boldsymbol{A} = \frac{1}{c}\int \frac{\rho\boldsymbol{v}}{R}\mathrm{d}V \tag{65.4}$$

（我们已经将 $\boldsymbol{j} = \rho\boldsymbol{v}$ 代入）.

假设只有一个单独的点电荷 e. 我们从 (65.3) 和 (65.4) 两式得到

$$\varphi = \frac{e}{R} + \frac{e}{2c^2}\frac{\partial^2 R}{\partial t^2}, \quad \boldsymbol{A} = \frac{e\boldsymbol{v}}{cR}, \tag{65.5}$$

式中 R 是到电荷的距离.

通过变换

$$\varphi' = \varphi - \frac{1}{c}\frac{\partial f}{\partial t}, \quad \boldsymbol{A}' = \boldsymbol{A} + \mathrm{grad}\, f,$$

我们选择另外两个势 φ' 和 $\boldsymbol{A}'$ 来代替 φ 和 $\boldsymbol{A}$ (§18). 并且我们选择 f 如下：

$$f = \frac{e}{2c}\frac{\partial R}{\partial t}.$$

这时，我们得到[①]

$$\varphi' = \frac{e}{R}, \quad \boldsymbol{A}' = \frac{e\boldsymbol{v}}{cR} + \frac{e}{2c}\nabla\frac{\partial R}{\partial t}.$$

为了计算 $\boldsymbol{A}'$，首先我们注意到 $\nabla\dfrac{\partial R}{\partial t} = \dfrac{\partial}{\partial t}\nabla R$. 在此处的符号 ∇ 是指对

---

① 这些势不再满足洛伦兹条件 (62.1)，也不满足 (62.3)—(62.4).

我们正在求 $\boldsymbol{A}'$ 值的观察点坐标微分. 因此 ∇R 是一个单位矢量 $\boldsymbol{n}$, 从电荷 e 指向观察点, 所以

$$\boldsymbol{A}' = \frac{e\boldsymbol{v}}{cR} + \frac{e}{2c}\dot{\boldsymbol{n}}.$$

为了计算 $\dot{\boldsymbol{n}}$, 我们写出

$$\dot{\boldsymbol{n}} = \frac{\partial}{\partial t}\left(\frac{\boldsymbol{R}}{R}\right) = \frac{\dot{\boldsymbol{R}}}{R} - \frac{\boldsymbol{R}\dot{R}}{R^2}.$$

但是对于一指定的观察点, 导数 $\dot{\boldsymbol{R}}$ 是电荷速度 $\boldsymbol{v}$, 且只要微分等式 $R^2 = \boldsymbol{R}^2$, 亦即, 写出

$$R\dot{R} = \boldsymbol{R}\cdot\dot{\boldsymbol{R}} = -\boldsymbol{R}\cdot\boldsymbol{v}$$

就很容易确定导数 $\dot{R}$. 因此,

$$\dot{\boldsymbol{n}} = \frac{-\boldsymbol{v} + \boldsymbol{n}(\boldsymbol{n}\cdot\boldsymbol{v})}{R}.$$

将此式代入 $\boldsymbol{A}'$ 的表达式, 我们最后得到

$$\varphi' = \frac{e}{R}, \quad \boldsymbol{A}' = \frac{e[\boldsymbol{v} + (\boldsymbol{v}\cdot\boldsymbol{n})\boldsymbol{n}]}{2cR}. \tag{65.6}$$

如果有许多电荷, 则显然必须对所有的电荷求和.

若将这些势的表达式代入 (65.2), 我们就得到一个电荷 e_a 的拉格朗日量 L_a (当其余所有电荷的运动为已知时). 这时, 我们也必须将 (65.2) 的第一项展开为 v_a/c 的幂级数, 并保留到二阶项为止. 这样, 我们就得到如下 L_a 的表达式:

$$L_a = \frac{m_a v_a^2}{2} + \frac{1}{8}\frac{m_a v_a^4}{c^2} - e_a\sum_b{}' \frac{e_b}{R_{ab}} + \frac{e_a}{2c^2}\sum_b{}' \frac{e_b}{R_{ab}}[\boldsymbol{v}_a\cdot\boldsymbol{v}_b + (\boldsymbol{v}_a\cdot\boldsymbol{n}_{ab})(\boldsymbol{v}_b\cdot\boldsymbol{n}_{ab})]$$

(求和应对除 e_a 以外的其余所有电荷进行; $\boldsymbol{n}_{ab}$ 是从 e_b 到 e_a 的单位矢量).

由此就不难求出整个体系的拉格朗日量. 不难理解, 这个函数不是所有电荷的 L_a 之和, 而有如下的形式:

$$L = \sum_a \frac{m_a v_a^2}{2} + \sum_a \frac{m_a v_a^4}{8c^2} - \sum_{a>b} \frac{e_a e_b}{R_{ab}} + \sum_{a>b} \frac{e_a e_b}{2c^2 R_{ab}}[\boldsymbol{v}_a\cdot\boldsymbol{v}_b + (\boldsymbol{v}_a\cdot\boldsymbol{n}_{ab})(\boldsymbol{v}_b\cdot\boldsymbol{n}_{ab})]. \tag{65.7}$$

实际上, 对于电荷中的每一个, 在其余所有电荷的运动为已知的情况下, 函数 L 化为上面求得的 L_a. (65.7) 式决定电荷体系精确到二阶项的拉格朗日量 (由 C. G. Darwin, 1922 首先得到).

最后, 我们还要求电荷体系的哈密顿量, 并要有同样的近似程度. 这可应用从 L 求 $\mathcal{H}$ 的一般法则进行; 然而用下面的方法来求则更为简单. 在 (65.7)

式中的第二和第四两项是对 $L^{(0)}$（65.1）的小修正. 另一方面，从力学我们知道当 L 和 $\mathscr{H}$ 有小的变化时，加到它们上面的小量的数值相等，正负号相反（在此，L 的变化是发生在坐标和速度恒定的情况下，而 $\mathscr{H}$ 的变化，是发生在坐标和动量恒定的情况下；参见本教程第一卷 §40）.

因此我们从

$$\mathscr{H}^{(0)} = \sum_a \frac{p_a^2}{2m_a} + \sum_{a>b} \frac{e_a e_b}{R_{ab}}$$

中减去（65.7）式的第二和第四两项，用一级近似 $\boldsymbol{v}_a = \boldsymbol{p}_a/m_a$ 代替其中的速度，就可立刻写出 $\mathscr{H}$，所以

$$\mathscr{H} = \sum_a \frac{p_a^2}{2m_a} - \sum_a \frac{p_a^4}{8c^2 m_a^3} + \sum_{a>b} \frac{e_a e_b}{R_{ab}} -$$
$$- \sum_{a>b} \frac{e_a e_b}{2c^2 m_a m_b R_{ab}} [\boldsymbol{p}_a \cdot \boldsymbol{p}_b + (\boldsymbol{p}_a \cdot \boldsymbol{n}_{ab})(\boldsymbol{p}_b \cdot \boldsymbol{n}_{ab})]. \tag{65.8}$$

习　题

1. 确定相互作用的粒子体系的惯性中心（精确到二阶项）.

解：解决这个问题最简单的办法是用公式

$$\boldsymbol{R} = \frac{\sum_a \mathscr{E}_a \boldsymbol{r}_a + \int W \boldsymbol{r} \mathrm{d}V}{\sum_a \mathscr{E}_a + \int W \mathrm{d}V}$$

（参见（14.6）），式中 $\mathscr{E}_a$ 是粒子的动能（包括它的静能），W 是粒子产生的场的能量密度. 因为 $\mathscr{E}_a$ 包含着很大的量 $m_a c^2$，在得到下一级近似时，只考虑 $\mathscr{E}_a$ 和 W 中那些不含 c 的项就够了. 也就是说，我们只需要考虑粒子的非相对论动能和静电场的能量. 于是我们有：

$$\int W \boldsymbol{r} \mathrm{d}V = \frac{1}{8\pi} \int E^2 \boldsymbol{r} \mathrm{d}V = \frac{1}{8\pi} \int (\nabla \varphi)^2 \boldsymbol{r} \mathrm{d}V =$$
$$= \frac{1}{8\pi} \int \left(\mathrm{d}\boldsymbol{f} \cdot \nabla \frac{\varphi^2}{2} \right) \boldsymbol{r} - \frac{1}{8\pi} \int \nabla \frac{\varphi^2}{2} \mathrm{d}V - \frac{1}{8\pi} \int \varphi \Delta \varphi \cdot \boldsymbol{r} \mathrm{d}V;$$

无穷远表面的积分为零；第二个积分也换成面积分变为零，而在第三个积分中代入 $\Delta \varphi = -4\pi\rho$ 后得：

$$\int W \boldsymbol{r} \mathrm{d}V = \frac{1}{2} \int \rho \varphi \boldsymbol{r} \mathrm{d}V = \frac{1}{2} \sum_a e_a \varphi_a \boldsymbol{r}_a,$$

式中 φ_a 是除 e_a 外所有的电荷在点 $\boldsymbol{r}_a$ 产生的势[①].

最后，我们得到：

$$\boldsymbol{R} = \frac{1}{\mathscr{E}} \sum_a \boldsymbol{r}_a \left(m_a c^2 + \frac{p_a^2}{2m_a} + \frac{e_a}{2} {\sum_b}' \frac{e_b}{R_{ab}} \right)$$

（求和遍历除 $b = a$ 以外的所有指标 b），式中

$$\mathscr{E} = \sum_a \left(m_a c^2 + \frac{p_a^2}{2m_a} + \sum_{a > b} \frac{e_a e_b}{R_{ab}} \right)$$

是系统的总能量. 因此在这个近似下，惯性中心的坐标实际上可以用只针对粒子的量来表示.

2. 试求由两个粒子构成体系的哈密顿量（精确到二阶，略去体系整体的运动）.

解：我们选择一个参考系，其中两个粒子的总动量为零. 将动量写为作用量的导数，则我们有：

$$\boldsymbol{p}_1 + \boldsymbol{p}_2 = \frac{\partial S}{\partial \boldsymbol{r}_1} + \frac{\partial S}{\partial \boldsymbol{r}_2} = 0.$$

由此可见，在我们所选择的参考系中，作用量是两个粒子径矢之差 $\boldsymbol{r} = \boldsymbol{r}_2 - \boldsymbol{r}_1$ 的函数，因此，我们有 $\boldsymbol{p}_2 = -\boldsymbol{p}_1 = \boldsymbol{p}$，这里的 $\boldsymbol{p} = \partial S / \partial \boldsymbol{r}$ 是两个粒子的相对运动的动量. 哈密顿量等于

$$\mathscr{H} = \frac{p^2}{2} \left(\frac{1}{m_1} + \frac{1}{m_2} \right) + \frac{e_1 e_2}{r} - \frac{p^4}{8c^2} \left(\frac{1}{m_1^3} + \frac{1}{m_2^3} \right) + \frac{e_1 e_2}{2m_1 m_2 c^2 r} [p^2 + (\boldsymbol{p} \cdot \boldsymbol{n})^2].$$

[①] 去掉粒子的自场相应于 §37 第 1 个脚注提到的质量"重正化".

第九章

电磁波的辐射

§66　电荷体系在远处所产生的场

我们来考虑一个运动电荷体系在距离远大于该体系尺度的地方所产生的场.

选择电荷体系内的任意一点为坐标原点 O. 用 $\boldsymbol{R}_0$ 代表从 O 点到 P 点的径矢, P 点是我们求场的点, 并且用 $\boldsymbol{n}$ 表示 $\boldsymbol{R}_0$ 方向的单位矢量. 设电荷元 $\mathrm{d}e = \rho\mathrm{d}V$ 的径矢为 $\boldsymbol{r}$, 而从 $\mathrm{d}e$ 到 P 点的径矢为 $\boldsymbol{R}$. 显然, $\boldsymbol{R} = \boldsymbol{R}_0 - \boldsymbol{r}$.

在与电荷体系相距甚远之处, $R_0 \gg r$. 因此, 我们近似地得到

$$R = |\boldsymbol{R}_0 - \boldsymbol{r}| = R_0 - \boldsymbol{r} \cdot \boldsymbol{n}.$$

将上式代入推迟势的表达式 (62.9), (62.10) 中. 在被积函数的分母内, $\boldsymbol{r} \cdot \boldsymbol{n}$ 与 R_0 比较起来可以略去不计. 然而在 $t - R/c$ 中, 一般来说这种忽略是不可以的; 是否可以略去这些项, 并不决定于 R_0/c 与 $\boldsymbol{r} \cdot \boldsymbol{n}/c$ 的相对值, 而决定于 ρ 和 $\boldsymbol{j}$ 在时间 $\boldsymbol{r} \cdot \boldsymbol{n}/c$ 内变化的多少. 因为 R_0 在积分中是常量, 可以从积分号内取出, 因此, 对于与电荷体系相距甚远之处的场的势, 我们得到以下二式:

$$\varphi = \frac{1}{R_0} \int \rho_{t - \frac{R_0}{c} + \boldsymbol{r} \cdot \frac{\boldsymbol{n}}{c}} \mathrm{d}V, \tag{66.1}$$

$$\boldsymbol{A} = \frac{1}{cR_0} \int \boldsymbol{j}_{t - \frac{R_0}{c} + \boldsymbol{r} \cdot \frac{\boldsymbol{n}}{c}} \mathrm{d}V. \tag{66.2}$$

在距离电荷体系甚远之处, 场在一个不很大的空间区域内可以当做平面波. 为此, 距离不仅必须比体系的尺度大很多, 而且还要比体系所辐射的电磁波的波长大很多. 空间的这个区域我们称为辐射的"**波区**".

在平面波内, 场 $\boldsymbol{E}$ 和 $\boldsymbol{H}$ 彼此有关系式 (47.4), $\boldsymbol{E} = \boldsymbol{H} \times \boldsymbol{n}$. 因为 $\boldsymbol{H} = \mathrm{rot}\,\boldsymbol{A}$, 为了完全决定波区内的场, 只需求出矢势 $\boldsymbol{A}$ 就够了. 在平面

波内,我们有 $H = (1/c)\dot{A} \times n$（参见 (47.3)）,式中,$A$ 上面的一点表示对时间微分[①].因此,假如知道了 A,我们就可以从公式[②]

$$H = \frac{1}{c}\dot{A} \times n, \quad E = \frac{1}{c}(\dot{A} \times n) \times n \tag{66.3}$$

求出 H 和 E.

我们指出,远处的场与离开辐射体系距离 R_0 的一次方成反比.我们还应当指出,在 (66.1) 到 (66.3) 各式中的时间 t 总是以组合 $t - R_0/c$ 的形式出现.

对于一个作任意运动的点电荷所产生的辐射,用李纳-维谢尔势是便利的.在远处,我们可以用常矢量 R_0 代替公式 (63.5) 中的径矢 R,而在决定 t' 的条件 (63.1) 内,必须使 $R = R_0 - r_0 \cdot n$（$r_0(t)$ 是电荷的径矢）.因此[③],

$$A = \frac{e v(t')}{cR_0 \left(1 - \dfrac{n \cdot v(t')}{c}\right)}, \tag{66.4}$$

式中的 t' 由等式

$$t' - \frac{r_0(t')}{c} \cdot n = t - \frac{R_0}{c} \tag{66.5}$$

决定.

辐射出去的电磁波带有能量.能流密度是由坡印亭矢量来决定的;对于平面波,它是

$$S = c\frac{H^2}{4\pi}n.$$

辐射到立体角元 do 之内的辐射强度 dI 定义为在单位时间内经过球心在原点,半径为 R_0 的球面面元 $df = R_0^2 do$ 的能量.这个量显然等于能流密度 S 乘以 df,即

$$dI = c\frac{H^2}{4\pi}R_0^2 do. \tag{66.6}$$

因为场 H 与 R_0 成反比,那么我们可以看出,在单位时间内这个体系辐射到立体角元 do 内的能量对于所有的距离都是一样的（当 $t - R_0/c$ 的值对于它们一样时）.这一点是理所当然的,因为从体系辐射出来的能量以光速 c 向四周散开,在任何地方既不堆积,也不消失.

我们来推导体系辐射出来的波的场的谱分解公式.这些公式可以直接从 §64 中的各公式得出.将 $R = R_0 - r \cdot n$ 代入 (64.2) 式（在该式内的被积函数

[①] 在目前情形下,这个公式也很容易验证,只要直接计算 (66.2) 式的旋度,与带 $\sim 1/R_0$ 的项相比,略去带 $1/R_0^2$ 的项就可以了.

[②] 在这里公式 $E = -\dot{A}/c$（参见 (47.3)）不能应用于势 φ 和 A,因为它们不满足在 §47 中所加于它们的附加条件.

[③] 在对于电场的公式 (63.8) 中,本近似相应于略去第一项（与第二项相比）.

的分母中，我们可以令 $R = R_0$），我们便得到矢势的傅里叶分量

$$A_\omega = \frac{e^{ikR_0}}{cR_0} \int j_\omega e^{-i\boldsymbol{k}\cdot\boldsymbol{r}} dV \tag{66.7}$$

（式中 $\boldsymbol{k} = k\boldsymbol{n}$）. 利用公式（66.3），可以求出分量 $\boldsymbol{H}_\omega$ 和 $\boldsymbol{E}_\omega$. 分别用 $\boldsymbol{H}_\omega e^{-i\omega t}, \boldsymbol{E}_\omega e^{-i\omega t}, \boldsymbol{A}_\omega e^{-i\omega t}$，代替 $\boldsymbol{H}, \boldsymbol{E}, \boldsymbol{A}$，再以 $e^{-i\omega t}$ 除之，则得

$$\boldsymbol{H}_\omega = i\boldsymbol{k} \times \boldsymbol{A}_\omega, \quad \boldsymbol{E}_\omega = \frac{ic}{\omega}\boldsymbol{k} \times (\boldsymbol{A}_\omega \times \boldsymbol{k}). \tag{66.8}$$

当研究辐射强度的谱分布时，我们必须区别展开为傅里叶级数和展为傅里叶积分两种情形. 对于伴随带电粒子的碰撞而产生的辐射，我们将它展开为傅里叶积分. 在这种情形下，我们感兴趣的量是在碰撞期间辐射的（也是碰撞粒子所损失的）总能量. 设 $d\mathscr{E}_{n\omega}$ 是在碰撞期间以波的形式（波的频率在间隔 $d\omega$ 之内）辐射到立体角元 do 内的能量. 按照通式（49.8），总辐射在频率间隔 $d\omega/2\pi$ 内的部分可以从强度的一般公式求得，不过要用傅里叶分量的模平方乘以 2 来代替场的平方. 因此代替（66.6）我们有：

$$d\mathscr{E}_{n\omega} = \frac{c}{2\pi}|\boldsymbol{H}_\omega|^2 R_0^2 do \frac{d\omega}{2\pi}. \tag{66.9}$$

如果电荷作周期性运动，那么，辐射场就应当展开为傅里叶级数. 按照通式（49.4），傅里叶级数展开式中各个分量的强度可以从强度的常用公式得之，不过要用傅里叶分量乘以 2 来代替场. 因此，频率为 $\omega = n\omega_0$ 的辐射到立体角元 do 内的强度等于

$$dI_n = \frac{c}{2\pi}|\boldsymbol{H}_n|^2 R_0^2 do. \tag{66.10}$$

最后，我们直接从辐射电荷的给定运动来决定辐射场傅里叶分量的公式. 对于傅里叶积分展开，我们有：

$$j_\omega = \int_{-\infty}^{\infty} j e^{i\omega t} dt.$$

将上式代入（66.7），并从连续电流分布变到一个沿轨道 $\boldsymbol{r}_0 = \boldsymbol{r}_0(t)$ 运动的点电荷（参见 §64），我们得到：

$$A_\omega = \frac{e^{ikR_0}}{cR_0} \int_{-\infty}^{+\infty} e\boldsymbol{v}(t)e^{i[\omega t - \boldsymbol{k}\cdot\boldsymbol{r}_0(t)]} dt. \tag{66.11}$$

因为 $\boldsymbol{v} = d\boldsymbol{r}_0/dt$，那么 $\boldsymbol{v}dt = d\boldsymbol{r}_0$，这个公式也就可以写成沿着电荷轨道的线积分：

$$A_\omega = e\frac{e^{ikR_0}}{cR_0} \int e^{i(\omega t - \boldsymbol{k}\cdot\boldsymbol{r}_0)} d\boldsymbol{r}_0. \tag{66.12}$$

按照 (66.8) 式, 磁场的傅里叶分量有如下的形式:

$$\boldsymbol{H}_\omega = e\frac{\mathrm{i}\omega e^{\mathrm{i}kR_0}}{c^2 R_0} \int e^{\mathrm{i}(\omega t - \boldsymbol{k}\cdot\boldsymbol{r}_0)} \boldsymbol{n} \times \mathrm{d}\boldsymbol{r}_0. \tag{66.13}$$

如果电荷在一个闭合轨道上作周期性运动, 那么, 就应当将场展开为傅里叶级数. 傅里叶级数展开式的分量可以从 (66.11) 到 (66.13) 求得, 不过要将其中遍历所有时间的积分替换为对运动周期 T (参见 §49) 的平均. 对于频率为 $\omega = n\omega_0 = 2\pi n/T$ 的磁场的傅里叶分量, 我们有

$$\boldsymbol{H}_n = e\frac{2\pi\mathrm{i}n e^{\mathrm{i}kR_0}}{c^2 T^2 R_0} \int_0^T e^{\mathrm{i}[n\omega_0 t - \boldsymbol{k}\cdot\boldsymbol{r}_0(t)]} \boldsymbol{n} \times \boldsymbol{v}(t)\mathrm{d}t$$

$$= e\frac{2\pi\mathrm{i}n e^{\mathrm{i}kR_0}}{c^2 T^2 R_0} \oint e^{\mathrm{i}(n\omega_0 t - \boldsymbol{k}\cdot\boldsymbol{r}_0)} \boldsymbol{n} \times \mathrm{d}\boldsymbol{r}_0. \tag{66.14}$$

在第二个积分中, 积分遍及粒子的整个闭合轨道.

习　　题

求一个沿给定轨道运动电荷辐射的四维动量谱分解的四维表达式.

解: 将 (66.8) 代入 (66.9), 并考虑到, 由于洛伦兹条件 (62.1) $k\varphi_\omega = \boldsymbol{k}\cdot\boldsymbol{A}_\omega$, 我们有:

$$\mathrm{d}\mathscr{E}_{\boldsymbol{n}\omega} = \frac{c}{2\pi}(k^2|\boldsymbol{A}_\omega|^2 - |\boldsymbol{k}\cdot\boldsymbol{A}_\omega|^2)R_0^2\mathrm{d}o\frac{\mathrm{d}\omega}{2\pi} =$$

$$= \frac{c}{2\pi}k^2(|\boldsymbol{A}_\omega|^2 - |\varphi_\omega|^2)R_0^2\mathrm{d}o\frac{\mathrm{d}\omega}{2\pi} = -\frac{c}{2\pi}k^2 A_{i\omega}A_\omega^{i*}R_0^2\mathrm{d}o\frac{\mathrm{d}\omega}{2\pi}.$$

将四维势 $A_{i\omega}$ 表为类似 (66.12) 的形式, 我们得到:

$$\mathrm{d}\mathscr{E}_{\boldsymbol{n}\omega} = -\frac{k^2 e^2}{4\pi^2}\chi_i\chi^{i*}\mathrm{d}o\mathrm{d}k,$$

式中 χ^i 表示四维矢量

$$\chi^i = \int \exp(-\mathrm{i}k_l x^l)\mathrm{d}x^i,$$

积分沿粒子轨道的世界线进行. 最后, 变到四维符号 (包括 k 空间的四维 "体积元", 如 (10.1a)), 我们得到辐射的四维动量:

$$\mathrm{d}P^i = -\frac{e^2 k^i}{2\pi^2 c}\chi_i\chi^i\delta(k_m k^m)\mathrm{d}^4 k.$$

§67 偶极辐射

在推迟势 (66.1) 和 (66.2) 的被积函数中, 时间 $r \cdot \dfrac{\boldsymbol{n}}{c}$ 是可以略去的, 假如电荷分布在这个时间内改变很小的话. 满足这个要求的条件不难找到. 假设在一段时间内, 体系中的电荷分布有显著的改变, 用 T 表示这段时间的数量级. 这个体系的辐射显然含有与 T 同数量级的周期 (即频率与 $1/T$ 同数量级). 此外, 我们用 a 来代表体系的尺度的量级. 因此, 时间 $r \cdot \dfrac{\boldsymbol{n}}{c}$ 将与 $\dfrac{a}{c}$ 同数量级. 要这个体系内的电荷分布在这段时间内不发生显著的改变, 那么, 就必须有 $\dfrac{a}{c} \ll T$. 而 cT 正是辐射的波长 λ. 因此, $a \ll cT$ 可以写为

$$a \ll \lambda, \tag{67.1}$$

就是说, 电荷体系的尺度应当比辐射的波长小很多.

我们指出, 同一个条件 (67.1) 也可以从 (66.7) 式得到. 在被积函数中, $\boldsymbol{r}$ 所取的值是在一个与电荷体系的尺度同数量级的间隔内, 因为在电荷体系以外 $\boldsymbol{j}$ 等于零. 因此, 指数 $\mathrm{i}\boldsymbol{k} \cdot \boldsymbol{r}$ 是很小的, 对于那些 $ka \ll 1$ 的波, 可以略去它们, 而这个条件与 (67.1) 是等价的.

如果 v 与电荷速度的大小同量级, 注意到 $T \sim a/v$, 从而 $\lambda \sim ca/v$, 那么, 这个条件还可以写成另一形式. 从 $a \ll \lambda$, 我们得到

$$v \ll c, \tag{67.2}$$

就是说, 电荷的速度应当比光速小很多.

假设这个条件已被满足, 我们来研究与辐射体系相距甚远之处的辐射, 所谓与体系相距甚远就是指距离比波长大很多, 因而在任何情形下, 都比电荷体系的尺度大很多. 正如我们在 §66 所指出的, 在这样的距离上, 场可以当做平面波, 因此, 在求场时, 仅仅只计算矢势就够了.

在远处的场的矢势 (66.2) 现在有如下的形式:

$$\boldsymbol{A} = \frac{1}{cR_0} \int \boldsymbol{j}_{t'} \mathrm{d}V, \tag{67.3}$$

式中, $t' = t - R_0/c$. 时间 t' 现在已经与积分变量无关了. 将 $\boldsymbol{j} = \rho \boldsymbol{v}$ 代入, 我们就可将 (67.3) 改写为

$$\boldsymbol{A} = \frac{1}{cR_0} \Big(\sum e\boldsymbol{v} \Big),$$

(求和应对体系中所有的电荷进行; 为简单起见, 我们略去指标 t', 这个方程右边所有的量都是取对 t' 时刻的值). 但是

$$\sum e\boldsymbol{v} = \frac{\mathrm{d}}{\mathrm{d}t} \sum e\boldsymbol{r} = \dot{\boldsymbol{d}},$$

式中, $\boldsymbol{d}$ 是电荷体系的偶极距. 因此,

$$A = \frac{1}{cR_0}\dot{\boldsymbol{d}}. \tag{67.4}$$

利用公式 (66.3), 我们求出磁场等于

$$H = \frac{1}{c^2 R_0}\ddot{\boldsymbol{d}} \times \boldsymbol{n}, \tag{67.5}$$

而电场则等于

$$E = \frac{1}{c^2 R_0}(\ddot{\boldsymbol{d}} \times \boldsymbol{n}) \times \boldsymbol{n}. \tag{67.6}$$

我们注意, 在所考虑的近似情况下, 辐射为电荷体系的偶极矩的二阶导数所决定. 这样的辐射称为**偶极辐射**.

因为 $\boldsymbol{d} = \sum e\boldsymbol{r}$, $\ddot{\boldsymbol{d}} = \sum e\dot{\boldsymbol{v}}$; 所以电荷只有在它们作加速度运动时才能辐射. 作匀速运动的电荷不辐射. 这也可以直接从相对性原理推出, 因为作匀速运动的电荷可以在某一个惯性参考系中静止, 而一个静止电荷显然不辐射.

将 (67.5) 代入 (66.6), 我们得到偶极辐射的强度:

$$\mathrm{d}I = \frac{1}{4\pi c^3}(\ddot{\boldsymbol{d}} \times \boldsymbol{n})^2 \mathrm{d}o = \frac{\ddot{\boldsymbol{d}}^2}{4\pi c^3}\sin^2\theta \mathrm{d}o, \tag{67.7}$$

式中 θ 是矢量 $\ddot{\boldsymbol{d}}$ 和 $\boldsymbol{n}$ 之间的夹角. 这就是在单位时间内电荷体系辐射到立体角元 $\mathrm{d}o$ 内的能量, 我们注意, 辐射的角分布是由因子 $\sin^2\theta$ 给出的.

代入 $\mathrm{d}o = 2\pi\sin\theta\mathrm{d}\theta$, 从 0 到 π 对 $\mathrm{d}\theta$ 积分, 我们得到总辐射

$$I = \frac{2}{3c^3}\ddot{\boldsymbol{d}}^2. \tag{67.8}$$

如果我们只有一个电荷在外场中运动, 那么, $\boldsymbol{d} = e\boldsymbol{r}$, 而 $\ddot{\boldsymbol{d}} = e\boldsymbol{w}$, 此处的 $\boldsymbol{w}$ 是电荷的加速度. 因此, 运动电荷的总辐射是

$$I = \frac{2e^2 w^2}{3c^3}. \tag{67.9}$$

我们注意, 在由粒子所组成的封闭体系中, 如果所有粒子的荷质比都相同, 就不会有辐射 (偶极辐射). 实际上, 对于这样的体系, 偶极矩为

$$\boldsymbol{d} = \sum e\boldsymbol{r} = \sum \frac{e}{m}m\boldsymbol{r} = \mathrm{const}\sum m\boldsymbol{r},$$

此处的常数是所有电荷共同的荷质比. 但是 $\sum m\boldsymbol{r} = \boldsymbol{R}\sum m$, 此处 $\boldsymbol{R}$ 是体系惯性中心的径矢 (记着所有的速度 $v \ll c$, 因此非相对论力学可以应用). 因此 $\ddot{\boldsymbol{d}}$ 与惯性中心的加速度成正比, 这个加速度是零, 因为惯性中心匀速地运动着.

最后，我们写出偶极辐射强度的谱分解. 对于伴随碰撞而产生的辐射，我们引入量 $\mathrm{d}\mathscr{E}_\omega$ 来表示碰撞期间以波的形式（频率在间隔 $\mathrm{d}\omega/2\pi$ 内）辐射出去的能量（参见 §66）. 用傅里叶分量 $\ddot{\boldsymbol{d}}_\omega$ 代替 (67.8) 式中的 $\ddot{\boldsymbol{d}}$ 并乘以 2 就可得到它：

$$\mathrm{d}\mathscr{E}_\omega = \frac{4}{3c^3}|\ddot{\boldsymbol{d}}_\omega|^2\frac{\mathrm{d}\omega}{2\pi}.$$

为了决定傅里叶分量，我们有

$$\ddot{\boldsymbol{d}}_\omega\mathrm{e}^{-\mathrm{i}\omega t} = \frac{\mathrm{d}^2}{\mathrm{d}t^2}(\boldsymbol{d}_\omega\mathrm{e}^{-\mathrm{i}\omega t}) = -\omega^2\boldsymbol{d}_\omega\mathrm{e}^{-\mathrm{i}\omega t},$$

由此得到 $\ddot{\boldsymbol{d}}_\omega = -\omega^2\boldsymbol{d}_\omega$. 因此，我们得到

$$\mathrm{d}\mathscr{E}_\omega = \frac{4\omega^4}{3c^3}|\boldsymbol{d}_\omega|^2\frac{\mathrm{d}\omega}{2\pi}. \tag{67.10}$$

对于作周期运动的粒子，我们用同样的方法得到以频率 $\omega = n\omega_0$ 辐射的强度如下：

$$I_n = \frac{4\omega_0^4 n^4}{3c^3}|\boldsymbol{d}_n|^2. \tag{67.11}$$

习　　题

1. 求以恒定角速度 Ω 在一平面内转动的偶极子 $\boldsymbol{d}$ 的辐射.[①]

解：选择转动平面为 xy 平面，我们有：

$$d_x = d_0\cos\Omega t, \quad d_y = d_0\sin\Omega t.$$

因为这些函数是单色的，所以辐射也是单色的，频率 $\omega = \Omega$. 从 (67.7) 式我们得到辐射的角分布（对转动周期的平均值）：

$$\overline{\mathrm{d}I} = \frac{d_0^2\Omega^4}{8\pi c^3}(1+\cos^2\vartheta)\mathrm{d}o,$$

式中 ϑ 是辐射的方向 $\boldsymbol{n}$ 和 z 轴之间的夹角. 总辐射是

$$\overline{I} = \frac{2d_0^2\Omega^4}{3c^3}.$$

辐射的偏振沿着矢量 $\ddot{\boldsymbol{d}}\times\boldsymbol{n} = \omega^2\boldsymbol{n}\times\boldsymbol{d}$. 将其分解为 nz 平面和垂直于它的分量，我们发现辐射是椭圆偏振的，椭圆的轴比等于 $n_z = \cos\vartheta$；特别是，沿 z 轴的辐射是圆偏振的.

---

① 具有偶极矩的转子或对称陀螺的辐射就是这种类型. 在第一种情形下，$\boldsymbol{d}$ 是转子的总偶极矩；在第二种情形下，$\boldsymbol{d}$ 是陀螺的偶极矩在垂直于其进动轴（即总角动量的方向）平面上的投影.

2. 求（以速度 $\boldsymbol{v}$ 作整体运动的）电荷体系辐射的角分布，如果在体系整体静止的参考系中辐射的分布已知.

解：令

$$\mathrm{d}I' = f(\cos\theta', \varphi')\mathrm{d}o', \quad \mathrm{d}o' = \mathrm{d}(\cos\theta')\mathrm{d}\varphi'$$

是固联于运动电荷体系的 K' 系内的辐射强度（θ', φ' 是极坐标；极轴沿体系运动的方向）. 在固定的（实验室）参考系 K 内时间间隔 $\mathrm{d}t$ 中辐射的能量 $\mathrm{d}\mathscr{E}$，与 K' 系内辐射的能量 $\mathrm{d}\mathscr{E}'$ 通过如下变换公式相关

$$\mathrm{d}\mathscr{E}' = \frac{\mathrm{d}\mathscr{E} - \boldsymbol{V} \cdot \mathrm{d}\boldsymbol{P}}{\sqrt{1 - \dfrac{V^2}{c^2}}} = \mathrm{d}\mathscr{E}\,\frac{1 - \dfrac{V}{c}\cos\theta}{\sqrt{1 - \dfrac{V^2}{c^2}}}$$

（在给定方向传播的辐射的动量与其能量的关系满足方程 $|\mathrm{d}\boldsymbol{P}| = \mathrm{d}\mathscr{E}/c$）. K 与 K' 系内辐射方向的极坐标 θ, θ' 按公式（5.6）相关，方位角 φ 和 φ' 相等. 最后，K' 系内的时间间隔 $\mathrm{d}t'$ 对应于 K 系中的时间间隔

$$\mathrm{d}t = \frac{\mathrm{d}t'}{\sqrt{1 - \dfrac{V^2}{c^2}}}.$$

结果，我们得到 K 系中的强度 $\mathrm{d}I = (\mathrm{d}\mathscr{E}/\mathrm{d}t)\mathrm{d}o$：

$$\mathrm{d}I = \frac{\left(1 - \dfrac{V^2}{c^2}\right)^2}{\left(1 - \dfrac{V}{c}\cos\theta\right)^3} f\left(\frac{\cos\theta - \dfrac{V}{c}}{1 - \dfrac{V}{c}\cos\theta}, \varphi\right)\mathrm{d}o.$$

因此，对于沿自身轴方向运动的偶极矩，$f = \mathrm{const} \cdot \sin^2\theta'$，用刚才得到的公式，我们得出：

$$\mathrm{d}I = \mathrm{const} \cdot \frac{\left(1 - \dfrac{V^2}{c^2}\right)^3 \sin^2\theta}{\left(1 - \dfrac{V}{c}\cos\theta\right)^5}\mathrm{d}o.$$

§68　碰撞时的偶极辐射

在研究碰撞辐射（轫致辐射）问题时，我们很少对两个沿着一定轨道运动的粒子因碰撞而产生的辐射感兴趣. 通常我们必须考虑彼此平行移动着的整个粒子束的散射. 我们的问题就是求出每单位粒子流密度的总辐射.

如果粒子流密度等于 1（即在单位时间内通过粒子束截面的单位面积有一个粒子），那么，粒子流中"**碰撞参量**"在 ρ 和 $\rho + \mathrm{d}\rho$ 之间的粒子数等于 $2\pi\rho\mathrm{d}\rho$（即以 ρ 和 $\rho + \mathrm{d}\rho$ 为半径的两个圆之间的环的面积）．因此所要求的总辐射就可以用 $2\pi\rho\mathrm{d}\rho$ 乘一个粒子（具有碰撞参量 ρ）的总辐射 $\Delta\mathscr{E}$，再对 $\mathrm{d}\rho$ 从 0 到 ∞ 积分求得．如此求得的量将有能量乘面积的量纲．我们称它为**有效辐射**（同散射的有效截面相似），并以 $\varkappa$ 代表之[①]：

$$\varkappa = \int_0^\infty \Delta\mathscr{E} \cdot 2\pi\rho\mathrm{d}\rho. \tag{68.1}$$

用完全类似的方法，我们可以定义在一定立体角元 $\mathrm{d}o$ 内，和在一定的频率间隔 $\mathrm{d}\omega$ 内的有效辐射等等[②]．

现在我们来推导粒子束被中心对称场散射时，产生的辐射角分布的一般公式，这里我们假设辐射是偶极辐射．

被散射粒子束中的单个粒子（在每一时刻）的辐射强度由 (67.7) 式决定，在这个式子内的 $\boldsymbol{d}$ 是粒子对于散射中心的偶极矩[③]．首先，我们将此式对矢量 $\ddot{\boldsymbol{d}}$ 在与粒子束方向相垂直的平面内的所有方向求平均值．因为 $(\ddot{\boldsymbol{d}} \times \boldsymbol{n})^2 = \ddot{\boldsymbol{d}}^2 - (\boldsymbol{n} \cdot \ddot{\boldsymbol{d}})^2$，那么，求平均值运算仅仅影响到 $(\boldsymbol{n} \times \ddot{\boldsymbol{d}})^2$．因为散射的场是中心对称的，而入射粒子束是平行的，所以散射（以及辐射）具有对通过中心的轴的轴对称性．我们选定这个轴作为 x 轴．从对称性的考虑可以看出一次项 $\ddot{d}_y, \ddot{d}_z$ 在求平均值时给出零，又因 $\ddot{d}_x$ 不受求平均运算的影响，

$$\overline{\ddot{d}_x\ddot{d}_y} = \overline{\ddot{d}_x\ddot{d}_z} = 0.$$

$\ddot{d}_y^2$ 和 $\ddot{d}_z^2$ 的平均值彼此相等，所以

$$\overline{\ddot{d}_y^2} = \overline{\ddot{d}_z^2} = \frac{1}{2}(\ddot{\boldsymbol{d}}^2 - \ddot{d}_x^2).$$

注意到这些，我们就不难求得

$$\overline{(\ddot{\boldsymbol{d}} \times \boldsymbol{n})^2} = \frac{1}{2}(\ddot{\boldsymbol{d}}^2 + \ddot{d}_x^2) + \frac{1}{2}(\ddot{\boldsymbol{d}}^2 - 3\ddot{d}_x^2)\cos^2\theta,$$

式中，θ 是辐射方向 $\boldsymbol{n}$ 与 x 轴的夹角．

将强度对时间和对所有碰撞参量积分，我们就得到确定有效辐射作为辐射方向函数的最终公式

$$\mathrm{d}\varkappa_{\boldsymbol{n}} = \frac{\mathrm{d}o}{4\pi c^3}\left(A + B\frac{3\cos^2\theta - 1}{2}\right), \tag{68.2}$$

[①] $\varkappa$ 与辐射体系能量之比称为辐射能量损失截面.

[②] 如果被积分的式子与粒子的偶极矩在粒子流横截面上投影的定向角有关，那么，首先我们必须在这个平面上对于所有方向求平均值，只有这样做以后才能乘以 $2\pi\rho\mathrm{d}\rho$ 然后再积分.

[③] 实际上，通常我们所说的是指两个粒子——散射的粒子和被散射粒子——相对它们的公共的惯性中心的偶极矩.

式中,

$$A = \frac{2}{3} \int_0^\infty \int_{-\infty}^\infty \ddot{\boldsymbol{d}}^2 \mathrm{d}t\, 2\pi\rho\mathrm{d}\rho, \quad B = \frac{1}{3} \int_0^\infty \int_{-\infty}^\infty (\ddot{\boldsymbol{d}}^2 - 3\ddot{d}_x^2)\mathrm{d}t\, 2\pi\rho\mathrm{d}\rho. \quad (68.3)$$

(68.2) 式的第二项写成了这样的形式,它在对所有方向平均时为零,所以总有效辐射是 $\varkappa = A/c^3$. 请注意,辐射的角分布相对于穿过散射中心并且垂直于束的平面是对称的,因为如果将 θ 换为 $\pi - \theta$,(68.2) 式不变. 这个特性为偶极辐射所专有,对于比 v/c 更高阶的近似则无这个特性.

伴随散射而产生的辐射强度可以分成两部分,一部分是在经过 x 轴和方向 $\boldsymbol{n}$ 的平面内 (我们选择这个平面为 xy 平面) 偏振的辐射,另一部分是在垂直平面 xz 内偏振的辐射.

电场矢量与下面矢量的方向相同:

$$\boldsymbol{n} \times (\boldsymbol{n} \times \ddot{\boldsymbol{d}}) = \boldsymbol{n}(\boldsymbol{n} \cdot \ddot{\boldsymbol{d}}) - \ddot{\boldsymbol{d}}$$

(参见 (67.6) 式). 这个矢量在与 xy 平面垂直的方向上的分量是 $-\ddot{d}_z$,而它在 xy 平面内的投影是 $|\sin\theta \cdot \ddot{d}_x - \cos\theta \cdot \ddot{d}_y|$. 后面这个量可以最方便地由磁场的 z 分量决定,磁场的方向是 $\ddot{\boldsymbol{d}} \times \boldsymbol{n}$.

将 $\boldsymbol{E}$ 平方,再对矢量 $\ddot{\boldsymbol{d}}$ 在 yz 平面内的所有方向求平均值,我们首先看到,场在 xy 平面上的投影同它在与 xy 平面垂直的平面上的投影之积为零. 这意味着,辐射强度实际上可以表示为两个独立部分之和,这两部分就是在两个相互垂直的平面内偏振的辐射强度.

电矢量在垂直于 xy 平面内的辐射强度由 $\ddot{d}_z^2 = \frac{1}{2}(\ddot{\boldsymbol{d}}^2 - \ddot{d}_x^2)$ 的方均所决定. 对于有效辐射的相应部分,我们得到

$$\mathrm{d}\varkappa_{\boldsymbol{n}}^\perp = \frac{\mathrm{d}o}{4\pi c^3}\frac{1}{2} \int_0^\infty \int_{-\infty}^\infty (\ddot{\boldsymbol{d}}^2 - \ddot{d}_x^2)\mathrm{d}t\, 2\pi\rho\mathrm{d}\rho. \quad (68.4)$$

我们注意到,辐射的这一部分是各向同性的. 没有必要写出电场矢量在 xy 平面内的有效辐射表达式,因为,显然

$$\mathrm{d}\varkappa_{\boldsymbol{n}}^\perp + \mathrm{d}\varkappa_{\boldsymbol{n}}^\parallel = \mathrm{d}\varkappa_{\boldsymbol{n}}.$$

用相似的方法,我们可以求出在给定频率间隔 $\mathrm{d}\omega$ 内的有效辐射的角分布公式:

$$\mathrm{d}\varkappa_{\boldsymbol{n}\omega} = \frac{\mathrm{d}o}{2\pi c^3} \left[A(\omega) + B(\omega)\frac{3\cos^2\theta - 1}{2} \right] \frac{\mathrm{d}\omega}{2\pi}, \quad (68.5)$$

式中

$$A(\omega) = \frac{2\omega^4}{3} \int_0^\infty \boldsymbol{d}_\omega^2\, 2\pi\rho\mathrm{d}\rho, \quad B(\omega) = \frac{\omega^4}{3} \int_0^\infty (\boldsymbol{d}_\omega^2 - 3d_{x\omega}^2)\, 2\pi\rho\mathrm{d}\rho. \quad (68.6)$$

§69 低频韧致辐射

我们来考虑**韧致辐射**谱分解的低频"尾部",这个区间的频率远低于辐射主要部分集中所在处的频率 ω_0:

$$\omega \ll \omega_0. \tag{69.1}$$

我们不(像上节所作的那样)假设碰撞粒子的速度远小于光速;下面的公式对于任何速度都是适用的. 在非相对论情形下,$\omega_0 \sim 1/\tau$,这里 τ 是碰撞延续时间的量级;在极端相对论情形下,ω_0 正比于辐射粒子能量的平方(参见 §77).

在积分

$$\boldsymbol{H}_\omega = \int_{-\infty}^{\infty} \boldsymbol{H} e^{i\omega t} dt$$

之中,辐射场 $\boldsymbol{H}$ 只有在与 $1/\omega_0$ 同量级的时间间隔内,才与零有显著的差别. 因此,按照条件 (69.1),我们可以假设在被积函数内 $\omega t \ll 1$,从而可以使 $e^{i\omega t}$ 等于 1;于是,

$$\boldsymbol{H}_\omega = \int_{-\infty}^{\infty} \boldsymbol{H} dt.$$

将 $\boldsymbol{H} = \dot{\boldsymbol{A}} \times \boldsymbol{n}/c$ 代入上式,并对时间积分,则得到:

$$\boldsymbol{H}_\omega = \frac{1}{c}(\boldsymbol{A}_2 - \boldsymbol{A}_1) \times \boldsymbol{n}, \tag{69.2}$$

式中,$\boldsymbol{A}_2 - \boldsymbol{A}_1$ 是碰撞粒子在碰撞期间所产生的场的矢势的变化.

将 (69.2) 代入 (66.9) 式,我们便得到(频率为 ω 的)碰撞总辐射:

$$d\mathscr{E}_{\boldsymbol{n}\omega} = \frac{R_0^2}{4c\pi^2}[(\boldsymbol{A}_2 - \boldsymbol{A}_1) \times \boldsymbol{n}]^2 do d\omega. \tag{69.3}$$

我们可以用对于矢势的李纳–维谢尔表达式 (66.4) 得出:

$$d\mathscr{E}_{\boldsymbol{n}\omega} = \frac{1}{4\pi^2 c^3}\left[\sum e\left\{\frac{\boldsymbol{v}_2 \times \boldsymbol{n}}{1 - (1/c)\boldsymbol{n} \cdot \boldsymbol{v}_2} - \frac{\boldsymbol{v}_1 \times \boldsymbol{n}}{1 - (1/c)\boldsymbol{n} \cdot \boldsymbol{v}_1}\right\}\right]^2 do d\omega, \tag{69.4}$$

式中 $\boldsymbol{v}_1$ 和 $\boldsymbol{v}_2$ 是碰撞以前和以后的粒子速度,求和对两个碰撞粒子进行. 我们注意到,$d\omega$ 的系数与频率无关. 换言之,对于低频率(条件 (69.1)),谱分布与频率无关,就是说,当 $\omega \to 0$ 时,$d\mathscr{E}_{\boldsymbol{n}\omega}/d\omega$ 趋近于一个常数极限[①].

---

① 对碰撞参量积分,我们可以得到粒子束散射时的有效辐射的相似的结果,然而我们要记着,这个结果对于碰撞粒子有库仑相互作用情况下的有效辐射是不正确的,因为对 $d\rho$ 的积分在 ρ 很大时是(对数)发散的. 在下一节中可以看出,在这种情形下,低频率的有效辐射与频率的对数有关,而不是保持不变.

如果碰撞粒子的速度比光速小很多,那么,(69.4)式变为

$$d\mathscr{E}_{n\omega} = \frac{1}{4\pi^2 c^3}\left[\sum e(\boldsymbol{v}_2 - \boldsymbol{v}_1)\times\boldsymbol{n}\right]^2 do d\omega. \tag{69.5}$$

这个表达式对应于偶极辐射的情形,矢势由(67.4)式给出.

这些公式的一个有趣应用是应用于发射新带电粒子(例如从核中出射 β 粒子)时产生的辐射. 这个过程被处理成粒子的速度瞬时从零变为其实际 值.(由于公式(69.5)对交换 $\boldsymbol{v}_1$ 和 $\boldsymbol{v}_2$ 的对称性,起源于这个过程的辐射与其 逆过程(粒子瞬时停止)产生的辐射是相同的.)重要之点在于,由于该过程 的"时间" $\tau\to 0$,条件(69.1)实际上对所有频率都是满足的.[①]

习　　题

求一个当射出时以速度 v 运动的带电粒子所产生总辐射的谱分布.

解:按照公式(69.4)(其中我们令 $\boldsymbol{v}_2 = \boldsymbol{v}, \boldsymbol{v}_1 = 0$),我们有:

$$d\mathscr{E}_\omega = d\omega \frac{e^2 v^2}{4\pi^2 c^3}\int_0^\pi \frac{\sin^2\theta}{(1-(v/c)\cos\theta)^2}2\pi\sin\theta d\theta.$$

进行积分后得到[②]:

$$d\mathscr{E}_\omega = \frac{e^2}{\pi c}\left(\frac{c}{v}\ln\frac{c+v}{c-v} - 2\right)d\omega. \tag{1}$$

对于 $v\ll c$,这个公式化为

$$d\mathscr{E}_\omega = \frac{2e^2 v^2}{3c^3}d\omega,$$

该公式也可以从(69.5)直接得到.

§70　库仑相互作用的辐射

为了参考的目的,我们在这一节内列举一系列有关两个带电粒子体系的 偶极辐射公式;这里,我们假设粒子的速度比光速小很多.

我们对这个体系作为一个整体的匀速运动(即体系惯性中心的运动)没 有兴趣,因为它并不引起辐射;因此我们只需研究粒子的相对运动.我们选定 惯性中心为坐标原点,那么,体系的偶极矩 $\boldsymbol{d} = e_1\boldsymbol{r}_1 + e_2\boldsymbol{r}_2$ 可以写成

$$\boldsymbol{d} = \frac{e_1 m_2 - e_2 m_1}{m_1 + m_2}\boldsymbol{r} = \mu\left(\frac{e_1}{m_1} - \frac{e_2}{m_2}\right)\boldsymbol{r}, \tag{70.1}$$

[①] 然而,这些公式的应用受到量子条件的限制,即 $\hbar\omega$ 同粒子的总动能相比很小.

[②] 正如我们已经指出的那样,即使由于过程的"瞬时性",条件(69.1)对所有频率都满足, 我们却不能通过将(1)式对 $d\omega$ 积分来求得总辐射能——该积分在高频发散. 值得一提的是,除 了经典性质的条件在高频失效以外,在本例中发散的原因还在于经典问题的不正确陈述,即这 个问题中粒子在初始时刻加速度为无穷大.

式中,指标 1 和 2 分别属于两个粒子,而 $r = r_1 - r_2$ 则是两粒子之间的径矢.

$$\mu = \frac{m_1 m_2}{m_1 + m_2}$$

是约化质量.

我们从两个按照库仑定律互相吸引着的粒子在作椭圆运动时所产生的辐射开始. 从力学我们知道(参看本教程第一卷 §15),这种运动可以用一质量为 μ 的粒子在椭圆上的运动来说明,椭圆的极坐标方程是

$$1 + \varepsilon \cos \varphi = \frac{a(1 - \varepsilon^2)}{r}, \tag{70.2}$$

此处的半长轴 a 和离心率 ε 是

$$a = \frac{\alpha}{2|\mathscr{E}|}, \quad \varepsilon = \sqrt{1 - \frac{2|\mathscr{E}|M^2}{\mu \alpha^2}}. \tag{70.3}$$

式中,$\mathscr{E}$ 是粒子的总能量(略去它们的静能!),运动在有限范围内时,总能量为负. $M = \mu r^2 \dot{\varphi}$ 是角动量,而 α 是库仑定律中的常数:

$$\alpha = |e_1 e_2|.$$

坐标与时间的关系可以用参数方程表示如下:

$$r = a(1 - \varepsilon \cos \xi), \quad t = \sqrt{\frac{\mu a^3}{\alpha}}(\xi - \varepsilon \sin \xi). \tag{70.4}$$

当参数 ξ 从 0 变到 2π 时,粒子在椭圆上走一周;运动的周期是

$$T = 2\pi \sqrt{\frac{\mu a^3}{\alpha}}.$$

现在我们来求偶极矩的傅里叶分量. 因为运动是周期性的,所以这即是求傅里叶级数的展开式. 既然偶极矩与径矢 r 成正比,那么这个问题就可化为求坐标 $x = r \cos \varphi, y = r \sin \varphi$ 的傅里叶分量. x 和 y 与时间的关系由如下参数方程决定

$$x = a(\cos \xi - \varepsilon), \quad y = a\sqrt{1 - \varepsilon^2} \sin \xi, \quad \omega_0 t = \xi - \varepsilon \sin \xi, \tag{70.5}$$

这里,我们引入了频率

$$\omega_0 = \frac{2\pi}{T} = \sqrt{\frac{\alpha}{\mu a^3}} = \frac{(2|\mathscr{E}|)^{3/2}}{\alpha \mu^{1/2}}.$$

利用 $\dot{x}_n = -\mathrm{i}\omega_0 n x_n, \dot{y}_n = -\mathrm{i}\omega_0 n y_n$, 计算速度的傅里叶分量, 这比求坐标的傅里叶分量更便利些. 我们有

$$x_n = \frac{\dot{x}_n}{-\mathrm{i}\omega_0 n} = \frac{\mathrm{i}}{\omega_0 n T} \int_0^T \mathrm{e}^{\mathrm{i}\omega_0 n t} \dot{x} \mathrm{d}t.$$

但是 $\dot{x}\mathrm{d}t = \mathrm{d}x = -a\sin\xi\mathrm{d}\xi$; 因此, 将对 $\mathrm{d}t$ 的积分变为对 $\mathrm{d}\xi$ 的积分, 我们就有

$$x_n = -\frac{\mathrm{i}a}{2\pi n} \int_0^{2\pi} \mathrm{e}^{\mathrm{i}n(\xi - \varepsilon\sin\xi)} \sin\xi \mathrm{d}\xi.$$

同样, 我们可求得

$$y_n = \frac{\mathrm{i}a\sqrt{1-\varepsilon^2}}{2\pi n} \int_0^{2\pi} \mathrm{e}^{\mathrm{i}n(\xi - \varepsilon\sin\xi)} \cos\xi \mathrm{d}\xi = \frac{\mathrm{i}a\sqrt{1-\varepsilon^2}}{2\pi n\varepsilon} \int_0^{2\pi} \mathrm{e}^{\mathrm{i}n(\xi - \varepsilon\sin\xi)} \mathrm{d}\xi$$

(在从第一个积分变到第二个积分时, 我们在被积函数中写了 $\cos\xi \equiv \left(\cos\xi - \dfrac{1}{\varepsilon}\right) + \dfrac{1}{\varepsilon}$; 这时, 出现了 $\cos\xi - \dfrac{1}{\varepsilon}$ 的积分, 而它恒等于零). 最后利用贝塞尔函数的理论, 我们有

$$\frac{1}{2\pi} \int_0^{2\pi} \mathrm{e}^{\mathrm{i}(n\xi - x\sin\xi)} \mathrm{d}\xi = \frac{1}{\pi} \int_0^{\pi} \cos(n\xi - x\sin\xi) \mathrm{d}\xi = \mathrm{J}_n(x), \qquad (70.6)$$

式中, $\mathrm{J}_n(x)$ 是整数 n 阶的贝塞尔函数. 结果得到所求的傅里叶分量的如下表达式:

$$x_n = \frac{a}{n} \mathrm{J}_n'(n\varepsilon), \quad y_n = \frac{\mathrm{i}a\sqrt{1-\varepsilon^2}}{n\varepsilon} \mathrm{J}_n(n\varepsilon) \qquad (70.7)$$

(贝塞尔函数上面的一撇表示对函数自变量微分).

辐射的单色分量强度的表达式可以通过将 x_n 和 y_n 代入如下公式中得到:

$$I_n = \frac{4\omega_0^4 n^4}{3c^3} \mu^2 \left(\frac{e_1}{m_1} - \frac{e_2}{m_2}\right)^2 (|x_n|^2 + |y_n|^2)$$

(参见 (67.11)). 利用粒子的特征量来表示 a 和 ω_0, 最后我们得到:

$$I_n = \frac{64n^2\mathscr{E}^4}{3c^3\alpha^2} \left(\frac{e_1}{m_1} - \frac{e_2}{m_2}\right)^2 \left[\mathrm{J}_n'^2(n\varepsilon) + \frac{1-\varepsilon^2}{\varepsilon^2} \mathrm{J}_n^2(n\varepsilon)\right]. \qquad (70.8)$$

作为特例, 下面我们写出在轨道接近抛物线的运动中 (ε 接近 1) 非常高次谐波 (n 很大) 强度的渐近公式. 为此目的, 我们用公式

$$\mathrm{J}_n(n\varepsilon) \approx \frac{1}{\sqrt{\pi}} \left(\frac{2}{n}\right)^{1/3} \Phi\left[\left(\frac{n}{2}\right)^{2/3} (1-\varepsilon^2)\right],$$
$$n \gg 1, \quad 1-\varepsilon \ll 1, \qquad (70.9)$$

式中 Φ 是 §59 习题脚注中定义的艾里函数[①].

代入 (70.8) 得到:

$$I_n = \frac{64 \times 2^{2/3}}{3\pi} \frac{n^{4/3} \mathscr{E}^4}{c^3 \alpha^2} \left(\frac{e_1}{m_1} - \frac{e_2}{m_2} \right)^2 \left\{ (1 - \varepsilon^2) \Phi^2 \left[\left(\frac{n}{2} \right)^{2/3} (1 - \varepsilon^2) \right] + \right.$$
$$\left. + \left(\frac{2}{n} \right)^{2/3} \Phi'^2 \left[\left(\frac{n}{2} \right)^{2/3} (1 - \varepsilon^2) \right] \right\}. \tag{70.10}$$

这个结果也可以用麦克唐纳函数 K_ν 表示为:

$$I_n = \frac{64}{9\pi^2} \frac{n^2 \mathscr{E}^4}{c^3 \alpha^2} \left(\frac{e_1}{m_1} - \frac{e_2}{m_2} \right)^2 \left\{ K_{1/3}^2 \left[\frac{n}{3} (1 - \varepsilon^2)^{3/2} \right] + \right.$$
$$\left. + K_{2/3}^2 \left[\frac{n}{3} (1 - \varepsilon^2)^{3/2} \right] \right\} (1 - \varepsilon^2)^2$$

(必要的公式在 (74.13) 式后第 1 个脚注给出).

以下, 我们考虑两个互相吸引的带电粒子的碰撞. 这两个粒子的相对运动, 可以用一个以质量为 μ 的粒子在双曲线上的运动来描写:

$$1 + \varepsilon \cos \varphi = \frac{a(\varepsilon^2 - 1)}{r}, \tag{70.11}$$

式中,

$$a = \frac{\alpha}{2\mathscr{E}}, \quad \varepsilon = \sqrt{1 + \frac{2\mathscr{E} M^2}{\mu \alpha^2}} \tag{70.12}$$

(现在 $\mathscr{E} > 0$). r 与时间的关系由下面的参数方程所决定:

$$r = a(\varepsilon \cosh \xi - 1), \quad t = \sqrt{\frac{\mu a^3}{\alpha}} (\varepsilon \sinh \xi - \xi), \tag{70.13}$$

此处的参数 ξ 可取 $-\infty$ 到 $+\infty$ 之间的一切值. 对于坐标 x, y, 我们有

$$x = a(\varepsilon - \cosh \xi), \quad y = a\sqrt{\varepsilon^2 - 1} \sinh \xi. \tag{70.14}$$

[①] 对于 $n \gg 1$, 对积分

$$J_n(n\varepsilon) = \frac{1}{\pi} \int_0^\pi \cos[n(\xi - \varepsilon \sin \xi)] \mathrm{d}\xi$$

的主要贡献来自 ξ 的小值 (对于大的 ξ 值, 被积函数快速振荡). 据此, 我们将余弦函数的自变量按 ξ 的幂展开:

$$J_n(n\varepsilon) = \frac{1}{\pi} \int_0^\infty \cos \left[n \left(\frac{1 - \varepsilon^2}{2} \xi + \frac{\xi^3}{6} \right) \right] \mathrm{d}\xi;$$

因为积分迅速收敛, 上限已换为 ∞; 含 ξ^3 的项必须保留, 因为一阶项含有小系数 $1 - \varepsilon \approx (1 - \varepsilon^2)/2$. 通过明显的代换, 上面的积分可以化为 (70.9) 的形式.

傅里叶分量的计算（我们现在所指的是展开为傅里叶积分的展开式）可以照上面的方法完全一样地进行. 结果得到:

$$x_\omega = \frac{\pi a}{\omega} H_{i\nu}^{(1)'}(i\nu\varepsilon), \quad y_\omega = -\frac{\pi a\sqrt{\varepsilon^2-1}}{\omega\varepsilon} H_{i\nu}^{(1)}(i\nu\varepsilon), \tag{70.15}$$

式中, $H_{i\nu}^{(1)}$ 是第一类第 $i\nu$ 阶的汉克尔函数, 我们引入了符号

$$\nu = \frac{\omega}{\sqrt{\dfrac{\alpha}{\mu a^3}}} = \frac{\omega\alpha}{\mu v_0^3} \tag{70.16}$$

(v_0 是粒子在无穷远处的相对速度; 能量 $\mathscr{E} = \mu v_0^2/2$). 在计算中, 我们还引用了贝塞尔函数理论中的公式:

$$\int_{-\infty}^{\infty} e^{p\xi - ix\sinh\xi} d\xi = i\pi H_p^{(1)}(ix). \tag{70.17}$$

将 (70.15) 代入公式

$$d\mathscr{E}_\omega = \frac{4\omega^4\mu^2}{3c^3}\left(\frac{e_1}{m_1} - \frac{e_2}{m_2}\right)^2 (|x_\omega|^2 + |y_\omega|^2)\frac{d\omega}{2\pi}$$

(参见 (67.10)) 我们便得到[1]:

$$d\mathscr{E}_\omega = \frac{\pi\mu^2\alpha^2\omega^2}{6c^3\mathscr{E}^2}\left(\frac{e_1}{m_1} - \frac{e_2}{m_2}\right)^2 \left\{\left[H_{i\nu}^{(1)'}(i\nu\varepsilon)\right]^2 + \frac{\varepsilon^2-1}{\varepsilon^2}\left[H_{i\nu}^{(1)}(i\nu\varepsilon)\right]^2\right\} d\omega. \tag{70.18}$$

我们比较关心的量是平行粒子束散射时的"有效辐射"（参见 §68）. 为了计算它, 我们用 $2\pi\rho d\rho$ 乘 $d\mathscr{E}_\omega$, 再对 ρ 从零到无穷大积分. 利用 $2\pi\rho d\rho = 2\pi a^2\varepsilon d\varepsilon$, 我们将对 $d\rho$ 的积分化为对 $d\varepsilon$（在 1 到 ∞ 的范围中）的积分. 这个关系从定义 (70.12) 得来, 其中, 角动量 M 和能量 $\mathscr{E}$ 与碰撞参量 ρ 及粒子在无穷远处的速度 v_0 的关系是:

$$M = \mu\rho v_0, \quad \mathscr{E} = \frac{\mu v_0^2}{2}.$$

最后的积分可以直接利用公式

$$z\left[Z_p'^2 + \left(\frac{p^2}{z^2} - 1\right)Z_p^2\right] = \frac{d}{dz}(zZ_pZ_p'),$$

---

[1] 注意, 函数 $H_{i\nu}^{(1)}(i\nu\varepsilon)$ 是纯虚数, 而其导数 $H_{i\nu}^{(1)'}(i\nu\varepsilon)$ 是实数.

式中, $Z_p(z)$ 是 p 阶贝塞尔方程的一个任意解[①]. 记着当 $\varepsilon \to \infty$ 时, 汉克尔函数 $H_{\mathrm{i}\nu}^{(1)}(\mathrm{i}\nu\varepsilon)$ 变为零, 结果我们便得到下面的公式:

$$\mathrm{d}\varkappa_\omega = \frac{4\pi^2\alpha^3\omega}{3c^3\mu v_0^5}\left(\frac{e_1}{m_1} - \frac{e_2}{m_2}\right)^2 |H_{\mathrm{i}\nu}^{(1)}(\mathrm{i}\nu)|H_{\mathrm{i}\nu}^{(1)'}(\mathrm{i}\nu)\mathrm{d}\omega. \tag{70.19}$$

现在让我们考虑低频和高频两种极限情形. 在积分

$$\int_{-\infty}^{\infty} \mathrm{e}^{\mathrm{i}\nu(\xi - \sinh\xi)}\mathrm{d}\xi = \mathrm{i}\pi H_{\mathrm{i}\nu}^{(1)}(\mathrm{i}\nu) \tag{70.20}$$

(汉克尔函数的定义) 中, 积分变量 ξ 的唯一重要的范围是指数在其中与 1 同数量级的范围. 因此, 对于低频 ($\nu \ll 1$), 仅有大 ξ 的区域是重要的. 但是对于大的 ξ, 我们有 $\sinh\xi \gg \xi$. 因此, 近似地,

$$H_{\mathrm{i}\nu}^{(1)}(\mathrm{i}\nu) \approx -\frac{\mathrm{i}}{\pi}\int_{-\infty}^{\infty} \mathrm{e}^{-\mathrm{i}\nu\sinh\xi}\mathrm{d}\xi = H_0^{(1)}(\mathrm{i}\nu).$$

同理, 我们可求得

$$H_{\mathrm{i}\nu}^{(1)'}(\mathrm{i}\nu) \approx H_0^{(1)'}(\mathrm{i}\nu).$$

最后, 利用贝塞尔函数理论中的近似式 (对于小的 x)

$$\mathrm{i}H_0^{(1)}(\mathrm{i}x) \approx \frac{2}{\pi}\ln\frac{2}{\gamma x}$$

($\gamma = e^C$, 式中, C 是欧拉常数, $\gamma = 1.781\cdots$), 我们得到低频有效辐射的如下表达式:

$$\mathrm{d}\varkappa_\omega = \frac{16\alpha^2}{3v_0^2 c^3}\left(\frac{e_1}{m_1} - \frac{e_2}{m_2}\right)^2 \ln\left(\frac{2\mu v_0^3}{\gamma\omega\alpha}\right)\mathrm{d}\omega, \quad \text{当} \quad \omega \ll \frac{\mu v_0^3}{\alpha}. \tag{70.21}$$

这个表达式依赖于频率的对数.

对于高频率 ($\nu \gg 1$), 在积分 (70.20) 中, 与前相反, 小 ξ 值的区域是重要的. 根据这个理由, 我们将被积函数的指数展开为 ξ 的幂级数, 并近似地得到

$$H_{\mathrm{i}\nu}^{(1)}(\mathrm{i}\nu) \approx -\frac{\mathrm{i}}{\pi}\int_{-\infty}^{\infty} \exp\left(-\frac{\mathrm{i}\nu}{6}\xi^3\right)\mathrm{d}\xi = -\frac{2\mathrm{i}}{\pi}\mathrm{Re}\left\{\int_0^{\infty} \exp\left(-\frac{\mathrm{i}\nu}{6}\xi^3\right)\mathrm{d}\xi\right\}.$$

---

① 这个公式是贝塞尔方程

$$Z'' + \frac{1}{z}Z' + \left(1 - \frac{p^2}{z^2}\right)Z = 0$$

的直接结果.

作代换 $i\nu\xi^3/6 = \eta$，上面的积分化为 Γ 函数，结果我们得到

$$H_{i\nu}^{(1)}(i\nu) \approx -\frac{i}{\pi\sqrt{3}}\left(\frac{6}{\nu}\right)^{1/3}\Gamma\left(\frac{1}{3}\right).$$

同理，我们得到

$$H_{i\nu}^{(1)'}(i\nu) \approx \frac{1}{\pi\sqrt{3}}\left(\frac{6}{\nu}\right)^{2/3}\Gamma\left(\frac{2}{3}\right).$$

最后，再利用 Γ 函数理论中的熟知公式

$$\Gamma(x)\Gamma(1-x) = \frac{\pi}{\sin\pi x},$$

对于高频率有效辐射，我们得到：

$$d\varkappa_\omega = \frac{16\pi\alpha^2}{3^{3/2}v_0^2 c^3}\left(\frac{e_1}{m_1} - \frac{e_2}{m_2}\right)^2 d\omega, \quad \text{当} \quad \omega \gg \frac{\mu v_0^3}{\alpha}, \tag{70.22}$$

这是一个与频率无关的表达式.

现在我们转到伴随两个按照库仑定律 $U = \dfrac{\alpha}{r}(\alpha > 0)$ 而排斥的粒子互相碰撞而产生的辐射. 运动发生于双曲线

$$-1 + \varepsilon\cos\varphi = \frac{a(\varepsilon^2 - 1)}{r}; \tag{70.23}$$

$$x = a(\varepsilon + \cosh\xi), \quad y = a\sqrt{\varepsilon^2 - 1}\sinh\xi, \quad t = \sqrt{\frac{\mu a^3}{\alpha}}(\varepsilon\sinh\xi + \xi) \tag{70.24}$$

（a 和 ε 来自（70.12））. 对于这种情形的所有计算直接可以化为上面进行过的计算，因而这里就不再重复了. 实际上，对于坐标 x 的傅里叶分量的积分

$$x_\omega = \frac{ia}{\omega}\int_{-\infty}^{\infty} e^{i\nu(\varepsilon\sinh\xi + \xi)}\sinh\xi d\xi$$

在作代换 $\xi \to i\pi - \xi$ 后便可化为在互相吸引情形下的积分乘以 $-e^{-\pi\nu}$；这对 y_ω 也同样成立.

因此，在相斥的情形中，傅里叶分量 x_ω, y_ω 的表达式与相吸的情形中的相应的表达式只相差一个因子 $e^{-\pi\nu}$. 所以，在辐射的各公式中，唯一的变动是加上一个因子 $e^{-2\pi\nu}$. 就特例言之，对于低频，我们得到上面的公式（70.21）（因为对于 $\nu \ll 1: e^{-2\pi\nu} \approx 1$）. 对于高频，有效辐射有下面的形式：

$$d\varkappa_\omega = \frac{16\pi\alpha^2}{3^{3/2}v_0^2 c^3}\left(\frac{e_1}{m_1} - \frac{e_2}{m_2}\right)^2 \exp\left(-\frac{2\pi\omega\alpha}{\mu v_0^3}\right) d\omega, \quad \text{当} \quad \omega \gg \frac{\mu v_0^3}{\alpha}. \tag{70.25}$$

它随着频率的增加而按指数规律下降.

习　题

1. 求两个互相吸引的粒子在作椭圆运动时的平均总辐射.

解：从偶极矩的表达式 (70.1)，我们得到辐射的总强度：

$$I = \frac{2\mu^2}{3c^3}\left(\frac{e_1}{m_1} - \frac{e_2}{m_2}\right)^2 \ddot{r}^2 = \frac{2\alpha^2}{3c^3}\left(\frac{e_1}{m_1} - \frac{e_2}{m_2}\right)^2 \frac{1}{r^4},$$

这里我们用了运动方程 $\mu\ddot{\boldsymbol{r}} = -\alpha\boldsymbol{r}/r^3$. 从轨道方程 (70.2) 用 φ 来表示坐标 $\boldsymbol{r}$，再利用方程 $\mathrm{d}t = \mu r^2 \mathrm{d}\varphi/M$，将对时间的积分变为对角 φ 的积分 (从 0 到 2π). 结果，我们求得平均强度：

$$\bar{I} = \frac{1}{T}\int_0^T I\mathrm{d}t = \frac{2^{3/2}}{3c^3}\left(\frac{e_1}{m_1} - \frac{e_2}{m_2}\right)^2 \frac{\mu^{5/2}\alpha^3|\mathscr{E}|^{3/2}}{M^5}\left(3 - \frac{2|\mathscr{E}|M^2}{\mu\alpha^2}\right).$$

2. 求两个带电粒子的碰撞总辐射 $\Delta\mathscr{E}$.

解：在相吸的情形下，轨道是双曲线 (70.11)，而在相斥的情形下，轨道是 (70.23). 双曲线的渐近线与其轴的夹角是 φ_0，φ_0 由 $\pm\cos\varphi_0 = 1/\varepsilon$ 来决定，而粒子的偏转角 (在惯性中心是静止的坐标系中) 是 $\chi = |\pi - 2\varphi_0|$. 计算方法照习题 1 进行 (对 $\mathrm{d}\varphi$ 的积分限是 $-\varphi_0$ 和 φ_0). 对于相吸的情形，得到的结果是

$$\Delta\mathscr{E} = \frac{\mu^3 v_0^5}{3c^3\alpha}\tan^3\frac{\chi}{2}\left[(\pi + \chi)\left(1 + 3\tan^2\frac{\chi}{2}\right) + 6\tan\frac{\chi}{2}\right]\left(\frac{e_1}{m_1} - \frac{e_2}{m_2}\right)^2,$$

而对于相斥的情形，我们得到

$$\Delta\mathscr{E} = \frac{\mu^3 v_0^5}{3c^3\alpha}\tan^3\frac{\chi}{2}\left[(\pi - \chi)\left(1 + 3\tan^2\frac{\chi}{2}\right) - 6\tan\frac{\chi}{2}\right]\left(\frac{e_1}{m_1} - \frac{e_2}{m_2}\right)^2.$$

在两种情形下，χ 都看成正角并由如下方程决定

$$\cot\frac{\chi}{2} = \frac{\mu v_0^2 \rho}{\alpha}.$$

因此对于两个相斥电荷的 "正" 碰撞 ($\rho \to 0, \chi \to \pi$)，我们得到

$$\Delta\mathscr{E} = \frac{8\mu^3 v_0^5}{45c^3\alpha}\left(\frac{e_1}{m_1} - \frac{e_2}{m_2}\right)^2.$$

3. 求在相斥库仑场中一粒子束散射时的总有效辐射.

解：所求的量是

$$\varkappa = \int_0^\infty \int_{-\infty}^\infty I\mathrm{d}t 2\pi\rho\mathrm{d}\rho = \frac{2\alpha^2}{3c^3}\left(\frac{e_1}{m_1} - \frac{e_2}{m_2}\right)^2 \cdot 2\pi\int_0^\infty\int_{-\infty}^\infty \frac{1}{r^4}\mathrm{d}t\rho\mathrm{d}\rho.$$

我们将对时间的积分换为沿电荷轨道对 $\mathrm{d}r$ 的积分，写出 $\mathrm{d}t = \mathrm{d}r/v_r$，此处的径向速度 $v_r = \dot{r}$ 可以用 r 表示如下：

$$v_r = \sqrt{\frac{2}{\mu}\left[\mathscr{E} - \frac{M^2}{2\mu r^2} - U(r)\right]} = \sqrt{v_0^2 - \frac{\rho^2 v_0^2}{r^2} - \frac{2\alpha}{\mu r}}.$$

对 $\mathrm{d}r$ 积分的范围是从 ∞ 到离中心最近的距离 $\dot{r}_0 = r_0(\rho)$（在这一点 $v_r = 0$），然后再从 r_0 到无穷远；这就化为从 r_0 到 ∞ 积分两次. 计算二重积分的方便做法是将积分次序互换（即先对 $\mathrm{d}\rho$ 积分，然后再对 $\mathrm{d}r$ 积分）. 计算的结果是

$$\varkappa = \frac{8\pi}{9}\frac{\alpha\mu v_0}{c^3}\left(\frac{e_1}{m_1} - \frac{e_2}{m_2}\right)^2.$$

4. 设有一个电荷从另一个电荷的旁边经过，假设电荷的速度是这样大（虽然比起光速仍然是很小的），以致它的轨道与直线的偏差可以认为很小，求由此所产生的总辐射的角分布.

解：如果动能 $\mu v^2/2$ 比势能大很多（势能的量级为 $\alpha/\rho(\mu v^2 \gg \alpha/\rho)$），那么，偏转角就很小了. 我们选定运动的平面为 xy 平面，而原点仍选在惯性中心，x 轴沿速度的方向. 在一级近似中，轨道可以由 $x = vt, y = \rho$ 给出. 在高一级的近似中，运动方程给出

$$\mu\ddot{x} = \frac{\alpha}{r^2}\frac{x}{r} \approx \frac{\alpha vt}{r^3}, \quad \mu\ddot{y} = \frac{\alpha}{r^2}\frac{y}{r} \approx \frac{\alpha\rho}{r^3},$$

这里

$$r = \sqrt{x^2 + y^2} \approx \sqrt{\rho^2 + v^2t^2}.$$

利用公式 (67.7)，我们求得：

$$\mathrm{d}\mathscr{E}_{\boldsymbol{n}} = \mathrm{d}o\frac{\mu^2}{4\pi c^3}\left(\frac{e_1}{m_1} - \frac{e_2}{m_2}\right)^2\int_{-\infty}^{\infty}[\ddot{x}^2 + \ddot{y}^2 - (\ddot{x}n_x + \ddot{y}n_y)^2]\mathrm{d}t,$$

这里 $\boldsymbol{n}$ 是在 $\mathrm{d}o$ 方向的单位矢量. 用 t 来表示被积函数并进行积分，我们得到：

$$\mathrm{d}\mathscr{E}_{\boldsymbol{n}} = \frac{\alpha^2}{32vc^3\rho^3}\left(\frac{e_1}{m_1} - \frac{e_2}{m_2}\right)^2(4 - n_x^2 - 3n_y^2)\mathrm{d}o.$$

§71　四极辐射和磁偶极辐射

现在我们来研究与矢势（按体系尺度与波长之比 a/λ 的幂的）展开式中后几项相关的辐射. 因为假设 a/λ 很小，这些项一般也比第一（偶极）项小得

多. 但是在电荷体系的偶极矩为零, 以至偶极辐射不发生的情形下, 它们就很重要了.

将 (66.2), 即

$$A = \frac{1}{cR_0} \int j_{t' + \frac{r \cdot n}{c}} \, dV,$$

中的被积函数展开为 $r \cdot n/c$ 的幂级数, 准确到一阶项, 我们得到

$$A = \frac{1}{cR_0} \int j_{t'} \, dV + \frac{1}{c^2 R_0} \frac{\partial}{\partial t'} \int (r \cdot n) j_{t'} \, dV.$$

将 $j = \rho v$ 代入, 并改变到点电荷模型, 我们得到:

$$A = \frac{\sum ev}{cR_0} + \frac{1}{c^2 R_0} \frac{\partial}{\partial t} \sum ev(r \cdot n). \tag{71.1}$$

(从现在起, 我们像在 §67 一样, 在所有量中略去指标 t').

在右边的第二个求和中, 我们可以写

$$v(r \cdot n) = \frac{1}{2} \frac{\partial}{\partial t} r(n \cdot r) + \frac{1}{2} v(n \cdot r) - \frac{1}{2} r(n \cdot v)$$

$$= \frac{1}{2} \frac{\partial}{\partial t} r(n \cdot r) + \frac{1}{2} (r \times v) \times n.$$

于是, 我们求得 A 的表达式

$$A = \frac{\dot{d}}{cR_0} + \frac{1}{2c^2 R_0} \frac{\partial^2}{\partial t^2} \sum er(n \cdot r) + \frac{1}{cR_0}(\dot{\mathfrak{m}} \times n), \tag{71.2}$$

式中, d 是这个体系的偶极矩, 而 $\mathfrak{m} = \frac{1}{2c} \sum er \times v$ 则是体系的磁矩. 为了作更进一步的变换, 我们注意到, 将与 n 成比例的任意矢量加到 A 上并不改变场, 因为按照公式 (66.3), H 和 E 并不因此而改变. 根据这个道理, 我们可以将 (71.2) 换为

$$A = \frac{\dot{d}}{cR_0} + \frac{1}{6c^2 R_0} \frac{\partial^2}{\partial t^2} \sum e[3r(n \cdot r) - nr^2] + \frac{1}{cR_0} \dot{\mathfrak{m}} \times n.$$

但是, 在求和号后面的表达式正是矢量 n 和四极矩张量 $D_{\alpha\beta} = \sum e(3x_\alpha x_\beta - \delta_{\alpha\beta} r^2)$ 的积 $n_\beta D_{\alpha\beta}$ (参见 §41). 引入矢量 D, 其分量为 $D_\alpha = D_{\alpha\beta} n_\beta$, 我们便得到矢势的最终表达式:

$$A = \frac{\dot{d}}{cR_0} + \frac{1}{6c^2 R_0} \ddot{D} + \frac{1}{cR_0} \dot{\mathfrak{m}} \times n. \tag{71.3}$$

知道了 A, 利用一般公式 (66.3), 我们现在就可以确定辐射场 H 和 E

$$H = \frac{1}{c^2 R_0} \left\{ \ddot{d} \times n + \frac{1}{6c} \dddot{D} \times n + (\ddot{\mathfrak{m}} \times n) \times n \right\},$$

$$E = \frac{1}{c^2 R_0} \left\{ (\ddot{d} \times n) \times n + \frac{1}{6c} (\dddot{D} \times n) \times n + n \times \ddot{\mathfrak{m}} \right\}. \tag{71.4}$$

立体角 do 内的辐射强度 dI 可以用通式 (66.6) 来决定. 现在我们来计算总辐射, 就是这个体系在单位时间内辐射到各个方向的能量. 为此, 我们按所有 n 的方向求 dI 的平均值; 总辐射显然就等于这个平均值乘以 4π. 在求磁场平方的平均值时, 在 $\boldsymbol{H}$ 内的三项中, 任意两项互乘都是零, 因而只剩下每一项的方均值. 经过简单的计算[①] 就可得到下面的 I 的表达式:

$$I = \frac{2}{3c^3}\ddot{\boldsymbol{d}}^2 + \frac{1}{180c^5}\dddot{D}_{\alpha\beta}^2 + \frac{2}{3c^3}\ddot{\mathfrak{m}}^2. \tag{71.5}$$

因此, 总辐射包含三个独立部分; 它们分别称为**偶极辐射**, **四极辐射**和**磁偶极辐射**.

我们注意到, 磁偶极辐射实际上在许多情况下是不存在的. 例如, 在一个体系中, 假如所有运动粒子的荷质比都一样, 磁偶极辐射就不存在 (在这种情况下, 偶极辐射也不存在, 我们在 §67 中已经证明过了). 事实上, 在这样的体系中, 磁矩与角动量成正比 (参见 §44), 因为角动量是守恒的, 所以 $\ddot{\mathfrak{m}} = 0$. 同理, 磁偶极辐射对于任何只包含两个粒子的体系也是不存在的 (参见 §44 的习题), 但是, 在这种情形下, 我们得不到任何有关偶极辐射的结论.

习　　题

1. 带电粒子束被一些同它们完全一样的粒子所散射, 求其总有效辐射.

解: 当完全一样的粒子碰撞时, 偶极辐射不存在 (磁偶极辐射亦然), 因此我们必须计算四极辐射. 两个完全一样的粒子所构成的体系的四极矩张量 (相对于其惯性中心) 是

$$D_{\alpha\beta} = \frac{e}{2}(3x_\alpha x_\beta - r^2\delta_{\alpha\beta}),$$

式中, x_α 是两个粒子之间的径矢 $\boldsymbol{r}$ 的分量. 在对 $D_{\alpha\beta}$ 三重微分后, 我们将 x_α 对时间的第一、第二、第三阶导数用粒子的相对速度 v_α 表示如下:

$$\dot{x}_\alpha = v_\alpha, \quad \mu\ddot{x}_\alpha = \frac{m}{2}\ddot{x}_\alpha = \frac{e^2 x_\alpha}{r^3}, \quad \frac{m}{2}\dddot{x}_\alpha = e^2\frac{v_\alpha r - 3x_\alpha v_r}{r^4},$$

[①] 我们介绍一个便利方法来求一个单位矢量分量之积的平均值. 因为张量 $\overline{n_\alpha n_\beta}$ 是对称的, 它可以用单位张量 $\delta_{\alpha\beta}$ 来表示. 又考虑到它的迹等于 1, 我们就可得到

$$\overline{n_\alpha n_\beta} = \frac{1}{3}\delta_{\alpha\beta}.$$

四个分量的积的平均值等于

$$\overline{n_\alpha n_\beta n_\gamma n_\delta} = \frac{1}{15}(\delta_{\alpha\beta}\delta_{\gamma\delta} + \delta_{\alpha\gamma}\delta_{\beta\delta} + \delta_{\alpha\delta}\delta_{\beta\gamma}).$$

右边是由单位张量构成的对所有指标对称的 4 阶张量; 总的系数由两对指标缩并来决定, 其结果应等于 1.

式中, $v_r = \boldsymbol{v} \cdot \boldsymbol{r}/r$ 是速度的径向分量（第二个等式是电荷的运动方程，第三个可由微分第二个得之）. 计算得出下面的强度的表达式：

$$I = \frac{1}{180c^5}\dddot{D}_{\alpha\beta}^2 = \frac{2e^6}{15m^2c^5}\frac{1}{r^4}(v^2 + 11v_\varphi^2)$$

$(v^2 = v_r^2 + v_\varphi^2)$; v 和 v_φ 与 r 的关系是

$$v^2 = v_0^2 - \frac{4e^2}{mr}, \quad v_\varphi = \frac{\rho v_0}{r}.$$

我们用对 $\mathrm{d}r$ 的积分代替对时间的积分，如在 §70 中的习题 3 一样，即写出

$$\mathrm{d}t = \frac{\mathrm{d}r}{v_r} = \frac{\mathrm{d}r}{\sqrt{v_0^2 - \dfrac{\rho^2 v_0^2}{r^2} - \dfrac{4e^2}{mr}}}$$

在对于 $\mathrm{d}\rho$ 和 $\mathrm{d}r$ 的重积分中，我们首先对 $\mathrm{d}\rho$ 积分，然后再对 $\mathrm{d}r$ 积分. 计算结果是：

$$\varkappa = \frac{4\pi}{9}\frac{e^4 v_0^3}{mc^5}.$$

2. 求作用在一个辐射粒子体系上的力，该体系正在作稳定的有限运动.

解：要求的力 $\boldsymbol{F}$ 可以通过计算体系在单位时间内的动量损失获得，这个损失就是由体系辐射的电磁波所带走的动量流：

$$F_\alpha = \oint \sigma_{\alpha\beta}\mathrm{d}f_\beta = \int \sigma_{\alpha\beta}n_\beta R_0^2\mathrm{d}o;$$

积分对半径为 R_0 的大球进行. 应力张量由 (33.3) 式给定，场 $\boldsymbol{E}$ 和 $\boldsymbol{H}$ 由 (71.4) 给出. 鉴于这些场是横场，积分化为

$$\boldsymbol{F} = -\frac{1}{8\pi}\int 2H^2\boldsymbol{n}R_0^2\mathrm{d}o.$$

用本节第一个脚注中的公式对 $\boldsymbol{n}$ 的方向作平均（那里 $\boldsymbol{n}$ 的奇数分量的积为零）. 结果是：[1]

$$F_\alpha = -\frac{1}{c^4}\left\{\frac{1}{15c}\dddot{D}_{\alpha\beta}\ddot{d}_\beta + \frac{2}{3}(\ddot{\boldsymbol{d}} \times \dddot{\mathfrak{m}})_\alpha\right\}.$$

---

[1] 我们指出，这个力比洛伦兹摩擦力 (§75) 高 $1/c$ 级. 后者对总反冲力没有贡献：作用在电中性体系的粒子上的力 (75.5) 之和为零.

§72　在近处的辐射场

偶极辐射的各公式是我们对于与辐射体系相距甚远之处的场求得的, 所谓甚远之处, 即到辐射体系的距离比波长 (特别是比辐射体系的尺度) 大很多. 在这一节中我们仍如以前一样假设波长比体系的尺度大很多, 可是我们要研究的场到体系的距离同波长相比却不大, 而是与之**同数量级**.

矢势的公式 (67.4)

$$\boldsymbol{A} = \frac{1}{cR_0}\dot{\boldsymbol{d}} \tag{72.1}$$

仍然有效, 因为在推导这个公式的时候, 我们只用了 R_0 比辐射体系的尺度大很多这个事实. 然而现在即使在小区域内场也不能当做平面波. 因此, 电场和磁场的公式 (67.5) 和 (67.6) 已经不能应用了, 为了计算它们, 就必须先求 $\boldsymbol{A}$ 和 φ.

利用加在两个势上的一般条件 (62.1)

$$\operatorname{div}\boldsymbol{A} + \frac{1}{c}\frac{\partial\varphi}{\partial t} = 0,$$

我们可以直接从矢势的表达式求出标势的公式. 将 (72.1) 代入, 并对时间积分, 我们便得到

$$\varphi = -\operatorname{div}\frac{\boldsymbol{d}}{R_0}. \tag{72.2}$$

积分常数 (是坐标的任意函数) 在这里被略去了, 因为我们只对势的变化部分感兴趣. 我们记得, 在公式 (72.2) 以及公式 (72.1) 中, $\boldsymbol{d}$ 的值必须是在 $t' = t - \dfrac{R_0}{c}$ 时刻的值[①].

现在已经不难计算电场和磁场了. 从联系 $\boldsymbol{E}$, $\boldsymbol{H}$ 和势的常用公式, 我们得到

$$\boldsymbol{H} = \frac{1}{c}\operatorname{rot}\frac{\dot{\boldsymbol{d}}}{R_0}, \tag{72.3}$$

$$\boldsymbol{E} = \operatorname{grad}\operatorname{div}\frac{\boldsymbol{d}}{R_0} - \frac{1}{c^2}\frac{\ddot{\boldsymbol{d}}}{R_0}. \tag{72.4}$$

$\boldsymbol{E}$ 的表达式可以改写成另一形式, 注意到 $\boldsymbol{d}_{t'}/R_0$ 与形如

$$\frac{1}{R_0}f\left(t - \frac{R_0}{c}\right)$$

---

① 有时我们引入所谓赫兹矢量, 其定义为

$$\boldsymbol{Z} = -\frac{1}{R_0}\boldsymbol{d}\left(t - \frac{R_0}{c}\right).$$

这时

$$\boldsymbol{A} = -\frac{1}{c}\dot{\boldsymbol{Z}}, \quad \varphi = \operatorname{div}\boldsymbol{Z}.$$

的坐标和时间的任何函数一样, 满足波动方程:

$$\frac{1}{c^2}\frac{\partial^2}{\partial t^2}\frac{\boldsymbol{d}}{R_0} = \Delta\frac{\boldsymbol{d}}{R_0}.$$

用矢量分析中熟知的公式

$$\mathrm{rot\,rot\,}\boldsymbol{a} = \mathrm{grad\,div\,}\boldsymbol{a} - \Delta\boldsymbol{a},$$

我们便可求得

$$\boldsymbol{E} = \mathrm{rot\,rot\,}\frac{\boldsymbol{d}}{R_0}. \tag{72.5}$$

用上面求得的结果可以决定在距离与波长同数量级之处的场. 应当理解, 在所有这些公式中都不允许将 $1/R_0$ 从微分号内提出来, 因为包含 $1/R_0^2$ 的与包含 $1/R_0$ 的项之比正好与 λ/R_0 同数量级.

最后, 我们来写出场的傅里叶分量的公式. 为了求 $\boldsymbol{H}_\omega$, 我们用 $\boldsymbol{H}$ 和 $\boldsymbol{d}$ 的单色分量 $\boldsymbol{H}_\omega\mathrm{e}^{-\mathrm{i}\omega t}$ 和 $\boldsymbol{d}_\omega\mathrm{e}^{-\mathrm{i}\omega t}$ 分别代替 (72.3) 式中 $\boldsymbol{H}$ 和 $\boldsymbol{d}$. 然而我们必须记着, 在方程 (72.1) 到 (72.5) 中的右边的各量都是指 $t' = t - R_0/c$ 时刻的值. 因此我们必须用

$$\boldsymbol{d}_\omega\mathrm{e}^{-\mathrm{i}\omega(t-R_0/c)} = \boldsymbol{d}_\omega\mathrm{e}^{-\mathrm{i}\omega t+\mathrm{i}kR_0}$$

代替 $\boldsymbol{d}$. 代入后, 再除以 $\mathrm{e}^{-\mathrm{i}\omega t}$, 我们便得到

$$\boldsymbol{H}_\omega = -\mathrm{i}k\mathrm{rot}\left(\boldsymbol{d}_\omega\frac{\mathrm{e}^{\mathrm{i}kR_0}}{R_0}\right) = \mathrm{i}k\boldsymbol{d}_\omega \times \nabla\frac{\mathrm{e}^{\mathrm{i}kR_0}}{R_0},$$

或, 进行微分,

$$\boldsymbol{H}_\omega = -\mathrm{i}k\boldsymbol{d}_\omega \times \boldsymbol{n}\left(\frac{\mathrm{i}k}{R_0} - \frac{1}{R_0^2}\right)\mathrm{e}^{\mathrm{i}kR_0}, \tag{72.6}$$

式中 $\boldsymbol{n}$ 是沿 $\boldsymbol{R}_0$ 的单位矢量.

同样, 从 (72.4) 可以得到:

$$\boldsymbol{E}_\omega = k^2\boldsymbol{d}_\omega\frac{\mathrm{e}^{\mathrm{i}kR_0}}{R_0} + (\boldsymbol{d}_\omega \cdot \nabla)\nabla\frac{\mathrm{e}^{\mathrm{i}kR_0}}{R_0},$$

微分后得到

$$\boldsymbol{E}_\omega = \boldsymbol{d}_\omega\left(\frac{k^2}{R_0} + \frac{\mathrm{i}k}{R_0^2} - \frac{1}{R_0^3}\right)\mathrm{e}^{\mathrm{i}kR_0} + \boldsymbol{n}(\boldsymbol{n}\cdot\boldsymbol{d}_\omega)\left(-\frac{k^2}{R_0} - \frac{3\mathrm{i}k}{R_0^2} + \frac{3}{R_0^3}\right)\mathrm{e}^{\mathrm{i}kR_0}. \tag{72.7}$$

在远大于波长的距离处 $(kR_0 \gg 1)$, 我们可以忽略公式 (72.7) 和 (72.6) 中含 $1/R_0^2$ 和 $1/R_0^3$ 的项, 而达到处于 "波区" 的场,

$$\boldsymbol{E}_\omega = \frac{k^2}{R_0}\boldsymbol{n} \times (\boldsymbol{d}_\omega \times \boldsymbol{n})\mathrm{e}^{\mathrm{i}kR_0}, \quad \boldsymbol{H}_\omega = -\frac{k^2}{R_0}\boldsymbol{d}_\omega \times \boldsymbol{n}\mathrm{e}^{\mathrm{i}kR_0}.$$

在距离远小于波长处($kR_0 \ll 1$), 我们忽略含 $1/R_0$ 和 $1/R_0^2$ 的项并令 $\mathrm{e}^{\mathrm{i}kR_0} \approx 1$; 于是得到

$$\boldsymbol{E}_\omega = \frac{1}{R_0^3}\{3\boldsymbol{n}(\boldsymbol{d}_\omega \cdot \boldsymbol{n}) - \boldsymbol{d}_\omega\},$$

这相应于电偶极子的静场 (§40); 在这一近似下, 磁场为零.

习　　题

1. 求近距离处四极辐射和磁偶极辐射场的势.

解: 为简单起见, 假设偶极辐射完全不存在, 于是我们有 (参见 §71 中所进行的计算)

$$\boldsymbol{A} = \frac{1}{c}\int \boldsymbol{j}_{t-R/c}\frac{\mathrm{d}V}{R} \approx -\frac{1}{c}\int (\boldsymbol{r} \cdot \nabla)\frac{\boldsymbol{j}_{t-R_0/c}}{R_0}\mathrm{d}V,$$

这里积分号内的式子已经按照 $\boldsymbol{r} = \boldsymbol{R}_0 - \boldsymbol{R}$ 的幂展开; 与在 §71 中所作的不同, 因子 $1/R_0$ 现在不能从微分号内提出来. 我们将微分号提到积分号外, 将公式改用张量符号表示:

$$A_\alpha = -\frac{1}{c}\frac{\partial}{\partial X_\beta}\int \frac{x_\beta j_\alpha}{R_0}\mathrm{d}V$$

(X_β 是径矢 $\boldsymbol{R}_0$ 的分量). 将积分变为对电荷求和, 我们求得

$$A_\alpha = -\frac{1}{c}\frac{\partial}{\partial X_\beta}\frac{(\sum ev_\alpha x_\beta)t'}{R_0}.$$

用与 §71 中同样的方法, 将此式分为四极部分和磁偶极部分. 相应的标势可由矢势计算出来, 如在正文中所作的一样. 结果, 对于四极辐射, 我们得到:

$$A_\alpha = -\frac{1}{6c}\frac{\partial}{\partial X_\beta}\frac{\dot{D}_{\alpha\beta}}{R_0} \quad \varphi = \frac{1}{6}\frac{\partial^2}{\partial X_\alpha \partial X_\beta}\frac{D_{\alpha\beta}}{R_0},$$

对于磁偶极辐射, 我们得到:

$$\boldsymbol{A} = \mathrm{rot}\frac{\mathfrak{m}}{R_0}, \quad \varphi = 0$$

(方程右边所有的量, 如平常一样, 都是取 $t' = t - R_0/c$ 时刻的值).

磁偶极辐射的场强是:

$$\boldsymbol{E} = -\frac{1}{c}\mathrm{rot}\frac{\dot{\mathfrak{m}}}{R_0}, \quad \boldsymbol{H} = \mathrm{rot}\,\mathrm{rot}\frac{\mathfrak{m}}{R_0}.$$

与 (72.3), (72.5) 比较, 我们看出, 在磁偶极子情形下, $\boldsymbol{H}$ 和 $\boldsymbol{E}$ 用 $\mathfrak{m}$ 来表示的方式, 与电偶极子情形下 $\boldsymbol{E}$ 和 $-\boldsymbol{H}$ 用 $\boldsymbol{d}$ 来表示的方式一样.

四极辐射势的谱分量是：

$$A_\alpha^{(\omega)} = \frac{\mathrm{i}k}{6} D_{\alpha\beta}^{(\omega)} \frac{\partial}{\partial X_\beta} \frac{\mathrm{e}^{\mathrm{i}kR_0}}{R_0}, \quad \varphi^{(\omega)} = \frac{1}{6} D_{\alpha\beta}^{(\omega)} \frac{\partial^2}{\partial X_\alpha \partial X_\beta} \frac{\mathrm{e}^{\mathrm{i}kR_0}}{R_0}.$$

由于它们的复杂性，我们将不给出场的表达式.

2. 求电荷体系通过电磁波的偶极辐射损失角动量的速率.

解：按照 (32.9)，电磁场角动量流密度由四维张量 $x^i T^{kl} - x^k T^{il}$ 的空间分量给出. 变到三维符号，我们引入分量为 $e_{\alpha\beta\gamma} M^{\beta\gamma}/2$ 的三维角动量矢量；流密度由如下三维张量给出

$$-\frac{1}{2} e_{\alpha\beta\gamma}(x_\beta \sigma_{\gamma\delta} - x_\gamma \sigma_{\beta\delta}) = -e_{\alpha\beta\gamma} x_\beta \sigma_{\gamma\delta},$$

式中 $\sigma_{\alpha\beta} \equiv -T^{\alpha\beta}$ 是三维电磁场应力张量（按照常用的三维符号，我们将所有指标写成下标）. 体系在单位时间内的总角动量损失，等于穿过半径 R_0 球面的辐射场的角动量流：

$$\frac{\mathrm{d}M_\alpha}{\mathrm{d}t} = \oint e_{\alpha\beta\gamma} x_\beta \sigma_{\gamma\delta} n_\delta \mathrm{d}f,$$

式中 $\mathrm{d}f = R_0^2 \mathrm{d}o$，$\boldsymbol{n}$ 是 $\boldsymbol{R}_0$ 方向的单位矢量. 从 (33.3) 用张量 $\sigma_{\alpha\beta}$，我们得到：

$$\frac{\mathrm{d}\boldsymbol{M}}{\mathrm{d}t} = \frac{R_0^3}{4\pi} \int \{(\boldsymbol{n} \times \boldsymbol{E})(\boldsymbol{n} \cdot \boldsymbol{E}) + (\boldsymbol{n} \times \boldsymbol{H})(\boldsymbol{n} \cdot \boldsymbol{H})\} \mathrm{d}o. \tag{1}$$

将这个式子应用于体系远距离处的辐射场，不过，绝不能只保留到 $\sim 1/R_0$ 的项；在这个近似下 $\boldsymbol{n} \cdot \boldsymbol{E} = \boldsymbol{n} \cdot \boldsymbol{H} = 0$，以至被积式为零. 这些项（由 (67.5) 和 (67.6) 给出）只有对于计算因子 $\boldsymbol{n} \times \boldsymbol{E}$ 和 $\boldsymbol{n} \times \boldsymbol{H}$ 才是足够的；纵场分量 $\boldsymbol{n} \cdot \boldsymbol{E}$ 和 $\boldsymbol{n} \cdot \boldsymbol{H}$ 来自 $\sim 1/R_0^2$ 的项（其结果是，(1) 中的被积式变为 $\sim 1/R_0^3$，而距离 R_0 自然就不出现在答案中了）. 在偶极近似中 $\lambda \gg a$，我们必须将含有附加因子 $\sim \lambda/R_0$ 或 $\sim a/R_0$ 的项（相对于 (67.5) 和 (67.6)）进行区分；只保留前者就够了. 这些项可以从 (72.3) 和 (72.5) 获得；精确到 $1/R_0$ 二阶的计算给出[①]：

$$\boldsymbol{E} \cdot \boldsymbol{n} = \frac{2}{cR_0^2} \boldsymbol{n} \cdot \dot{\boldsymbol{d}}, \quad \boldsymbol{H} \cdot \boldsymbol{n} = 0. \tag{2}$$

将 (2) 和 (67.6) 代入 (1)，我们得到：

$$\frac{\mathrm{d}\boldsymbol{M}}{\mathrm{d}t} = -\frac{1}{2\pi c^3} \int (\boldsymbol{n} \cdot \ddot{\boldsymbol{d}})(\boldsymbol{n} \cdot \dot{\boldsymbol{d}}) \mathrm{d}o.$$

最后将被积式写成 $e_{\alpha\beta\gamma} n_\beta \ddot{d}_\gamma n_\delta \dot{d}_\delta$ 的形式，并对 $\boldsymbol{n}$ 的方向作平均，我们得到：

$$\frac{\mathrm{d}\boldsymbol{M}}{\mathrm{d}t} = -\frac{2}{3c^3} \dot{\boldsymbol{d}} \cdot \ddot{\boldsymbol{d}}, \tag{3}$$

---

① 仅当包含 a/R_0 的较高阶项时，才会得到非零的 $\boldsymbol{n} \cdot \boldsymbol{H}$ 值.

我们注意到，对于线性振子（$\boldsymbol{d} = \boldsymbol{d}_0 \cos \omega t$，振幅 $\boldsymbol{d}_0$ 为实数），(3) 式为零：在辐射中没有角动量损失.

§73　快速运动电荷的辐射

现在我们来研究一个带电粒子，这个粒子运动的速度同光速比较起来并不算小.

在求 §67 中的各公式时，我们假设了 $v \ll c$，因而这些公式不能直接应用到目前所考虑的情形. 但是，我们可以把粒子放在它在一给定时刻静止的那个参考系中去研究. 在这个参考系中，所提到的这些公式当然是有效的（应该注意这个事实，即这样的做法只有在**单个**运动粒子的情况下才有可能；对于包含许多粒子的体系，显然不存在所有粒子同时静止的参考系）.

因此，在这个特定的参考系中，该粒子在时间 $\mathrm{d}t$ 内辐射出去的能量是

$$\mathrm{d}\mathscr{E} = \frac{2e^2}{3c^3} w^2 \mathrm{d}t \tag{73.1}$$

（按照公式 (67.9)），式中的 w 是粒子在这个参考系内的加速度. 在这个参考系中，辐射出去的总动量是零：

$$\mathrm{d}\boldsymbol{P} = 0. \tag{73.2}$$

实际上，辐射掉的动量由辐射场中动量流密度对包围粒子的封闭曲面积分给出. 但由于偶极辐射的对称性，在反方向带走的动量是大小相等方向相反的；因而积分恒等于零.

为了变换到任意参考系，我们将 (73.1) 和 (73.2) 改写为四维形式. 容易看出，"辐射掉的四维动量" $\mathrm{d}P^i$ 必须写为

$$\mathrm{d}P^i = -\frac{2e^2}{3c} \frac{\mathrm{d}u^k}{\mathrm{d}s} \frac{\mathrm{d}u_k}{\mathrm{d}s} \mathrm{d}x^i = -\frac{2e^2}{3c} \frac{\mathrm{d}u^k}{\mathrm{d}s} \frac{\mathrm{d}u_k}{\mathrm{d}s} u^i \mathrm{d}s. \tag{73.3}$$

实际上，在粒子的静止参考系中，四维速度 u^i 的空间分量等于零，而且

$$\frac{\mathrm{d}u^k}{\mathrm{d}s} \frac{\mathrm{d}u_k}{\mathrm{d}s} = -\frac{w^2}{c^4};$$

因而 $\mathrm{d}P^i$ 的空间分量变为零而时间分量给出方程 (73.1).

一个粒子飞过电磁场期间辐射出去的总四维动量等于表达式 (73.3) 的积分，即

$$\Delta P^i = -\frac{2e^2}{3c} \int \frac{\mathrm{d}u^k}{\mathrm{d}s} \frac{\mathrm{d}u_k}{\mathrm{d}s} \mathrm{d}x^i. \tag{73.4}$$

利用运动方程 (23.4)

$$mc\frac{\mathrm{d}u_k}{\mathrm{d}s} = \frac{e}{c} F_{kl} u^l,$$

用电磁场张量来表示四维加速度 $\mathrm{d}u^i/\mathrm{d}s$, 我们可将 (73.4) 式改写为另一形式. 于是我们得到:

$$\Delta P^i = -\frac{2e^4}{3m^2c^5} \int (F_{kl}u^l)(F^{km}u_m)\mathrm{d}x^i. \tag{73.5}$$

(73.4) 或 (73.5) 的时间分量是总辐射能 $\Delta\mathscr{E}$. 用表示为三维量的式子来代替所有的四维量, 我们便得到

$$\Delta\mathscr{E} = \frac{2e^2}{3c^3} \int_{-\infty}^{\infty} \frac{w^2 - \dfrac{(\boldsymbol{v} \times \boldsymbol{w})^2}{c^2}}{\left(1 - \dfrac{v^2}{c^2}\right)^3}\mathrm{d}t \tag{73.6}$$

($\boldsymbol{w} = \dot{\boldsymbol{v}}$ 是粒子的加速度), 或者, 利用外电场和磁场:

$$\Delta\mathscr{E} = \int_{-\infty}^{\infty} I\mathrm{d}t,$$

$$I = \frac{2e^4}{3m^2c^3} \frac{\left\{\boldsymbol{E} + \dfrac{1}{c}\boldsymbol{v} \times \boldsymbol{H}\right\}^2 - \dfrac{1}{c^2}(\boldsymbol{E} \cdot \boldsymbol{v})^2}{1 - \dfrac{v^2}{c^2}}. \tag{73.7}$$

对于总辐射动量的表达式, 不同之处在于被积式中有一个额外的因子 $\boldsymbol{v}$.

从公式 (73.7) 可以看出, 对于与光速相近的速度, 在单位时间内所辐射出的总能量基本上与 $(1 - v^2/c^2)^{-1}$ 成比例, 即与运动粒子的能量平方成正比. 唯一的例外是在电场内沿着场方向的运动. 在这种情形下, 分母里的因子 $(1 - v^2/c^2)$ 与分子里的同样的因子相消, 因而辐射与粒子的能量无关.

最后, 还有快速运动电荷所产生的辐射的角分布问题. 为了解决这个问题, 利用李纳 - 维谢尔的场公式 (63.8) 和 (63.9) 是比较方便的. 在远处, 我们只保留 $1/R$ 的最低阶的项 (公式 (63.8) 中的第二项). 引入在辐射方向的单位矢量 $\boldsymbol{n}(\boldsymbol{R} = \boldsymbol{n}R)$, 我们得到公式

$$\boldsymbol{E} = \frac{e}{c^2R} \frac{\boldsymbol{n} \times \left\{\left(\boldsymbol{n} - \dfrac{\boldsymbol{v}}{c}\right) \times \boldsymbol{w}\right\}}{\left(1 - \dfrac{\boldsymbol{n} \cdot \boldsymbol{v}}{c}\right)^3}, \quad \boldsymbol{H} = \boldsymbol{n} \times \boldsymbol{E}, \tag{73.8}$$

等式右边的一切量都取推迟的时刻 $t' = t - R/c$ 的值.

辐射到立体角 $\mathrm{d}o$ 内的强度是 $\mathrm{d}I = \dfrac{c}{4\pi}E^2R^2\mathrm{d}o$. 展开 E^2, 我们便得到

$$\mathrm{d}I = \frac{e^2}{4\pi c^3} \left\{\frac{2(\boldsymbol{n} \cdot \boldsymbol{w})(\boldsymbol{v} \cdot \boldsymbol{w})}{c\left(1 - \dfrac{\boldsymbol{v} \cdot \boldsymbol{n}}{c}\right)^5} + \frac{\boldsymbol{w}^2}{\left(1 - \dfrac{\boldsymbol{v} \cdot \boldsymbol{n}}{c}\right)^4} - \frac{\left(1 - \dfrac{v^2}{c^2}\right)(\boldsymbol{n} \cdot \boldsymbol{w})^2}{\left(1 - \dfrac{\boldsymbol{v} \cdot \boldsymbol{n}}{c}\right)^6}\right\}\mathrm{d}o. \tag{73.9}$$

如果想要定出在电荷运动的全部时间内总辐射的角分布，那么我们必须将强度对时间积分. 这时必须记着，被积式是 t' 的函数；因此我们必须写出

$$\mathrm{d}t = \frac{\partial t}{\partial t'}\mathrm{d}t' = \left(1 - \frac{\boldsymbol{n}\cdot\boldsymbol{v}}{c}\right)\mathrm{d}t' \tag{73.10}$$

（参见（63.6）），然后再直接对 $\mathrm{d}t'$ 积分. 这样，我们就得到立体角元 $\mathrm{d}o$ 内的总辐射的表达式

$$\mathrm{d}\mathscr{E}_{\boldsymbol{n}} = \frac{e^2}{4\pi c^3}\mathrm{d}o\int\left\{\frac{2(\boldsymbol{n}\cdot\boldsymbol{w})(\boldsymbol{v}\cdot\boldsymbol{w})}{c\left(1 - \dfrac{\boldsymbol{v}\cdot\boldsymbol{n}}{c}\right)^4} + \frac{\boldsymbol{w}^2}{\left(1 - \dfrac{\boldsymbol{v}\cdot\boldsymbol{n}}{c}\right)^3} - \frac{\left(1 - \dfrac{v^2}{c^2}\right)(\boldsymbol{n}\cdot\boldsymbol{w})^2}{\left(1 - \dfrac{\boldsymbol{n}\cdot\boldsymbol{v}}{c}\right)^5}\right\}\mathrm{d}t'. \tag{73.11}$$

如同我们从（73.9）看到的那样，一般情形下辐射的角分布是非常复杂的. 在极端相对论情形 $(1 - v/c \ll 1)$ 下，它具有特征性的形态，这与该表达式各项的分母中存在差值 $1 - (\boldsymbol{v}\cdot\boldsymbol{n}/c)$ 的高次幂有关. 因此，在其中差值 $1 - (\boldsymbol{v}\cdot\boldsymbol{n}/c)$ 很小的一个狭窄角度范围内辐射强度很大. 用 θ 记 $\boldsymbol{n}$ 和 $\boldsymbol{v}$ 之间的小角，我们有：

$$1 - \frac{v}{c}\cos\theta \approx 1 - \frac{v}{c} + \frac{\theta^2}{2} \approx \frac{1}{2}\left(1 - \frac{v^2}{c^2} + \theta^2\right);$$

这个差对于

$$\theta \sim \sqrt{1 - \frac{v^2}{c^2}} \tag{73.12}$$

是很小的. 因此一个极端相对论粒子主要沿着自己运动的方向发出辐射，其辐射集中在它的速度方向周围一个小角度范围（73.12）之内.

我们也指出，对于粒子的任意速度和加速度，总是有两个方向辐射强度为零. 这就是矢量 $\boldsymbol{n} - (\boldsymbol{v}/c)$ 与矢量 $\boldsymbol{w}$ 平行的方向，在这些方向上场（73.8）变为零（参见本节习题 2）.

最后，我们给出较简单的公式，在两种特殊情形下，（73.9）可以化为它们.

如果粒子的速度和加速度平行，

$$\boldsymbol{H} = \frac{e}{c^2 R}\frac{\boldsymbol{w}\times\boldsymbol{n}}{\left(1 - \dfrac{\boldsymbol{n}\cdot\boldsymbol{v}}{c}\right)^3},$$

强度是

$$\mathrm{d}I = \frac{e^2}{4\pi c^3}\frac{w^2\sin^2\theta}{\left(1 - \dfrac{v}{c}\cos\theta\right)^6}\mathrm{d}o. \tag{73.13}$$

它自然是围绕 $\boldsymbol{v}$ 和 $\boldsymbol{w}$ 的共同方向对称的, 并且在沿速度的方向 ($\theta = 0$) 和反方向 ($\theta = \pi$) 变为零. 在极端相对论情形下, 强度作为 θ 的函数在 (73.12) 的范围内有两个尖锐的极大值, 对 $\theta = 0$ 锐降到零.

如果速度和加速度彼此垂直, 我们从 (73.9) 得到:

$$\mathrm{d}I = \frac{e^2 w^2}{4\pi c^3} \left[\frac{1}{\left(1 - \dfrac{v}{c}\cos\theta\right)^4} - \frac{\left(1 - \dfrac{v^2}{c^2}\right)\sin^2\theta\cos^2\varphi}{\left(1 - \dfrac{v}{c}\cos\theta\right)^6} \right] \mathrm{d}o, \tag{73.14}$$

式中 θ 仍是 $\boldsymbol{n}$ 和 $\boldsymbol{v}$ 之间的夹角, 而 φ 是矢量 $\boldsymbol{n}$ 相对于 $\boldsymbol{v}$ 和 $\boldsymbol{w}$ 所穿过平面的方位角. 这个强度只对于 $\boldsymbol{v}$ 和 $\boldsymbol{w}$ 的平面是对称的, 沿这个平面中的两个方向为零, 该方向与速度成角 $\theta = \arccos(v/c)$.

习　题

1. 求一个带电荷 e_1 的相对论粒子发出的总辐射, 它以碰撞参量 ρ 穿过固定中心的库仑场 (场的势为 $\varphi = e_2/r$).

解: 当经过场时, 相对论粒子几乎不偏转.[①] 因此我们可以将 (73.7) 式中的速度 $\boldsymbol{v}$ 当做常数, 所以粒子位置处的场是

$$\boldsymbol{E} = \frac{e_2 \boldsymbol{r}}{r^3} \approx \frac{e_2 \boldsymbol{r}}{(\rho^2 + v^2 t^2)^{3/2}},$$

式中 $x = vt, y = \rho$. 将 (73.7) 对时间积分, 我们得到:

$$\Delta\mathscr{E} = \frac{\pi e_1^4 e_2^2}{12 m^2 c^3 \rho^3 v} \frac{4c^2 - v^2}{c^2 - v^2}.$$

2. 求一个运动粒子辐射强度为零的方向.

解: 从几何结构我们看出 (图 15), 要求的方向 $\boldsymbol{n}$ 处在通过 $\boldsymbol{v}$ 和 $\boldsymbol{w}$ 的平面内, 且与 $\boldsymbol{w}$ 的方向成角 χ,

$$\sin\chi = \frac{v}{c}\sin\alpha,$$

式中 α 是 $\boldsymbol{v}$ 和 $\boldsymbol{w}$ 的夹角.

3. 求一个在圆偏振平面电磁波的场中进行稳定运动的粒子发出的辐射强度.

解: 按照 §48 习题 3 的结果, 该粒子在圆上运动, 且其速度在每一时刻平行于 $\boldsymbol{H}$ 垂直于 $\boldsymbol{E}$. 它的动能是

$$\frac{mc^2}{\sqrt{1 - v^2/c^2}} = c\sqrt{p^2 + m^2 c^2} = c\gamma$$

[①] 对于 $v \sim c$, 仅当碰撞参量 $\rho \sim e^2/mc^2$ 时, 较大角的偏转才能发生, 一般来说这是不能作经典处理的.

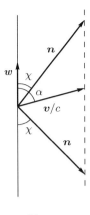

图 15

（式中我们用了所引习题的符号）. 从 (73.7) 式我们得到辐射强度：

$$I = \frac{2e^4}{3m^2c^3} \frac{\boldsymbol{E}^2}{1-v^2/c^2} = \frac{2e^4 E_0^2}{3m^2c^3} \left[1 + \left(\frac{eE_0}{mc\omega} \right)^2 \right].$$

4. 在线偏振波的场中求解同样的问题.

解：按照 §48 习题 2 的结果，运动发生在 xy 平面内，穿过波的传播方向（x 轴）和 $\boldsymbol{E}$ 的方向（y 轴）；磁场 $\boldsymbol{H}$ 沿 z 方向（且有 $H_z = E_y$）. 从 (73.7) 我们得到：

$$I = \frac{2e^4 \boldsymbol{E}^2}{3m^2c^3} \frac{(1-v_x/c)^2}{1-v^2/c^2}.$$

使用所引习题的参数表示，对运动周期作平均，得到结果

$$\overline{I} = \frac{e^4 E_0^2}{3m^2c^3} \left[1 + \frac{3}{8} \left(\frac{eE_0}{mc\omega} \right)^2 \right].$$

§74　同步辐射（磁韧致辐射）

我们来详细地研究一个以任意速度在均匀恒定磁场内沿圆周运动的电荷的辐射. 这样的辐射称为**磁韧致辐射**. 轨道的半径 r 和运动的循环频率 ω_H 可通过磁场强度 H 及粒子速度 v 来表示，其公式（参见 §21）为

$$r = \frac{mcv}{eH\sqrt{1-\dfrac{v^2}{c^2}}}, \quad \omega_H = \frac{v}{r} = \frac{eH}{mc}\sqrt{1-\frac{v^2}{c^2}}. \tag{74.1}$$

沿着所有方向的总辐射强度可以直接从 (73.7) 求得，不过必须使 $\boldsymbol{E} =$

$0, \boldsymbol{H} \perp \boldsymbol{v}$:

$$I = \frac{2e^4 H^2 v^2}{3m^2 c^5 \left(1 - \dfrac{v^2}{c^2}\right)}. \tag{74.2}$$

我们看出，总强度与粒子的动量平方成正比.

如果我们对辐射的角分布有兴趣，那么，我们必须应用公式 (73.11). 在一个运动周期内的平均强度是我们感兴趣的量. 为此，我们将 (73.11) 式在粒子作圆周运动的周期内积分，所得结果再用周期 $T = 2\pi/\omega_H$ 除之.

我们选择轨道平面作为 xy 平面（原点取在圆心），而使 yz 平面经过辐射方向 $\boldsymbol{n}$ (图 16). 磁场沿着负 z 轴（图 16 中粒子运动的方向相应于正电荷 e），此外，以 θ 表示辐射方向 $\boldsymbol{k}$ 和 y 轴的夹角，而 $\varphi = \omega_H t$ 表示粒子的径矢和 x 轴的夹角. 那么，$\boldsymbol{k}$ 与粒子速度 $\boldsymbol{v}$ 的夹角余弦等于 $\cos\theta\cos\varphi$（矢量 $\boldsymbol{v}$ 在 xy 平面内，而且在每一时刻都垂直于粒子的径矢）. 我们借助运动方程（参见 (21.1)）用场 $\boldsymbol{H}$ 和粒子速度 $\boldsymbol{v}$ 来表示加速度 $\boldsymbol{w}$：

$$\boldsymbol{w} = \frac{e}{mc}\sqrt{1 - \frac{v^2}{c^2}}\,\boldsymbol{v} \times \boldsymbol{H}.$$

经过简单计算后，我们得到：

$$\overline{\mathrm{d}I} = \mathrm{d}o\,\frac{e^4 H^2 v^2}{8\pi^2 m^2 c^5}\left(1 - \frac{v^2}{c^2}\right)\int_0^{2\pi}\frac{\left(1 - \dfrac{v^2}{c^2}\right)\sin^2\theta + \left(\dfrac{v}{c} - \cos\theta\cos\varphi\right)^2}{\left(1 - \dfrac{v}{c}\cos\theta\cos\varphi\right)^5}\mathrm{d}\varphi \tag{74.3}$$

（对时间的积分已化为对 $\mathrm{d}\varphi = \omega_H \mathrm{d}t$ 的积分）. 积分过程虽然较长，但只涉及基础运算. 结果得到下面的公式：

$$\overline{\mathrm{d}I} = \mathrm{d}o\,\frac{e^4 H^2 v^2\left(1 - \dfrac{v^2}{c^2}\right)}{8\pi^2 m^2 c^5}\frac{\left[2 - \cos^2\theta - \dfrac{v^2}{4c^2}\left(1 + \dfrac{3v^2}{c^2}\right)\cos^4\theta\right]}{\left(1 - \dfrac{v^2}{c^2}\cos^2\theta\right)^{7/2}}. \tag{74.4}$$

$\theta = 0$（在轨道平面内）时的辐射强度与 $\theta = \pi/2$（与轨道平面垂直）时的辐射强度之比等于

$$\frac{\left(\dfrac{\mathrm{d}I}{\mathrm{d}o}\right)_0}{\left(\dfrac{\mathrm{d}I}{\mathrm{d}o}\right)_{\pi/2}} = \frac{4 + 3\dfrac{v^2}{c^2}}{8\left(1 - \dfrac{v^2}{c^2}\right)^{5/2}}. \tag{74.5}$$

当 $v \to 0$ 时，这个比值趋近于 $1/2$，但是对于与光速接近的速度，它就变为很大了.

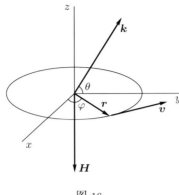

图 16

　　下面，我们来研究辐射的谱分布. 既然电荷的运动是周期性的，那么我们实际上就是在处理傅里叶级数的展开式. 从矢势出发来计算是便利的. 对于矢势的傅里叶分量，我们有公式（参见 (66.12)）

$$\boldsymbol{A}_n = e\frac{\mathrm{e}^{\mathrm{i}kR_0}}{cR_0T} \oint \exp\{\mathrm{i}(\omega_H nt - \boldsymbol{k}\cdot\boldsymbol{r})\}\mathrm{d}\boldsymbol{r},$$

式中积分沿着粒子的轨道（圆周）进行. 对于粒子的坐标，我们有 $x = r\cos\omega_H t, y = r\sin\omega_H t$. 选择角 $\varphi = \omega_H t$ 作为积分变量. 注意到

$$\boldsymbol{k}\cdot\boldsymbol{r} = kr\cos\theta\sin\varphi = \frac{nv}{c}\cos\theta\sin\varphi$$

$(k = n\omega_H/c = nv/cr)$，我们便得到矢势 x 分量的傅里叶分量：

$$A_{xn} = -\frac{ev}{2\pi cR_0}\mathrm{e}^{\mathrm{i}kR_0} \int_0^{2\pi} \exp\left[\mathrm{i}n\left(\varphi - \frac{v}{c}\cos\theta\sin\varphi\right)\right]\sin\varphi\mathrm{d}\varphi.$$

在 §70 中，我们已经遇到过这样的积分. 它可以用贝塞尔函数的导数来表示：

$$A_{xn} = -\frac{\mathrm{i}ev}{cR_0}\mathrm{e}^{\mathrm{i}kR_0} \mathrm{J}'_n\left(\frac{nv}{c}\cos\theta\right). \tag{74.6}$$

A_{yn} 可用同样的方法计算：

$$A_{yn} = \frac{e}{R_0\cos\theta}\mathrm{e}^{\mathrm{i}kR_0} \mathrm{J}_n\left(\frac{nv}{c}\cos\theta\right). \tag{74.7}$$

沿 z 轴的分量显然总是为零.

　　按 §66 的各公式，对于频率为 $\omega = n\omega_H$ 并在立体角元 $\mathrm{d}o$ 内的辐射强度，我们有

$$\mathrm{d}I_n = \frac{c}{2\pi}|\boldsymbol{H}_n|^2 R_0^2\mathrm{d}o = \frac{c}{2\pi}|\boldsymbol{k}\times\boldsymbol{A}_n|^2 R_0^2\mathrm{d}o.$$

注意到

$$|\boldsymbol{A} \times \boldsymbol{k}|^2 = A_x^2 k^2 + A_y^2 k^2 \sin^2 \theta,$$

并将（74.6）和（74.7）代入，我们便得到下面的辐射强度公式（G. A. Schott, 1912）：

$$\mathrm{d}I_n = \frac{n^2 e^4 H^2}{2\pi c^3 m^2} \left(1 - \frac{v^2}{c^2}\right) \left[\tan^2 \theta \cdot \mathrm{J}_n^2\left(\frac{nv}{c}\cos\theta\right) + \frac{v^2}{c^2}\mathrm{J}_n^{'2}\left(\frac{nv}{c}\cos\theta\right)\right]\mathrm{d}o. \quad (74.8)$$

为了求频率为 $\omega = n\omega_H$ 的辐射沿一切方向的总强度，这个式子必须对全部角度积分。然而，这个积分不能以有限形式进行。作一系列利用贝塞尔函数理论中某些关系的变换，所要求的积分可以写成下面的形式：

$$I_n = \frac{2e^4 H^2}{m^2 c^2 v} \left(1 - \frac{v^2}{c^2}\right) \left[n\frac{v^2}{c^2}\mathrm{J}_{2n}'\left(\frac{2nv}{c}\right) - n^2\left(1 - \frac{v^2}{c^2}\right)\int_0^{v/c} \mathrm{J}_{2n}(2n\xi)\mathrm{d}\xi\right]. \quad (74.9)$$

现在我们更加详细地研究极端相对论情形，即当粒子运动速度接近光速时辐射的谱分布。

在（74.2）的分子中令 $v = c$，我们发现在极端相对论情形下，磁轫致辐射总强度同粒子能量 $\mathscr{E}$ 的平方成正比：

$$I = \frac{2e^4 H^2}{3m^2 c^3}\left(\frac{\mathscr{E}}{mc^2}\right)^2. \quad (74.10)$$

辐射的角分布是高度各向异性的。辐射主要集中在轨道平面内。很容易求出包含辐射之主要部分的角区间的"宽度" $\Delta\theta$。从条件 $1 - \frac{v^2}{c^2}\cos^2\theta \sim 1 - \frac{v^2}{c^2}$，写出 $\theta = \pi/2 \pm \Delta\theta, \sin\theta \cong 1 - (\Delta\theta)^2/2$。显然有

$$\Delta\theta \sim \sqrt{1 - \frac{v^2}{c^2}} = \frac{mc^2}{\mathscr{E}} \quad (74.11)$$

（这个结果当然与我们在前节得到的瞬时强度角分布一致，参见（73.12）[①]。

以后可以知道，在极端相对论情形下，辐射中起主要作用的是具有大 n 的频率（Arzimovich, Pomeranchuk, 1945）。因此，我们可以应用渐近公式（70.9），从而得到：

$$\mathrm{J}_{2n}(2n\xi) \approx \frac{1}{\sqrt{\pi}n^{1/3}}\Phi[n^{2/3}(1 - \xi^2)]. \quad (74.12)$$

[①] 不过，读者不要将本节中的角 θ 同 §73 中 $\boldsymbol{n}$ 和 $\boldsymbol{v}$ 之间的夹角 θ 混淆起来。

代入 (74.9), 我们便得到对于大 n 值的辐射谱分布公式[1]:

$$I_n = \frac{2e^4 H^2}{\sqrt{\pi} m^2 c^3} \frac{mc^2}{\mathscr{E}} \sqrt{u} \left[-\Phi'(u) - \frac{u}{2} \int_u^\infty \Phi(u) \mathrm{d}u \right], \qquad (74.13)$$

$$u = n^{2/3} \left(\frac{mc^2}{\mathscr{E}} \right)^2.$$

当 $u \to 0$ 时, 方括号内的函数趋近于常数极限 $\Phi'(0) = -0.4587 \cdots$[2]. 因此, 当 $u \ll 1$ 时, 我们有

$$I_n = 0.52 \frac{e^4 H^2}{m^2 c^3} \left(\frac{mc^2}{\mathscr{E}} \right)^2 n^{1/3}, \quad 1 \ll n \ll \left(\frac{\mathscr{E}}{mc^2} \right)^3. \qquad (74.14)$$

当 $u \gg 1$ 时, 我们可以用艾里函数的渐近式 (见 §59 习题中的脚注) 从而得到:

$$I_n = \frac{e^4 H^2 n^{1/2}}{2\sqrt{\pi} m^2 c^3} \left(\frac{mc^2}{\mathscr{E}} \right)^{5/2} \exp \left[-\frac{2}{3} n \left(\frac{mc^2}{\mathscr{E}} \right)^3 \right], \quad n \gg \left(\frac{\mathscr{E}}{mc^2} \right)^3, \qquad (74.15)$$

就是说, 当 n 很大时, 强度按指数规律下降.

因此, 谱分布对于

$$n \sim \left(\frac{\mathscr{E}}{mc^2} \right)^3$$

有极大值, 而辐射的主要部分集中在频率区间

$$\omega = \omega_H \left(\frac{\mathscr{E}}{mc^2} \right)^3 = \frac{eH}{mc} \left(\frac{\mathscr{E}}{mc^2} \right)^2. \qquad (74.16)$$

因为 ω 的这些值与相邻频率的距离 ω_H 相比很大, 那么我们可以说频谱有 "似连续" 的特征, 它由很多相距很近的谱线所组成. 因而我们可以引入按连续频率序列 $\omega = n\omega_H$ 的分布来替换分布函数 I_n, 记

$$\mathrm{d}I = I_n \mathrm{d}n = I_n \frac{\mathrm{d}\omega}{\omega_H}.$$

---

　　[1] 代入时, 积分限 $(n^{2/3})$ 在要求的精度内可以换为无穷大; 只要可能也可以令 $v = c$. 即使接近 1 的 ξ 值在积分 (74.9) 中是重要的, 仍然容许使用公式 (74.12), 因为该积分在下限迅速收敛.

　　[2] 从艾里函数的定义得到:

$$\Phi'(0) = -\frac{1}{\sqrt{\pi}} \int_0^\infty \xi \sin \frac{\xi^3}{3} \mathrm{d}\xi = -\frac{1}{\sqrt{\pi} \cdot 3^{1/3}} \int_0^\infty x^{-1/3} \sin x \mathrm{d}x = -\frac{3^{1/6} \Gamma(2/3)}{2\sqrt{\pi}}.$$

利用麦克唐纳函数 K_ν 来表示这个分布对于数值计算是便利的.[①] 在作一些简单变换后,(74.13) 式可以写为

$$dI = d\omega \frac{\sqrt{3}}{2\pi} \frac{e^3 H}{mc^2} F\left(\frac{\omega}{\omega_c}\right), \quad F(\xi) = \xi \int_\xi^\infty K_{5/3}(\xi) d\xi, \quad (74.17)$$

式中我们用了符号

$$\omega_c = \frac{3eH}{2mc}\left(\frac{\mathscr{E}}{mc^2}\right)^2. \quad (74.18)$$

图 17 显示了函数 $F(\xi)$ 的图.

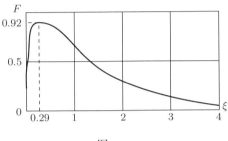

图 17

最后来谈谈粒子不是在平面内,而是沿螺旋轨道运动的情形,就是说,(沿着场) 有纵向速度 $v_\parallel = v\cos\chi$（这里 χ 是 $\boldsymbol{H}$ 和 $\boldsymbol{v}$ 之间的角). 转动频率由同一公式 (74.1) 给出,但现在矢量 $\boldsymbol{v}$ 的运动不是在圆周上,而是在轴的方向沿 $\boldsymbol{H}$,顶角为 2χ 的锥面上. 辐射的总强度（定义为粒子每秒损失的总能量）与 (74.2) 不同,那里的 H 现在要换成 $H_\perp = H\sin\chi$.

在极端相对论情形下,辐射集中于"速度锥"母线附近的方向. 辐射的谱分布和总强度（与上面同义）从 (74.17) 和 (74.10) 通过替换 $H \to H_\perp$ 得到. 如果我们谈的是一个静止观察者在这些方向看到的强度,那么我们必须引入一个附加因子来计及辐射体（在圆周上运动的粒子）所作的趋近或远离运动. 这个因子由比值 dt/dt_{obs} 给出,这里 dt_{obs} 是由源在间隔 dt 内发出的信号到达观察者之间的时间间隔. 显然有

$$dt_{\text{obs}} = dt\left(1 - \frac{1}{c}v_\parallel \cos\vartheta\right),$$

---

① 艾里函数同函数 $K_{1/3}$ 之间的关系由 §59 习题脚注中的 (4) 式给出. 人们在进一步变换中使用递推关系

$$K_{\nu-1}(x) - K_{\nu+1}(x) = -\frac{2\nu}{x}K_\nu(x), \quad 2K_\nu'(x) = -K_{\nu-1}(x) - K_{\nu+1}(x),$$

式中 $K_{-\nu}(x) = K_\nu(x)$. 特别是,容易证明

$$\Phi'(t) = -\frac{t}{\sqrt{3\pi}}K_{2/3}\left(\frac{2}{3}t^{3/2}\right).$$

式中 ϑ 是 $\boldsymbol{k}$ 和 $\boldsymbol{H}$ 方向之间的夹角（后者取做速度 $v_{\parallel}$ 的正方向）. 在极端相对论情形下，当 $\boldsymbol{k}$ 的方向接近 $\boldsymbol{v}$ 的方向时，我们有 $\vartheta \approx \chi$，所以

$$\frac{\mathrm{d}t}{\mathrm{d}t_{\text{obs}}} = \left(1 - \frac{v_{\parallel}}{c}\cos\chi\right)^{-1} \approx \frac{1}{\sin^2\chi}. \tag{74.19}$$

习　　题

1. 一个粒子在均匀恒定磁场内作圆周运动，求能量随时间变化的规律，和能量的辐射损失.

解：按照 (74.2)，对于在单位时间内的能量损失，我们有：

$$-\frac{\mathrm{d}\mathscr{E}}{\mathrm{d}t} = \frac{2e^4 H^2}{3m^4 c^7}(\mathscr{E}^2 - m^2 c^4)$$

（$\mathscr{E}$ 是粒子的能量）. 由此可得：

$$\frac{\mathscr{E}}{mc^2} = \coth\left(\frac{2e^4 H^2}{3m^3 c^5}t + \text{const}\right).$$

随着 t 增加，能量单调减小，当 $t \to \infty$ 时，渐近地趋近于极限 $\mathscr{E} = mc^2$（粒子完全停止）.

2. 一个粒子以远小于光速的速度在圆周上运动，求大 n 值辐射之谱分布的渐近公式.

解：利用贝塞尔函数理论中著名的渐近公式，

$$\mathrm{J}_n(n\varepsilon) = \frac{1}{\sqrt{2\pi n}(1-\varepsilon^2)^{1/4}}\left[\frac{\varepsilon}{1+\sqrt{1-\varepsilon^2}}\exp(\sqrt{1-\varepsilon^2})\right]^n,$$

它适用于条件 $n(1-\varepsilon^2)^{3/2} \gg 1$. 利用这个公式，我们从 (74.9) 求得

$$I_n = \frac{e^4 H^2 \sqrt{n}}{2\sqrt{\pi}m^2 c^3}\left(1 - \frac{v^2}{c^2}\right)^{5/4}\left[\frac{v/c}{1+\sqrt{1-v^2/c^2}}\exp\left(\sqrt{1-\frac{v^2}{c^2}}\right)\right]^{2n}.$$

这个公式对于 $n(1-v^2/c^2)^{3/2} \gg 1$ 是可以应用的；如果，此外，$1-v^2/c^2$ 也很小，那么，所得的公式化为 (74.15).

3. 求磁轫致辐射的偏振.

解：电场 $\boldsymbol{E}_n$ 从矢势 $\boldsymbol{A}_n$ (74.6)，(74.7) 按照如下公式计算：

$$\boldsymbol{E}_n = \frac{i}{k}(\boldsymbol{k}\times\boldsymbol{A}_n)\times\boldsymbol{k} = -\frac{i}{k}\boldsymbol{k}(\boldsymbol{k}\cdot\boldsymbol{A}_n) + ik\boldsymbol{A}_n.$$

令 $\boldsymbol{e}_1, \boldsymbol{e}_2$ 为垂直于 $\boldsymbol{k}$ 的平面内的单位矢量，这里 $\boldsymbol{e}_1$ 平行于 x 轴，$\boldsymbol{e}_2$ 在 yz 平面内（它们的分量是 $\boldsymbol{e}_1 = (1,0,0), \boldsymbol{e}_2 = (0,\sin\theta,-\cos\theta)$）；矢量 $\boldsymbol{e}_1, \boldsymbol{e}_2$ 和 $\boldsymbol{k}$ 组成右手系. 那么电场将是：

$$\boldsymbol{E}_n = ikA_{xn}\boldsymbol{e}_1 + ik\sin\theta A_{yn}\boldsymbol{e}_2,$$

或者, 略去不重要的共同因子:

$$\boldsymbol{E}_n \sim \frac{v}{c}\mathrm{J}'_n\left(\frac{nv}{c}\cos\theta\right)\boldsymbol{e}_1 + \tan\theta\mathrm{J}_n\left(\frac{nv}{c}\cos\theta\right)\mathrm{i}\boldsymbol{e}_2.$$

这个波是椭圆偏振的 (参见 §48).

在极端相对论情形下, 对于大 n 和小角 θ, 函数 J_n 和 J'_n 用 $K_{1/3}$ 和 $K_{2/3}$ 表示, 这里我们在自变量中令

$$1 - \frac{v^2}{c^2}\cos^2\theta \approx 1 - \frac{v^2}{c^2} + \theta^2 = \left(\frac{mc^2}{\mathscr{E}}\right)^2 + \theta^2.$$

结果得到:

$$\boldsymbol{E}_n = \boldsymbol{e}_1\psi K_{2/3}\left(\frac{n}{3}\psi^3\right) + \mathrm{i}\boldsymbol{e}_2\theta K_{1/3}\left(\frac{n}{3}\psi^3\right), \quad \psi = \sqrt{\left(\frac{mc^2}{\mathscr{E}}\right)^2 + \theta^2}.$$

对于 $\theta = 0$, 椭圆偏振退化为沿 $\boldsymbol{e}_1$ 的线偏振. 对于大 $\theta(|\theta| \gg mc^2/\mathscr{E}, n\theta^3 \gg 1)$, 我们有 $K_{1/3}(x) \approx K_{2/3}(x) \approx \sqrt{\pi/2x}\mathrm{e}^{-x}$ 且偏振趋向于变为圆偏振: $\boldsymbol{E}_n \sim \boldsymbol{e}_1 \pm \mathrm{i}\boldsymbol{e}_2$; 然而辐射强度也按指数变得很小. 在中间角度范围, 椭圆的短轴沿 $\boldsymbol{e}_2$, 长轴沿 $\boldsymbol{e}_1$. 转动方向依赖于角 θ 的正负号 (如果 $\boldsymbol{H}$ 和 $\boldsymbol{k}$ 的方向分别处于轨道平面相对两侧, $\theta > 0$, 如图 16 所示).

§75 辐射阻尼

在 §65 中已经指出, 通过将电荷体系的场的势展为 v/c 的幂级数所得到的拉格朗日量的二级近似式, 可以完全描述电荷的运动 (在该级近似中). 现在我们将场展开到更高次的项, 并研究这些项所产生的效应.

在标势

$$\varphi = \int \frac{1}{R}\rho_{t-R/c}\mathrm{d}V$$

的展开式中的 $1/c$ 的三次方的项是

$$\varphi^{(3)} = -\frac{1}{6c^3}\frac{\partial^3}{\partial t^3}\int R^2\rho\mathrm{d}V. \tag{75.1}$$

按照 (65.3) 之后的推导的同样理由, 在展开矢势时, 我们只需取 $1/c$ 的二次方的项, 就是

$$\boldsymbol{A}^{(2)} = -\frac{1}{c^2}\frac{\partial}{\partial t}\int \boldsymbol{j}\mathrm{d}V. \tag{75.2}$$

我们将这些势作下列变换:

$$\varphi' = \varphi - \frac{1}{c}\frac{\partial f}{\partial t}, \quad \boldsymbol{A}' = \boldsymbol{A} + \mathrm{grad}\, f,$$

并这样来选择函数 f，使标势 $\varphi^{(3)}$ 为零. 为此，显然必须有

$$f = -\frac{1}{6c^2}\frac{\partial^2}{\partial t^2}\int R^2\rho\,\mathrm{d}V.$$

这时，新的矢势等于

$$\boldsymbol{A}^{'(2)} = -\frac{1}{c^2}\frac{\partial}{\partial t}\int \boldsymbol{j}\,\mathrm{d}V - \frac{1}{6c^2}\frac{\partial^2}{\partial t^2}\nabla\int R^2\rho\,\mathrm{d}V =$$
$$= -\frac{1}{c^2}\frac{\partial}{\partial t}\int \boldsymbol{j}\,\mathrm{d}V - \frac{1}{3c^2}\frac{\partial^2}{\partial t^2}\int \boldsymbol{R}\rho\,\mathrm{d}V.$$

将积分变为对各电荷的求和，则右边第一项变为 $-\dfrac{1}{c^2}\sum e\dot{\boldsymbol{v}}$. 在右边第二项中，我们写出 $\boldsymbol{R} = \boldsymbol{R}_0 - \boldsymbol{r}$，此处的 $\boldsymbol{R}_0$ 和 $\boldsymbol{r}$ 的意义和平常一样（见 §66）；这时，$\dot{\boldsymbol{R}} = -\dot{\boldsymbol{r}} = -\boldsymbol{v}$，而第二项则取 $\dfrac{1}{3c^2}\sum e\dot{\boldsymbol{v}}$ 的形式. 因此，

$$\boldsymbol{A}^{'(2)} = -\frac{2}{3c^2}\sum e\dot{\boldsymbol{v}}. \tag{75.3}$$

与这个势相应的磁场为零（$\boldsymbol{H} = \mathrm{rot}\,\boldsymbol{A}^{'(2)} = 0$），因为 $\boldsymbol{A}^{'(2)}$ 并不显含坐标. 电场 $\boldsymbol{E} = -\dot{\boldsymbol{A}}^{'(2)}/c$ 等于

$$\boldsymbol{E} = \frac{2}{3c^3}\dddot{\boldsymbol{d}}, \tag{75.4}$$

式中 $\boldsymbol{d}$ 是电荷体系的偶极矩.

因此，场展开式的三次方的各项导致作用于电荷上的某些附加力，在拉格朗日量（65.7）中是不包含这些力的；这些力和电荷加速度的时间导数有关.

让我们考虑一个作稳定运动[①]的电荷体系，并且计算场（75.4）在单位时间内所做之功的平均值. 作用于每个电荷 e 上的力是 $\boldsymbol{f} = e\boldsymbol{E}$，就是

$$\boldsymbol{f} = \frac{2e}{3c^3}\dddot{\boldsymbol{d}}. \tag{75.5}$$

这个力在单位时间内所做的功是 $\boldsymbol{f}\cdot\boldsymbol{v}$，所以在所有电荷上所做的总功就等于对所有电荷的叠加；

$$\sum \boldsymbol{f}\cdot\boldsymbol{v} = \frac{2}{3c^3}\dddot{\boldsymbol{d}}\cdot\sum e\boldsymbol{v} = \frac{2}{3c^3}\dddot{\boldsymbol{d}}\cdot\dot{\boldsymbol{d}} = \frac{2}{3c^3}\frac{\mathrm{d}}{\mathrm{d}t}(\dot{\boldsymbol{d}}\cdot\ddot{\boldsymbol{d}}) - \frac{2}{3c^3}(\ddot{\boldsymbol{d}})^2.$$

在对时间求平均值时，第一项等于零，因此功的平均值等于

$$\sum \overline{\boldsymbol{f}\cdot\boldsymbol{v}} = -\frac{2}{3c^3}\overline{\ddot{\boldsymbol{d}}^2}. \tag{75.6}$$

[①] 更准确地说，是这样一种运动，尽管在略去辐射的情况下，它会是稳定的，但却在不断减慢.

但是，右边的式子，如将正负号倒过来，恰恰是这个电荷体系在单位时间内辐射出去的平均能量（参见 (67.8)）. 因此，在三级近似中出现的力 (75.5) 描写辐射对电荷的反作用. 这些力称为**辐射阻尼**，或称为**洛伦兹摩擦力**.

与辐射的电荷体系损失能量的同时，也出现了角动量的一些损失. 单位时间内角动量的减少，$\mathrm{d}\boldsymbol{M}/\mathrm{d}t$，利用阻尼力的表达式很容易算出. 取角动量 $\boldsymbol{M} = \sum \boldsymbol{r} \times \boldsymbol{p}$ 对时间的导数，则得 $\dot{\boldsymbol{M}} = \sum \boldsymbol{r} \times \dot{\boldsymbol{p}}$，因为 $\sum \dot{\boldsymbol{r}} \times \boldsymbol{p} = \sum m(\boldsymbol{v} \times \boldsymbol{v}) \equiv 0$. 用作用于粒子上的摩擦力 (75.5) 来代替粒子动量的时间导数，我们得到

$$\dot{\boldsymbol{M}} = \sum \boldsymbol{r} \times \boldsymbol{f} = \frac{2}{3c^3} \sum e\boldsymbol{r} \times \dddot{\boldsymbol{d}} = \frac{2}{3c^3} \boldsymbol{d} \times \dddot{\boldsymbol{d}}.$$

正如以前我们感兴趣的是能量损失的时间平均值一样，我们所感兴趣的是稳定运动角动量损失的时间平均值. 写出

$$\boldsymbol{d} \times \dddot{\boldsymbol{d}} = \frac{\mathrm{d}}{\mathrm{d}t}(\boldsymbol{d} \times \ddot{\boldsymbol{d}}) - \dot{\boldsymbol{d}} \times \ddot{\boldsymbol{d}},$$

而且注意到在求平均值时，对时间的导数（第一项）为零，则最后我们求得辐射体系的角动量的平均损失如下[1]：

$$\overline{\frac{\mathrm{d}\boldsymbol{M}}{\mathrm{d}t}} = -\frac{2}{3c^3} \overline{\dot{\boldsymbol{d}} \times \ddot{\boldsymbol{d}}}. \tag{75.7}$$

单独的一个电荷在外场中运动时也发生辐射阻尼. 它等于

$$\boldsymbol{f} = \frac{2e^2}{3c^3} \ddot{\boldsymbol{v}}. \tag{75.8}$$

对于单独的一个电荷，我们总可以选择这样一个参考系，在其中，这个电荷在给定时刻静止在坐标的原点. 如果在这个参考系中我们计算出电荷产生的场展开式中的高次项，那么就会发现这些高次项有下述特性. 当从电荷到观察点的径矢 $\boldsymbol{R}$ 趋近于零时，所有这些项都变为零. 因此在单独一个电荷的情形里，公式 (75.8) 在某种意义上，是电荷在其静止参考系中辐射反作用的准确公式.

然而我们必须记着，利用阻尼力来描写电荷"对自己"的作用，一般说来是不能令人满意的，而且包含着矛盾. 在没有外场存在时，仅有力 (75.8) 作用于电荷上，电荷的运动方程为

$$m\dot{\boldsymbol{v}} = \frac{2e^2}{3c^3} \ddot{\boldsymbol{v}}.$$

这个方程，除了平凡解 $v = \mathrm{const}$ 外，还有另外一个解，其中加速度 $\dot{\boldsymbol{v}}$ 与 $\exp(3mc^3t/2e^2)$ 成正比，即随时间无限制地增加. 这就意味着，例如，一个电

---

[1] 与 §72 习题 2 中得到的结果 (3) 一致.

荷在经过任何场并从该场出射时，应该无限制地"自我加速". 这种荒谬的结果表明了公式 (75.8) 的应用的局限性.

我们可以提出这个问题，既然电动力学满足能量守恒定律，如何能够导出这样荒谬的结论，即一个自由电荷无限制地增加它的能量呢? 实际上这个困难植根于前面 (§37) 所提到的关于基本粒子有无限大的电磁"固有质量"之内. 当我们在运动方程内写出电荷的有限质量时，我们在实质上已经形式地给电荷以负无限大的，而又是非电磁根源的"固有质量"，这个质量同电磁质量结合在一起，组成为粒子的有限质量. 但是，因为从一个无限大减去另一个无限大不是一个完全正确的数学运算，这就导致一系列的额外困难，上面所提的就是这些困难之一.

在一个电荷在其中速度甚小的坐标系中，包含辐射阻尼的运动方程有如下的形式：

$$m\dot{\boldsymbol{v}} = e\boldsymbol{E} + \frac{e}{c}\boldsymbol{v} \times \boldsymbol{H} + \frac{2}{3}\frac{e^2}{c^3}\ddot{\boldsymbol{v}}. \tag{75.9}$$

按照前面的讨论，这个方程只能应用到阻尼力比外场作用于电荷上的力小很多的范围内.

为了明白这个条件的物理意义，我们作如下讨论. 电荷在给定时刻静止的那个参考系中，速度对时间的二次导数，当略去阻尼力时，等于

$$\ddot{\boldsymbol{v}} = \frac{e}{m}\dot{\boldsymbol{E}} + \frac{e}{mc}\dot{\boldsymbol{v}} \times \boldsymbol{H}.$$

在第二项中我们将 $\dot{\boldsymbol{v}} = e\boldsymbol{E}/m$ 代入（精确到同样的量级）则得到

$$\ddot{\boldsymbol{v}} = \frac{e}{m}\dot{\boldsymbol{E}} + \frac{e^2}{m^2c}\boldsymbol{E} \times \boldsymbol{H}.$$

与此相应，阻尼力包含两项：

$$\boldsymbol{f} = \frac{2e^3}{3mc^3}\dot{\boldsymbol{E}} + \frac{2e^4}{3m^2c^4}\boldsymbol{E} \times \boldsymbol{H}. \tag{75.10}$$

如果 ω 是运动的频率，那么，$\dot{\boldsymbol{E}}$ 就与 $\omega\boldsymbol{E}$ 成正比，因此，第一项与 $\dfrac{e^3\omega}{mc^3}\boldsymbol{E}$ 同数量级；第二项与 $\dfrac{e^4}{m^2c^4}\boldsymbol{E}\boldsymbol{H}$ 同数量级. 由此可见，从阻尼力比外场加在电荷上的力 $e\boldsymbol{E}$ 小很多的条件，首先得到

$$\frac{e^2}{mc^3}\omega \ll 1,$$

或者，引入波长 $\lambda \sim c/\omega$：

$$\lambda \gg \frac{e^2}{mc^2}. \tag{75.11}$$

因此, 辐射阻尼的公式 (75.8) 仅仅当落在电荷上的辐射的波长比电荷的 "半径" e^2/mc^2 大很多时方能应用. 我们又一次看到, 与 e^2/mc^2 同数量级的距离是电动力学导致内在矛盾的界限 (参见 §37).

其次, 将阻尼力的第二项与力 eE 相比较, 我们便得到下面的条件:

$$H \ll \frac{m^2c^4}{e^3} \tag{75.12}$$

(或 $c/\omega_H \gg e^2/mc^2$, 其中 $\omega_H = eH/mc$). 因此, 场本身也必须不太大. 与 m^2c^4/e^3 同量级的场也是经典电动力学导致内在矛盾的界限. 这里我们还必须记着, 实际上, 因为量子效应, 电动力学对于相当小的场就已经不适用了[①].

为了避免误解, 我们提醒读者, (75.11) 中的波长和 (75.12) 中的场值是针对给定时刻粒子的静止系而言的.

习 题

两个相吸引的粒子作椭圆运动 (运动的速度比光速小很多), 由于辐射而损失了能量. 求相互 "降落" 的时间.

解: 假设一周中的相对能量损失很小, 我们可以让能量的时间导数等于辐射的平均强度 (见 §70 的习题 1):

$$\frac{\mathrm{d}|\mathscr{E}|}{\mathrm{d}t} = \frac{(2|\mathscr{E}|)^{3/2}\mu^{5/2}\alpha^3}{3c^2M^5}\left(\frac{e_1}{m_1} - \frac{e_2}{m_2}\right)^2\left(3 - \frac{2|\mathscr{E}|M^2}{\mu\alpha^2}\right), \tag{1}$$

式中 $\alpha = |e_1e_2|$. 粒子在损失能量的同时也损失角动量. 单位时间内的角动量损失由 (75.7) 给出; 将 $\boldsymbol{d}$ 的表达式 (70.1) 代入, 并且注意到 $\mu\ddot{\boldsymbol{r}} = -\alpha\boldsymbol{r}/r^3$ 和 $\boldsymbol{M} = \mu\boldsymbol{r}\times\boldsymbol{v}$, 我们便可求得:

$$\frac{\mathrm{d}\boldsymbol{M}}{\mathrm{d}t} = -\frac{2\alpha}{3c^3}\left(\frac{e_1}{m_1} - \frac{e_2}{m_2}\right)^2\frac{\boldsymbol{M}}{r^3}.$$

我们将这个式子在运动周期内平均; 由于 $\boldsymbol{M}$ 的改变缓慢, 右边只要对 r^{-3} 平均就够了. 这个平均值的计算像在 §70 的习题 1 中求 r^{-4} 的平均值一样. 结果我们求得单位时间内角动量的平均损失如下:

$$\frac{\mathrm{d}M}{\mathrm{d}t} = -\frac{2\alpha(2\mu|\mathscr{E}|)^{3/2}}{3c^3M^2}\left(\frac{e_1}{m_1} - \frac{e_2}{m_2}\right)^2 \tag{2}$$

(像 (1) 式一样, 我们略去了平均的符号). 用 (2) 来除 (1), 我们得到微分方程

$$\frac{\mathrm{d}|\mathscr{E}|}{\mathrm{d}M} = -\frac{\mu\alpha^2}{2M^3}\left(3 - 2\frac{|\mathscr{E}|M^2}{\mu\alpha^2}\right),$$

[①] 对应于与 $m^2c^3/\hbar e$ 同量级的场, 即 $\hbar\omega_H \sim mc^2$. 这个极限比 (75.12) 设置的极限小 $\hbar c/e^2 = 137$ 倍. 这些距离同 R_0 的比值量级为 $\hbar c/e^2 \sim 137$.

将上式积分, 得到:

$$|\mathscr{E}| = \frac{\mu\alpha^2}{2M^2}\left(1 - \frac{M^3}{M_0^3}\right) + \frac{|\mathscr{E}_0|}{M_0}M. \tag{3}$$

积分常数是这样选择的, 使得当 $M = M_0$ 时, $\mathscr{E} = \mathscr{E}_0$, 此处的 M_0 和 $\mathscr{E}_0$ 是粒子的初角动量和初能量.

粒子相互"降落"与 $M \to 0$ 相对应. 从 (3) 可以看出, 这时 $\mathscr{E} \to -\infty$.

我们指出, 乘积 $|\mathscr{E}|M^2$ 趋近于 $\mu\alpha^2/2$, 并且从公式 (70.3) 可以看出偏心率 $\varepsilon \to 0$, 即是说, 当粒子互相接近时, 轨道趋近于圆. 将 (3) 代入 (2), 我们就决定了表示为 M 的函数的导数 $\mathrm{d}t/\mathrm{d}M$, 此后对 $\mathrm{d}M$ 求积分, 积分限是 M_0 和 0, 就直接得到"降落"的时间:

$$t_{\text{fall}} = \frac{c^3 M_0^5}{\alpha\sqrt{2|\mathscr{E}_0|\mu^3}}\left(\frac{e_1}{m_1} - \frac{e_2}{m_2}\right)^{-2}\left(\sqrt{\mu\alpha^2} + \sqrt{2M_0^2|\mathscr{E}_0|}\right)^{-2}.$$

§76　相对论情形下的辐射阻尼

我们现在来推导辐射阻尼在相对论中的表达式 (对于一个单独的电荷), 这个表达式也适用于速度与光速相近的运动. 这个力现在是四维矢量 g^i, 它应当加在电荷的运动方程内, 该方程写为四维形式是:

$$mc\frac{\mathrm{d}u^i}{\mathrm{d}s} = \frac{e}{c}F^{ik}u_k + g^i. \tag{76.1}$$

为了求出 g^i, 我们注意到当 $v \ll c$ 时, 它的三个空间分量应当过渡为矢量 $\boldsymbol{f}/c$ (75.8) 的分量. 很容易看出, 四维矢量 $\dfrac{2e^2}{3c}\dfrac{\mathrm{d}^2u^i}{\mathrm{d}s^2}$ 有这个特性. 但是它不满足对任意四维力矢量的分量都成立的恒等式 $g^iu_i = 0$. 为了满足这个条件, 我们必须在上面的式子中加某一个辅助四维矢量, 这个辅助四维矢量由四维速度 u^i 及其导数组成. 这个矢量的三个空间分量在 $\boldsymbol{v} = 0$ 的极限情形下变为零, 但不改变已经由表达式 $\dfrac{2e^2}{3c}\dfrac{\mathrm{d}^2u^i}{\mathrm{d}s^2}$ 所决定的 $\boldsymbol{f}$ 的正确值. 四维矢量 u^i 就有这个特性, 因而所求的辅助项有 αu^i 的形式. 标量 α 必须如此选择, 使附加关系式 $g^iu_i = 0$ 能被满足. 结果我们得到:

$$g^i = \frac{2e^2}{3c}\left(\frac{\mathrm{d}^2u^i}{\mathrm{d}s^2} - (u^iu^k)\frac{\mathrm{d}^2u_k}{\mathrm{d}s^2}\right). \tag{76.2}$$

按照运动方程, 用作用于粒子上的外电磁场的场张量直接表示 $\mathrm{d}^2u^i/\mathrm{d}s^2$, 这个公式可以写成另一形式:

$$\frac{\mathrm{d}u^i}{\mathrm{d}s} = \frac{e}{mc^2}F^{ik}u_k, \quad \frac{\mathrm{d}^2u^i}{\mathrm{d}s^2} = \frac{e}{mc^2}\frac{\partial F^{ik}}{\partial x^l}u_ku^l + \frac{e^2}{m^2c^4}F^{ik}F_{kl}u^l.$$

在作代换时，我们必须记着，对指标 i, k 反对称的张量 $\partial F^{ik}/\partial x^l$ 与对称张量 $u_i u_k$ 之积恒等于零．所以，

$$g^i = \frac{2e^3}{3mc^3}\frac{\partial F^{ik}}{\partial x^l}u_k u^l - \frac{2e^4}{3m^2c^5}F^{il}F_{kl}u^k + \frac{2e^4}{3m^2c^5}(F_{kl}u^l)(F^{km}u_m)u^i. \quad (76.3)$$

当电荷经过一给定场时，其运动的世界线上的四维力 g^i 的积分，应当与从电荷辐射的总四维动量 ΔP^i 相合（有相反的正负号），这类似于在非相对论的情形中力 $\boldsymbol{f}$ 所做功的平均值与偶极辐射强度相合（参见 (75.6) 式）．容易检验，实际上确是如此．在 (76.2) 式中第一项在进行积分时为零，因为在无穷远处，粒子没有加速度，即 $\mathrm{d}u^i/\mathrm{d}s = 0$．对第二项进行分部积分得到：

$$-\int g^i \mathrm{d}s = \frac{2e^2}{3c}\int u^i u^k \frac{\mathrm{d}^2 u_k}{\mathrm{d}s^2}\mathrm{d}s = -\frac{2e^2}{3c}\int \frac{\mathrm{d}u_k}{\mathrm{d}s}\frac{\mathrm{d}u^k}{\mathrm{d}s}\mathrm{d}x^i,$$

它与 (73.4) 式完全吻合.

如果粒子的速度趋近于光速，那么，在四维矢量 (76.3) 空间分量的三项中，包含有四维速度分量的三重积的第三项增加得最快．因此，只保留 (76.3) 的这些项，并利用四维矢量 g^i 的空间分量和三维力 $\boldsymbol{f}$ 分量之间的关系 (9.18)，对于后者我们得到

$$\boldsymbol{f} = \frac{2e^4}{3m^2c^4}(F_{kl}u^l)(F^{km}u_m)\boldsymbol{n},$$

式中 $\boldsymbol{n}$ 是 $\boldsymbol{v}$ 方向的单位矢量．因而，在这种情形下，力 $\boldsymbol{f}$ 同粒子速度的方向相反；选择后者为 x 轴，将上式中的四维量以具体表达式代入，我们得到：

$$f_x = -\frac{2e^4}{3m^2c^4}\frac{(E_y - H_z)^2 + (E_z + H_y)^2}{1 - v^2/c^2} \quad (76.4)$$

（这里，除分母以外，我们已处处令 $v = c$）．由此可见，对于一个极端相对论的粒子，辐射阻尼与它的能量的平方成正比．

我们来注意下面的重要情况．在前面已经指出，我们所得到的辐射阻尼的表达式仅仅可以应用于比 m^2c^4/e^3 小很多（在粒子的静止参考系 K_0 中）的场．设 F 为粒子以速度 v 运动的参考系 K 中外场的数量级．这时，在 K_0 系中，场的数量级是 $F/\sqrt{1 - v^2/c^2}$（参见 §24 中的变换公式）．因此 F 应当满足条件

$$\frac{e^3 F}{m^2 c^4 \sqrt{1 - \dfrac{v^2}{c^2}}} \ll 1. \quad (76.5)$$

同时，阻尼力 (76.4) 与外力 ($\sim eF$) 之比的数量级是

$$\frac{e^3 F}{m^2 c^4 \left(1 - \dfrac{v^2}{c^2}\right)},$$

而且可以看出，条件 (76.5) 的满足并不妨碍阻尼力 (对于能量足够高的粒子) 比电磁场中作用在粒子上的通常洛伦兹力大很多[①]. 因此，对于一个极端相对论的粒子，我们可能有这种情形：辐射阻尼是作用于其上的主要的力.

在这种情况下，粒子在每单位行程中所损失的动能可以认为仅仅是等于阻尼力 f_x；注意到阻尼力与粒子能量的平方成正比，我们可以写出

$$-\frac{\mathrm{d}\mathscr{E}_{\mathrm{kin}}}{\mathrm{d}x} = k(x)\mathscr{E}_{\mathrm{kin}}^2,$$

式中，$k(x)$ 是比例系数，与坐标 x 有关，并且按照 (76.4) 式用场的横向分量来表示. 将这个微分方程积分，我们得到

$$\frac{1}{\mathscr{E}_{\mathrm{kin}}} = \frac{1}{\mathscr{E}_0} + \int_{-\infty}^x k(x)\mathrm{d}x,$$

式中，$\mathscr{E}_0$ 代表粒子的初能量 (当 $x \to -\infty$ 时的能量). 就特例言之，粒子的终能量 $\mathscr{E}_1$ (在粒子经过场以后的能量)，决定于公式

$$\frac{1}{\mathscr{E}_1} = \frac{1}{\mathscr{E}_0} + \int_{-\infty}^{+\infty} k(x)\mathrm{d}x.$$

由此可见当 $\mathscr{E}_0 \to \infty$ 时，终能量 $\mathscr{E}_1$ 趋近于一个常数极限，而与 $\mathscr{E}_0$ 无关 (I. Pomeranchuk, 1939). 换句话说，在经过场以后，粒子的能量不可能超过等式

$$\frac{1}{\mathscr{E}_{\mathrm{cr}}} = \int_{-\infty}^{+\infty} k(x)\mathrm{d}x$$

所定义的能量 $\mathscr{E}_{\mathrm{cr}}$，将 $k(x)$ 的式子代入，此式可变为

$$\frac{1}{\mathscr{E}_{\mathrm{cr}}} = \frac{2}{3m^2c^4}\left(\frac{e^2}{mc^2}\right)^2 \int_{-\infty}^{+\infty} [(E_y - H_z)^2 + (E_z + H_y)^2]\mathrm{d}x. \tag{76.6}$$

习 题

1. 求粒子经过磁偶极子 m 的场之后的极限能量；矢量 m 与运动方向在同一平面内.

解：我们选定经过矢量 m 和运动方向的平面为 xz 平面，粒子在这个平面内平行于 x 轴运动，但与 x 轴相距为 ρ. 对于磁偶极子的场的横向分量 (参见 (44.4) 式)，我们有：

$$H_y = 0,$$

$$H_z = \frac{(3\boldsymbol{m}\cdot\boldsymbol{r})z - m_z r^2}{r^5} = \frac{\mathrm{m}}{(\rho^2 + x^2)^{5/2}}\{3(\rho\cos\varphi + x\sin\varphi)\rho - (\rho^2 + x^2)\cos\varphi\}$$

[①] 我们应当强调指出，这一结果绝不与早先对四维力 g^i 的相对论表达式的推导矛盾，在那里假设它同四维力 $(e/c)F^{ik}u_k$ 相比是"很小"的. 一个矢量的分量同另一个矢量的分量相比很小这个要求，只要在一个参考系中得到满足就足够了；按照相对论不变性的精神，基于这样假设得到的四维公式，在任何其他参考系中也是成立的.

式中，φ 是 $\mathfrak{m}$ 与 z 轴间的夹角. 以之代入 (76.6)，进行积分，我们便得到

$$\frac{1}{\mathscr{E}_{\mathrm{cr}}} = \frac{\mathfrak{m}^2\pi}{64m^2c^4\rho^5}\left(\frac{e^2}{mc^2}\right)^2(15+26\cos^2\varphi).$$

2. 写出在相对论情形中的阻尼力的三维表达式.

解：计算四维矢量 (76.3) 的空间分量，我们得到

$$\boldsymbol{f} = \frac{2e^3}{3mc^3}\left(1-\frac{v^2}{c^2}\right)^{-1/2}\left\{\left(\frac{\partial}{\partial t}+\boldsymbol{v}\cdot\nabla\right)\boldsymbol{E}+\frac{1}{c}\boldsymbol{v}\times\left(\frac{\partial}{\partial t}+\boldsymbol{v}\cdot\nabla\right)\boldsymbol{H}\right\}+$$

$$+\frac{2e^4}{3m^2c^4}\left\{\boldsymbol{E}\times\boldsymbol{H}+\frac{1}{c}\boldsymbol{H}\times(\boldsymbol{H}\times\boldsymbol{v})+\frac{1}{c}\boldsymbol{E}(\boldsymbol{v}\cdot\boldsymbol{E})\right\}-$$

$$-\frac{2e^4}{3m^2c^5\left(1-\dfrac{v^2}{c^2}\right)}\boldsymbol{v}\left\{\left(\boldsymbol{E}+\frac{1}{c}\boldsymbol{v}\times\boldsymbol{H}\right)^2-\frac{1}{c^2}(\boldsymbol{E}\cdot\boldsymbol{v})^2\right\}.$$

§77   在极端相对论情形下辐射的谱分解

早先（在 §73 中）已经证明，极端相对论粒子的辐射主要沿着粒子速度的方向朝向前方：几乎完全被包含在 $\boldsymbol{v}$ 的方向附近很小一个角度范围

$$\Delta\theta \sim \sqrt{1-\frac{v^2}{c^2}}$$

之内.

在求辐射的谱分解时，角间隔 $\Delta\theta$ 的大小与粒子经过外电磁场时的偏转角 α 的关系是至关重要的.

α 角可以计算如下. 粒子动量的横向（与运动方向相垂直）变化的数量级，与横向力 eF[①] 和经过场的时间 $t\sim a/v\approx a/c$ 的乘积的数量级相同（此处的 a 是使场显著地有别于零的距离）.

这个量与动量

$$p = \frac{mv}{\sqrt{1-v^2/c^2}} \approx \frac{mc}{\sqrt{1-v^2/c^2}}$$

之比决定小角 α 的数量级：

$$\alpha \sim \frac{eFa}{mc^2}\sqrt{1-\frac{v^2}{c^2}}.$$

---

① 如果我们选定 x 轴沿着粒子的运动方向，那么，$(eF)^2$ 是洛伦兹力 $e\boldsymbol{E}+e\boldsymbol{v}/c\times\boldsymbol{H}$ 的 y 分量与 z 分量的平方之和，在此，我们可以令 $v\approx c$：

$$F^2 = (E_y-H_z)^2+(E_z+H_y)^2.$$

用 $\Delta\theta$ 除之，我们得到：

$$\frac{\alpha}{\Delta\theta} \sim \frac{eFa}{mc^2}.\tag{77.1}$$

我们要注意这个事实，即这个比值与粒子的速度无关，而完全为外场本身所决定.

我们先假设

$$eFa \gg mc^2,\tag{77.2}$$

就是说，粒子的总偏转角比 $\Delta\theta$ 大很多. 这时，我们就可以说，在一指定方向的辐射主要在与运动方向几乎平行的那一部分轨道上发生（这一部分轨道与运动方向所成之角在间隔 $\Delta\theta$ 内），而这一部分轨道的弧长比 a 小很多. 场 F 在这段弧内可以认为是不变的，又因为曲线的一小段可以当做圆弧，所以我们可以引用在 §74 中所求出的关于匀速圆周运动时的辐射（以 F 代 H）的结果. 就特例言之，我们可以说，辐射的主要部分集中在频率范围

$$\omega \sim \frac{eF}{mc\left(1 - \dfrac{v^2}{c^2}\right)}\tag{77.3}$$

内（参见（74.16）式）.

在相反的极限情形下，

$$eFa \ll mc^2,\tag{77.4}$$

粒子的总偏转角比 $\Delta\theta$ 小很多. 在这种情形下，所有的辐射主要指向运动方向附近的狭窄的角范围 $\Delta\theta$，而辐射从整个轨道到达某一给定点.

为了求辐射的谱分解，在这种情形下从场在波区的李纳–维谢尔公式（73.8）开始是便利的，我们来计算傅里叶分量

$$\boldsymbol{E}_\omega = \int_{-\infty}^{\infty} \boldsymbol{E} \mathrm{e}^{\mathrm{i}\omega t} \mathrm{d}t.$$

（73.8）式右边的表达式是推迟时间 t' 的函数，由条件 $t' = t - R(t')/c$ 决定. 在离一个几乎以恒定速度 $\boldsymbol{v}$ 运动的粒子远距离处，我们有：

$$t' \cong t - \frac{R_0}{c} + \frac{1}{c}\boldsymbol{n}\cdot\boldsymbol{r}(t') \cong t - \frac{R_0}{c} + \frac{1}{c}\boldsymbol{n}\cdot\boldsymbol{v}t'$$

（此处的 $\boldsymbol{r} = \boldsymbol{r}(t') \approx \boldsymbol{v}t'$ 是粒子的径矢），或者

$$t = t'\left(1 - \frac{\boldsymbol{n}\cdot\boldsymbol{v}}{c}\right) + \frac{R_0}{c}.$$

因此，从对于 $\mathrm{d}t$ 的积分很容易变为对于 $\mathrm{d}t'$ 的积分，只需注意

$$\mathrm{d}t = \left(1 - \frac{\boldsymbol{n}\cdot\boldsymbol{v}}{c}\right)\mathrm{d}t'.$$

结果得到：

$$\boldsymbol{E}_\omega = \frac{e}{c^2} \frac{\mathrm{e}^{\mathrm{i}kR_0}}{R_0\left(1 - \dfrac{\boldsymbol{n}\cdot\boldsymbol{v}}{c}\right)^2} \int_{-\infty}^{\infty} \boldsymbol{n}\times\left\{\left(\boldsymbol{n} - \frac{\boldsymbol{v}}{c}\right)\times\boldsymbol{w}(t')\right\} \exp\left[\mathrm{i}\omega t'\left(1 - \frac{\boldsymbol{n}\cdot\boldsymbol{v}}{c}\right)\right]\mathrm{d}t'.$$

这里处处将速度 $\boldsymbol{v}$ 当做常量；只有加速度 $\boldsymbol{w}(t')$ 是变化的. 引入记号

$$\omega' = \omega\left(1 - \frac{\boldsymbol{n}\cdot\boldsymbol{v}}{c}\right) \tag{77.5}$$

和相应的加速度的频率分量，我们将 $\boldsymbol{E}_\omega$ 写为形式

$$\boldsymbol{E}_\omega = \frac{e}{c^2}\frac{\mathrm{e}^{\mathrm{i}kR_0}}{R_0}\left(\frac{\omega}{\omega'}\right)^2 \boldsymbol{n}\times\left\{\left(\boldsymbol{n} - \frac{\boldsymbol{v}}{c}\right)\times\boldsymbol{w}_{\omega'}\right\}.$$

最后从 (66.9)，我们得到辐射入立体角 $\mathrm{d}o$ 内频率在 $\mathrm{d}\omega$ 范围的能量：

$$\mathrm{d}\mathscr{E}_{\boldsymbol{n}\omega} = \frac{e^2}{2\pi c^3}\left(\frac{\omega}{\omega'}\right)^4 \left|\boldsymbol{n}\times\left\{\left(\boldsymbol{n} - \frac{\boldsymbol{v}}{c}\right)\times\boldsymbol{w}_{\omega'}\right\}\right|^2 \mathrm{d}o\frac{\mathrm{d}\omega}{2\pi}. \tag{77.6}$$

不难估计 (77.4) 情形中辐射主要集中的频率量级，只要注意仅当时间 $1/\omega'$，即

$$\frac{1}{\omega\left(1 - \dfrac{v^2}{c^2}\right)}$$

与粒子加速度发生显著改变的时间 $a/v \sim a/c$ 同数量级时，傅里叶分量 $\boldsymbol{w}_{\omega'}$ 才显著地有别于零. 因此，我们求得：

$$\omega \sim \frac{c}{a\left(1 - \dfrac{v^2}{c^2}\right)}. \tag{77.7}$$

这个频率与粒子能量的关系和在 (77.3) 中一样，但系数是不同的.

在讨论 (77.2) 和 (77.4) 两种情形时都作了如下假设，即粒子在穿过场时能量的总损失相对很小. 现在我们将示明，这些情况的第一种也包含了极端相对论粒子的辐射问题，其总能损可以同初始能量相比拟.

粒子在场中的总能量损失可以由洛伦兹摩擦力的功来决定. 力 (76.4) 在路程 $\sim a$ 上所做的功量级为

$$af \sim \frac{e^4 F^2 a}{m^2 c^4\left(1 - \dfrac{v^2}{c^2}\right)}.$$

为使它能与粒子的总能量 $mc^2/\sqrt{1 - v^2/c^2}$ 可以比拟，场必须在如下距离存在

$$a \sim \frac{m^3 c^6}{e^4 F^2}\sqrt{1 - \frac{v^2}{c^2}}.$$

而这样一来条件 (77.2) 自动得到满足：

$$aeF \sim \frac{m^3 c^6}{e^3 F} \sqrt{1 - \frac{v^2}{c^2}} \gg mc^2,$$

因为场 F 无论如何必须满足条件 (76.5)：

$$\frac{F}{\sqrt{1 - \dfrac{v^2}{c^2}}} \ll \frac{m^2 c^4}{e^3},$$

否则我们甚至不能应用普通电动力学.

<h1 style="text-align:center">习　　题</h1>

1. 求满足条件 (77.2) 的总辐射强度（沿一切方向）的谱分布.

解：从轨道的每个弧元上发出的辐射由公式 (74.13) 来决定，公式中应当以在给定点的横向力 F 代替 H，此外，还应当从不连续的频谱变到连续的频谱. 这种过渡可以这样形式地来完成，即乘以 $\mathrm{d}n$，并作以下的替换：

$$I_n \mathrm{d}n = I_n \frac{\mathrm{d}n}{\mathrm{d}\omega} \mathrm{d}\omega = I_n \frac{\mathrm{d}\omega}{\omega_0}.$$

然后，再将强度对全部时间积分，我们便得到总辐射如下形式的谱分布：

$$\mathrm{d}\mathscr{E}_\omega = -\mathrm{d}\omega \frac{2e^2 \omega(1 - v^2/c^2)}{c\sqrt{\pi}} \int_{-\infty}^{\infty} \left[\frac{\Phi'(u)}{u} + \frac{1}{2} \int_u^\infty \Phi(u)\mathrm{d}u \right] \mathrm{d}t,$$

式中，$\Phi(u)$ 是艾里函数，而其独立变量是

$$u = \left[\frac{mc\omega}{eF} \left(1 - \frac{v^2}{c^2} \right) \right]^{2/3}.$$

被积函数是积分变量 t 的隐函数，两者的关系是通过 u 而联系的（F 以及 u 沿着粒子的轨道变化，对于一给定的运动，这个变化可以认为与时间有关）.

2. 求满足条件 (77.4) 的总辐射能量（沿一切方向）的谱分布.

解：注意到与运动方向成小角 θ 的辐射起着主要的作用，我们可写出

$$\omega' = \omega \left(1 - \frac{v}{c}\cos\theta \right) \approx \omega \left(1 - \frac{v}{c} + \frac{\theta^2}{2} \right) \approx \frac{\omega}{2} \left(1 - \frac{v^2}{c^2} + \theta^2 \right).$$

用对 $\mathrm{d}\varphi\,\mathrm{d}\omega'/\omega$ 的积分替换 (77.6) 中对角 $\mathrm{d}o = \sin\theta\mathrm{d}\theta\mathrm{d}\varphi \approx \theta\mathrm{d}\theta\mathrm{d}\varphi$ 的积分. 在写出 (77.6) 中矢量的三重积时必须记住，在极端相对论情形下，加速度的纵向分量同横向分量相比很小（比值为 $1 - v^2/c^2$），而且在本例中我们可以足够精确地认为 $\boldsymbol{w}$ 和 $\boldsymbol{v}$ 相互垂直. 结果，我们求得总辐射谱分解的如下公式：

$$\mathrm{d}\mathscr{E}_\omega = \frac{e^2 \omega \mathrm{d}\omega}{2\pi c^3} \int_{\frac{\omega}{2}\left(1 - \frac{v^2}{c^2}\right)}^{\infty} \frac{|\boldsymbol{w}_{\omega'}|^2}{\omega'^2} \left[1 - \frac{\omega}{\omega'}\left(1 - \frac{v^2}{c^2}\right) + \frac{\omega^2}{2\omega'^2}\left(1 - \frac{v^2}{c^2}\right)^2 \right] \mathrm{d}\omega'.$$

§78 被自由电荷散射

假如电磁波落在一个电荷体系上，那么，电荷会在电磁波的作用下运动.这种运动又产生向所有方向的辐射；通常就说，发生了原波的**散射**.

刻画散射最便利的办法是利用散射体系在一给定方向在单位时间内所射出的能量与落在辐射体系上的能流密度之比，这个比值的量纲显然是面积，因而称为**有效散射截面**（或简称**截面**）.

设入射波的坡印亭矢量为 S，而体系每秒辐射到立体角 do 内的能量为 dI，那么，散射（到立体角 do 内）的有效截面等于

$$d\sigma = \frac{\overline{dI}}{\overline{S}} \tag{78.1}$$

（在符号上的一横表示对时间求平均）. $d\sigma$ 对所有方向的积分 σ 是**总有效散射截面**.

我们来考虑一个静止的自由电荷所产生的散射. 让一平面单色线性偏振波射在这个电荷上. 它的电场可以写成

$$\boldsymbol{E} = \boldsymbol{E}_0 \cos(\boldsymbol{k} \cdot \boldsymbol{r} - \omega t + \alpha).$$

假设电荷在入射波影响下获得的速度比光速小很多（一般情形确是如此）. 这时我们可以认为作用于电荷上的力是 $e\boldsymbol{E}$，而由磁场所产生之力 $(e/c)\boldsymbol{v} \times \boldsymbol{H}$ 可以略去. 在这种情形下，我们也可以略去电荷在场影响下的振动的位移. 如果电荷在坐标原点附近振动，那么，我们可以假设作用在电荷上的场在一切时间都和在原点的场一样，就是说，

$$\boldsymbol{E} = \boldsymbol{E}_0 \cos(\omega t - \alpha).$$

因为电荷的运动方程是

$$m\ddot{\boldsymbol{r}} = e\boldsymbol{E},$$

而它的偶极矩 $\boldsymbol{d} = e\boldsymbol{r}$，那么，

$$\ddot{\boldsymbol{d}} = \frac{e^2}{m}\boldsymbol{E}. \tag{78.2}$$

为了计算散射出来的辐射，我们可以用偶极辐射的公式（67.7）（这是允许的，因为电荷在入射波影响下获得的速度比光速小很多）. 我们也应当注意，电荷所辐射的（即它所散射的）波的频率显然与入射波的频率相等.

将（78.2）代入（67.7），我们便得到

$$dI = \frac{e^4}{4\pi m^2 c^3}(\boldsymbol{E} \times \boldsymbol{n}')^2 do, \tag{78.3}$$

式中 $\boldsymbol{n}'$ 是散射方向的单位矢量. 另一方面, 入射波的坡印亭矢量是

$$S = \frac{c}{4\pi}E^2.$$

由此可得散射到立体角 $\mathrm{d}o$ 内的有效截面:

$$\mathrm{d}\sigma = \left(\frac{e^2}{mc^2}\right)^2 \sin^2\theta\mathrm{d}o, \tag{78.4}$$

式中, θ 是散射方向 (矢量 $\boldsymbol{n}$) 和入射波的电场 $\boldsymbol{E}$ 所夹之角. 我们看出, 一个自由电荷的有效散射截面与频率无关.

现在来求总有效截面 σ. 为此, 我们选择极轴沿着 $\boldsymbol{E}$ 的方向. 则有 $\mathrm{d}o = \sin\theta\mathrm{d}\theta\mathrm{d}\varphi$; 将此式代入, 再对 $\mathrm{d}\theta$ 从 0 到 π 积分, 对 $\mathrm{d}\varphi$ 从 0 到 2π 积分, 我们求得

$$\sigma = \frac{8\pi}{3}\left(\frac{e^2}{mc^2}\right)^2 \tag{78.5}$$

(这称为**汤姆孙公式**).

最后, 我们来求在入射波没有偏振 (即自然光) 情形下的微分截面 $\mathrm{d}\sigma$. 为此, 我们必须将 (78.4) 对矢量 $\boldsymbol{E}$ 的所有的方向求平均值, $\boldsymbol{E}$ 是在垂直于入射波传播方向 (即波矢 $\boldsymbol{k}$ 的方向) 的平面内. 记沿 $\boldsymbol{E}$ 方向的单位矢量为 $\boldsymbol{e}$, 我们有:

$$\overline{\sin^2\theta} = 1 - \overline{(\boldsymbol{n}'\cdot\boldsymbol{e})^2} = 1 - n'_\alpha n'_\beta\overline{e_\alpha e_\beta}.$$

用如下公式进行平均[①]

$$\overline{e_\alpha e_\beta} = \frac{1}{2}\left(\delta_{\alpha\beta} - \frac{k_\alpha k_\beta}{k^2}\right), \tag{78.6}$$

于是得到

$$\overline{\sin^2\theta} = \frac{1}{2}\left(1 + \frac{(\boldsymbol{n}'\cdot\boldsymbol{k})^2}{k^2}\right) = \frac{1}{2}(1 + \cos^2\vartheta),$$

式中 ϑ 是入射波方向和散射波方向之间的夹角 (散射角). 因此, 非偏振波被自由电荷散射的有效截面是

$$\mathrm{d}\sigma = \frac{1}{2}\left(\frac{e^2}{mc^2}\right)^2 (1 + \cos^2\vartheta)\mathrm{d}o. \tag{78.7}$$

散射的发生会引起, 例如, 作用于散射粒子上的力的出现. 这可以从下面的考虑来验证. 平均说来, 在单位时间内, 射在粒子上的波损失能量 $c\overline{W}\sigma$,

---

[①] 实际上, $\overline{e_\alpha e_\beta}$ 是迹为 1 的对称张量, 因为 $\boldsymbol{e}$ 和 $\boldsymbol{k}$ 彼此垂直, 故该张量在乘 k_α 时得零. 这里给出的表达式满足这些条件.

此处的 $\overline{W}$ 是平均能量密度, 而 σ 则是总有效散射截面. 因为场的动量等于它的能量除以光速, 所以入射波损失的动量的绝对值就等于 $\overline{W}\sigma$. 另一方面, 如有一个参考系, 其中电荷在力 $e\boldsymbol{E}$ 作用下仅作小振动, 而且振动的速度 v 也小, 那么, 在这个参考系中, 散射波中的总动量流等于零 (精确到 v/c 的高次项) (在 §73 中已经证明了, 在 $v=0$ 的参考系中粒子不辐射动量). 所以入射波所损失的动量完全被散射粒子所"吸收"了. 作用于粒子的平均力 $\overline{\boldsymbol{f}}$ 就等于单位时间内所吸收的平均动量, 即

$$\overline{\boldsymbol{f}} = \sigma\overline{W}\boldsymbol{n} \tag{78.8}$$

($\boldsymbol{n}$ 是单位矢量, 其方向与入射波传播的方向相同). 我们注意到, "平均"力相对于入射波之场是二级量, 而"瞬时"力 (其主要部分是 $e\boldsymbol{E}$) 相对于入射波之场是一级量.

公式 (78.8) 也可以直接由求阻尼力 (75.10) 的平均值得到. 第一项 (与 $\dot{\boldsymbol{E}}$ 成正比) 在求平均值时化为零 (就像力主要部分 $e\boldsymbol{E}$ 的平均值一样). 从第二项得到

$$\overline{\boldsymbol{f}} = \frac{2e^4}{3m^2c^4}\overline{E^2}\boldsymbol{n} = \frac{8\pi}{3}\left(\frac{e^2}{mc^2}\right)^2 \cdot \frac{\overline{E^2}}{4\pi}\boldsymbol{n},$$

由于 (78.5), 这个式子与 (78.8) 相吻合.

习 题

1. 一个椭圆偏振波被一个自由电荷散射, 求其有效截面.

解: 波的场有如下形式:

$$\boldsymbol{E} = \boldsymbol{A}\cos(\omega t + \alpha) + \boldsymbol{B}\sin(\omega t + \alpha),$$

式中, $\boldsymbol{A}$ 和 $\boldsymbol{B}$ 是两个相互垂直的矢量 (见 §48). 与正文中推导相似, 我们可求得

$$d\sigma = \left(\frac{e^2}{mc^2}\right)^2 \frac{(\boldsymbol{A}\times\boldsymbol{n}')^2 + (\boldsymbol{B}\times\boldsymbol{n}')^2}{A^2 + B^2}do.$$

2. 一个线性偏振波被一个在弹性力作用下作小振动的电荷 (振子) 散射. 求有效截面.

解: 在入射波 $\boldsymbol{E} = \boldsymbol{E}_0\cos(\omega t + \alpha)$ 内, 电荷的运动方程是

$$\ddot{\boldsymbol{r}} + \omega_0^2\boldsymbol{r} = \frac{e}{m}\boldsymbol{E}_0\cos(\omega t + \alpha),$$

式中 ω_0 是电荷自由振动的频率. 对于强迫振动, 由此可得

$$\boldsymbol{r} = \frac{e\boldsymbol{E}_0\cos(\omega t + \alpha)}{m(\omega_0^2 - \omega^2)}.$$

由此计算出 $\ddot{\boldsymbol{d}}$，我们便得到

$$\mathrm{d}\sigma = \left(\frac{e^2}{mc^2}\right)^2 \frac{\omega^4}{(\omega_0^2 - \omega^2)^2} \sin^2\theta \mathrm{d}o$$

（θ 是 $\boldsymbol{E}$ 与 $\boldsymbol{n}'$ 所夹之角）.

3. 电偶极子在力学上是一个转子，求它散射光的总有效截面. 假设波的频率 ω 同转子自由转动的频率 Ω_0 相比很大.

解：由于条件 $\omega \gg \Omega_0$，我们可以忽略转子的自由转动，而只考虑由散射波施予其上的力 $\boldsymbol{d} \times \boldsymbol{E}$ 的力矩作用下的受迫转动. 这个运动的方程是：$J\dot{\boldsymbol{\Omega}} = \boldsymbol{d} \times \boldsymbol{E}$，式中 J 是转子的转动惯量，$\boldsymbol{\Omega}$ 是转动的角速度. 偶极矩只作转动运动，其矢量的绝对值不变，公式 $\dot{\boldsymbol{d}} = \boldsymbol{\Omega} \times \boldsymbol{d}$ 决定了偶极矩矢量的变化. 从这两个方程我们得到（略去小量 $\boldsymbol{\Omega}$ 中的四极项）：

$$\ddot{\boldsymbol{d}} = \frac{1}{J}(\boldsymbol{d} \times \boldsymbol{E}) \times \boldsymbol{d} = \frac{1}{J}[\boldsymbol{E}d^2 - (\boldsymbol{E} \cdot \boldsymbol{d})\boldsymbol{d}].$$

假设偶极子在空间中所有取向的可能性都相同，将 $\ddot{\boldsymbol{d}}^2$ 对方向进行平均，我们就得到总有效截面：

$$\sigma = \frac{16\pi d^4}{9c^4 J^2}.$$

4. 自然光被自由电荷散射，求退偏振的程度.

解：从对称性的考虑出发，显然可见，散射光的两个非相干的偏振分量（参见 §50）是线偏振的：一个在散射平面（即经过入射光与散射光的平面）内，另外一个和该平面垂直. 这些分量的强度取决于入射波场在散射平面内的分量（$\boldsymbol{E}_\parallel$）和垂直于它的分量（$\boldsymbol{E}_\perp$），按照 (78.3)，分别正比于

$$(\boldsymbol{E}_\parallel \times \boldsymbol{n}')^2 = E_\parallel^2 \cos^2\vartheta \quad \text{和} \quad (\boldsymbol{E}_\perp \times \boldsymbol{n}')^2 = E_\perp^2$$

（式中 ϑ 是散射角）. 因为对于入射的自然光有 $\overline{E_\parallel^2} = \overline{E_\perp^2}$，退偏振度（参见 (50.9) 的定义）是：

$$\rho = \cos^2\vartheta.$$

5. 求运动电荷所散射出来的光的频率 ω'.

解：在电荷静止的坐标系中，光的频率经过散射后不改变（$\omega = \omega'$）. 这个关系可以写成形如下式的不变量：

$$k_i' u'^i = k_i u^i,$$

式中 u^i 是电荷的四维速度. 从此不难求出

$$\omega'\left(1 - \frac{v}{c}\cos\theta'\right) = \omega\left(1 - \frac{v}{c}\cos\theta\right),$$

式中,θ 和 θ' 是入射波和散射波与运动方向所夹之角（v 是电荷的速度）.

6. 一线性偏振波被一个以速度 v 沿波传播方向运动的电荷散射,求散射的角度分布.

解：粒子的速度垂直于入射波的场 $\boldsymbol{E}$ 和 $\boldsymbol{H}$,因而也垂直于给予粒子的加速度 $\boldsymbol{w}$. 散射的强度由 (73.14) 决定,其中,粒子的加速度 $\boldsymbol{w}$ 必须借助 §17 习题中得到的公式用入射波的场 $\boldsymbol{E}$ 和 $\boldsymbol{H}$ 来表示. 用入射波的坡印亭矢量除强度 $\mathrm{d}I$,我们得到有效散射截面如下：

$$\mathrm{d}\sigma = \left(\frac{e^2}{mc^2}\right)^2 \frac{\left(1 - \dfrac{v^2}{c^2}\right)\left(1 - \dfrac{v}{c}\right)^2}{\left(1 - \dfrac{v}{c}\sin\theta\cos\varphi\right)^6}\left[\left(1 - \frac{v}{c}\sin\theta\cos\varphi\right)^2 - \left(1 - \frac{v^2}{c^2}\right)\cos^2\theta\right]\mathrm{d}o,$$

式中,θ 和 φ 是如下坐标系中方向 $\boldsymbol{n}'$ 的极角和方位角,该坐标系的 z 轴沿着 $\boldsymbol{E}$ 的方向,x 轴沿着 $\boldsymbol{v}$ 的方向 $(\cos(\boldsymbol{n}', \boldsymbol{E}) = \cos\theta, \cos(\boldsymbol{n}', \boldsymbol{v}) = \sin\theta\cos\varphi)$.

7. 求电荷在被它散射的波施予于它的平均力的作用下的运动.

解：力 (78.8) 沿着入射波的传播方向（x 轴）,因此,我们所考虑的运动的速度也沿着这个方向,选择粒子在其中静止的辅助参考系 K_0（要注意,我们所讨论的是对一个小振动的周期平均了的运动）,作用于电荷上的力是 $\sigma\overline{W}_0$,而在这个力的作用下,电荷所获得的加速度是

$$w_0 = \frac{\sigma}{m}\overline{W}_0$$

（角标 0 表示对参考系 K_0 而言）. 到原参考系 K（其中,电荷以速度 v 运动）的变换由 §7 习题中得到的公式和公式 (47.7) 给出,于是有：

$$\frac{\mathrm{d}}{\mathrm{d}t}\frac{v}{\sqrt{1 - \dfrac{v^2}{c^2}}} = \frac{1}{\left(1 - \dfrac{v^2}{c^2}\right)^{3/2}}\frac{\mathrm{d}v}{\mathrm{d}t} = \frac{\overline{W}\sigma}{m}\frac{1 - \dfrac{v}{c}}{1 + \dfrac{v}{c}}.$$

将此式积分,求得：

$$\frac{\overline{W}\sigma}{mc}t = \frac{1}{3}\sqrt{\frac{1 + \dfrac{v}{c}}{1 - \dfrac{v}{c}}\cdot\frac{2 - \dfrac{v}{c}}{1 - \dfrac{v}{c}}} - \frac{2}{3},$$

这就决定了作为时间隐函数的速度 $v = \mathrm{d}x/\mathrm{d}t$（积分常数是这样选择的,当 $t = 0$ 时,$v = 0$）.

8. 求线性偏振波被一个振子散射的有效截面（考虑辐射阻尼）.

解：将电荷在入射波内的运动方程写为如下形式：

$$\ddot{\boldsymbol{r}} + \omega_0^2\boldsymbol{r} = \frac{e}{m}\boldsymbol{E}_0\mathrm{e}^{-\mathrm{i}\omega t} + \frac{2e^2}{3mc^3}\dddot{\boldsymbol{r}}.$$

在阻尼力中，可以近似地代入 $\overset{...}{\boldsymbol{r}} = -\omega_0^2 \dot{\boldsymbol{r}}$，于是得到

$$\ddot{\boldsymbol{r}} + \gamma \dot{\boldsymbol{r}} + \omega_0^2 \boldsymbol{r} = \frac{e}{m} \boldsymbol{E}_0 \mathrm{e}^{-\mathrm{i}\omega t},$$

式中，$\gamma = \dfrac{2e^2}{3mc^3} \omega_0^2$. 由此得到

$$\boldsymbol{r} = \frac{e}{m} \boldsymbol{E}_0 \frac{\mathrm{e}^{-\mathrm{i}\omega t}}{\omega_0^2 - \omega^2 - \mathrm{i}\omega\gamma}.$$

有效截面是

$$\sigma = \frac{8\pi}{3} \left(\frac{e^2}{mc^2} \right)^2 \frac{\omega^4}{(\omega_0^2 - \omega^2)^2 + \omega^2\gamma^2}.$$

§79　低频波的散射

电荷体系对电磁波的散射与单个静止电荷对电磁波的散射之间的区别首先在于这个事实，即由于电荷体系存在内部运动，散射波的频率可能与入射波的频率不同. 就是说，在散射波的谱分解中，除了入射波的频率 ω 外，还可能出现频率 ω'，两者的差是散射体系内部运动的频率之一. 改变频率的散射称为**非相干散射**（或称**组合散射**），它和不改变频率的**相干散射**不同.

假设入射波的场是弱场，则我们可以将电流密度写成 $\boldsymbol{j} = \boldsymbol{j}_0 + \boldsymbol{j}'$，此处的 $\boldsymbol{j}_0$ 是没有外场时的电流密度，而 $\boldsymbol{j}'$ 则是在入射波作用下的电流变化. 与之相应，体系的场的矢势（以及其他的量）也有 $\boldsymbol{A} = \boldsymbol{A}_0 + \boldsymbol{A}'$ 的形式，此处的 $\boldsymbol{A}_0$ 和 $\boldsymbol{A}'$ 由电流 $\boldsymbol{j}_0$ 和 $\boldsymbol{j}'$ 决定. 显然，$\boldsymbol{A}'$ 描述这个电荷体系所散射的波.

现在让我们来考虑一个波的散射，这个波的频率 ω 比电荷体系所有的内部频率都小很多. 这个散射将包含非相干部分和相干部分，但是我们在此将只考虑相干散射.

为了计算散射波的场，在频率 ω 十分低的情况下，我们总可以用推迟势的展开式，这个展开式已经在 §67 和 §71 中介绍过了，即使体系内粒子的速度比起光速来并不算小，也可以使用这个式子. 事实上，要使积分

$$\boldsymbol{A}' = \frac{1}{cR_0} \int \boldsymbol{j}'_{t - \frac{R_0}{c} + \frac{\boldsymbol{r} \cdot \boldsymbol{n}'}{c}} \mathrm{d}V \tag{79.1}$$

的展开式成立，仅仅只须要时间 $\boldsymbol{r} \cdot \boldsymbol{n}'/c \sim a/c$ 比电流分布有显著改变的时间间隔 $1/\omega$ 小很多；对于足够低的频率 $\omega(\omega \ll c/a)$，不管体系内粒子的速度怎样，这个条件都可以满足

从展开式的第一项得

$$\boldsymbol{H}' = \frac{1}{c^2 R_0} \{ \overset{...}{\boldsymbol{d}}' \times \boldsymbol{n}' + (\overset{..}{\mathrm{m}}' \times \boldsymbol{n}') \times \boldsymbol{n}' \},$$

式中 $d', \mathfrak{m}'$ 分别是体系的偶极矩和磁矩的一部分, 这部分是由落在体系上的辐射所产生的. 展开式的以后各项包含比二阶更高的时间导数, 我们将它们略去.

散射波的场的谱分解的分量 $\boldsymbol{H}'_\omega$ (其频率与入射波的频率相等) 为这同一公式所决定, 但公式中应将所有的量代以它们的傅里叶分量; $\ddot{\boldsymbol{d}}'_\omega = -\omega^2 \boldsymbol{d}'_\omega, \ddot{\mathfrak{m}}'_\omega = -\omega^2 \mathfrak{m}'_\omega$. 这样, 我们得到

$$\boldsymbol{H}'_\omega = \frac{\omega^2}{c^2 R_0} \{ \boldsymbol{n}' \times \boldsymbol{d}'_\omega + \boldsymbol{n}' \times (\mathfrak{m}'_\omega \times \boldsymbol{n}') \}. \tag{79.2}$$

场的展开式的更后面的项给出与小频率的较高次幂成正比的量. 假如体系中所有粒子的速度都很小 ($v \ll c$), 那么, 在 (79.2) 式中第二项与第一项比较起来就可以略去了, 因为磁矩包含 v/c. 这时,

$$\boldsymbol{H}'_\omega = \frac{1}{c^2 R_0} \omega^2 \boldsymbol{n}' \times \boldsymbol{d}'_\omega. \tag{79.3}$$

假如体系的总电荷为零, 那么, 当 $\omega \to 0$ 时, $\boldsymbol{d}'_\omega$ 和 $\mathfrak{m}'_\omega$ 趋近于常数极限 (假如总电荷不为零, 那么, 当 $\omega = 0$ 时, 就是说在恒定场中, 这个体系开始作整体运动). 因此, 对于低频 ($\omega \ll v/a$) 我们可以认为 $\boldsymbol{d}'_\omega$ 和 $\mathfrak{m}'_\omega$ 与频率无关. 由此可见, 散射波的场与频率的平方成正比. 因此场的强度与 ω^4 成正比. 所以, 当低频波被散射时, 相干散射的有效截面与入射波频率的四次幂成比例[①].

§80 高频波的散射

我们来研究相反极限下波被电荷体系散射的情形, 此时波的频率 ω 比体系内部的基频大很多. 后者的数量级为 $\omega_0 \sim v/a$, 所以 ω 应当满足条件

$$\omega \gg \omega_0 \sim \frac{v}{a}. \tag{80.1}$$

此外, 我们假设体系中电荷的速度很小 ($v \ll c$).

按照条件 (80.1), 体系中电荷的运动周期比波的周期大很多. 因此, 在一个与波的周期同数量级的时间间隔内, 体系中电荷的运动可以看做是匀速的. 这就是说, 在研究短波的散射时, 我们无须考虑体系的电荷彼此之间的相互作用, 即我们可以将电荷认为是自由的.

因此, 在计算电荷在入射波的场内所得到的 $\boldsymbol{v}'$ 时, 我们可以将体系中每个电荷分开来考虑, 并把电荷的运动方程写成

$$m \frac{\mathrm{d} \boldsymbol{v}'}{\mathrm{d} t} = e \boldsymbol{E} = e \boldsymbol{E}_0 \mathrm{e}^{-\mathrm{i}(\omega t - \boldsymbol{k} \cdot \boldsymbol{r})},$$

---

① 这也适用于光被离子的散射, 也适用于光被不带电的原子的散射. 因为核子的质量较大, 由离子作为整体的运动而发生的散射可以略去不计.

式中，$\boldsymbol{k} = \omega\boldsymbol{n}/c$ 是入射波的波矢量. 电荷的径矢当然是时间的函数. 在这个方程右边指数因子的指数中，第一项的时间变化率比第二项大很多（第一项的时间变化率为 ω，而第二项的数量级是 $kv \sim v\omega/c \ll \omega$）. 所以，在积分运动方程时，我们可以将 $\boldsymbol{r}$ 那部分当做常数. 于是，

$$\boldsymbol{v}' = -\frac{e}{\mathrm{i}\omega m}\boldsymbol{E}_0\mathrm{e}^{-\mathrm{i}(\omega t - \boldsymbol{k}\cdot\boldsymbol{r})}. \tag{80.2}$$

对于散射波的矢势（在与体系相距甚远之处），按照一般公式 (79.1)，我们有

$$\boldsymbol{A}' = \frac{1}{cR_0}\sum(e\boldsymbol{v}')_{t - \frac{R_0}{c} + \frac{\boldsymbol{r}\cdot\boldsymbol{n}'}{c}},$$

式中，求和应该对体系中所有的电荷进行. 将 (80.2) 代入，我们便求得

$$\boldsymbol{A}' = -\frac{1}{\mathrm{i}cR_0\omega}\exp\left[-\mathrm{i}\omega\left(t - \frac{R_0}{c}\right)\right]\boldsymbol{E}_0\sum\frac{e^2}{m}\mathrm{e}^{-\mathrm{i}\boldsymbol{q}\cdot\boldsymbol{r}}, \tag{80.3}$$

式中 $\boldsymbol{q} = \boldsymbol{k}' - \boldsymbol{k}$ 是入射波的波矢量 $\boldsymbol{k} = \omega\boldsymbol{n}/c$ 和散射波的波矢量 $\boldsymbol{k}' = \omega\boldsymbol{n}'/c$ 之差[①]. 在 (80.3) 式中的和应当取在 $t' = t - R_0/c$ 时刻的值（为简单起见，如平常一样，略去 $\boldsymbol{r}$ 上的指标 t'）；由于假设粒子速度很小，可以忽略在时间 $\boldsymbol{r}\cdot\boldsymbol{n}'/c$ 内 $\boldsymbol{r}$ 的变化. 矢量 $\boldsymbol{q}$ 的绝对值是

$$q = 2\frac{\omega}{c}\sin\frac{\vartheta}{2}, \tag{80.4}$$

式中 ϑ 是散射角.

对于原子（或分子）的散射，我们可以略去 (80.3) 中求和号内来自核的项，因为它们的质量比电子的质量大很多. 以后我们只关注这种情况，所以我们将因子 e^2/m 从求和号内移出，并将 e 和 m 理解为电子的电荷和质量.

对于散射波的场 $\boldsymbol{H}'$，我们从 (66.3) 求得：

$$\boldsymbol{H}' = \frac{\boldsymbol{E}_0 \times \boldsymbol{n}'}{c^2R_0}\exp\left[-\mathrm{i}\omega\left(t - \frac{R_0}{c}\right)\right]\frac{e^2}{m}\sum\mathrm{e}^{-\mathrm{i}\boldsymbol{q}\cdot\boldsymbol{r}}. \tag{80.5}$$

射入 $\boldsymbol{n}'$ 方向立体角元内的能流是

$$\frac{c|\boldsymbol{H}'|^2}{8\pi}R_0^2\mathrm{d}o = \frac{e^4}{8\pi c^3 m^2}(\boldsymbol{n}' \times \boldsymbol{E}_0)^2\left|\sum\mathrm{e}^{-\mathrm{i}\boldsymbol{q}\cdot\boldsymbol{r}}\right|^2\mathrm{d}o.$$

用入射波的能流 $c|\boldsymbol{E}_0|^2/8\pi$ 除上式，并且 θ 代表入射波的场 $\boldsymbol{E}$ 与散射方向的夹角，最后我们得到有效散射截面如下：

$$\mathrm{d}\sigma = \left(\frac{e^2}{mc^2}\right)^2\overline{\left|\sum\mathrm{e}^{-\mathrm{i}\boldsymbol{q}\cdot\boldsymbol{r}}\right|^2}\sin^2\theta\,\mathrm{d}o. \tag{80.6}$$

---

① 严格地说，波矢量 $\boldsymbol{k}' = \omega'\boldsymbol{n}'/c$，此处散射波的频率 ω' 可能与 ω 不同，然而在此处高频波的情形下，差 $\omega' - \omega \sim \omega_0$ 可以略去.

式中的一横表示对时间的平均值，亦即对体系中电荷运动的平均值；它的出现是因为散射是在一个比体系中电荷的运动周期大很多的时间间隔内观察的.

对于入射辐射的波长，从条件 (80.1) 得到不等式 $\lambda \ll ac/v$. 至于 λ 和 a 的相对值，可能有 $\lambda \gg a$ 和 $\lambda \ll a$ 两种极限情形. 在这两种情形下，通式 (80.6) 简化很多.

在 $\lambda \gg a$ 的情形下，在 (80.6) 式中，$\boldsymbol{q} \cdot \boldsymbol{r} \ll 1$，因为 $q \sim 1/\lambda$，而 r 与 a 同数量级. 与此相应，我们用 1 代替 $\mathrm{e}^{-\mathrm{i}\boldsymbol{q} \cdot \boldsymbol{r}}$，从而得到

$$\mathrm{d}\sigma = \left(\frac{Ze^2}{mc^2}\right)^2 \sin^2\theta \mathrm{d}o, \tag{80.7}$$

就是说，散射与原子序数 Z 的平方成正比.

现在转到 $\lambda \ll a$ 的情形. 在 (80.6) 中出现的和的平方中，除了每项的模的平方 $(e^2/mc^2)^2$ 以外，还有形式 $\mathrm{e}^{-\mathrm{i}\boldsymbol{q} \cdot (\boldsymbol{r}_1 - \boldsymbol{r}_2)}$ 的乘积. 在对电荷的运动求平均值时，亦即在对它们在体系中的相互位置求平均值时，$\boldsymbol{r}_1 - \boldsymbol{r}_2$ 可取与 a 同数量级的一个间隔内的一切值. 因为 $q \sim 1/\lambda, \lambda \ll a$，那么，指数因子 $\mathrm{e}^{-\mathrm{i}\boldsymbol{q} \cdot (\boldsymbol{r}_1 - \boldsymbol{r}_2)}$ 是一个在该间隔内振动得很快的函数，而它的平均值就化零. 因此，当 $\lambda \ll a$ 时，有效散射截面是

$$\mathrm{d}\sigma = Z \left(\frac{e^2}{mc^2}\right)^2 \sin^2\theta \mathrm{d}o, \tag{80.8}$$

就是说，散射与原子序数的一次方成正比. 我们注意到，这个公式不能应用于散射角小的情形 ($\vartheta \sim \lambda/a$)，因为在这种情形下，$q \sim \vartheta/\lambda \sim 1/a$，因而指数 $\boldsymbol{q} \cdot \boldsymbol{r}$ 不比 1 大很多.

为了求出相干散射的有效截面，我们必须将散射波的场的频率为 ω 的那一部分分开来. 场的表达式 (80.5) 通过因子 $\mathrm{e}^{-\mathrm{i}\omega t}$ 与时间发生关系，而且求和 $\sum \mathrm{e}^{-\mathrm{i}\boldsymbol{q} \cdot \boldsymbol{r}}$ 中也涉及时间. 后面这个关系使得在散射波的场内，除了频率 ω 以外，还含有别的频率（虽然与 ω 很接近）. 假如我们将 $\sum \mathrm{e}^{-\mathrm{i}\boldsymbol{q} \cdot \boldsymbol{r}}$ 对时间求平均值，就可以得到频率为 ω 的那一部分场（就是仅通过因子 $\mathrm{e}^{-\mathrm{i}\omega t}$ 与时间发生关系的那一部分场）. 与此相应，相干散射有效截面 $\mathrm{d}\sigma_{\mathrm{coh}}$ 与总截面 $\mathrm{d}\sigma$ 的不同之处就在于前者包含求和的平均值的模的平方，而后者则包含和的模的平方的平均值：

$$\mathrm{d}\sigma_{\mathrm{coh}} = \left(\frac{e^2}{mc^2}\right)^2 \left|\overline{\sum \mathrm{e}^{-\mathrm{i}\boldsymbol{q} \cdot \boldsymbol{r}}}\right|^2 \sin^2\theta \mathrm{d}o. \tag{80.9}$$

值得注意的是，这个和的平均值（除了一个因子外）正好是原子中电荷密度

平均分布 $\rho(\boldsymbol{r})$ 的空间傅里叶分量:

$$e\overline{\sum \mathrm{e}^{-\mathrm{i}\boldsymbol{q}\cdot\boldsymbol{r}}} = \int \rho(\boldsymbol{r})\mathrm{e}^{-\mathrm{i}\boldsymbol{q}\cdot\boldsymbol{r}}\mathrm{d}V = \rho_{\boldsymbol{q}}. \tag{80.10}$$

在 $\lambda \gg a$ 的情形下, 我们再次用 1 来代替 $\mathrm{e}^{\mathrm{i}\boldsymbol{q}\cdot\boldsymbol{r}}$, 于是

$$\mathrm{d}\sigma_{\mathrm{coh}} = \left(Z\frac{e^2}{mc^2}\right)^2 \sin^2\theta\mathrm{d}o. \tag{80.11}$$

将此式与总有效截面 (80.7) 式相比较, 我们看出 $\mathrm{d}\sigma_{\mathrm{coh}} = \mathrm{d}\sigma$, 就是说, 所有的散射都是相干的.

如果 $\lambda \ll a$, 那么, 当我们求平均值时, 在 (80.9) 中所有和项 (是迅速振动的时间函数) 都消失了, 从而 $\mathrm{d}\sigma_{\mathrm{coh}} = 0$. 因此, 在这种情形下, 散射完全是非相干的.

第十章

引力场中的粒子

§81 非相对论力学中的引力场

引力场（或者**重力场**）具有以下的基本特性：所有的物体，不管质量的大小，只要有相同的初始条件，它们在场中就将以相同的方式运动.

例如，对于在地球引力场中的所有物体，自由下落的规律都是一样的，即不管它们的质量如何，都获得同一的加速度.

引力场的这个特性使我们有可能确定以下两种运动有类似之处：一种是一个物体在引力场中的运动；另一种是一个物体不在任何外场中的运动，但是在一个非惯性参考系中考察. 实际上，在一个惯性参考系中，所有物体的自由运动都是匀速直线运动；假如在开始时，它们的速度是一样的，那么无论在任何时候都将保持一样. 因此，很显然，假如我们考虑在一给定的非惯性系中的自由运动，那么，相对于这个参考系，所有的物体都将以同样的方式运动.

因此，在一个非惯性系中的运动特性与在一个有引力场存在的惯性系中的运动特性一样；换句话说，非惯性系与某一引力场等效. 这种情况称为**等效原理**.

我们来研究，例如，匀加速参考系中的运动. 假如一个任意质量的物体在这样的参考系中作自由运动，很显然，该物体对于这个参考系就有一个恒定的加速度，这个加速度与参考系本身的加速度大小相等，方向相反. 这样的描述也适用于物体在均匀恒定引力场，例如地球的引力场中的运动（在不大的区域内，地球的引力场可以当做是均匀的）. 因此，匀加速参考系与一个不变的、恒定的外场等效. 同理，参考系的非匀加速直线运动，显然与一个均匀但变化着的引力场等效.

然而必须着重指出，与非惯性参考系等效的场其实并不完全与"实际的"

引力场一样（后者在惯性系中也存在）. 例如，它们在无穷远处的性质就有本质的区别. 在与产生场的物体相距为无穷远处，"实际的"引力场总是趋近于零；与此相反，与非惯性参考系等效的场在无穷远处却无限制地增大，或者，无论如何，总保持为有限值. 例如，在旋转参考系中出现的离心力，当我们从旋转轴离开时，无限制地增大；一个与作匀加速直线运动的参考系等效的场在空间各处都是一样的，而且在无穷远处也一样.

只要我们从非惯性系过渡到惯性系，与非惯性系等效的场就消失了. 与此相反，无论选择哪一种参考系，"实际的"引力场（在惯性参考系内也存在）总是无法消除的. 这可以从上面所讲的关于"实际的"引力场和与非惯性系等效的场在无穷远处情况的差别直接看出，既然后者在无穷远处不趋近于零，那么，无论怎样选择参考系，"实际的"场也不可能消除，因为它在无穷远处变为零.

选择适当参考系的方法只能消除空间中某一给定区域内的引力场，而且这个区域必须如此之小，使其中的场可以看做是均匀的. 要做到这点，可选择一个作加速运动的参考系，这个加速度就等于粒子放在我们正在考虑的场的区域内所得到的加速度.

粒子在引力场中的运动，在非相对论力学中为拉格朗日量所决定，它在惯性参考系中的表达式是

$$L = \frac{mv^2}{2} - m\varphi, \tag{81.1}$$

其中，φ 是关于坐标和时间的某一函数，它可描述场的特性，称为**引力势**①. 与此相应，粒子的运动方程是

$$\dot{\boldsymbol{v}} = -\operatorname{grad}\varphi. \tag{81.2}$$

这个方程不包含质量，也不包含任何其他描述粒子特征的常数，它就是引力场基本特性的数学表示.

§82 相对论力学中的引力场

在上节中所指出的引力场的基本特性，即所有物体在场中作同样的运动，在相对论力学中也还是有效的. 所以，引力场和非惯性参考系的类似性依然存在. 因此，在研究相对论力学中引力场的特性时，我们自然也从这个类似性出发.

在惯性参考系中，用笛卡儿坐标，间隔 ds 由关系式

$$\mathrm{d}s^2 = c^2\mathrm{d}t^2 - \mathrm{d}x^2 - \mathrm{d}y^2 - \mathrm{d}z^2$$

---

① 以后我们不常用电磁势 φ，因此用同一个符号 φ 来代表引力势不会引起误解.

给定. 在变换到任何其他惯性参考系时 (就是说在作洛伦兹变换时), 我们知道, 间隔保持同样的形式. 然而, 假如我们变换到非惯性系, $\mathrm{d}s^2$ 将不再是四个坐标的微分的平方和了.

例如, 当我们变换到匀速旋转的坐标系时,

$$x = x' \cos \Omega t - y' \sin \Omega t, \quad y = x' \sin \Omega t + y' \cos \Omega t, \quad z = z'$$

(Ω 是旋转的角速度, 其方向沿着 z 轴), 那么, 间隔就有下面的形式:

$$\mathrm{d}s^2 = [c^2 - \Omega^2(x'^2 + y'^2)]\mathrm{d}t^2 - \mathrm{d}x'^2 - \mathrm{d}y'^2 -$$
$$-\mathrm{d}z'^2 + 2\Omega y'\mathrm{d}x'\mathrm{d}t - 2\Omega x'\mathrm{d}y'\mathrm{d}t.$$

不管时间坐标变换的规律怎样, 这个式子不可能仍以四个坐标的微分的平方和来表示.

因此, 在非惯性参考系中, 间隔的平方是坐标微分的一般形式的二次型, 也就是说, 它有以下的形式:

$$\mathrm{d}s^2 = g_{ik}\mathrm{d}x^i\mathrm{d}x^k, \tag{82.1}$$

其中, g_{ik} 是空间坐标 x^1, x^2, x^3 和时间坐标 x^0 的某些函数. 因此, 假如我们使用非惯性系, 四维坐标 x^0, x^1, x^2, x^3 将是曲线坐标. g_{ik} 可用来表示**时空度规**, 它决定每个曲线坐标系的所有几何特性.

显然, 总可以认为 g_{ik} 这些量对指标 i 和 k 来说是对称的 (即 $g_{ik} = g_{ki}$), 因为它们是由对称式 (82.1) 所决定的, 此处的 g_{ik} 和 g_{ki} 是作为同一个积 $\mathrm{d}x^i\mathrm{d}x^k$ 的因子出现的. 在一般情形下, 一共有十个不同的量 g_{ik}, 四个有相同的指标和 $4 \times 3/2 = 6$ 个有不同的指标. 在一个惯性参考系中, 当我们用笛卡儿空间坐标 $x^{1,2,3} = x, y, z$ 和时间坐标 $x^0 = ct$ 时, g_{ik} 各量是

$$g_{00} = 1, \quad g_{11} = g_{22} = g_{33} = -1, \quad g_{ik} = 0 \quad \text{当 } i \neq k. \tag{82.2}$$

具有这些 g_{ik} 值的四维坐标系称为**伽利略坐标**.

在上一节中已经证明了非惯性参考系与某些力场等效. 现在我们看出, 在相对论力学中, 这些场由 g_{ik} 各量所决定.

这同样也可以应用到 "实际的" 引力场. 任何引力场都只是时空度规的一个改变, 而这个改变是由 g_{ik} 各量所决定的. 这个重要事实说明, 时空的几何性质 (它的度规) 是由物理现象所决定的, 而不是空间和时间的固定不变的性质.

建立在相对论基础上的引力场理论称为**广义相对论**. 它是由爱因斯坦提出来的 (最后在 1915 年建立), 在现有的物理理论中, 它或许是最美丽的. 突

出之处是爱因斯坦用纯演绎的方法就建立了这个理论,只是在以后才被天文观测所证实.

正如非相对论力学中一样,在"实际的"引力场和与非惯性参考系等效的场之间有一个根本的差别.当变换到非惯性参考系时,二次型具有 (82.1) 的形式,即 g_{ik} 各量,是通过简单的坐标变换从伽利略坐标的值 (82.2) 得到的,所以,可利用逆坐标变换在整个空间中回到伽利略坐标的值.这种形式的 g_{ik} 非常特殊,这是因为在一般情况下仅仅只用四个坐标的变换就要使 g_{ik} 的十个量化为预定的形式是不可能的.

"实际的"引力场用任何坐标变换都不能消除;换句话说,存在引力场时,时空是这样的,不可能用任何坐标变换使决定其度规的量 g_{ik} 在整个时空内都化为伽利略坐标的值.这样的时空称为**弯曲时空**,以区别于**平直时空**;在平直时空中,上述变换是可能的.

然而,在非伽利略时空中的任何个别点,我们可以用适当的坐标变换将 g_{ik} 各量化为伽利略坐标的形式:这会导致二次型化为恒定系数(在给定点的 g_{ik} 值)的对角形式,我们把这样的坐标系称为**对于一个给定点的伽利略坐标系**[①].

我们注意到在一个给定点将 g_{ik} 化为对角形式之后,g_{ik} 各量的矩阵有一个正的主值和三个负的主值(这些正负号的总和称为矩阵的**号差**).由此可以断定,由 g_{ik} 各量所构成的行列式 g 在现实的时空中总是负的:

$$g < 0. \tag{82.3}$$

时空度规的变化也就意味着纯粹的空间度规的变化.平直时空中伽利略坐标的 g_{ik} 对应空间欧几里得几何.在引力场中空间的几何变成非欧几里得的.这既适用于时空"弯曲"的"真实"引力场,也适用于时空保持平直、仅仅由于参考系是非惯性参考系而产生的场.

关于引力场中的空间几何问题将会在 §84 中更详细地考察.这里最好是先进行简单的讨论,直观地说明在改变到非惯性参考系时,空间几何将不可避免地变为非欧几里得几何.考察两个参考系,其中之一 (K) 是惯性参考系,而另一个 (K') 相对于 K 围绕着共同的坐标轴 z 匀速旋转.参考系 K 的平面 xy 上的一个圆(其圆心为坐标系的原点)也可以看做参考系 K' 的平面 $x'y'$ 上的一个圆.用一把有刻度的尺子测量这个圆的周长和它的直径,我们将得到比值为 π 的两个数值,这与惯性参考系中的欧几里得几何相符.假设现在

---

① 为了避免误解,我们必须立即指出,选取这样的参考系并不意味着在相应的无穷小的四维体积元中消除引力场.由于等效原理,这样的消除才总有可能实现,且它有着更深刻的涵义(见 §87).

的测量过程使用与参考系 K' 相对静止的标尺，并且从参考系 K 中观察这个过程，我们将会看到，沿着圆周放置的标尺会产生洛伦兹收缩，而沿着径向放置的标尺保持不变. 因此显而易见，在这样的测量方式下获得的圆周长和直径的比值会大于 π.

在一般情况下任意变化的引力场的空间度规不但是非欧几里得的，而且还随时间变化. 这意味着，不同几何距离之间的关系随时间变化. 被引入到场中的"试验粒子"的相对位置在任何一个坐标系中都不可能是一成不变的[①]. 这样，如果粒子分布在某个圆上和这个圆的直径上，由于圆的周长和直径的比值不等于 π 并且随时间变化，显然，如果粒子沿着直径的距离保持不变，那么沿着圆周的距离应该变化，反之亦然. 这样一来，在广义相对论中，一般说来，物体系统不可能是相互静止的.

与狭义相对论中的参考系相比，广义相对论中参考系这个概念本身发生了根本的改变. 在狭义相对论中参考系可以理解为相互静止的、相互分布保持不变的物体的总和. 在引入变化的引力场的情况下这样的物体系统不存在，为了精确确定粒子在空间中的位置，严格来讲，必须具备充满整个空间的无穷多数量的物体的总和，类似于某种"介质". 这样的物体系统和与每个物体联系在一起的以任意方式运行的时钟构成广义相对论中的参考系.

由于参考系选取的任意性，在广义相对论中对自然规律的描述在形式上应该适用于任意的四维坐标系（即，所谓的"**协变**"形式）. 但是这种状况并不意味着所有的这些参考系在物理上是等价的（类比于狭义相对论中所有惯性参考系的物理等价性）. 正相反，具体的物理现象，包括物体运动的性质，在所有的参考系中是不同的.

§83　曲线坐标

因为在研究引力场时需要考虑在任意参考系中的现象，就必须发展任意曲线坐标中的四维几何. 在 §83，§85，§86 我们将专门讨论这一问题.

让我们研究从一个坐标系 x^0, x^1, x^2, x^3，到另一个坐标系 x'^0, x'^1, x'^2, x'^3 的变换：

$$x^i = f^i(x'^0, x'^1, x'^2, x'^3),$$

其中，f^i 是某些函数. 在变换坐标时，坐标的微分按照下面的关系式变换：

$$\mathrm{d}x^i = \frac{\partial x^i}{\partial x'^k} \mathrm{d}x'^k. \tag{83.1}$$

[①] 严格地说，粒子数应当大于 4. 因为从任何 4 个粒子之间的 6 条线段我们可以构造一个 4 面体，我们总可以通过适当定义参考系，使 4 个粒子的系统构成一个不变的 4 面体. 何况，在 3 个或 2 个粒子的系统中，我们可以使粒子彼此相对固定.

如果任何四个量 A^i 的集合，在坐标变换时像坐标的微分一样地变换，那么，这四个量的集合称为**四维逆变矢量**：

$$A^i = \frac{\partial x^i}{\partial x'^k} A'^k. \tag{83.2}$$

设 φ 是某一标量. 在坐标变换时，四个量 $\partial \varphi / \partial x^i$ 按照公式

$$\frac{\partial \varphi}{\partial x^i} = \frac{\partial \varphi}{\partial x'^k} \frac{\partial x'^k}{\partial x^i} \tag{83.3}$$

变换，这个公式与 (83.2) 式不同. 如果四个量的集合 A_i 在坐标变换时像一个标量的导数一样变换，那么，这四个量的集合称为**四维协变矢量**：

$$A_i = \frac{\partial x'^k}{\partial x^i} A'_k. \tag{83.4}$$

可以采用类似的方式确定不同阶数的四维张量. 于是，像两个逆变矢量的乘积一样变换，也就是按照法则

$$A^{ik} = \frac{\partial x^i}{\partial x'^l} \frac{\partial x^k}{\partial x'^m} A'^{lm} \tag{83.5}$$

变换的 16 个量的集合称为二阶四维**逆变张量** A^{ik}. 同理，我们定义按下式变换的 16 个量的集合为二阶**协变张量**：

$$A_{ik} = \frac{\partial x'^l}{\partial x^i} \frac{\partial x'^m}{\partial x^k} A'_{lm}, \tag{83.6}$$

而四维**混合张量** $A^i{}_k$ 按照下式定义：

$$A^i{}_k = \frac{\partial x^i}{\partial x'^l} \frac{\partial x'^m}{\partial x^k} A'^l{}_m. \tag{83.7}$$

以上给出的定义是伽利略坐标中的四维矢量和四维张量定义的自然扩充 (§6)，按照这些定义，微分 $\mathrm{d}x^i$ 也是逆变的四维矢量，而导数 $\partial \varphi / \partial x^i$ 是协变的四维矢量[①].

在曲线坐标中通过将其他四维张量进行互乘或缩并的方式构造四维张量的法则与在伽利略坐标中相同. 容易证实，按照变换法则 (83.2) 和 (83.4)，两个四维矢量的标积 $A^i B_i$ 确实是不变的：

$$A^i B_i = \frac{\partial x^i}{\partial x'^l} \frac{\partial x'^m}{\partial x^i} A'^l B'_m = \frac{\partial x'^m}{\partial x'^l} A'^l B'_m = A'^l B'_l.$$

[①] 不过，在伽利略坐标系中，坐标 x^i 本身（而不仅仅是其微分）也构成一个四维矢量，在曲线坐标中，情况当然就不是如此了.

在过渡到曲线坐标时单位四维张量 δ_k^i 的定义仍旧不变：它的分量当 $i \neq k$ 时 $\delta_k^i = 0$，而当 $i = k$ 时，则等于 1. 假如 A^k 是一个四维矢量，那么，用 δ_k^i 乘之，就得到

$$A^k \delta_k^i = A^i,$$

它仍然是一个四维矢量；这也证明了 δ_k^i 是一个张量.

线元的平方 $\mathrm{d}s^2$ 是微分 $\mathrm{d}x^i$ 的二次型，也就是

$$\mathrm{d}s^2 = g_{ik}\mathrm{d}x^i\mathrm{d}x^k, \tag{83.8}$$

其中，g_{ik} 是坐标的函数，g_{ik} 对于指标 i 和 k 是对称的，就是说：

$$g_{ik} = g_{ki}. \tag{83.9}$$

既然 g_{ik} 与逆变张量 $\mathrm{d}x^i\mathrm{d}x^k$ 的积（缩并）是一个标量，那么，g_{ik} 就是一个协变张量. 张量 g_{ik} 称为**度规张量**.

若两个张量 A_{ik} 和 B^{ik} 满足

$$A_{ik}B^{kl} = \delta_i^l,$$

则称为互逆的（互为倒数）. 特别指出，张量 g_{ik} 的逆张量 g^{ik} 称为逆变度规张量，即

$$g_{ik}g^{kl} = \delta_i^l. \tag{83.10}$$

同一个物理量既可以用一组逆变分量来表示，也可以用一组协变分量来表示. 显然，唯一能决定逆变分量和协变分量之间关系的一组数值是度规张量的分量. 这样的联系由下列公式给出：

$$A^i = g^{ik}A_k, \quad A_i = g_{ik}A^k. \tag{83.11}$$

在伽利略坐标系中度规张量具有如下分量：

$$g_{ik}^{(0)} = g^{ik(0)} = \begin{pmatrix} 1 & 0 & 0 & 0 \\ 0 & -1 & 0 & 0 \\ 0 & 0 & -1 & 0 \\ 0 & 0 & 0 & -1 \end{pmatrix}. \tag{83.12}$$

公式（83.11）给出已知的关系 $A^0 = A_0, A^{1,2,3} = -A_{1,2,3}$.[①]

---

① 在我们用伽利略坐标系作类比时，应当认识到只有在平直的四维空间中才能选择这样的坐标系. 对于四维弯曲空间必须给定一个无限小四维体积元，在其内才能言及、且总能找到伽利略坐标系. 所有结论均不受这一改变的影响.

上述内容也适用于张量. 同一物理张量的不同形式之间的转换可以按照下面的公式, 借助于度规张量来实现:

$$A^i{}_k = g^{il}A_{lk}, \quad A^{ik} = g^{il}g^{km}A_{lm},$$

等等.

§6 (在伽利略坐标系中) 定义了完全反对称的单位赝张量 e^{iklm}. 我们将其转换到任意的曲线坐标系中, 并表示为 E^{iklm}. 同时仍旧按照以前定义的符号 e^{iklm} 取值 $e^{0123} = 1$ (或者 $e_{0123} = -1$).

令 x'^i 为伽利略坐标, 而 x^i 为任意的曲线坐标. 按照通用的张量变换规则, 我们有

$$E^{iklm} = \frac{\partial x^i}{\partial x'^p}\frac{\partial x^k}{\partial x'^r}\frac{\partial x^l}{\partial x'^s}\frac{\partial x^m}{\partial x'^t}e^{prst},$$

或者

$$E^{iklm} = Je^{iklm},$$

其中 J 为由导数 $\partial x^i/\partial x'^p$ 组成的行列式, 它正是从伽利略坐标向曲线坐标变换的雅可比行列式:

$$J = \frac{\partial(x^0, x^1, x^2, x^3)}{\partial(x'^0, x'^1, x'^2, x'^3)}.$$

这个雅可比行列式可以用由度规张量 g_{ik} (在参考系 x^i 中) 的行列式来表示. 为此我们写出度规张量变换的公式:

$$g^{ik} = \frac{\partial x^i}{\partial x'^l}\frac{\partial x^k}{\partial x'^m}g^{lm(0)},$$

并且令这个等式两边的值所构成的行列式也相等. 逆张量的行列式 $|g^{ik}| = 1/g$. 行列式 $|g^{lm(0)}| = -1$. 因此有 $1/g = -J^2$, 由此 $J = 1/\sqrt{-g}$.

这样一来, 曲线坐标系中四阶反对称的单位张量必须定义为

$$E^{iklm} = \frac{1}{\sqrt{-g}}e^{iklm}. \tag{83.13}$$

可以利用下面的公式将该张量的指标下移:

$$e^{prst}g_{ip}g_{kr}g_{ls}g_{mt} = -ge_{iklm},$$

这样它的协变分量是

$$E_{iklm} = \sqrt{-g}\,e_{iklm}. \tag{83.14}$$

在伽利略坐标系 x'^i 中, 一个标量对于 $\mathrm{d}\Omega' = \mathrm{d}x'^0\mathrm{d}x'^1\mathrm{d}x'^2\mathrm{d}x'^3$ 的积分也是标量. 就是说单元 $\mathrm{d}\Omega'$ 在积分中具有标量的性质 (§6). 在向曲线坐标 x^i 变换时积分单元 $\mathrm{d}\Omega'$ 变为

$$\mathrm{d}\Omega' \to \frac{1}{J}\mathrm{d}\Omega = \sqrt{-g}\,\mathrm{d}\Omega.$$

因此, 在曲线坐标中, 在四维空间的某一区域内积分时, $\sqrt{-g}\,\mathrm{d}\Omega$ 具有不变量的特征[①].

在 §6 末关于在超曲面上的积分元、曲面上的积分元、曲线上的积分元等的论述对于曲线坐标也保持有效, 只有一点例外, 即对偶张量的定义有些改变. 由三个无限小线段所构成的超曲面的 "面积" 元是一个逆变反对称张量 $\mathrm{d}S^{ikl}$; 与其对偶的矢量可用张量 $\sqrt{-g}e_{iklm}$ 乘之得到, 即等于

$$\sqrt{-g}\,\mathrm{d}S_i = -\frac{1}{6}e_{iklm}\,\mathrm{d}S^{klm}\sqrt{-g}. \tag{83.15}$$

同理, 假如 $\mathrm{d}f^{ik}$ 是由两个无穷小的线段张成的 (两维) 面元, 那么, 与其对偶的张量定义为[②]:

$$\sqrt{-g}\,\mathrm{d}f_{ik}^* = \frac{1}{2}\sqrt{-g}e_{iklm}\,\mathrm{d}f^{lm}. \tag{83.16}$$

我们像以前一样在此用 $\mathrm{d}S_i$ 和 $\mathrm{d}f_{ik}^*$ 分别代表 $\frac{1}{6}e_{iklm}\,\mathrm{d}S^{klm}$ 和 $\frac{1}{2}e_{iklm}\,\mathrm{d}f^{lm}$ (不是它们与 $\sqrt{-g}$ 的乘积); 各种积分彼此变换的法则 (6.14)—(6.19) 也保持不变, 因为它们只是一些形式符号的推导, 而与相应的量的张量性质无关. 其中, 有一个变换法则是特别重要的, 这就是将在一个超曲面上的积分变换为在一个四维体积上的积分的变换法则 (高斯定理), 这个变换可以用下面的替换来实现:

$$\mathrm{d}S_i \to \mathrm{d}\Omega \frac{\partial}{\partial x^i}. \tag{83.17}$$

§84 距离与时间间隔

我们已经说过, 在广义相对论中, 对于坐标系的选择并未加任何限制; 三个空间坐标 x^1, x^2, x^3, 可以是决定物体在空间中的位置的任何量, 而时间坐标 x^0 则可以用一个任意行走的钟来确定. 因此就有这样一个问题发生, 即如何用 x^0, x^1, x^2, x^3 这些量的值来表示实在的距离和时间间隔.

首先, 我们找出固有时 (以后我们用 τ 来表示它) 与坐标 x^0 的关系. 为此, 我们来考虑在空间的同一点发生的两个无限近的事件. 如我们所知道的,

---

[①] 如果 φ 是一个标量, 则量 $\sqrt{-g}\varphi$ 对 $\mathrm{d}\Omega$ 积分构成一不变量, 称为**标量密度**. 类似地, 我们称 $\sqrt{-g}A^i$ 为**矢量密度**, $\sqrt{-g}A^{ik}$ 为**张量密度**, 等等. 这些量在乘以四维体积元 $\mathrm{d}\Omega$ 后成为矢量或张量 (一般说来, 沿有限体积的积分 $\int A^i\sqrt{-g}\,\mathrm{d}\Omega$ 不可能是矢量, 因为矢量 A^i 的变换法则在不同的点是不同的).

[②] 意思是, 不论坐标 x^i 的几何意义怎样, 由无穷小位移 $\mathrm{d}x^i, \mathrm{d}x'^i, \mathrm{d}x''^i$ 构造面元 $\mathrm{d}S^{klm}$ 和 $\mathrm{d}f^{ik}$ 的方式与 §6 中是相同的. 那么, $\mathrm{d}S_i$ 和 $\mathrm{d}f_{ik}^*$ 的形式意义就同以前一样了. 特别是, 同以前一样, $\mathrm{d}S_0 = \mathrm{d}x^1\mathrm{d}x^2\mathrm{d}x^3 = \mathrm{d}V$. 我们保持 $\mathrm{d}V$ 为 3 个空间坐标微分乘积的较早定义; 然而必须记住, 在曲线坐标中, 几何上的空间体积元不是由 $\mathrm{d}V$ 而是由 $\sqrt{\gamma}\mathrm{d}V$ 给出, 这里 γ 是空间度规张量的行列式 (将在下节给出).

两个事件的间隔 $\mathrm{d}s$ 恰恰是 $c\mathrm{d}\tau$, 此处的 $\mathrm{d}\tau$ 是两个事件之间的时间（固有时）间隔. 因此, 在普遍式子 $\mathrm{d}s^2 = g_{ik}\mathrm{d}x^i\mathrm{d}x^k$ 内, 设 $\mathrm{d}x^1 = \mathrm{d}x^2 = \mathrm{d}x^3 = 0$ 我们便求得

$$\mathrm{d}s^2 = c^2\mathrm{d}\tau^2 = g_{00}(\mathrm{d}x^0)^2,$$

从而

$$\mathrm{d}\tau = \frac{1}{c}\sqrt{g_{00}}\mathrm{d}x^0, \tag{84.1}$$

或者, 在空间的同一点发生的任意两个事件之间的时间

$$\tau = \frac{1}{c}\int\sqrt{g_{00}}\mathrm{d}x^0. \tag{84.2}$$

这个关系式决定相应于坐标 x^0 的变化的实际时间间隔（或称对于空间一给定点的**固有时**). 我们注意到, 从这些公式可以看出, 量 g_{00} 是正的, 即

$$g_{00} > 0. \tag{84.3}$$

必须强调指出下面两个条件的意义的差别, 第一个条件是 (84.3), 第二个条件是关于由张量 g_{ik} 三个主值的正负号决定的号差 (§82). 不满足第二个条件的张量 g_{ik} 一般不能与任何真实的引力场对应, 也就是说它不能是一个真实的时空的度规. 不满足条件 (84.3) 只表明相应的参考系不能用真实的物体来实现, 假如这时加在主值上的条件得到满足, 那么一个适当的坐标变换就可以使 g_{00} 变为正（旋转坐标系就是这种参考系的一个例子, 见 §89).

现在我们来求**空间距离**元 $\mathrm{d}l$. 在狭义相对论中, 我们可定义 $\mathrm{d}l$ 为同时发生、相距无限近的两个事件之间的间隔. 在广义相对论中, 这在通常的情况下是不可能的, 也就是说, 简单地使在 $\mathrm{d}s$ 中的 $\mathrm{d}x^0 = 0$ 来决定 $\mathrm{d}l$ 是不可能的. 这是因为在引力场中, 对于空间的不同点, 固有时与坐标 x^0 有不同的关系.

为了求 $\mathrm{d}l$, 现在我们的做法如下.

假设一个光信号从空间的一给定点 B（具有坐标 $x^\alpha + \mathrm{d}x^\alpha$）跑向相距无限近的另一点 A（具有坐标 x^α）, 然后又沿原路回去. 显然（从空间点 B 观察）为此所必需的时间乘以 c 是两点间的距离的两倍.

我们写出间隔, 并将时间坐标和空间坐标分开:

$$\mathrm{d}s^2 = g_{\alpha\beta}\mathrm{d}x^\alpha\mathrm{d}x^\beta + 2g_{0\alpha}\mathrm{d}x^0\mathrm{d}x^\alpha + g_{00}(\mathrm{d}x^0)^2, \tag{84.4}$$

不言而喻, 此处任何重复两次的希腊字母指标, 我们都从 1 到 3 求和. 对应信号从一点出发和该信号到达另一点的两个事件的间隔为零. 相对于 $\mathrm{d}x^0$ 求解

方程 $\mathrm{d}s^2 = 0$，我们求得两个根：

$$
\begin{aligned}
\mathrm{d}x^{0(1)} &= \frac{1}{g_{00}}\Big(-g_{0\alpha}\mathrm{d}x^{\alpha} - \sqrt{(g_{0\alpha}g_{0\beta} - g_{\alpha\beta}g_{00})\mathrm{d}x^{\alpha}\mathrm{d}x^{\beta}}\,\Big), \\
\mathrm{d}x^{0(2)} &= \frac{1}{g_{00}}\Big(-g_{0\alpha}\mathrm{d}x^{\alpha} + \sqrt{(g_{0\alpha}g_{0\beta} - g_{\alpha\beta}g_{00})\mathrm{d}x^{\alpha}\mathrm{d}x^{\beta}}\,\Big),
\end{aligned}
\tag{84.5}
$$

它们分别对应 A 和 B 之间两个方向上的信号传播. 如果 x^0 为信号到达 A 的时刻, 那么它从 B 点出发和回到 B 点的时刻分别为 $x^0 + \mathrm{d}x^{0(1)}$ 和 $x^0 + \mathrm{d}x^{0(2)}$. 在示意图 18 中实线为给定的坐标 x^{α} 和 $x^{\alpha} + \mathrm{d}x^{\alpha}$ 所对应的世界线, 而虚线是信号的世界线[①]. 因此, 信号从某一点出发而又回到该点的总 "时间" 间隔等于

$$
\mathrm{d}x^{0(2)} - \mathrm{d}x^{0(1)} = \frac{2}{g_{00}}\sqrt{(g_{0\alpha}g_{0\beta} - g_{\alpha\beta}g_{00})\mathrm{d}x^{\alpha}\mathrm{d}x^{\beta}}.
$$

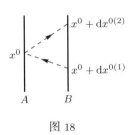

图 18

按照 (84.1), 将上式乘以 $\sqrt{g_{00}}/c$, 就得到相应的固有时的间隔, 再乘以 $c/2$, 就得到两点间的距离 $\mathrm{d}l$. 我们得到的结果是

$$
\mathrm{d}l^2 = \left(-g_{\alpha\beta} + \frac{g_{0\alpha}g_{0\beta}}{g_{00}}\right)\mathrm{d}x^{\alpha}\mathrm{d}x^{\beta}.
$$

这就是所要求的用空间坐标元来确定距离的式子. 我们把它改写如下：

$$
\mathrm{d}l^2 = \gamma_{\alpha\beta}\mathrm{d}x^{\alpha}\mathrm{d}x^{\beta},
\tag{84.6}
$$

其中,

$$
\gamma_{\alpha\beta} = -g_{\alpha\beta} + \frac{g_{0\alpha}g_{0\beta}}{g_{00}}
\tag{84.7}
$$

---

① 在图 18 上假设了 $\mathrm{d}x^{0(2)} > 0, \mathrm{d}x^{0(1)} < 0$, 然而这不是必须的：$\mathrm{d}x^{0(1)}$ 和 $\mathrm{d}x^{0(2)}$ 可以具有同一个符号. 事实在于, 在这种条件下, 在信号到达 A 时刻 $x^0(A)$ 的值可以小于信号从 B 出发时刻 $x^0(B)$ 的值, 这不会造成任何的自相矛盾, 因为在不同空间点内的时钟的进程并没有以某种方式设定为同步的.

是三维度规张量，它决定空间的度规，亦即决定空间的几何性质. 关系式 (84.7) 联系现实的空间的度规和四维时空的度规①.

　　然而，我们必须记着，g_{ik} 一般与 x^0 有关，因而，空间度规 (84.7) 也随着时间变化. 根据这个理由，将 dl 积分就没有意义；这个积分与空间中给定的两点间的世界线（沿着它积分）有关. 因此，一般来说，在广义相对论中，物体间的一定距离的概念失掉了意义，仅仅对于无限小的距离还保持有效. 只有在 g_{ik} 与时间无关的参考系中，才能在空间的一个有限区域内确定距离，这时沿着一条空间曲线的积分 $\int dl$ 才有一定的意义.

　　有必要指出，张量 $-\gamma_{\alpha\beta}$ 是三维逆变张量 $g^{\alpha\beta}$ 的逆张量. 实际上，将等式 $g^{ik}g_{kl} = \delta^i_l$ 以分量的形式展开，我们有：

$$
\begin{aligned}
g^{\alpha\beta}g_{\beta\gamma} + g^{\alpha 0}g_{0\gamma} &= \delta^\alpha_\gamma, \\
g^{\alpha\beta}g_{\beta 0} + g^{\alpha 0}g_{00} &= 0, \\
g^{0\beta}g_{\beta 0} + g^{00}g_{00} &= 1.
\end{aligned}
\tag{84.8}
$$

从第二个等式确定 $g^{\alpha 0}$ 然后代入第一个等式，得到：

$$
-g^{\alpha\beta}\gamma_{\beta\gamma} = \delta^\alpha_\gamma,
$$

这就是需要证明的结果. 这个结果还可以用其他形式表述为，量 $-g^{\alpha\beta}$ 构成对应度规 (84.7) 的三维逆变度规张量：

$$
\gamma^{\alpha\beta} = -g^{\alpha\beta}.
\tag{84.9}
$$

　　我们同样指出，由量 g_{ik} 和 $\gamma_{\alpha\beta}$ 分别构成的行列式 g 和 γ 相互之间可由简单的关系式联系起来：

$$
-g = g_{00}\gamma.
\tag{84.10}
$$

---

① 二次型 (84.6) 应该必须是止的. 为此它的系数应该像已知的那样，满足条件

$$
\gamma_{11} > 0, \quad
\begin{vmatrix} \gamma_{11} & \gamma_{12} \\ \gamma_{21} & \gamma_{22} \end{vmatrix} > 0, \quad
\begin{vmatrix} \gamma_{11} & \gamma_{12} & \gamma_{13} \\ \gamma_{21} & \gamma_{22} & \gamma_{23} \\ \gamma_{31} & \gamma_{32} & \gamma_{33} \end{vmatrix} > 0.
$$

用 g_{ik} 表示 γ_{ik}，容易求得，这些条件具有如下形式

$$
\begin{vmatrix} g_{00} & g_{01} \\ g_{10} & g_{11} \end{vmatrix} < 0, \quad
\begin{vmatrix} g_{00} & g_{01} & g_{02} \\ g_{10} & g_{11} & g_{12} \\ g_{20} & g_{21} & g_{22} \end{vmatrix} > 0, \quad g < 0.
$$

在整个参考系内，度规张量的分量应该满足这些条件以及条件 (84.3)，这个参考系可以用实在的物体来实现.

在接下来的一系列应用中, 引入三维矢量 $\boldsymbol{g}$ 会带来一定的方便. 矢量 $\boldsymbol{g}$ 的协变分量由下式确定:

$$g_\alpha = -\frac{g_{0\alpha}}{g_{00}}. \tag{84.11}$$

将 $\boldsymbol{g}$ 看做带有度规 (84.7) 的空间中的矢量, 我们必须将它的逆变分量定义为 $g^\alpha = \gamma^{\alpha\beta}g_\beta$. 基于 (84.9) 和 (84.8) 的第二个等式容易看出,

$$g^\alpha = \gamma^{\alpha\beta}g_\beta = -g^{0\alpha}. \tag{84.12}$$

从 (84.8) 的第三个等式同样可以得到公式

$$g^{00} = \frac{1}{g_{00}} - g_\alpha g^\alpha. \tag{84.13}$$

现在我们再来讨论广义相对论中 "同时" 概念的定义, 换句话说, 我们讨论处于空间不同点的钟能否同步的问题, 也就是这些钟的对时问题.

显然, 这样的同步应该通过两点之间光信号的交换来实现. 我们再来考察两个无限接近的点 A 和 B 之间光信号的传播过程, 如图 18 中所示. 位于 B 点的时钟记录了信号由 B 点出发时刻的读数和信号返回 B 点时刻的读数, 我们必须认为这两个读数的中间值与信号到达 A 点的时刻 x^0 是同时的, 该时刻为

$$x^0 + \Delta x^0 = x^0 + \frac{1}{2}(\mathrm{d}x^{0(2)} + \mathrm{d}x^{0(1)}).$$

将 (84.5) 代入上式, 找到发生在两个无限接近的点的两个同时事件的 "时间" x^0 值的差, 具有下列形式,

$$\Delta x^0 = -\frac{g_{0\alpha}\mathrm{d}x^\alpha}{g_{00}} \equiv g_\alpha \mathrm{d}x^\alpha. \tag{84.14}$$

这个关系使我们能够在空间的任何无限小的体积内来校准钟. 从 A 点继续作类似的校准, 我们可以沿任何 (非闭合的) 曲线校准不同的钟, 也就是说我们能够确定事件的同时性[1].

然而, 一般来说, 沿着某条闭合路径来校准时间是无法做到的. 事实上, 沿着闭合路径行进, 又回到原来出发的那一点, 我们会得到一个不等于零的 Δx^0 值. 要在整个空间中统一地同步时间尤其是不可能的, 只有在 $g_{0\alpha}$ 各量都为零的参考系中才是例外[2].

---

[1] 给等式 (84.14) 乘以 g_{00} 并且将两个项移到等式的一边, 可以将同步条件表示为 $\mathrm{d}x_0 = g_{0i}\mathrm{d}x^i = 0$: 两个无限接近的同时发生的事件之间的 "协变微分" $\mathrm{d}x_0$ 应该等于零.

[2] 这里还应该补充一种情况, 就是当 $g_{0\alpha}$ 可以通过时间坐标的简单变换化为零, 并且这种变换不能触及用于确定空间坐标的物体系统的选取.

应该强调,不可能对所有的时钟同步是任意参考系的特征,而不是时空本身的特征. 在任意一个引力场中总是可以选择(甚至无穷多的方法)这样的参考系,使得 $g_{0\alpha}$ 的三个值恒等于 0,进而使得时钟的完全同步成为可能(见 §97).

在狭义相对论中,两个相对运动的时钟的固有时流动已经不同. 在广义相对论中,同一参考系里的不同空间点的固有时以不同的方式流动. 这意味着,发生在某一空间点的两个事件之间的固有时间隔,与发生在另一空间点,并与前两个事件同时发生的另两个事件之间的时间间隔,一般说来也是不同的.

§85　协变微分

在伽利略坐标系中[①],矢量 A_i 的微分 $\mathrm{d}A_i$ 仍然是矢量,而矢量的分量对坐标的导数 $\partial A_i/\partial x^k$ 构成一个张量. 在曲线坐标中就不是这样;$\mathrm{d}A_i$ 不是矢量,$\partial A_i/\partial x^k$ 不是张量. 这是由于 $\mathrm{d}A_i$ 是处在空间不同点(相距无限近)上的矢量之差,而在这些空间不同点上,矢量的变换是不同的,因为变换公式(83.2),(83.4) 中的系数是坐标的函数.

这些都不难直接证明. 为此,我们求微分 $\mathrm{d}A_i$ 在曲线坐标中的变换公式. 一个协变矢量是按照公式

$$A_i = \frac{\partial x'^k}{\partial x^i} A'_k$$

变换的,因而

$$\mathrm{d}A_i = \frac{\partial x'^k}{\partial x^i} \mathrm{d}A'_k + A'_k \mathrm{d}\frac{\partial x'^k}{\partial x^i} = \frac{\partial x'^k}{\partial x^i} \mathrm{d}A'_k + A'_k \frac{\partial^2 x'^k}{\partial x^i \partial x^l} \mathrm{d}x^l.$$

因此,$\mathrm{d}A_i$ 根本不像矢量一样变换(逆变矢量的微分当然也是这样). 仅仅当二阶导数 $\partial^2 x'^k/\partial x^i \partial x^l = 0$ 时,即当 x'^k 是 x^k 的线性函数时,变换公式有以下的形式:

$$\mathrm{d}A_i = \frac{\partial x'^k}{\partial x^i} \mathrm{d}A'_k,$$

就是说,$\mathrm{d}A_i$ 像矢量一样变换.

现在我们研究张量的定义,其在曲线坐标内所起的作用,正如 $\partial A_i/\partial x^k$ 在伽利略坐标中所起的作用一样,换句话说,我们应当将 $\partial A_i/\partial x^k$ 从伽利略坐标改换到曲线坐标中去.

在曲线坐标中,为了得到矢量的微分,而这个微分要有矢量的特性,那么,两个相减的矢量就必须在空间的同一点. 换句话说,我们必须用某一个方法将彼此相距无限近的两个矢量中的一个"移"到第二个矢量所在之点,

---

① 更一般地,只要 g_{ik} 各量是常数.

在此之后，我们求两个矢量的差，现在这两个矢量是处在空间的同一点. 这个移动运算的本身必须如此定义，使这个差在伽利略坐标中与普通微分 $\mathrm{d}A_i$ 相合. 既然 $\mathrm{d}A_i$ 不过是两个相距无限近的矢量的分量之差，这就意味着，当我们用伽利略坐标时，矢量的分量经过移动的操作应当不发生改变. 而这样的移动正是矢量与它自己平行的移动. 当矢量作**平行移动**时，它在伽利略坐标中的分量不变；假如应用曲线坐标，那么，一般来说，在这样移动时，矢量的分量要改变. 因此，在曲线坐标中，在将一个矢量平行移动到另一点以后，两个矢量的分量之差与移动前两者之差（即微分 $\mathrm{d}A_i$）不相等.

所以，为了比较两个相距无限近的矢量，我们应当将其中之一平行移动到第二个矢量所在的点. 让我们考虑一个任意的逆变矢量；假如它在 x^i 点的值是 A^i，那么，在邻近之点 $x^i + \mathrm{d}x^i$，它的值就是 $A^i + \mathrm{d}A^i$. 我们将矢量 A^i 作无限小的平行移动，移到 $x^i + \mathrm{d}x^i$ 点，这时矢量的变化用 δA^i 来表示. 现在位于同一点的两个矢量之差用 $\mathrm{D}A^i$ 来表示，则 $\mathrm{D}A^i$ 等于

$$\mathrm{D}A^i = \mathrm{d}A^i - \delta A^i. \tag{85.1}$$

一个矢量在作无限小的平行移动时，其分量的变化 δA^i 与分量本身的值有关，且这个关系显然应当是线性的. 这点可以直接从下述事实来推断，即两个矢量之和必须按照每个矢量的变换规则来变换. 因此，δA^i 有下面的形式：

$$\delta A^i = -\varGamma^i_{kl} A^k \mathrm{d}x^l, \tag{85.2}$$

其中，$\varGamma^i_{kl}$ 是坐标的函数，其形式当然与坐标系有关，在伽利略坐标系中，$\varGamma^i_{kl}=0$.

由此已可看出，$\varGamma^i_{kl}$ 各量并不构成一个张量，因为假如在一个坐标系中一个张量为零，那么，在任何其他坐标系中它都为零. 在曲线坐标中当然不可能使所有 $\varGamma^i_{kl}$ 在全空间中都为零.

但是等效原理要求通过适当的坐标系选取能够在给定的无限小空间区域消除引力场，也就是说使 $\varGamma^i_{kl}$ 各量为零. 在下面 §87 节我们会看到 $\varGamma^i_{kl}$ 扮演了场强的角色.[①]

$\varGamma^i_{kl}$ 各量称为**联络系数**或者**克里斯托夫符号**.

以后我们还要使用 $\varGamma_{i,kl}$ 各量[②]，其定义如下：

$$\varGamma_{i,kl} = g_{im} \varGamma^m_{kl}. \tag{85.3}$$

[①] 当我们谈及伽利略坐标系时，所指的其实是这样的坐标系，为了简便起见才简单地称之为"伽利略坐标系". 进一步而言，所有的证明不仅对平直空间成立，对弯曲的四维空间同样成立.

[②] 有时候用符号 $\left\{ {kl \atop i} \right\}$ 和 $\left[{kl \atop i} \right]$ 相应地来代替 $\varGamma^i_{kl}$ 和 $\varGamma_{i,kl}$.

反过来，

$$\Gamma^i_{kl} = g^{im}\Gamma_{m,kl}. \tag{85.4}$$

不难建立协变矢量的分量在平行移动下的变化与克里斯托夫符号间的关系. 为此，我们指出，一个标量在平行移动时是不变的. 就特例而言，两个矢量的标积在平行移动时是不变的.

设 A_i 和 B^i 是任意的协变和逆变矢量，则从 $\delta(A_i B^i) = 0$，我们有

$$B^i\delta A_i = -A_i\delta B^i = \Gamma^i_{kl}B^k A_i \mathrm{d}x^l,$$

交换指标可得

$$B^i\delta A_i = \Gamma^k_{il}A_k B^i \mathrm{d}x^l.$$

鉴于 B^i 的任意性，由此可得

$$\delta A_i = \Gamma^k_{il}A_k\mathrm{d}x^l, \tag{85.5}$$

此式决定协变矢量在平行移动后的改变.

将 (85.2) 和 $\mathrm{d}A^i = \dfrac{\partial A^i}{\partial x^l}\mathrm{d}x^l$ 代入 (85.1) 式可得到

$$\mathrm{D}A^i = \left(\frac{\partial A^i}{\partial x^l} + \Gamma^i_{kl}A^k\right)\mathrm{d}x^l. \tag{85.6}$$

同理，对于一个协变矢量，可求得

$$\mathrm{D}A_i = \left(\frac{\partial A_i}{\partial x^l} - \Gamma^k_{il}A_k\right)\mathrm{d}x^l. \tag{85.7}$$

(85.6) 和 (85.7) 两式的括号内的表达式是张量，因为乘以矢量 $\mathrm{d}x^l$ 后，其结果是矢量. 显然，这些张量就是导数概念在曲线坐标中的推广. 这些张量分别称为矢量 A^i 和 A_i 的**协变导数**. 我们用 $A^i{}_{;k}$ 和 $A_{i;k}$ 来代表它们. 于是，

$$\mathrm{D}A^i = A^i{}_{;l}\mathrm{d}x^l, \quad \mathrm{D}A_i = A_{i;l}\mathrm{d}x^l, \tag{85.8}$$

而协变导数本身是

$$A^i{}_{;l} = \frac{\partial A^i}{\partial x^l} + \Gamma^i_{kl}A^k, \tag{85.9}$$

$$A_{i;l} = \frac{\partial A_i}{\partial x^l} - \Gamma^k_{il}A_k. \tag{85.10}$$

在伽利略坐标系中，$\Gamma^i_{kl} = 0$，协变微分化为普通微分.

计算一个张量的协变导数并不困难. 为此, 我们必须决定这个张量在无限小的平行移动下的变化. 例如, 我们来考虑任意一个逆变张量, 这个张量是两个逆变矢量之积 $A^i B^k$. 在平行移动下, 我们有

$$\delta(A^i B^k) = A^i \delta B^k + B^k \delta A^i = -A^i \Gamma^k_{lm} B^l \mathrm{d}x^m - B^k \Gamma^i_{lm} A^l \mathrm{d}x^m.$$

由于这个变换是线性的, 对于任意的张量 A^{ik}, 我们也应当有:

$$\delta A^{ik} = -(A^{im}\Gamma^k_{ml} + A^{mk}\Gamma^i_{ml})\mathrm{d}x^l. \tag{85.11}$$

将此式代入

$$\mathrm{D}A^{ik} = \mathrm{d}A^{ik} - \delta A^{ik} \equiv A^{ik}{}_{;l}\mathrm{d}x^l,$$

我们求得张量 A^{ik} 的协变导数如下:

$$A^{ik}{}_{;l} = \frac{\partial A^{ik}}{\partial x^l} + \Gamma^i_{ml}A^{mk} + \Gamma^k_{ml}A^{im}. \tag{85.12}$$

用完全相似的方法, 我们得到混合张量和协变张量的协变导数如下:

$$A^i_{k;l} = \frac{\partial A^i_k}{\partial x^l} - \Gamma^m_{kl}A^i_m + \Gamma^i_{ml}A^m_k, \tag{85.13}$$

$$A_{ik;l} = \frac{\partial A_{ik}}{\partial x^l} - \Gamma^m_{il}A_{mk} - \Gamma^m_{kl}A_{im}. \tag{85.14}$$

用类似的方法, 可以决定一个任意阶张量的协变导数. 这时, 我们得到如下的法则: 为了得到张量 $A^{\cdots}_{\cdots}$ 对 x^l 的协变导数, 我们在写下普通导数 $\partial A^{\cdots}_{\cdots}/\partial x^l$ 之后, 对每个协变指标 $i(A^{\cdots}_{\cdots i \cdots})$ 加上 $-\Gamma^k_{il}A^{\cdots}_{\cdots k \cdots}$ 一项, 而对于每一逆变指标 $i(A^{\cdots i \cdots}_{\cdots})$ 则加上 $+\Gamma^i_{kl}A^{\cdots k \cdots}_{\cdots}$ 一项.

很容易证明, 乘积的协变导数的求法与乘积的普通导数的求法是一样的. 为此, 我们必须将标量 φ 的协变导数看做为普通导数, 也就是看做为协变矢量 $\varphi_k = \partial\varphi/\partial x^k$, 这和以下事实相符: 对于一个标量, $\delta\varphi = 0$, 因此 $\mathrm{D}\varphi = \mathrm{d}\varphi$. 例如, 乘积 $A_i B_k$ 的协变导数是

$$(A_i B_k)_{;l} = A_{i;l}B_k + A_i B_{k;l}.$$

假如在协变导数中将表示微分的指标上移, 我们就得到所谓**逆变导数**. 因此,

$$A_i{}^{;k} = g^{kl}A_{i;l}, \quad A^{i;k} = g^{kl}A^i{}_{;l}.$$

现在我们来写出克里斯托夫符号从一个坐标系变换到另一个坐标系的变换公式.

比较定义协变导数的方程两边的变换规律，并且要求这些规律对于两边都是一样的，就可以得到这些公式. 因此，经简单的计算后可得到

$$\Gamma^i_{kl} = \Gamma'^m_{np} \frac{\partial x^i}{\partial x'^m} \frac{\partial x'^n}{\partial x^k} \frac{\partial x'^p}{\partial x^l} + \frac{\partial^2 x'^m}{\partial x^k \partial x^l} \frac{\partial x^i}{\partial x'^m}. \tag{85.15}$$

从这个公式很明显地可以看出，Γ^i_{kl} 仅在线性坐标变换下和张量一样变换（这时（85.15）式中的第二项为零）.

但我们发现，上式第二项按照指标 k, l 是对称的，因此在对差值 $S^i_{kl} = \Gamma^i_{kl} - \Gamma^i_{lk}$ 进行坐标变换时就消掉了. 因而该差值按照张量法则变换：

$$S^i_{kl} = S'^m_{np} \frac{\partial x^i}{\partial x'^m} \frac{\partial x'^n}{\partial x^k} \frac{\partial x'^p}{\partial x^l},$$

也就是说它是张量，称做空间的**挠率张量**.

现在我们来证明，在基于等效原理的理论中，挠率张量应该为零. 实际上，正如已经说过的，按照等效原理应该存在"伽利略"坐标系，在其中给定的点 Γ^i_{kl} 的值为零，相应的 S^i_{kl} 也一样. 由于 S^i_{kl} 是张量，那么，在一个坐标系中为零，它将在所有的坐标系中都为零. 这意味着克里斯托夫符号按照下指标应该是对称的：

$$\Gamma^i_{kl} = \Gamma^i_{lk}. \tag{85.16}$$

显然

$$\Gamma_{i,kl} = \Gamma_{i,lk}. \tag{85.17}$$

在通常情况下总共有 40 个不同的 Γ^i_{kl} 值——对应每一个指标 i，指标 k 和 l 的取值有 10 对不同的组合（指标 l 和 k 互换位置的一对克里斯托夫符号视做等同）而 i 可以有 4 种取值.

在（85.16）的条件下公式（85.15）使得我们可以证明上文所作的关于坐标系选择的结论，就是说针对任何一个预先指定的点，总是能选择一个坐标系，使得所有 Γ^i_{kl} 的值在该点为零（这样的坐标系称为**局部惯性系**或**局部测地系**，见 §87[①]）.

实际上，假设选取坐标原点为指定的点，并且在该点 Γ^i_{kl} 具有（在坐标系 x^i 中）初值 $(\Gamma^i_{kl})_0$. 在该点的邻域作变换

$$x'^i = x^i + \frac{1}{2}(\Gamma^i_{kl})_0 x^k x^l. \tag{85.18}$$

[①] 同时可以指出，通过适当地选取坐标系可以不仅在给定的点上，而且能够沿着给定的世界线将所有的 Γ^i_{kl} 化为零（这个论点的证明可以在这本书中找到：P. K. Rashevskii, *Riemannian Geometry and Tensor Analysis*, Nauka (П. К. Рашевский, Риманова геометрия и тензорный анализ, Наука), 1964, §91）.

那么

$$\left(\frac{\partial^2 x'^m}{\partial x^k \partial x^l}\frac{\partial x^i}{\partial x'^m}\right)_0 = (\Gamma_{kl}^i)_0, \tag{85.19}$$

按照 (85.15)，所有 $\Gamma_{np}'^m$ 为零.

我们着重强调，在这里条件 (85.16) 是非常重要的：等式 (85.19) 左边的表达式按照指标 k,l 是对称的，因此等式的右边部分也应该是对称的.

我们指出，对于变换 (85.18)，满足

$$\left(\frac{\partial x'^i}{\partial x^k}\right)_0 = \delta_k^i,$$

因此它不会改变指定点上的任何一个张量的值 (也包括张量 g_{ik})，所以克里斯托夫符号的归零和把 g_{ik} 化为伽利略形式可以同时实现.

§86 克里斯托夫符号与度规张量的关系

我们来证明度规张量 g_{ik} 的协变导数等于零. 为此，我们注意到，关系式

$$\mathrm{D}A_i = g_{ik}\mathrm{D}A^k$$

对于矢量 $\mathrm{D}A_i$，和对于任何矢量一样，是成立的. 另一方面，$A_i = g_{ik}A^k$，所以

$$\mathrm{D}A_i = \mathrm{D}(g_{ik}A^k) = g_{ik}\mathrm{D}A^k + A^k\mathrm{D}g_{ik}.$$

同 $\mathrm{D}A_i = g_{ik}\mathrm{D}A^k$ 比较，并注意到矢量 A^i 是任意的，就可得到

$$\mathrm{D}g_{ik} = 0.$$

由此直接推出，协变导数

$$g_{ik;l} = 0. \tag{86.1}$$

因此，在协变微分时，g_{ik} 可以当做常量.

要通过度规张量 g_{ik} 来表示克里斯托夫符号 Γ_{kl}^i，我们可以利用方程 $g_{ik;l} = 0$. 为此，按照张量的协变导数的普遍定义 (85.14)，我们写出

$$g_{ik;l} = \frac{\partial g_{ik}}{\partial x^l} - g_{mk}\Gamma_{il}^m - g_{im}\Gamma_{kl}^m = \frac{\partial g_{ik}}{\partial x^l} - \Gamma_{k,il} - \Gamma_{i,kl} = 0.$$

由此，g_{ik} 的导数可用克里斯托夫符号表示出来[①]. 我们写出 g_{ik} 的导数值，并将指标 i,k,l 换位，得到：

$$\frac{\partial g_{ik}}{\partial x^l} = \Gamma_{k,il} + \Gamma_{i,kl}, \quad \frac{\partial g_{li}}{\partial x^k} = \Gamma_{i,kl} + \Gamma_{l,ik}, \quad -\frac{\partial g_{kl}}{\partial x^i} = -\Gamma_{l,ki} - \Gamma_{k,li}.$$

① 因此，选择局域测地坐标系意味着，在给定点度规张量分量的所有一阶导数均为零.

取这些方程之和的一半，注意到 $\Gamma_{i,kl} = \Gamma_{i,lk}$，我们就可求得

$$\Gamma_{i,kl} = \frac{1}{2}\left(\frac{\partial g_{ik}}{\partial x^l} + \frac{\partial g_{il}}{\partial x^k} - \frac{\partial g_{kl}}{\partial x^i}\right). \tag{86.2}$$

由此我们得到符号 $\Gamma_{kl}^i = g^{im}\Gamma_{m,kl}$ 的表达式如下：

$$\Gamma_{kl}^i = \frac{1}{2}g^{im}\left(\frac{\partial g_{mk}}{\partial x^l} + \frac{\partial g_{ml}}{\partial x^k} - \frac{\partial g_{kl}}{\partial x^m}\right). \tag{86.3}$$

这些公式就是我们所要求的用度规张量表示克里斯托夫符号的式子.

现在我们来推导对今后有用的缩并克里斯托夫符号 Γ_{ki}^i 的表达式. 为此，我们计算由张量 g_{ik} 的分量所构成的行列式 g 的微分 $\mathrm{d}g$；取张量 g_{ik} 的每个分量的微分，乘以其在行列式中的系数，亦即乘以相应的子行列式，就可得到 $\mathrm{d}g$. 另一方面，大家知道，与 g_{ik} 互逆的张量 g^{ik} 的分量，等于 g_{ik} 的子行列式除以其行列式. 因此行列式 g 的子行列式等于 gg^{ik}. 由此可见，

$$\mathrm{d}g = gg^{ik}\mathrm{d}g_{ik} = -gg_{ik}\mathrm{d}g^{ik} \tag{86.4}$$

（既然 $g_{ik}g^{ik} = \delta_i^i = 4$，那么，$g^{ik}\mathrm{d}g_{ik} = -g_{ik}\mathrm{d}g^{ik}$）.

从（86.3）式，得到

$$\Gamma_{ki}^i = \frac{1}{2}g^{im}\left(\frac{\partial g_{mk}}{\partial x^i} + \frac{\partial g_{mi}}{\partial x^k} - \frac{\partial g_{ki}}{\partial x^m}\right).$$

将括号中第一项和第三项的指标 m 和 i 改变位置，我们看出，这两项互相抵消，所以

$$\Gamma_{ki}^i = \frac{1}{2}g^{im}\frac{\partial g_{im}}{\partial x^k},$$

或者，按照（86.4）

$$\Gamma_{ki}^i = \frac{1}{2g}\frac{\partial g}{\partial x^k} = \frac{\partial \ln\sqrt{-g}}{\partial x^k}. \tag{86.5}$$

写出 $g^{kl}\Gamma_{kl}^i$ 这个量的表达式是有益的；我们有

$$g^{kl}\Gamma_{kl}^i = \frac{1}{2}g^{kl}g^{im}\left(\frac{\partial g_{mk}}{\partial x^l} + \frac{\partial g_{lm}}{\partial x^k} - \frac{\partial g_{kl}}{\partial x^m}\right) = g^{kl}g^{im}\left(\frac{\partial g_{mk}}{\partial x^l} - \frac{1}{2}\frac{\partial g_{kl}}{\partial x^m}\right).$$

利用（86.4），这个式子可以化为

$$g^{kl}\Gamma_{kl}^i = -\frac{1}{\sqrt{-g}}\frac{\partial(\sqrt{-g}g^{ik})}{\partial x^k}. \tag{86.6}$$

为了以后的各种运算，我们要记住逆变张量 g^{ik} 的导数与 g_{ik} 的导数有以下的关系：

$$g_{il}\frac{\partial g^{lk}}{\partial x^m} = -g^{lk}\frac{\partial g_{il}}{\partial x^m} \tag{86.7}$$

（通过将 $g_{il}g^{lk} = \delta_l^k$ 微分而得到）. 最后我们指出，g^{ik} 的导数也可以用 Γ_{kl}^i 各量来表示，从恒等式 $g^{ik}{}_{;l} = 0$ 直接得出

$$\frac{\partial g^{ik}}{\partial x^l} = -\Gamma_{ml}^i g^{mk} - \Gamma_{ml}^k g^{im}. \tag{86.8}$$

将矢量的散度概念推广到曲线坐标中，并利用已经求出的公式，我们可以用便利的形式写出散度 $A_{;i}^i$ 的表达式. 利用 (86.5) 式，我们有，

$$A_{;i}^i = \frac{\partial A^i}{\partial x^i} + \Gamma_{li}^i A^l = \frac{\partial A^i}{\partial x^i} + A^l \frac{\partial \ln \sqrt{-g}}{\partial x^l},$$

或者，最终得到，

$$A_{;i}^i = \frac{1}{\sqrt{-g}} \frac{\partial(\sqrt{-g}A^i)}{\partial x^i}. \tag{86.9}$$

对于反对称张量 A^{ik} 的导数，我们可以推出类似的表达式. 从 (85.12)，我们有

$$A_{;k}^{ik} = \frac{\partial A^{ik}}{\partial x^k} + \Gamma_{mk}^i A^{mk} + \Gamma_{mk}^k A^{im}.$$

但是既然 $A^{mk} = -A^{km}$，所以

$$\Gamma_{mk}^i A^{mk} = -\Gamma_{km}^i A^{km} = 0.$$

将 Γ_{mk}^k 用 (86.5) 式替换，结果我们得到

$$A_{;k}^{ik} = \frac{1}{\sqrt{-g}} \frac{\partial(\sqrt{-g}A^{ik})}{\partial x^k}. \tag{86.10}$$

现在假设 A_{ik} 是对称张量；我们来计算它的混合分量 $A_{i;k}^k$ 的表达式. 我们有

$$A_{i;k}^k = \frac{\partial A_i^k}{\partial x^k} + \Gamma_{lk}^k A_i^l - \Gamma_{ik}^l A_l^k = \frac{1}{\sqrt{-g}} \frac{\partial(A_i^k \sqrt{-g})}{\partial x^k} - \Gamma_{ki}^l A_l^k.$$

其中的最后一项等于

$$-\frac{1}{2}\left(\frac{\partial g_{il}}{\partial x^k} + \frac{\partial g_{kl}}{\partial x^i} - \frac{\partial g_{ik}}{\partial x^l}\right) A^{kl}.$$

由于张量 A^{kl} 的对称性，括号内有两项互相抵消，于是留下

$$A_{i;k}^k = \frac{1}{\sqrt{-g}} \frac{\partial(\sqrt{-g}A_i^k)}{\partial x^k} - \frac{1}{2}\frac{\partial g_{kl}}{\partial x^i} A^{kl}. \tag{86.11}$$

在笛卡儿坐标中，$\dfrac{\partial A_i}{\partial x^k} - \dfrac{\partial A_k}{\partial x^i}$ 是一个反对称张量. 在曲线坐标中，这个

张量是 $A_{i;k} - A_{k;i}$. 但是，借助于 $A_{i;k}$ 的表达式，而且由于 $\Gamma_{kl}^i = \Gamma_{lk}^i$，我们有

$$A_{i;k} - A_{k;i} = \frac{\partial A_i}{\partial x^k} - \frac{\partial A_k}{\partial x^i}. \tag{86.12}$$

最后，我们将标量 φ 的二阶导数的和 $\dfrac{\partial^2 \varphi}{\partial x_i \partial x^i}$ 变换到曲线坐标中去. 显而易见，在曲线坐标中，这个和化为 $\varphi_{;i}^{;i}$，但是 $\varphi_{;i} = \partial \varphi / \partial x^i$，因为一个标量的协变微分就是普通微分. 将指标上移，我们有

$$\varphi^{;i} = g^{ik} \frac{\partial \varphi}{\partial x^k},$$

利用公式（86.9），我们求得

$$\varphi_{;i}^{;i} = \frac{1}{\sqrt{-g}} \frac{\partial}{\partial x^i} \left(\sqrt{-g} g^{ik} \frac{\partial \varphi}{\partial x^k} \right). \tag{86.13}$$

值得注意的是，一个矢量沿一超曲面的积分变为在一个四维体积上的积分的高斯定理（83.17），按照（86.9）可以写为

$$\oint A^i \sqrt{-g}\, \mathrm{d}S_i = \int A_{;i}^i \sqrt{-g}\, \mathrm{d}\Omega. \tag{86.14}$$

§87　引力场中粒子的运动

在狭义相对论中，一个自由粒子的运动由最小作用量原理

$$\delta S = -mc\delta \int \mathrm{d}s = 0 \tag{87.1}$$

来决定，按照这个原理，粒子是这样运动的，它的世界线在两个给定世界点之间是一条极值曲线；在我们的情形下，这是一条直线（在普通三维空间，它与匀速直线运动相应）.

显而易见，一个粒子在引力场中的运动为与（87.1）式同样的最小作用量原理所决定，因为引力场不是别的，只是四维空间度规的改变，而这个改变也只是表现在 $\mathrm{d}s$ 用 $\mathrm{d}x^i$ 表示的式子内的变化而已. 因此，在引力场中，粒子是这样运动的，它的世界点沿着极值曲线运动，或者如通常所说，沿着四维空间 x^0, x^1, x^2, x^3 中的**测地线**运动；然而，因为在存在引力场的情况下，时空不是伽利略的，因而这条线并不"直"，粒子的真实空间运动就既不匀速，也不是直线的了.

作为再次从最小作用量原理出发（见本节习题）的替代方案，更简便的办法是通过对狭义相对论中粒子的自由运动的微分方程进行相应扩展来找到粒子在引力场中的运动方程. 在伽利略四维坐标系中，一个自由粒子的运动

方程是 $\mathrm{d}u^i/\mathrm{d}s = 0$ 或 $\mathrm{d}u^i = 0$，此处的 $u^i = \mathrm{d}x^i/\mathrm{d}s$ 是四维速度. 显然，在曲线坐标中，这个方程可以推广为方程

$$\mathrm{D}u^i = 0. \tag{87.2}$$

从矢量的协变微分的表达式 (85.6) 我们可得

$$\mathrm{d}u^i + \Gamma^i_{kl} u^k \mathrm{d}x^l = 0.$$

用 $\mathrm{d}s$ 除这个方程，我们求得

$$\frac{\mathrm{d}^2 x^i}{\mathrm{d}s^2} + \Gamma^i_{kl} \frac{\mathrm{d}x^k}{\mathrm{d}s} \frac{\mathrm{d}x^l}{\mathrm{d}s} = 0. \tag{87.3}$$

这就是要求的运动方程. 我们看出，一个粒子在引力场中的运动取决于 Γ^i_{kl} 各量. 导数 $\mathrm{d}^2 x^i/\mathrm{d}s^2$ 是粒子的四维加速度. 因此，我们可以称 $-m\Gamma^i_{kl} u^k u^l$ 这个量为"四维力"，这个力作用在位于引力场内的粒子上. 这时，张量 g_{ik} 起引力场的"势"的作用——它的导数决定场的"强度" Γ^i_{kl}[1].

在 §85 中曾经展示，通过选择相应的坐标系，总是可以将任意指定的时空点上的所有 Γ^i_{kl} 归零. 现在我们可以看到，选择这样的局部惯性参考系意味着在指定的无限小的时空单元内消除引力场，而这种可能性就是相对论引力场论中等效原理的表达[2].

引力场中粒子的四维动量还像以前那样定义：

$$p^i = mcu^i, \tag{87.4}$$

它的平方是

$$p_i p^i = m^2 c^2. \tag{87.5}$$

用 $-\partial S/\partial x^i$ 代替 p_i，我们便得到粒子在引力场中的哈密顿–雅可比方程：

$$g^{ik} \frac{\partial S}{\partial x^i} \frac{\partial S}{\partial x^k} - m^2 c^2 = 0. \tag{87.6}$$

---

[1] 同时我们给出通过四维加速度的协变分量表示的运动方程的形式. 从条件 $\mathrm{D}u_i = 0$ 得出

$$\frac{\mathrm{d}u_i}{\mathrm{d}s} - \Gamma_{k,il} u^k u^l = 0.$$

将 (86.2) 中的 $\Gamma_{k,il}$ 代入上式，两项相消，于是得到

$$\frac{\mathrm{d}u_i}{\mathrm{d}s} - \frac{1}{2} \frac{\partial g_{kl}}{\partial x^i} u^k u^l = 0. \tag{87.3a}$$

[2] 在 §85 最后一个脚注中也提到选取"沿给定的世界线的惯性"参考系的可能性. 特殊情况下，如果这条线是时间坐标线（沿着它 $x^1, x^2, x^3 =$ const），那么在给定的空间体积元内，引力场在任何时候都将被消除.

　　(87.3) 形式的测地方程, 对于光信号的传播是不能应用的, 因为我们知道, 沿着光线传播的世界线, 间隔 $\mathrm{d}s = 0$, 所以方程 (87.3) 内所有的项都变为无穷大. 为了得到在这种情况下所需要形式的运动方程, 我们利用在几何光学中, 光线传播的方向决定于与光线相切的波矢量这个事实. 因此, 我们可以将四维波矢写成 $k^i = \mathrm{d}x^i/\mathrm{d}\lambda$ 的形式, 此处的 λ 为某个沿光线变化的参数. 在狭义相对论中, 当光在真空中传播时, 波矢量沿着光线不改变, 亦即 $\mathrm{d}k^i = 0$ (见 §53). 在引力场中, 这个方程显然化为 $\mathrm{D}k^i = 0$ 或

$$\frac{\mathrm{d}k^i}{\mathrm{d}\lambda} + \Gamma_{kl}^i k^k k^l = 0 \tag{87.7}$$

(参数 λ 也由这个方程决定)[1].

　　我们知道 (见 §48), 四维波矢的平方值是零, 亦即

$$k_i k^i = 0. \tag{87.8}$$

在此用 $\partial\psi/\partial x^i$ 代替 k_i (ψ 是程函), 我们求得引力场中的程函方程如下:

$$g^{ik}\frac{\partial\psi}{\partial x^i}\frac{\partial\psi}{\partial x^k} = 0. \tag{87.9}$$

　　在低速极限情形下, 一个粒子在引力场中的相对论运动方程, 应当过渡到相应的非相对论的方程. 这时, 我们必须记着, 速度低的假设就已经要求引力场的本身是弱的, 假如不是如此, 其中的粒子就会有高的速度.

　　我们来研究在这个极限情形下决定场的度规张量 g_{ik} 与引力场中的非相对论的势 φ 的关系如何.

　　在非相对论力学中, 粒子在引力场中的运动, 由拉格朗日量 (81.1) 所决定. 加上一个常数 $-mc^2$[2], 我们现在将它写成

$$L = -mc^2 + \frac{mv^2}{2} - m\varphi, \tag{87.10}$$

要使得在场不存在时, 相对论的拉格朗日量 $L = -mc^2\sqrt{1 - v^2/c^2}$ 在 $v/c \to 0$ 的极限情形下过渡到非相对论的拉格朗日量 $L = -mc^2 + mv^2/2$, 故而必须加上 $-mc^2$ 项.

　　因此, 一个粒子在引力场中的非相对论作用量 S 有下面的形式:

$$S = \int L\mathrm{d}t = -mc\int\left(c - \frac{v^2}{2c} + \frac{\varphi}{c}\right)\mathrm{d}t.$$

---

　　[1] 如果沿着测地线 $\mathrm{d}s \equiv 0$, 那么这些测地线称为**类光测地线**或者**各向同性测地线**.

　　[2] 当然, 对势 φ 的定义可以相差一任意常数. 我们在任何地方都以自然的方式选取这个常数, 即使得远离场源物体之处的势变为零.

将它与相对论的作用量 $S = -mc \int \mathrm{d}s$ 相比较, 我们看出, 在所考虑的极限情形下,

$$\mathrm{d}s = \left(c - \frac{v^2}{2c} + \frac{\varphi}{c} \right) \mathrm{d}t.$$

取平方, 略去 $c \to \infty$ 时趋于 0 的项, 我们求得

$$\mathrm{d}s^2 = (c^2 + 2\varphi)\mathrm{d}t^2 - \mathrm{d}\boldsymbol{r}^2, \tag{87.11}$$

其中已经用了关系 $\boldsymbol{v}\mathrm{d}t = \mathrm{d}\boldsymbol{r}$.

因此, 在极限情形下, 度规张量的分量 g_{00} 等于

$$g_{00} = 1 + \frac{2\varphi}{c^2}. \tag{87.12}$$

关于其他分量, 从 (87.11) 推出 $g_{\alpha\beta} = \delta_{\alpha\beta}, g_{0\alpha} = 0$. 然而, 实际上, 一般来说, 对它们的修正与对 g_{00} 的修正同数量级 (关于这一点的详情, 请参看 §106). 之所以不能用上面的方法来决定这些修正是与这个事实有关的, 即对于 $g_{\alpha\beta}$ 的修正虽然与对 g_{00} 的修正同数量级, 然而这个修正在拉格朗日量内产生更高级小量的一些项 (因为在 $\mathrm{d}s^2$ 的式子中, 分量 $g_{\alpha\beta}$ 不乘以 c^2, 而 g_{00} 却要乘以 c^2).

习 题

从最小作用量原理 (87.1) 出发推导运动方程 (87.3).

解: 我们有

$$\delta \mathrm{d}s^2 = 2\mathrm{d}s\delta\mathrm{d}s = \delta(g_{ik}\mathrm{d}x^i\mathrm{d}x^k) = \mathrm{d}x^i\mathrm{d}x^k\frac{\partial g_{ik}}{\partial x^l}\delta x^l + 2g_{ik}\mathrm{d}x^i\mathrm{d}\delta x^k.$$

因此

$$\delta S = -mc \int \left\{ \frac{1}{2}\frac{\mathrm{d}x^i}{\mathrm{d}s}\frac{\mathrm{d}x^k}{\mathrm{d}s}\frac{\partial g_{ik}}{\partial x^l}\delta x^l + g_{ik}\frac{\mathrm{d}x^i}{\mathrm{d}s}\frac{\mathrm{d}\delta x^k}{\mathrm{d}s} \right\} \mathrm{d}s =$$

$$= -mc \int \left\{ \frac{1}{2}\frac{\mathrm{d}x^i}{\mathrm{d}s}\frac{\mathrm{d}x^k}{\mathrm{d}s}\frac{\partial g_{ik}}{\partial x^l}\delta x^l - \frac{\mathrm{d}}{\mathrm{d}s}\left(g_{ik}\frac{\mathrm{d}x^i}{\mathrm{d}s} \right)\delta x^k \right\} \mathrm{d}s$$

(在进行分部积分的时候考虑到积分范围两端 $\delta x^k = 0$). 在第二个被积分项中用指标 l 替换指标 k. 那么, 在对 δx^l 进行任意变分时令系数等于零, 我们得到

$$\frac{1}{2}u^i u^k\frac{\partial g_{ik}}{\partial x^l} - \frac{\mathrm{d}}{\mathrm{d}s}(g_{il}u^i) = \frac{1}{2}u^i u^k\frac{\partial g_{ik}}{\partial x^l} - g_{il}\frac{\mathrm{d}u^i}{\mathrm{d}s} - u^i u^k\frac{\partial g_{il}}{\partial x^k} = 0.$$

这里指出, 第三项可以写成如下形式

$$-\frac{1}{2}u^i u^k \left(\frac{\partial g_{il}}{\partial x^k} + \frac{\partial g_{kl}}{\partial x^i} \right),$$

引入克里斯托夫符号 $\Gamma_{l,ik}$, 按照 (86.2) 我们得到

$$g_{il}\frac{\mathrm{d}u^i}{\mathrm{d}s} + \Gamma_{l,ik}u^i u^k = 0.$$

通过上移指标 l 即可得到方程 (87.3).

§88　恒定引力场

如果能够选择参考系, 使其中度规张量的所有分量均不依赖于时间坐标 x^0, 能满足这样条件的引力场称为**恒定引力场**; 时间坐标 x^0 称做**世界时间**.

世界时间的选择不是唯一的, 如果给 x^0 加上空间坐标的一个任意函数, 所有的 g_{ik} 仍旧没有包含 x^0; 这个变换相应于在空间每一点选择时间原点的任意性[①]. 此外, 世界时间还可以乘以一个任意常数, 即世界时间测量单位的选择是任意的.

严格地说, 只有一个物体产生的引力场才能是恒定的. 在多个物体构成的系统中, 它们互相之间的吸引会导致运动, 其结果是它们产生的引力场不可能恒定.

如果产生引力场的物体是静止的 (在一个 g_{ik} 与 x^0 无关的参考系内), 这时, 两个时间方向是等价的. 在空间所有点适当选择时间原点, 间隔 $\mathrm{d}s$ 在改变 x^0 的符号时应当不变. 从此可以断定, 在这种情形下, 度规张量 $g_{0\alpha}$ 的所有分量都为零. 这类恒定引力场称为**静态引力场**.

但是物体的静止状态并不是产生恒定引力场的必要条件. 围绕自己的对称轴作匀速旋转的轴对称物体产生的引力场同样是恒定的. 但在这种情形下, 两个时间方向绝不是等价的; 假如时间的符号改变, 那么, 例如, 旋转的角速度的符号也将会改变. 显而易见, 在这种类型的恒定引力场中, 度规张量的分量 $g_{0\alpha}$ 一般来说并不为零. 我们称这一类恒定场为**稳态引力场**.

---

① 容易看到, 在这个变换下, 空间度规应该是不变的. 实际上, 利用任意的函数 $f(x^1, x^2, x^3)$ 作如下替换

$$x^0 \rightarrow x^0 + f(x^1, x^2, x^3),$$

分量 g_{ik} 按照下列各式替换

$$g_{\alpha\beta} \rightarrow g_{\alpha\beta} + g_{00}f_{,\alpha}f_{,\beta} - g_{0\alpha}f_{,\beta} - g_{0\beta}f_{,\alpha},$$

$$g_{0\alpha} \rightarrow g_{0\alpha} - g_{00}f_{,\alpha}, \quad g_{00} \rightarrow g_{00},$$

其中 $f_{,\alpha} \equiv \partial f / \partial x^\alpha$. 在此条件下, 显然, 三维张量 (84.7) 保持不变.

在恒定引力场中世界时间的意义在于：在空间某一点发生的两个事件的世界时间间隔，同发生在空间另一点的任何另外两个事件之间的世界时间间隔相等，如果这些事件分别与第一对事件（在 §84 解释的意义上）是同时的. 但相同的世界时间 x^0 的间隔在空间的不同点上对应着不同的固有时 τ 的间隔. 世界时间与固有时的关系，即公式（84.1）现在可以写成

$$\tau = \frac{1}{c}\sqrt{g_{00}}x^0, \tag{88.1}$$

这个关系式可以应用于任何有限时间间隔.

假如引力场是弱的，那么，我们可以用近似式（87.12）和（88.1）得到

$$\tau = \frac{x^0}{c}\left(1 + \frac{\varphi}{c^2}\right). \tag{88.2}$$

因此，固有时流逝得愈慢，空间一给定点的引力势就愈小，也就是说引力势的绝对值愈大（以后在 §96 中，可以证明 φ 是负的）. 假如将两个完全一样的钟之一置于引力场内，那么，在引力场内的钟要走得慢些.

上面已经指出，在静态引力场中，度规张量的分量 $g_{0\alpha}$ 是零. 按照 §84 的结果，这就意味着，在这样一个场中，钟的同步在整个空间都是可能的. 我们也应注意，在静态场中，空间距离元不过是

$$dl^2 = -g_{\alpha\beta}dx^\alpha dx^\beta. \tag{88.3}$$

在稳态场中，$g_{0\alpha}$ 不等于零，在整个空间中时钟的同步是不可能的. 既然 g_{ik} 与 x^0 无关，那么在空间不同点发生的两个同时事件的世界时间之差的公式（84.14）可以写成如下形式：

$$\Delta x^0 = -\int \frac{g_{0\alpha}dx^\alpha}{g_{00}}, \tag{88.4}$$

当沿着一条线同步钟时，式（88.4）对于这条线上的任意两点都适用. 当沿着一条闭合回路同步钟时，世界时间之差（它在回到出发点时应该被记录下来）等于沿着闭合回路所取的积分①

$$\Delta x^0 = -\oint \frac{g_{0\alpha}dx^\alpha}{g_{00}}. \tag{88.5}$$

让我们来考虑一条光线在一恒定引力场内的传播. 在 §53 中，我们已经知道，光的频率是程函 ψ 的时间导数（符号相反）. 因此，用世界时间 x^0/c 表示

---

① 如果和式 $g_{\alpha 0}dx^\alpha/g_{00}$ 是空间坐标的某一函数的全微分，则积分（88.5）恒等于零. 然而这种情形只意味着，我们实际上处理的是静态场，通过形如 $x^0 \to x^0 + f(x^\alpha)$ 的变换总是可以使所有 $g_{\alpha 0}$ 变为零.

的频率是 $\omega_0 = -c\partial\psi/\partial x^0$. 既然恒定场中的程函方程 (87.9) 不显含 x^0, 那么, 在光线传播时, 频率 ω_0 保持不变. 用固有时来测量的频率是 $\omega = -\partial\psi/\partial\tau$; 这个频率在空间的不同点是不同的.

由于关系式

$$\frac{\partial\psi}{\partial\tau} = \frac{\partial\psi}{\partial x^0}\frac{\partial x^0}{\partial\tau} = \frac{\partial\psi}{\partial x^0}\frac{c}{\sqrt{g_{00}}},$$

我们就有

$$\omega = \frac{\omega_0}{\sqrt{g_{00}}}. \tag{88.6}$$

在弱引力场中, 由此可近似地得到

$$\omega = \omega_0\left(1 - \frac{\varphi}{c^2}\right). \tag{88.7}$$

我们看出, 光的频率随着引力场的势的绝对值的增加而增大, 也就是说, 当光射向产生场的物体时, 频率就随之而增加; 反之, 当光离开物体时, 频率随之而减小. 假如一条光线从一点射出, 而这一点的引力势为 φ_1, 光线 (在这一点) 的频率为 ω, 那么, 当到达引力势为 φ_2 的另外一点时, 光线的频率 (以在那一点的固有时来测量) 就等于

$$\frac{\omega}{1 - \dfrac{\varphi_1}{c^2}}\left(1 - \frac{\varphi_2}{c^2}\right) \approx \omega\left(1 + \frac{\varphi_1 - \varphi_2}{c^2}\right).$$

例如, 在太阳上观察到的由太阳上的原子所发出的光谱线, 与在地球上观察到的由地球上的同样原子所发出的光谱线是一样的, 假如我们在地球上观察太阳上的原子所发出的光谱, 那么, 根据上面所说的, 光谱线对于地球上的同样原子所发射出的光谱线而言就会有些移动. 每条以 ω 为频率的光线将移动一间隔 $\Delta\omega$, 而 $\Delta\omega$ 由公式

$$\Delta\omega = \frac{\varphi_1 - \varphi_2}{c^2}\omega \tag{88.8}$$

所决定, 其中的 φ_1 和 φ_2 分别是光谱发射点和观察点的引力场的势. 假如我们在地球上观察由太阳或恒星所发出的光谱, 那么, $|\varphi_1| > |\varphi_2|$, 从 (88.8) 可以断定 $\Delta\omega < 0$, 就是说, 移向频率减小的方向. 上述的现象称为**红移**.

根据前面关于世界时间的讲述, 可以直接解释发生这个现象的原因. 因为场是恒定的, 光波从空间中一给定点传播到另一点的过程中, 某振动所需的世界时间间隔与时间 x^0 无关. 因此很明显, 在单位世界时间间隔内所发生的振动数在光线上所有的点都是一样的. 但是, 对于同一个世界时间间隔, 我们离开产生场的物体愈远, 与之相对应的固有时间隔就愈大. 所以, 当光从这些物质离开时, 频率将要降低, 就是说, 每单位固有时内的振动数将要减少.

当粒子在恒定场中运动时，它的能量是守恒的，这个能量是用作用量对于世界时间的导数 $\left(-c\dfrac{\partial S}{\partial x^0}\right)$ 来定义的；从 x^0 并不明显地出现在哈密顿–雅可比方程中这一事实就可推出该结论. 这样定义的能量是协变四维动量矢量 $p_k = mcu_k = mcg_{ki}u^i$ 的时间分量. 在静态场中，$\mathrm{d}s^2 = g_{00}(\mathrm{d}x^0)^2 - \mathrm{d}l^2$，因而对于能量（我们用 $\mathscr{E}_0$ 表示），我们有

$$\mathscr{E}_0 = mc^2 g_{00}\frac{\mathrm{d}x^0}{\mathrm{d}s} = mc^2 g_{00}\frac{\mathrm{d}x^0}{\sqrt{g_{00}(\mathrm{d}x^0)^2 - \mathrm{d}l^2}}.$$

我们引入用固有时来测量的，亦即由在给定点的观察者来测量的粒子速度，

$$v = \frac{\mathrm{d}l}{\mathrm{d}\tau} = \frac{c\,\mathrm{d}l}{\sqrt{g_{00}}\,\mathrm{d}x^0},$$

则我们得到能量

$$\mathscr{E}_0 = \frac{mc^2\sqrt{g_{00}}}{\sqrt{1 - \dfrac{v^2}{c^2}}}. \tag{88.9}$$

这是在粒子运动时守恒的量.

容易证明，能量的表达式 (88.9) 在恒定场中也成立，只要速度 v 以固有时测量，固有时由沿粒子轨道同步的时钟确定. 如果粒子在世界时间的 x^0 时刻从 A 点出发，并且在 $x^0 + \mathrm{d}x^0$ 时刻到达无限接近的 B 点，那么现在为了确定速度就不应该取时间段 $(x^0 + \mathrm{d}x^0) - x^0 = \mathrm{d}x^0$，而应该取 $x^0 + \mathrm{d}x^0$ 和时刻 $x^0 - \dfrac{g_{0\alpha}}{g_{00}}\mathrm{d}x^\alpha$ 的差值，后者在 B 点与 A 点的 x^0 时刻是同时的：

$$(x^0 + \mathrm{d}x^0) - \left(x^0 - \frac{g_{0\alpha}}{g_{00}}\mathrm{d}x^\alpha\right) = \mathrm{d}x^0 + \frac{g_{0\alpha}}{g_{00}}\mathrm{d}x^\alpha.$$

给上式乘以 $\sqrt{g_{00}}/c$，我们得到相应的固有时间隔，则速度是

$$v^\alpha = \frac{c\,\mathrm{d}x^\alpha}{\sqrt{h}(\mathrm{d}x^0 - g_\alpha \mathrm{d}x^\alpha)}, \tag{88.10}$$

其中我们引入了表示符号：

$$g_\alpha = -\frac{g_{0\alpha}}{g_{00}}, \quad h = g_{00} \tag{88.11}$$

来描述三维矢量 $\boldsymbol{g}$（已经在 §84 中提到过）和三维标量 g_{00}. 速度 $\boldsymbol{v}$ 的协变分量就像具有度规 $\gamma_{\alpha\beta}$ 的空间中三维矢量的协变分量，而这个矢量的平方应该相应地是[1]：

$$v_\alpha = \gamma_{\alpha\beta}v^\beta, \quad v^2 = v_\alpha v^\alpha. \tag{88.12}$$

---

[1] 接下来我们将不止一次地在讨论中与四维矢量和四维张量一起引入三维矢量和张量，后者定义在具有度规 $\gamma_{\alpha\beta}$ 的空间中；已经引入的矢量 $\boldsymbol{g}$ 和 $\boldsymbol{v}$ 就是这种类型的特例. 四维张量运算（包括指标的上移和下移）利用度规张量 g_{ik} 进行，而三维张量运算则利用张量 $\gamma_{\alpha\beta}$. 为了避免由此可能产生的误解，凡是用于表示三维量的符号，我们将不用其表示四维量.

我们指出，在这样的定义下，间隔 ds 可以通过速度用平常的形式表示出来：

$$ds^2 = g_{00}(dx^0)^2 + 2g_{0\alpha}dx^0dx^\alpha + g_{\alpha\beta}dx^\alpha dx^\beta =$$
$$= h(dx^0 - g_\alpha dx^\alpha)^2 - dl^2 = h(dx^0 - g_\alpha dx^\alpha)^2\left(1 - \frac{v^2}{c^2}\right). \quad (88.13)$$

四维速度的分量 $u^i = dx^i/ds$ 等于

$$u^\alpha = \frac{v^\alpha}{c\sqrt{1 - \dfrac{v^2}{c^2}}}, \quad u^0 = \frac{1}{\sqrt{h}\sqrt{1 - \dfrac{v^2}{c^2}}} + \frac{g_\alpha v^\alpha}{c\sqrt{1 - \dfrac{v^2}{c^2}}}. \quad (88.14)$$

而能量

$$\mathscr{E}_0 = mc^2 g_{0i}u^i = mc^2 h(u^0 - g_\alpha u^\alpha)$$

代入 (88.14) 后得到 (88.9) 式.

在弱引力场和低速运动的极限条件下，将 $g_{00} = 1 + 2\varphi/c^2$ 代入 (88.9)，近似得到

$$\mathscr{E}_0 = mc^2 + \frac{mv^2}{2} + m\varphi, \quad (88.15)$$

其中 $m\varphi$ 为粒子在引力场中的势能，与拉格朗日量 (87.10) 对应.

习　　题

1. 求恒定引力场中作用在粒子上的力.

解： 针对我们需要的分量 Γ^i_{kl} 找到下列表达式

$$\Gamma^\alpha_{00} = \frac{1}{2}h^{;\alpha},$$

$$\Gamma^\alpha_{0\beta} = \frac{h}{2}(g^\alpha_{;\beta} - g^{;\alpha}_\beta) - \frac{1}{2}g_\beta h^{;\alpha}, \quad (1)$$

$$\Gamma^\alpha_{\beta\gamma} = \lambda^\alpha_{\beta\gamma} + \frac{h}{2}[g_\beta(g^{;\alpha}_\gamma - g^\alpha_{;\gamma}) + g_\gamma(g^{;\alpha}_\beta - g^\alpha_{;\beta})] + \frac{1}{2}g_\beta g_\gamma h^{;\alpha}.$$

在这些表达式中所有的张量运算（协变微分，指标的上移和下移）都在带有度规 $\gamma_{\alpha\beta}$ 的三维空间里针对三维矢量 g^α 和三维标量 h (88.11) 进行；$\lambda^\alpha_{\beta\gamma}$ 是三维克里斯托夫符号，由张量 $\gamma_{\alpha\beta}$ 的分量构成，如同 g_{ik} 的分量构成 Γ^i_{kl} 那样；在计算时使用公式 (84.9)—(84.12).

将 (1) 代入运动方程

$$\frac{du^\alpha}{ds} = -\Gamma^\alpha_{00}(u^0)^2 - 2\Gamma^\alpha_{0\beta}u^0u^\beta - \Gamma^\alpha_{\beta\gamma}u^\beta u^\gamma,$$

对四维速度的分量应用公式 (88.14)，经过简单的变换得到

$$\frac{\mathrm{d}}{\mathrm{d}s}\frac{v^\alpha}{c\sqrt{1-\dfrac{v^2}{c^2}}} = -\frac{h^{;\alpha}}{2h\left(1-\dfrac{v^2}{c^2}\right)} - \frac{\sqrt{h}(g^\alpha_{;\beta}-g^{;\alpha}_\beta)v^\beta}{c\left(1-\dfrac{v^2}{c^2}\right)} - \frac{\lambda^\alpha_{\beta\gamma}v^\beta v^\gamma}{c^2\left(1-\dfrac{v^2}{c^2}\right)}. \tag{2}$$

作用在粒子上的力 $\boldsymbol{f}$ 是它的动量 $\boldsymbol{p}$ 对（校准的）固有时的导数，可利用三维协变微分来确定：

$$f^\alpha = c\sqrt{1-\frac{v^2}{c^2}}\frac{\mathrm{D}p^\alpha}{\mathrm{d}s} = c\sqrt{1-\frac{v^2}{c^2}}\frac{\mathrm{d}}{\mathrm{d}s}\frac{mv^\alpha}{\sqrt{1-\dfrac{v^2}{c^2}}} + \lambda^\alpha_{\beta\gamma}\frac{mv^\beta v^\gamma}{\sqrt{1-\dfrac{v^2}{c^2}}}.$$

因此从 (2) 我们得到（为了便利将指标 α 下移）

$$f_\alpha = \frac{mc^2}{\sqrt{1-\dfrac{v^2}{c^2}}}\left\{-\frac{\partial}{\partial x^\alpha}\ln\sqrt{h} + \sqrt{h}\left(\frac{\partial g_\beta}{\partial x^\alpha}-\frac{\partial g_\alpha}{\partial x^\beta}\right)\frac{v^\beta}{c}\right\},$$

或者采用一般的三维的矢量表示方法[1]

$$\boldsymbol{f} = \frac{mc^2}{\sqrt{1-\dfrac{v^2}{c^2}}}\left\{-\mathrm{grad}\ln\sqrt{h} + \sqrt{h}\frac{\boldsymbol{v}}{c}\times(\mathrm{rot}\,\boldsymbol{g})\right\}. \tag{3}$$

---

[1] 在三维曲线坐标中单位反对称张量如下定义

$$\eta_{\alpha\beta\gamma} = \sqrt{\gamma}e_{\alpha\beta\gamma}, \quad \eta^{\alpha\beta\gamma} = \frac{1}{\sqrt{\gamma}}e^{\alpha\beta\gamma},$$

其中 $e_{123} = e^{123} = 1$，而当两个指标互换位置时会改变符号（对比 (83.13)，(83.14)）。与此相应，与反对称张量 $c_{\beta\gamma} = a_\beta b_\gamma - a_\gamma b_\beta$ 对偶的矢量 $\boldsymbol{c} = \boldsymbol{a}\times\boldsymbol{b}$ 具有分量

$$c_\alpha = \frac{1}{2}\sqrt{\gamma}e_{\alpha\beta\gamma}c^{\beta\gamma} = \sqrt{\gamma}e_{\alpha\beta\gamma}a^\beta b^\gamma, \quad c^\alpha = \frac{1}{2\sqrt{\gamma}}e^{\alpha\beta\gamma}c_{\beta\gamma} = \frac{1}{\sqrt{\gamma}}e^{\alpha\beta\gamma}a_\beta b_\gamma.$$

反过来

$$c_{\alpha\beta} = \sqrt{\gamma}e_{\alpha\beta\gamma}c^\gamma, \quad c^{\alpha\beta} = \frac{1}{\sqrt{\gamma}}e^{\alpha\beta\gamma}c_\gamma.$$

特别地，$\mathrm{rot}\,\boldsymbol{a}$ 在这个意义上应该理解为和张量 $a_{\beta;\alpha}-a_{\alpha;\beta} = \dfrac{\partial a_\beta}{\partial x^\alpha}-\dfrac{\partial a_\alpha}{\partial x^\beta}$ 对偶的矢量，于是它的逆变分量

$$(\mathrm{rot}\,\boldsymbol{a})^\alpha = \frac{1}{2\sqrt{\gamma}}e^{\alpha\beta\gamma}\left(\frac{\partial a_\gamma}{\partial x^\beta}-\frac{\partial a_\beta}{\partial x^\gamma}\right).$$

与之相关我们还应提到，矢量的三维散度

$$\mathrm{div}\,\boldsymbol{a} = \frac{1}{\sqrt{\gamma}}\frac{\partial}{\partial x^\alpha}(\sqrt{\gamma}a^\alpha)$$

（对比 (86.9)）。

和正交曲线坐标中三维矢量运算经常使用的公式（例如，见本教程第八卷附录）进行比较时，为了避免误解我们指出，在这些公式中矢量的分量指的是 $\sqrt{g_{11}}A^1 (= \sqrt{A_1A^1})$，$\sqrt{g_{22}}A^2$，$\sqrt{g_{33}}A^3$ 各量.

我们指出，如果物体静止，那么作用在它上面的力（（3）式中的第一项）具有势. 在运动速度很小的时候（3）式中的第二项具有类似于科里奥利力的形式 $mc\sqrt{h}\boldsymbol{v}\times(\mathrm{rot}\,\boldsymbol{g})$，后者产生于以如下角速度旋转的坐标系（没有场）中：

$$\boldsymbol{\Omega} = \frac{c}{2}\sqrt{h}\,\mathrm{rot}\,\boldsymbol{g}.$$

2. 导出光线在恒定引力场中传播的费马原理.

解： 费马原理（见 §53）的内容是

$$\delta\int k_\alpha \mathrm{d}x^\alpha = 0,$$

其中的积分是沿着光线而取的，而被积函数必须以频率 ω_0（ω_0 沿光线是常数）和坐标的微分来表示. 注意到 $k_0 = -\partial\psi/\partial x^0 = \omega_0/c$，我们可写出

$$\frac{\omega_0}{c} = k_0 = g_{0i}k^i = g_{00}k^0 + g_{0\alpha}k^\alpha = h(k^0 - g_\alpha k^\alpha).$$

将此式代入 $k_i k^i = g_{ik}k^i k^k = 0$，并写成

$$h(k^0 - g_\alpha k^\alpha)^2 - \gamma_{\alpha\beta}k^\alpha k^\beta = 0,$$

我们便得到

$$\frac{1}{h}\left(\frac{\omega_0}{c}\right)^2 - \gamma_{\alpha\beta}k^\alpha k^\beta = 0.$$

又根据矢量 k^α 应当与矢量 $\mathrm{d}x^\alpha$ 同方向的事实，我们便求得

$$k^\alpha = \frac{\omega_0}{c\sqrt{h}}\frac{\mathrm{d}x^\alpha}{\mathrm{d}l},$$

其中，$\mathrm{d}l$（84.6）是沿着光线的空间距离元. 为了求 k_α 的表达式，我们写出

$$k^\alpha = g^{\alpha i}k_i = g^{\alpha 0}k_0 + g^{\alpha\beta}k_\beta = -g^\alpha\frac{\omega_0}{c} - \gamma^{\alpha\beta}k_\beta,$$

由此

$$k_\alpha = -\gamma_{\alpha\beta}\left(k^\beta + \frac{\omega_0}{c}g^\beta\right) = -\frac{\omega_0}{c}\left(\frac{\gamma_{\alpha\beta}}{\sqrt{h}}\frac{\mathrm{d}x^\beta}{\mathrm{d}l} + g_\alpha\right).$$

最后，乘之以 $\mathrm{d}x^\alpha$，我们得到下面形式的费马原理（略去常数因子 ω_0/c）：

$$\delta\int\left(\frac{\mathrm{d}l}{\sqrt{h}} + g_\alpha \mathrm{d}x^\alpha\right) = 0.$$

在静态场中，我们简单地得到

$$\delta\int\frac{\mathrm{d}l}{\sqrt{h}} = 0.$$

请注意这个事实，在引力场中，光线并非沿着空间最短的线传播，因为沿着空间的最短的线应该由方程 $\delta\int \mathrm{d}l = 0$ 确定.

§89　旋转

作为稳态引力场的一个特例，我们来考虑匀速旋转参考系.

为了求间隔 $\mathrm{d}s$，我们来做一个从静止（惯性）系到匀速旋转系的变换. 在静止的坐系 r', φ', z', t（我们使用柱坐标 r', φ', z'）中，间隔有如下形式：

$$\mathrm{d}s^2 = c^2\mathrm{d}t^2 - \mathrm{d}r'^2 - r'^2\mathrm{d}\varphi'^2 - \mathrm{d}z'^2. \tag{89.1}$$

设在旋转系中的柱坐标为 r, φ, z. 假如旋转轴与 z 轴和 z' 轴重合，那么，我们有 $r' = r, z' = z, \varphi' = \varphi + \Omega t$，此处的 Ω 为旋转的角速度. 将这些式子代入 (89.1)，我们得到所求的在旋转参考系中间隔的表达式：

$$\mathrm{d}s^2 = (c^2 - \Omega^2 r^2)\mathrm{d}t^2 - 2\Omega r^2\mathrm{d}\varphi\mathrm{d}t - \mathrm{d}z^2 - r^2\mathrm{d}\varphi^2 - \mathrm{d}r^2. \tag{89.2}$$

必须注意，旋转参考系仅仅可以应用到距离转动中心 c/Ω 的范围之内. 事实上，从 (89.2) 可以看到，当 $r > c/\Omega$ 时，g_{00} 变为负值，而这是不允许的. 旋转系对于大的距离之所以不能应用是因为在大的距离处，速度将大于光速，因此，这样的参考系不可能用真实的物体来实现.

同在一切稳定场中一样，在旋转物体上的钟不可能在所有点上都被单值地校准. 当沿着任何封闭曲线进行钟的校准并回到出发点时，我们得到一个时间，这个时间与原来的时间的差值是（见 (88.5)）

$$\Delta t = -\frac{1}{c}\oint \frac{g_{0\alpha}}{g_{00}}\mathrm{d}x^\alpha = \frac{1}{c^2}\oint \frac{\Omega r^2\mathrm{d}\varphi}{1 - \dfrac{\Omega^2 r^2}{c^2}},$$

假设 $\Omega r/c \ll 1$（即旋转速度比光速小得多），则差值是

$$\Delta t = \frac{\Omega}{c^2}\int r^2\mathrm{d}\varphi = \pm\frac{2\Omega}{c^2}S, \tag{89.3}$$

其中，S 是回路包围的面在垂直于旋转轴的一个平面上的投影面积（符号用 $+$ 或 $-$，依我们顺旋转方向或逆旋转方向行走而定）.

假定有一条光线沿着某一条闭合回路传播. 让我们来计算光线从出发到回到原点所经过的时间 t（准确到与 v/c 同数量级的项）. 假如沿着这一条闭合曲线时间是校准了的，又假设在每一点上我们都用固有时，那么，根据定义，光的速度将永等于 c. 既然固有时与世界时间之差与 v^2/c^2 同数量级，那么，在计算所要求的时间间隔 t 时，若只要求准确到与 v/c 同量级的量，这个差就可以略去不计了. 因此，我们有

$$t = \frac{L}{c} \pm \frac{2\Omega}{c^2}S,$$

其中, L 是回路的长度. 与此相应, 用比值 L/t 来测量的光速等于

$$c \pm 2\Omega \frac{S}{L}. \tag{89.4}$$

这个公式, 如多普勒效应的一级近似公式一样, 也可以很容易地用纯经典的方法求得.

习　　题

求旋转坐标系统中的空间距离元.

解: 利用 (86.4), (86.7) 我们求得

$$\mathrm{d}l^2 = \mathrm{d}r^2 + \mathrm{d}z^2 + \frac{r^2 \mathrm{d}\varphi^2}{1 - \dfrac{\Omega^2 r^2}{c^2}},$$

此式决定旋转参考系中的空间几何. 我们注意, 在平面 $z = \mathrm{const}$ 内的圆 (圆心在转轴上) 的周长与其半径 r 之比等于

$$\frac{2\pi}{\sqrt{1 - \dfrac{\Omega^2 r^2}{c^2}}} > 2\pi.$$

§90　引力场存在时的电动力学方程

狭义相对论中的电磁场方程很容易推广, 使其在一个任意的四维曲线坐标系中也能应用, 就是说, 在引力场存在时, 也能应用.

在狭义相对论中, 电磁场张量的定义是: $F_{ik} = \dfrac{\partial A_k}{\partial x^i} - \dfrac{\partial A_i}{\partial x^k}$. 显而易见, 电磁场张量现在必须相应地定义为 $F_{ik} = A_{k;i} - A_{i;k}$. 但是由于 (86.12),

$$F_{ik} = A_{k;i} - A_{i;k} = \frac{\partial A_k}{\partial x^i} - \frac{\partial A_i}{\partial x^k}, \tag{90.1}$$

因此, F_{ik} 和势 A_k 的关系不改变. 由于这个原因, 第一对麦克斯韦方程 (26.5) 也不改变它们的形式[①]:

$$\frac{\partial F_{ik}}{\partial x^l} + \frac{\partial F_{li}}{\partial x^k} + \frac{\partial F_{kl}}{\partial x^i} = 0. \tag{90.2}$$

为了写出第二对麦克斯韦方程, 首先我们必须决定在曲线坐标中的四维电流矢量. 这可以用完全与 §28 相同的办法完成. 由空间坐标元 $\mathrm{d}x^1, \mathrm{d}x^2, \mathrm{d}x^3$

[①] 容易发现, 这个方程同时还可以写为形式:

$$F_{ik;l} + F_{li;k} + F_{kl;i} = 0,$$

由此它的协变性是显而易见的.

构成的体积元为 $\sqrt{\gamma}\mathrm{d}V$，其中 γ 是空间度规张量 (84.7) 的行列式，而 $\mathrm{d}V = \mathrm{d}x^1\mathrm{d}x^2\mathrm{d}x^3$（见 §83 最后一个脚注）. 通过定义 $\mathrm{d}e = \rho\sqrt{\gamma}\mathrm{d}V$ 引入电荷密度 ρ，其中 $\mathrm{d}e$ 是体积元 $\sqrt{\gamma}\mathrm{d}V$ 内的电荷. 给这个等式两边同乘以 $\mathrm{d}x^i$，我们有：

$$\mathrm{d}e\mathrm{d}x^i = \rho\mathrm{d}x^i\sqrt{\gamma}\mathrm{d}x^1\mathrm{d}x^2\mathrm{d}x^3 = \frac{\rho}{\sqrt{g_{00}}}\sqrt{-g}\mathrm{d}\Omega\frac{\mathrm{d}x^i}{\mathrm{d}x^0}$$

（这里我们使用了公式 $-g = \gamma g_{00}$（84.10）). 乘积 $\sqrt{-g}\mathrm{d}\Omega$ 是不变的四维体积元，因此四维电流矢量等于

$$j^i = \frac{\rho c}{\sqrt{g_{00}}}\frac{\mathrm{d}x^i}{\mathrm{d}x^0} \tag{90.3}$$

（其中，$\mathrm{d}x^i/\mathrm{d}x^0$ 是坐标随"时间" x^0 变化的速度，其本身并**不是**一个四维矢量!). 四维电流矢量的分量 j^0 乘以 $\sqrt{g_{00}}/c$ 是电荷的空间密度.

对于点电荷而言，电荷密度 ρ 表示为 δ 函数的和，类似于公式 (28.1). 然而，在这种情况下，应该修正这些函数在曲线坐标条件下的定义. 我们将仍按照以前那样把 $\delta(\boldsymbol{r})$ 理解为乘积 $\delta(x^1)\delta(x^2)\delta(x^3)$，而不考虑坐标 x^1, x^2, x^3 的几何意义；那么在 $\mathrm{d}V$（而不是 $\sqrt{\gamma}\mathrm{d}V$）上的积分等于 1: $\int\delta(\boldsymbol{r})\mathrm{d}V = 1$. 按照 δ 函数同样的定义，电荷密度是

$$\rho = \sum_a \frac{e_a}{\sqrt{\gamma}}\delta(\boldsymbol{r} - \boldsymbol{r}_a),$$

而四维电流矢量是

$$j^i = \sum_a \frac{e_a c}{\sqrt{-g}}\delta(\boldsymbol{r} - \boldsymbol{r}_a)\frac{\mathrm{d}x^i}{\mathrm{d}x^0}. \tag{90.4}$$

电荷守恒由连续性方程来表达，与 (29.4) 的不同之处仅在于将通常的微分替换为协变微分：

$$j^i{}_{;i} = \frac{1}{\sqrt{-g}}\frac{\partial}{\partial x^i}(\sqrt{-g}j^i) = 0 \tag{90.5}$$

（使用了公式 (86.9)）.

采用类似的方法可以对麦克斯韦方程组 (30.2) 的第二对进行推广；将其中的通常微分替换为协变微分，我们得到：

$$F^{ik}{}_{;k} = \frac{1}{\sqrt{-g}}\frac{\partial}{\partial x^k}(\sqrt{-g}F^{ik}) = -\frac{4\pi}{c}j^i \tag{90.6}$$

（使用了公式 (86.10)）.

最后，引力场和电磁场中的带电粒子的运动方程可通过将 (23.4) 中的四维加速度 $\mathrm{d}u^i/\mathrm{d}s$ 替换为 $\mathrm{D}u^i/\mathrm{d}s$ 来获得：

$$mc\frac{\mathrm{D}u^i}{\mathrm{d}s} = mc\left(\frac{\mathrm{d}u^i}{\mathrm{d}s} + \Gamma^i_{kl}u^k u^l\right) = \frac{e}{c}F^{ik}u_k. \tag{90.7}$$

习 题

按照如下定义引入三维矢量 $\boldsymbol{E}, \boldsymbol{D}$ 和反对称三维张量 $B_{\alpha\beta}$ 和 $H_{\alpha\beta}$:

$$
\begin{aligned}
E_\alpha &= F_{0\alpha}, & B_{\alpha\beta} &= F_{\alpha\beta}, \\
D^\alpha &= -\sqrt{g_{00}}F^{0\alpha}, & H^{\alpha\beta} &= \sqrt{g_{00}}F^{\alpha\beta}.
\end{aligned}
\tag{1}
$$

写出给定引力场中的三维形式的麦克斯韦方程组 (在带有度规 $\gamma_{\alpha\beta}$ 的三维空间中).

解: 上面引入的各量是不独立的. 写出方程式

$$
F_{0\alpha} = g_{0l}g_{\alpha m}F^{lm}, \quad F^{\alpha\beta} = g^{\alpha l}g^{\beta m}F_{lm},
$$

并引入三维度规张量 $\gamma_{\alpha\beta} = -g_{\alpha\beta} + hg_\alpha g_\beta$ (g 和 h 来自 (88.11)), 并应用公式 (84.9) 和 (84.12), 我们得到:

$$
D_\alpha = \frac{E_\alpha}{\sqrt{h}} + g^\beta H_{\alpha\beta}, \quad B^{\alpha\beta} = \frac{H^{\alpha\beta}}{\sqrt{h}} + g^\beta E^\alpha - g^\alpha E^\beta.
\tag{2}
$$

引入矢量 $\boldsymbol{B}, \boldsymbol{H}$, 它们分别与张量 $B_{\alpha\beta}$ 和 $H_{\alpha\beta}$ 对偶, 按照定义

$$
B^\alpha = -\frac{1}{2\sqrt{\gamma}}e^{\alpha\beta\gamma}B_{\beta\gamma}, \quad H_\alpha = -\frac{1}{2}\sqrt{\gamma}e_{\alpha\beta\gamma}H^{\beta\gamma}
\tag{3}
$$

(对比 §88 习题 1 的脚注); 引入负号的目的是为了使得伽利略坐标系中的矢量 $\boldsymbol{H}$ 和 $\boldsymbol{B}$ 等同于通常的磁场强度). 那么 (2) 式可以写成下面的形式

$$
\boldsymbol{D} = \frac{\boldsymbol{E}}{\sqrt{h}} + \boldsymbol{H} \times \boldsymbol{g}, \quad \boldsymbol{B} = \frac{\boldsymbol{H}}{\sqrt{h}} + \boldsymbol{g} \times \boldsymbol{E}.
\tag{4}
$$

将定义 (1) 引入 (90.2) 式, 我们得到方程

$$
\frac{\partial B_{\alpha\beta}}{\partial x^\gamma} + \frac{\partial B_{\gamma\alpha}}{\partial x^\beta} + \frac{\partial B_{\beta\gamma}}{\partial x^\alpha} = 0,
$$

$$
\frac{\partial B_{\alpha\beta}}{\partial x^0} + \frac{\partial E_\alpha}{\partial x^\beta} - \frac{\partial E_\beta}{\partial x^\alpha} = 0,
$$

或者, 过渡到 (3) 式中的对偶量

$$
\operatorname{div}\boldsymbol{B} = 0, \quad \operatorname{rot}\boldsymbol{E} = -\frac{1}{c\sqrt{\gamma}}\frac{\partial}{\partial t}(\sqrt{\gamma}\boldsymbol{B})
\tag{5}
$$

($x^0 = ct$; 算符 rot 和 div 的定义见 §88 习题 1 的脚注). 类似地, 我们从 (90.6) 中得到方程

$$
\frac{1}{\sqrt{\gamma}}\frac{\partial}{\partial x^\alpha}(\sqrt{\gamma}D^\alpha) = 4\pi\rho,
$$

$$
\frac{1}{\sqrt{\gamma}}\frac{\partial}{\partial x^\beta}(\sqrt{\gamma}H^{\alpha\beta}) + \frac{1}{\sqrt{\gamma}}\frac{\partial}{\partial x^0}(\sqrt{\gamma}D^\alpha) = -4\pi\rho\frac{\mathrm{d}x^\alpha}{\mathrm{d}x^0},
$$

或者用三维的矢量表示:

$$\operatorname{div} \boldsymbol{D} = 4\pi\rho, \quad \operatorname{rot} \boldsymbol{H} = \frac{1}{c\sqrt{\gamma}} \frac{\partial}{\partial t}(\sqrt{\gamma}\boldsymbol{D}) + \frac{4\pi}{c}\boldsymbol{s}, \tag{6}$$

其中 $\boldsymbol{s}$ 是分量为 $s^{\alpha} = \rho \mathrm{d}x^{\alpha}/\mathrm{d}t$ 的矢量.

我们同样将连续性方程 (90.5) 写成三维形式

$$\frac{1}{\sqrt{\gamma}} \frac{\partial}{\partial t}(\sqrt{\gamma}\rho) + \operatorname{div} \boldsymbol{s} = 0. \tag{7}$$

读者应注意到方程 (5),(6) 与物质介质中电磁场的麦克斯韦方程组的相似性 (当然, 纯粹是形式上的). 特别地, 在静态引力场中, 包含对时间的导数的各项中的 $\sqrt{\gamma}$ 会消失, 而关系式 (4) 化简为 $\boldsymbol{D} = \boldsymbol{E}/\sqrt{h}, \boldsymbol{B} = \boldsymbol{H}/\sqrt{h}$. 可以说, 在对电磁场的影响这一方面, 静态引力场起着介电常数和磁导率为 $\varepsilon = \mu = 1/\sqrt{h}$ 的介质的作用.

第十一章

引力场方程

§91 曲率张量

让我们再来讨论矢量的平行移动的概念. 如 §85 所述, 在四维弯曲空间的普遍情形下, 一个矢量的无限小平行移动被定义为这样的移动, 在这个移动中, 矢量的分量在一个坐标系中不改变, 这个坐标系在指定的无限小的体积元内是伽利略坐标系.

假如 $x^i = x^i(s)$ 是某一曲线的参数方程 (s 是从某一点起量得的弧长), 那么, 矢量 $u^i = \mathrm{d}x^i/\mathrm{d}s$ 就是与该曲线相切的单位矢量. 假如我们所考虑的曲线是测地线, 那么, 沿着测地线 $\mathrm{D}u^i = 0$. 这就是说, 假如将矢量 u^i 从测地线上的一点 x^i 平行移动到同一曲线上的另一点 $x^i + \mathrm{d}x^i$, 那么, 这个矢量将与在 $x^i + \mathrm{d}x^i$ 点与测地线相切的矢量 $u^i + \mathrm{d}u^i$ 重合. 因此, 当测地线的切线沿测地线本身移动时, 切线将自平行地移动.

另一方面, 当两个矢量平行移动时, 它们之间的"夹"角显然保持不变. 因此我们可以说, 任意的矢量沿着任何一条测地线平行移动时, 矢量同测地线的切线所夹之角保持不变. 换句话说, 当一个矢量平行移动时, 它沿测地线方向的分量在路程的所有点上应当是不变的.

在弯曲空间中, 有一个非常重要的情况, 一个矢量从一给定点到另一给定点的平行移动, 假如沿着不同的路径进行, 会得到不同的结果. 特别地, 由此可以推断, 假如我们将一个矢量沿着某一条闭合回路自平行地移动, 那么, 在回到出发点时, 这个矢量将不与原来的矢量重合.

为了了解这一点, 让我们考虑一个二维弯曲空间, 即任意的弯曲面. 图 19 表示被三条测地线所包围的这样的曲面的一部分. 我们来将矢量 1 沿着这三条曲线所构成的回路平行移动. 在沿着曲线 AB 移动时, 矢量 1 与曲线所成之角保持不变, 而当到达 B 点时则变为矢量 **2**. 与此相似, 在沿着 BC 移动时, 矢量 **2** 变为矢量 **3**. 最后, 当矢量沿曲线 CA 从 C 点移到 A 点时, 它与这条曲线所成之角保持不变, 在到达 A 点时, 该矢量变为矢量 **1′**, 而矢量 **1′** 与矢量 **1** 并不重合.

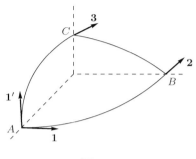

图 19

现在我们来求一个矢量围绕任何无限小的闭合回路平行移动时所生变化的普遍公式. 这个变化 ΔA_k 显然可以写成 $\oint \delta A_k$ 的形式, 此处的积分是沿着一给定回路而取的. 用表达式 (85.5) 代替 δA_k, 我们就有

$$\Delta A_k = \oint \Gamma_{kl}^i A_i \mathrm{d}x^l; \tag{91.1}$$

被积函数中的矢量 A_i 在沿回路移动时是变化的.

为了对这个积分作进一步的变换, 有必要指出以下内容. 在回路内的各个点上矢量 A_i 的值并不是唯一的, 它们依赖于我们到达该点所经过的路径. 但是根据后面得到的结果, 我们将看到这个非唯一性与二阶小量有关. 因此准确到该变换足够的一阶精度, 可以将无限小回路内的点上的矢量 A_i 的分量看做是由回路上的矢量值自身所唯一决定的, 其关系式是 $\delta A_i = \Gamma_{il}^n A_n \mathrm{d}x^l$, 也就是说, 由以下导数关系决定:

$$\frac{\partial A_i}{\partial x^l} = \Gamma_{il}^n A_n. \tag{91.2}$$

现在对积分 (91.1) 使用斯托克斯定理 (6.19), 并考虑到所研究的回路包围的表面的面积是无限小量 Δf^{lm}, 我们得到

$$\Delta A_k = \frac{1}{2}\left[\frac{\partial(\Gamma_{km}^i A_i)}{\partial x^l} - \frac{\partial(\Gamma_{kl}^i A_i)}{\partial x^m}\right]\Delta f^{lm} =$$

$$= \frac{1}{2}\left[\frac{\partial \Gamma_{km}^i}{\partial x^l}A_i - \frac{\partial \Gamma_{kl}^i}{\partial x^m}A_i + \Gamma_{km}^i\frac{\partial A_i}{\partial x^l} - \Gamma_{kl}^i\frac{\partial A_i}{\partial x^m}\right]\Delta f^{lm}.$$

将从 (91.2) 式求出的导数代入上式, 最终求得:

$$\Delta A_k = \frac{1}{2}R^i{}_{klm}A_i\Delta f^{lm}, \tag{91.3}$$

式中, $R^i{}_{klm}$ 是一个四阶张量:

$$R^i{}_{klm} = \frac{\partial \Gamma^i_{km}}{\partial x^l} - \frac{\partial \Gamma^i_{kl}}{\partial x^m} + \Gamma^i_{nl}\Gamma^n_{km} - \Gamma^i_{nm}\Gamma^n_{kl}. \tag{91.4}$$

(91.3) 式的左边的 ΔA_k 是在同一点的矢量值之差,是一个矢量,由此可见, $R^i{}_{klm}$ 是一个张量. 张量 $R^i{}_{klm}$ 称为**曲率张量**,或称为**黎曼张量**.

逆变矢量 A^k 的类似公式是容易求得的. 为此,我们注意到,既然在平行移动时标量不改变,因此 $\Delta(A^k B_k) = 0$,此处的 B_k 是某一协变矢量. 利用 (91.3),我们有

$$\Delta(A^k B_k) = A^k \Delta B_k + B_k \Delta A^k = \frac{1}{2}A^k B_i R^i{}_{klm}\Delta f^{lm} + B_k \Delta A^k =$$
$$= B_k\left(\Delta A^k + \frac{1}{2}A^i R^k{}_{ilm}\Delta f^{lm}\right) = 0,$$

因为矢量 B_k 是任意的,所以

$$\Delta A^k = -\frac{1}{2}R^k{}_{ilm}A^i\Delta f^{lm}. \tag{91.5}$$

假如我们将矢量 A_i 对 x^k 和 x^l 进行两次协变微分,那么,一般来说,与普通微分的情况不同,所得结果会与微分的次序有关. 结果证明, $A_{i;k;l} - A_{i;l;k}$ 这个差将为我们上面所介绍的同一张量所决定. 就是说,我们有公式

$$A_{i;k;l} - A_{i;l;k} = A_m R^m{}_{ikl}, \tag{91.6}$$

在局域测地坐标系里直接计算就可以验证这个公式. 同理,对于逆变矢量[①],

$$A^i{}_{;k;l} - A^i{}_{;l;k} = -A^m R^i{}_{mkl}. \tag{91.7}$$

最后,也很容易得到张量的二阶导数的类似公式 (最简便的方法是考虑,比方说,一个形如 $A_i B_k$ 张量的特例,并利用公式 (91.6) 和 (91.7);这样所得到的公式,由于是线性的,所以对于任意的张量 A_{ik} 也有效). 因此,

$$A_{ik;l;m} - A_{ik;m;l} = A_{in}R^n{}_{klm} + A_{nk}R^n{}_{ilm}. \tag{91.8}$$

显然,在四维平直空间中,曲率张量为零. 事实上,在平直空间中,我们可以通过选择坐标系,使得在整个空间中都有 $\Gamma^i_{kl} = 0$,于是就有 $R^i{}_{klm} = 0$. 由于 $R^i{}_{klm}$ 的张量特性, $R^i{}_{klm}$ 在任何其他坐标系中也等于零. 这与下述事实有关,即在平直空间中,一个矢量从一点到另一点的平行移动是一个单值的运算,在沿着一条闭合回路绕行时,该矢量不改变.

---

① 公式 (91.7) 可以从 (91.6) 通过升高指标 i 和使用张量 R_{iklm} 的对称性 (§92) 直接得到.

逆定理也是成立的：假如 $R^i{}_{klm} = 0$，那么，空间就是平直的. 事实上，在任何空间中，我们可以选择一个坐标系，这个坐标系在一个指定的无穷小的区域内是伽利略坐标系. 假如 $R^i{}_{klm} = 0$，那么，平行移动就是一个单值的运算. 因此，借助于平行移动，可以将伽利略坐标系从这个已知的无限小区域移到空间的所有其余的区域，这样就对于整个空间建立了伽利略坐标系，也就是说，空间是欧氏的.

因此，曲率张量为零与否是判别四维空间是平直还是弯曲空间的准则.

我们指出，虽然在弯曲空间中在一指定点也能选择局域测地坐标系，但同时，在这同一点上的曲率张量并未化为零（因为 Γ^i_{kl} 的导数并不随同 Γ^i_{kl} 一齐化为零）.

习 题

1. 求沿着两条无限靠近的测地世界线运动的两个粒子的四维相对加速度.

解：考察一簇测地线，用某一参数 v 区分它们；换句话说，世界点的坐标表示为函数 $x^i = x^i(s, v)$ 的形式. 对于每一个 $v = \mathrm{const}$，该函数就是测地方程（其中 s 是沿着世界线测量的间隔长度，以该世界线与一个给定超曲面的交点为起点）. 引入四维矢量

$$\eta^i = \frac{\partial x^i}{\partial v}\delta v \equiv v^i \delta v,$$

该矢量在与参数值 v 和 $v + \delta v$ 对应的两条无限接近的测地线上连接 s 值相同的点.

从协变导数的定义和等式 $\partial u^i/\partial v = \partial v^i/\partial s$（其中 $u^i = \partial x^i/\partial s$）可以得出

$$u^i{}_{;k}v^k = v^i{}_{;k}u^k. \tag{1}$$

考虑二阶导数：

$$\frac{\mathrm{D}^2 v^i}{\mathrm{d}s^2} \equiv (v^i{}_{;k}u^k)_{;l}u^l = (u^i{}_{;k}v^k)_{;l}u^l = u^i{}_{;k;l}v^k u^l + u^i{}_{;k}v^k{}_{;l}u^l.$$

在第二项里再次使用 (1)，而在第一项里借助于 (91.7) 改变协变微分的次序，就得到

$$\frac{\mathrm{D}^2 v^i}{\mathrm{d}s^2} = (u^i{}_{;l}u^l)_{;k}v^k + u^m R^i{}_{mkl}u^k v^l.$$

第一项等于零，这是因为沿着测地线 $u^i{}_{;l}u^l = 0$. 引入恒定的乘数 δv，最终得到方程

$$\frac{\mathrm{D}^2 \eta^i}{\mathrm{d}s^2} = R^i{}_{klm}u^k u^l \eta^m \tag{2}$$

（此方程被称做测地偏离方程）．

2. 写出不存在电荷情形下四维势的麦克斯韦方程组（使用洛伦兹规范）．

解：条件（46.9）的协变推广具有如下形式：

$$A^i{}_{;i} = 0. \tag{1}$$

使用公式（91.7），麦克斯韦方程组可以写成

$$F_{ik}{}^{;k} = A_{k;i}{}^{;k} - A_{i;k}{}^{;k} = A_k{}^{;k}{}_{;i} + A^m R_{im} - A_{i;k}{}^{;k} = 0,$$

其中包含的 R_{ik} 来自（92.6）．于是按照（1）式：

$$A_{i;k}{}^{;k} - R_{ik}A^k = 0. \tag{2}$$

§92　曲率张量的特性

曲率张量具有对称性，为了完全揭示这个性质需要从混合分量 $R^i{}_{klm}$ 变到协变分量：

$$R_{iklm} = g_{in}R^n{}_{klm}.$$

经过简单变换，很容易得到 R_{iklm} 的表达式如下：

$$R_{iklm} = \frac{1}{2}\left(\frac{\partial^2 g_{im}}{\partial x^k \partial x^l} + \frac{\partial^2 g_{kl}}{\partial x^i \partial x^m} - \frac{\partial^2 g_{il}}{\partial x^k \partial x^m} - \frac{\partial^2 g_{km}}{\partial x^i \partial x^l}\right) + $$
$$+ g_{np}(\Gamma^n_{kl}\Gamma^p_{im} - \Gamma^n_{km}\Gamma^p_{il}). \tag{92.1}$$

从这个式子立刻可以看出下面的对称性质：

$$R_{iklm} = -R_{kilm} = -R_{ikml}, \tag{92.2}$$

$$R_{iklm} = R_{lmik}, \tag{92.3}$$

也就是说，就指标 ik 和 lm 中的每一对而言，张量都是反对称的，而如果将指标对 ik 和 lm 相互交换位置，则张量是对称的．特别地，R_{iklm} 的所有 $i = k$ 或者 $l = m$ 的分量都为零．

接下来容易验证，假如我们轮换 R_{iklm} 的任意三个指标，并将这样所得到三个分量相加，那么，结果将为零．

$$R_{iklm} + R_{imkl} + R_{ilmk} = 0 \tag{92.4}$$

（其余的此类关系式可以按照（92.2）和（92.3）的性质从（92.4）自动获得）．

最后, 我们还要证明下面的**比安基恒等式**:

$$R^n_{\ ikl;m} + R^n_{\ imk;l} + R^n_{\ ilm;k} = 0. \tag{92.5}$$

使用局域测地坐标系, 可以很方便地检验上面的恒等式. 由于它的张量特性, 关系式 (92.5) 在任何坐标系中都是有效的. 将 (91.4) 式微分, 然后将 $\Gamma^i_{kl} = 0$ 代入, 在考虑的点上, 我们便得到

$$R^n_{\ ikl;m} = \frac{\partial R^n_{\ ikl}}{\partial x^m} = \frac{\partial^2 \Gamma^n_{il}}{\partial x^m \partial x^k} - \frac{\partial^2 \Gamma^n_{ik}}{\partial x^m \partial x^l}.$$

利用上面的式子, 很容易证明 (92.5) 的确是成立的.

用缩并的方法可以从曲率张量构造出一个二阶张量. 我们只能用一种方式进行这种缩并: 按照指标 i 和 k 或者 l 和 m 对张量 R_{iklm} 进行缩并, 由于其反对称性, 给出的结果是零, 而按照其他任何指标对进行的缩并会得到相同的结果, 只是符号可能相反. 我们按照下面的方式定义张量 R_{ik}（它被称为**里奇张量**）[①]:

$$R_{ik} = g^{lm} R_{limk} = R^l_{\ ilk}. \tag{92.6}$$

按照 (91.4), 我们有:

$$R_{ik} = \frac{\partial \Gamma^l_{ik}}{\partial x^l} - \frac{\partial \Gamma^l_{il}}{\partial x^k} + \Gamma^l_{ik}\Gamma^m_{lm} - \Gamma^m_{il}\Gamma^l_{km}. \tag{92.7}$$

这个张量显然是对称的:

$$R_{ik} = R_{ki}. \tag{92.8}$$

最后缩并 R_{ik}, 我们将得到不变量

$$R = g^{ik} R_{ik} = g^{il} g^{km} R_{iklm}, \tag{92.9}$$

它叫做空间的**曲率标量**.

张量 R_{ik} 的分量满足微分恒等式, 它由比安基恒等式 (92.5) 按照指标对 ik 和 ln 进行缩并而得到:

$$R^l_{\ m;l} = \frac{1}{2} \frac{\partial R}{\partial x^m}. \tag{92.10}$$

因为有 (92.2)—(92.4) 的各关系存在, 并非所有的曲率张量的分量都是独立的. 我们现在就来确定曲率张量的独立分量的数目.

由上面写出的公式给出的曲率张量的定义对任意维度空间都适用. 首先我们考虑一个二维空间的情形, 亦即考虑一个普通曲面; 在这种情况下（区别于四维数值）我们用 P_{abcd} 表示曲率张量, 而度规张量用 γ_{ab} 表示, 指标

[①] 文献中也使用其他的方式对张量 R_{ik} 进行定义: 按照第一个和最后一个指标对 R_{iklm} 进行缩并. 这样的定义和我们采用的定义的不同之处在于符号.

$a, b, \cdots$ 可以取 $1, 2$ 两个值. 由于 ab 和 cd 当中的每一对的两个指标都应该有不同的值, 那么显然, 所有非零的曲率张量的分量要么相同, 要么仅相差正负号. 这样一来, 在这种情况下只有一个独立的分量, 例如 P_{1212}. 容易发现, 在这种情况下曲率标量等于

$$P = \frac{2P_{1212}}{\gamma}, \quad \gamma \equiv |\gamma_{\alpha\beta}| = \gamma_{11}\gamma_{22} - (\gamma_{12})^2. \tag{92.11}$$

量 $P/2$ 正是曲面的 **高斯曲率** K.

$$\frac{P}{2} = K = \frac{1}{\rho_1 \rho_2}, \tag{92.12}$$

其中 ρ_1, ρ_2 是曲面上给定点的主曲率半径 (注意, ρ_1 和 ρ_2 认为具有相同的符号, 如果它们对应的曲率中心位于曲面的同一侧. 如果它们的曲率中心位于曲面的不同侧, 那么它们具有相反的符号; 第一种情况下 $K > 0$, 而第二种情况 $K < 0$) [①].

　　现在我们过渡到三维空间的曲率张量, 我们将其表示为 $P_{\alpha\beta\gamma\delta}$, 而度规张量用 $\gamma_{\alpha\beta}$ 表示, 其中指标 $\alpha, \beta, \cdots$ 可以取 $1, 2, 3$. 指标对 $\alpha\beta$ 和 $\gamma\delta$ 总共可以取三个实质上不同的数值组合: $23, 31, 12$ (一对指标内的置换仅改变张量分量的符号). 由于张量 $P_{\alpha\beta\gamma\delta}$ 在这些指标对置换时是对称的, 所以总共有 $3 \cdot 2/2 = 3$ 个带有不同的指标对的独立的分量, 同时也有 3 个带有相同指标对的分量. 恒等式 (92.4) 不会增加新的限制. 因此, 在三维空间里曲率张量有 6 个独立分量. 对称张量 $P_{\alpha\beta}$ 也有同样多的分量. 因此, 根据线性关系 $P_{\alpha\beta} = g^{\gamma\delta} P_{\gamma\alpha\delta\beta}$, 张量 $P_{\alpha\beta\gamma\delta}$ 的所有分量可以用 $P_{\alpha\beta}$ 和度规张量 $\gamma_{\alpha\beta}$ 来表示 (参见习题 1). 假如我们选择一个坐标系, 它在给定点是笛卡儿坐标系, 那么对其进行适当旋转就能够将张量 $P_{\alpha\beta}$ 变到主轴上 [②]. 因此, 在每一点上, 三维空间的曲率由三个量来决定 [③].

　　[①] 在指定点 $(x = y = 0)$ 附近以下列形式写出曲面方程 $z = x^2/(2\rho_1) + y^2/(2\rho_2)$, 可以容易得出公式 (92.12). 那么曲面上线元的平方是

$$\mathrm{d}l^2 = \left(1 + \frac{x^2}{\rho_1^2}\right)\mathrm{d}x^2 + \left(1 + \frac{y^2}{\rho_2^2}\right)\mathrm{d}y^2 + 2\frac{xy}{\rho_1\rho_2}\mathrm{d}x\mathrm{d}y.$$

按照公式 (92.1) (其中只需要带有 $\gamma_{\alpha\beta}$ 的二阶导数的项) 在点 $x = y = 0$ 上计算 P_{1212} 的值就可以得到 (92.12).

　　[②] 实际计算张量 $P_{\alpha\beta}$ 的主值的时候没有必要在给定的点转换到笛卡儿坐标系. 这些值可以确定为方程 $|P_{\alpha\beta} - \lambda\gamma_{\alpha\beta}| = 0$ 的根 λ.

　　[③] 关于张量 $P_{\alpha\beta\gamma\delta}$ 的知识使得我们能够确定空间里任何一个曲面的高斯曲率 K. 这里仅指出, 如果 x^1, x^2, x^3 是正交的坐标系, 那么

$$K = \frac{P_{1212}}{\gamma_{11}\gamma_{22} - (\gamma_{12})^2}$$

就是垂直于 x^3 轴的"平面"的高斯曲率. 这里"平面"理解为由测地线构成的曲面.

最后, 我们来讨论四维空间. 指标对 ik 和 lm 在这种情况下可以取 6 个不同的数值组合: $01, 02, 03, 23, 31, 12$. 因此 R_{iklm} 具有 6 个带有相同指标对的分量和 $6 \cdot 5/2 = 15$ 个带有不同指标对的分量. 然而, 后者的所有的分量并不都是相互独立的: 其中有三个分量的四个指标都不相同, 它们可以按照 (92.4) 用一个恒等式联系起来:

$$R_{0123} + R_{0312} + R_{0231} = 0. \tag{92.13}$$

这样一来, 在四维空间里曲率张量一共有 20 个独立的分量.

选择一个坐标系, 它在给定点为伽利略坐标系, 考虑这个坐标系的旋转变换 (因而 g_{ik} 的值在我们所考虑之点并不改变), 我们可以做到使曲率张量的 6 个分量为零 (四维坐标系有 6 种独立的旋转方式). 因此, 四维空间每一点的曲率将由 14 个量所决定.

如果 $R_{ik} = 0$[①], 那么在任意的坐标系中曲率张量总共有 10 个独立分量. 适当的坐标变换可以将张量 R_{iklm} (在四维空间的给定的点上) 化为 "正则" 形式, 此时它的分量通常可用 4 个独立的值来表示; 在特殊情况下这个数目还可以更小.

如果 $R_{ik} \neq 0$, 那么在从曲率张量中分离掉用分量 R_{ik} 表示的特定部分之后, 可以用 (和 $R_{ik} = 0$ 时) 相同的方法对它进行分类. 就是说, 构造张量[②]

$$\begin{aligned} C_{iklm} = R_{iklm} &- \frac{1}{2} R_{il} g_{km} + \frac{1}{2} R_{im} g_{kl} + \\ &+ \frac{1}{2} R_{kl} g_{im} - \frac{1}{2} R_{km} g_{il} + \frac{1}{6} R(g_{il} g_{km} - g_{im} g_{kl}). \end{aligned} \tag{92.14}$$

容易看出, 这个张量具备张量 R_{iklm} 的所有对称性, 但是按指标对 (il 或 km) 进行缩并后得到零.

下面说明在 $R_{ik} = 0$ 的情况下如何对曲率张量的正则形式的可能种类进行分类 (A. Z. Petrov, 1950).

假设四维空间给定点上的度规已化为伽利略形式. 我们把张量 R_{iklm} 的 20 个独立分量的集合表示为以下面的方式确定的 3 个三维张量的总和:

$$A_{\alpha\beta} = R_{0\alpha 0\beta}, \quad C_{\alpha\beta} = \frac{1}{4} e_{\alpha\gamma\delta} e_{\beta\lambda\mu} R_{\gamma\delta\lambda\mu}, \quad B_{\alpha\beta} = \frac{1}{2} e_{\alpha\gamma\delta} R_{0\beta\gamma\delta} \tag{92.15}$$

---

① 下面 (§95) 我们将看到, 真空中引力场的曲率张量具备这些性质.

② 这个复杂的表达式可以写成更加紧凑的形式,

$$C_{iklm} = R_{iklm} - R_{l[i} g_{k]m} + R_{m[i} g_{k]l} + \frac{1}{3} R g_{l[i} g_{k]m},$$

其中方括号的涵义是沿着其中的指标进行反对称运算:

$$A_{[ik]} = \frac{1}{2}(A_{ik} - A_{ki}).$$

张量 (92.14) 称做**外尔张量**.

（$e_{\alpha\beta\gamma}$ 是单位反对称张量；由于三维度规是笛卡儿的，在求和的时候没有必要对上下指标进行区分）. 张量 $A_{\alpha\beta}$ 和 $C_{\alpha\beta}$ 按照定义是对称的；张量 $B_{\alpha\beta}$ 一般来讲是不对称的，而按照 (92.13) 它的迹为零. 按照定义 (92.15) 我们有，例如：

$$B_{11} = R_{0123}, \quad B_{21} = R_{0131}, \quad B_{31} = R_{0112}, \quad C_{11} = R_{2323}, \cdots$$

容易看出，条件 $R_{km} = g^{il}R_{iklm} = 0$ 等价于张量 (92.15) 分量之间下列的关系式：

$$A_{\alpha\alpha} = 0, \quad B_{\alpha\beta} = B_{\beta\alpha}, \quad A_{\alpha\beta} = -C_{\alpha\beta}. \tag{92.16}$$

接下来引入对称的复张量

$$D_{\alpha\beta} = \frac{1}{2}(A_{\alpha\beta} + 2\mathrm{i}B_{\alpha\beta} - C_{\alpha\beta}) = A_{\alpha\beta} + \mathrm{i}B_{\alpha\beta}. \tag{92.17}$$

这样将两个实三维张量 $A_{\alpha\beta}$ 与 $B_{\alpha\beta}$ 合并为一个复张量正好对应于将两个矢量 $\boldsymbol{E}$ 和 $\boldsymbol{H}$ 合并为复矢量 $\boldsymbol{F}$（见 §25），而结果中产生的 $D_{\alpha\beta}$ 与四维张量 R_{iklm} 之间的联系对应于 $\boldsymbol{F}$ 与四维张量 F_{ik} 之间的联系. 由此可得，张量 R_{iklm} 的四维变换等价于对张量 $D_{\alpha\beta}$ 进行三维复转动.

关于这些转动，可以将本征值 $\lambda = \lambda' + \mathrm{i}\lambda''$ 和本征矢量 n_{α}（一般说来是复数）定义为下列方程组的解

$$D_{\alpha\beta}n_{\beta} = \lambda n_{\alpha}. \tag{92.18}$$

λ 的值是曲率张量的不变量. 由于迹 $D_{\alpha\alpha} = 0$，方程 (92.18) 的根的和同样为零.

$$\lambda^{(1)} + \lambda^{(2)} + \lambda^{(3)} = 0.$$

根据独立的本征矢量 n_{α} 的数目，我们接下来对曲率张量进行分类，即将它归为**彼得罗夫正则型 I—III** 几种可能的情况.

I 型. 具有三个独立的本征矢量. 在这种情况下它们的平方 $n_{\alpha}n^{\alpha}$ 不为零，并且通过适当的转动可把张量 $D_{\alpha\beta}$，从而随之把 $A_{\alpha\beta}$ 和 $B_{\alpha\beta}$ 转化为对角形式：

$$A_{\alpha\beta} = \begin{pmatrix} \lambda^{(1)'} & 0 & 0 \\ 0 & \lambda^{(2)'} & 0 \\ 0 & 0 & -\lambda^{(1)'} - \lambda^{(2)'} \end{pmatrix},$$

$$B_{\alpha\beta} = \begin{pmatrix} \lambda^{(1)''} & 0 & 0 \\ 0 & \lambda^{(2)''} & 0 \\ 0 & 0 & -\lambda^{(1)''} - \lambda^{(2)''} \end{pmatrix}. \tag{92.19}$$

在这种情况下曲率张量有 4 个独立不变量[①].

复数不变量 $\lambda^{(1)}$, $\lambda^{(2)}$ 可以用复数标量以代数形式表示:

$$
\begin{aligned}
I_1 &= \frac{1}{48}(R_{iklm}R^{iklm} - \mathrm{i}R_{iklm}\overset{*}{R}{}^{iklm}), \\
I_2 &= \frac{1}{96}(R_{iklm}R^{lmpr}R_{pr}{}^{ik} + \mathrm{i}R_{iklm}R^{lmpr}\overset{*}{R}_{pr}{}^{ik}),
\end{aligned}
\tag{92.20}
$$

其中字母上方的星号代表对偶张量:

$$
\overset{*}{R}_{iklm} = \frac{1}{2}E_{ikpr}R^{pr}{}_{lm}.
$$

借助于 (92.19) 计算 I_1, I_2, 我们得到:

$$
I_1 = \frac{1}{3}(\lambda^{(1)2} + \lambda^{(2)2} + \lambda^{(3)2}), \quad I_2 = \frac{1}{2}\lambda^{(1)}\lambda^{(2)}(\lambda^{(1)} + \lambda^{(2)}).
\tag{92.21}
$$

这些公式使我们能够在任何参考系中由 R_{iklm} 的值出发计算 $\lambda^{(1)}$, $\lambda^{(2)}$.

Ⅱ 型. 具有两个独立的本征矢量. 其中一个的平方等于零, 由于这个原因它不能够当做坐标轴的方向. 但是, 可以认为它位于平面 $x^1 x^2$ 之内; 那么 $n_2 = \mathrm{i}n_1, n_3 = 0$. 相应的方程 (92.18) 给出:

$$
D_{11} + \mathrm{i}D_{12} = \lambda, \quad D_{22} - \mathrm{i}D_{12} = \lambda,
$$

由此

$$
D_{11} = \lambda - \mathrm{i}\mu, \quad D_{22} = \lambda + \mathrm{i}\mu, \quad D_{12} = \mu.
$$

复数值 $\lambda = \lambda' + \mathrm{i}\lambda''$ 是标量并且不能改变. 数值 μ 经由适当的复转动可以被赋予任意 (不为零) 的数值; 因此可以不失一般性地认为它是实数的. 结果我们得到以下实张量 $A_{\alpha\beta}, B_{\alpha\beta}$ 的正则型:

$$
A_{\alpha\beta} = \begin{pmatrix} \lambda' & \mu & 0 \\ \mu & \lambda' & 0 \\ 0 & 0 & -2\lambda' \end{pmatrix}, \quad B_{\alpha\beta} = \begin{pmatrix} \lambda'' - \mu & 0 & 0 \\ 0 & \lambda'' + \mu & 0 \\ 0 & 0 & -2\lambda'' \end{pmatrix}.
\tag{92.22}
$$

在这种情况下总共有两个不变量 λ' 和 λ''. 并且按照 (92.21) $I_1 = \lambda^2$, $I_2 = \lambda^3$, 于是 $I_1^3 = I_2^2$.

Ⅲ 型. 只有一个本征矢量, 且其平方为零. 于是所有的本征值 λ 相同, 并且为零. 求解方程 (92.18) 能够导出 $D_{11} = D_{22} = D_{12} = 0$, $D_{13} = \mu$, $D_{23} = \mathrm{i}\mu$, 于是

$$
A_{\alpha\beta} = \begin{pmatrix} 0 & 0 & \mu \\ 0 & 0 & 0 \\ \mu & 0 & 0 \end{pmatrix}, \quad B_{\alpha\beta} = \begin{pmatrix} 0 & 0 & 0 \\ 0 & 0 & \mu \\ 0 & \mu & 0 \end{pmatrix}.
\tag{92.23}
$$

[①] 对于存在简并的情形, 即当 $\lambda^{(1)'} = \lambda^{(2)'}$, $\lambda^{(1)''} = \lambda^{(2)''}$ 时, 称做 D 型.

在这种情况下曲率张量完全没有不变量, 我们遇到了独特的情况: 四维空间是弯曲的, 但不存在可以作为它的曲率度量的不变量①.

习　　题

1. 用二阶张量 $P_{\alpha\beta}$ 表示三维空间的曲率张量 $P_{\alpha\beta\gamma\delta}$

解: 在下面的形式中求解 $P_{\alpha\beta\gamma\delta}$

$$P_{\alpha\beta\gamma\delta} = A_{\alpha\gamma}\gamma_{\beta\delta} - A_{\alpha\delta}\gamma_{\beta\gamma} + A_{\beta\delta}\gamma_{\alpha\gamma} - A_{\beta\gamma}\gamma_{\alpha\delta},$$

该形式满足对称性条件; 这里 $A_{\alpha\beta}$ 是某一个对称张量, 它和 $P_{\alpha\beta}$ 之间的联系通过对上式沿指标 α 和 γ 进行缩并来确定. 这样得到

$$P_{\alpha\beta} = A\gamma_{\alpha\beta} + A_{\alpha\beta}, \quad A_{\alpha\beta} = P_{\alpha\beta} - \frac{1}{4}P\gamma_{\alpha\beta},$$

最终,

$$P_{\alpha\beta\gamma\delta} = P_{\alpha\gamma}\gamma_{\beta\delta} - P_{\alpha\delta}\gamma_{\beta\gamma} + P_{\beta\delta}\gamma_{\alpha\gamma} - P_{\beta\gamma}\gamma_{\alpha\delta} + \frac{P}{2}(\gamma_{\alpha\delta}\gamma_{\beta\gamma} - \gamma_{\alpha\gamma}\gamma_{\beta\delta}).$$

2. 在张量 g_{ik} 是对角张量的度规中, 计算张量 R_{iklm} 和 R_{ik} 的分量.

解: 将度规张量的非零分量表示为下列形式

$$g_{ii} = e_i e^{2F_i}, \quad e_0 = 1, \quad e_\alpha = -1.$$

按照公式 (92.1) 的计算会导出下列非零的曲率张量分量的表达式:

$$R_{lilk} = e_l e^{2F_l}(F_{l,k}F_{k,i} + F_{i,k}F_{l,i} - F_{l,i}F_{l,k} - F_{l,i,k}), \quad i \neq k \neq l,$$

$$R_{lili} = e_l e^{2F_l}(F_{i,i}F_{l,i} - F_{l,i}^2 - F_{l,i,i}) + e_i e^{2F_i}(F_{l,l}F_{i,l} - F_{i,l}^2 - F_{i,l,l}) -$$

$$- e_l e^{2F_l}\sum_{m \neq i,l} e_i e_m e^{2(F_i - F_m)}F_{i,m}F_{l,m}, \quad i \neq l$$

(不对重复指标求和!). 逗号后面的指标表示按相应的坐标进行普通微分.

缩并曲率张量的两个指标, 得到:

$$R_{ik} = \sum_{l \neq i,k}(F_{l,k}F_{k,i} + F_{i,k}F_{l,i} - F_{l,i}F_{l,k} - F_{l,i,k}), \quad i \neq k,$$

$$R_{ii} = \sum_{l \neq i}\Big[F_{i,i}F_{l,i} - F_{l,i}^2 - F_{l,i,i} +$$

$$+ e_i e_l e^{2(F_i - F_l)}(F_{l,l}F_{i,l} - F_{i,l}^2 - F_{i,l,l} - F_{i,l}\sum_{m \neq i,l}F_{m,l})\Big]$$

---

① 同样的情况也出现于存在 $\lambda' = \lambda'' = 0$ 简并的 II 型中 (它被称做 N 型).

§93 引力场的作用量

为了得到决定引力场的方程, 必须首先决定这个场的作用量 S_g. 对场的作用量与粒子的作用量之和做变分, 我们就能得到所要求的方程.

正如电磁场的作用量一样, 作用量 S_g 应当用积分 $\int G\sqrt{-g}\,\mathrm{d}\Omega$ 来表示, 积分范围遍及全部空间和两个已定值之间的时间坐标 x^0. 这时我们的出发点将是, 引力场方程应当包含"势"的不高于二阶的导数 (正如电磁场方程一样). 既然场方程是通过对作用量做变分而得, 那么, 被积分式 G 就应当包含 g_{ik} 的不高于一阶导数; 因此, G 仅仅包含张量 g_{ik} 和 Γ^i_{kl} 各量.

然而, 单从 g_{ik} 和 Γ^i_{kl} 各量不可能构造出一个不变量. 这一点可以直接从如下事实看出, 即只要坐标系选择适当, 我们总能使所有的 Γ^i_{kl} 在一个给定点为零. 然而, 存在有标量 R (四维空间的曲率), 尽管它除了包含张量 g_{ik} 及其一阶导数外, 还包含 g_{ik} 的二阶导数, 但 R 是 g_{ik} 的二阶导数的线性函数. 因为这个线性关系, 不变积分式 $\int R\sqrt{-g}\,\mathrm{d}\Omega$ 可以利用高斯定理化为一个不包含二阶导数的式子的积分. 就是说, $\int R\sqrt{-g}\,\mathrm{d}\Omega$ 可以写成下面的形式:

$$\int R\sqrt{-g}\,\mathrm{d}\Omega = \int G\sqrt{-g}\,\mathrm{d}\Omega + \int \frac{\partial(\sqrt{-g}w^i)}{\partial x^i}\,\mathrm{d}\Omega,$$

式中, G 仅仅包含张量 g_{ik} 和它的一阶导数, 而在第二个积分内的被积分函数中有某一个量 w^i 的散度的形式 (详细计算见本节之末). 按照高斯定理, 第二个积分可以变换为在超曲面上的积分, 这个超曲面包围着另外两个积分在其上进行的四维体积. 当我们变分作用量时, 右边第二项的变分等于零, 因为在最小作用量原理中, 场在积分区域边界上的变分等于零. 因此, 我们可以写出

$$\delta \int R\sqrt{-g}\,\mathrm{d}\Omega = \delta \int G\sqrt{-g}\,\mathrm{d}\Omega.$$

左边是一个标量; 因此右边的式子也是一个标量 (G 本身当然不是一个标量).

G 这个量满足上面所提出的条件, 因为它只包含 g_{ik} 和它的一阶导数. 于是我们可以写出

$$\delta S_g = -\frac{c^3}{16\pi k}\delta \int G\sqrt{-g}\,\mathrm{d}\Omega = -\frac{c^3}{16\pi k}\delta \int R\sqrt{-g}\,\mathrm{d}\Omega, \tag{93.1}$$

式中 k 是一个新的普适常数. 与在 §27 中对于电磁场的作用量所做的相似, 我们能够看出, 常数 k 应当是正的 (参见本节末).

这个常数 k 称为**引力常数**. k 的量纲可以从 (93.1) 式直接推出. 作用量的量纲是 $\mathrm{g\cdot cm^{-2}\cdot s^{-1}}$. 所有坐标的量纲是 cm, 而 g_{ik} 则没有量纲, 所以 R 的

量纲为 cm^{-2}. 结果我们得到 k 的量纲为 $\mathrm{cm}^3 \cdot \mathrm{g}^{-1} \cdot \mathrm{s}^{-2}$. k 的数值是

$$k = 6.67 \times 10^{-8}\,\mathrm{cm}^3 \cdot \mathrm{g}^{-1} \cdot \mathrm{s}^{-2}. \tag{93.2}$$

应当指出，我们可以令 k 等于 1（或任何其他没有量纲的数）. 然而，质量的单位在这种情况下也就确定了[①].

最终，让我们来计算 (93.1) 式中的 G. 从 R_{ik} 的表达式 (92.7)，我们得到

$$\sqrt{-g}\,R = \sqrt{-g}\,g^{ik} R_{ik} =$$
$$= \sqrt{-g}\left\{ g^{ik}\frac{\partial \Gamma_{ik}^l}{\partial x^l} - g^{ik}\frac{\partial \Gamma_{il}^l}{\partial x^k} + g^{ik}\Gamma_{ik}^l \Gamma_{lm}^m - g^{ik}\Gamma_{il}^m \Gamma_{km}^l \right\}.$$

对于右边的前两项，我们有

$$\sqrt{-g}\,g^{ik}\frac{\partial \Gamma_{ik}^l}{\partial x^l} = \frac{\partial}{\partial x^l}(\sqrt{-g}\,g^{ik}\Gamma_{ik}^l) - \Gamma_{ik}^l \frac{\partial}{\partial x^l}(\sqrt{-g}\,g^{ik}),$$

$$\sqrt{-g}\,g^{ik}\frac{\partial \Gamma_{il}^l}{\partial x^k} = \frac{\partial}{\partial x^k}(\sqrt{-g}\,g^{ik}\Gamma_{il}^l) - \Gamma_{il}^l \frac{\partial}{\partial x^k}(\sqrt{-g}\,g^{ik}).$$

略去全导数，我们便求得

$$\sqrt{-g}\,G = \Gamma_{im}^m \frac{\partial}{\partial x^k}(\sqrt{-g}\,g^{ik}) - \Gamma_{ik}^l \frac{\partial}{\partial x^l}(\sqrt{-g}\,g^{ik}) -$$
$$- (\Gamma_{il}^m \Gamma_{km}^l - \Gamma_{ik}^l \Gamma_{lm}^m)g^{ik}\sqrt{-g}.$$

利用 (86.5)—(86.8) 各公式，我们求得右边的前两项等于 $\sqrt{-g}$ 乘以

$$2\Gamma_{ik}^l \Gamma_{lm}^i g^{mk} - \Gamma_{im}^m \Gamma_{kl}^i g^{kl} - \Gamma_{ik}^l \Gamma_{lm}^m g^{ik} =$$
$$= g^{ik}(2\Gamma_{mk}^l \Gamma_{li}^m - \Gamma_{lm}^m \Gamma_{ik}^l - \Gamma_{ik}^l \Gamma_{lm}^m) =$$
$$= 2g^{ik}(\Gamma_{il}^m \Gamma_{km}^l - \Gamma_{ik}^l \Gamma_{lm}^m).$$

最后，得到

$$G = g^{ik}(\Gamma_{il}^m \Gamma_{km}^l - \Gamma_{ik}^l \Gamma_{lm}^m). \tag{93.3}$$

度规张量的分量是决定引力场的量. 因此，在对于引力场的最小作用量原理中，g_{ik} 各量正是变分的对象. 然而，在此必须作下面的基本保留. 明言之，我们现在不能确定在一个实际上可能实现的场中，作用量积分对于 g_{ik}

[①] 如果设 $k = c^2$；那么，质量就用 cm 来度量，此处 $1\,\mathrm{cm} = 1.35 \times 10^{28}\mathrm{g}$. 有时会使用下面的量取代 k：

$$\varkappa = \frac{8\pi k}{c^2} = 1.86 \times 10^{-27}\mathrm{cm} \cdot \mathrm{g}^{-1},$$

它被称为**爱因斯坦引力常数**.

的所有可能的变分有极小值（而不只是极值）. 这与下面的事实有关, 即不是 g_{ik} 的每一个变化都联系着时空度规的变化, 即引力场的实际变化. 在同一个时空中仅仅从一个坐标系变换到另外一个坐标系, 分量 g_{ik} 也要改变. 一般来说, 每个这样的坐标变换是四个 (依坐标的数目) 独立变换的集合. 为了除去 g_{ik} 那些不与度规变化有关联的变化, 我们可以加上四个辅助条件, 并且要求在变分时必须满足这些条件. 因此, 当最小作用量原理应用到引力场时, 我们只能断言, 我们能够加四个辅助条件在 g_{ik} 上, 当这些条件被满足时, 作用量对于 g_{ik} 的变分有极小值[①].

　　记住这些要点, 现在我们来证明引力常数应当是正的. 作为上面所提的四个辅助条件, 我们令三个分量 $g_{0\alpha}$ 等于零, 并令由 $g_{\alpha\beta}$ 的分量所构成的行列式 $|g_{\alpha\beta}|$ 为常数:

$$g_{0\alpha} = 0, \quad |g_{\alpha\beta}| = \text{const};$$

由于最后一个条件, 我们有

$$g^{\alpha\beta} \frac{\partial g_{\alpha\beta}}{\partial x^0} = \frac{\partial}{\partial x^0} |g_{\alpha\beta}| = 0.$$

在作用量表达式的被积函数中, 我们有兴趣的是那些包含有 g_{ik} 对于 x^0 的导数的项 (比较 §93 第 3 段). 利用 (93.3) 的简单计算表明, 在 G 内的这些项是

$$-\frac{1}{4} g^{00} g^{\alpha\beta} g^{\gamma\delta} \frac{\partial g_{\alpha\gamma}}{\partial x^0} \frac{\partial g_{\beta\delta}}{\partial x^0}.$$

很容易看出, 这个量在本质上是负的. 事实上, 选择一个空间坐标系, 这个坐标系在一给定时刻在一给定点是笛卡儿坐标系 (因此 $g_{\alpha\beta} = g^{\alpha\beta} = -\delta_{\alpha\beta}$）, 我们便得到

$$-\frac{1}{4} g^{00} \left(\frac{\partial g_{\alpha\beta}}{\partial x^0} \right)^2,$$

并且由于 $g^{00} = 1/g_{00} > 0$, 这个量的符号是显而易见的.

　　因此, 只要 $g_{\alpha\beta}$ 随着时间 x^0 的变化足够快 (在沿 $\mathrm{d}x^0$ 的积分限间的时间间隔内), 我们可以使 G 有任意大的值. 假如 k 是负数, 那么, 作用量就应该无限制地下降 (其值为负而其绝对值则可任意地大), 即不可能有极小值.

§94　能量动量张量

　　在 §32 中, 我们已经求出一个普遍法则来计算任何物理体系的能量动量张量, 这个物理体系的作用量为四维空间内的积分 (32.1) 所决定. 在曲线坐

---

　　① 但是, 必须着重指出, 我们说过的一切, 并不影响从最小作用原理求场方程的过程 (§95). 这些方程可以从下面的要求来得到, 即作用量必须是一个极值 (就是它的一阶变分为零), 而不一定是极小值. 因此, 在求场方程时, 我们能够使 g_{ik} 全部分量的变分都是独立的.

标中, 这个积分应当写成:

$$S = \frac{1}{c} \int \Lambda \sqrt{-g} \, \mathrm{d}\Omega \qquad (94.1)$$

(在伽利略坐标中 $g = -1$, 则 S 回到 $\dfrac{1}{c} \int \Lambda \mathrm{d}V \mathrm{d}t$). 积分应该在整个三维空间和在两个给定时刻内进行, 就是说积分应该在两个超曲面之间的四维空间的无限区域内进行.

如在 §32 中已经指出的, 从公式 (32.5) 计算出来的能量动量张量一般来说不是对称的, 而它应该是对称的. 为了使之对称化, 必须将有 $\dfrac{\partial}{\partial x^l} \psi_{ikl}$ 形式的适当项加到表达式 (32.5) 上, 并且 $\psi_{ikl} = -\psi_{ilk}$.

现在我们要提出另一个计算能量动量张量的方法, 这个新方法有个优点, 就是它立即导出对称的表达式.

在 (94.1) 中, 我们进行了从坐标 x^i 到坐标 $x'^i = x^i + \xi^i$ 的变换, 此处 ξ^i 是一些小量. 在这个变换下, g^{ik} 是按照下面的公式变换的:

$$g'^{ik}(x'^l) = g^{lm}(x^l) \frac{\partial x'^i}{\partial x^l} \frac{\partial x'^k}{\partial x^m} = g^{lm} \left(\delta^i_l + \frac{\partial \xi^i}{\partial x^l} \right) \left(\delta^k_m + \frac{\partial \xi^k}{\partial x^m} \right) \approx$$
$$\approx g^{ik}(x^l) + g^{im} \frac{\partial \xi^k}{\partial x^m} + g^{kl} \frac{\partial \xi^i}{\partial x^l}.$$

张量 g'^{ik} 在这里是 x'^l 的函数, 而张量 g^{ik} 则是原来坐标 x^l 的函数. 为了将所有的项化为同样一些变量的函数, 我们将 $g'^{ik}(x^l + \xi^l)$ 展开为 ξ^l 的幂级数. 此外, 略去 ξ^l 的高次项, 在所有含 ξ^l 的项中用 g^{ik} 代替 g'^{ik}. 于是, 我们求得

$$g'^{ik}(x^l) = g^{ik}(x^l) - \xi^l \frac{\partial g^{ik}}{\partial x^l} + g^{il} \frac{\partial \xi^k}{\partial x^l} + g^{kl} \frac{\partial \xi^i}{\partial x^l}.$$

直接演算不难验证, 右边的后三项可以写为 ξ^i 的逆变导数之和 $\xi^{i;k} + \xi^{k;i}$. 因此, 我们最后得到 g^{ik} 的变换式如下:

$$g'^{ik} = g^{ik} + \delta g^{ik}, \quad \delta g^{ik} = \xi^{i;k} + \xi^{k;i}. \qquad (94.2)$$

对于协变分量我们有:

$$g'_{ik} = g_{ik} + \delta g_{ik}, \quad \delta g_{ik} = -\xi_{i;k} - \xi_{k;i} \qquad (94.3)$$

(由此可知, 条件 $g'_{il} g'^{kl} = \delta^k_i$ 在一阶小量的精度上是得到满足的) [①].

---

① 我们指出, 方程

$$\xi^{i;k} + \xi^{k;i} = 0$$

确定了那些不改变度规的无穷小坐标变换. 在文献中它们经常被称做**基灵方程**.

既然作用量 S 是一个标量，那么，在坐标变换时它不改变。另一方面，作用量在坐标变换时的变化 δS 可以写成下面的形式。和在 §32 中一样，设 q 为决定一个物理体系的量，该物理体系的作用量为 S。在坐标变换下，这些量 q 改变 δq。但是，在计算 δS 时，我们不必写出与 q 的变化有关的项。根据这个物理体系的"运动方程"，所有这些项全相等并互相抵消，这是因为运动方程正是根据 S 对 q 的变分等于零得到的。因此，只须写出与 g_{ik} 的变化相关联的项就足够了。利用高斯定理，并且在积分限上令 $\delta g^{ik} = 0$，我们便求得下面形式的 δS[①]：

$$\delta S = \frac{1}{c} \int \left\{ \frac{\partial \sqrt{-g} \Lambda}{\partial g^{ik}} \delta g^{ik} + \frac{\partial \sqrt{-g} \Lambda}{\partial \frac{\partial g^{ik}}{\partial x^l}} \delta \frac{\partial g^{ik}}{\partial x^l} \right\} \mathrm{d}\Omega =$$

$$= \frac{1}{c} \int \left\{ \frac{\partial \sqrt{-g} \Lambda}{\partial g^{ik}} - \frac{\partial}{\partial x^l} \frac{\partial \sqrt{-g} \Lambda}{\partial \frac{\partial g^{ik}}{\partial x^l}} \right\} \delta g^{ik} \mathrm{d}\Omega.$$

现在，我们引入下面的符号：

$$\frac{1}{2} \sqrt{-g} T_{ik} = \frac{\partial \sqrt{-g} \Lambda}{\partial g^{ik}} - \frac{\partial}{\partial x^l} \frac{\partial \sqrt{-g} \Lambda}{\partial \frac{\partial g^{ik}}{\partial x^l}}; \tag{94.4}$$

这时，δS 将取如下的形式[②]：

$$\delta S = \frac{1}{2c} \int T_{ik} \delta g^{ik} \sqrt{-g} \mathrm{d}\Omega = -\frac{1}{2c} \int T^{ik} \delta g_{ik} \sqrt{-g} \mathrm{d}\Omega \tag{94.5}$$

（注意 $g^{ik} \delta g_{lk} = -g_{lk} \delta g^{ik}$，因此 $T^{ik} \delta g_{ik} = -T_{ik} \delta g^{ik}$）。将 δg^{ik} 的表达式 (94.2) 代入，利用张量 T_{ik} 的对称性，则我们有

$$\delta S = \frac{1}{2c} \int T_{ik} (\xi^{i;k} + \xi^{k;i}) \sqrt{-g} \mathrm{d}\Omega = \frac{1}{c} \int T_{ik} \xi^{i;k} \sqrt{-g} \mathrm{d}\Omega.$$

再将此式作如下变换：

$$\delta S = \frac{1}{c} \int (T_i^k \xi^i)_{;k} \sqrt{-g} \mathrm{d}\Omega - \int \frac{1}{c} T_{i;k}^k \xi^i \sqrt{-g} \mathrm{d}\Omega. \tag{94.6}$$

---

① 必须着重指出，我们在此所介绍的对称张量 g^{ik} 的分量的导数的表示法，在某种意义上有符号的特性。就是说，导数 $\partial F / \partial g^{ik}$（$F$ 是 g^{ik} 的某一个函数）实质上只有在 $\mathrm{d}F = (\partial F / \partial g^{ik}) \mathrm{d}g^{ik}$ 式中才有意义。但是在求和式 $(\partial F / \partial g^{ik}) \mathrm{d}g^{ik}$ 中，微分 $\mathrm{d}g^{ik}$ 的 $i \neq k$ 的项出现两次。因此，对于 $i \neq k$ 的任一确定的分量 g^{ik}，在求 F 的具体表达式对它的微分时，所得到的量应该两倍于用 $\partial F / \partial g^{ik}$ 所表示的量。当我们遇到有对 g^{ik} 求导的公式，且指标 i, k 有一定的值时，必须注意到这个注释。

② 要注意，在我们所考虑的情形中，十个量 δg_{ik} 并不是独立的，因为它们是坐标变换的结果，而坐标只有四个。因此从 $\delta S = 0$，不能推断 $T_{ik} = 0$！

利用 (86.9)，第一个积分可以写成

$$\frac{1}{c} \int \frac{\partial}{\partial x^k} (\sqrt{-g}\, T_i^k \xi^i) \mathrm{d}\Omega,$$

并可变换为在一个超曲面上的积分. 既然在积分的两个限上，ξ^i 为零，那么，这个积分就应当为 0. 因此，令 δS 等于零，我们就有

$$\delta S = -\frac{1}{c} \int T_{i;k}^k \xi^i \sqrt{-g}\, \mathrm{d}\Omega = 0.$$

根据 ξ^i 的任意性，可以得出结论：

$$T_{i;k}^k = 0. \tag{94.7}$$

将此式与在伽俐略坐标系中的有效的方程 (32.4) $\partial T_{ik}/\partial x^k = 0$ 相比较，我们看出，用 (94.4) 式定义的张量 T_{ik} 应当与能量动量张量是一个东西 —— 至少也是准确到一个常数因子. 不难验证这个因子等于 1，例如，按照公式 (94.4) 对电磁场情形

$$\Lambda = -\frac{1}{16\pi} F_{ik} F^{ik} = -\frac{1}{16\pi} F_{ik} F_{lm} g^{il} g^{km}$$

进行计算.

因此，根据 (94.4) 式，将函数 Λ 对度规张量的分量（和它们的导数）微分，我们就能够计算出能量动量张量. 这时，获得的张量 T_{ik} 显然是对称的. 用公式 (94.4) 计算能量动量张量，不仅在引力场存在时是便利的，而且在引力场不存在时也是如此. 对于后一种情形，度规张量没有独立的意义，形式地过渡到曲线坐标是作为计算 T_{ik} 的一个中间步骤来进行的.

电磁场的能量动量张量的表达式 (33.1) 在曲线坐标中应当写成下面的形式：

$$T_{ik} = \frac{1}{4\pi} \left(-F_{il} F_k{}^l + \frac{1}{4} F_{lm} F^{lm} g_{ik} \right). \tag{94.8}$$

对于宏观物体，能量动量张量等于（对比 (35.2)）：

$$T_{ik} = (p + \varepsilon) u_i u_k - p g_{ik}. \tag{94.9}$$

我们指出，T_{00} 这个量永为正[①]：

$$T_{00} \geqslant 0 \tag{94.10}$$

（混合分量 T_0^0 一般说来没有确定的正负号）.

[①] 事实上，我们有 $T_{00} = \varepsilon u_0^2 + p(u_0^2 - g_{00})$. 第一项永为正. 在第二项中，我们写出

$$u_0 = g_{00} u^0 + g_{0\alpha} u^\alpha = \frac{g_{00} \mathrm{d}x^0 + g_{0\alpha} \mathrm{d}x^\alpha}{\mathrm{d}s},$$

经过简单变换以后，得到 $g_{00} p (\mathrm{d}l/\mathrm{d}s)^2$ 的 $\mathrm{d}l$ 是空间距离元 (84.6)；由此可以清楚地看出 T_{00} 的第二项也为正. 对于张量 (94.8) 也可以同样确认.

习 题

考察将二阶对称张量化为正则形式的可能的种类.

解：将对称张量 A_{ik} 化到主轴上意味着找到那些"本征矢量"n^i，对它们有

$$A_{ik}n^k = \lambda n_i. \tag{1}$$

对应的主值（或本征值）λ 为下面四次方程的根

$$|A_{ik} - \lambda g_{ik}| = 0, \tag{2}$$

并且是该张量的不变量. 数值 λ 和对应于它们的本征矢量可以是复的.（张量 A_{ik} 本身的分量自然可以假定是实的.）

由方程（1）出发采用通常的方法可以容易地证明，对应于两个不同主值 $\lambda^{(1)}$ 和 $\lambda^{(2)}$ 的两个矢量 $n_i^{(1)}$ 和 $n_i^{(2)}$ 相互正交：

$$n_i^{(1)} n^{(2)i} = 0. \tag{3}$$

特别地，如果方程（2）具有复共轭的根 λ 和 λ^*，它们对应于复共轭的矢量 n_i 和 n_i^*，那么必须有

$$n_i n^{i*} = 0. \tag{4}$$

张量 A_{ik} 通过下面的公式由自己的主值和相应的本征矢量来表示.

$$A_{ik} = \sum \lambda \frac{n_i n_k}{n_l n^l} \tag{5}$$

（只要任何一个 $n_l n^l$ 不等于零——参见下文）.

根据方程（2）的根的特征，能够出现下面三种不同的情况.

I. λ 全部的四个主值都是实数. 在这种情况下矢量 n^i 同样是实的，而由于它们都是相互正交的，那么它们之中的三个应该具有类空方向，而剩余的一个具有类时方向（它们可以按照条件 $n_l n^l = -1$ 和 $n_l n^l = 1$ 进行归一化）. 沿着这些矢量选取坐标轴的方向，我们把张量化为如下形式

$$A_{ik} = \begin{pmatrix} \lambda^{(0)} & 0 & 0 & 0 \\ 0 & -\lambda^{(1)} & 0 & 0 \\ 0 & 0 & -\lambda^{(2)} & 0 \\ 0 & 0 & 0 & -\lambda^{(3)} \end{pmatrix}. \tag{6}$$

II. 方程（2）具有两个实根（$\lambda^{(2)}, \lambda^{(3)}$）和两个复共轭根（$\lambda' \pm i\lambda''$）. 我们把对应于最后两个根的复共轭矢量 n_i，n_i^* 写成 $a_i \pm ib_i$ 的形式；由于它们仅精

确到任意的复数因子，那么就可以按照条件 $n_i n^i = n_i^* n^{i*} = 1$ 对其进行归一化. 同样考虑到 (4)，我们求得针对实矢量 a_i, b_i 的条件:

$$a_i a^i + b_i b^i = 0, \quad a_i b^i = 0, \quad a_i a^i - b_i b^i = 1,$$

由此 $a_i a^i = 1/2, b_i b^i = -1/2$，就是说这些矢量的其中之一具有类时方向，而另一个具有类空方向[①]. 沿矢量 $a^i, b^i, n^{(2)i}, n^{(3)i}$ 选取坐标轴，我们将张量化为（按照 (5)）如下形式

$$A_{ik} = \begin{pmatrix} \lambda' & \lambda'' & 0 & 0 \\ \lambda'' & -\lambda' & 0 & 0 \\ 0 & 0 & -\lambda^{(2)} & 0 \\ 0 & 0 & 0 & -\lambda^{(3)} \end{pmatrix}. \tag{7}$$

Ⅲ. 如果矢量 n^i 的其中之一的平方为零（$n_l n^l = 0$），那么这个矢量不能选做坐标轴的方向. 然而可以从平面 $x^0 x^\alpha$ 中选取其中之一，使得矢量 n^i 平放在其中. 设这个平面为 $x^0 x^1$. 那么从 $n_l n^l = 0$ 可以得出 $n^0 = n^1$，并且从方程 (1) 我们有

$$A_{00} + A_{01} = \lambda, \quad A_{10} + A_{11} = -\lambda,$$

由此

$$A_{00} = \lambda + \mu, \quad A_{11} = -\lambda + \mu, \quad A_{01} = -\mu,$$

其中 μ 并非不变量，在平面 $x^0 x^1$ 中旋转时会发生改变；它的值通过适当的旋转总是可以化为实数. 按照其他两个矢量 $n^{(2)i}, n^{(3)i}$ 选取坐标轴 x^2, x^3，将张量化为:

$$A_{ik} = \begin{pmatrix} \lambda + \mu & -\mu & 0 & 0 \\ -\mu & -\lambda + \mu & 0 & 0 \\ 0 & 0 & -\lambda^{(2)} & 0 \\ 0 & 0 & 0 & -\lambda^{(3)} \end{pmatrix}. \tag{8}$$

这种情形相应于方程 (2) 的两个根 $(\lambda^{(0)}, \lambda^{(1)})$ 相等.

我们指出，对于低于光速运动的物质，物理的能量动量张量 T_{ik} 只有第一种情况能够成立；这是由于永远应该存在这样的参考系，在其中物质的能流，即分量 $T_{\alpha 0}$ 等于零. 对于电磁波的能量动量张量，则带有 $\lambda = \lambda^{(2)} = \lambda^{(3)} = 0$（参考 §33 的脚注）的第三种情况成立；可以证明，假如不是这样，会存在这样的参考系，其中能流会超过能量密度与光速 c 的乘积.

---

① 由于矢量中仅有一个应该具有类时方向，方程 (2) 不能具有两对复共轭根.

§95 爱因斯坦方程

现在我们可以来推导引力场方程. 这些方程可以从最小作用量原理 $\delta(S_m + S_g) = 0$ 求得, 此处的 S_g 和 S_m 分别是引力场的作用量与物质的作用量[①]. 现在我们来对引力场, 即 g_{ik} 诸量, 进行变分.

先来计算变分 δS_g. 我们有

$$\delta \int R\sqrt{-g}\mathrm{d}\Omega = \delta \int g^{ik}R_{ik}\sqrt{-g}\mathrm{d}\Omega =$$
$$= \int (R_{ik}\sqrt{-g}\delta g^{ik} + R_{ik}g^{ik}\delta\sqrt{-g} + g^{ik}\sqrt{-g}\delta R_{ik})\mathrm{d}\Omega.$$

从公式 (86.4), 我们得到

$$\delta\sqrt{-g} = -\frac{1}{2\sqrt{-g}}\delta g = -\frac{1}{2}\sqrt{-g}g_{ik}\delta g^{ik},$$

将它代入前一个方程, 我们求得

$$\delta \int R\sqrt{-g}\mathrm{d}\Omega = \int \left(R_{ik} - \frac{1}{2}g_{ik}R\right)\delta g^{ik}\sqrt{-g}\mathrm{d}\Omega + \int g^{ik}\delta R_{ik}\sqrt{-g}\mathrm{d}\Omega. \quad (95.1)$$

为了计算 δR_{ik}, 我们指出, 虽然 Γ_{kl}^i 并不构成一个张量, 但是它们的变分 $\delta\Gamma_{kl}^i$ 却构成一个张量, 这是因为 $\Gamma_{il}^k A_k \mathrm{d}x^l$ 是一个矢量从某一点 P 平行移动到一个与之相距无限近的一点 P' 的变化 (见 (85.5) 式). 因此, $\delta\Gamma_{il}^k A_k \mathrm{d}x^l$ 是两个矢量之差, 这两个矢量是从 P 到 P' 的两次平行移动的结果 (一次平行移动有不变的 Γ_{kl}^i, 另一次有变化的 Γ_{kl}^i). 在同一点的两个矢量之差是一个矢量, 所以 $\delta\Gamma_{kl}^i$ 是一个张量.

我们应用局域测地坐标系. 这时, 在给定的点, 所有的 $\Gamma_{kl}^i = 0$. 利用 R_{ik} 的表达式 (92.7), 我们有 (记着, g^{ik} 的一阶导数现在为零)

$$g^{ik}\delta R_{ik} = g^{ik}\left\{\frac{\partial}{\partial x^l}\delta\Gamma_{ik}^l - \frac{\partial}{\partial x^k}\delta\Gamma_{il}^l\right\} = g^{ik}\frac{\partial}{\partial x^l}\delta\Gamma_{ik}^l - g^{il}\frac{\partial}{\partial x^l}\delta\Gamma_{ik}^k = \frac{\partial w^l}{\partial x^l},$$

式中

$$w^l = g^{ik}\delta\Gamma_{ik}^l - g^{il}\delta\Gamma_{ik}^k.$$

既然 w^l 是一个矢量, 我们可以把所得的关系在任意坐标系中写成如下形式

$$g^{ik}\delta R_{ik} = \frac{1}{\sqrt{-g}}\frac{\partial}{\partial x^l}(\sqrt{-g}\,w^l)$$

[①] 引力场的变分原理由**希尔伯特**指出 (*D. Hilbert*, 1915).

（用 $w^l_{;l}$ 代替 $\partial w^l/\partial x^l$，并利用（86.9）式）. 因此,（95.1）式右边的第二个积分等于

$$\int g^{ik}\delta R_{ik}\sqrt{-g}\mathrm{d}\Omega = \int \frac{\partial \sqrt{-g}\, w^l}{\partial x^l}\mathrm{d}\Omega,$$

利用高斯定理,可以变为 w^l 在包围整个四维体积的超曲面上的积分. 既然场的变分在积分边界上为零,那么这一项应该为零. 因此,变分 δS_{g} 等于[①]

$$\delta S_{\mathrm{g}} = -\frac{c^3}{16\pi k}\int\left(R_{ik} - \frac{1}{2}g_{ik}R\right)\delta g^{ik}\sqrt{-g}\mathrm{d}\Omega. \tag{95.2}$$

我们指出,假如从场的作用量的表达式

$$S_{\mathrm{g}} = -\frac{c^3}{16\pi k}\int G\sqrt{-g}\mathrm{d}\Omega$$

出发,那么,我们就会得到

$$\delta S_{\mathrm{g}} = -\frac{c^3}{16\pi k}\int\left\{\frac{\partial(G\sqrt{-g})}{\partial g^{ik}} - \frac{\partial}{\partial x^l}\frac{\partial(G\sqrt{-g})}{\partial \frac{\partial g^{ik}}{\partial x^l}}\right\}\delta g^{ik}\mathrm{d}\Omega.$$

将此式与（95.2）比较,我们得到下面的关系式:

$$R_{ik} - \frac{1}{2}g_{ik}R = \frac{1}{\sqrt{-g}}\left\{\frac{\partial(G\sqrt{-g})}{\partial g^{ik}} - \frac{\partial}{\partial x^l}\frac{\partial(G\sqrt{-g})}{\partial \frac{\partial g^{ik}}{\partial x^l}}\right\}. \tag{95.3}$$

对于物质的作用量的变分,根据（94.5）式立即可以写出

$$\delta S_{\mathrm{m}} = \frac{1}{2c}\int T_{ik}\delta g^{ik}\sqrt{-g}\mathrm{d}\Omega, \tag{95.4}$$

式中, T_{ik} 是物质（包括电磁场在内）的能量动量张量. 由于引力常数太小,只有对于质量足够大的物体,引力相互作用才起作用. 因此,在研究引力场时,我们通常应该讨论宏观物体. 与此相应,对于 T_{ik},我们通常应当用表达式（94.9）.

因此,从最小作用量原理 $\delta S_{\mathrm{m}} + \delta S_{\mathrm{g}} = 0$,我们求得:

$$-\frac{c^3}{16\pi k}\int\left(R_{ik} - \frac{1}{2}g_{ik}R - \frac{8\pi k}{c^4}T_{ik}\right)\delta g^{ik}\sqrt{-g}\mathrm{d}\Omega = 0,$$

---

① 在此,我们指出一个有趣的情况. 假如我们将 $\varGamma^i_{kl}$ 作为独立变量, g_{ik} 作为常数,然后用 $\varGamma^i_{kl}$ 的表达式（86.3）来计算变分 $\delta\int R\sqrt{-g}\mathrm{d}\Omega$（用（92.7）式的 R_{ik}）,则容易验证,其结果恒为零. 反之,如果要求上述变分等于零,则也可以确定 $\varGamma^i_{kl}$ 和度规张量间的关系.

由于 δg^{ik} 的任意性, 从此得到:

$$R_{ik} - \frac{1}{2}g_{ik}R = \frac{8\pi k}{c^4}T_{ik},\tag{95.5}$$

或者, 写成混合分量的形式,

$$R_i^k - \frac{1}{2}\delta_i^k R = \frac{8\pi k}{c^4}T_i^k.\tag{95.6}$$

这就是所求的 **引力场方程**——广义相对论的基本方程. 它们被称做 **爱因斯坦方程**.

将 (95.6) 对于指标 i 和 k 缩并, 我们求得

$$R = -\frac{8\pi k}{c^4}T\tag{95.7}$$

$(T = T_i^i)$. 因此场方程也可以写成

$$R_{ik} = \frac{8\pi k}{c^4}\left(T_{ik} - \frac{1}{2}g_{ik}T\right).\tag{95.8}$$

爱因斯坦方程是非线性方程. 因此, 对于引力场, 叠加原理是不适用的, 这个原理只在弱场近似时才成立, 这种条件下允许对爱因斯坦方程进行线性化 (尤其适用于经典的牛顿极限下的引力场, 参见 §99).

在真空中, $T_{ik} = 0$, 引力场的方程化为方程

$$R_{ik} = 0.\tag{95.9}$$

我们提醒, 这绝不意味着, 在真空中时空是平直的; 要为平直的, 就必须满足更为严格的条件 $R_{iklm} = 0$.

电磁场的能量动量张量有 $T_i^i = 0$ 的特性 (见 (33.2) 式). 从 (95.7) 可知, 在仅有电磁场出现而没有任何质量的情形下, 时空的曲率标量为零.

如我们所知道的, 能量动量张量的散度为零:

$$T_{i;k}^k = 0.\tag{95.10}$$

因此方程 (95.6) 的左边的散度应当为零. 按照恒等式 (92.13) 实际上正是如此.

因此, 方程 (95.10) 实质上已经包含在场方程 (95.6) 之内. 另一方面, 方程 (95.10) 表示能量守恒定律和动量守恒定律, 还包含我们所研究的能量动量张量所属的物理体系的运动方程 (即物质粒子的运动方程或第二对麦克斯韦方程).

于是，引力场方程也包含产生这个场的物质本身的方程. 因此产生引力场的物质的分布和运动状态是绝对不能随意给定的. 相反，它们应该（通过求解给定初始条件的场方程）与自身产生的场同时确定.

我们注意到这种情况和电磁场情况的原则性区别. 电磁场的方程（麦克斯韦方程）仅仅包含总电荷守恒的方程（连续性方程），但是不包含建立场的电荷的运动方程. 因此电荷的分布和电荷的运动可以任意规定，只假设总电荷不变就行了，给定电荷分布，借助于麦克斯韦方程，就决定了电荷所产生的场.

然而必须指出，在爱因斯坦引力场方程的情形，为了完全决定物质的分布和运动，还必须引入物态方程（当然并不包含在场方程中），即联系物质压强与密度的方程，该方程应该与场方程同时给出①.

四个坐标 x^i 可以接受任意的变换. 用这些变换，我们可以给张量 g_{ik} 的十个分量中任意四个赋值. 因此 g_{ik} 的各分量中未知的独立函数只有六个. 此外，在物质的能量动量张量中出现的四维速度 u^i 的分量，彼此之间有 $u_i u^i = 1$ 的关系存在，因而，它们之中只有三个是独立的. 因此，我们相应地有十个场方程 (95.5)，它们确定十个未知数：六个 g_{ik} 的分量，三个 u^i 的分量和物质密度 ε/c^2（或它的压强 p）. 真空中的引力场一共存在六个未知量（g_{ik} 的分量），并且相应地，独立场方程的数量也会减少：十个方程 $R_{ik} = 0$ 由四个恒等式 (92.10) 联系起来. 我们指出爱因斯坦方程的结构的几个特殊性. 他们是二阶偏微分方程组. 但并非十个分量 g_{ik} 对时间的二阶导数全部都包含在方程中. 实际上，从 (92.1) 可以看出，对时间的二阶导数只包含在曲率张量的分量 $R_{0\alpha0\beta}$ 中，它们表现为 $-\ddot{g}_{\alpha\beta}/2$ 的形式（圆点表示对 x^0 微分）；度规张量的分量 $g_{0\alpha}$ 和 g_{00} 的二阶导数一般不出现. 因此可以明白，通过对曲率张量进行缩并而得到的张量 R_{ik}，以及方程 (95.5) 同样只包含六个空间分量 $g_{\alpha\beta}$ 对时间的二阶导数.

同样容易看到，这些导数只包含在 $^\beta_\alpha$ 方程 (95.6) 中，就是说，在下列方程中

$$R_\alpha^\beta - \frac{1}{2}\delta_\alpha^\beta R = \frac{8\pi k}{c^4}T_\alpha^\beta, \tag{95.11}$$

方程 $^0_0$ 和 $^0_\alpha$，即方程

$$R_0^0 - \frac{1}{2}R = \frac{8\pi k}{c^4}T_0^0, \quad R_\alpha^0 = \frac{8\pi k}{c^4}T_\alpha^0, \tag{95.12}$$

① 实际上物态方程联系着不是两个，而是三个热力学量，例如物质的压强、密度和温度. 但是在引力理论的应用中，这点并不重要，因为这里使用的近似的物态方程事实上与温度无关（例如，针对稀薄物质的方程 $p = 0$，针对强烈压缩物质的极端相对论方程 $p = \varepsilon/3$ 以及其他类似情形）.

仅包含对时间的一阶导数. 在这种情况下经检验可以确认, 通过对 R_{iklm} 进行缩并来构造量 R_α^0 和 $R_0^0 - \frac{1}{2}R = \frac{1}{2}(R_0^0 - R_\alpha^\alpha)$ 时, $R_{0\alpha0\beta}$ 形式的分量的确消掉了. 从恒等式 (92.10) 可以更容易地看出这一点, 将其写成如下形式:

$$\left(R_i^0 - \frac{1}{2}\delta_i^0 R\right)_{;0} = -\left(R_i^\alpha - \frac{1}{2}\delta_i^\alpha R\right)_{;\alpha} \tag{95.13}$$

$(i = 0,1,2,3)$. 包含在这个等式右边的对时间的高阶导数是二阶导数 (正是出现在量 R_i^α, R 里的). 由于 (95.13) 是恒等式, 那么它的左边应该相应地包含不高于二阶的对时间的导数. 但对时间的一阶求导已经在其中以显式的形式出现; 因此表达式 $R_i^0 - (\delta_i^0 R)/2$ 本身能够包含不高于一阶的对时间的导数.

不仅如此, 方程 (95.12) 的左边也不包含一阶导数 $\dot{g}_{0\alpha}$ 和 $\dot{g}_{00}$ (而仅包含导数 $\dot{g}_{\alpha\beta}$). 实际上, 在所有的 $\Gamma_{i,kl}$ 里, 只有 $\Gamma_{\alpha,00}$ 和 $\Gamma_{0,00}$ 包含这些导数, 而这些量照样也只包含在 $R_{0\alpha0\beta}$ 形式的曲率张量的分量里面, 这些分量, 正如我们知道的那样, 在对方程 (95.12) 的左边进行构造的时候被消掉了.

如果有兴趣求解给定初始 (按时间) 条件下的爱因斯坦方程, 那么就会出现这样一个问题, 能够任意给定多少个量的初始空间分布.

二阶方程的初始条件应该包括被微分量本身, 以及它们对时间的一阶导数的初始分布. 但是由于在当前条件下方程只包含六个 $g_{\alpha\beta}$ 的二阶导数, 因此在初始条件里不能任意给定所有的 g_{ik} 和 $\dot{g}_{ik}$. 于是, 可以给出 (除了物质的速度和密度外) 函数 $g_{\alpha\beta}$ 和 $\dot{g}_{\alpha\beta}$ 的初值, 在这之后从 4 个方程 (95.12) 确定 $g_{0\alpha}$ 和 g_{00} 允许的初值; 在方程 (95.11) 里 $\dot{g}_{0\alpha}$ 和 $\dot{g}_{00}$ 的初值仍然是任意的.

在以这种方式给定的初始条件中包含一些函数, 其任意性只和四维坐标系选取的任意性有关. 然而只有那些不能通过任何的参考系选取而减少其数量的 "物理上不同" 的任意函数才具有现实的物理涵义. 从物理上的理解容易看到, 这个数目等于 8: 初始条件应该给出物质密度及其速度的三个分量的分布, 以及表征 (不存在物质情形下) 自由引力场的四个量 (参见后面的 §107); 对于真空中的自由引力场, 初始条件只应给出最后四个量.

习 题

写出恒定引力场的方程, 将对空间坐标的全部微分运算表示为在带有度规 $\gamma_{\alpha\beta}$ (84.7) 的空间中求协变导数的形式.

解: 引入表达式 $g_{00} = h, g_{0\alpha} = -h g_\alpha$ (88.11) 和三维速度 v^α (88.10). 下文中涉及三维矢量 g_α, v^α 和三维标量 h 指标的升高和降低以及协变微分的全部运算都在带有度规 $\gamma_{\alpha\beta}$ 的三维空间里进行.

要寻找的方程相对于下面的变换应该保持不变：

$$x^\alpha \to x^\alpha, \quad x^0 \to x^0 + f(x^\alpha), \tag{1}$$

该变换不会改变场的稳态性质. 但在这种转换之下, 容易示明 (参见 §88 第一个脚注), $g_\alpha \to g_\alpha - \partial f/\partial x^\alpha$, 而标量 h 和张量 $\gamma_{\alpha\beta} = -g_{\alpha\beta} + hg_\alpha g_\beta$ 不变. 因此可以明白, 要寻找的通过 $\gamma_{\alpha\beta}$, h 和 g_α 表达的方程仅能够以导数组合的形式包含 g_α, 这些导数组成三维反对称的张量：

$$f_{\alpha\beta} = g_{\beta;\alpha} - g_{\alpha;\beta} = \frac{\partial g_\beta}{\partial x^\alpha} - \frac{\partial g_\alpha}{\partial x^\beta}, \tag{2}$$

该张量相对于上面指出的变换是不变的. 考虑到这种状况, 可以显著简化计算, 只要 (在计算出全部出现于 R_{ik} 里的导数之后) 令 $g_\alpha = 0$ 和 $g_{\alpha;\beta} + g_{\beta;\alpha} = 0$[①].

克里斯托夫符号是：

$$\Gamma_{00}^0 = \frac{1}{2} g^\alpha h_{;\alpha},$$

$$\Gamma_{00}^\alpha = \frac{1}{2} h^{;\alpha},$$

$$\Gamma_{\alpha 0}^0 = \frac{1}{2h} h_{;\alpha} + \frac{h}{2} g^\beta f_{\alpha\beta} + \cdots,$$

$$\Gamma_{0\beta}^\alpha = \frac{h}{2} f_\beta{}^\alpha - \frac{1}{2} g_\beta h^{;\alpha},$$

$$\Gamma_{\alpha\beta}^0 = -\frac{1}{2}\left(\frac{\partial g_\alpha}{\partial x^\beta} + \frac{\partial g_\beta}{\partial x^\alpha}\right) - \frac{1}{2h}(g_\alpha h_{;\beta} + g_\beta h_{;\alpha}) + g_\gamma \lambda_{\alpha\beta}^\gamma + \ldots,$$

$$\Gamma_{\beta\gamma}^\alpha = \lambda_{\beta\gamma}^\alpha - \frac{h}{2}(g_\beta f_\gamma{}^\alpha + g_\gamma f_\beta{}^\alpha) + \cdots$$

这里省略掉的项 (用省略号代替) 是矢量 g_α 的分量的二次形式；在 R_{ik} (92.7) 中进行微分后我们令 $g_\alpha = 0$, 此时这些项分明会消失. 在计算中使用了公式 (84.9), (84.12), (84.13)；$\lambda_{\beta\gamma}^\alpha$ 是按照度规 $\gamma_{\alpha\beta}$ 构建的三维克里斯托夫符号. 张量 T_{ik} 按照公式 (94.9) 计算, 其中 u^i 来自 (88.14) (此处我们同样令 $g_\alpha = 0$).

从 (95.8) 的计算结果得到下列方程：

$$\frac{1}{h} R_{00} = \frac{1}{\sqrt{h}}(\sqrt{h})_{;\alpha}^{;\alpha} + \frac{h}{4} f_{\alpha\beta} f^{\alpha\beta} = \frac{8\pi k}{c^4}\left(\frac{\varepsilon + p}{1 - \dfrac{v^2}{c^2}} - \frac{\varepsilon - p}{2}\right), \tag{3}$$

---

① 为避免误解我们强调, 这种给出了正确场方程的简化计算方法, 会不适用于计算 R_{ik} 自己的任何分量, 因为它们相对于变换 (1) 不是不变的. 方程 (3)—(5) 左边指出了里奇张量的那些分量, 它们实际上等于写出的表达式. 这些分量相对于变换 (1) 是不变的.

$$\frac{1}{\sqrt{h}} R_0^\alpha = -\frac{\sqrt{h}}{2} f^{\alpha\beta}{}_{;\beta} - \frac{3}{2} f^{\alpha\beta} (\sqrt{h})_{;\beta} = \frac{8\pi k}{c^4} \frac{p+\varepsilon}{1-\dfrac{v^2}{c^2}} \frac{v^\alpha}{c}, \tag{4}$$

$$R^{\alpha\beta} = P^{\alpha\beta} + \frac{h}{2} f^{\alpha\gamma} f^\beta{}_\gamma - \frac{1}{\sqrt{h}} (\sqrt{h})^{;\alpha;\beta} =$$

$$= \frac{8\pi k}{c^4} \left[\frac{(p+\varepsilon) v^\alpha v^\beta}{c^2 \left(1-\dfrac{v^2}{c^2}\right)} + \frac{\varepsilon - p}{2} \gamma^{\alpha\beta} \right]. \tag{5}$$

这里 $P^{\alpha\beta}$ 是由 $\gamma_{\alpha\beta}$ 构建的三维张量，正如由 g_{ik} 构建 R^{ik} 一样[①]

§96 引力场的能动赝张量

在没有引力场存在时，物质（连同电磁场）的能量守恒定律和动量守恒定律是以方程

$$\frac{\partial T^{ik}}{\partial x^k} = 0$$

来表示的，这个方程推广到有引力场的情形是方程（94.7）：

$$T^k_{i;k} = \frac{1}{\sqrt{-g}} \frac{\partial(T^k_i \sqrt{-g})}{\partial x^k} - \frac{1}{2} \frac{\partial g_{kl}}{\partial x^i} T^{kl} = 0. \tag{96.1}$$

然而在这种形式中，这个方程一般说来并不表示任何守恒定律[②]. 这种情况与下述事实有关，即在引力场中，应该守恒的不是单独物质的四维动量而是物质和引力场的四维总动量；后者并未包含在 T^k_i 的式子之内.

为了决定守恒的引力场和其中物质的四维总动量，我们以如下方式进行（L. D. Landau, E. M. Lifshitz, 1947）[③]. 我们这样来选择坐标系，使在时空的某一给定点上，所有 g_{ik} 的一阶导数都为零（这时，g_{ik} 自身不一定具有伽利略值). 那么，这样，在该点，方程（96.1）中的第二项消失，而在第一项中，

---

① 在度规依赖于时间的一般情况下，爱因斯坦方程也可以用类似的方式写出. 方程中除空间导数外也会包含量 $\gamma_{\alpha\beta}, g_\alpha, h$ 的时间导数. 参见 А. Л. Зельманов//ДАН СССР. 1956. Т. 107. С. 815. (A. L. Zel'manov, *Doklady Acad. Sci., U.S.S.R.* **107**, 815(1956)).

② 事实上，积分 $\int T^k_i \sqrt{-g}\,dS$ 要守恒，就必须满足条件 $\dfrac{\partial \sqrt{-g}\,T^k_i}{\partial x^k} = 0$，而不是满足（96.1）. 在曲线坐标中进行 §29 里在伽利略坐标中所作的一切计算就很容易证明这一点. 除此以外，只须注意下面的事实就够了，这些运算是纯形式的，与相应的量的张量特性无关，这像高斯定理的证明一样，后者在曲线坐标中的形式（83.17）和在笛卡儿坐标中的形式是一样的.

③ 我们可能有这个想法，即将公式（94.4）应用到引力场，将 $\Lambda = -c^4 G/(16\pi k)$ 代入. 但是，必须着重指出，这个公式只能应用到以不同于 g_{ik} 的量 q 来描写的物理体系；因此，这个公式不能应用到为 g_{ik} 本身所决定的引力场. 注意，在（94.4）式中以 G 代替 Λ 时，我们得到的不过是零而已，这一点从关系式（95.3）和真空中的场方程可以直接看出.

可以将 $\sqrt{-g}$ 从微分符号内提出, 因而留下的是

$$\frac{\partial}{\partial x^k} T_i^k = 0.$$

或者, 以逆变分量表示,

$$\frac{\partial}{\partial x^k} T^{ik} = 0.$$

恒满足这个方程的量 T^{ik} 可以写成下面的形式:

$$T^{ik} = \frac{\partial}{\partial x^l} \eta^{ikl},$$

式中, η^{ikl} 是对于指标 k, l 为反对称的量:

$$\eta^{ikl} = -\eta^{ilk}.$$

实际上, 不难将 T^{ik} 化为这样的形式. 为此我们从下面的场方程出发:

$$T^{ik} = \frac{c^4}{8\pi k} \left(R^{ik} - \frac{1}{2} g^{ik} R \right),$$

对于 R^{ik}, 按照 (92.1), 我们有

$$R^{ik} = \frac{1}{2} g^{im} g^{kp} g^{ln} \left\{ \frac{\partial^2 g_{lp}}{\partial x^m \partial x^n} + \frac{\partial^2 g_{mn}}{\partial x^l \partial x^p} - \frac{\partial^2 g_{ln}}{\partial x^m \partial x^p} - \frac{\partial^2 g_{mp}}{\partial x^l \partial x^n} \right\}$$

(值得提醒一下, 在我们所考虑之点, 所有 $\Gamma_{lk}^i = 0$). 经过简单的变换, 张量 T^{ik} 可以化为下面的形式:

$$T^{ik} = \frac{\partial}{\partial x^l} \left\{ \frac{c^4}{16\pi k} \frac{1}{(-g)} \frac{\partial}{\partial x^m} [(-g)(g^{ik} g^{lm} - g^{il} g^{km})] \right\}.$$

花括弧内的式子对于 k 和 l 是反对称的, 这就是我们在上面用 η^{ikl} 来代表的量. 既然 g_{ik} 的一阶导数在所考虑之点为零, 因子 $1/(-g)$ 可以从微分符号 $\partial/\partial x^l$ 下提出. 我们引入符号

$$h^{ikl} = \frac{\partial}{\partial x^m} \lambda^{iklm}, \tag{96.2}$$

$$\lambda^{iklm} = \frac{c^4}{16\pi k} (-g)(g^{ik} g^{lm} - g^{il} g^{km}); \tag{96.3}$$

h^{ikl} 的各量对于 k 和 l 是反对称的:

$$h^{ikl} = -h^{ilk}. \tag{96.4}$$

这时, 我们可以写出

$$\frac{\partial h^{ikl}}{\partial x^l} = (-g) T^{ik}.$$

这个关系是在 $\partial g_{ik}/\partial x^l = 0$ 的假设下导出的, 在过渡到任意的坐标系时不再有效. 在一般情形下, 差 $\partial h^{ikl}/\partial x^l - (-g)T^{ik}$ 不等于零; 我们用 $(-g)t^{ik}$ 来代表这个差. 于是, 根据定义, 我们有

$$(-g)(T^{ik} + t^{ik}) = \frac{\partial h^{ikl}}{\partial x^l}. \tag{96.5}$$

t^{ik} 对于 i 和 k 是对称的:

$$t^{ik} = t^{ki}. \tag{96.6}$$

这可以直接从它们的定义看出, 因为像张量 T^{ik} 一样, 导数 $\partial h^{ikl}/\partial x^l$ 也是对称的量. 用 R^{ik} 表示 T^{ik}, 按照爱因斯坦方程, 可得关系式:

$$(-g)\left\{\frac{c^4}{8\pi k}\left(R^{ik} - \frac{1}{2}g^{ik}R\right) + t^{ik}\right\} = \frac{\partial h^{ikl}}{\partial x^l}, \tag{96.7}$$

经过相当冗长的运算, 从上式中可以得到下面的针对 t^{ik} 的表达式:

$$
\begin{aligned}
t^{ik} = \frac{c^4}{16\pi k}\{&(2\Gamma_{lm}^n\Gamma_{np}^p - \Gamma_{lp}^n\Gamma_{mn}^p - \Gamma_{ln}^n\Gamma_{mp}^p)(g^{il}g^{km} - g^{ik}g^{lm})+ \\
&+g^{il}g^{mn}(\Gamma_{lp}^k\Gamma_{mn}^p + \Gamma_{mn}^k\Gamma_{lp}^p - \Gamma_{np}^k\Gamma_{lm}^p - \Gamma_{lm}^k\Gamma_{np}^p)+ \\
&+g^{kl}g^{mn}(\Gamma_{lp}^i\Gamma_{mn}^p + \Gamma_{mn}^i\Gamma_{lp}^p - \Gamma_{np}^i\Gamma_{lm}^p - \Gamma_{lm}^i\Gamma_{np}^p)+ \\
&+g^{lm}g^{np}(\Gamma_{ln}^i\Gamma_{mp}^k - \Gamma_{lm}^i\Gamma_{np}^k)\},
\end{aligned}
\tag{96.8}
$$

或者, 直接用度规张量的分量的导数表示:

$$
\begin{aligned}
(-g)t^{ik} = \frac{c^4}{16\pi k}\Big\{&\mathfrak{g}^{ik}{}_{,l}\mathfrak{g}^{lm}{}_{,m} - \mathfrak{g}^{il}{}_{,l}\mathfrak{g}^{km}{}_{,m} + \frac{1}{2}g^{ik}g_{lm}\mathfrak{g}^{ln}{}_{,p}\mathfrak{g}^{pm}{}_{,n}- \\
&-(g^{il}g_{mn}\mathfrak{g}^{kn}{}_{,p}\mathfrak{g}^{mp}{}_{,l} + g^{kl}g_{mn}\mathfrak{g}^{in}{}_{,p}\mathfrak{g}^{mp}{}_{,l}) + g_{lm}g^{np}\mathfrak{g}^{il}{}_{,n}\mathfrak{g}^{km}{}_{,p}+ \\
&+\frac{1}{8}(2g^{il}g^{km} - g^{ik}g^{lm})(2g_{np}g_{qr} - g_{pq}g_{nr})\mathfrak{g}^{nr}{}_{,l}\mathfrak{g}^{pq}{}_{,m}\Big\},
\end{aligned}
\tag{96.9}
$$

其中 $\mathfrak{g}^{ik} = \sqrt{-g}g^{ik}$, 而指标 ", i" 表示对 x^i 的普通微分.

t^{ik} 有一个本质上的特性, 就是它们不构成一个张量; 如果注意到在 $\partial h^{ikl}/\partial x^l$ 内出现的是普通导数而不是协变导数, 就已经可以看到这一点. 然而 t^{ik} 是用量 Γ_{kl}^i 表示的, 而后者在坐标的线性变换下与张量的表现一样 (见 §85), 所以, 同样的情况对于 t^{ik} 也能应用.

从定义 (96.5) 可知, $T^{ik} + t^{ik}$ 恒满足方程

$$\frac{\partial}{\partial x^k}(-g)(T^{ik} + t^{ik}) = 0. \tag{96.10}$$

这表明, 对下面的量, 守恒定律是成立的.

$$P^i = \frac{1}{c} \int (-g)(T^{ik} + t^{ik}) \mathrm{d}S_k. \tag{96.11}$$

在没有引力场时, 在伽利略坐标中, $t^{ik}=0$, 而上面的积分化为 $\frac{1}{c} \int T^{ik} \mathrm{d}S_k$, 即化为物质的四维动量. 因此, 量 (96.11) 应当是物质和引力场的四维总动量. t^{ik} 诸量的集合称为引力场的**能动赝张量**.

(96.11) 中的积分可以在包括整个三维空间的任何无穷大的超曲面上进行. 假如我们选择超曲面 $x^0 = \mathrm{const}$ 作为这个面, 那么, P^i 可以写为三维空间积分的形式:

$$P^i = \frac{1}{c} \int (-g)(T^{i0} + t^{i0}) \mathrm{d}V. \tag{96.12}$$

物质和场的四维总动量表示为 $(-g)(T^{ik}+t^{ik})$ 的积分形式, $(-g)(T^{ik}+t^{ik})$ 对于指标 i, k 是对称的, 这个事实非常重要. 它表明由下式定义的四维角动量 (见 §32) 满足守恒律[①]:

$$M^{ik} = \int (x^i \mathrm{d}P^k - x^k \mathrm{d}P^i) =$$
$$= \frac{1}{c} \int [x^i(T^{kl} + t^{kl}) - x^k(T^{il} + t^{il})](-g)\mathrm{d}S_l. \tag{96.13}$$

这样一来, 在广义相对论中, 引力物体组成的封闭系统中总角动量也是守恒的, 并且除此之外, 像原先一样可以给出作匀速运动的惯性中心的定义. 能够作这样的定义和分量 $M^{0\alpha}$ 的守恒有关 (对比 §14), 该守恒用下面的方程表达:

$$x^0 \int (T^{\alpha 0} + t^{\alpha 0})(-g)\mathrm{d}V - \int x^\alpha (T^{00} + t^{00})(-g)\mathrm{d}V = \mathrm{const},$$

所以惯性中心的坐标由下式给出:

$$X^\alpha = \frac{\int x^\alpha(T^{00} + t^{00})(-g)\mathrm{d}V}{\int (T^{00} + t^{00})(-g)\mathrm{d}V}. \tag{96.14}$$

选择这样的一个坐标系, 使其在指定的体积元内为惯性系, 这时我们就能够使所有的 t^{ik} 在时空的任意一点为零 (因为这时所有的 Γ_{kl}^i 为零). 另一

[①] 必须指出, 我们所求得的物质和场的四维动量的表达式绝不是唯一可能的. 恰恰相反, 我们有无穷多的方法 (可以参看, 例如, 本节的习题) 来构造出这些表达式, 这些表达式在没有场存在时化为 T^{ik}, 而当沿着 $\mathrm{d}S_k$ 积分时则得到一些守恒量. 然而, 我们所做的选择是唯一能同时满足以下两个条件的选择: 它让场的能动赝张量仅包含对 g_{ik} 的一阶 (没有更高阶) 导数 (从物理学的观点来看, 这条件是完全自然的), 且又保证能动赝张量的对称性 (因而可以得出角动量守恒定律).

方面，在平直空间中，即在没有引力场时，只要我们用曲线坐标代替笛卡儿坐标，我们就能得到不等于零的 t^{ik}. 因此，在任何情形下，谈论引力场能量在空间的定域化是没有意义的. 假如张量 T_{ik} 在某一世界点为零，那么，在任何其他参考系中也是这样，因而我们可以说在这一点没有物质或电磁场. 相反地，从一个赝张量在一个参考系的某一点为零的事实，根本就不能断定，在另外一个参考系中也是如此，因此，谈在某个地方到底有没有引力能是无意义的. 它完全与下面的事实相应，即只要坐标选择得适当，我们能够"消除"在一给定体积元内的引力场，同时，根据我们在上面所说的，赝张量 t^{ik} 在这个体积元内也将消失.

但是量 P^i（物质和场的四维动量）却有完全确定的意义，刚好在基于物理考虑所需要的程度上与参考系的选择无关.

让我们划分出一个包含着所研究全部质量的一个空间区域. 随着时间的流逝，这个区域在四维时空内割出一条"通道". 在这个"通道"以外，场是减小的，因而四维空间逐渐趋向平直. 由于这个原因，在计算场的能量与动量时，显然我们必须选择这样的四维参考系，使得离"通道"足够远处，坐标系转变为伽利略系，而所有的 t^{ik} 都为零.

根据这个要求，参考系当然绝不是唯一确定的，它在"通道"以内还可以任意地选择. 然而，就量 P^i 的物理意义而言，它们与"通道"内坐标系的选择完全无关. 实际上，我们来考察两个坐标系，在"通道"内是不同的，但在远离"通道"的地方，这两个坐标系转变为同一个伽利略坐标系，我们来比较在这两个参考系内的四维动量 P^i 和 P'^i 在确定的"时刻" x^0 和 x'^0 的值. 我们引入第三个坐标系，这个坐标系在时刻 x^0 在"通道"内与第一个参考系统重合，在时刻 x'^0 与第二个参考系重合，而在"通道"以外，则是伽利略坐标系. 根据能量守恒和动量守恒定律，量 P^i 是不变的 ($\mathrm{d}P^i/\mathrm{d}x^0 = 0$). 这对于第三个坐标系是如此，对于前两个也是如此，从此可以断定 $P^i = P'^i$，这即是要证明的.

前面已经提过，量 t^{ik} 在坐标的线性变换下与张量的表现一样. 因此，P^i 对于这样的变换构成一个四维矢量，就特例言之，它对于在无穷远处将一个伽利略参考系转换成另一个伽利略参考系的洛伦兹变换也是这样[1].

四维动量 P^i 同时可以表示为沿着远处的三维曲面的积分形式，该曲面囊括"整个空间". 将 (96.5) 代入 (96.11)，我们得到

$$P^i = \frac{1}{c} \int \frac{\partial h^{ikl}}{\partial x^l} \mathrm{d}S_k.$$

---

[1] 严格地说，在定义式 (96.11) 中，P^i 仅对于行列式等于 1 的线性变换是四维矢量；而这里有关的是那些具有物理意义的洛伦兹变换. 如果允许带行列式不等于 1 的变换，那么在定义 P^i 时应该引入无穷远处的数值 g，即在 (96.11) 的左边用 $\sqrt{-g_\infty}\, P^i$ 取代 P^i.

利用 (6.17) 式, 这个积分可以化为在普通曲面上的积分:

$$P^i = \frac{1}{2c} \oint h^{ikl} \mathrm{d}f_{kl}^*. \tag{96.15}$$

假如我们选择超曲面 $x^0 = \mathrm{const}$ 作为 (96.11) 中的积分面, 那么, (96.15) 中的积分面就变为纯粹的空间曲面[①]:

$$P^i = \frac{1}{c} \oint h^{i0\alpha} \mathrm{d}f_\alpha. \tag{96.16}$$

我们发现, 如同在 §105 里将要指出的那样, 在定态情况下数值 $h^{i0\alpha}$ 在离物体较远距离处按照 $1/r^2$ 的规律减小, 因此积分 (96.16) 在积分曲面处于无穷远处是有限的.

为了推导角动量的类似公式, 将 (96.5) 代入 (96.13), 并且将 h^{ikl} 表示为 (96.2) 的形式. 然后进行 "分部" 积分, 求得:

$$
\begin{aligned}
M^{ik} &= \frac{1}{c} \int \left(x^i \frac{\partial^2 \lambda^{klmn}}{\partial x^m \partial x^n} - x^k \frac{\partial^2 \lambda^{ilmn}}{\partial x^m \partial x^n} \right) \mathrm{d}S_l = \\
&= \frac{1}{2c} \oint \left(x^i \frac{\partial \lambda^{klmn}}{\partial x^n} - x^k \frac{\partial \lambda^{ilmn}}{\partial x^n} \right) \mathrm{d}f_{lm}^* - \frac{1}{c} \int \left(\delta_m^i \frac{\partial \lambda^{klmn}}{\partial x^n} - \delta_m^k \frac{\partial \lambda^{ilmn}}{\partial x^n} \right) \mathrm{d}S_l = \\
&= \frac{1}{2c} \oint (x^i h^{klm} - x^k h^{ilm}) \mathrm{d}f_{lm}^* - \frac{1}{c} \int \frac{\partial}{\partial x^n} (\lambda^{klin} - \lambda^{ilkn}) \mathrm{d}S_l.
\end{aligned}
$$

从数值 λ^{iklm} 的定义容易看到

$$\lambda^{ilkn} - \lambda^{klin} = \lambda^{ilnk}.$$

所以剩下的沿 $\mathrm{d}S_l$ 的积分等于

$$\frac{1}{c} \int \frac{\partial \lambda^{ilnk}}{\partial x^n} \mathrm{d}S_l = \frac{1}{2c} \oint \lambda^{ilnk} \mathrm{d}f_{ln}^*.$$

最后, 再次选择纯粹的空间曲面做积分, 最终得到:

$$M^{ik} = \frac{1}{c} \oint (x^i h^{k0\alpha} - x^k h^{i0\alpha} + \lambda^{i0\alpha k}) \mathrm{d}f_\alpha. \tag{96.17}$$

　　[①] $\mathrm{d}f_{kl}^*$ 这个量是 "垂直" 于面元的, 它与 "切面" 元 $\mathrm{d}f^{ik}$ 的关系是 (6.11): $\mathrm{d}f_{ik}^* = \frac{1}{2} e_{iklm} \mathrm{d}f^{lm}$. 在垂直于 x^0 轴的超曲面的边界面上, 对于 $\mathrm{d}f^{lm}$, 只有 $l, m = 1, 2, 3$ 的那些分量不为零, 因此对于 $\mathrm{d}f_{ik}^*$, 只有当 i 和 k 之中有一个为零时, $\mathrm{d}f_{ik}^*$ 相应的分量才不为零. 分量 $\mathrm{d}f_{0\alpha}^*$ 不是别的, 就是普通曲面的三维元的分量, 我们简以 $\mathrm{d}f_\alpha$ 表之.

习　题

利用公式 (32.5)，求物质和引力场的四维总动量的表达式.

解：在曲线坐标中，代替 (32.1)，我们有

$$S = \int \Lambda \sqrt{-g} \mathrm{d}V \mathrm{d}t,$$

因此，为了得到一个守恒的量，我们必须在 (32.5) 中以 $\Lambda\sqrt{-g}$ 代替 Λ，因此，四维动量有下面的形式：

$$P_i = \frac{1}{c} \int \left[-\Lambda\sqrt{-g}\delta_i^k + \sum \frac{\partial q^{(l)}}{\partial x^i} \frac{\partial(\sqrt{-g}\Lambda)}{\partial(\partial q^{(l)}/\partial x^k)} \right] \mathrm{d}S_k.$$

在将这个公式应用于物质时，对于该物质，$q^{(l)}$ 与 g_{ik} 不同，我们可以将 $\sqrt{-g}$ 从微分符号下提出，被积函数就可以化为 $\sqrt{-g}T_i^k$，此处的 T_i^k 是物质的能量动量张量. 当我们将同一公式应用于引力场时，必须使 $\Lambda = -\dfrac{c^4}{16\pi k}G$，而 $q^{(l)}$ 是度规张量 g_{ik} 的分量. 场和物质的四维总动量因此等于

$$P_i = \frac{1}{c} \int T_i^k \sqrt{-g} \mathrm{d}S_k + \frac{c^3}{16\pi k} \int \left[G\sqrt{-g}\delta_i^k - \frac{\partial g^{lm}}{\partial x^i} \frac{\partial(G\sqrt{-g})}{\partial(\partial g^{lm}/\partial x^k)} \right] \mathrm{d}S_k.$$

利用 G 的表达式 (93.3)，可以将上式变为

$$P_i = \frac{1}{c} \int \left\{ T_i^k \sqrt{-g} + \right.$$
$$\left. + \frac{c^4}{16\pi k} \left[G\sqrt{-g}\delta_i^k + \Gamma_{lm}^k \frac{\partial(g^{lm}\sqrt{-g})}{\partial x^i} - \Gamma_{ml}^l \frac{\partial(g^{mk}\sqrt{-g})}{\partial x^i} \right] \right\} \mathrm{d}S_k.$$

在花括号内的第二项是在没有物质时引力场的四维动量. 被积函数对于指标 i, k 是不对称的，因此我们不能得到角动量守恒定律.

§97　同步参考系

就像我们从 §84 节所知的那样，能够在空间的不同点同步时钟的条件可归结为度规张量的分量 $g_{0\alpha}$ 等于零. 除此之外，如果 $g_{00} = 1$，那么时间坐标 $x_0 = t$ 表示空间内每点处的固有时[①]. 我们把满足条件

$$g_{00} = 1, \quad g_{0\alpha} = 0 \tag{97.1}$$

的参考系称做**同步参考系**. 在这样的参考系内间隔元由下式给出：

$$\mathrm{d}s^2 = \mathrm{d}t^2 - \gamma_{\alpha\beta}\mathrm{d}x^\alpha \mathrm{d}x^\beta, \tag{97.2}$$

[①] 在本节中我们令 $c = 1$.

并且空间度规张量的分量与 $g_{\alpha\beta}$ 的分量相等（不计正负号）：

$$\gamma_{\alpha\beta} = -g_{\alpha\beta}. \tag{97.3}$$

在同步参考系中时间线就是四维空间里的测地线. 实际上，与世界线 $x^1, x^2, x^3 = \text{const}$ 相切的四维矢量 $u^i = \mathrm{d}x^i/\mathrm{d}s$ 具有分量 $u^\alpha = 0, u^0 = 1$，并且自动满足测地方程：

$$\frac{\mathrm{d}u^i}{\mathrm{d}s} + \Gamma^i_{kl}u^k u^l = \Gamma^i_{00} = 0,$$

因为由条件 (97.1)，克里斯托夫符号 $\Gamma^\alpha_{00}, \Gamma^0_{00}$ 恒等于零.

同样容易看到，这些线垂直于超曲面 $t=\text{const}$. 实际上，垂直于这样的超曲面的四维矢量 $n_i = \partial t/\partial x^i$ 具有协变分量 $n_\alpha = 0, n_0 = 1$. 由条件 (97.1)，相应的逆变分量也是 $n^\alpha = 0, n^0 = 1$，就是说，等同于时间线的切线的四维矢量 u^i 的分量.

反过来，这些性质可用于任意时空内同步参考系的几何构建. 为此我们选择某一类空间超曲面作为起点，就是说，在该超曲面每一点上的法线具有类时方向（位于以该点为顶点的光锥内部）；在这样的超曲面上的所有间隔元都是类空的. 然后建立垂直于这个超曲面的一簇测地线. 如果现在选择这些测地线作为时间坐标线，并且把时间坐标 t 定义为从起始超曲面算起的测地线的长度 s，我们就得到同步参考系.

显然，这样的构建，以及同步参考系的选择原则上总是可能的. 此外，这个选择还不是唯一的. 形如 (97.2) 的度规允许进行不影响时间的任何空间坐标变换，除此之外，还允许在几何构建时，有一个和选择起始超曲面的任意性相对应的变换.

解析地变换到同步参考系原则上可以借助哈密顿–雅可比方程进行. 这个方法的原理在于引力场中粒子的轨迹恰好是测地线.

在引力场中粒子（其质量定为 1）的哈密顿–雅可比方程为

$$g^{ik}\frac{\mathrm{d}\tau}{\mathrm{d}x^i}\frac{\mathrm{d}\tau}{\mathrm{d}x^k} = 1 \tag{97.4}$$

（这里我们将作用量表示为 τ）. 它的全积分具有如下形式：

$$\tau = f(\xi^\alpha, x^i) + A(\xi^\alpha), \tag{97.5}$$

其中 f 是四个坐标 x^i 和三个参数 ξ^α 的函数；第四个常数 A 看做三个 ξ^α 的任意函数. 根据 τ 的这种表示，令导数 $\partial\tau/\partial\xi^\alpha$ 等于零，就可以获得粒子的轨迹方程，即

$$\frac{\partial f}{\partial\xi^\alpha} = -\frac{\partial A}{\partial\xi^\alpha}. \tag{97.6}$$

对于参数 ξ^α 的每组给定值, 方程 (97.6) 的右边具有确定的固定值, 并且由这些方程确定的世界线是粒子可能的轨迹之一. 选择沿着轨迹具有恒定值的量 ξ^α 作为新的空间坐标, 而 τ 的值作为新的时间坐标, 我们就得到同步参考系, 并且所求的从旧坐标到新坐标的变换由方程 (97.5)、(97.6) 确定. 实际上, 在这种变换中时间线的测地性自动得到保证, 并且这些线将垂直于超曲面 $\tau = \mathrm{const.}$ 最后一点显然来自于力学类比: 垂直于超曲面 $-\partial\tau/\partial x^i$ 的四维矢量等同于力学中粒子的四维动量, 因此其方向与四维速度 u^i 重合, 也就是说与轨迹切线的四维矢量重合. 最后, 方程 $g_{00} = 1$ 显然得到满足, 这是由于作用量沿轨迹的导数 $-\mathrm{d}\tau/\mathrm{d}s$ 就是粒子的质量, 我们将其取做 1; 因此 $|\mathrm{d}\tau/\mathrm{d}s| = 1$.

我们在同步参考系中写出爱因斯坦方程, 在其中分离空间和时间的微分运算.

引入符号

$$\varkappa_{\alpha\beta} = \frac{\partial\gamma_{\alpha\beta}}{\partial t} \tag{97.7}$$

以表示三维度规张量的时间导数. 这些值自己构成三维张量. 对三维张量 $\varkappa_{\alpha\beta}$ 移动指标和进行协变微分的所有运算都将在带有度规 $\gamma_{\alpha\beta}$ 的三维空间里进行[①]. 我们指出, 总和 $\varkappa_\alpha^\alpha$ 是行列式 $\gamma \equiv |\gamma_{\alpha\beta}| = -g$ 的对数的导数:

$$\varkappa_\alpha^\alpha = \gamma^{\alpha\beta}\frac{\partial\gamma_{\alpha\beta}}{\partial t} = \frac{\partial}{\partial t}\ln\gamma. \tag{97.8}$$

针对克里斯托夫符号求得表达式:

$$\Gamma_{00}^0 = \Gamma_{00}^\alpha = \Gamma_{0\alpha}^0 = 0, \quad \Gamma_{\alpha\beta}^0 = \frac{1}{2}\varkappa_{\alpha\beta}, \quad \Gamma_{0\beta}^\alpha = \frac{1}{2}\varkappa_\beta^\alpha, \quad \Gamma_{\beta\gamma}^\alpha = \lambda_{\beta\gamma}^\alpha, \tag{97.9}$$

其中 $\lambda_{\beta\gamma}^\alpha$ 是由张量 $\gamma_{\alpha\beta}$ 构成的三维克里斯托夫符号. 按照公式 (92.7) 的计算导出下列张量 R_{ik} 的分量表达式:

$$R_{00} = -\frac{1}{2}\frac{\partial}{\partial t}\varkappa_\alpha^\alpha - \frac{1}{4}\varkappa_\alpha^\beta\varkappa_\beta^\alpha,$$

$$R_{0\alpha} = \frac{1}{2}(\varkappa_{\alpha;\beta}^\beta - \varkappa_{\beta;\alpha}^\beta), \tag{97.10}$$

$$R_{\alpha\beta} = P_{\alpha\beta} + \frac{1}{2}\frac{\partial}{\partial t}\varkappa_{\alpha\beta} + \frac{1}{4}(\varkappa_{\alpha\beta}\varkappa_\gamma^\gamma - 2\varkappa_\alpha^\gamma\varkappa_{\beta\gamma}).$$

这里 $P_{\alpha\beta}$ 是由 $\gamma_{\alpha\beta}$ 构造的三维里奇张量, 如同由 g_{ik} 构造 R_{ik}; 下文中升高指标和协变微分也是用三维度规 $\gamma_{\alpha\beta}$ 进行.

---

① 但是这当然不适用于在四维张量 R_{ik}, T_{il} (参见 (88.12) 前的脚注) 的空间分量上移动指标的运算. 就是说, T_α^β 应该像过去那样理解为 $g^{\beta\gamma}T_{\gamma\alpha} + g^{\beta0}T_{0\alpha}$, 在当前情况下可简化为 $g^{\beta\gamma}T_{\gamma\alpha}$, 与 $\gamma^{\beta\gamma}T_{\gamma\alpha}$ 差个正负号.

我们把爱因斯坦方程用混合分量写出:

$$R_0^0 = -\frac{1}{2}\frac{\partial}{\partial t}\varkappa_\alpha^\alpha - \frac{1}{4}\varkappa_\alpha^\beta \varkappa_\beta^\alpha = 8\pi k\left(T_0^0 - \frac{1}{2}T\right),\tag{97.11}$$

$$R_\alpha^0 = \frac{1}{2}(\varkappa_{\alpha;\beta}^\beta - \varkappa_{\beta;\alpha}^\beta) = 8\pi k T_\alpha^0,\tag{97.12}$$

$$R_\alpha^\beta = -P_\alpha^\beta - \frac{1}{2\sqrt{\gamma}}\frac{\partial}{\partial t}(\sqrt{\gamma}\varkappa_\alpha^\beta) = 8\pi k\left(T_\alpha^\beta - \frac{1}{2}\delta_\alpha^\beta T\right).\tag{97.13}$$

同步参考系的特征是它们的非稳态性: 在这样的参考系中引力场不可能是恒定的. 实际上, 在恒定引力场中应该有 $\varkappa_{\alpha\beta} = 0$. 然而在存在物质的条件下, 全部 $\varkappa_{\alpha\beta}$ 变为零在任何情况下都会与方程 (97.11) 相矛盾 ((97.11) 右边不为零). 我们可以从 (97.13) 得出, 在真空中全部 $P_{\alpha\beta}$, 进而三维曲率张量 $P_{\alpha\beta\gamma\delta}$ 的全部分量变为零, 也就是说, 完全不存在场 (在有欧几里得空间度规的同步参考系里, 时空是平直的).

同时, 填满空间的物质一般说来相对于同步参考系不能静止. 从下面的原因来看这是显而易见的, 即内部有压强作用的物质的粒子一般说来不沿着测地世界线运动; 静止粒子的世界线是时间线, 因而是同步参考系中的测地线. "尘埃状"物质 ($p = 0$) 是个例外情况. 它的粒子在无相互作用的情况下沿测地世界线运动; 在这种情况下, 相应地, 参考系同步性的条件与它同物质共动的条件并不矛盾[1]. 对于其他的物态方程, 类似的情形只有在个别条件下才成立, 即在任何方向或某些方向上不存在压强梯度的时候.

方程 (97.11) 可以表明, 在同步参考系中度规张量的行列式 $-g = \gamma$ 必定得在有限的时间内变为零.

为此我们指出, 这个方程右边的表达式对于任意的物质分布都为正值. 实际上, 在同步参考系中对于能量动量张量 (94.9), 我们有:

$$T_0^0 - \frac{1}{2}T = \frac{1}{2}(\varepsilon + 3p) + \frac{(p+\varepsilon)v^2}{1-v^2}$$

(四维速度的分量由 (88.14) 给出); 这个值显然是正的. 对于电磁场的能量动量张量同样也成立 ($T = 0, T_0^0$ 是场的正能量密度). 这样, 从 (97.11) 我们有:

$$-R_0^0 = \frac{1}{2}\frac{\partial}{\partial t}\varkappa_\alpha^\alpha + \frac{1}{4}\varkappa_\alpha^\beta \varkappa_\beta^\alpha \leqslant 0\tag{97.14}$$

---

[1] 但是在这种情况下, 选择"同步共动"参考系的可能性还必须满足一个条件, 就是物质的运动"不带有旋转". 在共动参考系中四维速度的逆变分量 $u^0 = 1, u^\alpha = 0$. 如果参考系还是同步的, 那么协变分量 $u_0 = 1, u_\alpha = 0$, 因此它的四维旋度必须为零:
$$u_{i;k} - u_{k;i} \equiv \frac{\partial u_i}{\partial x^k} - \frac{\partial u_k}{\partial x^i} = 0.$$
但是这个张量等式应该在任何其他参考系中都成立. 于是, 在同步的, 但不共动的参考系中我们从中得到三维速度 $\boldsymbol{v}$ 的条件 $\mathrm{rot}\,\boldsymbol{v} = 0$.

（等号在真空中成立）.

按照代数不等式[1]

$$\varkappa_\beta^\alpha \varkappa_\alpha^\beta \geqslant \frac{1}{3}(\varkappa_\alpha^\alpha)^2$$

可以将（97.14）写成

$$\frac{\partial}{\partial t}\varkappa_\alpha^\alpha + \frac{1}{6}(\varkappa_\alpha^\alpha)^2 \leqslant 0$$

或者

$$\frac{\partial}{\partial t}\frac{1}{\varkappa_\alpha^\alpha} \geqslant \frac{1}{6}. \tag{97.15}$$

假设，例如某个时刻 $\varkappa_\alpha^\alpha > 0$，那么当 t 减小时 $1/\varkappa_\alpha^\alpha$ 的值也减小，并且它的导数总是有限的（不为零），因此 $1/\varkappa_\alpha^\alpha$ 必定在有限的时间内（从正值）变为零. 换句话说，$\varkappa_\alpha^\alpha$ 变为 $+\infty$，而由于 $\varkappa_\alpha^\alpha = \partial\ln\gamma/\partial t$，那么这意味着行列式 γ 变为零（并且按照不等式（97.15），不快于 t^6）. 如果在初始时刻 $\varkappa_\alpha^\alpha < 0$，对于增长的时间将得到同样的结果.

然而这个结果完全不能证明度规中必定存在真实的物理奇点. 物理奇点是时空本身的特性，与所选择参考系的特点无关（这样的奇点应该以物质密度，或曲率张量的不变量等标量趋于无穷大为特征）. 同步参考系中的奇点（已经证明了其不可避免性），在一般情况下实际上是虚构的，在转换到另一个参考系（非同步的）时会消失. 从简单的几何论证就可以理解它的来源.

从上文中我们看到，构造同步参考系可以归结为构造一簇正交于某个类空超曲面的测地线. 但是任意一簇测地线一般说来会在某些包络超曲面上相交，这些超曲面是几何光学中焦散面 的四维类比. 我们知道，在给定的坐标系中，坐标线的交叉自然地产生了度规的奇点. 所以，与同步参考系的特殊性质有关的奇点的出现有几何上的原因，因而不具有物理的特征. 一般说来，四维空间的任意度规也允许存在不相交的类时测地线簇. 同步参考系中行列式 γ 为零的必然性意味着，场方程允许的现实（非平直）时空（以不等式 $R_0^0 \geqslant 0$ 表达）的弯曲特点排除了存在这样的簇的可能性，所以在所有的同步参考系中时间线必定彼此相交[2].

---

[1] 将张量 $\varkappa_\beta^\alpha$（在任何一个给定的时刻）转化为对角形式，就可以容易地确认其正确性.

[2] 在同步参考系中，伪奇点附近度规的解析构建可以参考文献 E. M. Лифшиц, B. B. Судаков, И. M. Халатников//ЖЭТФ. 1961. T. 40. C. 1847（E. M. Lifshitz, V. V. Sudakov, I. M. Khalatnikov, JETP 40, 1847, 1961）. 从几何的理解可以明白这个度规的一般特征. 由于焦散超曲面在任何情况下都包括了类时的间隔（类时测地线在与焦散面切点处的线元），它不是类空的. 再者，在焦散面上度规张量 $\gamma_{\alpha\beta}$ 的主值之一变为零对应的情况是：两个相邻的测地线在它们与焦散面的切点上相交，并且这两个测地线之间的距离（δ）变为零. 在到达交点前 δ 按照与距离（l）的一次方成正比的关系变为零. 因此度规张量的主值以及行列式 γ 按照正比于 l^2 的关系变为零.

在上文中我们提到，对于尘埃状物质，同步参考系同时可以是共动的. 在这种情况下物质密度在焦散面上变为无穷大，——这正是粒子的世界线（与时间线重合）相交的结果. 但是显然这个密度的奇点可以通过引入任意小但不为零的物质压强来消除，因此在这个意义上它也是非物理的.

习　　题

1. 求真空中引力场方程在非奇异的正则时间点附近的解的展开式.

解：按约定选择被考察的时间点作为时间原点，我们将以下面的形式求解 $\gamma_{\alpha\beta}$

$$\gamma_{\alpha\beta} = a_{\alpha\beta} + tb_{\alpha\beta} + t^2 c_{\alpha\beta} + \dots, \tag{1}$$

其中 $a_{\alpha\beta}, b_{\alpha\beta}, c_{\alpha\beta}$ 是空间坐标的函数. 在同样的近似中，逆张量为：

$$\gamma^{\alpha\beta} = a^{\alpha\beta} - tb^{\alpha\beta} + t^2(b^{\alpha\gamma}b_\gamma^\beta - c^{\alpha\beta}),$$

其中 $a^{\alpha\beta}$ 是 $a_{\alpha\beta}$ 的逆张量，而其余张量的指标的上移借助于 $a^{\alpha\beta}$ 进行. 我们还有：

$$\varkappa_{\alpha\beta} = b_{\alpha\beta} + 2tc_{\alpha\beta}, \quad \varkappa_\alpha^\beta = b_\alpha^\beta + t(2c_\alpha^\beta - b_{\alpha\gamma}b^{\beta\gamma}).$$

爱因斯坦方程（97.11）—（97.13）导出下列关系式：

$$R_0^0 = -c + \frac{1}{4}b_\alpha^\beta b_\beta^\alpha = 0, \tag{2}$$

$$R_\alpha^0 = \frac{1}{2}(b_{\alpha;\beta}^\beta - b_{;\alpha}) +$$
$$+ t\left[-c_{;\alpha} + \frac{3}{8}(b_\beta^\gamma b_\gamma^\beta)_{;\alpha} + c_{\alpha;\beta}^\beta + \frac{1}{4}b_\alpha^\beta b_{;\beta} - \frac{1}{2}(b_\alpha^\gamma b_\gamma^\beta)_{;\beta}\right] = 0, \tag{3}$$

$$R_\alpha^\beta = -P_\alpha^\beta - \frac{1}{4}b_\alpha^\beta b + \frac{1}{2}b_\alpha^\gamma b_\gamma^\beta - c_\alpha^\beta = 0 \tag{4}$$

$(b \equiv b_\alpha^\alpha, c \equiv c_\alpha^\alpha)$. 这里协变微分运算在带有度规 $a_{\alpha\beta}$ 的三维空间里进行；张量 $P_{\alpha\beta}$ 也按照这个度规来定义.

从（4）式可知，系数 $c_{\alpha\beta}$ 完全按照系数 $a_{\alpha\beta}$ 和 $b_{\alpha\beta}$ 来确定. 于是（2）式可给出下列关系式

$$P + \frac{1}{4}b^2 - \frac{1}{4}b_\alpha^\beta b_\beta^\alpha = 0. \tag{5}$$

从（3）式中的零阶项可得：

$$b_{\alpha;\beta}^\beta = b_{;\alpha}. \tag{6}$$

在这个方程中 $\sim t$ 的项在使用（2），（4）—（6）（和恒等式 $P_{\alpha;\beta}^\beta = P_{;\alpha}/2$；对比（92.10））时恒为零.

因此, $a_{\alpha\beta}, b_{\alpha\beta}$ 的 12 个值相互之间由一个关系式 (5) 和 3 个关系式 (6) 联系起来, 于是剩下 3 个空间坐标的 8 个任意的函数. 其中的 3 个函数与 3 个空间坐标的任意转换的可能性相联系, 其中一个函数与在构造同步参考系时初始超曲面的选择的随意性相联系. 相应地 (参考 §95 的末尾), 还剩下 4 个 "物理上不同" 的任意函数.

2. 计算同步参考系中的曲率张量 R_{iklm} 的分量.

解: 利用克里斯托夫符号 (97.9), 我们按照公式 (92.1) 可以得到

$$R_{\alpha\beta\gamma\delta} = -P_{\alpha\beta\gamma\delta} + \frac{1}{4}(\varkappa_{\alpha\delta}\varkappa_{\beta\gamma} - \varkappa_{\alpha\gamma}\varkappa_{\beta\delta}),$$

$$R_{0\alpha\beta\gamma} = \frac{1}{2}(\varkappa_{\alpha\gamma;\beta} - \varkappa_{\alpha\beta;\gamma}),$$

$$R_{0\alpha0\beta} = \frac{1}{2}\frac{\partial}{\partial t}\varkappa_{\alpha\beta} - \frac{1}{4}\varkappa_{\alpha\gamma}\varkappa_{\beta}^{\gamma},$$

其中 $P_{\alpha\beta\gamma\delta}$ 是与三维空间度规 $\gamma_{\alpha\beta}$ 相对应的三维曲率张量.

3. 求不破坏参考系同步性的无穷小变换的一般形式.

解: 变换具有如下形式

$$t \to t + \varphi(x^1, x^2, x^3), \quad x^\alpha \to x^\alpha + \xi^\alpha(x^1, x^2, x^3, t),$$

其中 φ, ξ^α 是小量. φ 不依赖于 t 保证了条件 $g_{00} = 1$ 的成立, 而条件 $g_{0\alpha} = 0$ 的成立则需要满足方程

$$\gamma_{\alpha\beta}\frac{\partial \xi^\beta}{\partial t} = \frac{\partial \varphi}{\partial x^\alpha},$$

由此

$$\xi^\alpha = \frac{\partial \varphi}{\partial x^\beta}\int \gamma^{\alpha\beta}\mathrm{d}t + f^\alpha(x^1, x^2, x^3), \tag{1}$$

其中 f^α 也是小量 (构成三维矢量 $\boldsymbol{f}$). 在这种条件下空间度规张量 $\gamma_{\alpha\beta}$ 可按照下式替换

$$\gamma_{\alpha\beta} \to \gamma_{\alpha\beta} - \xi_{\alpha;\beta} - \xi_{\beta;\alpha} - \varphi\varkappa_{\alpha\beta} \tag{2}$$

(在公式 (94.3) 的帮助下可以容易地证实).

可见, 该变换包含空间坐标 φ, f^α 的四个任意 (小量的) 函数.

§98　爱因斯坦方程的标架表示

对某些特殊形式的度规而言, 确定里奇张量的分量 (并进而写出爱因斯坦方程), 一般说来需要相当繁杂的计算. 因此考虑使用各种公式, 使得在某些情况下可以简化这些计算, 并且以更加直观的形式把结果表达出来, 是十分重要的. 以**标架**形式来表达曲率张量就属于这些公式之列.

引入四个线性独立的四维**基准**矢量 $e_{(a)}^i$（用指标 a 编号）的集合*，只需满足下列要求

$$e_{(a)}^i e_{(b)i} = \eta_{ab},\tag{98.1}$$

其中 η_{ab} 是给定的带有号差 $+---$ 的恒定对称矩阵；η_{ab} 的逆矩阵用 $\eta^{\alpha\beta}$ 表示 $(\eta^{ac}\eta_{cb} = \delta_b^a)$[①]. 和矢量 $e_{(a)}^i$ 的标架同时引入与之**互逆**的矢量 $e^{(a)i}$ 的标架（用上方标架指标编号），按照下面的条件确定

$$e_i^{(a)} e_{(b)}^i = \delta_b^a,\tag{98.2}$$

即，$e_i^{(a)}$ 中的每一个矢量正交于三个矢量 $e_{(b)}^i$，其中 $b \neq a$. 等式 (98.2) 乘以 $e_{(a)}^k$，得到 $(e_{(a)}^k e_i^{(a)})e_{(b)}^i = e_{(b)}^k$，由此可见，和 (98.2) 同时自动地成立等式

$$e_i^{(a)} e_{(a)}^k = \delta_i^k.\tag{98.3}$$

等式 $e_{(a)}^i e_{(c)i} = \eta_{ac}$ 两边同乘以 η^{bc}，得到：

$$e_{(a)}^i (\eta^{bc} e_{(c)i}) = \delta_a^b;$$

与 (98.2) 相比较，我们求得

$$e_i^{(b)} = \eta^{bc} e_{(c)i}, \quad e_{(b)i} = \eta_{bc} e_i^{(c)}.\tag{98.4}$$

这样一来，标架指标的上移和下移可以利用矩阵 η^{bc} 和 η_{bc} 来实现.

用这种方式引入的标架矢量的意义在于，度规张量可以经过它们来表达. 实际上，按照四维矢量的协变分量和逆变分量之间的联系的定义，我们有 $e_i^{(a)} = g_{il}e^{(a)l}$；这个等式乘以 $e_{(a)k}$ 并且使用 (98.3) 和 (98.4)，我们求得：

$$g_{ik} = e_{(a)i} e_k^{(a)} = \eta_{ab} e_i^{(a)} e_k^{(b)}.\tag{98.5}$$

带有度规张量 (98.5) 的线元的平方具有形式

$$ds^2 = \eta_{ab}(e_i^{(a)} dx^i)(e_k^{(b)} dx^k).\tag{98.6}$$

至于任意给出的矩阵 η_{ab}，最自然的选择就是"伽利略"形式（即带有元素为 $1, -1, -1, -1$ 的对角矩阵）；在这种情况下标架矢量按照 (98.1) 是相互

---

*称为标架，故基准矢量亦称标架矢量. ——中译注

① 在本节中头几个拉丁字母 $a, b, c, \cdots$ 将用来表示给基准矢量编号的指标（以下称标架指标）；四维张量的指标还按照以前那样用字母 $i, k, l, \cdots$ 表示. 在文献中标架指标习惯上用括号中的字母（或数字）表示. 为了避免公式的书写过于烦琐，我们将仅在标架指标和四维张量指标一起出现（或相齐）时才使用括号，而在表示自定义的仅具有标架指标（例如，η_{ab} 和接下来的 $\gamma_{abc}, \lambda_{abc}$）的量时我们将省括号. 两次重复的标架指标（如同张量指标一样）在任何地方都表示求和.

正交的, 并且其中之一是类时的, 而其他三个是类空的[1]. 然而这里强调一下, 这样的选择绝不是必须的, 可能存在这样的情形, 由于这样或那样的原因 (例如, 按照度规的对称性质) 适合选择非正交的标架[2].

四维矢量 A^i 的标架分量 (对于任意阶的四维张量也类似) 定义为它在四维标架矢量上的 "投影":

$$A_{(a)} = e^i_{(a)} A_i, \quad A^{(a)} = e^{(a)}_i A^i = \eta^{ab} A_{(b)}. \tag{98.7}$$

反过来:

$$A_i = e^{(a)}_i A_{(a)}, \quad A^i = e^i_{(a)} A^{(a)}. \tag{98.8}$$

我们以这种方式来定义 "沿着 a 方向" 的微分运算:

$$\varphi_{,(a)} = e^i_{(a)} \frac{\partial \varphi}{\partial x^i}.$$

引入接下来需要的量[3]:

$$\gamma_{abc} = e_{(a)i;k} e^i_{(b)} e^k_{(c)} \tag{98.9}$$

以及它们的线性组合

$$\begin{aligned} \lambda_{abc} &= \gamma_{abc} - \gamma_{acb} = \\ &= (e_{(a)i;k} - e_{(a)k;i}) e^i_{(b)} e^k_{(c)} = (e_{(a)i,k} - e_{(a)k,i}) e^i_{(b)} e^k_{(c)}. \end{aligned} \tag{98.10}$$

(98.10) 中的最后一个等式由 (86.12) 导出; 我们指出, λ_{abc} 的值可以通过对标架矢量进行普通的微分来计算.

反过来用 λ_{abc} 来表达 γ_{abc}:

$$\gamma_{abc} = \frac{1}{2}(\lambda_{abc} + \lambda_{bca} - \lambda_{cab}). \tag{98.11}$$

这些量具有对称性质:

$$\begin{aligned} \gamma_{abc} &= -\gamma_{bac}, \\ \lambda_{abc} &= -\lambda_{acb}. \end{aligned} \tag{98.12}$$

---

[1] 选择线性形式 $dx^{(a)} = e^{(a)}_i dx^i$ 作为给定的四维空间单元 (取 "伽利略" η_{ab}) 里的坐标轴的线段, 我们因此在这个单元里将度规转化为伽利略形式. 再次强调一下, $dx^{(a)}$ 的形式一般说来不是坐标的某个函数的全微分.

[2] 标架的合适的选择可以遵循以前将 ds^2 化为形式 (98.6) 的办法. 因此, 形如 (88.13) 的 ds^2 表达式相应于标架矢量

$$e^{(0)}_i = (\sqrt{h}, -\sqrt{h}\boldsymbol{g}), \quad e^{(a)}_i = (0, \boldsymbol{e}^{(a)}),$$

这里 $\boldsymbol{e}^{(a)}$ 的选择依赖于空间形式 dl^2.

[3] γ_{abc} 称做**里奇旋度系数**.

我们的目标在于确定曲率张量的标架分量. 应该从定义 (91.6) 出发, 该定义曾用于标架矢量的协变导数:

$$e_{(a)i;k;l} - e_{(a)i;l;k} = e_{(a)}^m R_{mikl}$$

或者

$$R_{(a)(b)(c)(d)} = (e_{(a)i;k;l} - e_{(a)i;l;k})e_{(b)}^i e_{(c)}^k e_{(d)}^l.$$

这个式子可以容易地用量 γ_{abc} 来表示. 我们写出

$$e_{(a)i;k} = \gamma_{abc}e_i^{(b)}e_k^{(c)},$$

而在下一个协变微分之后, 标架矢量的导数再次以同样的方式表达; 在这种条件下标量 γ_{abc} 的协变导数与它的普通导数相同①. 结果得到:

$$R_{(a)(b)(c)(d)} = \gamma_{abc,d} - \gamma_{abd,c} + \gamma_{abf}(\gamma^f{}_{cd} - \gamma^f{}_{dc}) + \gamma_{afc}\gamma^f{}_{bd} - \gamma_{afd}\gamma^f{}_{bc}, \quad (98.13)$$

其中按照一般规则, $\gamma^a{}_{bc} = \eta^{ad}\gamma_{abc}$, 等等.

按照一对指标 a, c 对这个张量进行缩并可以给出要求解的里奇张量的标架分量; 我们利用 λ_{abc} 的值来把它们表示出来:

$$R_{(a)(b)} = -\frac{1}{2}(\lambda_{ab}{}^c{}_{,c} + \lambda_{ba}{}^c{}_{,c} + \lambda^c{}_{ca,b} + \lambda^c{}_{cb,a} +$$
$$+ \lambda^{cd}{}_b\lambda_{cda} + \lambda^{cd}{}_b\lambda_{dca} - \frac{1}{2}\lambda_b{}^{cd}\lambda_{acd} + \lambda^c{}_{cd}\lambda_{ab}{}^d + \lambda^c{}_{cd}\lambda_{ba}{}^d). \quad (98.14)$$

最后, 我们提请大家注意, 上面讲述的这些理论计算实质上和度规的四维特性没有任何联系. 因此得到的结果也可以应用于三维度规上的三维黎曼张量和里奇张量的计算. 在这种情况下, 自然而然, 代替四维矢量的标架, 我们将应对三维矢量的标架, 而矩阵 η_{ab} 应具有号差 + + +（我们将在 §116 遇到这种应用）.

---

① 为便于参考, 我们列出采用类似方法变换过的任意四维矢量和四维张量的协变导数的表达式

$$A_{i;k}e_{(a)}^i e_{(b)}^k = A_{(a),(b)} - A^{(d)}\gamma_{dab},$$
$$A_{ik;l}e_{(a)}^i e_{(b)}^k e_{(c)}^l = A_{(a),(b),(c)} - A^{(d)}{}_{(b)}\gamma_{dac} + A_{(a)}{}^{(d)}\gamma_{abc},$$

等等.

第十二章

引力物体的场

§99 牛顿定律

现在, 我们将爱因斯坦场方程过渡到非相对论力学极限. 正如在 §87 所指出的, 关于所有粒子速度很小的假设也要求引力场很弱.

在 §87 中, 我们求得在所考虑的极限情形下, 度规张量的分量 g_{00}（我们所需要的唯一分量）是

$$g_{00} = 1 + \frac{2\varphi}{c^2}.$$

其次, 对于能量动量张量的分量, 我们可以用表达式 $(35.4)\, T_i^k = \mu c^2 u_i u^k$, 其中 μ 是物体的密度（单位体积内粒子静止质量之和；我们省略了 μ 的下标 0）. 因为宏观运动也认为是缓慢的, 那么, 对于四维速度 u^i, 我们应当略去它的所有的空间分量, 而仅仅保留时间分量, 就是说, 应当令 $u^\alpha = 0, u^0 = u_0 = 1$. 因此, 在 T_i^k 的所有分量之中只留有

$$T_0^0 = \mu c^2. \tag{99.1}$$

标量 $T = T_i^i$ 将等于同一值 μc^2.

我们将爱因斯坦方程（95.8）写成:

$$R_i^k = \frac{8\pi k}{c^4}\left(T_i^k - \frac{1}{2}\delta_i^k T\right);$$

当 $i = k = 0$ 时,

$$R_0^0 = \frac{4\pi k}{c^2}\mu.$$

不难验证, 在我们所考虑的近似情形中, 所有其余的方程都恒等于零.

在从普遍公式（92.7）计算 R_0^0 时, 我们要注意, 所有含 Γ_{kl}^i 诸量的乘积的项, 在任何情形下, 都是二阶小量. 含有对于 $x^0 = ct$ 的导数的项是很小的

（同那些含有对于坐标 x^α 的导数的项比较），因为它们含有额外的 $1/c$ 的幂. 结果，剩下 $R_0^0 = R_{00} = \partial \Gamma_{00}^\alpha / \partial x^\alpha$. 将

$$\Gamma_{00}^\alpha \approx -\frac{1}{2} g^{\alpha\beta} \frac{\partial g_{00}}{\partial x^\beta} = \frac{1}{c^2} \frac{\partial \varphi}{\partial x^\alpha}$$

代入，我们求得

$$R_0^0 = \frac{1}{c^2} \frac{\partial^2 \varphi}{\partial x^{\alpha 2}} \equiv \frac{1}{c^2} \Delta\varphi.$$

因此，爱因斯坦方程化为

$$\Delta\varphi = 4\pi k\mu. \tag{99.2}$$

这就是非相对论力学中的引力场方程. 我们要注意这个方程完全类似于电势的泊松方程（36.4），只是在此处以质量密度乘 $-k$ 来代替了电荷密度. 因此，与（36.8）相类似，我们可以立即写出方程（99.2）的通解如下：

$$\varphi = -k \int \frac{\mu}{R} \mathrm{d}V. \tag{99.3}$$

这个公式决定了非相对论近似下任意质量分布的引力场的势.

就特例言之，质量为 m 的单个粒子的场的势是

$$\varphi = -\frac{km}{R}, \tag{99.4}$$

因此，作用在该场内另外一个粒子（质量为 m'）上的力 $F = -m' \dfrac{\partial \varphi}{\partial R}$ 等于

$$F = -\frac{kmm'}{R^2}. \tag{99.5}$$

这就是众所周知的**牛顿引力定律**.

粒子在引力场内的势能等于粒子的质量乘以场的势，这与电场内的势能等于电荷乘以场的势相似. 因此，与（37.1）相似，我们可以写出任意质量分布的势能如下：

$$U = \frac{1}{2} \int \mu\varphi \mathrm{d}V. \tag{99.6}$$

对于离产生场的质量很远的恒定引力场的牛顿势，我们可以写出一个类似于在 §40 和 §41 中对静电场得到的展开式. 选择质量的惯性中心为坐标原点. 这时，积分 $\int \mu r \mathrm{d}V$ 将恒等于零，这个积分与电荷体系的偶极矩类似. 因此，与静电场的情形不同，在引力场情形中，我们总能够消除"偶极项". 因此，势 φ 的展开式有下面的形式：

$$\varphi = -k \left(\frac{M}{R_0} + \frac{1}{6} D_{\alpha\beta} \frac{\partial^2}{\partial X_\alpha \partial X_\beta} \frac{1}{R_0} + \cdots \right), \tag{99.7}$$

式中 $M = \int \mu \mathrm{d}V$ 是体系的总质量，而

$$D_{\alpha\beta} = \int \mu(3x_\alpha x_\beta - r^2 \delta_{\alpha\beta})\mathrm{d}V \qquad (99.8)$$

可以称为质量的**四极矩张量**[①]. 它与通常的**转动惯量张量**

$$J_{\alpha\beta} = \int \mu(r^2\delta_{\alpha\beta} - x_\alpha x_\beta)\mathrm{d}V$$

有下面的关系式：

$$D_{\alpha\beta} = J_{\gamma\gamma}\delta_{\alpha\beta} - 3J_{\alpha\beta}. \qquad (99.9)$$

由给定质量分布求牛顿势是数学物理中一个分支的主题；阐述有关的各种方法并不是本书的任务. 这里我们只给出一个均匀椭球体产生的引力场势的公式作为参考.

设椭球表面由如下方程给出：

$$\frac{x^2}{a^2} + \frac{y^2}{b^2} + \frac{z^2}{c^2} = 1, \quad a > b > c. \qquad (99.10)$$

则场在物体外任一点的势由如下公式给定：

$$\varphi = -\pi\mu abck \int_\xi^\infty \left(1 - \frac{x^2}{a^2 + s} - \frac{y^2}{b^2 + s} - \frac{z^2}{c^2 + s}\right)\frac{\mathrm{d}s}{R_s}, \qquad (99.11)$$

$$R_s = \sqrt{(a^2 + s)(b^2 + s)(c^2 + s)},$$

式中 ξ 是方程

$$\frac{x^2}{a^2 + \xi} + \frac{y^2}{b^2 + \xi} + \frac{z^2}{c^2 + \xi} = 1 \qquad (99.12)$$

的正根. 椭球内部场的势由如下公式给出

$$\varphi = -\pi\mu abck \int_0^\infty \left(1 - \frac{x^2}{a^2 + s} - \frac{y^2}{b^2 + s} - \frac{z^2}{c^2 + s}\right)\frac{\mathrm{d}s}{R_s}, \qquad (99.13)$$

它同 (99.11) 的区别在于积分下限换成了 0；我们注意到这个表达式是坐标 x, y, z 的二次函数.

按照 (99.6)，物体的引力能可通过将表达式 (99.13) 对椭球体积进行积分求得. 这个积分可以用初等方法完成[②]，结果是：

$$U = \frac{3km^2}{8} \int_0^\infty \left[\frac{1}{5}\left(\frac{a^2}{a^2 + s} + \frac{b^2}{b^2 + s} + \frac{c^2}{c^2 + s}\right) - 1\right]\frac{\mathrm{d}s}{R_s} =$$

$$= \frac{3km^2}{8} \int_0^\infty \left[\frac{2}{5}s\mathrm{d}\left(\frac{1}{R_s}\right) - \frac{2}{5}\frac{\mathrm{d}s}{R_s}\right]$$

---

① 在此，我们将所有指标 α, β 都写成下标，没有区分协变和逆变分量，因为所有的运算都是在普通的牛顿空间（欧几里得空间）中进行的.

② 对平方 x^2, y^2, z^2 积分最简单的做法是，通过代换 $x = ax', y = by', z = cz'$ 把对椭球体积的积分化为对单位球体积的积分.

$(m = \dfrac{4\pi}{3} abc\mu$ 是物体的总质量）；对第一项作分部积分，最后得到：

$$U = -\frac{3km^2}{10} \int_0^\infty \frac{\mathrm{d}s}{R_s}.$$ 　　　　(99.14)

出现在 (99.11)—(99.14) 式中的所有积分，都可以用第一类和第二类椭圆积分来表示. 对于旋转椭球体，这些积分可以用初等函数来表示. 就特例言之，旋转扁椭球 $(a = b > c)$ 的引力能是

$$U = -\frac{3km^2}{5\sqrt{a^2 - c^2}} \arccos \frac{c}{a},$$ 　　　　(99.15)

而对于旋转长椭球 $(a > b = c)$ 有：

$$U = -\frac{3km^2}{5\sqrt{a^2 - c^2}} \operatorname{arch} \frac{a}{c}.$$ 　　　　(99.16)

对于球 $(a = c)$，两个公式都给出值 $U = -3km^2/5a$，这个结果当然也可由初等方法得到[①].

习　　题

求作整体旋转、且引力质量分布均匀的流体的平衡形状.

解：平衡条件是，物体表面上引力势与离心力势之和为常量：

$$\varphi - \frac{\Omega^2}{2}(x^2 + y^2) = \text{const}$$

（Ω 是角速度；旋转轴是 z 轴）. 满足要求的形状是旋转扁椭球. 为求得它的参数，将 (99.13) 代入平衡条件，并用方程 (99.10) 消去 z^2；这就给出：

$$(x^2 + y^2) \left[\int_0^\infty \frac{\mathrm{d}s}{(a^2 + s)^2 \sqrt{c^2 + s}} - \frac{\Omega^2}{2\pi\mu k a^2 c} - \frac{c^2}{a^2} \int_0^\infty \frac{\mathrm{d}s}{(a^2 + s)(c^2 + s)^{3/2}} \right] =$$
$$= \text{const},$$

由此得出，方括号内的表达式必须为零. 进行积分，结果得到方程

$$\frac{(a^2 + 2c^2)c}{(a^2 - c^2)^{3/2}} \arccos \frac{c}{a} - \frac{3c^2}{a^2 - c^2} = \frac{\Omega^2}{2\pi k\mu} = \frac{25}{6} \left(\frac{4\pi}{3}\right)^{1/3} \frac{M^2 \mu^{1/3}}{m^{10/3} k} \left(\frac{c}{a}\right)^{4/3}$$

（$M = \dfrac{2}{5} ma^2 \Omega$ 是物体绕 z 轴的角动量），该方程对于给定的 M 或 Ω 决定了

[①] 半径为 a 的均匀球内部场的势为

$$\varphi = -2\pi k\mu \left(a^2 - \frac{r^2}{3}\right).$$

两半轴之比 c/a. 比值 c/a 对 M 的依赖关系是单值的；c/a 随着 M 的增加而单调增加.

不过，我们得到的对称形状仅对不太大的 M 值（对于小扰动）是稳定的. 对于 $M = 0.24k^{1/2}m^{5/3}\mu^{-1/6}$（$c/a = 0.58$）将失去稳定性. 随着 M 的进一步增加，平衡形状变为 b/a 和 c/a 值（分别从 1 和 0.58）逐渐减小的一般椭球. 这种形状对于 $M = 0.31k^{1/2}m^{5/3}\mu^{-1/6}$（$a:b:c = 1:0.43:0.34$）再次变得不稳定[①].

§100 中心对称的引力场

我们来研究一个具有中心对称的引力场. 任何中心对称分布的物质都可以产生这样的场；这时，当然不仅分布必须是中心对称的，而且物质的运动也必须是中心对称的，就是说，每一点的速度必须是沿着径向的.

场的中心对称性就等于说，时空的度规，即间隔 ds 的表达式，在所有与中心等距离之点必须一样. 在欧氏空间中，这个距离等于径矢；在非欧氏空间中，例如在引力场存在的情形下，没有一个量具有欧氏径矢的一切特性（例如，既等于到中心的距离，又等于圆周之长除以 2π）. 因此，"径矢" 的选择现在是任意的.

假如我们用空间 "球" 坐标 r, θ, φ，那么，ds^2 的最广义的中心对称式是

$$ds^2 = h(r,t)dr^2 + k(r,t)(\sin^2\theta \cdot d\varphi^2 + d\theta^2) +$$
$$+ l(r,t)dt^2 + a(r,t)drdt, \tag{100.1}$$

式中，a, h, k, l 是 "径矢" r 和 "时间" t 的某种函数. 但是，因为在广义相对论中，参考系是可以任意选择的，所以我们还可以对坐标进行不破坏 ds^2 的中心对称性的任何变换；这就是说，我们可以按照公式

$$r = f_1(r', t'), \quad t = f_2(r', t'),$$

变换坐标 r 和 t，此处的 f_1, f_2 是新坐标 r', t' 的任意函数.

利用这种可能性，我们这样来选择坐标 r 和时间 t，首先，使 ds^2 的表达式中的 $drdt$ 的系数 $a(r,t)$ 为零，其次，使 ds^2 的表达式中的第二项的系数 $k(r,t)$ 简化为 $-r^2$.[②]后一要求意味着，径矢 r 是这样定义的：使一个以坐标原点为圆心的圆周之长等于 $2\pi r$（在 $\theta = \pi/2$ 的平面内的圆的弧元等于

---

① 有关这个问题的参考文献可在 H. Lamb 的著作 Hydrodynamics, XII, 1947 中找到.

② 必须指出这个条件并未唯一决定时间坐标的选择. 就是说，它还可以进行一个不包含 r 的形如 $t = f(t')$ 的任意变换.

$\mathrm{d}l = r\mathrm{d}\varphi$). 将 h 和 l 分别写成形如 $-\mathrm{e}^\lambda$ 和 $c^2\mathrm{e}^\nu$ 的指数式是便利的, 此处的 λ 和 ν 是 r 和 t 的某种函数. 因此, 我们得到下面的 $\mathrm{d}s^2$ 表达式:

$$\mathrm{d}s^2 = \mathrm{e}^\nu c^2 \mathrm{d}t^2 - r^2(\mathrm{d}\theta^2 + \sin^2\theta \cdot \mathrm{d}\varphi^2) - \mathrm{e}^\lambda \mathrm{d}r^2. \tag{100.2}$$

用 x^0, x^1, x^2, x^3 分别代表坐标 ct, r, θ, φ, 对于度规张量的非零的分量, 我们有以下表达式

$$g_{00} = \mathrm{e}^\nu, \quad g_{11} = -\mathrm{e}^\lambda, \quad g_{22} = -r^2, \quad g_{33} = -r^2\sin^2\theta.$$

显然

$$g^{00} = \mathrm{e}^{-\nu}, \quad g^{11} = -\mathrm{e}^{-\lambda}, \quad g^{22} = -r^{-2}, \quad g^{33} = -r^{-2}\sin^{-2}\theta.$$

用这些值, 不难从公式 (86.3) 算出 Γ^i_{kl}. 计算的结果如下 (一撇表示对于 r 微分, 在符号上的一点表示对于 ct 微分):

$$\begin{aligned}
&\Gamma^1_{11} = \frac{\lambda'}{2}, \quad \Gamma^0_{10} = \frac{\nu'}{2}, \quad \Gamma^2_{33} = -\sin\theta\cos\theta, \\
&\Gamma^0_{11} = \frac{\dot\lambda}{2}\mathrm{e}^{\lambda-\nu}, \quad \Gamma^1_{22} = -r\mathrm{e}^{-\lambda}, \quad \Gamma^1_{00} = \frac{\nu'}{2}\mathrm{e}^{\nu-\lambda}, \\
&\Gamma^2_{12} = \Gamma^3_{13} = \frac{1}{r}, \quad \Gamma^3_{23} = \cot\theta, \quad \Gamma^0_{00} = \frac{\dot\nu}{2}, \\
&\Gamma^1_{10} = \frac{\dot\lambda}{2}, \quad \Gamma^1_{33} = -r\sin^2\theta\mathrm{e}^{-\lambda}.
\end{aligned} \tag{100.3}$$

Γ^i_{kl} 的所有其余的分量 (除了那些只需交换指标 k 和 l 就能从所写出的分量得到者外) 都为零.

为了得到引力的方程, 我们应当按照公式 (92.7) 计算张量 R^i_k 的分量. 简单的计算导出下面的方程:

$$\frac{8\pi k}{c^4}T^1_1 = -\mathrm{e}^{-\lambda}\left(\frac{\nu'}{r} + \frac{1}{r^2}\right) + \frac{1}{r^2}, \tag{100.4}$$

$$\begin{aligned}
\frac{8\pi k}{c^4}T^2_2 = \frac{8\pi k}{c^4}T^3_3 &= -\frac{1}{2}\mathrm{e}^{-\lambda}\left(\nu'' + \frac{\nu'^2}{2} + \frac{\nu'-\lambda'}{r} - \frac{\nu'\lambda'}{2}\right) + \\
&+ \frac{1}{2}\mathrm{e}^{-\nu}\left(\ddot\lambda + \frac{\dot\lambda^2}{2} - \frac{\dot\lambda\dot\nu}{2}\right),
\end{aligned} \tag{100.5}$$

$$\frac{8\pi k}{c^4}T^0_0 = -\mathrm{e}^{-\lambda}\left(\frac{1}{r^2} - \frac{\lambda'}{r}\right) + \frac{1}{r^2}, \tag{100.6}$$

$$\frac{8\pi k}{c^4}T^1_0 = -\mathrm{e}^{-\lambda}\frac{\dot\lambda}{r} \tag{100.7}$$

（(95.6) 的其余分量恒等于零）. 利用 (94.9)，能量动量张量可以由物质的能量密度 ε，它的压强 p，和径向速度 v 来表示.

在真空中，即在产生场的质量以外，方程 (100.4)—(100.7) 对于中心对称场这一非常重要的情形是严格可积的. 令能量动量张量等于零，我们得到下面的方程：

$$e^{-\lambda}\left(\frac{\nu'}{r} + \frac{1}{r^2}\right) - \frac{1}{r^2} = 0, \tag{100.8}$$

$$e^{-\lambda}\left(\frac{\lambda'}{r} - \frac{1}{r^2}\right) + \frac{1}{r^2} = 0, \tag{100.9}$$

$$\dot{\lambda} = 0 \tag{100.10}$$

（我们没有写第四个方程，即方程 (100.5)，因为它可以从其余三个方程推出）.

从 (100.10) 式直接看出，λ 与时间无关. 此处，将 (100.8) 和 (100.9) 相加，可得 $\lambda' + \nu' = 0$，即

$$\lambda + \nu = f(t), \tag{100.11}$$

式中，$f(t)$ 仅仅是时间的函数. 但是当我们选择间隔 ds^2 为 (100.2) 的形式后，仍旧可以作一个形如 $t = f(t')$ 的任意的时间变换. 这样的变换就等效于将一个任意的时间函数加到 ν 上，并且借它的帮助，我们总可能使 (100.11) 式中的 $f(t)$ 为零. 因此，不失任何普遍性，我们可以认为 $\lambda + \nu = 0$. 由此我们注意到，真空中的中心对称引力场自然而然是静态的.

方程 (100.9) 是容易积分的，其结果是

$$e^{-\lambda} = e^{\nu} = 1 + \frac{\text{const}}{r}. \tag{100.12}$$

因此，在无限远处 $(r \to \infty)$，$e^{-\lambda} = e^{\nu} = 1$，这就是说，在与引力物体相距很远之处，度规就自然而然地变成了伽利略度规. 上式中的常数容易用物体的质量来表示，只要要求在远距离处，场是弱的，牛顿定律应当成立.[①] 换言之，我们应当有 $g_{00} = 1 + 2\varphi/c^2$，此处的势 φ 具有牛顿力学中的值 (99.4)：$\varphi = -km/r$（m 是产生场的物体的总质量）. 从此显然可见，(100.12) 式中的 $\text{const} = -(2km/c^2)$. 这个量具有长度的量纲，称为物体的**引力半径** r_g：

$$r_\text{g} = \frac{2km}{c^2}. \tag{100.13}$$

[①] 对于中心对称分布的球形空腔内部的场，必有 $\text{const} = 0$，因为若不如此，度规在 $r = 0$ 处会有奇异性. 因此，这样的空腔内部的度规自然是伽利略度规，即空腔内部没有引力场（正如在牛顿理论中一样）.

因此，我们最后得到如下形式的时空度规：

$$ds^2 = \left(1 - \frac{r_{\mathrm{g}}}{r}\right) c^2 \mathrm{d}t^2 - r^2(\sin^2\theta\,\mathrm{d}\varphi^2 + \mathrm{d}\theta^2) - \frac{\mathrm{d}r^2}{1 - r_{\mathrm{g}}/r}. \tag{100.14}$$

爱因斯坦方程的这个解是史瓦西得到的（K. Schwarzschild, 1916）. 它完全决定了任何中心对称分布的物质在真空中产生的引力场. 我们着重指出，这个解不仅对于静止的物质有效，而且对于运动的物质也有效，只要求这个运动也有中心对称性（例如，中心对称的脉动）. 我们注意到，度规（100.14）只依赖于引力物体的总质量，恰如牛顿理论中类似的问题.

空间度规由空间距离元的表达式

$$\mathrm{d}l^2 = \frac{\mathrm{d}r^2}{1 - r_{\mathrm{g}}/r} + r^2(\sin^2\theta\,\mathrm{d}\varphi^2 + \mathrm{d}\theta^2) \tag{100.15}$$

所决定，坐标 r 的几何意义决定于如下事实，即在度规（100.15）中，其中心在场中心的圆的周长是 $2\pi r$. 但同一半径上 r_1 和 r_2 两点之间的距离由以下积分给出

$$\int_{r_1}^{r_2} \frac{\mathrm{d}r}{\sqrt{1 - r_{\mathrm{g}}/r}} > r_2 - r_1. \tag{100.16}$$

此外，我们看到，$g_{00} \leqslant 1$. 结合定义固有时的公式（84.1）$\mathrm{d}\tau = \sqrt{g_{00}}\mathrm{d}t$，可以推断

$$\mathrm{d}\tau \leqslant \mathrm{d}t. \tag{100.17}$$

只有在无穷远处，等号方能成立，在那里，t 与固有时重合. 因此，在与物质相距有限距离处的时间比在无穷远处的时间"走得慢些".

最后我们再介绍 $\mathrm{d}s^2$ 在距离坐标原点很远处的一个近似式：

$$\mathrm{d}s^2 = \mathrm{d}s_0^2 - \frac{2km}{c^2 r}(\mathrm{d}r^2 + c^2\mathrm{d}t^2). \tag{100.18}$$

第二项是对伽利略度规 $\mathrm{d}s_0^2$ 的一个小的修正. 在与产生场的物质相距甚远处，每个场都是中心对称的. 因此，(100.18) 式决定与任何物体体系相距甚远之处的度规.

在讨论引力物质内部的中心对称引力场时，也可以作某些一般的考虑. 从方程（100.6），我们看出，当 $r \to 0$ 时，λ 至少要像 r^2 一样快地趋近于零；假如不是如此，那么方程右边当 $r \to 0$ 时就应该变为无穷大了，就是说，T_0^0 在 $r = 0$ 处应该有一个奇点，然而这在物理上是荒谬的. 将（100.6）作形式积分，其边界条件是 $\lambda|_{r=0} = 0$，我们得到

$$\lambda = -\ln\left(1 - \frac{8\pi k}{c^4 r}\int_0^r T_0^0 r^2 \mathrm{d}r\right). \tag{100.19}$$

因从 (94.10)，有 $T_0^0 = \mathrm{e}^{-\nu} T_{00} \geqslant 0$，由此可见 $\lambda \geqslant 0$，即

$$\mathrm{e}^\lambda \geqslant 1. \tag{100.20}$$

从 (100.4) 中逐项减去方程 (100.6)，我们得到：

$$\frac{\mathrm{e}^{-\lambda}}{r}(\nu' + \lambda') = \frac{8\pi k}{c^4}(T_0^0 - T_1^1) = \frac{(\varepsilon + p)\left(1 + \dfrac{v^2}{c^2}\right)}{1 - \dfrac{v^2}{c^2}} \geqslant 0,$$

即 $\nu' + \lambda' \geqslant 0$. 但对于 $r \to \infty$（远离物质），度规变为伽利略度规，即 $\nu \to 0, \lambda \to 0$. 因此，从 $\nu' + \lambda' \geqslant 0$ 可以断定，在整个空间中都有

$$\nu + \lambda \leqslant 0. \tag{100.21}$$

因为 $\lambda \geqslant 0$，从而得到 $\nu \leqslant 0$，即

$$\mathrm{e}^\nu \leqslant 1. \tag{100.22}$$

这些不等式表明，前面所讲的真空中中心对称场的空间度规的性质 (100.16) 和 (100.17) 以及钟的快慢同样可以应用于引力物质内部的场.

如果引力场是由一个"半径"为 a 的球体所产生，那么，当 $r > a$ 时，我们就有 $T_0^0 = 0$. 对于 $r > a$ 的点，公式 (100.19) 给出

$$\lambda = -\ln\left(1 - \frac{8\pi k}{c^4 r}\int_0^a T_0^0 r^2 \mathrm{d}r\right).$$

另一方面，在这里我们可以用适于真空的表达式 (100.14)，按照此式，

$$\lambda = -\ln\left(1 - \frac{2km}{c^2 r}\right).$$

使以上两式相等，我们得到公式

$$m = \frac{4\pi}{c^2}\int_0^a T_0^0 r^2 \mathrm{d}r, \tag{100.23}$$

这个公式是用物体的能量动量张量来表示物体的总质量.

就特例而言，对于物体内物质的静态分布，我们有 $T_0^0 = \varepsilon$，因此有

$$m = \frac{4\pi}{c^4}\int_0^a \varepsilon r^2 \mathrm{d}r. \tag{100.24}$$

请注意，积分是对 $4\pi r^2 \mathrm{d}r$ 进行的，而度规 (100.2) 的空间体积元是

$$\mathrm{d}V = 4\pi r^2 \mathrm{e}^{\lambda/2}\mathrm{d}r,$$

这里，按照 (100.20)，$\mathrm{e}^{\lambda/2} > 1$. 这个差表示了物体的引力质量亏损.

习　　题

1. 求史瓦西度规 (100.14) 的曲率张量的不变量.

解：用 (92.1) 式和来自 (100.3) 的 Γ^i_{kl}（或用 §92 习题 2 获得的公式）进行计算，得到曲率张量非零分量的下列值：

$$R_{0101} = \frac{r_g}{r^3}, \quad R_{0202} = \frac{R_{0303}}{\sin^2\theta} = -\frac{r_g(r-r_g)}{2r^2},$$

$$R_{1212} = \frac{R_{1313}}{\sin^2\theta} = \frac{r_g}{2(r-r_g)}, \quad R_{2323} = -r_g\sin^2\theta.$$

对于 (92.20) 的不变量 I_1 和 I_2，我们得到：

$$I_1 = \left(\frac{r_g}{2r^3}\right)^2, \quad I_2 = -\left(\frac{r_g}{2r^3}\right)^3$$

（包含对偶张量 $\overset{*}{R}_{iklm}$ 的乘积恒等于零）. 该曲率张量属于彼得罗夫分类的 D 型（有实不变量 $\lambda^{(1)} = \lambda^{(2)} = -r_g/2r^3$）. 我们注意到，该曲率不变量仅在 $r=0$，而不是在 $r=r_g$ 有奇异性.

2. 求这个度规的空间曲率.

解：空间曲率张量 $P_{\alpha\beta\gamma\delta}$ 的分量可用张量 $P_{\alpha\beta}$（和张量 $\gamma_{\alpha\beta}$）的分量来表示. 因此，只须计算 $P_{\alpha\beta}$ 就够了（参见 §92 习题 1）. 利用 $\gamma_{\alpha\beta}$ 来表示张量 $P_{\alpha\beta}$，正如用 g_{ik} 来表示 R_{ik} 一样. 用从 (100.15) 得到的 $\gamma_{\alpha\beta}$ 值，经过计算后，我们得到：

$$P^\theta_\theta = P^\varphi_\varphi = \frac{r_g}{2r^3}, \quad P^r_r = -\frac{r_g}{r^3},$$

当 $\alpha \neq \beta$ 时，$P^\beta_\alpha = 0$. 我们注意到 $P^\theta_\theta, P^\varphi_\varphi > 0, P^r_r < 0$，而 $P \equiv P^\alpha_\alpha = 0$.

从 §92 习题 1 给出的公式，我们得到：

$$P_{r\theta r\theta} = (P^r_r + P^\theta_\theta)\gamma_{rr}\gamma_{\theta\theta} = -P^\varphi_\varphi\gamma_{rr}\gamma_{\theta\theta},$$

$$P_{r\varphi r\varphi} = -P^\theta_\theta\gamma_{rr}\gamma_{\varphi\varphi}, \quad P_{\theta\varphi\theta\varphi} = -P^r_r\gamma_{\theta\theta}\gamma_{\varphi\varphi}.$$

于是推得（参见 §92 第四个脚注），对垂直于半径的"平面"，高斯曲率是

$$K = \frac{P_{\theta\varphi\theta\varphi}}{\gamma_{\theta\theta}\gamma_{\varphi\varphi}} = -P^r_r > 0$$

（这意味着，在该"平面"上与垂直于它的半径的交点的邻域内画一个小三角形，该三角形的三个角之和大于 π）. 至于通过中心的"平面"，它们的高斯曲率 $K < 0$，这意味着，这样一个"平面"内的小三角形的三个角之和小于 π（然而，这并不是指围绕中心的三角形，这样的三角形三个角之和大于 π）.

3. 决定旋转曲面的形式, 我们要求在这个旋转曲面上的几何同在真空中的中心对称引力场内经过原点的"平面"上的几何一样.

解: 在旋转曲面 $z = z(r)$ 上的几何为 (用柱体坐标) 线元

$$\mathrm{d}l^2 = \mathrm{d}r^2 + \mathrm{d}z^2 + r^2\mathrm{d}\varphi^2 = \mathrm{d}r^2(1 + z'^2) + r^2\mathrm{d}\varphi^2$$

所决定. 将此式与所考虑的场内的"平面" $\theta = \pi/2$ 内的线元 (100.15)

$$\mathrm{d}l^2 = r^2\mathrm{d}\varphi^2 + \frac{\mathrm{d}r^2}{1 - r_\mathrm{g}/r}$$

相比较, 我们得到

$$1 + z'^2 = \left(1 - \frac{r_\mathrm{g}}{r}\right)^{-1},$$

由此可得

$$z = 2\sqrt{r_\mathrm{g}(r - r_\mathrm{g})}.$$

对于 $r = r_\mathrm{g}$, 这个函数有一个奇异性——分支点. 其解释是, 空间度规 (100.15) 与时空度规 (100.14) 不同, 在 $r = r_\mathrm{g}$ 确实有一个奇异性.

上题提到的经过中心的"平面"上的一般几何性质, 也可以通过考虑这里给出的直观模型中的曲率得到.

4. 将间隔 (100.14) 变换到这样的坐标中, 在其中的空间距离元具有共形欧几里得形式 (即 $\mathrm{d}l^2$ 和它的欧氏表达式成比例).

解: 令

$$r = \rho\left(1 + \frac{r_\mathrm{g}}{4\rho}\right)^2,$$

从 (100.14), 我们得到

$$\mathrm{d}s^2 = \left(\frac{1 - \dfrac{r_\mathrm{g}}{4\rho}}{1 + \dfrac{r_\mathrm{g}}{4\rho}}\right)^2 c^2\mathrm{d}t^2 - \left(1 + \frac{r_\mathrm{g}}{4\rho}\right)^4 (\mathrm{d}\rho^2 + \rho^2\mathrm{d}\theta^2 + \rho^2\sin^2\theta\mathrm{d}\varphi^2).$$

坐标 ρ, θ, φ 称为**各向同性球坐标**. 我们也可以引入各向同性笛卡儿坐标 x, y, z 来代替它们. 特别是, 在大距离处 $(\rho \gg r_\mathrm{g})$, 我们近似地有

$$\mathrm{d}s^2 = \left(1 - \frac{r_\mathrm{g}}{\rho}\right)c^2\mathrm{d}t^2 - \left(1 + \frac{r_\mathrm{g}}{\rho}\right)(\mathrm{d}x^2 + \mathrm{d}y^2 + \mathrm{d}z^2).$$

5. 求在共动参考系中物质内部的中心对称引力场方程.

解: 我们利用间隔元 (100.1) 内的坐标 r, t 的两个可能的变换, 使得: 第一, 使 $\mathrm{d}r\mathrm{d}t$ 的系数 $a(r, t)$ 为零; 第二, 使物体的径向速度在所有的点为零 (根

据中心对称性, 速度的其余分量一般都为零). 在此以后, 坐标 r 和 t 仍然可能经受一个形如 $r = r(r'), t = t(t')$ 的任意变换.

将这样选择的径向坐标和时间记为 R 和 τ, 分别用 $-\mathrm{e}^\lambda, -\mathrm{e}^\mu, \mathrm{e}^\nu(\lambda, \mu, \nu$ 是 R 和 τ 的函数) 来表示 h, k, l, 我们得到线元的表达式如下:

$$\mathrm{d}s^2 = c^2 \mathrm{e}^\nu \mathrm{d}\tau^2 - \mathrm{e}^\lambda \mathrm{d}R^2 - \mathrm{e}^\mu (\mathrm{d}\theta^2 + \sin^2\theta \mathrm{d}\varphi^2). \tag{1}$$

在共动参考系中物质的能量动量张量的分量是:

$$T_0^0 = \varepsilon, \quad T_1^1 = T_2^2 = T_3^3 = -p.$$

计算给出下面的场方程[①]:

$$-\frac{8\pi k}{c^4} T_1^1 = \frac{8\pi k}{c^4} p = \frac{1}{2} \mathrm{e}^{-\lambda} \left(\frac{\mu'^2}{2} + \mu'\nu' \right) - \mathrm{e}^{-\nu} \left(\ddot{\mu} - \frac{1}{2}\dot{\mu}\dot{\nu} + \frac{3}{4}\dot{\mu}^2 \right) - \mathrm{e}^{-\mu}, \tag{2}$$

$$-\frac{8\pi k}{c^4} T_2^2 = \frac{8\pi k}{c^4} p = \frac{1}{4} \mathrm{e}^{-\lambda}(2\nu'' + \nu'^2 + 2\mu'' + \mu'^2 - \mu'\lambda' - \nu'\lambda' + \mu'\nu') +$$
$$+ \frac{1}{4} \mathrm{e}^{-\nu}(\dot{\lambda}\dot{\nu} + \dot{\mu}\dot{\nu} - \dot{\lambda}\dot{\mu} - 2\ddot{\lambda} - \dot{\lambda}^2 - 2\ddot{\mu} - \dot{\mu}^2), \tag{3}$$

$$\frac{8\pi k}{c^4} T_0^0 = \frac{8\pi k}{c^4} \varepsilon = -\mathrm{e}^{-\lambda} \left(\mu'' + \frac{3}{4}\mu'^2 - \frac{\mu'\lambda'}{2} \right) + \frac{1}{2} \mathrm{e}^{-\nu} \left(\dot{\lambda}\dot{\mu} + \frac{\dot{\mu}^2}{2} \right) + \mathrm{e}^{-\mu}, \tag{4}$$

$$\frac{8\pi k}{c^4} T_0^1 = 0 = \frac{1}{2} \mathrm{e}^{-\lambda}(2\dot{\mu}' + \dot{\mu}\mu' - \dot{\lambda}\mu' - \nu'\dot{\mu}) \tag{5}$$

(式中撇号表示对 R 微分, 点表示对 $c\tau$ 微分).

从包含在引力场方程之内的方程 $T_{i;k}^k = 0$ 出发, 不难得到 λ, μ, ν 各量间的一些普遍关系. 用公式 (86.11), 我们得到下面两个方程:

$$\dot{\lambda} + 2\dot{\mu} = -\frac{2\dot{\varepsilon}}{p+\varepsilon}, \quad \nu' = -\frac{2p'}{p+\varepsilon}. \tag{6}$$

如果 p 是能量 ε 的已知函数, 那么, 方程 (6) 可以直接积分如:

$$\lambda + 2\mu = -2 \int \frac{\mathrm{d}\varepsilon}{p+\varepsilon} + f_1(R), \quad \nu = -2 \int \frac{\mathrm{d}p}{p+\varepsilon} + f_2(\tau), \tag{7}$$

鉴于上面所说的可以作形如 $R = R(R'), \tau = \tau(\tau')$ 的任意变换, 上式中的函数 $f_1(R)$ 和 $f_2(\tau)$ 可以任意选择.

6. 求决定静止轴对称物体周围真空中的静态引力场的方程 (H. Weyl, 1917).

[①] 分量 R_{ik} 可以按正文中做过的那样直接计算, 或者用 §92 习题 2 得到的公式计算.

解：假设空间柱坐标 $x^1 = \varphi, x^2 = \rho, x^3 = z$ 中的静态线元具有形式

$$\mathrm{d}s^2 = \mathrm{e}^{\nu}c^2\mathrm{d}t^2 - \mathrm{e}^{\omega}\mathrm{d}\varphi^2 - \mathrm{e}^{\mu}(\mathrm{d}\rho^2 + \mathrm{d}z^2),$$

式中 ν, ω, μ 是 ρ 和 z 的函数；这样的表示把坐标的选择确定到形如 $\rho = \rho(\rho', z'), z = z(\rho', z')$ 的变换之内，它仅给二次型 $\mathrm{d}\rho^2 + \mathrm{d}z^2$ 乘上一个共同的因子.

从方程

$$R_0^0 = \frac{1}{4}\mathrm{e}^{-\mu}[2\nu_{,\rho,\rho} + \nu_{,\rho}(\nu_{,\rho} + \omega_{,\rho}) + 2\nu_{,z,z} + \nu_{,z}(\nu_{,z} + \omega_{,z})] = 0,$$

$$R_1^1 = \frac{1}{4}\mathrm{e}^{-\mu}[2\omega_{,\rho,\rho} + \omega_{,\rho}(\nu_{,\rho} + \omega_{,\rho}) + 2\omega_{,z,z} + \omega_{,z}(\nu_{,z} + \omega_{,z})] = 0$$

（式中下标 $_{,\rho}$ 和 $_{,z}$ 表示对 ρ 和 z 微分），取其和，我们得到：

$$\rho'_{,\rho,\rho} + \rho'_{,z,z} = 0,$$

式中

$$\rho'(\rho, z) = \mathrm{e}^{(\nu+\omega)/2}.$$

因此 $\rho'(\rho, z)$ 是变量 ρ 和 z 的调和函数. 按照这种函数的熟知性质，这意味着存在一个共轭调和函数 $z'(\rho, z)$，使得 $\rho' + \mathrm{i}z' = f(\rho + \mathrm{i}z)$，式中 f 是复变量 $\rho + \mathrm{i}z$ 的解析函数. 如果我们现在选择 ρ', z' 为新坐标，由于变换 $\rho, z \to \rho', z'$ 的共形性，我们将有

$$\mathrm{e}^{\mu}(\mathrm{d}\rho^2 + \mathrm{d}z^2) = \mathrm{e}^{\mu'}(\mathrm{d}\rho'^2 + \mathrm{d}z'^2),$$

式中 $\mu'(\rho', z')$ 是某个新函数. 同时 $\mathrm{e}^{\omega} = \rho'^2\mathrm{e}^{-\nu}$；记 $\omega + \nu = \gamma$，去掉撇号，我们将 $\mathrm{d}s^2$ 写为如下形式：

$$\mathrm{d}s^2 = \mathrm{e}^{\nu}c^2\mathrm{d}t^2 - \rho^2\mathrm{e}^{-\nu}\mathrm{d}\varphi^2 - \mathrm{e}^{\gamma-\nu}(\mathrm{d}\rho^2 + \mathrm{d}z^2). \tag{1}$$

对这个度规构建方程 $R_0^0 = 0, R_3^3 - R_2^2 = 0, R_3^2 = 0$，我们得到：

$$\frac{1}{\rho}\frac{\partial}{\partial\rho}\left(\rho\frac{\partial\nu}{\partial\rho}\right) + \frac{\partial^2\nu}{\partial z^2} = 0, \tag{2}$$

$$\frac{\partial\gamma}{\partial z} = \rho\frac{\partial\nu}{\partial\rho}\frac{\partial\nu}{\partial z}, \quad \frac{\partial\gamma}{\partial\rho} = \frac{\rho}{2}\left[\left(\frac{\partial\nu}{\partial\rho}\right)^2 - \left(\frac{\partial\nu}{\partial z}\right)^2\right]. \tag{3}$$

我们注意到，(2) 具有柱坐标中拉普拉斯方程的形式（对于不依赖于 φ 的函数）. 如果解出这个方程，那么函数 $\gamma(\rho, z)$ 就完全由方程 (2)，(3) 决定了. 在离产生场的物体很远处，函数 ν 和 γ 应当趋于零.

§101　中心对称引力场中的运动

我们现在来研究粒子在中心对称引力场中的运动. 正如在每一个中心对称场内一样, 运动发生在经过原点的一个"平面"上; 我们选择这个平面为平面 $\theta = \pi/2$.

为了决定粒子的轨道, 我们用哈密顿－雅可比方程:

$$g^{ik} \frac{\partial S}{\partial x^i} \frac{\partial S}{\partial x^k} - m^2 c^2 = 0,$$

式中 m 为粒子的质量 (中心物体的质量记为 m'). 利用表达式 (100.14) 给出的 g^{ik}, 我们求出下面的方程:

$$\left(1 - \frac{r_{\mathrm{g}}}{r}\right)^{-1} \left(\frac{\partial S}{c \partial t}\right)^2 - \left(1 - \frac{r_{\mathrm{g}}}{r}\right) \left(\frac{\partial S}{\partial r}\right)^2 - \frac{1}{r^2} \left(\frac{\partial S}{\partial \varphi}\right)^2 - m^2 c^2 = 0, \quad (101.1)$$

其中, $r_{\mathrm{g}} = 2m'k/c^2$ 是中心物体的引力半径.

用解哈密顿－雅可比方程的一般法则, 我们来寻求下面形式的 S:

$$S = -\mathscr{E}_0 t + M\varphi + S_r(r) \tag{101.2}$$

式中, $\mathscr{E}_0$ 是常能量, M 是角动量. 将 (101.2) 代入 (101.1), 我们便求得导数 $\mathrm{d}S_r/\mathrm{d}r$, 因此:

$$S_r = \int \left[\frac{\mathscr{E}_0^2}{c^2} \left(1 - \frac{r_{\mathrm{g}}}{r}\right)^{-2} - \left(m^2 c^2 + \frac{M^2}{r^2}\right) \left(1 - \frac{r_{\mathrm{g}}}{r}\right)^{-1}\right]^{1/2} \mathrm{d}r. \tag{101.3}$$

依赖关系 $r = r(t)$ 由方程 $\partial S/\partial \mathscr{E}_0 = \mathrm{const}$ 给出 (参见本教程第一卷 §47), 由此得到

$$ct = \frac{\mathscr{E}_0}{mc^2} \int \frac{\mathrm{d}r}{\left(1 - \dfrac{r_{\mathrm{g}}}{r}\right) \left[\left(\dfrac{\mathscr{E}_0}{mc^2}\right)^2 - \left(1 + \dfrac{M^2}{m^2 c^2 r^2}\right) \left(1 - \dfrac{r_{\mathrm{g}}}{r}\right)\right]^{1/2}}. \tag{101.4}$$

轨道为方程 $\partial S/\partial M = \mathrm{const}$ 所决定, 由此可得

$$\varphi = \int \frac{M}{r^2} \left[\frac{\mathscr{E}_0^2}{c^2} - \left(m^2 c^2 + \frac{M^2}{r^2}\right) \left(1 - \frac{r_{\mathrm{g}}}{r}\right)\right]^{-1/2} \mathrm{d}r. \tag{101.5}$$

这个积分可以化为椭圆积分.

对于行星在太阳引力场内的运动, 因为行星的速度比光速小很多, 所以引力的相对论理论同牛顿理论相比, 只能导出一个并不显著的修正. 在轨道

方程 (101.5) 内的被积式中, 这相应于比值 r_g/r 很小, 这里 r_g 是太阳的引力半径[①].

为了计算轨道的相对论修正, 比较便利的是从作用量径向部分的表达式 (101.3) 出发, 然后再对 M 微分. 变换积分变量, 记

$$r(r - r_\mathrm{g}) = r'^2 \quad 即 \quad r - \frac{r_\mathrm{g}}{r} \cong r',$$

其结果是平方根号内带 M^2 的项取 M^2/r'^2 的形式. 在其他的项中按 r_g/r' 的幂级数展开, 在要求的精度内得到:

$$S_r = \int \left[\left(2\mathscr{E}'m + \frac{\mathscr{E}'^2}{c^2} \right) + \right.$$
$$\left. + \frac{1}{r}(2m^2m'k + 4\mathscr{E}'mr_\mathrm{g}) - \frac{1}{r^2}\left(M^2 - \frac{3m^2c^2r_\mathrm{g}^2}{2} \right) \right]^{1/2} \mathrm{d}r, \quad (101.6)$$

这里为简便起见, 我们略去了 r' 上的撇号, 并引入了非相对论能量 $\mathscr{E}'$ (没有静能).

根号下前两项的系数的修正项只有不是特别有趣的效应, 即改变粒子能量和动量之间的关系及改变其牛顿轨道 (椭圆) 的参数. 但 $1/r^2$ 项的系数中的改变却导致更根本的效应, 即轨道近日点的系统 (**长期**) 移动.

因为轨道是由方程 $\varphi + \dfrac{\partial S_r}{\partial M} = \mathrm{const}$ 决定的, 行星在其轨道上转一圈后角 φ 的改变是

$$\Delta\varphi = -\frac{\partial}{\partial M}\Delta S_r,$$

式中 ΔS_r 是 S_r 的相应改变. 将 S_r 展开为 $1/r^2$ 的系数的微小修正的幂级数, 我们得到:

$$\Delta S_r = \Delta S_r^{(0)} - \frac{3m^2c^2r_\mathrm{g}^2}{4M}\frac{\partial\Delta S_r^{(0)}}{\partial M},$$

式中 $\Delta S_r^{(0)}$ 相应于在不移动的封闭椭圆中的运动. 将这个关系对 M 进行微分, 并考虑到

$$-\frac{\partial}{\partial M}\Delta S_r^{(0)} = \Delta\varphi^{(0)} = 2\pi,$$

我们得到:

$$\Delta\varphi = 2\pi + \frac{3\pi m^2c^2r_\mathrm{g}^2}{2M^2} = 2\pi + \frac{6\pi k^2m^2m'^2}{c^2M^2}.$$

第二项是要求的转一圈后牛顿椭圆的角位移 $\delta\varphi$, 即轨道近日点的移动. 借助公式

$$\frac{M^2}{km'm^2} = a(1 - e^2),$$

可以将该移动用轨道半长轴的长度 a 和偏心率 e 来表示. 我们得到[①]：

$$\delta\varphi = \frac{6\pi km'}{c^2 a(1-e^2)}. \tag{101.7}$$

下面我们来考虑光线在中心对称引力场内的路径. 这个路径为程函方程（87.9）

$$g^{ik}\frac{\partial\psi}{\partial x^i}\frac{\partial\psi}{\partial x^k} = 0$$

所决定，这个方程就是 $m=0$ 的哈密顿－雅可比方程. 因此可以通过在（101.5）中令 $m=0$ 立即求得光线的轨道；同时，必须用光的频率 $\omega_0 = -\partial\psi/\partial t$ 来代替粒子的能量 $\mathscr{E}_0 = -\partial S/\partial t$. 再引入由 $\rho = cM/\omega_0$ 定义的常量 ρ 来代替 M，我们得到：

$$\varphi = \int \frac{\mathrm{d}r}{r^2\sqrt{\dfrac{1}{\rho^2} - \dfrac{1}{r^2}\left(1-\dfrac{r_{\mathrm{g}}}{r}\right)}}. \tag{101.8}$$

如果忽略相对论修正（$r_{\mathrm{g}} \to 0$），这个方程给出 $r = \rho/\cos\varphi$，即离原点距离为 ρ 的直线. 为了研究相对论修正，我们以前例同样的方式进行.

对于程函的径向部分，我们有（参见（101.3））：

$$\psi_r(r) = \frac{\omega_0}{c}\int\sqrt{\frac{r^2}{(r-r_{\mathrm{g}})^2} - \frac{\rho^2}{r(r-r_{\mathrm{g}})}}\,\mathrm{d}r.$$

和先前从（101.3）到（101.6）所用的变换相同，此处作同样的变换，我们得到：

$$\psi_r(r) = \frac{\omega_0}{c}\int\sqrt{1 + \frac{2r_{\mathrm{g}}}{r} - \frac{\rho^2}{r^2}}\,\mathrm{d}r.$$

将被积函数按 r_{g}/r 的幂展开，我们有：

$$\psi_r = \psi_r^{(0)} + \frac{r_{\mathrm{g}}\omega_0}{c}\int\frac{\mathrm{d}r}{\sqrt{r^2-\rho^2}} = \psi_r^{(0)} + \frac{r_{\mathrm{g}}\omega_0}{c}\,\mathrm{arch}\,\frac{r}{\rho},$$

式中 $\psi_r^{(0)}$ 相应于经典直线.

从某个非常大的距离 R 到最接近中心的点 $r = \rho$ 再回到距离 R，光线传播过程中 ψ_r 的总改变等于

$$\Delta\psi_r = \Delta\psi_r^{(0)} + 2\frac{r_{\mathrm{g}}\omega_0}{c}\,\mathrm{arch}\,\frac{R}{\rho}.$$

通过对 $M = \rho\omega_0/c$ 微分得到极角 φ 沿光线相应的改变：

$$\Delta\varphi = -\frac{\partial\Delta\psi_r}{\partial M} = -\frac{\partial\Delta\psi_r^{(0)}}{\partial M} + \frac{2r_{\mathrm{g}}R}{\rho\sqrt{R^2-\rho^2}}.$$

---

① 从（101.7）式求得的近日点移动数值，对于水星和地球分别等于每世纪 $43.0''$ 和 $3.8''$.

最后, 过渡到极限 $R \to \infty$, 并注意到直线对应于 $\Delta\varphi = \pi$, 我们得到:

$$\Delta\varphi = \pi + \frac{2r_g}{\rho}.$$

这意味着光线在引力场的影响下弯曲了: 它的轨道是一条凹向中心的曲线(光线被"吸"向中心), 其两条渐进线之间的夹角与 π 相差

$$\delta\varphi = \frac{2r_g}{\rho} = \frac{4km'}{c^2\rho}; \tag{101.9}$$

换言之, 在离场中心距离 ρ 处经过的光线偏折了一个角度 $\delta\varphi$ [①].

§102 球形物体的引力坍缩

在史瓦西度规 (101.4) 中, 在 $r = r_g$ 处(**史瓦西球**上)g_{00} 变为 0, g_{11} 变为无穷大. 据此似可得出结论, 那里必定是时空度规的奇点, 因而(对给定的质量而言)不可能存在"半径"小于引力半径的物体. 然而, 这一结论实际上可能是不对的. 从如下事实就能看出这点: 行列式 $g = -r^4 \sin^2\theta$ 在 $r = r_g$ 没有任何奇异性, 因而条件 $g < 0$ (82.3) 并未受到破坏. 下面将看到, 我们正在讨论的实际上只是对于 $r < r_g$ 建立刚性参考系的不可能性.

为了搞清时空度规在这个区域的特性, 我们作如下形式的坐标变换[②]:

$$c\tau = \pm ct \pm \int \frac{f(r)\mathrm{d}r}{1 - \dfrac{r_g}{r}}, \quad R = ct + \int \frac{\mathrm{d}r}{\left(1 - \dfrac{r_g}{r}\right)f(r)}. \tag{102.1}$$

于是

$$\mathrm{d}s^2 = \frac{1 - \dfrac{r_g}{r}}{1 - f^2}(c^2\mathrm{d}\tau^2 - f^2\mathrm{d}R^2) - r^2(\mathrm{d}\theta^2 + \sin^2\theta\mathrm{d}\varphi^2).$$

我们通过选择 $f(r)$ 使 $f(r_g) = 1$ 来消去 $r = r_g$ 处的奇点. 如果令 $f(r) = \sqrt{r_g/r}$, 则新坐标系也是同步的 $(g_{\tau\tau} = 1)$. 首先选择 (102.1) 中的正号, 我们有:

$$R - c\tau = \int \frac{(1 - f^2)\mathrm{d}r}{\left(1 - \dfrac{r_g}{r}\right)f} = \int \sqrt{\frac{r}{r_g}}\mathrm{d}r = \frac{2}{3}\frac{r^{3/2}}{r_g^{1/2}},$$

或

$$r = \left[\frac{3}{2}(R - c\tau)\right]^{2/3} r_g^{1/3} \tag{102.2}$$

[①] 一条掠过太阳边缘的光线的偏折为 $\delta\varphi = 1.75''$.

[②] 史瓦西奇点的物理意义是由 D. Finkelstein (1958) 用不同的变换首先解释的. 度规 (102.3) 由 O.Lemaître (1938) 首先得到.

（积分常数依赖于时间原点，我们令它等于零）. 间隔元是：

$$ds^2 = c^2 d\tau^2 - \frac{dR^2}{\left[\dfrac{3}{2r_g}(R-c\tau)\right]^{2/3}} - \left[\frac{3}{2}(R-c\tau)\right]^{4/3} r_g^{2/3}(d\theta^2 + \sin^2\theta d\varphi^2). \quad (102.3)$$

在这些坐标中，史瓦西球（相应于等式 $\dfrac{3}{2}(R-c\tau) = r_g$）上的奇异性就不存在了. 坐标 R 处处类空，而 τ 处处类时. 度规 (102.3) 是非静态的. 像在每个同步参考系中一样，时间线是测地线. 换言之，相对于该参考系静止的"检验"粒子是在给定场中自由运动的粒子.

对于给定的 r 值，相应的世界线是 $R - c\tau = \text{const}$（图 20 中的倾斜直线）. 相对于参考系静止的粒子的世界线在图上显示为垂直线；粒子沿着这些线运动，在有限的固有时间隔后"落入"场中心（$r=0$），这就是度规奇点的位置.

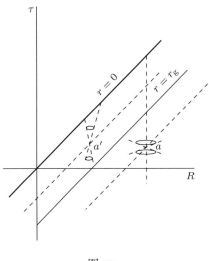

图 20

我们来考虑径向光信号的传播. 方程 $ds^2 = 0$（对于 $\theta, \varphi = \text{const}$）沿光线给出导数 $d\tau/dR$：

$$c\frac{d\tau}{dR} = \pm\left[\frac{3}{2r_g}(R-c\tau)\right]^{-1/3} = \pm\sqrt{\frac{r_g}{r}}, \quad (102.4)$$

正负号相应于其顶点在给定世界点的光"锥"的两个边界. 当 $r > r_g$ 时（图 20 中的点 a）这些边界的斜率满足 $|cd\tau/dR| < 1$，所以直线 $r = \text{const}$（沿着它 $cd\tau/dR = 1$）落入锥内. 但在 $r < r_g$ 的区域（点 a'）我们有 $|cd\tau/dR| > 1$，

所以线 $r = \text{const}$，即相对于场中心静止粒子的世界线，处于锥外. 锥的两个边界与线 $r = 0$ 相交于有限距离处，沿着垂直线趋近于它. 因为因果联系的事件不能够处于光锥以外的世界线上，所以在 $r < r_g$ 的区域，没有粒子可以处于静止. 这里所有相互作用和信号都朝着指向中心的方向传播，在有限的固有时间隔 τ 后到达那里.

类似地，在 (102.1) 中选择负号，我们会得到一个"膨胀"的参考系，其中度规与 (102.3) 的差别在于 τ 变号. 它所相应的时空，在其中 ($r < r_g$ 的区域内) 静止也是不可能的，但所有的信号从中心向外传播.

这里描述的结果可以应用于广义相对论中大质量物体的行为问题.

相对论性球体平衡条件的研究显示，对于一个质量足够大的物体，不能存在静平衡态 (参见本教程第五卷 §109). 显然，这样的物体必定会无限收缩 (称为**引力坍缩**[①]).

在与物体没有联系、无穷远处为伽利略的参考系中 (度规 (100.14))，中心物体的半径不能小于 r_g. 这意味着按照遥远观察者的钟，收缩物体的半径只是在 $t \to \infty$ 时渐近地趋于引力半径. 容易找到这种依赖关系的极限形式.

收缩物体表面上的粒子在所有时间内都处于恒定质量 m (物体的总质量) 的引力场中. 当 $r \to r_g$ 时引力变得非常大；但物体的密度 (随之压强) 仍然是有限的，因此我们可以忽略压力，而把确定物体半径同时间的依赖关系 $r = r(t)$，化为考虑质量 m 的场中检验粒子的自由下落.

对于史瓦西场中的下落而言，函数 $r(t)$ 由积分 (101.4) 给出，由于运动是纯径向的，那里的角动量 $M = 0$. 因此，若下落在某个时刻 t_0 以零速度在离中心的"距离" r_0 处开始，粒子的能量是 $\mathscr{E}_0 = mc^2\sqrt{1 - r_g/r_0}$，而在时刻 t 达到"距离" r，我们有：

$$c(t - t_0) = \sqrt{1 - \frac{r_g}{r_0}} \int_r^{r_0} \frac{\mathrm{d}r}{\left(1 - \dfrac{r_g}{r}\right)\sqrt{\dfrac{r_g}{r} - \dfrac{r_g}{r_0}}}. \tag{102.5}$$

这个积分在 $r \to r_g$ 时像 $-r_g \ln(r - r_g)$ 一样发散. 因此我们得到 r 趋于 r_g 的渐进公式：

$$r - r_g = \text{const} \cdot \mathrm{e}^{-ct/r_g}. \tag{102.6}$$

因此，物体在趋向引力半径的最后阶段按照指数律坍缩，其特征时间非常小 ($\sim r_g/c$).

尽管从外面观察收缩速率渐进地趋向于零，但粒子以其固有时测量的下

[①] 这一现象的基本性质是由 J.R.Oppenheimer 和 H. Snyder 首先阐明的 (1939).

落速度 v 会增加并趋于光速. 实际上, 按照定义 (88.10):

$$v^2 = \left(\frac{\sqrt{-g_{11}}\mathrm{d}r}{\sqrt{g_{00}}\mathrm{d}t} \right)^2.$$

从 (100.14) 取来 g_{11} 和 g_{00}, 从 (102.5) 取来 $\mathrm{d}r/\mathrm{d}t$, 我们得到:

$$1 - \frac{v^2}{c^2} = \frac{1 - \dfrac{r_\mathrm{g}}{r}}{1 - \dfrac{r_\mathrm{g}}{r_0}}. \tag{102.7}$$

按照外面观察者的钟, 趋向引力半径要花无限长的时间, 但它却只占用有限的固有时 (即随物体一起运动的参考系中的时间) 间隔. 这一点从上面所作的一般分析中已经很清楚了, 但我们也可以通过计算作为不变积分

$$c\tau = \int \mathrm{d}s = \int \left[c^2 g_{00} \frac{\mathrm{d}t^2}{\mathrm{d}r^2} + g_{11} \right]^{1/2} \mathrm{d}r$$

的固有时 τ 来直接予以验证. 从 (102.5) 取下落粒子的 $\mathrm{d}r/\mathrm{d}t$, 我们得到从 r_0 下落到 r 的固有时:

$$\tau - \tau_0 = \frac{1}{c} \int_r^{r_0} \left(\frac{r_\mathrm{g}}{r} - \frac{r_\mathrm{g}}{r_0} \right)^{-1/2} \mathrm{d}r. \tag{102.8}$$

这个积分在 $r \to r_\mathrm{g}$ 时收敛.

(按固有时测量) 达到引力半径后, 物体将继续收缩, 带着它所有的粒子在有限时间内抵达中心; 每部分物质坍缩进中心的时刻是时空度规的真正奇点. 不过, 我们根本观察不到史瓦西球内部物体坍缩的这一过程. 物体穿越该球表面的时间相应于 $t = \infty$; 我们可以说, 对于遥远的观察者, 坍缩进史瓦西球的整个过程发生在 "无限长的时间以后" ——这是时间相对性的一个极端例子. 这幅图像中当然没有任何逻辑矛盾. 与此完全相应的是上面关于收缩坐标系性质的论断: 在该系中没有信号从史瓦西球内出来. 粒子或光线只能沿着一个方向 ——向内——同这个球相交 (在共动参考系中), 一旦穿过那里, 就不能再出来了. 这个 "单向阀" 称为**事件视界**.

对于外面的观察者来说, 收缩到引力半径是通过物体的 "自关闭" 实现的. 从物体送出信号的传播时间趋于无穷大: 对于光信号 $c\mathrm{d}t = \mathrm{d}r/(1 - r_\mathrm{g}/r)$, 从 r 传到某个 $r_0 > r$ 的时间由如下积分给出:

$$c\Delta t = \int_r^{r_0} \frac{\mathrm{d}r}{1 - \dfrac{r_\mathrm{g}}{r}} = r_0 - r + r_\mathrm{g} \ln \frac{r_0 - r_\mathrm{g}}{r - r_\mathrm{g}}, \tag{102.9}$$

它像积分 (102.5) 一样当 $r \to r_g$ 时发散. 同无限远观察者的时间 t 的间隔相比, 物体表面固有时的间隔按如下比例缩短了:

$$\sqrt{g_{00}} = \sqrt{1 - \frac{r_g}{r}};$$

因而当 $r \to r_g$ 时, 物体上所有的过程对于外面的观察者显得被"冻结". 由物体发出而被遥远观察者收到的谱线的频率减小, 但这不仅是引力红移的效应, 而且也是由于源运动的多普勒频移效应, 这个源正同球面一起落向中心. 当球的半径已接近 r_g (因此下落速度已接近光速) 时, 这个效应将频率减小如下因子

$$\frac{\sqrt{1 - v^2/c^2}}{1 + v/c} \approx \frac{1}{2}\sqrt{1 - \frac{v^2}{c^2}}$$

在这两个效应的影响下, 观测频率随 $r \to r_g$ 按如下规律趋于零:

$$\omega = \mathrm{const}\left(1 - \frac{r_g}{r}\right). \tag{102.10}$$

因此, 从遥远观察者看来, 引力坍缩导致"被冻结"物体的外貌, 它不向周围空间发出任何信号, 而只通过其静态引力场同外部世界作用. 这样的结构称为**黑洞**或**坍缩星**.

最后我们再作一个方法论性质的评论. 我们已经看到, 对于真空中的中心场, "外部观察者的参考系" (它在无穷远处是惯性系) 并不完备: 其中没有在史瓦西球内运动粒子的世界线的容身之处. 度规 (102.3) 在史瓦西球内仍然适用, 但这个参考系在某种意义上也不完备. 在这个系统中, 考虑一个粒子从中心向外作径向运动. 当 $\tau \to \infty$ 时, 它的世界线向外走到无穷远, 而在 $\tau \to -\infty$ 时, 必须渐近地趋于 $r = r_g$, 因为在这个度规中, 在史瓦西球内部, 运动只能沿朝着中心的方向进行. 另一方面, 粒子从 $r = r_g$ 出射到任何 $r > r_g$ 的给定点发生在有限的固有时间隔内. 因而按固有时, 粒子必须先在内部趋向史瓦西球, 然后才能开始在其外部运动; 但粒子历史的这一部分并没有被这个特别的参考系包含.[①]

我们强调指出, 这种不完备性只是产生于对场的度规的形式处理, 那里的场被看做是由质点产生的. 在实际物理问题中, 例如有广延物体的坍缩, 这种不完备性并不存在: 将度规 (102.3) 同物质内部的解吻合而得到的解当然会是完备的, 它将描述粒子所有可能运动的整个历史 (在 $r > r_g$ 区域朝向中心运动粒子的世界线必须从球面开始, 甚至在它收缩到史瓦西球内之前).

---

① 构造没有这种不完备性的参考系将在下节末考虑.

习　题

1. 对于黑洞的场中的粒子，求其圆轨道的半径 (S. A. Kaplan, 1949).

解：对于在史瓦西场中运动的粒子，依赖关系 $r = r(t)$ 由 (101.4) 给出，或者以微分形式：

$$\frac{1}{1 - r_\mathrm{g}/r}\frac{\mathrm{d}r}{c\mathrm{d}t} = \frac{1}{\mathscr{E}_0}[\mathscr{E}_0^2 - U^2(r)]^{1/2}, \tag{1}$$

式中

$$U(r) = mc^2\left[\left(1 - \frac{r_\mathrm{g}}{r}\right)\left(1 + \frac{M^2}{m^2c^2r^2}\right)\right]^{1/2}$$

(m 是粒子的质量，$r_\mathrm{g} = 2km'/c^2$ 是质量为 m' 的中心天体的引力半径). $U(r)$ 在下述意义上起着"有效势能"的作用，条件 $\mathscr{E}_0 \geqslant U(r)$ 决定运动的容许范围 (类似于非相对性理论). 图 21 显示了 $U(r)$ 对于粒子角动量 M 的各种值的曲线.

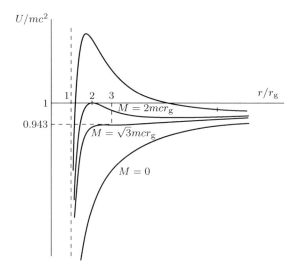

图 21

轨道的曲率半径及 $\mathscr{E}_0$ 和 M 的相应值由函数 $U(r)$ 的极值决定，极小值相应于稳定轨道，极大值相应于不稳定轨道. 同时解方程 $U(r) = \mathscr{E}_0, U'(r) = 0$ 给出：

$$\frac{r}{r_\mathrm{g}} = \frac{M^2}{m^2c^2r_\mathrm{g}^2}\left[1 \pm \sqrt{1 - \frac{3m^2c^2r_\mathrm{g}^2}{M^2}}\right], \quad \mathscr{E}_0 = Mc\sqrt{\frac{2}{rr_\mathrm{g}}\left(1 - \frac{r_\mathrm{g}}{r}\right)},$$

式中根号前的正号指稳定轨道，负号指不稳定轨道．最靠近中心的稳定轨道具有参数

$$r = 3r_g, \quad M = \sqrt{3}\,mcr_g, \quad \mathscr{E}_0 = \sqrt{8/9}\,mc^2.$$

不稳定轨道的最小半径是 $3r_g/2$，在极限 $M \to \infty, \mathscr{E}_0 \to \infty$ 下达到．图 22 描绘了 r/r_g 对于 $M/(mcr_g)$ 的依赖关系；上半支给出稳定轨道的半径，下半支给出不稳定轨道的半径．[①]

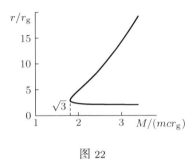

图 22

2. 对于同一场中的运动，求来自无穷远的 a) 非相对论的，b) 极端相对论的，粒子引力俘获的截面（Ya. B. Zel'dovich 和 I. D. Novikov, 1964）．

解：(a) 对于非相对论速度 v_∞（无穷远处），粒子的能量是 $\mathscr{E}_0 \approx mc^2$．从图 21 可见，直线 $\mathscr{E}_0 = mc^2$ 处于角动量 $M < 2mcr_g$，即碰撞参量 $\rho < 2cr_g/v_\infty$ 的所有势能曲线的上方．具有这样 ρ 值的所有粒子将遭到引力俘获：它们（当 $t \to \infty$ 时渐近地）达到史瓦西球，而不再出射到无穷远．俘获截面是

$$\sigma = 4\pi r_g^2 \left(\frac{c}{v_\infty}\right)^2.$$

(b) 通过代换 $m \to 0$，将习题 1 的方程 (1) 过渡到极端相对论粒子（或光线）情形．再引入碰撞参量 $\rho = cM/\mathscr{E}_0$，我们得到：

$$\frac{1}{1 - r_g/r}\frac{dr}{c\,dt} = \sqrt{1 - \frac{\rho^2}{r^2} + \frac{\rho^2 r_g}{r^3}}.$$

径向运动的边界（转折点）由根号内表达式的根决定．图 23 绘出了它们作为 ρ 的函数；可能的运动范围相应于平面上没有阴影的部分．该曲线的极小值在点

$$\rho = \frac{3\sqrt{3}}{2}r_g, \quad r = \frac{3}{2}r_g.$$

---

① 为了比较我们回想起，在牛顿场中圆轨道在离中心任何距离处都是可能（而且稳定）的，半径与角动量由公式 $r = M^2/(km'm^2)$ 联系起来．

对于较小的碰撞参量值, 粒子到不了转折点, 即它将朝史瓦西球运动. 于是我们得到俘获截面

$$\sigma = \frac{27}{4}\pi r_{\mathrm{g}}^2.$$

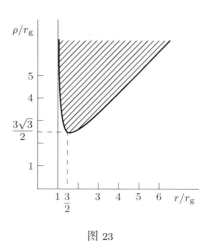

图 23

§103　类尘埃球的坍缩

要讨论坍缩物体内部状态改变的过程 (包括处理它在史瓦西球内压缩过程), 需要求解物质介质内部引力场的爱因斯坦方程. 在中心对称情形下, 如果我们忽略物质的压强: $p = 0$ (R. Tolman, 1934), 可以求得场方程一般形式的解. 尽管在真实情况下作近似常常是容许的, 但这个问题的通解还是有相当大的方法论意义.

正如 §97 中所示, 对于类尘埃介质, 我们可以选择既是同步也是共动的参考系.[1] 用 τ 和 R 表示这样选择的时间和径向坐标, 我们写出如下形式的球对称线元:[2]

$$\mathrm{d}s^2 = \mathrm{d}\tau^2 - \mathrm{e}^{\lambda(\tau,R)}\mathrm{d}R^2 - r^2(\tau,R)(\mathrm{d}\theta^2 + \sin^2\theta\mathrm{d}\varphi^2). \tag{103.1}$$

函数 $r(\tau, R)$ 是如此定义的 "半径", 使 $2\pi r$ 是圆 (中心在原点) 的周长. 形式 (103.1) 唯一地确定了 τ 的选择, 但仍然容许形如 $R = R(R')$ 的任意径向坐标变换.

---

[1] 物质必须 "无旋转" 地运动 (参见 §97 第三个脚注), 在本例中, 这一条件一定满足, 因为球对称意味着物质的纯径向运动.

[2] 在本节中, 令 $c=1$.

这个度规的里奇张量分量的计算导致如下爱因斯坦方程组[①]：

$$-e^{-\lambda}r'^2 + 2r\ddot{r} + \dot{r}^2 + 1 = 0, \tag{103.2}$$

$$-\frac{e^{-\lambda}}{r}(2r'' - r'\lambda') + \frac{\dot{r}\dot{\lambda}}{r} + \ddot{\lambda} + \frac{\dot{\lambda}^2}{2} + \frac{2\ddot{r}}{r} = 0, \tag{103.3}$$

$$-\frac{e^{-\lambda}}{r^2}(2rr'' + r'^2 - rr'\lambda') + \frac{1}{r^2}(r\dot{r}\dot{\lambda} + \dot{r}^2 + 1) = 8\pi k\varepsilon, \tag{103.4}$$

$$2\dot{r}' - \dot{\lambda}r' = 0, \tag{103.5}$$

这里撇表示对 R 微分，点表示对 τ 微分.

方程 (103.5) 直接对时间积分，得出

$$e^{\lambda} = \frac{r'^2}{1 + f(R)}, \tag{103.6}$$

式中 $f(R)$ 是任意函数，只遵从条件 $1 + f > 0$. 将这个表达式代入 (103.2)，我们得到

$$2r\ddot{r} + \dot{r}^2 - f = 0$$

（代入 (103.3) 得不到任何新结果）. 这个方程的初积分是

$$\dot{r}^2 = f(R) + \frac{F(R)}{r}, \tag{103.7}$$

式中 $F(R)$ 是另一个任意函数. 因此

$$\tau = \pm \int \frac{\mathrm{d}r}{\sqrt{f + \dfrac{F}{r}}}.$$

从该积分得到的函数 $r(\tau, R)$ 可以写成参数形式：

$$r = \frac{F}{2f}(\cosh\eta - 1), \quad \tau_0(R) - \tau = \frac{F}{2f^{3/2}}(\sinh\eta - \eta), \text{ 当 } f > 0, \tag{103.8}$$

$$r = \frac{F}{-2f}(1 - \cos\eta), \quad \tau_0(R) - \tau = \frac{F}{2(-f)^{3/2}}(\eta - \sin\eta), \text{ 当 } f < 0, \tag{103.9}$$

式中 $\tau_0(R)$ 还是一个任意函数. 如果 $f = 0$，则

$$r = \left(\frac{9F}{4}\right)^{1/3}[\tau_0(R) - \tau]^{2/3}, \quad \text{当} \quad f = 0. \tag{103.10}$$

---

① 比较 §100 习题 5. 如果令 $\nu = 0, e^{\mu} = r^2, p = 0$，从该习题的方程 (2)—(5) 可分别得到方程 (103.2)—(103.5). 我们注意到，当 $p = 0$ 时，同题方程 (6) 的第二个方程给出 $\nu' = 0$，即 $\nu = \nu(\tau)$；因而在选择 τ 时，度规 (1) 中留下的任意性容许我们令 $\nu = 0$，这就再次证明了引入同步共动参考系的可能性.

在所有情形下, 将 (103.6) 代入 (103.4) 并用 (103.7) 消去 f, 我们得到物质密度的如下表达式[①]:

$$8\pi k\varepsilon = \frac{F'}{r'r^2}.\tag{103.11}$$

公式 (103.6)—(103.11) 确定了要求的通解[②]. 我们发现, 它只依赖于两个 "物理上不同" 的任意函数: 尽管其中出现了三个函数 f, F, τ_0, 坐标 R 还可经受任意变换 $R = R(R')$. 这个数字正好对应于: 物质最一般的中心对称分布由两个函数 (物质的密度分布和径向速度) 给出, 而中心对称的自由引力场并不存在.

因为参考系随物质运动, 每个物质粒子对应于确定的 R 值; 对于这个 R 值, 函数 $r(\tau, R)$ 决定了给定粒子的运动规律, 而导数 $\dot{r}$ 是其径向速度. 这里得到的解的重要性质是, 在从 0 到某个 R_0 的区间上给定出现于解中的任意函数, 就完全决定了这个半径的球的行为; 它并不依赖于在 $R > R_0$ 时如何给定这些函数. 我们可以自动获得对于任何有限球内部问题的解. 球的总质量, 按 (100.23), 由如下积分给定:

$$m = 4\pi\int_0^{r(\tau, R_0)}\varepsilon r^2 \mathrm{d}r = 4\pi\int_r^{R_0}\varepsilon r^2 r'\mathrm{d}R.$$

代入 (103.11) 并注意到 $F(0) = 0$ (当 $R = 0$, 必有 $r = 0$), 我们得到

$$m = \frac{F(R_0)}{2k}, \quad r_{\mathrm{g}} = F(R_0)\tag{103.12}$$

(r_{g} 是球的引力半径).

对于 $F = \mathrm{const} \neq 0$, 我们从 (103.11) 得 $\varepsilon = 0$, 所以这个解适用于真空, 即它描述质点的场 (位于中心, 度规的奇点). 所以, 令 $F = r_{\mathrm{g}}, f = 0, \tau_0 = R$, 我们得到度规 (102.3)[③].

公式 (103.8)—(103.10) 描述了球的收缩和膨胀 (依赖于参量 η 的取值范围); 对于场方程来说, 两者都是同样容许的. 不稳定的大质量物体行为的重要问题对应于收缩——引力坍缩. 解 (103.8)—(103.10) 描绘了这样的图景, 当 τ 增加到趋于 τ_0 时发生收缩. 时刻 $\tau = \tau_0(R)$ 对应于到达具有给定径向坐标 R 的物质的中心 (在那里我们必须有 $\tau_0' > 0$).

---

① 函数 F, f, τ_0 只满足假设 e^λ, r 和 ε 的正性条件. 加上上面给出的条件 $1 + f > 0$, 推得 $f > 0$. 我们也假设 $F' > 0, r' > 0$; 这就排除了导致物质在其径向运动中穿过球层的情况.

② 然而这并不包括如下特例, 即 $r = r(\tau)$, 不依赖于 R, 故 (103.5) 化为恒等式; 参见 V. A. Ruban, *JETP*, **56**, 1914 (1969); *Soviet Phys. JETP*, **29**, 1027 (1969). 不过, 这种情况并不对应有限物体坍缩问题的条件.

③ $F = 0$ 的情况 (那里 (103.7) 给出 $r = \sqrt{f}(\tau - \tau_0)$) 对应于场不存在; 通过简单的变量代换, 该度规可以化为伽利略形式.

当 $\tau \to \tau_0(R)$ 时球内度规的极限特征对所有三种情形 (103.8)—(103.10) 都相同:

$$r \approx \left(\frac{9F}{4}\right)^{1/3}(\tau_0 - \tau)^{2/3}, \quad e^{\lambda/2} \approx \left(\frac{2F}{3}\right)^{1/3}\frac{\tau_0'}{\sqrt{1+f}}(\tau_0 - \tau)^{-1/3}. \quad (103.13)$$

这意味着，所有径向距离（在这里所用的共动参考系内）趋向无穷大，而切向距离则趋于零（像 $\tau - \tau_0$ 那样）[1]. 物质密度相应地无限增加[2]:

$$8\pi k\varepsilon \approx \frac{2F'}{3F\tau_0'(\tau_0 - \tau)}. \quad (103.14)$$

因此，与我们在 §102 中的评论一致，整个物质分布都坍缩到中心[3].

在函数 $\tau_0(R) = \text{const}$（即所有粒子同时到达中心）的特殊情形下，收缩球内部的度规具有不同的特征. 在这种情形下，

$$r \approx \left(\frac{9F}{4}\right)^{1/3}(\tau_0 - \tau)^{2/3}, \quad e^{\lambda/2} \approx \left(\frac{2}{3}\right)^{1/3}\frac{F'}{2F^{2/3}\sqrt{1+f}}(\tau_0 - \tau)^{2/3},$$

$$8\pi k\varepsilon \approx \frac{4}{3(\tau_0 - \tau)^2}, \quad (103.15)$$

即，随着 $\tau \to \tau_0$，所有距离（无论径向和切向）都按同样规律 $\sim (\tau_0 - \tau)^{2/3}$ 趋于零；物质密度像 $(\tau_0 - \tau)^{-2}$ 那样趋于无穷大，而且在这个极限，物质的分布变得均匀.

我们注意到，在所有情形，坍缩球表面穿过史瓦西球 ($r(\tau, R_0) = r_g$) 的时刻，对于其内部的动力学（由共动参考系的度规描述）并不重要. 然而，在每一时刻，该球的一定部分已经在自己的"事件视界"以内. 正如 $F(R_0)$，通过 (103.12)，决定了整个球的引力半径一样，对于任何给定的 R 值，$F(R)$ 是该球在 $R = \text{const}$ 的球面内那一部分的引力半径；因此，球的这一部分在每一时刻 τ 由条件 $r(\tau, R) \leqslant F(R)$ 决定.

最后，我们来说明如何能够用这些公式求解 §102 末提出的问题：为质点的场构造最完备的参考系[4].

---

[1] 经过中心的"平面"上的几何是，可能存在一个旋转锥面，随时间沿其母线伸长，同时沿其所有的圆周收缩.

[2] 在这个解中任何质量的球都发生引力坍缩是忽略压强的自然结果. 显然，当 $\varepsilon \to \infty$ 时，从物理观点看，假设物质为类尘埃是绝不容许的，我们应当用极端相对论的物态方程 $p = \varepsilon/3$. 然而，看起来极限压缩规律的一般特征在很大程度上与物态方程无关，参见 E. M. Lifshitz 和 I. M. Khalatnikov, *JETP* **39**, 149, 1960; *Soviet Phys. JETP*, **12**, 108, 1961.

[3] $\tau_0 = \text{const}$的情况，包含了一个特例，即完全均匀球的坍缩，参见习题.

[4] 这样的参考系首先是克鲁斯卡尔（M. Kruskal, 1960）用其他变量找到的 (参见*Phys. Rev.* **119**, 1743, 1960). 这里给出的解的形式出自 I. D. Novikov, 1963, 用的是同步参考系.

为了实现这一目的，必须从能够包含收缩和膨胀两个时空区域的真空度规出发. 方程 (103.8) 就是这样的解，其中我们必须令 $F = \mathrm{const} = r_{\mathrm{g}}$. 再选择

$$f = -\frac{1}{(R/r_{\mathrm{g}})^2 + 1}, \quad \tau_0 = \frac{\pi}{2} r_{\mathrm{g}} (-f)^{-3/2},$$

我们得到：

$$\frac{r}{r_{\mathrm{g}}} = \frac{1}{2} \left(\frac{R^2}{r_{\mathrm{g}}^2} + 1 \right) (1 - \cos \eta),$$

$$\frac{\tau}{r_{\mathrm{g}}} = \frac{1}{2} \left(\frac{R^2}{r_{\mathrm{g}}^2} + 1 \right)^{3/2} (\pi - \eta + \sin \eta); \tag{103.16}$$

式中参量 η 取值从 0 到 2π，时间 τ（对于给定的 R）单调减小，而 r 从零增加，经过一个极大值，然后再降到零.

在图 24 中，曲线 ACB 和 $A'C'B'$ 相应于点 $r = 0$（参数值 $\eta = 2\pi$ 和 $\eta = 0$）. 曲线 AOA' 和 BOB' 相应于史瓦西球 $r = r_{\mathrm{g}}$. $A'C'B'$ 和 $A'OB'$ 之间的时空区域只可能有从中心向外的运动，而 ACB 和 AOB 之间是只发生向中心运动的区域.

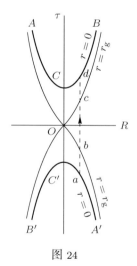

图 24

相对于这个参考系静止的粒子的世界线是垂线（$R = \mathrm{const}$）. 它从 $r = 0$（点 a）出发，在点 b 同史瓦西球相交，在时刻 $\tau = 0$ 达到其最远距离 $\left[r = r_{\mathrm{g}} \left(\frac{R^2}{r_{\mathrm{g}}^2} + 1 \right) \right]$，此后粒子开始向史瓦西球下落，在点 c 穿过它，再次达到 $r = 0$（点 d）的时间是

$$\tau = r_{\mathrm{g}} \frac{\pi}{2} \left(\frac{R^2}{r_{\mathrm{g}}^2} + 1 \right)^{3/2}.$$

这个参考系是完备的：在场中运动的任何粒子的世界线的两端要么在真奇点 $r = 0$，要么在无穷远. 不完备的度规 (102.3) 只覆盖到 AOA' 右边（或 BOB' 左边）的区域，而"膨胀"参考系覆盖到 BOB' 右边（或 AOA' 左边）的区域. 有度规 (100.14) 的史瓦西参考系只覆盖到 BOA' 右边（或 AOB' 左边）的区域.

习　题

求类尘埃均匀球（其物质开始时处于静止）引力坍缩问题的内部解.

解：令

$$\tau_0 = \text{const}, \quad f = -\sin^2 R, \quad F = 2a_0 \sin^3 R,$$

我们得到

$$r = a_0 \sin R(1 - \cos \eta), \quad \tau - \tau_0 = a_0(\eta - \sin \eta) \tag{1}$$

（径向坐标 R 是无量纲的，取值从 0 到 2π），则密度是

$$8\pi k\varepsilon = \frac{6}{a_0^2(1 - \cos \eta)^3}, \tag{2}$$

对于给定的 τ，它与 R 无关，所以球是均匀的. 由 (1) 我们把带 r 的度规 (103.1) 表为形式

$$ds^2 = d\tau^2 - a^2(\tau)[dR^2 + \sin^2 R(d\theta^2 + \sin^2 \theta d\varphi^2)],$$
$$a = a_0(1 - \cos \eta). \tag{3}$$

我们注意到，它与完全充满均匀类尘埃物质的宇宙的度规，即弗里德曼解一致（§112）——这是一个完全自然的结果，因为从均匀分布物质中切割出来的球具有中心对称性[1].

对于选定的常数 a_0, τ_0，解 (1) 满足开始提出的条件. 为方便起见，对参量作改变 ($\eta \to \pi - \eta$)，我们将解写为形式

$$r = \frac{r_0}{2} \frac{\sin R}{\sin R_0}(1 + \cos \eta), \quad \tau = \frac{r_0}{2 \sin R_0}(\eta + \sin \eta), \tag{4}$$

这里（按照 (103.12)）球的引力半径是 $r_g = r_0 \sin^2 R_0$. 在初始时刻 ($\tau = 0, \eta = 0$) 物质是静止的 ($\dot{r} = 0$)，而 $2\pi r_0 = 2\pi r(0, R_0)$ 是球的初始周长. 该物质坍缩入中心的时刻是 $\tau = \pi r_0/(2 \sin R_0)$.

遥远观察者参考系（史瓦西系）中的时间 t 和球上的固有时 τ 的关系由如下方程表示

$$d\tau^2 = \left(1 - \frac{r_g}{r}\right) dt^2 - \frac{dr^2}{1 - r_g/r},$$

---

[1] 度规 (3) 相应于常正曲率空间. 以类似的方式，若令 $f = \sinh^2 R, F = 2a_0 \sinh^3 R$，我们得到相应于常负曲率空间的解 (§113).

式中 r 指相应于球表面的值 $r(\tau, R_0)$. 由该式的积分得到 t 作为同一参量 η 的函数的如下表达式:

$$\frac{t}{r_{\mathrm{g}}} = \ln \frac{\cot R_0 + \tan \dfrac{\eta}{2}}{\cot R_0 - \tan \dfrac{\eta}{2}} + \cot R_0 \left[\eta + \frac{1}{2\sin^2 R_0}(\eta + \sin\eta) \right] \tag{5}$$

（这里时刻 $t=0$ 相应于 $\tau = 0$）. 球的表面穿过史瓦西球 $(r(\tau, R_0) = r_{\mathrm{g}})$ 对应参量 η 的值由如下方程确定

$$\cos^2 \frac{\eta}{2} = \frac{r_{\mathrm{g}}}{r_0} = \sin^2 R_0.$$

当趋近这个值时, 时间 t 趋于无穷大, 与 §102 中的论断一致[①].

§104　非球形转动物体的引力坍缩

严格来说, 前面两节的所有结果只适用于严格球对称的物体. 不过, 简单的论证显示, 对于那些稍许偏离球对称的物体, 引力坍缩的定性图景仍然相同（A. G. Doroshkevich, Ya. B. Zel'dovich 和 I. D. Novikov, 1965）.

首先我们来考虑这样的物体, 它们偏离中心对称性与物质的分布有关, 而与物体的整体转动无关.

很明显, 既然大质量中心对称的物体是引力不稳定的, 这种不稳定对于对称性的小扰动仍将保留, 所以这样的物体将会坍缩. 将弱不对称性处理成小扰动, 我们可以追踪它在物体收缩过程中（在共动系内）的发展. 一般说来, 扰动随物体密度的增加而增加. 但如果扰动在收缩开始时足够弱, 它们在物体达到其引力半径时仍将很小; 在 §103 曾经指出, 这个时刻对于收缩物体内部的动力学毫无特殊之处, 而它的密度当然仍是有限的[②].

由于物体内部的扰动很小, 它在外部产生的中心对称引力场的扰动依然也很小. 这意味着"事件视界", 即史瓦西球的表面也几乎保持不变, 没有任何东西能够阻止坍缩物体穿过它（在共动参考系内）.

因为没有信号从事件视界以内送出, 所以没有关于物体内部扰动进一步发展的信息到达外部观察者; 整个过程对于遥远观察者仍然是"无限延迟"的. 由此可知, 当物体渐近地趋于引力半径时, 坍缩物体的引力场相对于外部参考系趋向于变成稳态. 这个过程的特征时间非常短 $(\sim r_{\mathrm{g}}/c)$, 在这段期间我们可以假设, 外部空间只存在那些在中心对称引力场中较早发展起来的扰

[①] 由 (4) 式决定的函数 $r(\tau, R_0)$ 当然与由外部度规计算并由积分 (102.8) 给出的函数一致. 同样的论断适用于由 (4) 和 (5) 决定的函数 $t(r)$; 它与积分 (102.5) 给出的函数一致.

[②] 在 §115 里将处理不稳定、无边界的均匀物质分布中扰动的发展（那里得到的公式可以同样应用于膨胀和收缩两种情况）. 未扰动或无界延伸物体的非均匀性并不改变这里做出的结论.

动.但是随着时间的进程,所有的扰动都必定作为引力波耗散进空间,走向无限远(或者穿过视界).

在形成中的黑洞的外部引力场里,也不能保留与时间无关的静态扰动.这个结论可以从应用于真空史瓦西球中恒定扰动的分析得到.这样的分析显示,在静态情形下,每一(在无穷远处减弱的)扰动,在趋近未扰动问题的史瓦西球面时会无限制地增加[1];但是,正如已经说过的那样,在目前情况中没有外部场出现大扰动的理由.

物体密度分布中对于球对称的偏离,可以用该分布的四极矩和更高的多极矩描述;其中每一个都对外部引力场作出了自己的贡献.我们的论断意味着,外场中所有这样的扰动在坍缩的最后阶段(从外面观察者的观点看)都会渐次减弱[2].产生的黑洞引力场依然是中心对称的史瓦西场,只由黑洞的总质量决定.

物体坍缩到其事件视界以内(从外面的参考系不可观测)的终极命运问题还不完全清楚.看来我们可以断言,这里坍缩也会终止于时空度规的真奇点,但奇点的类型与中心对称的情况完全不同.然而,这个问题目前尚未完全搞清楚.

让我们回到球对称弱扰动不是与密度分布,而是与物体整体转动相关的情况;弱扰动的假设意味着转动必须足够慢.除了一个例外,所有以前的论断仍然有效.从一开始就很清楚,由于物体的总角动量 M 守恒,黑洞的场不能只依赖于物体的质量.与此相应的是,在中心对称引力场的不含时稳态(而非静态)扰动中,有一个扰动不在 $r \to r_g$ 时无限增加.这正好是与物体的转动相关的扰动,可通过在史瓦西度规张量 g_{ik} (在坐标 $x^0 = t, x^1 = r, x^2 = \theta, x^3 = \varphi$ 中)加上很小的非对角分量[3]

$$g_{03} = \frac{2kM}{r} \sin^2 \theta \tag{104.1}$$

予以描述(参见 §105 习题).当物体趋于引力半径时,这个表达式仍然有效(在外部空间中),因此缓慢转动黑洞的引力场(在小角动量 M 的情形准确到一级近似),将是中心对称的史瓦西场加上小修正(104.1).这个场不再是静态的而只是稳态的.

如果引力坍缩对于球对称的小扰动是可能的,那么如果在某个有限范围

---

[1] 参见 T. Regge 和 J. A. Wheeler, *Phys. Rev.* **108**, 1063 (1957). 这里要强调,我们说的是来自中心体本身的扰动. 施予无穷远的条件排除了静态扰动来自外源的情况;在这样的情况下,小扰动只给史瓦西球一些扭曲,并不改变它的定性性质,也不在其上产生真正的时空奇点.

[2] 关于这种衰减律,参见 R. H. Price, *phys. Rev.* D, **5**, 2419, 2439(1972). 坍缩期间,外引力场初始静态的 l 极扰动的衰减规律是 $1/t^{2l+2}$.

[3] 在本节中令 $c = 1$.

之内偏离球形，必定也可能发生同样性质的坍缩（连同物体运动到事件视界以内）；决定这一范围的条件尚未建立. 无论这些条件如何，看来我们可以断言，从外部观察者的观点来看，由坍缩形成的结构（旋转坍缩星）的性质，仅依赖于初始物体的总质量 m 和角动量 M，而同它的所有其余特性无关[①]. 如果物体没有整体旋转（$M=0$），那么坍缩星的外部引力场就是中心对称的史瓦西场[②].

旋转黑洞的引力场由如下轴对称稳态**克尔度规**给出[③].

$$ds^2 = \left(1 - \frac{r_{\mathrm{g}}r}{\rho^2}\right)\mathrm{d}t^2 - \frac{\rho^2}{\Delta}\mathrm{d}r^2 - \rho^2\mathrm{d}\theta^2 -$$

$$- \left(r^2 + a^2 + \frac{r_{\mathrm{g}}ra^2}{\rho^2}\sin^2\theta\right)\sin^2\theta\,\mathrm{d}\varphi^2 + \frac{2r_{\mathrm{g}}ra}{\rho^2}\sin^2\theta\,\mathrm{d}\varphi\mathrm{d}t, \quad (104.2)$$

这里我们已引入符号

$$\Delta = r^2 - r_{\mathrm{g}}r + a^2, \quad \rho^2 = r^2 + a^2\cos^2\theta, \tag{104.3}$$

式中的 r_{g} 仍然是 $2mk$. 这个度规依赖于两个恒定参量 m 和 a，其意义从度规在远距离 r 处的极限形式看是明显的. 精确到 $\sim 1/r$ 级的项，我们有：

$$g_{00} \approx 1 - \frac{r_{\mathrm{g}}}{r}, \quad g_{03} \approx \frac{r_{\mathrm{g}}a}{r}\sin^2\theta;$$

第一式与（100.18）比较、第二式与（104.1）比较表明，m 是物体的质量，而参量 a 与角动量 M 的关系为

$$M = ma \tag{104.4}$$

（在通常单位中 $M = mac$）. 对于 $a = 0$，克尔度规化为标准形式的史瓦西度规（100.14）[④]. 我们也注意到，形式（104.2）明显表现出时间反演对称性：这个变换（$t \to -t$）也改变了转动方向，即角动量的符号（$a \to -a$），所以 $\mathrm{d}s^2$ 保持不变.

度规张量（104.2）的行列式是

$$-g = \rho^4\sin^2\theta. \tag{104.5}$$

---

① 为了避免误解，我们提醒读者，这里没有考虑携带净电荷的物体.

② 这一论断受到下述 Israel 定理的强烈支持：在爱因斯坦方程所有无穷远处为伽利略的，且有闭合单叶面 $g_{00} = \mathrm{const}, t = \mathrm{const}$ 的静态解中，史瓦西解是唯一具有视界（$g_{00} = 0$）而在其上没有时空度规奇点的解（证明参见 W. Israel, *Phys. Rev.* **164**, 1776, 1967）.

③ 爱因斯坦方程的这个解是 1963 年由克尔以另一形式发现的，后由 R.H.Boyer 和 R. W. Lindquist, 1967 化为（104.2）. 文献中对度规（104.2）没有物理概念合格的说明性解析推导，甚至直接核对爱因斯坦方程的这个解也涉及繁杂的计算. 克尔度规是旋转坍缩星唯一的场这个论断，得到一个类似 Israel 定理的定理支持（参见 B. Carter, *Phys. Rev. Lett.* **26**, 331, 1971）.

④ 准确到 a 的一级项，当 $a \ll 1$ 时度规（104.2）与史瓦西度规只差 $(2r_{\mathrm{g}}a/r)\sin^2\theta\mathrm{d}\varphi\mathrm{d}t$ 这一项，同我们前面关于弱偏离球对称情形的论断一致.

我们也给出逆变分量 g^{ik}，办法是将它们引入下列四维梯度算符平方的表达式：

$$g^{ik}\frac{\partial}{\partial x^i}\frac{\partial}{\partial x^k} = \frac{1}{\Delta}\left(r^2 + a^2 + \frac{r_{\mathrm{g}}ra^2}{\rho^2}\sin^2\theta\right)\left(\frac{\partial}{\partial t}\right)^2 - \frac{\Delta}{\rho^2}\left(\frac{\partial}{\partial r}\right)^2 -$$

$$-\frac{1}{\rho^2}\left(\frac{\partial}{\partial\theta}\right)^2 - \frac{1}{\Delta\sin^2\theta}\left(1 - \frac{r_{\mathrm{g}}r}{\rho^2}\right)\left(\frac{\partial}{\partial\varphi}\right)^2 + \frac{2r_{\mathrm{g}}ra}{\rho^2\Delta}\frac{\partial}{\partial\varphi}\frac{\partial}{\partial t}.$$

$$(104.6)$$

当 $m = 0$ 时，不存在引力质量，(104.2) 应当变为伽利略度规. 实际上，表达式

$$\mathrm{d}s^2 = \mathrm{d}t^2 - \frac{\rho^2}{r^2 + a^2}\mathrm{d}r^2 - \rho^2\mathrm{d}\theta^2 - (r^2 + a^2)\sin^2\theta\mathrm{d}\varphi^2 \qquad (104.7)$$

就是用空间扁椭球坐标写出的伽利略度规

$$\mathrm{d}s^2 = \mathrm{d}t^2 - \mathrm{d}x^2 - \mathrm{d}y^2 - \mathrm{d}z^2,$$

空间扁椭球坐标到笛卡儿坐标的变换由下列公式实现：

$$x = \sqrt{r^2 + a^2}\sin\theta\cos\varphi,$$
$$y = \sqrt{r^2 + a^2}\sin\theta\sin\varphi,$$
$$z = r\cos\theta;$$

曲面 $r = \mathrm{const}$ 是旋转扁椭球：

$$\frac{x^2 + y^2}{r^2 + a^2} + \frac{z^2}{r^2} = 1.$$

度规 (104.2) 有一假奇点，正如史瓦西度规 (100.14) 在 $r = r_{\mathrm{g}}$ 有假奇点一样. 但是，相较于史瓦西情形在同一个面 $r = r_{\mathrm{g}}$ 上既有 g_{00} 为 0 又有 g_{11} 为无穷大，在克尔度规中，这两个面却是分离的. 当 $\rho^2 = rr_{\mathrm{g}}$ 时，等式 $g_{00} = 0$ 成立；这个二次方程的两个根的较大者是

$$r_0 = \frac{r_{\mathrm{g}}}{2} + \sqrt{\left(\frac{r_{\mathrm{g}}}{2}\right)^2 - a^2\cos^2\theta} \quad (g_{00} = 0). \qquad (104.8)$$

当 $\Delta = 0$ 时，g_{11} 为无穷大；这个方程两个根中较大者是

$$r_{\mathrm{hor}} = \frac{r_{\mathrm{g}}}{2} + \sqrt{\left(\frac{r_{\mathrm{g}}}{2}\right)^2 - a^2} \quad (g_{11} = \infty). \qquad (104.9)$$

为简便起见，我们把曲面 $r = r_0$ 记为 S_0，$r = r_{\mathrm{hor}}$ 记为 S_{hor}，其物理意义下面再解释. 曲面 S_{hor} 和 S_0 都是旋转扁椭球面*；S_{hor} 包含在 S_0 里，两个面在极点（$\theta = 0$ 和 $\theta = \pi$）接触.

---
*原著将前者误写为球面. ——中译注

正如我们从 (104.8) 和 (104.9) 看到的那样, 仅当 $a \leqslant r_\mathrm{g}/2$ 时, S_0 和 S_hor 才存在. 当 $a > r_\mathrm{g}/2$ 时, 度规 (104.2) 的性质会发生根本改变, 开始显示出物理上不允许的性质——破坏了因果性原理①.

$a > r_\mathrm{g}/2$ 时克尔度规失去意义意味着, 下列值

$$a_{\max} = \frac{r_\mathrm{g}}{2}, \quad M_{\max} = \frac{mr_\mathrm{g}}{2} \tag{104.10}$$

给出了坍缩星角动量可能的上限. 必须把它看成可以任意趋近的极限值, 而严格的等式 $a = a_{\max}$ 是不可能的. 曲面 S_0 和 S_hor 相应的半径极限值是

$$r_0 = \frac{r_\mathrm{g}}{2}(1 + \sin\theta), \quad r_\mathrm{hor} = \frac{r_\mathrm{g}}{2} \tag{104.11}$$

我们将证明曲面 S_hor 是事件视界, 运动粒子和光只能从一个方向 (朝着内部) 穿过它.

先从一般的观点证明, 运动粒子世界线的单向穿过性对任何类光超曲面 (即每一点的法线都是类光矢量的超曲面) 都保持. 设超曲面是由方程 $f(x^0, x^1, x^2, x^3) = \mathrm{const}$ 定义的. 它的法线沿着四维梯度 $n_i = \partial f/\partial x^i$ 的方向, 所以, 对于类光超曲面我们有 $n_i n^i = 0$. 换言之, 这意味着, 法线的方向就躺在该曲面里: 沿着该超曲面 $\mathrm{d}f = n_i \mathrm{d}x^i = 0$, 这个方程在四维矢量 $\mathrm{d}x^i$ 和 n^i 的方向一致时满足. 由这同样的性质 $n_i n^i = 0$, 超曲面在这同一方向的线元是 $\mathrm{d}s = 0$. 换言之, 沿着这个方向, 超曲面在给定点同在该点构造的光锥相切. 因此, 在类光超曲面上每一点构造的光锥 (例如, 朝未来方向) 完全躺在曲面的一边, 并沿自己的母线之一与该超曲面 (在这些点) 相切. 但这正好意味着, 粒子或光线 (指向未来) 的世界线只能往一个方向穿过超曲面.

类光超曲面的这个性质通常在物理上是平凡的: 单向穿过这些曲面仅仅表示超光速运动的不可能性 (这类例子中最简单的是平直时空中的超曲面 $x = t$). 非平凡的新物理情况出现于类光超曲面并不延伸到空间无限远, 以至它的截面 $t = \mathrm{const}$ 是闭合的空间曲面之时; 这些曲面是事件视界, 其意义与史瓦西球在中心对称引力场中的相同.

克尔场中的曲面 S_hor 是什么呢? 对于克尔场中形如 $f(r, \theta) = \mathrm{const}$ 的超曲面, 条件 $n_i n^i = 0$ 具有形式

$$g^{11}\left(\frac{\partial f}{\partial r}\right)^2 + g^{22}\left(\frac{\partial f}{\partial \theta}\right)^2 = \frac{1}{\rho^2}\left[\Delta\left(\frac{\partial f}{\partial r}\right)^2 + \left(\frac{\partial f}{\partial \theta}\right)^2\right] = 0 \tag{104.12}$$

① 从闭合类时世界线的出现就能显示出来这种破坏; 这些世界线会使先向过去 "运动" 然后再朝将来 "运动" 成为可能. 我们立刻指出, 如果把克尔度规延伸到 S_hor 内部, 即使 $a < r_\mathrm{g}/2$, 同样的破坏也会出现, 这表明物理上该度规在 S_hor 内部是不可用的 (我们以后将回到这一点). 由于同样的理由, 在二次方程 $g_{00} = 0$ 和 $1/g_{11} = 0$ 两个较小根所定义的曲面里 (它们处于 S_hor 内部), 是没有物理意义可言的; 参见 B.Carter, *Phys.Rev.* **147**, 1559(1968).

（g^{ik} 来自（104.6）). 这个方程在 S_0 上不满足，但在 S_{hor} 上满足（这里 $\partial f/\partial\theta=0,\Delta=0$).

把克尔度规延拓到视界曲面以内（像在 §102 和 §103 对史瓦西度规做过的那样）是没有物理意义的. 这样的延拓会只依赖于和 S_{hor} 外面的场相同的两个参量（m 和 a），由此已经显见，它不可能与坍缩星穿过视界后的命运这个物理问题有关. 非球形的效应在共动参考系中根本不能衰减掉，相反，必定会随着物体进一步收缩而增加，所以没有理由预期，视界内部的场会仅仅由物体的质量和角动量来决定[①].

我们来考虑曲面 S_0 和它与视界之间的空间（克尔场的这个区域称为**能层**）的性质.

能层的基本性质是，其中没有粒子能够相对于遥远观察者的参考系保持静止：当 $r,\theta,\varphi=\mathrm{const}$ 时，我们有 $\mathrm{d}s^2<0$，即间隔是类空的，而粒子的世界线本该类时；变量 t 失去了它的时间特性. 因此刚性参考系不能从无穷远延伸入能层，在这个意义上，曲面 S_0 可以称为静界.

粒子在能层内的运动特征与史瓦西场视界之内的情形有本质的不同. 在后一种情形下，粒子相对于外部参考系也不能处于静止，不能有 $r=\mathrm{const}$：所有粒子都必须朝中心径向运动. 在克尔场的能层中，$\varphi=\mathrm{const}$ 对粒子是不可能的（粒子一定要绕场的对称轴转动），而 $r=\mathrm{const}$ 对于一个粒子是可能的. 此外，粒子（和光线）的运动既可以增加也可以减小 r，并能从能层出射到外部空间. 与最后一点相应，粒子可以从外部区域达到能层：这样的粒子（或光线）到达曲面 S_0 的时间，用遥远观察者的钟 t 测量，对除极点（S_0 和 S_{hor} 的接触点）之外的所有 S_0 都是有限的. 到达这些极点的时间，正如同到达所有 S_{hor} 点的时间一样，当然还是无限的[②].

因为粒子在能层中的转动不可避免，在这个区域写出度规的自然形式是：

$$\mathrm{d}s^2=\left(g_{00}-\frac{g_{03}^2}{g_{33}}\right)\mathrm{d}t^2+g_{11}\mathrm{d}r^2+g_{22}\mathrm{d}\theta^2+g_{33}\left(\mathrm{d}\varphi+\frac{g_{03}}{g_{33}}\mathrm{d}t\right)^2. \quad (104.13)$$

$\mathrm{d}t^2$ 的系数

$$g_{00}-\frac{g_{03}^2}{g_{33}}=\frac{\Delta}{r^2+a^2+r_{\mathrm{g}}ra^2\sin^2\theta/\rho^2}$$

在 S_{hor} 外面处处为正（且在 S_0 上不为零）；当 $r=\mathrm{const},\theta=\mathrm{const},\mathrm{d}\varphi=$

[①] 数学上，这种情况反映了，当我们将克尔度规延伸到 S_{hor} 以内时（上面提到的）因果性原理的破坏.

[②] 在粒子的能量和角动量取特殊值，使径向速度在 S_0 的特殊点为零的特殊情形下，到达这些特殊点的时间也可以是无限的.

$-(g_{03}/g_{33})\mathrm{d}t$ 时，间隔 $\mathrm{d}s$ 是类时的. 相对于外面的观察者，

$$-\frac{g_{03}}{g_{33}} = \frac{r_{\mathrm{g}}ar}{\rho^2(r^2+a^2)+r_{\mathrm{g}}ra^2\sin^2\theta} \tag{104.14}$$

这个量起着广义"能层转动角速度"的作用（其转动方向与中心物体转动的方向一致）[①].

粒子的能量，定义为作用量 S 对于粒子（沿轨道同步的）固有时 τ 的导数 $-\partial S/\partial \tau$，它恒为正值（参见 §88）. 但是，正如 §88 中说明过的那样，粒子在与时间 t 无关的场中运动期间，定义为 $-\partial S/\partial t$ 的能量 $\mathscr{E}_0$ 是守恒的；这个量与四维动量 $p_0 = mu_0 = mg_{0i}\mathrm{d}x^i$ 的协变分量一致（m 是粒子的质量）. 变量 t（按遥远观察者的钟测量的时间）在能层内不再具有时间特性，这个事实产生了如下特殊的情况：在这个区间内 $g_{00} < 0$，因此

$$\mathscr{E}_0 = m(g_{00}u^0 + g_{03}u^3) = m\left(g_{00}\frac{\mathrm{d}t}{\mathrm{d}s} + g_{03}\frac{\mathrm{d}\varphi}{\mathrm{d}s}\right)$$

这个量能够为负值. 因为在外部空间（那里 t 为时间）中，能量 $\mathscr{E}_0$ 不能为负，所以 $\mathscr{E}_0 < 0$ 的粒子不能从外部落入能层. 出现这种粒子的可能来源，是进入能层的物体分裂为（例如说）两部分，一部分被俘获进入"负能"轨道，这部分不再能从能层出射，最后被俘获进视界之内. 第二部分可以返回外部空间；因为 $\mathscr{E}_0$ 是守恒的加性量，这部分的能量大于初始物体的能量，所以我们得到了从转动黑洞抽取出来的能量（R. Penrose, 1969）.

最后，我们注意到，虽然 S_0 面对于时空度规并不奇异，但纯空间度规（在参考系（104.2）中）在那里却有奇点. 在 S_0 以外（那里变量 t 具有时间特性），空间度规张量根据（84.7）计算，而空间距离元具有形式

$$\mathrm{d}l^2 = \frac{\rho^2}{\Delta}\mathrm{d}r^2 + \rho^2\mathrm{d}\theta^2 + \frac{\Delta\sin^2\theta}{1-rr_{\mathrm{g}}/\rho^2}\mathrm{d}\varphi^2. \tag{104.15}$$

在 S_0 附近，纬线长度（$\theta = \mathrm{const}$，$r = \mathrm{const}$）按规律 $2\pi a\sin^2\theta/\sqrt{g_{00}}$ 趋于无穷大. 当时钟沿此闭合曲线同步时，其读数之差（参见（88.5））在这里也趋于无穷大.

[①] 值得注意的是，对于沿能层边界运动的粒子，固有时间隔并不随 g_{00} 变为零. 在这个意义上，S_0 不是"无限红移"面；运动的源（在那里是不能静止的）送出的光信号频率，在遥远观察者看来并不变为零. 我们记得，在中心对称场中，史瓦西球上既不可能有静止的源，也不可能有运动的源（因为类光曲面不能包含类时世界线）. 在那里产生"无限红移"是因为，随着 $r \to r_{\mathrm{g}}$，固有时间隔 $\mathrm{d}\tau = \sqrt{g_{00}}\mathrm{d}t$（对于给定的 $\mathrm{d}t$），由相对于参考系静止的钟测量，会变为零.

习　题

1. 对于在克尔场中运动的粒子，在哈密顿－雅可比方程中进行变量分离 (B. Carter, 1968).

解：在哈密顿－雅可比方程

$$g^{ik}\frac{\partial S}{\partial x^i}\frac{\partial S}{\partial x^k} - m^2 = 0$$

中 (m 是粒子的质量，不要与中心物体的质量混淆)，度规 g^{ik} 来自 (104.6)，时间 t 和角 φ 是循环变量；因此它们以 $-\mathcal{E}_0 t + L\varphi$ 的形式进入作用量 S，这里 $\mathcal{E}_0$ 是守恒的能量，L 表示角动量沿场对称轴的分量. 显然，变量 r 和 θ 也可以分离. 把 S 写为形式

$$S = -\mathcal{E}_0 t + L\varphi + S_r(r) + S_\theta(\theta), \tag{1}$$

我们把哈密顿－雅可比方程化为两个常微分方程 (参见本教程第一卷 §48)：

$$\left(\frac{\mathrm{d}S_\theta}{\mathrm{d}\theta}\right)^2 + \left(a\mathcal{E}_0 \sin\theta - \frac{L}{\sin\theta}\right)^2 + a^2 m^2 \cos^2\theta = K,$$
$$\left(\frac{\mathrm{d}S_r}{\mathrm{d}r}\right)^2 - \frac{1}{\Delta}[(r^2 + a^2)\mathcal{E}_0 - aL]^2 + m^2 r^2 = -K, \tag{2}$$

式中 K (分离参数) 是一个新的任意常数. 于是函数 S_θ 和 S_r 可以通过简单求积分决定.

粒子的四维动量是

$$p^i = m\frac{\mathrm{d}x^i}{\mathrm{d}s} = g^{ik} p_k = -g^{ik}\frac{\partial S}{\partial x^k}.$$

用 (1) 和 (2) 计算这个方程的右边，我们得到下列方程：

$$m\frac{\mathrm{d}t}{\mathrm{d}s} = -\frac{r_g ra}{\rho^2 \Delta}L + \frac{\mathcal{E}_0}{\Delta}\left(r^2 + a^2 + \frac{r_g ra^2}{\rho^2}\sin^2\theta\right), \tag{3}$$

$$m\frac{\mathrm{d}\varphi}{\mathrm{d}s} = \frac{L}{\Delta\sin^2\theta}\left(1 - \frac{r_g r}{\rho^2}\right) + \frac{r_g ra}{\rho^2 \Delta}\mathcal{E}_0, \tag{4}$$

$$m^2\left(\frac{\mathrm{d}r}{\mathrm{d}s}\right)^2 = \frac{1}{\rho^4}[(r^2 + a^2)\mathcal{E}_0 - aL]^2 - \frac{\Delta}{\rho^4}(K + m^2 r^2), \tag{5}$$

$$m^2\left(\frac{\mathrm{d}\theta}{\mathrm{d}s}\right)^2 = \frac{1}{\rho^4}(K - a^2 m^2 \cos^2\theta) - \frac{1}{\rho^4}\left(a\mathcal{E}_0\sin\theta - \frac{L}{\sin\theta}\right)^2. \tag{6}$$

这些积分是运动方程 (测地方程) 的初积分. 轨道方程和沿轨道坐标对时间的依赖关系可以从 (3)—(6) 或者直接从方程

$$\frac{\partial S}{\partial \mathcal{E}_0} = \text{const}, \quad \frac{\partial S}{\partial L} = \text{const}, \quad \frac{\partial S}{\partial K} = \text{const}$$

求得.

对于光线的情况, 我们必须在方程 (3)—(6) 右边令 $m = 0$, 并用 ω_0 代替 $\mathscr{E}_0$ (参见 §101), 而左边的导数 $\mathrm{d}m/\mathrm{d}s$ 必须代之以对 (沿光线变化的) 参数 λ 的导数 $\mathrm{d}/\mathrm{d}\lambda$ (参见 §87 末).

如从对称性论据已经清楚的那样, 方程 (4)—(6) 只容许沿物体转动轴的纯径向运动. 由与此相同的考虑显见, 运动可能在一个 "平面" 上进行的必要条件是该平面是赤道面. 在该情形下, 令 $\theta = \pi/2$, 从条件 $\mathrm{d}\theta/\mathrm{d}s = 0$ 用 $\mathscr{E}_0$ 和 L 表示 K, 我们得到如下形式的运动方程

$$m\frac{\mathrm{d}t}{\mathrm{d}s} = -\frac{r_{\mathrm{g}}a}{r\Delta}L + \frac{\mathscr{E}_0}{\Delta}\left(r^2 + a^2 + \frac{r_{\mathrm{g}}a^2}{r}\right) \tag{7}$$

$$m\frac{\mathrm{d}\varphi}{\mathrm{d}s} = \frac{M}{\Delta}\left(1 - \frac{r_{\mathrm{g}}}{r}\right) + \frac{r_{\mathrm{g}}a}{r\Delta}\mathscr{E}_0, \tag{8}$$

$$m^2\left(\frac{\mathrm{d}r}{\mathrm{d}s}\right)^2 = \frac{1}{r^4}[(r^2 + a^2)\mathscr{E}_0 - aL]^2 - \frac{\Delta}{r^4}[(a\mathscr{E}_0 - L)^2 + m^2 r^2] \tag{9}$$

2. 对于在极限克尔场 $(a \to r_{\mathrm{g}}/2)$ 赤道面内运动的粒子, 求最接近中心的稳定圆轨道的半径 (R. Ruffini, J. A. Wheeler, 1969).

解: 同 §102 习题 1 一样处理, 引入由

$$[(r^2 + a^2)U(r) - aL]^2 - \Delta[(aU(r) - L)^2 + r^2 m^2] = 0$$

定义的有效势能 $U(r)$ (对于 $\mathscr{E}_0 = U$, 方程 (9) 的右边变为零). 稳定轨道的半径由函数 $U(r)$ 的极小值, 即方程 $U(r) = \mathscr{E}_0, U'(r) = 0$ 在 $U''(r) > 0$ 条件下的联立解确定. 最接近中心的轨道相应于 $U''(r_{\min}) = 0$; 对于 $r < r_{\min}$, 函数 $U(r)$ 没有极小值. 结果我们得到如下的运动参数值:

(a) 对 $L < 0$ (运动与坍缩星转动方向相反)

$$\frac{r_{\min}}{r_{\mathrm{g}}} = \frac{9}{2}, \quad \frac{\mathscr{E}_0}{m} = \frac{5}{3\sqrt{3}}, \quad \frac{L}{mr_{\mathrm{g}}} = \frac{11}{3\sqrt{3}}.$$

(b) 对 $L > 0$ (运动沿着坍缩星转动方向) 当 $a \to \dfrac{r_{\mathrm{g}}}{2}$ 时半径 $r_{\min}$ 趋向视界半径. 令 $a = \dfrac{r_{\mathrm{g}}}{2}(1 + \delta)$, 当 $\delta \to 0$ 时我们得到:

$$\frac{r_{\mathrm{hor}}}{r_{\mathrm{g}}} = \frac{1}{2}(1 + \sqrt{2\delta}), \quad \frac{r_{\min}}{r_{\mathrm{g}}} = \frac{1}{2}[1 + (4\delta)^{1/3}].$$

于是

$$\frac{\mathscr{E}_0}{m} = \frac{L}{mr_{\mathrm{g}}} = \frac{1}{\sqrt{3}}[1 + (4\delta)^{1/3}].$$

我们注意到, $r_{\min}/r_{\mathrm{hor}}$ 总是大于 1, 即轨道不会处于视界以内. 这本该如此: 视界是类光超曲面, 运动粒子的类时世界线是不可能置身其上的.

§105 物体远距离处的引力场

我们来考虑远离场源物体处的稳态引力场, 并决定其按 $1/r$ 幂展开式的前几项.

离物体远处的场很弱. 这意味着那里的时空度规几乎是伽利略度规, 即我们可以选择一个参考系, 其中度规张量的分量几乎等于它们的伽利略值:

$$g_{00}^{(0)} = 1, \quad g_{0\alpha}^{(0)} = 0, \quad g_{\alpha\beta}^{(0)} = -\delta_{\alpha\beta}. \tag{105.1}$$

因而我们可以把 g_{ik} 写成如下形式

$$g_{ik} = g_{ik}^{(0)} + h_{ik}, \tag{105.2}$$

式中 h_{ik} 是由引力场确定的小修正.

在对张量 h_{ik} 的运算中, 我们约定用 "未扰动的" 度规来升和降它们的指标: $h_i^k = g^{(0)kl}h_{il}$, 等等. 这里我们必须把 h^{ik} 同度规张量 g^{ik} 的逆变分量的修正区分开. 后者由解如下方程确定:

$$g_{il}g^{lk} = (g_{il}^{(0)} + h_{il})g^{lk} = \delta_i^k;$$

所以, 精确到二阶项, 我们得到:

$$g^{ik} = g^{ik(0)} - h^{ik} + h_l^i h^{lk}. \tag{105.3}$$

精确到同样精度, 度规张量的行列式是

$$g = g^{(0)}\left(1 + h + \frac{1}{2}h^2 - \frac{1}{2}h_k^i h_i^k\right), \tag{105.4}$$

式中 $h \equiv h_i^i$.

我们现在就要强调, h_{ik} 很小这个条件绝对没有对参考系作了唯一确定的选择. 如果这个条件对任一参考系满足, 在作任意变换 $x'^i = x^i + \xi^i$ 后它也将满足, 这里 ξ^i 是些小量. 按照 (94.3), 张量 h_{ik} 就将变为

$$h'_{ik} = h_{ik} - \frac{\partial \xi_i}{\partial x^k} - \frac{\partial \xi_k}{\partial x^i}, \tag{105.5}$$

这里 $\xi_i = g_{ik}^{(0)}\xi^k$ (因为 $g_{ik}^{(0)}$ 是常数, (94.3) 中的协变导数在目前情形中化为普通导数)[①].

[①] 对于稳态场, 自然只容许那些不破坏 g_{ik} 的时间无关性的变换, 即 ξ^i 必须只是空间坐标的函数.

在一阶近似下，精确到 $1/r$ 的项，对伽利略值的小修正由中心对称史瓦西度规展开式中相应的项给出. 由于上面提到的参考系（无穷远处为伽利略参考系）选择的不定性，h_{ik} 的具体形式依赖于如何定义径向坐标 r. 因此，如果史瓦西度规写成（100.14）的形式，其大 r 处展开式中的前几项就由表达式（100.18）给出. 从空间球坐标变换到笛卡儿坐标（为此我们必须写出 $\mathrm{d}r = n_\alpha \mathrm{d}x^\alpha$，这里 $\boldsymbol{n}$ 是 $\boldsymbol{r}$ 方向的单位矢量），我们得到下列值：

$$h_{00}^{(1)} = -\frac{r_{\mathrm{g}}}{r}, \quad h_{\alpha\beta}^{(1)} = -\frac{r_{\mathrm{g}}}{r} n_\alpha n_\beta, \quad h_{0\alpha}^{(1)} = 0, \tag{105.6}$$

式中 $r_{\mathrm{g}} = 2km/c^2$[①].

在正比于 $1/r^2$ 的二阶项中，有两种不同的起源的项. 有些项来自爱因斯坦方程对一阶项的非线性效应. 因为后者只依赖于质量（而不依赖于物体的其他特性），故这种二阶项也只依赖于质量. 因而很清楚，这些项可以通过展开史瓦西度规得到. 在这些坐标中，我们有

$$h_{00}^{(2)} = 0, \quad h_{\alpha\beta}^{(2)} = -\left(\frac{r_{\mathrm{g}}}{r}\right)^2 n_\alpha n_\beta. \tag{105.7}$$

其余的二阶项来自线性化场方程的相应解. 考虑到后面的应用，我们将超出这里稳定场的需要，用形式上更一般的公式来进行方程的线性化；开始时我们不用场的稳定性.

对于小的 h_{ik}，用其导数表示的量 Γ_{kl}^i 也很小. 忽略高于一次的幂，在曲率张量（92.1）中我们可以只保留第一个括号中的项：

$$R_{iklm} = \frac{1}{2}\left(\frac{\partial^2 h_{im}}{\partial x^k \partial x^l} + \frac{\partial^2 h_{kl}}{\partial x^i \partial x^m} - \frac{\partial^2 h_{km}}{\partial x^i \partial x^l} - \frac{\partial^2 h_{il}}{\partial x^k \partial x^m}\right). \tag{105.8}$$

对于里奇张量，准确到同样精度，我们有：

$$R_{ik} = g^{lm} R_{limk} \approx g^{lm(0)} R_{limk},$$

或者

$$R_{ik} = \frac{1}{2}\left(-g^{lm(0)}\frac{\partial^2 h_{ik}}{\partial x^l \partial x^m} + \frac{\partial^2 h_i^l}{\partial x^k \partial x^l} + \frac{\partial^2 h_k^l}{\partial x^i \partial x^l} - \frac{\partial^2 h}{\partial x^i \partial x^k}\right). \tag{105.9}$$

[①] 然而如果我们从有各向同性空间坐标的史瓦西度规出发（参见 §100 习题 4），我们会得到：

$$h_{00}^{(1)} = -\frac{r_{\mathrm{g}}}{r}, \quad h_{\alpha\beta}^{(1)} = -\frac{r_{\mathrm{g}}}{r}\delta_{\alpha\beta}, \quad h_{0\alpha}^{(1)} = 0. \tag{105.6a}$$

从（105.6）移到（105.6a）是通过变换（105.5）实现的，其中令

$$\xi^0 = 0, \quad \xi^\alpha = -\frac{r_{\mathrm{g}} x^\alpha}{2r}.$$

表达式 (105.9) 可以通过使用参考系选择中留下的任意性得到简化. 我们可以施予 h_{ik} 四个 (任意函数 ξ^i 的数目) 附加条件

$$\frac{\partial \psi_i^k}{\partial x^k} = 0, \quad \psi_i^k = h_i^k - \frac{1}{2}\delta_i^k h. \tag{105.10}$$

于是 (105.9) 中的最后三项彼此相消, 留下

$$R_{ik} = -\frac{1}{2} g^{lm(0)} \frac{\partial^2 h_{ik}}{\partial x^l \partial x^m}. \tag{105.11}$$

在我们这里考虑的稳定情形下, h_{ik} 不依赖于时间, 表达式 (105.11) 化为 $R_{ik} = \Delta h_{ik}/2$, 式中 Δ 是三维空间坐标中的拉普拉斯算符. 因此真空中的爱因斯坦场方程化为拉普拉斯方程

$$\Delta h_{ik} = 0, \tag{105.12}$$

连同附加条件 (105.10), 后者取形式

$$\frac{\partial}{\partial x^\beta}\left(h_\alpha^\beta - \frac{1}{2}h\delta_\alpha^\beta\right) = 0, \tag{105.13}$$

$$\frac{\partial}{\partial x^\beta} h_0^\beta = 0. \tag{105.14}$$

我们注意到, 这些条件仍然没有完全确定参考系的唯一选择. 显而易见, 如果 h_{ik} 满足方程 (105.13)—(105.14), 则同样的条件也将被 (105.5) 的 h'_{ik} 满足, 只要 ξ^i 满足方程

$$\Delta \xi^i = 0. \tag{105.15}$$

分量 h_{00} 必定由三维拉普拉斯方程的标量解给出. 我们知道, 正比于 $1/r^2$ 的这样一个解具有形式 $\boldsymbol{a} \cdot \nabla(1/r)$, 这里 $\boldsymbol{a}$ 是一个常矢量. 但 h_{00} 中这种类型的项总能够通过简单地在 $1/r$ 的一阶项中移动坐标原点消去. 因此, 这样一项的存在只是表明坐标原点选择得不好, 并没有什么意义.

分量 $h_{0\alpha}$ 由拉普拉斯方程的矢量解给出, 即它们必须具有形式

$$h_{0\alpha} = \lambda_{\alpha\beta}\frac{\partial}{\partial x^\beta}\frac{1}{r},$$

式中 $\lambda_{\alpha\beta}$ 是一个常张量. 条件 (105.4) 给出

$$\lambda_{\alpha\beta}\frac{\partial^2}{\partial x^\alpha \partial x^\beta}\frac{1}{r} = 0,$$

由此可知, $\lambda_{\alpha\beta}$ 必须具有形式 $a_{\alpha\beta} + \lambda\delta_{\alpha\beta}$, 这里 $a_{\alpha\beta}$ 是一个反对称张量. 但是形如 $\lambda\frac{\partial}{\partial x^\alpha}\frac{1}{r}$ 的解可以通过变换 (105.5) 并令 $\xi^0 = \lambda/r, \xi^\alpha = 0$ (满足条件 (105.15)) 消去. 因此, 唯一具有真实意义的解是

$$h_{0\alpha} = a_{\alpha\beta}\frac{\partial}{\partial x^\beta}\frac{1}{r}.$$

最后，通过类似但更为繁杂的论证可以证明，通过适当的空间坐标变换，总能消去拉普拉斯方程张量解（对 α 和 β 对称）给出的量 $h_{\alpha\beta}$.

至于张量 $a_{\alpha\beta}$，它同总角动量张量 $M_{\alpha\beta}$ 有关，$h_{0\alpha}$ 的最终表达式具有形式

$$h_{0\alpha}^{(2)} = \frac{2k}{c^3}M_{\alpha\beta}\frac{\partial}{\partial x^\beta}\frac{1}{r} = -\frac{2k}{c^3}M_{\alpha\beta}\frac{n_\beta}{r^2}. \tag{105.16}$$

我们通过计算积分（96.17）来证明这一点.

角动量 $M_{\alpha\beta}$ 只同 $h_{0\alpha}$ 有关，所以在计算它的时候，我们可以假设所有其他的分量 h_{ik} 都不存在. 准确到 $h_{0\alpha}$ 中的二阶项，从（96.2）—（96.3）我们有（注意 $g^{\alpha 0} = -h^{\alpha 0} = h_{\alpha 0}$，而 $-g$ 与 1 只差二阶项）:

$$h^{\alpha 0\beta} = \frac{c^4}{16\pi k}\frac{\partial}{\partial x^\gamma}(g^{\alpha 0}g^{\beta\gamma} - g^{\gamma 0}g^{\alpha\beta}) = -\frac{c^4}{16\pi k}\frac{\partial}{\partial x^\gamma}(h_{\alpha 0}\delta_{\beta\gamma} - h_{\gamma 0}\delta_{\alpha\beta}).$$

将（105.16）代入这里，导数符号下的第二项变为零，而第一项给出

$$h^{\alpha 0\beta} = -\frac{c}{8\pi}M_{\alpha\gamma}\frac{\partial^2}{\partial x^\beta \partial x^\gamma}\frac{1}{r} = -\frac{c}{8\pi}M_{\alpha\gamma}\frac{3n_\beta n_\gamma - \delta_{\beta\gamma}}{r^3}.$$

用这个表达式在半径 r 的球面上进行（96.16）中的积分 $(\mathrm{d}f_\gamma = n_\gamma r^2 \mathrm{d}o)$ 我们得到:

$$\frac{1}{c}\oint(x^\alpha h^{\beta 0\gamma} - x^\beta h^{\alpha 0\gamma})\mathrm{d}f_\gamma = -\frac{1}{4\pi}\int(n_\alpha n_\gamma M_{\beta\gamma} - n_\beta n_\gamma M_{\alpha\gamma})\mathrm{d}o =$$
$$= -\frac{1}{3}(\delta_{\alpha\gamma}M_{\beta\gamma} - \delta_{\beta\gamma}M_{\alpha\gamma}) = \frac{2}{3}M_{\alpha\beta}.$$

类似的计算给出:

$$\frac{1}{c}\oint\lambda^{\alpha 0\gamma\beta}\mathrm{d}f_\gamma = -\frac{c^3}{16\pi k}\oint(h_{\alpha 0}\mathrm{d}f_\beta - h_{\beta 0}\mathrm{d}f_\alpha) = \frac{1}{3}M_{\alpha\beta}.$$

把这两个量相加，我们就得到要求的 $M_{\alpha\beta}$ 值.

我们强调指出，在一般情形下，当物体附近的场可能并不很弱时，$M_{\alpha\beta}$ 是物体及其引力场的总角动量. 仅当场在所有距离都很弱时，才能忽略它对角动量的贡献[①].

公式（105.6）—（105.7）和（105.16）解决了我们的问题，准确到 $1/r^2$ 的项[②]. 度规张量的协变分量是:

$$g_{ik} = g_{ik}^{(0)} + h_{ik}^{(1)} + h_{ik}^{(2)}. \tag{105.17}$$

[①] 如果转动物体是球形的，$\boldsymbol{M}$ 的方向是物体外整个空间的场唯一可分辨的方向. 如果场处处（而不只是离物体远处）很弱，公式（105.16）在物体外面的整个空间都有效. 在场的中心对称部分不是处处很弱，但球形物体转动得足够慢的情形下，这个公式在整个空间仍然成立（参见习题 1）.

[②] 变换（105.5）对于 $\xi^0 = 0, \xi^\alpha = \xi^\alpha(x^1, x^2, x^3)$ 并不改变 $h_{0\alpha}$. 因此，表达式（105.16）不依赖于坐标 r 的选择.

按照 (105.3),达到与此相同的精度的逆变分量是

$$g^{ik} = g^{ik(0)} - h^{ik(1)} - h^{ik(2)} + h_l^{i(1)}h^{lk(1)}. \tag{105.18}$$

公式 (105.16) 可以用矢量形式重新写为[①]

$$\boldsymbol{g} = \frac{2k}{c^3 r^2}\boldsymbol{n} \times \boldsymbol{M}. \tag{105.19}$$

式中 $\boldsymbol{M}$ 是物体的总角动量矢量. 我们在 §88 习题 1 中曾经表明,在稳态引力场中,有一"科里奥利力"作用于物体上,它与物体在以角速度

$$\boldsymbol{\Omega} = \frac{c}{2}\sqrt{g_{00}}\mathrm{rot}\,\boldsymbol{g}$$

旋转的参考系中所受的力相同.因而我们可以说,在旋转物体的场中,作用于远处粒子上的科里奥利力的强度相应于角速度:

$$\boldsymbol{\Omega} \approx \frac{c}{2}\mathrm{rot}\,\boldsymbol{g} = \frac{k}{c^2 r^3}[\boldsymbol{M} - 3\boldsymbol{n}(\boldsymbol{M}\cdot\boldsymbol{n})]. \tag{105.20}$$

最后,我们依照积分 (96.16),用表达式 (105.6) 来计算引力物体的总能量. 从公式 (96.2)—(96.3) 计算 h^{ikl} 的必要分量,在需要的精度下(保留 $1/r^2$ 阶的项)我们得到:

$$h^{\alpha 0 \beta} = 0,$$
$$h^{00\alpha} = \frac{c^4}{16\pi k}\frac{\partial}{\partial x^\beta}(g^{00}g^{\alpha\beta}) = \frac{mc^2}{8\pi}\frac{\partial}{\partial x^\beta}\left(-\frac{\delta^{\alpha\beta}}{r} + \frac{x^\alpha x^\beta}{r^3}\right) = \frac{mc^2}{4\pi}\frac{n^\alpha}{r^2}.$$

在半径为 r 的球上作 (96.16) 中的积分,最后得

$$P^\alpha = 0, \quad P^0 = mc, \tag{105.21}$$

这自然是个预期的结果.它表示了物体的"引力"质量和"惯性"质量相等的事实("引力"质量是决定物体产生的引力场的质量,这就是出现在引力场的度规张量中,或者特殊情形下,牛顿定律中的质量;"惯性"质量是决定物体的能量与动量之比的质量;特别地,物体的静能等于这个质量乘以 c^2).

在恒定引力场情形下,可以推出一个物质加场总能量的简单表达式,它在形式上只对物质所占的空间进行积分. 为了做到这一点我们可以,比方说,

---

① 准确到假设的精度,矢量 $g_\alpha = -g_{0\alpha}/g_{00} \approx -g_{0\alpha}$. 与此同理,在定义矢积和旋度时(参见 §88 习题 1 的脚注)我们必须令 $\gamma = 1$,所以可以按对笛卡儿矢量常用的意义来理解它们.

从如下表达式（它在所有量与 x^0 无关时成立）出发①：

$$R_0^0 = \frac{1}{\sqrt{-g}} \frac{\partial}{\partial x^\alpha}(\sqrt{-g}g^{i0}\Gamma_{0i}^\alpha). \tag{105.22}$$

在（三维）空间中对 $R_0^0\sqrt{-g}$ 作积分，用三维高斯公式得到：

$$\int R_0^0\sqrt{-g}\mathrm{d}V = \oint \sqrt{-g}g^{i0}\Gamma_{0i}^\alpha \mathrm{d}f_\alpha.$$

取足够远的表面作这个积分，对 g_{ik} 用表达式（105.6），经简单的计算后得到：

$$\int R_0^0\sqrt{-g}\mathrm{d}V = \frac{4\pi k}{c^2}m = \frac{4\pi k}{c^3}P^0.$$

再注意到，按照场方程，

$$R_0^0 = \frac{8\pi k}{c^4}\left(T_0^0 - \frac{1}{2}T\right) = \frac{4\pi k}{c^4}(T_0^0 - T_1^1 - T_2^2 - T_3^3),$$

我们得到要求的公式：

$$P^0 = mc = \frac{1}{c}\int(T_0^0 - T_1^1 - T_2^2 - T_3^3)\sqrt{-g}\mathrm{d}V. \tag{105.23}$$

这个公式仅用物质的能量动量张量表达出物质和恒定引力场的总能量（即物体的总质量）（R. Tolman, 1930）. 我们记得，在中心对称场情形下，这个量还有另一个表达式——公式（100.23）.

习　　题

1. 证明在慢转动（$M \ll cmr_g$）但不要求场的中心对称部分很小的条件下，公式（105.16）对于旋转椭球体外部整个空间的场保持有效（A. G. Doroshkevich, Ya. B. Zel'dovich, I. D. Novikov, 1965；V. Gurovich, 1965）.

解：在空间球坐标中（$x^1 = r, x^2 = \theta, x^3 = \varphi$），公式（105.16）写为：

$$h_{03} = \frac{2kM}{rc^2}\sin^2\theta. \tag{1}$$

---

① 从（92.7）我们有

$$R_0^0 = g^{0i}R_{i0} = g^{0i}\left(\frac{\partial\Gamma_{i0}^l}{\partial x^l} + \Gamma_{i0}^l\Gamma_{lm}^m - \Gamma_{il}^m\Gamma_{0m}^l\right),$$

用（86.5）和（86.8）我们发现，这个表达式可以写为

$$R_0^0 = \frac{1}{\sqrt{-g}}\frac{\partial}{\partial x^i}(\sqrt{-g}g^{0i}\Gamma_{i0}^l) + g^{im}\Gamma_{ml}^0\Gamma_{i0}^l;$$

用相同关系（86.8）容易证明，右边第二项恒等于 $-\frac{1}{2}\Gamma_{lm}^0\frac{\partial g^{lm}}{\partial x^0}$，因所有的量都与 x^0 无关，故等于零. 最后将第一项中对 l 的求和换成对 α 求和，我们就得到（105.22）.

把这个量看成是对史瓦西度规（100.14）的小修正，我们必须验证按 h_{03} 线性化的方程 $R_{03} = 0$ 得以满足（因为在其他场方程中修正项恒为零）. R_{03} 可用 §95 习题中的公式（4）计算，此处线性化意味着，三维张量运算应该用"未扰动"的度规（100.15）进行. 结果我们得到如下方程

$$\left(1 - \frac{r_g}{r}\right)\frac{\partial^2 h_{03}}{\partial r^2} + \frac{2r_g}{r^3}h_{03} + \frac{\sin\theta}{r^2}\frac{\partial}{\partial\theta}\left(\frac{1}{\sin\theta}\frac{\partial h_{03}}{\partial\theta}\right) = 0,$$

表达式（1）确实满足它.

2. 求在转动的中心物体的场中运动粒子轨道的系统（"长期"）移动.（J. Lense, H. Thirring, 1918）.

解：由于所有的相对论效应都很小，它们彼此线性地叠加，所以在计算由中心物体转动产生的效应时，我们可以忽略 §101 中考虑过的非牛顿的中心对称力场；换言之，在进行计算时我们可以假设，所有的 h_{ik} 中只有 $h_{0\alpha}$ 不等于零.

粒子经典轨道的取向决定于两个守恒量：粒子的轨道角动量 $\boldsymbol{M} = \boldsymbol{r} \times \boldsymbol{p}$ 和矢量

$$\boldsymbol{A} = \frac{\boldsymbol{p}}{m} \times \boldsymbol{M} - \frac{kmm'\boldsymbol{r}}{r},$$

后者的守恒是专对牛顿场 $\varphi = -km'/r$ 而言的（式中 m' 是中心物体的质量）. 参见本教程第一卷 §15. 矢量 $\boldsymbol{M}$ 垂直于轨道平面，而矢量 $\boldsymbol{A}$ 沿椭圆的长轴指向近日点（且其大小等于 $kmm'e$，这里 e 是轨道的偏心率）. 要求的轨道的长期移动可以用这些矢量方向的改变来描述.

在场（105.19）中运动粒子的拉格朗日函数是

$$L = -mc\frac{\mathrm{d}s}{\mathrm{d}t} = L_0 + \delta L, \quad \delta L = mc\boldsymbol{g} \cdot \boldsymbol{v} = \frac{2km}{c^2 r^3}\boldsymbol{M}' \cdot \boldsymbol{v} \times \boldsymbol{r} \tag{1}$$

（这里我们将中心物体的角动量记为 $\boldsymbol{M}'$ 以区别于粒子的角动量 $\boldsymbol{M}$）. 于是，哈密顿函数是（参见本教程第一卷（40.7））：

$$\mathscr{H} = \mathscr{H}_0 + \delta\mathscr{H}, \quad \delta\mathscr{H} = \frac{2k}{c^2 r^3}\boldsymbol{M}' \cdot \boldsymbol{r} \times \boldsymbol{p}.$$

用哈密顿方程 $\dot{\boldsymbol{r}} = \partial\mathscr{H}/\partial\boldsymbol{p}, \dot{\boldsymbol{p}} = -\partial\mathscr{H}/\partial\boldsymbol{r}$ 来计算导数 $\dot{\boldsymbol{M}} = \dot{\boldsymbol{r}} \times \boldsymbol{p} + \boldsymbol{r} \times \dot{\boldsymbol{p}}$，我们得到：

$$\dot{\boldsymbol{M}} = \frac{2k}{c^2 r^3}\boldsymbol{M}' \times \boldsymbol{M}. \tag{2}$$

因为我们只对 $\boldsymbol{M}$ 的长期变化感兴趣，因此应当将这个表达式对粒子运动的周期进行平均. 方便地进行这个平均的方法，是利用椭圆轨道运动的 r 与时间关系的参数表达式，形如

$$r = a(1 - e\cos\xi), \quad t = \frac{T}{2\pi}(\xi - e\sin\xi)$$

（a 和 e 分别为椭圆的半长轴和偏心率；参见本教程第一卷 §15）：

$$\overline{r^{-3}} = \frac{1}{T}\int_0^T \frac{\mathrm{d}t}{r^3} = \frac{1}{2\pi a^3}\int_0^{2\pi}\frac{\mathrm{d}\xi}{(1-e\cos\xi)^2} = \frac{1}{a^3(1-e^2)^{3/2}}.$$

因此 $\boldsymbol{M}$ 的长期变化由如下公式给出

$$\frac{\mathrm{d}\boldsymbol{M}}{\mathrm{d}t} = \frac{2k\boldsymbol{M}'\times\boldsymbol{M}}{c^2 a^3(1-e^2)^{3/2}}, \tag{3}$$

即矢量 $\boldsymbol{M}$ 绕中心物体的旋转轴转动，其大小保持固定.

对矢量 $\boldsymbol{A}$ 的类似计算给出：

$$\dot{\boldsymbol{A}} = \frac{2k}{c^2 r^3}\boldsymbol{M}'\times\boldsymbol{A} + \frac{6k}{c^2 m r^5}(\boldsymbol{M}\cdot\boldsymbol{M}')(\boldsymbol{r}\times\boldsymbol{M}).$$

这个表达式的平均按以前一样的方式进行. 从对称性的考虑可以预先判断出，平均后的矢量 $\overline{\boldsymbol{r}/r^5}$ 将沿着椭圆的长轴，即沿着矢量 $\boldsymbol{A}$ 的方向. 这个计算导出了矢量 $\boldsymbol{A}$ 长期变化的如下表达式：

$$\frac{\mathrm{d}\boldsymbol{A}}{\mathrm{d}t} = \boldsymbol{\Omega}\times\boldsymbol{A}, \quad \boldsymbol{\Omega} = \frac{2k\boldsymbol{M}'}{c^2 a^3(1-e^2)^{3/2}}\{\boldsymbol{n}' - 3\boldsymbol{n}(\boldsymbol{n}\cdot\boldsymbol{n}')\} \tag{4}$$

（$\boldsymbol{n}$ 和 $\boldsymbol{n}'$ 是沿 $\boldsymbol{M}$ 和 $\boldsymbol{M}'$ 的单位矢量），即矢量 $\boldsymbol{A}$ 以角速度 $\boldsymbol{\Omega}$ 旋转，而大小保持固定；最后这一点显示，轨道的偏心率不会有任何长期变化.

公式（3）可以写为形式

$$\frac{\mathrm{d}\boldsymbol{M}}{\mathrm{d}t} = \boldsymbol{\Omega}\times\boldsymbol{M},$$

$\boldsymbol{\Omega}$ 与（4）式中相同. 换言之，$\boldsymbol{\Omega}$ 是椭圆"整体"旋转的角速度. 这个转动既包括轨道近日点额外（与 §101 中考虑的相比）的移动，也包括轨道平面绕物体轴的长期转动（如果轨道面与物体的赤道面重合，就没有后面这个效应）.

为了比较起见，我们指出，对于 §101 中考虑的效应，相应地有

$$\boldsymbol{\Omega} = \frac{6\pi k m'}{c^2 a(1-e^2)T}\boldsymbol{n}.$$

§106　二级近似下物体系统的运动方程

后面（§110）我们将看到，运动的物体系统要辐射引力波，因而会损失能量. 这个损失只是在 $1/c$ 的第五级近似下才表现出来. 在前四级近似中，系统的能量保持恒定. 由此可知，不存在电磁场时，引力物体系统可以用精确到 $1/c^4$ 阶项的拉格朗日函数描述，而一般情形下，拉格朗日函数只精确到二阶项（§65）. 这里我们来推导物体系统精确到二阶项的拉格朗日函数. 这样我们就求得比牛顿近似更高一级近似的系统运动方程.

我们将忽略物体的大小和内部结构，把它们看做"类点的"粒子；换言之，在按物体的尺度 a 与其相互间距 l 之比的幂展开时，我们仅限于零级近似.

为了解决我们的问题，必须首先在这同级近似下，决定物体在远比其尺度大，同时又比系统辐射的引力波波长 λ 小的距离处产生的弱引力场 ($a \ll r \ll \lambda \sim lc/v$).

精确到 $1/c^2$ 阶的项，远离物体的场由前节获得的表达式给出，在那里记为 $h_{ik}^{(1)}$；这里我们用的这些表达式形如 (105.6a). 在 §105 中，隐含的假定是场只由位于坐标原点的一个物体产生. 但因为场 $h_{ik}^{(1)}$ 是线性化爱因斯坦方程的解，叠加原理对它有效. 因此远离物体系统的场可以通过把每个物体的场简单相加求得；我们把该场写为形式

$$h_\alpha^\beta = -\frac{2}{c^2}\varphi\delta_\alpha^\beta, \tag{106.1}$$

$$h_0^0 = \frac{2}{c^2}\varphi, h_0^\alpha = 0, \tag{106.2}$$

式中

$$\varphi(\boldsymbol{r}) = -k\sum_a \frac{m_a}{|\boldsymbol{r}-\boldsymbol{r}_a|}$$

是点状物体系统的牛顿引力势（$\boldsymbol{r}_a$ 是质量为 m_a 的物体的径矢）. 度规张量为 (106.1)—(106.2) 的线元表达式为：

$$ds^2 = \left(1+\frac{2}{c^2}\varphi\right)c^2dt^2 - \left(1-\frac{2}{c^2}\varphi\right)(dx^2+dy^2+dz^2). \tag{106.3}$$

我们注意到，含有 ϕ 的一阶项不仅出现在 g_{00} 中，也出现在 $g_{\alpha\beta}$ 中；在 §87 中已经说过，在粒子的运动方程中，$g_{\alpha\beta}$ 中的修正项给出比来自 g_{00} 的项更高阶的量；因此通过同牛顿运动方程比较，我们只能确定 g_{00}.

我们随后将会看到，为了得到要求的运动方程，知道由 (106.1) 给出的空间分量 $h_{\alpha\beta}$ 到精度 ($\sim 1/c^2$) 就够了；混合分量（在 $1/c^2$ 的近似中不存在）需要到 $1/c^3$ 阶的项，而时间分量 h_{00} 需要含 $1/c^4$ 阶的项. 为了计算它们，我们再次回到一般的引力场方程，并考虑这些方程中相应阶的项.

在不考虑物体的尺度时，我们应当把物质的能量动量张量写为形式 (33.4),(33.5). 在曲线坐标中，这个表达式重新写为

$$T^{ik} = \sum_a \frac{m_a c}{\sqrt{-g}}\frac{dx^i}{ds}\frac{dx^k}{dt}\delta(\boldsymbol{r}-\boldsymbol{r}_a) \tag{106.4}$$

（关于因子 $1/\sqrt{-g}$ 的出现，参见 (90.4) 中类似的过渡）；求和遍历系统中所有的物体.

分量

$$T_{00} = \sum_a \frac{m_a c^3}{\sqrt{-g}} g_{00}^2 \frac{\mathrm{d}t}{\mathrm{d}s} \delta(\boldsymbol{r} - \boldsymbol{r}_a)$$

在（伽利略度规 g_{ik} 的）一级近似中等于 $\sum_a m_a c^2 \delta(\boldsymbol{r} - \boldsymbol{r}_a)$；在下一级近似中，$g_{ik}$ 由（106.3）代替，经简单计算后得到：

$$T_{00} = \sum_a m_a c^2 \left(1 + \frac{5\varphi_\alpha}{c^2} + \frac{v_a^2}{2c^2} \right) \delta(\boldsymbol{r} - \boldsymbol{r}_a), \tag{106.5}$$

式中 $\boldsymbol{v}$ 是普通的三维速度 $(v^\alpha = \mathrm{d}x^\alpha/\mathrm{d}t)$，而 φ_a 是场在点 $\boldsymbol{r}_a$ 的势（我们暂时不对 φ_a 中含有的无穷大部分——粒子 m_a 自场的势——加以关注；关于这一点，见下.)

至于能量动量张量的分量 $T_{\alpha\beta}, T_{0\alpha}$，对它们来说，在这个近似中，只要保留（106.4）展开式中领头的项就够了：

$$T_{\alpha\beta} = \sum_a m_a v_{a\alpha} v_{a\beta} \delta(\boldsymbol{r} - \boldsymbol{r}_a), \quad T_{0\alpha} = -\sum_a m_a c v_{a\alpha} \delta(\boldsymbol{r} - \boldsymbol{r}_a). \tag{106.6}$$

下面来计算张量 R_{ik} 的分量. 利用公式 $R_{ik} = g^{lm} R_{limk}$ 来作这个计算是很方便的，式中 R_{limk} 由（92.1）给出. 这里必须记住，$h_{\alpha\beta}$ 和 h_{00} 不含低于 $1/c^2$ 阶的项，而 $h_{0\alpha}$ 不含低于 $1/c^3$ 阶的项；对 $x^0 = ct$ 微分将量小的程度提高一阶.

R_{00} 中的主项为 $1/c^2$ 阶；除此之外我们还须保留接下去非零的 $1/c^4$ 阶项. 简单的计算给出结果：

$$R_{00} = \frac{1}{c}\frac{\partial}{\partial t}\left(\frac{\partial h_0^\alpha}{\partial x^\alpha} - \frac{1}{2c}\frac{\partial h_\alpha^\alpha}{\partial t} \right) + \frac{1}{2}\Delta h_{00} + \frac{1}{2}h^{\alpha\beta}\frac{\partial^2 h_{00}}{\partial x^\alpha \partial x^\beta} -$$

$$- \frac{1}{4}\left(\frac{\partial h_{00}}{\partial x^\alpha} \right)^2 - \frac{1}{4}\frac{\partial h_{00}}{\partial x^\beta}\left(2\frac{\partial h_\beta^\alpha}{\partial x^\alpha} - \frac{\partial h_\alpha^\alpha}{\partial x^\beta} \right).$$

在这个计算中还没有对量 h_{ik} 使用任何附加条件. 利用这个自由，我们现在施加条件

$$\frac{\partial h_0^\alpha}{\partial x^\alpha} - \frac{1}{2c}\frac{\partial h_\alpha^\alpha}{\partial t} = 0, \tag{106.7}$$

其结果是 R_{00} 中所有含 $h_{0\alpha}$ 的项都去掉了. 在余下的项中代入

$$h_\alpha^\beta = -\frac{2}{c^2}\varphi\delta_\alpha^\beta, \quad h_{00} = \frac{2}{c^2}\varphi + O\left(\frac{1}{c^4} \right),$$

准确到需要的精度，得到

$$R_{00} = \frac{1}{2}\Delta h_{00} + \frac{2}{c^4}\varphi\Delta\varphi - \frac{2}{c^4}(\nabla\varphi)^2, \tag{106.8}$$

这里我们已经转到三维表示. 在计算分量 $R_{0\alpha}$ 时, 保留到第一个非零阶——$1/c^3$ 阶的项就够了. 以类似的方式, 我们得到:

$$R_{0\alpha} = \frac{1}{2c}\frac{\partial^2 h_\alpha^\beta}{\partial t\, \partial x^\beta} + \frac{1}{2}\frac{\partial^2 h_0^\beta}{\partial x^\alpha\, \partial x^\beta} - \frac{1}{2c}\frac{\partial^2 h_\beta^\beta}{\partial t\, \partial x^\alpha} + \frac{1}{2}\Delta h_{0\alpha},$$

然后, 用条件 (106.7):

$$R_{0\alpha} = \frac{1}{2}\Delta h_{0\alpha} + \frac{1}{2c^3}\frac{\partial^2\varphi}{\partial t\, \partial x^\alpha}. \tag{106.9}$$

用表达式 (106.5)—(106.9), 我们现在写出爱因斯坦方程

$$R_{ik} = \frac{8\pi k}{c^4}\left(T_{ik} - \frac{1}{2}g_{ik}T\right). \tag{106.10}$$

方程 (106.10) 的时间分量给出:

$$\Delta h_{00} + \frac{4}{c^4}\varphi\Delta\varphi - \frac{4}{c^4}(\nabla\varphi)^2 = \frac{8\pi k}{c^4}\sum_a m_a c^2\left(1 + \frac{5\varphi_a}{c^2} + \frac{3v_a^2}{2c^2}\right)\delta(\boldsymbol{r} - \boldsymbol{r}_a);$$

用恒等式

$$4(\nabla\varphi)^2 = 2\Delta(\varphi^2) - 4\varphi\Delta\varphi$$

和牛顿势的方程

$$\Delta\varphi = 4\pi k\sum_a m_a\delta(\boldsymbol{r} - \boldsymbol{r}_a), \tag{106.11}$$

我们重新把这个方程写为形式

$$\Delta\left(h_{00} - \frac{2}{c^4}\varphi^2\right) = \frac{8\pi k}{c^2}\sum_a m_a\left(1 + \frac{\varphi_a'}{c^2} + \frac{3v_a^2}{2c^2}\right)\delta(\boldsymbol{r} - \boldsymbol{r}_a). \tag{106.12}$$

在完成所有的计算后, 我们已将 (106.12) 右边的 φ_a 换为

$$\varphi_a' = -k\sum_b{}' \frac{m_b}{|\boldsymbol{r}_a - \boldsymbol{r}_b|},$$

即除物体 m_a 外所有物体产生的场在 $\boldsymbol{r}_a$ 点的势. 物体无穷大自势的去除 (在我们把物体看做类点的方法中), 相应于将它们的质量 "重正化", 其结果是, 它们获得了自己的真值, 计及了物体本身产生的场[①].

利用熟悉的关系式 (36.9):

$$\Delta\frac{1}{r} = -4\pi\delta(\boldsymbol{r}),$$

[①] 实际上, 如果总共只有一个静止物体, 方程右边就只有 $(8\pi k/c^2)m_a\delta(\boldsymbol{r} - \boldsymbol{r}_a)$, 而这个方程就正确地决定了 (在二级近似下) 该物体产生的场.

可以立刻得到 (106.12) 的解. 于是我们有:

$$h_{00} = \frac{2\varphi}{c^2} + \frac{2\varphi^2}{c^4} - \frac{2k}{c^4}\sum_a \frac{m_a\varphi'_a}{|\boldsymbol{r}-\boldsymbol{r}_a|} - \frac{3k}{c^4}\sum_a \frac{m_a v_a^2}{|\boldsymbol{r}-\boldsymbol{r}_a|}, \tag{106.13}$$

方程 (106.10) 的混合分量给出:

$$\Delta h_{0\alpha} = -\frac{16\pi k}{c^3}\sum_a m_a v_{a\alpha}\delta(\boldsymbol{r}-\boldsymbol{r}_a) - \frac{1}{c^3}\frac{\partial^2\varphi}{\partial t\partial x^\alpha}, \tag{106.14}$$

这个线性方程的解是①

$$h_{0\alpha} = \frac{4k}{c^3}\sum_a \frac{m_a v_{a\alpha}}{|\boldsymbol{r}-\boldsymbol{r}_a|} - \frac{1}{c^3}\frac{\partial^2 f}{\partial t\partial x^\alpha},$$

式中 f 是如下辅助方程的解

$$\Delta f = \varphi = -\sum_a \frac{km_a}{|\boldsymbol{r}-\boldsymbol{r}_a|}.$$

利用关系 $\Delta r = 2/r$, 我们得到:

$$f = -\frac{k}{2}\sum_a m_a|\boldsymbol{r}-\boldsymbol{r}_a|,$$

然后, 经过简单的计算, 我们得到:

$$h_{0\alpha} = \frac{k}{2c^3}\sum_a \frac{m_a}{|\boldsymbol{r}-\boldsymbol{r}_a|}[7v_{a\alpha} + (\boldsymbol{v}_a\cdot\boldsymbol{n}_a)n_{a\alpha}], \tag{106.15}$$

式中 $\boldsymbol{n}_a$ 是沿矢量 $\boldsymbol{r}-\boldsymbol{r}_a$ 方向的单位矢量.

　　表达式 (106.1), (106.13) 和 (106.15) 足以在二阶项的精度下计算要求的拉格朗日函数.

　　在其他物体产生并且假设是已知的引力场中, 单个物体的拉格朗日函数是

$$L_a = -m_a c\frac{\mathrm{d}s}{\mathrm{d}t} = -m_a c^2\left(1 + h_{00} + 2h_{0\alpha}\frac{v_a^\alpha}{c} - \frac{v_a^2}{c^2} + h_{\alpha\beta}\frac{v_a^\alpha v_a^\beta}{c^2}\right)^{1/2}.$$

---

　　① 在稳态情形下, 方程 (106.14) 右边第二项不存在. 在离物体远距离处, 它的解通过与方程 (43.4) 的解 (44.3) 类比, 可以立刻写出

$$h_{0\alpha} = \frac{2k}{c^3 r^2}(\boldsymbol{M}\times\boldsymbol{n})_\alpha$$

(式中 $\boldsymbol{M} = \int \boldsymbol{r}\times\mu\boldsymbol{v}\mathrm{d}V = \Sigma m_a\boldsymbol{r}_a\times\boldsymbol{v}_a$ 是系统的角动量), 与公式 (105.19) 一致.

展开平方根并略去不重要的常数项 $-m_ac^2$，我们按所需精度将这个表达式重新写为

$$L_a = \frac{m_a v_a^2}{2} + \frac{m_a v_a^4}{8c^2} - m_a c^2 \left(\frac{h_{00}}{2} + h_{0\alpha} \frac{v_a^\alpha}{c} + \frac{1}{2c^2} h_{\alpha\beta} v_a^\alpha v_a^\beta - \frac{h_{00}^2}{8} + \frac{h_{00}}{4c^2} v_a^2 \right).$$

$$(106.16)$$

这里所有的 h_{ik} 值取在点 r_a；我们必须再次去掉变为无穷大的项，这相当于将作为 L_a 中系数出现的质量 m_a "重整化".

进一步的计算过程如下. 系统的总拉格朗日函数 L 当然不等于个别物体拉格朗日函数 L_a 之和，但应当这样来构造，在其他物体运动已知的情形下，使它得出作用于每个物体上力 f_a 的正确值. 为此目的，我们通过微分拉格朗日函数 L_a 来计算力 f_a：

$$f_a = \left(\frac{\partial L_a}{\partial r} \right)_{r=r_a}$$

（微分是对 h_{ik} 表达式中"场点"的巡行坐标 r 进行的）. 然后构造总拉格朗日函数 L 就容易了，由此通过求偏导数 $\partial L/\partial r_a$ 就得到所有的力 f_a.

略去简单的中间计算，我们直接给出拉格朗日函数的最后结果[①]：

$$L = \sum_a \frac{m_a v_a^2}{2} + \sum_a \sum_b{}' \frac{3k m_a m_b v_a^2}{2c^2 r_{ab}} + \sum_a \frac{m_a v_a^4}{8c^2} + \sum_a \sum_b{}' \frac{k m_a m_b}{2r_{ab}} -$$

$$- \sum_a \sum_b{}' \frac{k m_a m_b}{4c^2 r_{ab}} [7(\boldsymbol{v}_a \cdot \boldsymbol{v}_b) + (\boldsymbol{v}_a \cdot \boldsymbol{n}_{ab})(\boldsymbol{v}_b \cdot \boldsymbol{n}_{ab})] -$$

$$- \sum_a \sum_b{}' \sum_c{}' \frac{k^2 m_a m_b m_c}{2c^2 r_{ab} r_{ac}},$$

$$(106.17)$$

式中 $r_{ab} = |\boldsymbol{r}_a - \boldsymbol{r}_b|$，$\boldsymbol{n}_{ab}$ 是沿方向 $\boldsymbol{r}_a - \boldsymbol{r}_b$ 的单位矢量，求和符号上带撇的意思是应当去掉 $b = a$ 或 $c = a$ 的项.

习　题

1. 求牛顿近似中引力场的作用量.

解：用来自（106.3）的 g_{ik}，我们从一般公式（93.3）得到 $G = 2(\nabla\varphi)^2/c^4$，所以场的作用量是

$$S_{\mathrm{g}} = -\frac{1}{8\pi k} \iint (\nabla\varphi)^2 \mathrm{d}V \mathrm{d}t.$$

场加空间密度分布为 μ 的物质的总作用量是：

$$S = \iint \left[\frac{\mu v^2}{2} - \mu\varphi - \frac{1}{8\pi k}(\nabla\varphi)^2 \right] \mathrm{d}V \mathrm{d}t. \tag{1}$$

---

① 相应于这个拉格朗日函数的运动方程首先是由 A. Einstein，L. Infeld，B. Hoffmann（1938）和 A. Eddington，G. Clark（1938）得到的.

容易验证, S 对 φ 的变分给出泊松方程 (99.2), 这是理所当然的.

能量密度由拉格朗日函数密度 Λ（(1) 式中的被积函数）用通式 (32.5) 求得, 后者在目前情形下化为第二和第三项变号（因为 Λ 中不含 φ 对时间的导数）. 将能量密度在全空间积分, 以 $\mu\varphi = \varphi\Delta\varphi/(4\pi k)$ 代入第二项并作分部积分, 最后得到场加物质的总能量形如

$$\int\left[\frac{\mu v^2}{2} - \frac{1}{8\pi k}(\nabla\varphi)^2\right]\mathrm{d}V.$$

因此牛顿理论中引力场的总能量是 $W = -(\nabla\varphi)^2/(8\pi k)$[①].

2. 求在二级近似下引力物体系统惯性中心的坐标.

解：鉴于引力相互作用的牛顿定律和电磁相互作用的库仑定律形式上完全类似, 惯性中心的坐标由如下公式给出：

$$\boldsymbol{R} = \frac{1}{\mathscr{E}}\sum_a \boldsymbol{r}_a\left(m_a c^2 + \frac{p_a^2}{2m_a} - \frac{km_a}{2}\sum_b{}' \frac{m_b}{r_{ab}}\right),$$

$$\mathscr{E} = \sum_a\left(m_a c^2 + \frac{p_a^2}{2m_a} - \frac{km_a}{2}\sum_b{}' \frac{m_b}{r_{ab}}\right),$$

它与 §65 习题 1 得到的公式类似.

3. 求质量相当的两个引力物体轨道近日点的长期移动 (H. Robertson, 1938).

解：两个物体所构成系统的拉格朗日函数是

$$L = \frac{m_1 v_1^2}{2} + \frac{m_2 v_2^2}{2} + \frac{km_1 m_2}{r} + \frac{1}{8c^2}(m_1 v_1^4 + m_2 v_2^4) +$$

$$+ \frac{km_1 m_2}{2c^2 r}[3(v_1^2 + v_2^2) - 7(\boldsymbol{v}_1\cdot\boldsymbol{v}_2) - (\boldsymbol{v}_1\cdot\boldsymbol{n})(\boldsymbol{v}_2\cdot\boldsymbol{n})] - \frac{k^2 m_1 m_2(m_1 + m_2)}{2c^2 r^2}.$$

过渡到哈密顿函数并从中消去惯性中心的运动（参见 §65 习题 2）, 我们得到：

$$\mathscr{H} = \frac{p^2}{2}\left(\frac{1}{m_1} + \frac{1}{m_2}\right) - \frac{km_1 m_2}{r} - \frac{p^4}{8c^2}\left(\frac{1}{m_1^3} + \frac{1}{m_2^3}\right) -$$

$$- \frac{k}{2c^2 r}\left[3p^2\left(\frac{m_2}{m_1} + \frac{m_1}{m_2}\right) + 7p^2 + (\boldsymbol{p}\cdot\boldsymbol{n})^2\right] + \frac{k^2 m_1 m_2(m_1 + m_2)}{2c^2 r^2}, \qquad (1)$$

式中 $\boldsymbol{p}$ 是相对运动的动量.

我们来确定动量的径向分量 p_r 作为变量 r、参量 M（角动量）和 $\mathscr{E}$（能量）的函数. 这个函数决定于方程 $\mathscr{H} = \mathscr{E}$（这里在二阶项中须将 p^2 换成其来

---

① 为了避免任何误解, 我们说, 这个表达式并不同于能动赝张量（用 (106.3) 式的 g_{ik} 计算）的分量 $(-g)t_{00}$；$(-g)T_{ik}$ 对 W 也有贡献.

自零级近似的表达式）:

$$\mathcal{E} = \frac{1}{2}\left(\frac{1}{m_1} + \frac{1}{m_2}\right)\left(p_r^2 + \frac{M^2}{r^2}\right) - \frac{km_1m_2}{r} -$$

$$- \frac{1}{8c^2}\left(\frac{1}{m_1^3} + \frac{1}{m_2^3}\right)\left(\frac{2m_1m_2}{m_1+m_2}\right)^2\left(\mathcal{E} + \frac{km_1m_2}{r}\right)^2 -$$

$$- \frac{k}{2c^2r}\left[3\left(\frac{m_2}{m_1} + \frac{m_1}{m_2}\right) + 7\right]\frac{2m_1m_2}{m_1+m_2}\left(\mathcal{E} + \frac{km_1m_2}{r}\right) -$$

$$- \frac{k}{2c^2r}p_r^2 + \frac{k^2m_1m_2(m_1+m_2)}{2c^2r^2}.$$

进一步的计算过程与 §98 中所用的类似. 从上面给出的代数方程求得 p_r 以后，我们对积分

$$S_r = \int p_r\mathrm{d}r$$

中的变量 r 作变换，使得含 M^2 的项化为 M^2/r^2. 然后用小的相对论修正展开平方根下的表达式，我们得到:

$$S_r = \int\sqrt{A + \frac{B}{r} - \left(M^2 - \frac{6k^2m_1^2m_2^2}{c^2}\right)\frac{1}{r^2}}\,\mathrm{d}r$$

（参见（101.6））,式中 A 和 B 是不必具体计算出来的常系数.

结果我们得到了相对运动轨道近日点的移动:

$$\delta\varphi = \frac{6\pi k^2m_1^2m_2^2}{c^2M^2} = \frac{6\pi k(m_1+m_2)}{c^2a(1-e^2)}.$$

与（101.7）比较我们看出，对于大小和形状给定的轨道，近日点的移动与物体在质量 $m_1 + m_2$ 处于固定中心的场中的运动情形一致.

4. 求在绕轴自转的中心物体引力场中作轨道运动的球陀螺的进动频率.

解: 在一级近似下，这个效应是两个独立部分之和，一部分与中心对称场的非牛顿性质有关（H. Weyl, 1923）,而另一部分与中心物体的转动有关（L. Schiff, 1960）.

第一部分由陀螺拉格朗日函数的附加项描述，相应于（106.17）中的第二项. 我们将陀螺每个单元（质量为 $\mathrm{d}m$）的速度写为形式 $\boldsymbol{v} = \boldsymbol{V} + \boldsymbol{\omega}\times\boldsymbol{r}$, 式中 $\boldsymbol{V}$ 是轨道运动的速度，$\boldsymbol{\omega}$ 是角速度，$\boldsymbol{r}$ 是质量元 $\mathrm{d}m$ 相对于陀螺中心的径矢（所以对陀螺体积的积分 $\int\boldsymbol{r}\mathrm{d}m = 0$）. 去掉与 $\boldsymbol{\omega}$ 无关的项，再忽略 $\boldsymbol{\omega}$ 的二次项，我们有:

$$\delta^{(1)}L = \frac{3km'}{2c^2}\int 2\frac{\boldsymbol{V}\cdot\boldsymbol{\omega}\times\boldsymbol{r}}{R}\mathrm{d}m,$$

式中 m' 是中心物体的质量，$R = |\boldsymbol{R}_0 + \boldsymbol{r}|$ 是从场中心到质量元 $\mathrm{d}m$ 的距离，$\boldsymbol{R}_0$ 是陀螺惯性中心的径矢. 在展开式 $1/R \approx 1/R_0 - \boldsymbol{n} \cdot \boldsymbol{r}/R_0^2$ 中（$\boldsymbol{n} = \boldsymbol{R}_0/R_0$），第一项的积分为零，而第二项的积分用如下公式计算

$$\int x_\alpha x_\beta \mathrm{d}m = \frac{1}{2} I \delta_{\alpha\beta},$$

式中 I 是陀螺的转动惯量. 结果我们得到：

$$\delta^{(1)} L = \frac{3km'}{2c^2 R_0^2} \boldsymbol{M} \cdot (\boldsymbol{v}_0 \times \boldsymbol{n}),$$

式中 $\boldsymbol{M} = I\boldsymbol{\omega}$ 是陀螺的角动量.

由于中心物体转动而在拉格朗日函数中出现的附加项也可以从 (106.17) 得到，但是，用 §105 习题中的公式 (1) 来计算它更为简单：

$$\delta^{(2)} L = \frac{2k}{c^2} \int \frac{\boldsymbol{M}' \cdot (\boldsymbol{\omega} \times \boldsymbol{r}) \times \boldsymbol{R}}{R^3} \mathrm{d}m,$$

式中 $\boldsymbol{M}'$ 是中心物体的角动量. 作展开，

$$\frac{\boldsymbol{R}}{R^3} \approx \frac{\boldsymbol{n}}{R_0^2} + \frac{1}{R_0^3}(\boldsymbol{r} - 3\boldsymbol{n}(\boldsymbol{n} \cdot \boldsymbol{r}))$$

并进行积分，我们得到：

$$\delta^{(2)} L = \frac{k}{c^2 R_0^3} \{ \boldsymbol{M} \cdot \boldsymbol{M}' - 3(\boldsymbol{n} \cdot \boldsymbol{M})(\boldsymbol{n} \cdot \boldsymbol{M}') \}.$$

因此，对拉格朗日函数的总修正是

$$\delta L = -\boldsymbol{M} \cdot \boldsymbol{\Omega}, \quad \boldsymbol{\Omega} = \frac{3km'}{2c^2 R_0^2} \boldsymbol{n} \times \boldsymbol{v}_0 + \frac{k}{c^2 R_0^3} \{ 3\boldsymbol{n}(\boldsymbol{n} \cdot \boldsymbol{M}') - \boldsymbol{M}' \}.$$

与这个函数对应的运动方程是

$$\frac{\mathrm{d}\boldsymbol{M}}{\mathrm{d}t} = \boldsymbol{\Omega} \times \boldsymbol{M}$$

（参见 §105 中习题的方程 (2)）. 这意味着，陀螺的角动量 $\boldsymbol{M}$ 以角速度 $\boldsymbol{\Omega}$ 进动，而大小保持不变.

第十三章

引力波

§107 弱引力波

就像电动力学中那样, 相对论引力理论中相互作用的传播速度的有限性使得与物体没有联系的自由引力场 —— 引力波的存在成为可能.

现在我们来研究真空中的弱自由引力场, 如同 §105, 引入描述伽利略度规的微弱扰动的张量 h_{ik}:

$$g_{ik} = g_{ik}^{(0)} + h_{ik}. \tag{107.1}$$

于是, 准确到 h_{ik} 的一阶量, 逆变度规张量是:

$$g^{ik} = g^{ik(0)} - h^{ik}, \tag{107.2}$$

而张量 g_{ik} 的行列式:

$$g = g^{(0)}(1 + h), \tag{107.3}$$

其中 $h \equiv h_i^i$; 所有升高和降低张量指标的运算都按照未经扰动的度规 $g_{ik}^{(0)}$ 进行.

就像 §105 中已经指出的那样, h_{ik} 为小量的条件使得作形式为 $x'^i = x^i + \xi^i$ (ξ^i 为小量) 的参考系的任意变换成为可能; 在这种条件下:

$$h'_{ik} = h_{ik} - \frac{\partial \xi_i}{\partial x^k} - \frac{\partial \xi_k}{\partial x^i}. \tag{107.4}$$

利用张量 h_{ik} 的这种规范任意性, 我们对它加上补充条件

$$\frac{\partial \psi_i^k}{\partial x^k} = 0, \quad \psi_i^k = h_i^k - \frac{1}{2}\delta_i^k h, \tag{107.5}$$

在这之后里奇张量具有简单的形式 (105.11)

$$R_{ik} = \frac{1}{2}\Box h_{ik}, \tag{107.6}$$

其中 □ 表示达朗贝尔算符:

$$\Box = -g^{lm(0)}\frac{\partial^2}{\partial x^l \partial x^m} = \Delta - \frac{1}{c^2}\frac{\partial^2}{\partial t^2}.$$

条件 (107.5) 仍旧不能唯一地确定参考系的选取: 如果某些 h_{ik} 满足这些条件, 那么 (107.4) 式的 h'_{ik} 也将满足它们, 只要 ξ^i 是下面方程的解:

$$\Box \xi^i = 0. \tag{107.7}$$

令表达式 (107.6) 等于零, 这样我们求得如下形式的真空中的引力场方程:

$$\Box h_i^k = 0. \tag{107.8}$$

这就是普通的波动方程. 因此, 引力场也同电磁场一样, 以光速在真空中传播.

我们来研究一个平面引力波. 在这样的波内, 场仅沿着空间的一个方向变化; 我们选择坐标轴 $x^1 = x$ 作为这个方向. 方程 (107.8) 这时变为

$$\left(\frac{\partial^2}{\partial x^2} - \frac{1}{c^2}\frac{\partial^2}{\partial t^2}\right)h_i^k = 0, \tag{107.9}$$

它的解是 $t \pm x/c$ 的任意函数 (见 §47).

假设波向着 x 轴的正方向传播. 由此, 所有的 h_i^k 都是 $t - x/c$ 的函数. 辅助条件 (107.5) 在这种情形下给出 $\dot{\psi}_i^1 - \dot{\psi}_i^0 = 0$, 此处符号上的一点表示对 t 微分. 这个等式可以简单地通过去掉微分符号就能积出, 积分常数可以设为零, 因为我们所感兴趣的只是场的可变部分 (正如电磁波的情形一样). 因此, ψ_i^k 的各分量之间有关系式

$$\psi_1^1 = \psi_1^0, \quad \psi_2^1 = \psi_2^0, \quad \psi_3^1 = \psi_3^0, \quad \psi_0^1 = \psi_0^0. \tag{107.10}$$

正如上文已经指出的, 条件 (107.5) 也还不能唯一地决定参考系; 我们可以给坐标施加 $x'^i = x^i + \xi^i(t - x/c)$ 形式的变换; 这些变换可以用来使四个量 $\psi_1^0, \psi_2^0, \psi_3^0, \psi_2^2 + \psi_3^3$ 化为零; 从等式 (107.10) 可以推断, 这时分量 $\psi_1^1, \psi_2^1, \psi_3^1, \psi_0^1$ 也化为零. 至于余下的量 $\psi_2^3, \psi_2^2 - \psi_3^3$, 无论怎样选择参考系也不能化为零, 因为从 (107.4) 可以看出, 在带 $\xi_i = \xi_i(t - x/c)$ 的变换下, 这些分量一般不改变. 我们注意到 $\psi \equiv \psi_i^i$ 这时也为零, 所以 $\psi_i^k = h_i^k$.

因此, 平面引力波由 $h_{23}, h_{22} = -h_{33}$ 两个量所决定. 换句话说, 引力波是横波, 波的偏振为 yz 平面内的二阶对称张量所决定, 这个张量的对角线的分量之和 $h_{22} + h_{33}$ 为零. 选取 h_{23} 和 $(h_{22} - h_{33})/2$ 这两个量的其中之一不为

零的两种情况，我们可以得到两个独立的偏振. 这样的两个偏振之间的区别是在平面 yz 内旋转 $\pi/4$ 的角度.

我们来计算平面引力波里的能动赝张量. 分量 t^{ik} 是二阶小量；我们必须在忽略更高阶项的条件下算出它们. 由于当 $h=0$ 时行列式 g 与 $g^{(0)}=-1$ 的区别仅仅是二阶量，所以在通式 (96.9) 中可以规定 $\mathfrak{g}^{ik}{}_{,l} \approx g^{ik}{}_{,l} \approx -h^{ik}{}_{,l}$. 对于平面波而言，$t^{ik}$ 中的所有的非零项都包括在下面的项中

$$\frac{1}{2} g^{il} g^{km} g_{np} g_{qr} g^{nr}{}_{,l} g^{pq}{}_{,m} = \frac{1}{2} h_q^{n,i} h_n^{q,k},$$

该项包含在 (96.9) 式的花括号中（只要选择伽利略参考系的一条轴作为波的传播方向就能容易地证实这一点）. 这样一来

$$t^{ik} = \frac{c^4}{32\pi k} h_q^{n,i} h_n^{q,k}. \tag{107.11}$$

波里的能流由物理量 $-cg\, t^{0\alpha} \approx ct^{0\alpha}$ 确定. 在沿轴 x^1 传播的平面波中，非零的量 h_{23} 和 $h_{22} = -h_{33}$ 只依赖于 $t-x/c$, 这个能流的方向沿着同一个轴 x^1 并且等于

$$ct^{01} = \frac{c^3}{16\pi k} \left[\dot{h}_{23}^2 + \frac{1}{4}(\dot{h}_{22} - \dot{h}_{33})^2 \right]. \tag{107.12}$$

任意引力波场的初始条件应该由坐标的四个任意函数给定：由于波的横波特性，总共只有两个独立的分量 $h_{\alpha\beta}$, 除此之外还应该给定它们对时间的一阶导数. 尽管我们在这里进行的计算是以弱引力场的性质为出发点，但很明显，它的结果——数目 4——不可能依赖于这些前提条件，并适用于任何自由的，即与引力质量无关的引力场.

习　　题

确定弱平面引力波里的曲率张量.

解：按照公式 (105.8) 计算 R_{iklm}, 得到下列不为零的分量：

$$-R_{0202} = R_{0303} = -R_{1212} = R_{0212} = R_{0331} = R_{3131} = \sigma,$$

$$R_{0203} = -R_{1231} = -R_{0312} = R_{0231} = \mu,$$

其中有下列符号表示：

$$\sigma = -\frac{1}{2}\ddot{h}_{33} = \frac{1}{2}\ddot{h}_{22}, \quad \mu = -\frac{1}{2}\ddot{h}_{23}.$$

利用 (92.15) 式引入的三维张量 $A_{\alpha\beta}$ 和 $B_{\alpha\beta}$, 我们有

$$A_{\alpha\beta} = \begin{pmatrix} 0 & 0 & 0 \\ 0 & -\sigma & \mu \\ 0 & \mu & \sigma \end{pmatrix}, \quad B_{\alpha\beta} = \begin{pmatrix} 0 & 0 & 0 \\ 0 & \mu & \sigma \\ 0 & \sigma & -\mu \end{pmatrix}.$$

适当地旋转坐标轴 x^2, x^3 能够将 σ 或 μ 的其中之一变为零（在四维空间中的给定的一点）；量 σ 变为零时，我们就把曲率张量化为简并的彼得罗夫 II 型（N 型）.

§108　弯曲时空内的引力波

就像我们在平直时空的"背景"下研究引力波的传播那样，可以考察相对于任意（非伽利略的）"未扰动"度规 $g_{ik}^{(0)}$ 的微小扰动的传播. 顾及到某些其他可能的应用，在这里我们将必要的公式写成最一般的形式.

再次将 g_{ik} 写成（107.1）的形式，我们求得通过修正值 h_{ik} 表达的克里斯托夫符号的一阶修正：

$$\Gamma_{kl}^{i(1)} = \frac{1}{2}(h_{k;l}^i + h_{l;k}^i - h_{kl}^{\ \ ;i}),\tag{108.1}$$

这一点可以通过直接的计算得到确认（这里和下面所有的张量运算——升降指标，协变微分——都借助于非伽利略度规 $g_{ik}^{(0)}$ 进行）. 对于曲率张量的修正值我们得到：

$$R_{klm}^{i(1)} = \frac{1}{2}(h_{k;m;l}^i + h_{m;k;l}^i - h_{km}^{\ \ ;i}{}_{;l} - h_{k;l;m}^i - h_{l;k;m}^i + h_{kl}^{\ \ ;i}{}_{;m}).\tag{108.2}$$

由此可得里奇张量的修正值：

$$R_{ik}^{(1)} = R^{l(1)}{}_{ilk} = \frac{1}{2}(h_{i;k;l}^l + h_{k;i;l}^l - h_{ik}^{\ \ ;l}{}_{;l} - h_{;i;k}).\tag{108.3}$$

里奇张量的混合分量的修正值可以从下面的关系式得到：

$$R_i^{k(0)} + R_i^{k(1)} = (R_{il}^{(0)} + R_{il}^{(1)})(g^{kl(0)} - h^{kl}),$$

由此

$$R_i^{k(1)} = g^{kl(0)}R_{il}^{(1)} - h^{kl}R_{il}^{(0)}.\tag{108.4}$$

真空中的精确度规应该满足精确的爱因斯坦方程 $R_{ik} = 0$. 由于未扰动度规 $g_{ik}^{(0)}$ 满足方程 $R_{ik}^{(0)} = 0$，那么对于扰动得到方程 $R_{ik}^{(1)} = 0$，即

$$h_{i;k;l}^l + h_{k;i;l}^l - h_{ik}^{\ \ ;l}{}_{;l} - h_{;i;k} = 0.\tag{108.5}$$

在任意引力波的一般情况下，将这个方程简化到类似于（107.8）的形式是不可能的. 然而在高频波这一重要情况下可以做到这一点：波长 λ 和振动周期 λ/c 与表征"背景场"变化的特征距离 L 和特征时间 L/c 相比是小量. 和未扰动度规 $g_{ik}^{(0)}$ 的导数相比，分量 h_{ik} 的每次微分量级都会提高一个因子

L/λ. 如果将精度限定在两个最高阶的项（$(L/\lambda)^2$ 和 (L/λ)），那么在（108.5）中我们可以交换微分的顺序；实际上，差值

$$h^l_{i;k;l} - h^l_{i;l;k} \approx h^l_m R^{m(0)}{}_{ikl} - h^m_i R^{l(0)}{}_{mkl}$$

具有 $(L/\lambda)^0$ 阶，而表达式 $h^l_{i;k;l}$ 和 $h^l_{i;l;k}$ 中的每一个都包含两个更高阶的项。现在给 h_{ik} 规定一个补充条件

$$\psi^k_{i;k} = 0 \tag{108.6}$$

（类似于（107.5）），我们得到方程

$$h_{ik}{}^{;l}{}_{;l} = 0, \tag{108.7}$$

它是方程（107.8）的推广。

根据在 §107 节中指出的原因，条件（108.6）并未唯一确定坐标的选取。对后者仍可以施加变换 $x'^i = x^i + \xi^i$，其中小量 ξ^i 满足方程 $\xi^{i;k}{}_{;k} = 0$. 这些变换可以特别用来给 h_{ik} 规定条件 $h \equiv h^i_i = 0$. 那么 $\psi^k_i = h^k_i$，于是 h^k_i 符合条件

$$h^k_{i;k} = 0, \quad h = 0. \tag{108.8}$$

在这样的规定之后，容许的变换就归结为条件 $\xi^i{}_{;i} = 0$.

一般说来，赝张量 t^{ik} 除了包含未扰动部分 $t^{ik(0)}$，也包含 h_{ik} 的各阶项。如果我们考察在四维空间的一些区域上求平均后的量 t^{ik}，并且这些区域的尺寸与 λ 相比很大，而与 L 相比很小，那么我们会得到类似于（107.11）的表达式。这样的平均（下面用尖括号表示 $\langle \cdots \rangle$）不会影响 $g^{(0)}_{ik}$，却会使得关于快速振荡量 h_{ik} 的所有线性项变为零。二次项中我们只保留那些关于 $1/\lambda$ 的最高（二）阶项；这就是关于导数 $h_{ik,l} \equiv \partial h_{ik}/\partial x^l$ 的二次项。

在这样的精度下，t^{ik} 中所有的表现为四维散度的项可以被忽略。实际上，对这样的表达式沿四维空间的区域（求平均的区域）的积分按照高斯定理进行变换，结果会导致它们关于 $1/\lambda$ 的量级减少 1. 除此之外，在分部积分之后按照（108.7）和（108.8）式化为零的那些项也会消失。于是，进行分部积分并且忽略对四维散度的积分，我们得到：

$$\langle h^{ln}{}_{,p} h^p_{l,n} \rangle = -\langle h^{ln} h^p_{l,p,n} \rangle = 0,$$

$$\langle h^{il}{}_{,n} h^{k,n}_l \rangle = -\langle h^{il} h^{k,n}_{l,n} \rangle = 0.$$

结果从所有的二阶项中仅剩下

$$\langle t^{ik(2)} \rangle = \frac{c^4}{32\pi k} \langle h^{n,i}_q h^{q,k}_n \rangle. \tag{108.9}$$

我们指出，在这种情况下，以同样的精度，$\langle t_i^{i(2)} \rangle = 0$.

引力波具有一定的能量，它本身成为某个附加引力场的源. 这个场同产生它的能量一起是关于 h_{ik} 的二阶效应. 但在高频引力波的情况下这个效应有实质性的加强: 事实上，赝张量 t^{ik} 是 h_{ik} 的导数的二次式，这会将一个大的因子 λ^{-2} 带入它的量级中. 在这种情况下可以说，引力波本身产生了背景场，它们就在这个背景场上传播. 按照上面的描述，在四维空间内尺度远大于 λ 的区域求平均后，可以方便地对这个场进行研究. 这样的平均运算抹平了短波的"涟漪"，产生了缓慢变化的背景度规 (R. A. Isaacson，1968).

为了推导确定这个度规的方程，在张量 R_{ik} 的展开式中应该不仅要考虑线性项，还要考虑关于 h_{ik} 的二次项: $R_{ik} = R_{ik}^{(0)} + R_{ik}^{(1)} + R_{ik}^{(2)}$. 正如已经指出的那样，求平均运算不会影响到零阶项. 这样一来，平均后的场方程 $\langle R_{ik} \rangle = 0$ 具有如下形式:

$$R_{ik}^{(0)} = -\langle R_{ik}^{(2)} \rangle, \tag{108.10}$$

并且在 $R_{ik}^{(2)}$ 中只应保留关于 $1/\lambda$ 的二次项. 它们可以容易地从恒等式 (96.7) 得到. 这个恒等式的右边具有四维散度的形式，从这个恒等式右边产生的关于 h_{ik} 的二次项在求平均的时候会消失 (按照考虑的精度)，这样一来，可以得到

$$\left\langle \left(R^{ik} - \frac{1}{2} g^{ik} R \right)^{(2)} \right\rangle = -\frac{8\pi k}{c^4} \langle t^{ik(2)} \rangle$$

或者，由于 $\langle t_i^{i(2)} \rangle = 0$，按照同样的精度:

$$\langle R_{ik}^{(2)} \rangle = -\frac{8\pi k}{c^4} \langle t_{ik}^{(2)} \rangle.$$

最后，采用 (108.9)，我们最终得到方程 (108.10) 的下列形式:

$$R_{ik}^{(0)} = \frac{1}{4} \langle h_{q,i}^n h_{n,k}^q \rangle. \tag{108.11}$$

如果"背景"完全由波本身建立，那么方程 (108.7) 和 (108.11) 应该联立求解. 对方程 (108.11) 左右两边表达式的估算显示，在这种情况下背景度规的曲率半径的数量级 L，波长 λ 以及它的场的数量级 h 之间可以按照关系式 $L^{-2} \sim h^2/\lambda^2$，即 $\lambda/L \sim h$ 联系起来.

§109 强引力波

本节将研究爱因斯坦方程的一种解，这种解是平直时空里的弱平面引力波的推广 (I. Robinson, H. Bondi, 1957).

我们将寻找这样的解, 在其中度规张量的所有分量在适当的参考系选取下仅仅表现为单个变量的函数, 我们把这个变量称做 x^0 (但是并不预先确定它的特点). 这个条件允许进行下列形式的坐标变换:

$$x^\alpha \to x^\alpha + \varphi^\alpha(x^0), \tag{109.1}$$

$$x^0 \to \varphi^0(x^0), \tag{109.2}$$

其中 φ^0, φ^α 为任意的函数.

这个解的特性本质上依赖于我们能否通过三个变换 (109.1) 使得所有的 $g_{0\alpha}$ 归零. 可以做到这一点的条件是行列式 $|g_{\alpha\beta}| \neq 0$. 实际上, 在进行变换 (109.1) 时 $g_{0\alpha} \to g_{0\alpha} + g_{\alpha\beta}\dot{\varphi}^\beta$ (其中符号上方的点代表对 x^0 微分); 当 $|g_{\alpha\beta}| \neq 0$ 时方程组

$$g_{0\alpha} + g_{\alpha\beta}\dot{\varphi}^\beta = 0$$

就确定了能够实现所要求变换的函数 $\varphi^\beta(x^0)$. 这种情况将会在 §117 中进行研究; 这里我们只对这样的解感兴趣, 其中

$$|g_{\alpha\beta}| = 0. \tag{109.3}$$

在这种情况下不存在这样的参考系, 在其中所有的 $g_{0\alpha} = 0$. 然而, 作为替代, 采用 4 个变换 (109.1), (109.2) 可以使得下列各式得到满足:

$$g_{01} = 1, \quad g_{00} = g_{02} = g_{03} = 0. \tag{109.4}$$

在这种条件下变量 x^0 具有 "类光" 的特征: 当 $\mathrm{d}x^\alpha = 0$, $\mathrm{d}x^0 \neq 0$ 时, 间隔 $\mathrm{d}s = 0$; 以这种方式选取的变量 x^0 在下文中将表示为 $x^0 = \eta$. 在条件 (109.4) 下, 线元可以表示为如下形式:

$$\mathrm{d}s^2 = 2\mathrm{d}x^1\mathrm{d}\eta + g_{ab}(\mathrm{d}x^a + g^a\mathrm{d}x^1)(\mathrm{d}x^b + g^b\mathrm{d}x^1). \tag{109.5}$$

在本节里, 此处和下文中指标 $a, b, c, \cdots$ 的取值范围为 $2, 3$; $g_{ab}(\eta)$ 可以看做二维张量, 而 $g^a(\eta)$ 两个量是二维矢量的分量. 量 R_{ab} 的计算会导致下面的场方程

$$R_{ab} = -\frac{1}{2}g_{ac}\dot{g}^c g_{bd}\dot{g}^d = 0.$$

由此可以得出, $g_{ac}\dot{g}^c = 0$ 或者 $\dot{g}^c = 0$, 即 $g^c = \mathrm{const}$. 利用变换 $x^a + g^a x^1 \to x^a$ 可以将被研究的度规转化成下面的形式:

$$\mathrm{d}s^2 = 2\mathrm{d}x^1\mathrm{d}\eta + g_{ab}(\eta)\mathrm{d}x^a\mathrm{d}x^b. \tag{109.6}$$

这个度规张量的行列式 $-g$ 与行列式 $|g_{ab}|$ 相同, 在所有的克里斯托夫符号中只有下面的几个不为零:

$$\Gamma_{b0}^a = \frac{1}{2}\varkappa_b^a, \quad \Gamma_{ab}^1 = -\frac{1}{2}\varkappa_{ab},$$

其中我们引入了二维张量 $\varkappa_{ab} = \dot{g}_{ab}, \varkappa_a^b = g^{bc}\varkappa_{ac}$. 从里奇张量的所有分量中只有 R_{00} 不恒等于零, 于是我们有方程

$$R_{00} = -\frac{1}{2}\dot{\varkappa}_a^a - \frac{1}{4}\varkappa_a^b\varkappa_b^a = 0. \tag{109.7}$$

这样一来, 三个函数 $g_{22}(\eta), g_{23}(\eta), g_{33}(\eta)$ 总共只应该满足一个方程. 因此它们其中的两个可以任意给定. 为方便起见, 将方程 (109.7) 表示成另一种形式. 首先将 g_{ab} 写成下面的形式,

$$g_{ab} = -\chi^2\gamma_{ab}, \quad |\gamma_{ab}| = 1. \tag{109.8}$$

于是行列式 $-g = |g_{ab}| = \chi^4$, 将其代入 (109.7), 在简单的变换之后给出

$$\ddot{\chi} + \frac{1}{8}(\dot{\gamma}_{ac}\gamma^{bc})(\dot{\gamma}_{bd}\gamma^{ad})\chi = 0 \tag{109.9}$$

(γ^{ab} 是二维张量, 是 γ_{ab} 的逆张量). 如果给定任意的函数 $\gamma_{ab}(\eta)$ (相互之间通过关系式 $|\gamma_{ab}| = 1$ 联系), 就能由这些方程确定函数 $\chi(\eta)$.

这样一来我们得到包含两个任意函数的解. 容易看出, 这个解是 §107 研究的沿着一个方向传播的弱平面引力波的推广[①]. 如果进行下面的变换

$$\eta = \frac{t+x}{\sqrt{2}}, \quad x^1 = \frac{t-x}{\sqrt{2}},$$

并且令 $\gamma_{ab} = \delta_{ab} + h_{ab}(\eta)$ (其中 h_{ab} 是符合条件 $h_{22} + h_{33} = 0$ 的小量) 和 $\chi = 1$ 就可以得到弱平面引力波; 如果忽略其中的二阶小量的项, 则常数值 χ 满足方程 (109.9).

假设有限尺度的弱引力波 ("波包") 通过空间的某一点 x. 在开始通过之前我们有 $h_{ab} = 0, \chi = 1$; 在引力波完全通过之后再次有 $h_{ab} = 0, \partial^2\chi/\partial t^2 = 0$, 但是考虑方程 (109.9) 中的二次项会导致出现不为零的负值 $\partial\chi/\partial t$:

$$\frac{\partial\chi}{\partial t} \approx -\frac{1}{8}\int\left(\frac{\partial h_{ab}}{\partial t}\right)^2 \mathrm{d}t < 0$$

(积分范围是波的通过时间). 因此在波通过之后将有 $\chi = 1 - \mathrm{const} \cdot t$, 并且经过一有限时间间隔后 χ 会变号. 但 χ 变为零就是度规行列式 g 变为零, 即

---

① 变量数更多、性质类似的解可以参考 I. Robinson, A. Trautman//Phys. Rev. Lett. 1960. V. 4. P. 431; Proc. Roy. Soc. 1962. V. A265. P. 463.

度规中的奇异性. 然而这个奇异性在本质上并不是物理的；它只与被通过的引力波"损坏"的参考系的缺陷有关，并且这个缺陷可以通过适当的参考系变换来修复；在引力波通过之后时空实际上又重新成为平直的.

这一点可以直接予以证明. 如果变量 η 从它对应于奇点的值起测度, 那么 $\chi = \eta$, 于是

$$ds^2 = 2d\eta dx^1 - \eta^2[(dx^2)^2 + (dx^3)^2].$$

作变换

$$\eta x^2 = y, \quad \eta x^3 = z, \quad x^1 = \xi - \frac{y^2 + z^2}{2\eta}$$

之后我们得到

$$ds^2 = 2d\eta d\xi - dy^2 - dz^2,$$

再作代换 $\eta = (t + x)/\sqrt{2}, \xi = (t - x)/\sqrt{2}$, 最终导出伽利略形式的度规.

引力波的这个性质（虚假奇异性的产生）当然与波的微弱性无关, 它是方程（109.7）的通解本质上所具有的性质；就像已经研究的例子, 在奇异性附近 $\chi \sim \eta$, 即 $-g \sim \eta^4$[①].

习　　题

求使下面形式的度规

$$ds^2 = dt^2 - dx^2 - dy^2 - dz^2 + f(t - x, y, z)(dt - dx)^2$$

成为真空中的爱因斯坦场方程严格解的条件（A. Peres, 1960）.

解：在坐标 $u = (t - x)/\sqrt{2}, v = (t + x)/\sqrt{2}, y, z$ 中最容易计算里奇张量, 在其中

$$ds^2 = -dy^2 - dz^2 + 2dudv + 2f(u, y, z)du^2.$$

除了 $g_{22} = g_{33} = -1$ 之外, 只有下列度规张量的分量不为零: $g_{uu} = 2f, g_{uv} = 1$; 在这种情况下 $g^{vv} = -2f, g^{uv} = 1$, 而行列式 $g = -1$. 按照（92.1）进行直接计算, 针对不为零的曲率张量的分量, 给出下列结果:

$$R_{yuyu} = -\frac{\partial^2 f}{\partial y^2}, \quad R_{zuzu} = -\frac{\partial^2 f}{\partial z^2}, \quad R_{yuzu} = -\frac{\partial^2 f}{\partial y \partial z}.$$

里奇张量唯一的非零分量是: $R_{uu} = \Delta f$, 其中 Δ 是关于坐标 y, z 的拉普拉斯算符. 这样一来, 爱因斯坦方程是: $\Delta f = 0$, 就是说, 函数 $f(t - x, y, z) = 0$ 应该是关于变量 y, z 的调和函数.

---

① 可以完全借鉴 §97 节中在同步参考系内类似的三维方程的方法, 借助于方程（109.7）来说明这一点. 如同那里所说, 虚假奇异性的产生与坐标线的交叉有关.

如果函数 f 不依赖于 y, z 或者和这些变量是线性关系，那么场就不存在——时空是平直的（曲率张量为零）. 关于 y, z 的二次函数

$$f(u, y, z) = yz f_1(u) + \frac{1}{2}(y^2 - z^2) f_2(u)$$

对应向 x 轴的正方向传播的平面波；实际上，曲率张量在这样的场中只依赖于 $t - x$：

$$R_{yuzu} = -f_1(u), \quad R_{yuyu} = -R_{zuzu} = -f_2(u).$$

对应于波的两个可能的偏振，在这种情况下度规包含两个任意的函数 $f_1(u)$ 和 $f_2(u)$.

§110　引力波的辐射

我们下面来研究一个运动速度比光速小很多的物体所产生的弱引力场.

由于物质的存在，引力场方程将不同于简单的波动方程 $\Box h_i^k = 0$（107.8），其差异在于等式右边有来自物质的能量动量张量的项. 我们将这些方程写成

$$\frac{1}{2}\Box \psi_i^k = \frac{8\pi k}{c^4} \tau_i^k, \tag{110.1}$$

其中我们引入了对于这种情形更便利的量

$$\psi_i^k = h_i^k - \frac{1}{2}\delta_i^k h$$

来代替 h_i^k，而 τ_i^k 则用来标记辅助量，从严格的引力方程出发，作弱场近似就会得到这些量. 不难证明，分量 τ_0^0 和 τ_α^0 可以直接从相应的分量 T_i^k 得来，只需从 T_i^k 中取出我们感兴趣的量级的量即可；至于分量 τ_β^α，它们除了包含从 T_β^α 得来的项外，还包含从 $R_i^k - \delta_i^k R/2$ 得来的二级小量的项①.

ψ_i^k 满足条件（107.5）$\partial \psi_i^k / \partial x^k = 0$. 从（110.1）可以推断，同样的方程对于 τ_i^k 也成立：

$$\frac{\partial \tau_i^k}{\partial x^k} = 0. \tag{110.2}$$

这个方程在这里就代替了普遍关系式 $T_{i;k}^k = 0$.

借助于得到的方程，我们来研究运动的物体以引力波的形式辐射的能量. 这个问题的解决需要确定在"波区"的引力场，就是在距离远大于辐射波波长之处的引力场.

---

① 从方程（110.1）可以再次得到在 §106 节中使用过的针对物体远处的弱恒定场公式（106.1）和（106.2）. 在一级近似中，我们可以略去含有对时间的二阶导数的那些项（含有 $1/c^2$ 的那些项），而在 τ_i^k 的所有分量之中只保留 $\tau_0^0 = \mu c^2$. 方程 $\Delta \psi_0^\beta = 0, \Delta \psi_\alpha^\alpha = 0, \Delta \psi_0^0 = 16\pi k\mu/c^2$ 在无穷远处变为零的解为 $\psi_\alpha^\beta = 0, \psi_\alpha^0 = 0, \psi_0^0 = 4\varphi/c^2$，其中 φ 是牛顿引力势，参考方程（99.2）. 由此对于张量 $h_i^k = \psi_i^k - \psi \delta_i^k/2$ 得到值（106.1），（106.2）.

原则上, 所有的计算完全与对电磁波所作的计算相似. 弱引力场的方程 (110.1) 在形式上与推迟势的方程 (§62) 完全一样. 因此, 我们立刻能够写出它的通解如下:

$$\psi_i^k = -\frac{4k}{c^4} \int (\tau_i^k)_{t-R/c} \frac{\mathrm{d}V}{R}. \tag{110.3}$$

既然体系内的所有物体的速度很小, 那么, 我们就能够写出与体系相距甚远之处的场 (见 §66 和 §67):

$$\psi_i^k = -\frac{4k}{c^4 R_0} \int (\tau_i^k)_{t-R_0/c} \mathrm{d}V, \tag{110.4}$$

其中, R_0 是到原点的距离, 原点被选择在体系内的任意一点. 为简单起见, 此后我们将略去被积函数内的脚标 $t - R_0/c$.

为了计算这些积分, 我们利用方程 (110.2). 降低 τ_i^k 的指标, 分开空间和时间分量, 我们将 (110.2) 写成

$$\frac{\partial \tau_{\alpha\gamma}}{\partial x^\gamma} - \frac{\partial \tau_{\alpha 0}}{\partial x^0} = 0, \quad \frac{\partial \tau_{0\gamma}}{\partial x^\gamma} - \frac{\partial \tau_{00}}{\partial x^0} = 0. \tag{110.5}$$

用 x^β 乘第一式, 然后对整个空间积分, 则得

$$\frac{\partial}{\partial x^0} \int \tau_{\alpha 0} x^\beta \mathrm{d}V = \int \frac{\partial \tau_{\alpha\gamma}}{\partial x^\gamma} x^\beta \mathrm{d}V = \int \frac{\partial(\tau_{\alpha\gamma} x^\beta)}{\partial x^\gamma} \mathrm{d}V - \int \tau_{\alpha\beta} \mathrm{d}V.$$

因为在无穷远处 $\tau_{ik} = 0$, 右边的第一个积分在经过高斯定理的变换后消失. 将余下来的方程与它交换指标后得到的方程相加, 再取半, 我们便求得

$$\int \tau_{\alpha\beta} \mathrm{d}V = -\frac{1}{2} \frac{\partial}{\partial x^0} \int (\tau_{\alpha 0} x^\beta + \tau_{\beta 0} x^\alpha) \mathrm{d}V.$$

接下来, 用 $x^\alpha x^\beta$ 乘 (110.5) 中的第二个方程, 然后再对整个空间积分. 相似的变换导出

$$\frac{\partial}{\partial x^0} \int \tau_{00} x^\alpha x^\beta \mathrm{d}V = -\int (\tau_{\alpha 0} x^\beta + \tau_{\beta 0} x^\alpha) \mathrm{d}V.$$

将所得的两个结果加以比较, 我们求得

$$\int \tau_{\alpha\beta} \mathrm{d}V = \frac{1}{2} \left(\frac{\partial}{\partial x^0} \right)^2 \int \tau_{00} x^\alpha x^\beta \mathrm{d}V. \tag{110.6}$$

因此, 所有 $\tau_{\alpha\beta}$ 的积分可以表为仅包含分量 τ_{00} 的积分. 但是这些分量就像上面指出的那样, 等于能量动量张量的相应的分量 T_{00}, 并且可以以足够的精度写出 (参考 (99.1)):

$$\tau_{00} = \mu c^2. \tag{110.7}$$

将它代入 (110.6)，并且引入时间 $t = x^0/c$，将 (110.4) 改写成如下形式

$$\psi_{\alpha\beta} = -\frac{2k}{c^4 R_0} \frac{\partial^2}{\partial t^2} \int \mu x^{\alpha} x^{\beta} \mathrm{d}V. \tag{110.8}$$

在与物体体系相距甚远之处，我们可以认为波（在不大的空间区域内）是平面波. 因此，利用 (107.12) 式我们可以计算出体系辐射的能流，例如沿着 x^1 轴方向的能流. 在这个公式内只包含分量 $h_{23} = \psi_{23}$ 和 $h_{22} - h_{33} = \psi_{22} - \psi_{33}$. 从 (110.8)，我们求出它们的表达式：①

$$h_{23} = -\frac{2k}{3c^4 R_0} \ddot{D}_{23}, \quad h_{22} - h_{33} = -\frac{2k}{3c^4 R_0} (\ddot{D}_{22} - \ddot{D}_{33}) \tag{110.9}$$

（符号上的一点表示对时间微分），此处我们引入了质量的四极矩张量 (99.8)：

$$D_{\alpha\beta} = \int \mu (3x^{\alpha} x^{\beta} - r^2 \delta_{\alpha\beta}) \mathrm{d}V. \tag{110.10}$$

结果我们求得沿着 x^1 轴的能流如下：

$$ct^{10} = \frac{k}{36\pi c^5 R_0^2} \left[\left(\frac{\dddot{D}_{22} - \dddot{D}_{33}}{2} \right)^2 + \dddot{D}_{23}^2 \right]. \tag{110.11}$$

在该方向单位立体角上的能流可通过对上式乘以 $R_0^2 \mathrm{d}o$ 获得.

这个表达式中的两项对应于两个独立偏振的波的辐射. 为了将它们写成不变的形式（不依赖于辐射方向的选择），我们引入平面引力波的三维单位极化张量 $e_{\alpha\beta}$，这个张量确定分量 $h_{\alpha\beta}$ 中到底哪些不为零（在 h_{ik} 的这个规范中，$h_{0\alpha} = h_{00} = h = 0$）. 极化张量是对称的，并且满足条件

$$e_{\alpha\alpha} = 0, \quad e_{\alpha\beta} n_{\beta} = 0, \quad e_{\alpha\beta} e_{\alpha\beta} = 1, \tag{110.12}$$

其中 $\boldsymbol{n}$ 是沿波的传播方向的单位矢量；头两个条件表达了波的张量性和横波特性.

借助于这个张量，立体角 $\mathrm{d}o$ 上给定偏振的辐射强度可写成如下形式

$$\mathrm{d}I = \frac{k}{72\pi c^5} (\dddot{D}_{\alpha\beta} e_{\alpha\beta})^2 \mathrm{d}o. \tag{110.13}$$

由于横波条件 $e_{\alpha\beta} n_{\beta} = 0$，这个表达式隐含地依赖于方向 $\boldsymbol{n}$. 所有偏振的总的角分布可以通过对 (110.13) 按偏振求和来获得，或者等价于对偏振进行

---

① 张量 (110.8) 不满足推导出公式 (107.12) 的那些条件. 然而将 h_{ik} 化为所要求的规范形式的参考系变换不会影响到这里使用的分量 (110.9) 的值.

平均, 再将结果乘以 2 (独立偏振的数目). 求平均通过下面的公式实现:

$$\overline{e_{\alpha\beta}e_{\gamma\delta}} = \frac{1}{4}\{n_\alpha n_\beta n_\gamma n_\delta + (n_\alpha n_\beta \delta_{\gamma\delta} + n_\gamma n_\delta \delta_{\alpha\beta}) -$$
$$- (n_\alpha n_\gamma \delta_{\beta\delta} + n_\beta n_\gamma \delta_{\alpha\delta} + n_\alpha n_\delta \delta_{\beta\gamma} + n_\beta n_\delta \delta_{\alpha\gamma}) -$$
$$- \delta_{\alpha\beta}\delta_{\gamma\delta} + (\delta_{\alpha\gamma}\delta_{\beta\delta} + \delta_{\beta\gamma}\delta_{\alpha\delta})\} \tag{110.14}$$

(式子的右边是由单位张量和矢量 $\boldsymbol{n}$ 的分量组成的张量, 它具备所要求的指标对称性, 按指标对 α, γ 和 β, δ 进行缩并时给出 1, 在与 $\boldsymbol{n}$ 求标量积后变为零). 结果我们得到:

$$\mathrm{d}I = \frac{k}{36\pi c^5}\left[\frac{1}{4}(\dddot{D}_{\alpha\beta}n_\alpha n_\beta)^2 + \frac{1}{2}\dddot{D}_{\alpha\beta}^2 - \dddot{D}_{\alpha\beta}\dddot{D}_{\alpha\gamma}n_\beta n_\gamma\right]\mathrm{d}o. \tag{110.15}$$

沿所有方向的总辐射, 即系统在单位时间内的能量损失 $(-\mathrm{d}\mathscr{E}/\mathrm{d}t)$, 可以通过将 $\mathrm{d}I/\mathrm{d}o$ 对所有方向 $\boldsymbol{n}$ 求平均值, 然后将所得的结果乘以 4π 得出. 利用 §71 第 1 个脚注中的公式, 就很容易进行求平均值的计算. 得到能量损失的公式如下 (A. 爱因斯坦, 1918):

$$-\frac{\mathrm{d}\mathscr{E}}{\mathrm{d}t} = \frac{k}{45c^5}\dddot{D}_{\alpha\beta}^2. \tag{110.16}$$

我们指出, 引力波的辐射是关于 $1/c$ 的五次方效应. 一般说来, 这一事实与微小的引力常数 k 一起导致这种效应是极其微弱的.

习　题

1. 两个物体按照牛顿定律相互吸引, 并绕着共同的惯性中心作圆周运动. 求引力波辐射的平均强度 (在一个转动周期内) 及其偏振和方向的分布.

解: 选取惯性中心作为坐标原点, 对于两个物体的径矢, 我们有:

$$\boldsymbol{r}_1 = \frac{m_2}{m_1 + m_2}\boldsymbol{r}, \quad \boldsymbol{r}_2 = -\frac{m_1}{m_1 + m_2}\boldsymbol{r}, \quad \boldsymbol{r} = \boldsymbol{r}_1 - \boldsymbol{r}_2.$$

张量 $D_{\alpha\beta}$ 的分量是 (假设 xy 与运动平面重合):

$$D_{xx} = \mu r^2(3\cos^2\psi - 1), \quad D_{yy} = \mu r^2(3\sin^2\psi - 1),$$
$$D_{xy} = 3\mu r^2\cos\psi\sin\psi, \quad D_{zz} = -\mu r^2,$$

其中 $\mu = m_1 m_2/(m_1 + m_2)$, ψ 是矢量 $\boldsymbol{r}$ 在 xy 平面上的极角. 在圆周运动时 $r = \mathrm{const}$, 而

$$\dot{\psi} = r^{-3/2}\sqrt{k(m_1 + m_2)} \equiv \omega.$$

利用球面角 (极角 θ 和方位角 φ) 和垂直于运动平面的极轴 z 来给定方向 $\boldsymbol{n}$. 我们考察两个偏振, 对于它们: 1) $e_{\theta\varphi} = 1/\sqrt{2}$, 2) $e_{\theta\theta} = -e_{\varphi\varphi} = 1/\sqrt{2}$.

将张量 $D_{\alpha\beta}$ 投影到球面单位矢量 e_θ 和 e_φ 的方向上,按照公式 (110.13) 计算并对时间求平均,结果对这两种情况以及总合 $I = I_1 + I_2$ 我们得到:

$$\overline{\frac{\mathrm{d}I_1}{\mathrm{d}o}} = \frac{k\mu^2\omega^6 r^4}{2\pi c^5} \cdot 4\cos^2\theta, \qquad \overline{\frac{\mathrm{d}I_2}{\mathrm{d}o}} = \frac{k\mu^2\omega^6 r^4}{2\pi c^5}(1 + \cos^2\theta)^2,$$

$$\overline{\frac{\mathrm{d}I}{\mathrm{d}o}} = \frac{k\mu^2\omega^6 r^4}{2\pi c^5}(1 + 6\cos^2\theta + \cos^4\theta),$$

然后沿方向积分后:

$$-\frac{\mathrm{d}\mathscr{E}}{\mathrm{d}t} = I = \frac{32k\mu^2\omega^6 r^4}{5c^5} = \frac{32k^4 m_1^2 m_2^2(m_1 + m_2)}{5c^5 r^5}, \qquad \overline{\frac{I_1}{I_2}} = \frac{5}{7}$$

(若只计算总的强度 I,当然应当使用 (110.16)).

辐射系统的能量损失导致两个物体逐渐(长期的)靠近. 因为 $\mathscr{E} = -km_1 m_2/2r$,那么靠近速度是

$$\dot{r} = \frac{2r^2}{km_1 m_2}\frac{\mathrm{d}\mathscr{E}}{\mathrm{d}t} = -\frac{64k^3 m_1 m_2(m_1 + m_2)}{5c^5 r^3}.$$

2. 求两个沿椭圆轨道运动的物体组成的系统以引力波形式辐射的平均能量(对一个转动周期求平均)(P. C. Peters, J. Mathews)[①].

解:区别于圆周运动情况,距离 r 和角速度沿着轨道按下面的规律变化:

$$\frac{a(1 - e^2)}{r} = 1 + e\cos\psi, \qquad \frac{\mathrm{d}\psi}{\mathrm{d}t} = \frac{1}{r^2}[k(m_1 + m_2)a(1 - e^2)]^{1/2},$$

其中 e 是偏心率,而 a 是轨道的半长轴(参考本教程第一卷 §15).使用 (110.16) 进行相当长的运算得到

$$-\frac{\mathrm{d}\mathscr{E}}{\mathrm{d}t} = \frac{8k^4 m_1^2 m_2^2(m_1 + m_2)}{15a^5 c^5(1 - e^2)^5}(1 + e\cos\psi)^4[12(1 + e\cos\psi)^2 + e^2\sin^2\psi].$$

对一个转动周期求平均时使用对 $\mathrm{d}\psi$ 的积分替换对 $\mathrm{d}t$ 的积分,导出如下结果:

$$-\overline{\frac{\mathrm{d}\mathscr{E}}{\mathrm{d}t}} = \frac{32k^4 m_1^2 m_2^2(m_1 + m_2)}{5c^5 a^5}\frac{1}{(1 - e^2)^{7/2}}\left(1 + \frac{73}{24}e^2 + \frac{37}{96}e^4\right).$$

我们注意到辐射强度随着轨道偏心率的增加而快速增长.

3. 由稳态运动的物体组成的系统辐射引力波,求该系统角动量的平均(按照时间)损失速率.

---

① 关于这个辐射的角分布,偏振分布和谱分布可参考 Phys. Rev. 1963. V. 131. P. 435.

解：为了便于书写公式，我们将物体系统临时看做是由一些离散的粒子组成的. 系统能量的平均损失速率可以认为是作用在粒子上的"摩擦力" $\boldsymbol{f}$ 所做的功：

$$\overline{\frac{\mathrm{d}\mathscr{E}}{\mathrm{d}t}} = \sum \overline{\boldsymbol{f} \cdot \boldsymbol{v}} \qquad (1)$$

（给粒子编号的指标没有写出）. 那么角动量的平均损失速率可以这样计算：

$$\overline{\frac{\mathrm{d}M_\alpha}{\mathrm{d}t}} = \sum \overline{(\boldsymbol{r} \times \boldsymbol{f})_\alpha} = \sum e_{\alpha\beta\gamma}\overline{x_\beta f_\gamma} \qquad (2)$$

（与公式 (75.7) 的推导进行比较）. 为了确定 $\boldsymbol{f}$ 我们写出

$$\overline{\frac{\mathrm{d}\mathscr{E}}{\mathrm{d}t}} = -\frac{k}{45c^5}\overline{\dddot{D}_{\alpha\beta}\dddot{D}_{\alpha\beta}} = -\frac{k}{45c^5}\overline{\dot{D}_{\alpha\beta}D_{\alpha\beta}^{(\mathrm{V})}}$$

（使用了对时间的全导数的平均值等于零这个等式）. 将 $\dot{D}_{\alpha\beta} = \sum m(3x_\alpha v_\beta + 3x_\beta v_\alpha - 2\boldsymbol{r} \cdot \boldsymbol{v}\delta_{\alpha\beta})$ 代入此式并且和 (1) 进行比较，我们得到

$$f_\alpha = -\frac{2k}{15c^5}D_{\alpha\beta}^{(\boldsymbol{v})}mx_\beta.$$

将上式代入 (2) 可导出结果：

$$\overline{\frac{\mathrm{d}M_\alpha}{\mathrm{d}t}} = -\frac{2k}{45c^5}e_{\alpha\beta\gamma}\overline{D_{\beta\delta}^{(\boldsymbol{v})}D_{\gamma\delta}} = -\frac{2k}{45c^5}e_{\alpha\beta\gamma}\overline{\dddot{D}_{\beta\delta}\ddot{D}_{\gamma\delta}}. \qquad (3)$$

4. 针对两个沿椭圆轨道运动的物体组成的系统，求其在单位时间内平均损失的角动量.

解：使用上一习题的公式 (3) 进行计算，类似于习题 2 中的推导，可得到结果：

$$-\overline{\frac{\mathrm{d}M_z}{\mathrm{d}t}} = \frac{32k^{7/2}m_1^2 m_2^2\sqrt{m_1 + m_2}}{5c^5 a^{7/2}}\frac{1}{(1-e^2)^2}\left(1 + \frac{7}{8}e^2\right).$$

对于圆周运动 $(e = 0)$，$\dot{\mathscr{E}}$ 和 $\dot{M}$ 的值由 $\dot{\mathscr{E}} = \dot{M}\omega$ 联系，这也是它们之间应有的关系式.

第十四章

相对论宇宙学

§111 各向同性空间

广义相对论开辟了在宇宙学尺度上研究并解决宇宙性质问题的新途径. 由此产生的新奇的可能现象是与时空的非伽利略性质相联系的（由爱因斯坦首先在 1917 年指出）.

这些可能现象更本质的意义在于，牛顿力学在这里会遇到矛盾的结果，这些矛盾在形式足够普遍的非相对论理论范围内是不能绕过的. 譬如说，平直的（在牛顿力学中就是这样）无穷大空间被任意分布、在任何地方都不会消失、具有一定平均密度的物质所填充，那么当用牛顿力学公式计算其中的引力势时，我们会发现在每一点的引力势都趋向无穷大. 这会导致作用在物质上的力为无穷大，就是说，导致悖论.

在着手系统地建立相对论宇宙学模型之前，我们对作为出发点的基本场方程作下列说明.

在 §93 中给出了作为确定引力场的作用量所需满足的条件，在给标量 G 加上一个常数项之后，该条件仍旧能得到满足，就是说，令

$$S_{\mathrm{g}} = -\frac{c^3}{16\pi k}\int (G + 2\Lambda)\sqrt{-g}\mathrm{d}\Omega,$$

其中 Λ 是一个新的常数（带有量纲 cm^{-2}）. 这样的改变会导致爱因斯坦方程中出现一个附加项 Λg_{ik}：

$$R_{ik} - \frac{1}{2}R g_{ik} = \frac{8\pi k}{c^4}T_{ik} + \Lambda g_{ik}.$$

如果赋予"宇宙学常数" Λ 一个很小的值，那么这个项的出现对于不太大的时空区域内的引力场将不会造成显著影响，但是会导致新类型的、或许能够

在整体上描述宇宙的"宇宙学解"的出现[①]. 然而, 在当今时代, 对于基本理论方程在形式上的这种改变, 无论在观测方面, 还是在理论方面, 都没有任何坚实的和令人信服的根据. 我们强调, 这里所说的是具有深刻物理涵义的改变: 向拉格朗日函数的密度中引入根本不依赖于场的状态的常数项, 这意味着给时空赋予一个原则上不可消除的曲率, 这个曲率既与物质无关, 又与引力波无关. 因此, 本章中所有以下的叙述都是基于"经典"形式的爱因斯坦方程, 而不考虑宇宙学常数.[*]

众所周知, 恒星以非常不均匀的形式分布于空间——它们集中在分立的恒星系统 (星系) 中. 但是在"大尺度"上研究宇宙时, 应该忽略物质在恒星和星系中聚集而引起的"局部"非均匀性. 因此, 质量密度应该理解为: 在线度大于星系之间距离的空间区域内的平均密度.

以下 (§111—§114) 研究的爱因斯坦方程的解被称作**各向同性宇宙模型** (由 A. A. 弗里德曼在 1922 年首先发现), 是基于物质沿空间分布的均匀性和各向同性的假定. 现有的天文学数据与这种假定并不矛盾[②], 并且从现有的一切证据可以认为, 各向同性模型大体上不但对现在的宇宙能够给出适当的描述, 而且对宇宙过去的演化过程中的相当一部分也是如此. 我们在下文将看到, 这个模型的基本性质是它的非稳态性. 毋庸置疑, 这个性质 ("膨胀的宇宙") 能够对宇宙学的基础问题——红移现象给出正确的解释 (§114).

同时可以明白, 关于宇宙的均匀性和各向同性的假定就其自身的本质而言, 不可避免地只能具有近似的特点, 因为在过渡到更小的尺度时, 这些性质必然会被破坏. 关于宇宙的非均匀性在宇宙学问题的各个方面中可能起到的作用这个课题, 我们将在 §115—§119 节中讨论.

空间的均匀性和各向同性意味着能够选择这样的世界时间, 使得在它的每一时刻, 空间的度规在所有的点上和在所有的方向上都是一样的.

首先我们来研究各向同性空间的度规本身, 暂时不考虑它与时间可能有的依赖关系. 如同我们在前文中的做法, 将三维度规张量表示为 $\gamma_{\alpha\beta}$, 就是说, 将空间距离元写成如下形式:

$$dl^2 = \gamma_{\alpha\beta} dx^\alpha dx^\beta. \tag{111.1}$$

空间的曲率完全由空间的三维曲率张量所决定, 我们将它记作 $P_{\alpha\beta\gamma\delta}$ 以区别于四维张量 R_{iklm}. 在完全各向同性的情况下, 张量 $P_{\alpha\beta\gamma\delta}$ 显然应当只用

[①] 其中会出现稳态解, 而当 $\Lambda = 0$ 时则不存在这些稳态解. 正是出于这个目的, 爱因斯坦引入了"宇宙学项", 这个情况发生在弗里德曼发现场方程的非稳态解之前——见下文.

[*] 高红移超新星的观测显示宇宙正在加速膨胀, 为 Λ 不等于零或性质未知的暗能量存在的可能性提供了新的证据, 参见 S. Perlmutter, et al., 1997. ——中译注

[②] 这里指的是关于星系在空间中的分布数据和背景射电辐射各向同性的数据.

度规张量 $\gamma_{\alpha\beta}$ 来表示. 因此, 从自身的对称性很容易看出, 它应当有下面的形式

$$P_{\alpha\beta\gamma\delta} = \lambda(\gamma_{\alpha\gamma}\gamma_{\beta\delta} - \gamma_{\alpha\delta}\gamma_{\beta\gamma}), \tag{111.2}$$

其中, λ 是某一常数. 相应地, 里奇张量 $P_{\alpha\beta} = P^{\gamma}_{\alpha\gamma\beta}$ 等于

$$P_{\alpha\beta} = 2\lambda\gamma_{\alpha\beta}, \tag{111.3}$$

而曲率标量

$$P = 6\lambda. \tag{111.4}$$

这样一来, 各向同性空间的曲率特性仅用一个常数来决定. 与此相应, 对于空间度规总共可能有三个重要的不同情形: (1) 所谓恒定正曲率空间 (与正的 λ 值相应), (2) 恒定负曲率空间 (与 $\lambda < 0$ 的情形相应), (3) 零曲率空间 (与 $\lambda = 0$ 的情形相应). 最后一个当然是平直空间, 即欧氏空间.

为了研究度规, 最便利的是从几何的相似出发, 将各向同性的三维空间的几何看做是一个在假想的四维空间内、已知其为各向同性的超曲面上的几何[1]. 这样的曲面是一个超球; 与它相应的三维空间是恒定正曲率空间. 四维空间 x_1, x_2, x_3, x_4 内半径为 a 的超球的方程如下:

$$x_1^2 + x_2^2 + x_3^2 + x_4^2 = a^2,$$

在其上的线元可以表示为

$$dl^2 = dx_1^2 + dx_2^2 + dx_3^2 + dx_4^2.$$

将 x_1, x_2, x_3 看做是三个空间坐标, 利用第一个方程, 从 dl^2 中消去假想坐标 x_4, 我们得到空间距离元如下:

$$dl^2 = dx_1^2 + dx_2^2 + dx_3^2 + \frac{(x_1dx_1 + x_2dx_2 + x_3dx_3)^2}{a^2 - x_1^2 - x_2^2 - x_3^2}. \tag{111.5}$$

从这个式子不难计算 (111.2) 中的常数 λ. 既然我们早已知道 $P_{\alpha\beta}$ 在整个空间都有 (111.3) 的形式, 那么, 只须计算它在原点附近的一点上的值就够了, 在这一点上, $\gamma_{\alpha\beta}$ 等于

$$\gamma_{\alpha\beta} = \delta_{\alpha\beta} + \frac{x_\alpha x_\beta}{a^2}.$$

因为 $\gamma_{\alpha\beta}$ 的一阶导数, 从而量 $\lambda^{\alpha}_{\beta\gamma}$ (比较 §88 节, 习题 1)——对应于度规 $\gamma_{\alpha\beta}$ 的三维克里斯托夫符号——在坐标原点为零, 所以根据通式 (92.7) 来计算是很简单的, 结果得到

$$\lambda = \frac{1}{a^2}. \tag{111.6}$$

---

[1] 这个四维空间应该理解为与四维时空没有关系.

我们可以称 a 为空间的**曲率半径**. 引入相应的"球"坐标 r, θ, φ 来代替坐标 x_1, x_2, x_3. 这时, 线元的表达式将有如下的形式:

$$\mathrm{d}l^2 = \frac{\mathrm{d}r^2}{1 - r^2/a^2} + r^2(\sin^2\theta\mathrm{d}\varphi^2 + \mathrm{d}\theta^2). \tag{111.7}$$

坐标原点当然可以选择在空间内任何一点. 在这些坐标中, 圆的周长是 $2\pi r$, 而球的表面积是 $4\pi r^2$. 圆 (或球) 的"半径"等于

$$\int_0^r \frac{\mathrm{d}r}{\sqrt{1 - r^2/a^2}} = a\arcsin\frac{r}{a},$$

即大于 r. 因此, 在这个空间中, 圆周与半径之比将小于 2π.

如果用"角度" χ 按照 $r = a\sin\chi$ (χ 的变化范围是从 0 到 π) 的关系来代替坐标 r, 就能得到一个四维球坐标①, 于是就可以写出 $\mathrm{d}l$ 的另一个便利的形式:

$$\mathrm{d}l^2 = a^2[\mathrm{d}\chi^2 + \sin^2\chi(\sin^2\theta\mathrm{d}\varphi^2 + \mathrm{d}\theta^2)]. \tag{111.8}$$

坐标 χ 度量到原点的距离, 这个距离为 $a\chi$. 在这些坐标中的球的表面积是 $4\pi a^2\sin^2\chi$. 我们看出, 当我们从坐标原点离开时, 球的面积随之而增加, 当距离原点 $\pi a/2$ 时, 球的面积达到了最大值 $4\pi a^2$. 此后, 这个面积开始减小, 在空间的"对立极点", 与原点相距为 πa (在这样的空间内它是一般可能存在的最大距离), 球的面积化为一点 (所有这些, 只要我们注意到坐标 r 不能取大于 a 的值, 就可以从 (111.7) 看出).

一个有正曲率的空间的体积等于

$$V = \int_0^{2\pi} \int_0^\pi \int_0^\pi a^3\sin^2\chi\sin\theta\mathrm{d}\chi\mathrm{d}\theta\mathrm{d}\varphi,$$

由此可得

$$V = 2\pi^2 a^3. \tag{111.9}$$

因此, 一个有正曲率的空间是"自封闭的", 它的体积是有限的, 但是, 不言而喻, 它没有边界.

值得指出, 在封闭空间中, 总电荷必须是零. 事实上, 在一个有限空间中, 每个封闭曲面在它自身的两边都包围着空间的一个有限区域. 因此, 一方面, 电场经过这个曲面的通量等于在这个曲面内的总电荷, 而另一方面,

---

① 笛卡儿坐标 x_1, x_2, x_3, x_4 与四维球坐标 a, θ, φ, χ 有下面的关系:

$$x_1 = a\sin\chi\sin\theta\cos\varphi, \qquad x_2 = a\sin\chi\sin\theta\sin\varphi,$$
$$x_3 = a\sin\chi\cos\theta, \qquad x_4 = a\cos\chi.$$

等于曲面之外的总电荷，只是正负号相反. 因此，这个曲面两边的电荷之和为零.

类似地，从四维动量的曲面积分形式的表达式 (96.16) 可知，整个空间中的四维总动量 P^i 为零.

现在我们来研究有负的恒定曲率的空间的几何. 从 (111.6) 我们看到，如果 a 是虚数，那么，λ 就是负的. 因此，对于负曲率空间的所有公式，只须用 $\mathrm{i}a$ 代 a，就立即可以从前面的公式得出. 换句话说，负曲率空间的几何在数学上可看做在一个半径为虚数的四维伪球上的几何.

因此，常数 λ 现在等于

$$\lambda = -\frac{1}{a^2}. \tag{111.10}$$

负曲率空间中的线元在 r, θ, φ 坐标中有下面的形式：

$$\mathrm{d}l^2 = \frac{\mathrm{d}r^2}{1 + r^2/a^2} + r^2(\sin^2\theta\mathrm{d}\varphi^2 + \mathrm{d}\theta^2), \tag{111.11}$$

其中，r 可以取从 0 到 ∞ 之间的所有值. 圆的周长与半径之比现在大于 2π. 如果按照 $r = a\sinh\chi$（χ 从 0 到 ∞）引入坐标 χ，我们就得到与 (111.8) 相应的 $\mathrm{d}l^2$ 的表达式

$$\mathrm{d}l^2 = a^2\{\mathrm{d}\chi^2 + \sinh^2\chi(\sin^2\theta\mathrm{d}\varphi^2 + \mathrm{d}\theta^2)\}. \tag{111.12}$$

球的面积现在等于 $4\pi a^2\sinh^2\chi$，当我们从原点移开时（χ 因之增加），这个面积将无限制地增加. 负曲率空间的体积显然是无限的.

习　　题

将线元 (111.7) 变换成这样的形式，在这个形式中，线元与其欧几里得表达式成比例（共形欧氏坐标）.

解：将

$$r = \frac{r_1}{1 + \dfrac{r_1^2}{4a^2}}$$

代入，得到

$$\mathrm{d}l^2 = \left(1 + \frac{r_1^2}{4a^2}\right)^{-2}(\mathrm{d}r_1^2 + r_1^2\mathrm{d}\theta^2 + r_1^2\sin^2\theta\mathrm{d}\varphi^2).$$

§112　封闭的各向同性模型

为了研究各向同性模型的时空度规，首先必须选定参考系. 最便利的参考系是这样的一个"共动"参考系，它在空间的每一点随着在该点的物质一

起运动. 换句话说, 这个参考系恰恰就是充满空间的物质; 根据定义, 物质在这个参考系中的速度处处都为零. 显而易见, 参考系的这种选择对于各向同性的模型是合理的; 作任何其他的选择时, 物体速度的方向就造成空间的不同方向在外表上看起来不等价. 时间的坐标应当像上节开始所说的那样选择, 就是说, 使得在每一时刻, 度规在整个空间内都是一样的.

由于所有方向完全等价, 度规张量的分量 $g_{0\alpha}$ 在我们所选择的参考系内等于零. 事实上, 如果三个分量 $g_{0\alpha}$ 不为零, 则它们可以当做一个三维矢量的分量, 那么, 不同的方向就不等价了. 因此 ds^2 应当有 $ds^2 = g_{00}(dx^0)^2 - dl^2$ 的形式. 分量 g_{00} 在这里仅仅是 x^0 的函数. 于是, 我们总能够通过选择时间坐标以使得 g_{00} 化为 1. 用 ct 表示这样选择的时间坐标, 我们得到

$$ds^2 = c^2dt^2 - dl^2. \tag{112.1}$$

变量 t 是空间中每一点的同步的固有时.

我们从研究正曲率空间开始; 为了简便起见, 下面我们将爱因斯坦方程的相应的解称为**封闭模型**. 对于 dl, 我们用表达式 (111.8), 在其中的曲率半径 a 一般来说是时间的函数. 因此, 我们将 ds^2 写成

$$ds^2 = c^2dt^2 - a^2(t)\{d\chi^2 + \sin^2\chi(d\theta^2 + \sin^2\theta d\varphi^2)\}. \tag{112.2}$$

函数 $a(t)$ 由爱因斯坦方程所决定. 为了解这些方程, 用由关系式

$$cdt = ad\eta \tag{112.3}$$

定义的 η 来代替时间是便利的. 这时, ds^2 可以写成

$$ds^2 = a^2(\eta)\{d\eta^2 - d\chi^2 - \sin^2\chi(d\theta^2 + \sin^2\theta d\varphi^2)\}. \tag{112.4}$$

要建立场方程, 应从计算张量 R_{ik} 的分量开始 ($\eta, \chi, \theta, \varphi$ 是坐标 x^0, x^1, x^2, x^3). 利用度规张量的分量的值

$$g_{00} = a^2, \quad g_{11} = -a^2, \quad g_{22} = -a^2\sin^2\chi, \quad g_{33} = -a^2\sin^2\chi\sin^2\theta$$

计算 Γ^i_{kl} 诸量:

$$\Gamma^0_{00} = \frac{a'}{a}, \quad \Gamma^0_{\alpha\beta} = -\frac{a'}{a^3}g_{\alpha\beta}, \quad \Gamma^\alpha_{0\beta} = \frac{a'}{a}\delta^\alpha_\beta, \quad \Gamma^0_{\alpha 0} = \Gamma^\alpha_{00} = 0,$$

其中撇号表示对 η 微分 (分量 $\Gamma^\alpha_{\beta\gamma}$ 的表达式没有必要计算出来). 利用这些值, 按照通式 (92.7), 我们得到

$$R^0_0 = \frac{3}{a^4}(a'^2 - aa'').$$

出于对称性的考虑（就如上文对 $g_{0\alpha}$ 所做的），我们预先断定，分量 $R_{0\alpha} = 0$.
对于分量 R_α^β 的计算，我们指出，如果在它们当中分离只包含 $g_{\alpha\beta}$ 的那些项
（也就是说，只有 $\Gamma_{\beta\gamma}^\alpha$），那么这些项应该构成三维张量 $-P_\alpha^\beta$ 的分量，这些分
量的值从（111.3）和（111.6）就已经得知了：

$$R_\alpha^\beta = -P_\alpha^\beta + \cdots = -\frac{2}{a^2}\delta_\alpha^\beta + \cdots,$$

其中省略号指的是那些同时包含 $g_{\alpha\beta}$ 和 g_{00} 的项. 通过对上式的计算，我们得
到：

$$R_\alpha^\beta = -\frac{1}{a^4}(2a^2 + a'^2 + aa'')\delta_\alpha^\beta,$$

然后

$$R = R_0^0 + R_\alpha^\alpha = -\frac{6}{a^3}(a + a'').$$

既然在我们所选择的参考系中物质是静止的，那么，$u^\alpha = 0, u^0 = 1/a$，于
是从（94.9）式得到 $T_0^0 = \varepsilon$，其中 ε 是物质的能量密度. 将得到的关系式代入
方程

$$R_0^0 - \frac{1}{2}R = \frac{8\pi k}{c^4}T_0^0,$$

我们得到

$$\frac{8\pi k}{c^4}\varepsilon = \frac{3}{a^4}(a^2 + a'^2). \tag{112.5}$$

这里出现了两个未知函数 ε 和 a；因此，我们必须还要找到另外一个方程. 为
此，选择方程 $T_{0;i}^i = 0$ 是便利的（用来代替爱因斯坦方程的空间分量），这个
方程是四个方程（94.7）之中的一个，如我们所知，它是包含在场方程之内的.
这个方程也可利用热力学关系用下面的方法直接导出.

在场方程中应用能量动量张量的表达式（94.9）时，我们省略了所有导致
熵增加的能量耗散过程. 这个省略在这里当然是完全合理的，因为由于能量
耗散而应该加到 T_k^i 上的一些附加项与能量密度 ε 相比是微不足道的，这里
最后提到的能量密度包含了物体的静能.

因此，在推导场方程时，我们可以将总熵当做是不变的. 现在我们来
应用已知的热力学关系式 $\mathrm{d}\mathscr{E} = T\mathrm{d}S - p\mathrm{d}V$，此处的 $\mathscr{E}, S, V$ 是体系的能量、
熵与体积，而 p, T 则是它的压强与温度. 在熵不变的情况下，我们简单地有
$\mathrm{d}\mathscr{E} = -p\mathrm{d}V$. 引入能量密度 $\varepsilon = \mathscr{E}/V$，我们很容易求出

$$\mathrm{d}\varepsilon = -(\varepsilon + p)\frac{\mathrm{d}V}{V}.$$

按照（111.9），空间的体积 V 是与曲率半径 a 的立方成比例的. 因此
$\mathrm{d}V/V = 3\mathrm{d}a/a = 3\mathrm{d}\ln a$，于是我们可以写出

$$-\frac{\mathrm{d}\varepsilon}{\varepsilon + p} = 3\mathrm{d}\ln a,$$

取积分则得

$$3 \ln a = -\int \frac{\mathrm{d}\varepsilon}{p+\varepsilon} + \mathrm{const} \tag{112.6}$$

（积分的下限是常数）.

假如 ε 与 p 的关系（物态方程）是已知的，那么，由方程 (112.6) 就确定了 ε 作为 a 的函数. 这时，从 (112.5)，我们可以确定 η 如下：

$$\eta = \pm \int \frac{\mathrm{d}a}{a\sqrt{\dfrac{8\pi k}{3c^4}(\varepsilon a^2 - 1)}}. \tag{112.7}$$

方程 (112.6) 和 (112.7) 以普遍的形式解决了确定一个封闭的各向同性模型的度规的问题.

假如物质在空间是以不连续的宏观物体的形式分布的，那么，为了计算它所产生的引力场，我们可以将这些物体当做有一定质量的质点来处理，而完全不关注它们的内部构造. 如果认为物体的速度较小（比光速 c 小很多），我们可以简单地设 $\varepsilon = \mu c^2$，此处的 μ 是单位体积内的物体的质量之和. 根据同样的道理，由这些物体构成的"气体"的压强比起 ε 来是非常小的，因而可以略去不计（如我们所说，物体内部的压强与所考虑的问题无关）. 至于空间中存在的辐射，其量相对地说也是很小的，因此，辐射能和辐射压也可以略去不计.

因此，为了用我们研究的模型来描述目前的宇宙状态，应该采用"尘埃状"物质的物态方程

$$\varepsilon = \mu c^2, \quad p = 0.$$

对 (112.6) 进行积分，就得到 $\mu a^3 = \mathrm{const}$. 这个等式也可以直接写出，因为它不过说明了在整个空间内的物体的质量之和 M 保持不变，这在我们研究的尘埃状物质的情形下是理所当然的[①]. 既然在闭合模型中空间的体积等于 $V = 2\pi^2 a^3$，那么 $\mathrm{const} = M/2\pi^2$. 这样一来，

$$\mu a^3 = \mathrm{const} = \frac{M}{2\pi^2}. \tag{112.8}$$

将 (112.8) 代入 (112.7) 并进行积分，我们得到

$$a = a_0 (1 - \cos \eta), \tag{112.9}$$

其中常数

$$a_0 = \frac{2kM}{3\pi c^2}.$$

---

① 为了避免误解（读者在考虑到 §111 中提到的封闭宇宙的四维总动量等于零的评论时，有可能会产生这样的误解），我们强调，M 是各个物体的质量之和，不考虑物体的引力相互作用.

最后，对于 t 和 η 的关系，我们从 (112.3) 求得

$$t = \frac{a_0}{c}(\eta - \sin\eta). \tag{112.10}$$

方程 (112.9)，(112.10) 决定以参数形式表示的函数 $a(t)$；函数 $a(t)$ 在 $t = 0$ ($\eta = 0$) 时刻从零开始增长，在 $t = \pi a_0/c$ ($\eta = \pi$) 时刻达到最大值 $a = 2a_0$，然后在 $t = 2\pi a_0/c$ ($\eta = 2\pi$) 时刻又下降到零.

在 $\eta \ll 1$ 时近似地有 $a = a_0\eta^2/2, t = a_0\eta^3/6c$，于是

$$a \approx \left(\frac{9a_0c^2}{2}\right)^{1/3} t^{2/3}. \tag{112.11}$$

在这种条件下物质的密度

$$\mu = \frac{1}{6\pi k t^2} = \frac{8 \times 10^5}{t^2} \tag{112.12}$$

（系数的数值按照以 $\mathrm{g \cdot cm^{-3}}$ 为单位的密度和以秒为单位的时间 t 给出). 我们注意到，在这个范围内，函数 $\mu(t)$ 不依赖于参数 a_0，从这个角度来看，它具有普适的特点.

当 $a \to 0$ 时密度 μ 变为无穷大. 但是当 $\mu \to \infty$ 时，压强也会变得很大，因此为了研究上面所定的 η 值附近的度规，我们必须考虑相反的极限情形，即尽可能大的压强的情形（对于给定的能量密度 ε 来说），也就是说，用下面的物态方程来描述物质

$$p = \frac{\varepsilon}{3}$$

（参考 §35 第二个脚注). 于是从公式 (112.6) 我们得到

$$\varepsilon a^4 = \mathrm{const} \equiv \frac{3c^4 a_1^2}{8\pi k} \tag{112.13}$$

（式中 a_1 是一个新的常数)，在这以后，(112.7) 和 (112.3) 导致下面的关系：

$$a = a_1 \sin\eta, \quad t = \frac{a_1}{c}(1 - \cos\eta).$$

既然这个解只对于很大的 ε（亦即很小的 a）才有意义，我们就假设 $\eta \ll 1$. 于是 $a \approx a_1\eta, t \approx a_1\eta^2/2c$，因此有

$$a = \sqrt{2a_1 ct}. \tag{112.14}$$

在这种条件下

$$\frac{\varepsilon}{c^2} = \frac{3}{32\pi k t^2} = \frac{4.5 \times 10^5}{t^2} \tag{112.15}$$

（这个依赖关系还是不包含任何参数）.

于是，在 $t \to 0$ 时仍然有 $a \to 0$，因此数值 $t = 0$ 确实是各向同性模型的时空度规的奇点（对于封闭模型中第二个 $a = 0$ 点也是这样）. 我们从 (112.14) 还能看到，在 t 的符号发生改变时，$a(t)$ 变为虚数，而它的平方为负. 这时式 (112.2) 中的所有四个分量 g_{ik} 应该都是正的，而行列式 g 也是正的. 但是，这样的度规没有物理意义. 这意味着，将该度规解析延拓到奇点之外是没有意义的.

§113   开放的各向同性模型

用与上节完全相似的方法就可得到有负曲率的各向同性空间的相应的解（**开放模型**）. 代替 (112.2)，现在我们有

$$ds^2 = c^2 dt^2 - a^2(t)\{d\chi^2 + \sinh^2\chi(d\theta^2 + \sin^2\theta d\varphi^2)\}. \tag{113.1}$$

再次引入变量 η 来代替 t，而 η 与 t 的关系是 $cdt = ad\eta$；这时，我们得到

$$ds^2 = a^2(\eta)\{d\eta^2 - d\chi^2 - \sinh^2\chi(d\theta^2 + \sin^2\theta d\varphi^2)\}. \tag{113.2}$$

在 (112.4) 式中，用 $i\eta, i\chi, ia$ 分别代替 η, χ, a，就能在形式上得到上式. 因此，将相同的替换用于 (112.5) 和 (112.6)，我们也能直接得到场方程. 这时，方程 (112.6) 保留它的原来形式：

$$3\ln a = -\int \frac{d\varepsilon}{\varepsilon + p} + \text{const}, \tag{113.3}$$

而代替 (112.5)，我们有

$$\frac{8\pi k}{c^4}\varepsilon = \frac{3}{a^4}(a'^2 - a^2). \tag{113.4}$$

与此相应，代替 (112.7)，我们求得

$$\eta = \pm \int \frac{da}{a\sqrt{\dfrac{8\pi k}{3c^4}\varepsilon a^2 + 1}} \tag{113.5}$$

对于尘埃状物质由此可以得到[1]:

$$a = a_0(\cosh\eta - 1), \quad t = \frac{a_0}{c}(\sinh\eta - \eta), \tag{113.6}$$

$$\mu a^3 = \frac{3c^2}{4\pi k}a_0. \tag{113.7}$$

公式 (113.6) 以参数形式决定了函数 $a(t)$. 有别于封闭模型, 这里曲率半径单调变化, 在 $t = 0$ ($\eta = 0$) 时刻从零开始增加, 在 $t \to \infty$ ($\eta \to \infty$) 时变为无穷大. 相应地, 物质的密度在 $t = 0$ 时刻从无穷大开始单调减小 (在 $\eta \ll 1$ 时, 这个减小的规律给出和封闭模型中相同的近似公式 (112.12)).

对于很大的密度, 解 (113.6), (113.7) 不能应用, 必须再次转向 $p = \varepsilon/3$ 的情形. 这种条件下再次得到关系式

$$\varepsilon a^4 = \text{const} \equiv \frac{3c^4 a_1^2}{8\pi k}, \tag{113.8}$$

而对于函数 $a(t)$, 我们求得

$$a = a_1 \sinh\eta, \quad t = \frac{a_1}{c}(\cosh\eta - 1),$$

或者在 $\eta \ll 1$ 时:

$$a = \sqrt{2a_1 ct} \tag{113.9}$$

(以及以前得到的 $\varepsilon(t)$ 的公式 (112.15)). 这样一来, 在开放模型中度规具有奇点 (但和封闭模型的区别在于奇点只有一个).

最后, 所研究的解对应于空间的曲率半径无限大的极限情形是平直 (欧几里得) 空间模型. 在这样的时空中的间隔 ds^2 可以写为

$$ds^2 = c^2 dt^2 - b^2(t)(dx^2 + dy^2 + dz^2) \tag{113.10}$$

---

[1] 我们指出, 通过下面的变换

$$r = Ae^\eta \sinh\chi, \quad c\tau = Ae^\eta \cosh\chi, \quad Ae^\eta = \sqrt{c^2\tau^2 - r^2}, \quad \tanh\chi = \frac{r}{c\tau},$$

表达式 (113.2) 可以化为 "共形伽利略" 形式

$$ds^2 = f(r,\tau)[c^2 d\tau^2 - dr^2 - r^2(d\theta^2 + \sin^2\theta d\varphi^2)].$$

具体地, 在 (113.6) 的情形下我们得到 (令 $A = a_0/2$)

$$ds^2 = \left(1 - \frac{a_0}{2\sqrt{c^2\tau^2 - r^2}}\right)^4 \{c^2 d\tau^2 - dr^2 - r^2(d\theta^2 + \sin^2\theta d\varphi^2)\}$$

(V. A. Fock, 1955). 在很大的值 $\sqrt{c^2\tau^2 - r^2}$ 的情况下 (对应于 $\eta \gg 1$) 这个度规趋向于伽利略度规, 这种情况自然不出所料, 因为曲率半径趋向无穷大.

在坐标 r, θ, φ, τ 中, 物质不是静止的, 并且它的分布是不均匀的; 在这种条件下物质的分布和运动围绕空间中的任何一点是中心对称的, 该点被选作坐标 τ, θ, φ 的原点.

（我们选择了"笛卡儿"坐标 x, y, z 作为空间坐标）. 空间距离元中的时间因子显然不改变空间度规的欧几里得性, 因为对于一个给定的 t, 这个因子是一个常数; 用简单的坐标变换就可以使之为 1. 用与上一节相似的计算, 我们导出下面的方程:

$$\frac{8\pi k}{c^2}\varepsilon = \frac{3}{b^2}\left(\frac{\mathrm{d}b}{\mathrm{d}t}\right)^2, \quad 3\ln b = -\int \frac{\mathrm{d}\varepsilon}{p+\varepsilon} + \text{const}.$$

对于小压强的情形, 我们求得

$$\mu b^3 = \text{const}, \quad b = \text{const} \cdot t^{2/3}. \tag{113.11}$$

对于小的 t, 我们又必须考虑 $p = \varepsilon/3$ 的情形, 对于这种情形, 我们求得

$$\varepsilon b^4 = \text{const}, \quad b = \text{const} \cdot \sqrt{t}. \tag{113.12}$$

因此, 在这种情形下, 度规也有一个奇点 $(t=0)$.

我们指出, 所有得到的各向同性的解只有在物质的密度不为零的时候才能够存在; 对于真空而言, 爱因斯坦方程不具有这种类型的解[①]. 同时我们提醒, 从数学上的关系来看, 它们是更加通用的解的类型的特殊情形, 这些更加通用的解的类型包含三个物理上不同的空间坐标的任意函数（参见习题）.

习　　题

假设在某个度规中空间的膨胀以"准均匀"的方式进行, 就是说, 所有的分量 $\gamma_{\alpha\beta} = -g_{\alpha\beta}$（在同步参考系中）以相同的规律趋于零, 求这个度规在靠近奇点处的一般形式. 空间充满了物态方程为 $p = \varepsilon/3$ 的物质 (Е. М. Лифшиц, И. М. Халатников, 1960).

解: 在下面这样的形式中寻找靠近奇点处 $(t=0)$ 的解:

$$\gamma_{\alpha\beta} = ta_{\alpha\beta} + t^2 b_{\alpha\beta} + \cdots, \tag{1}$$

其中 $a_{\alpha\beta}, b_{\alpha\beta}$ 是空间坐标的函数[②]; 下面设定 $c = 1$. 逆张量是

$$\gamma^{\alpha\beta} = \frac{1}{t}a^{\alpha\beta} - b^{\alpha\beta},$$

[①] 在 $\varepsilon = 0$ 时从方程 (113.5) 我们就得到 $a = a_0\mathrm{e}^\eta = ct$（方程 (112.7) 由于虚数根一般会失去意义）. 但是度规

$$\mathrm{d}s^2 = c^2\mathrm{d}t^2 - c^2t^2\{\mathrm{d}\chi^2 + \sinh^2\chi(\mathrm{d}\theta^2 + \sin^2\theta\mathrm{d}\varphi^2)\}$$

通过代换 $r = ct\sinh\chi, \tau = t\cosh\chi$, 可化为形式

$$\mathrm{d}s^2 = c^2\mathrm{d}\tau^2 - \mathrm{d}r^2 - r^2(\mathrm{d}\theta^2 + \sin^2\theta\mathrm{d}\varphi^2),$$

即直接化为伽利略时空.

[②] 弗里德曼解对应于函数 $a_{\alpha\beta}$ 的特殊选取, 这种选取对应于恒定曲率的空间.

其中张量 $a^{\alpha\beta}$ 是 $a_{\alpha\beta}$ 的逆张量, 而 $b^{\alpha\beta} = a^{\alpha\gamma}a^{\beta\delta}b_{\gamma\delta}$; 下面所有升降指标的运算和协变微分均借助于不依赖于时间的度规 $a_{\alpha\beta}$ 来进行.

以需要的 $1/t$ 阶精度计算方程 (97.11) 和 (97.12) 的左边, 我们得到

$$-\frac{3}{4t^2} + \frac{1}{2t}b = \frac{8\pi k}{3}\varepsilon(-4u_0^2 + 1), \quad \frac{1}{2}(b_{;\alpha} - b^\beta_{\alpha;\beta}) = -\frac{32\pi k}{3}\varepsilon u_\alpha u_0$$

(其中 $b = b^\alpha_\alpha$). 同时考虑恒等式

$$1 = u_i u^i \approx u_0^2 - \frac{1}{t}u_\alpha u_\beta a^{\alpha\beta},$$

我们得到

$$8\pi k\varepsilon = \frac{3}{4t^2} - \frac{b}{2t}, \quad u_\alpha = \frac{t^2}{2}(b_{;\alpha} - b^\beta_{\alpha;\beta}). \tag{2}$$

三维克里斯托夫符号, 以及随之张量 $P_{\alpha\beta}$, 在 $1/t$ 的一阶近似下不依赖于时间; 在此情况下 $P_{\alpha\beta}$ 与只用度规 $a_{\alpha\beta}$ 所做的计算得到的表达式相同. 考虑到这一点, 我们得出在方程 (97.13) 中 t^{-2} 量级的项相互抵消, 而 $\sim 1/t$ 的项给出

$$P^\beta_\alpha + \frac{3}{4}b^\beta_\alpha + \frac{5}{12}\delta^\beta_\alpha b = 0,$$

由此

$$b^\beta_\alpha = -\frac{4}{3}P^\beta_\alpha + \frac{5}{18}\delta^\beta_\alpha P \tag{3}$$

(其中 $P = a^{\beta\gamma}P_{\beta\gamma}$). 鉴于恒等式

$$P^\beta_{\alpha;\beta} - \frac{1}{2}P_{;\alpha} = 0$$

(参考 (92.10)) 下面的关系式成立:

$$b^\beta_{\alpha;\beta} = \frac{7}{9}b_{;\alpha},$$

因此 u_α 可以写成如下形式

$$u_\alpha = -\frac{t^2}{9}b_{;\alpha}. \tag{4}$$

这样一来, 所有的六个函数 $a_{\alpha\beta}$ 仍然是任意的, 而展开式 (1) 中下一项的系数 $b_{\alpha\beta}$ 要按照它们确定. 度规 (1) 中时间的选取完全取决于奇点处的条件 $t = 0$; 空间坐标还允许进行任意的不涉及时间的变换 (例如, 可以用它们将张量 $a_{\alpha\beta}$ 化为对角形式).

因此得到的解总共包含三个 "物理上不同" 的任意函数.

我们指出, 在这个解中空间度规是不均匀的和各向异性的, 而在 $t \to 0$ 时物质的密度分布趋向于均匀. 三维速度 $\boldsymbol{v}$ 具有 (在近似 (4) 中) 等于零的旋度, 而它的数值按照下面的规律趋近于零

$$v^2 = v_\alpha v_\beta \gamma^{\alpha\beta} \sim t^3.$$

§114 红 移

所有我们研究过的解的基本特征是度规的非稳态性: 空间的曲率半径是时间的函数. 曲率半径的改变一般会导致空间内物体之间的所有距离的改变, 这一点已经可以从空间距离元 dl 与 a 成比例的情形看出. 于是当 a 增大时在这样的空间里物体彼此"退行"(在开放模型中 a 的增大对应着 $\eta > 0$, 而在封闭模型中 $0 < \eta < \pi$).

假如有一个观察者坐在这些物体中的一个上面, 在他看来, 就好像所有其余物体都沿着视线方向离开他而去. 这个"退行"速度(在给定的时刻 t)与物体之间的距离成比例.

这个预言有必要同一个基本的天文事实——星系谱线的红移——相比较. 将这个移动解释为多普勒现象, 我们就会得出星系"退行"的结论, 就是说, 在当今时代宇宙在膨胀[①].

我们来研究一条光线在各向同性空间中的传播. 为了这个目的, 最简便的方法是利用如下事实, 即沿光信号传播的世界线, 间隔 $ds = 0$. 我们以光的出发点作为坐标 χ, θ, φ 的原点. 根据对称性的考虑, 显而易见, 光线是沿着"径向"传播的, 即沿着 $\theta = \mathrm{const}, \varphi = \mathrm{const}$ 的线传播. 与此相应, 我们在 (112.4) 或 (113.2) 中令 $d\theta = d\varphi = 0$, 就得到 $ds^2 = a^2(d\eta^2 - d\chi^2)$. 令它等于零. 我们得到 $d\eta = \pm d\chi$, 或者, 积分后得到

$$\chi = \pm\eta + \mathrm{const.} \tag{114.1}$$

对于从坐标原点发出的光线, η 前取正号; 而对于向原点传播的光线则取负号. 这个形式的方程 (114.1) 既可应用到开放模型, 也可以应用到封闭模型. 借助于上节各公式, 我们能够由此将光线传播的距离表示为时间的函数.

在开放模型中, 一条光线从某一点出发, 在传播过程中离开这一点越来越远. 在封闭模型中, 一条光线从起始点出发, 最后能够到达空间的"对立极点"(这与 χ 从 0 变到 π 相对应); 在以后的传播中, 光线开始向起始点接近. 光线绕着空间环行一周而又回到起始点的一个循环应该与 χ 从 0 变到 2π 相对应. 从 (114.1) 我们看到, 这时 η 也必须变化 2π, 然而这是不可能的(光在与 $\eta = 0$ 对应的时刻出发的情形除外). 因此一条光线在"绕空间"一周后不能回到出发点.

一条趋向观察点(坐标原点)传播的光线, 与 η 前面有负号的方程 (114.1)

[①] 只有当物体的相互作用能量比它们"退行"时的动能小很多时, 才能作出物体在 $a(t)$ 增大时彼此相互"退行"的结论; 对分离得足够远的星系, 这个条件总是满足的. 在相反的情形下, 物体相互的距离基本上由它们的相互作用决定; 因此, 例如, 这里所研究的效应实际上不应该影响到星系自身的尺度, 对恒星尺度的影响就更小了.

相对应. 假如光线到达这一点的时刻是 $t(\eta_0)$, 那么, 当 $\eta = \eta_0$ 时, 我们必定有 $\chi = 0$, 所以这样的光线的传播方程是

$$\chi = \eta_0 - \eta \tag{114.2}$$

由此可见, 对于一个位于 $\chi = 0$ 的点的观察者, 只有那些从 "距离" 不超过 $\chi = \eta_0$ 的点出发的光线, 才能在 $t(\eta_0)$ 时刻到达观察者.

这个结果, 对开放的和封闭的模型都很重要. 我们看出, 在时间 $t(\eta)$ 的每一时刻, 在空间每一个给定点, 不是整个空间都呈现在物理观察之下, 只有与 $\chi \leqslant \eta$ 相对应的那一部分才可能被观察到. 用数学的观点来看, 空间的 "可见区域" 是四维时空被光锥所截的部分. 这个部分无论对开放的模型或封闭的模型都是有限的 (在开放模型中, 被超曲面 $t = \text{const}$ 所截的部分是无穷大的, 这个超曲面对应于所有在同一时刻 t 被观察到的点组成的空间). 在这个意义上, 开放模型与封闭模型之间的差别并不如初见之时所想的那样深刻.

观察者在一定的时刻所观察到的区域离他愈远, 与该区域相应的时刻就愈早. 我们来看这样一个球面: 这个球面是所有满足如下条件的点构成的几何图形, 从这些点于 $t(\eta - \chi)$ 时刻发出的光于 $t(\eta)$ 时刻在原点被观察到. 这个曲面的面积是 $4\pi a^2(\eta - \chi) \sin^2 \chi$ (在封闭模型中) 或 $4\pi a^2(\eta - \chi) \sinh^2 \chi$ (在开放模型中). 当它远离观察者时, "可见球" 的面积首先从零 (当 $\chi = 0$ 时) 增加然后达到一个最大值, 在此以后又减小, 而当 $\chi = \eta$ 时又回到零 (此处 $a(\eta - \chi) = a(0) = 0$). 这就表明, 光锥所割的截面不只是有限的, 而且是封闭的. 它好像是在与观察者 "相对立" 的点封闭; 沿空间的任何方向进行观察, 它都能被看到. 在这一点 $\varepsilon \to \infty$, 因此, 物质在其所有的演化阶段原则上都是可观察的.

在开放模型中, 所观察到的物质的总量等于

$$M_{\text{obs}} = 4\pi \int_0^\eta \mu a^3 \sinh^2 \chi \, \mathrm{d}\chi.$$

将 (113.7) 中的 μa^3 代入, 我们得到

$$M_{\text{obs}} = \frac{3c^2 a_0}{2k} (\sinh \eta \cosh \eta - \eta). \tag{114.3}$$

当 $\eta \to \infty$ 时, 这个量无限制地增加. 在封闭模型中, M_{obs} 的增加自然为总质量 M 所限制. 在这种情况下用类似的方式可以得到:

$$M_{\text{obs}} = \frac{M}{\pi} (\eta - \sin \eta \cos \eta). \tag{114.4}$$

在 η 从 0 增长到 π 时这个量从 0 增长到 M; 按照这个公式, 接下来 M_{obs} 会继续增加, 但这是虚假的, 它只是对应这样一个事实, 就是在 "收缩的" 宇宙中远处的物体会被观察到两次 (借助从两个方向 "环绕空间" 的光线).

现在让我们考虑光在各向同性空间中传播时的频率变化. 为此, 我们首先指出下面的事实. 设在空间的某一点有两个事件发生, 这两个事件的时间间隔是 $dt = a(\eta)d\eta/c$. 假如在这两个事件发生的两个时刻发出两个光信号, 而在空间的另一点它们被观察到, 那么, 对应于光信号出发点量 η 的变化 $d\eta$, 它们被观察到的两个时刻之间的时间间隔也对应相同的 $d\eta$. 直接从方程 (114.1) 可以推出这个结果. 按照方程 (114.1), η 在光线从一点传播到另一点期间的变化仅与在这些点的坐标 χ 的差值有关. 但是, 既然在传播期间, 曲率半径 a 改变了, 那么, 发出信号的时刻与观察到它们的时刻的时间间隔 t 就不同了, 这些间隔之比等于相应的 a 的值之比.

从上面所说的可以断定, 例如, 用世界时间 t 来测量的光的振动周期也沿着光线改变, 并与 a 成比例. 光的频率显然将与 a 成反比. 因此, 在光线传播期间, 沿着它的路径, 下面的积为常数

$$\omega a = \text{const.} \tag{114.5}$$

假设在 $t(\eta)$ 时刻我们观察从一个光源发出的光, 这个光源所处的距离对应于坐标 χ 的一个确定值. 按照 (114.1) 式, 发射出这个光的时刻是 $t(\eta - \chi)$. 假如 ω_0 是光在发射时刻的频率, 那么, 按照 (114.5), 我们所观察到的光的频率是

$$\omega = \omega_0 \frac{a(\eta - \chi)}{a(\eta)}. \tag{114.6}$$

由于函数 $a(\eta)$ 的单调增加, 我们有 $\omega < \omega_0$, 即光频率将减小. 这就是说, 当我们观察向我们射来的光谱时, 与在普通情形下同样物体的光谱相比较, 所有它的光谱线必定移向红色的一边. **红移**现象在本质上是星系彼此 "退行" 的多普勒效应.*

利用移动了的频率与没有移动的频率之比 ω/ω_0 测得的红移的大小, (对于给定的观察时刻) 与被观察的光源所在处的距离有关 (在 (114.6) 中, 出现了光源的坐标 χ). 当距离不太大时, 我们可以将 $a(\eta - \chi)$ 展开为 χ 的幂级数, 但只取前两项:

$$\frac{\omega}{\omega_0} = 1 - \chi\frac{a'(\eta)}{a(\eta)}$$

(撇号表示对 η 微分). 此外, 我们指出, 乘积 $\chi a(\eta)$ 在此恰恰是到被观察的光源的距离 l. 事实上, "径向" 线元等于 $dl = a d\chi$; 在积分这个关系式时,

---

* 将星系红移解释为多普勒效应常用于红移较小的情况. 严格地说, 这两种现象具有不同的物理起源. 多普勒效应是平直时空中的一种运动学效应, 依赖于源和观测者的相对速度, 与两者的距离无关; 而星系红移主要源于宇宙膨胀, 是大尺度时空弯曲的表现. 对于高红移天体, 不能用狭义相对论的多普勒效应公式去推算其退行速度, 而必须用基于广义相对论的 (114.6) 式. —— 中译注

就产生一个问题, 即这个距离怎样通过物理观测来确定——由于这个原因在求这个距离时, 我们必须在不同的时刻, 在积分路线的不同点上取 a 的值 ($\eta=$const 的积分对应于同时观察沿路线上所有的点, 这在物理上是不能实现的). 但是对于"小的"距离, 我们可以略去 a 沿积分路线的变化, 而简单地写 $l=a\chi$, 其中 a 的值是在观察的时刻取的.

结果, 我们求得频率改变的相对量如下 (它通常用字母 z 表示):

$$z = \frac{\omega_0 - \omega}{\omega_0} = \frac{H}{c}l, \tag{114.7}$$

此处我们引入了符号

$$H = c\frac{a'(\eta)}{a^2(\eta)} = \frac{1}{a}\frac{\mathrm{d}a}{\mathrm{d}t} \tag{114.8}$$

作为所谓的 **哈勃常数**. 这个量对于给定的观察时刻与 l 无关. 因此光谱线的相对移动应当与到被观察光源的距离成比例.

通过将红移看做多普勒效应的结果, 我们可以确定星系离开观察者的速度 v. 写出 $z=v/c$, 并与 (114.7) 相比较, 我们得到

$$v = Hl \tag{114.9}$$

(直接计算导数 $v=\mathrm{d}(a\chi)/\mathrm{d}t$, 也可以得到这个公式).

天文学数据证实了规律 (114.7), 但是由于不能确定遥远星系的距离 (这样的距离具有宇宙学尺度) 这就给确定哈勃常数造成了麻烦. 现今认可的 H 的值为:

$$H \approx 0.8 \times 10^{-10} \mathrm{a}^{-1} = 0.25 \times 10^{-17} \mathrm{s}^{-1},$$

$$\frac{1}{H} \approx 4 \times 10^{17} \mathrm{s} = 1.3 \times 10^{10} \mathrm{a}. \tag{114.10}$$

这个值 H 对应于"退行速度"在每个百万秒差距的距离上的增长为 $75\,\mathrm{km/s}$[①].

将 $\varepsilon=\mu c^2$ 和 $H=ca'/a^2$ 代入 (113.4) 式, 对于开放模型, 我们得到关系式

$$\frac{c^2}{a^2} = H^2 - \frac{8\pi k}{3}\mu. \tag{114.11}$$

将这个方程与等式

$$H = \frac{c\sinh\eta}{a_0(\cosh\eta - 1)^2} = \frac{c}{a}\coth\frac{\eta}{2}$$

联立, 我们得到

$$\cosh\frac{\eta}{2} = H\sqrt{\frac{3}{8\pi k\mu}}. \tag{114.12}$$

① 还存在另一种估算, 得出较小的 H, 对应于"退行速度"在每个百万秒差距上的增长为 $55\,\mathrm{km/s}$, 此时 $1/H = 18 \times 10^{19}\mathrm{a}$.

对于封闭模型, 采用类似的方式, 我们得到

$$\frac{c^2}{a^2} = \frac{8\pi k}{3}\mu - H^2, \tag{114.13}$$

$$\cos\frac{\eta}{2} = H\sqrt{\frac{3}{8\pi k\mu}}. \tag{114.14}$$

比较 (114.11) 和 (114.13), 我们看出, 空间曲率的正负取决于差量 $8\pi k\mu/3 - H^2$ 的正负. 对于 $\mu = \mu_k$, 这个差量为零, 其中

$$\mu_k = \frac{3H^2}{8\pi k}. \tag{114.15}$$

连同数值 (114.10), 我们得到 $\mu_k \approx 1 \times 10^{-29}\,\mathrm{g/cm^3}$. 根据现有的天文学知识, 物质在空间的平均密度只能作很不准确的估计. 基于星系的数量统计和它们的平均质量的估算, 在现今取值约为 $3 \times 10^{-31}\,\mathrm{g/cm^3}$. 这个值比 μ_k 小 30 倍, 因而这个结果对开放模型有利. 然而, 暂不说这个值本身不太充分的可信度, 应该意识到, 它并没有考虑星系之间可能存在的暗气体, 考虑这些暗气体能够大大提高物质的平均密度.*

让我们在这里指出一些不等式, 在给定 H 之值的情况下可以得到这些不等式. 对于开放模型, 我们有 $H = c\sinh\eta/[a_0(\cosh\eta - 1)^2]$, 于是

$$t = \frac{a_0}{c}(\sinh\eta - \eta) = \frac{\sinh\eta(\sinh\eta - \eta)}{H(\cosh\eta - 1)^2}$$

既然 $0 < \eta < \infty$, 那么我们应当有

$$\frac{2}{3H} < t < \frac{1}{H}. \tag{114.16}$$

同理, 对于封闭模型, 我们得到

$$t = \frac{\sin\eta(\eta - \sin\eta)}{H(1 - \cos\eta)^2}.$$

$a(\eta)$ 的增加对应于区间 $0 < \eta < \pi$; 因此我们得到

$$0 < t < \frac{2}{3H}. \tag{114.17}$$

下面, 我们决定光从光源到达观察者时的强度 I, 光源到观察者的距离与坐标 χ 的一定值相对应. 在观察点光的能流密度与球的面积成反比, 该球面以光源所在点为球心并经过被考察点; 在负曲率的空间中, 球的面积等于

---

* 新近的观测表明, 宇宙的总能量密度非常接近 μ_k, 其中, 包括暗物质在内的物质约占 30%, 暗能量约占 70%. —— 中译注

$4\pi a^2 \sinh^2 \chi$. 此外, 光源在时间间隔 $\mathrm{d}t = a(\eta - \chi)\mathrm{d}\eta/c$ 内所射出的光会在时间间隔 $a(\eta)\mathrm{d}t/a(\eta - \chi) = a(\eta)\mathrm{d}\eta/c$ 内达到观察者所在之点. 因为光的强度被定义为每单位时间的光能流量, 所以在 I 内就出现了一个因子 $a(\eta - \chi)/a(\eta)$. 最后, 一个波包的能量与它的频率成比例 (参考 (53.9)); 既然在光传播期间, 频率按照规律 (114.5) 而改变, 因而这导致 I 中又出现一个因子 $a(\eta-\chi)/a(\eta)$. 结果, 我们得到强度的公式如下:

$$I = \mathrm{const}\, \frac{a^2(\eta - \chi)}{a^4(\eta)\sinh^2\chi}. \tag{114.18}$$

对于封闭模型, 我们同样地得到

$$I = \mathrm{const}\, \frac{a^2(\eta - \chi)}{a^4(\eta)\sin^2\chi}. \tag{114.19}$$

这两个公式决定被观察对象的视亮度与其距离的关系 (在绝对亮度一定的情况下). 对于小的 χ, 我们可以令 $a(\eta-\chi) \approx a(\eta)$, 这样, 我们就有 $I \sim 1/a^2(\eta)\chi^2 = 1/l^2$, 即是说, 我们得到了光强度与距离的平方成反比的普通定律.

最后, 让我们考虑所谓物体的本动问题. 当说到物质的密度和运动时, 我们总是理解为平均密度和平均运动; 特别是, 在我们一直使用的参考系中, 平均运动的速度为零. 各物体的实际速度围绕这个平均值呈现出一定的涨落. 在时间的进程中, 物体的本动速度是变化的. 为了决定这个变化的规律, 我们来考虑一个自由运动的物体, 并且选择轨道上的任意一点为坐标原点, 那么, 轨道将是径向线: $\theta = \mathrm{const}, \varphi = \mathrm{const}$. 将 g^{ik} 的值代入以后, 哈密顿-雅可比方程 (87.6) 取以下的形式:

$$\left(\frac{\partial S}{\partial \chi}\right)^2 - \left(\frac{\partial S}{\partial \eta}\right)^2 + m^2 c^2 a^2(\eta) = 0. \tag{114.20}$$

因为 χ 没有出现在这个方程的系数内 (也就是说 χ 是一个循环坐标), 那么, 守恒定律 $\partial S/\partial \chi = \mathrm{const}$ 将是有效的. 根据一般的定义, 运动物体的动量 $p = \partial S/\partial l = \partial S/a\partial \chi$. 因此, 对于运动的物体, 下面的乘积是常数:

$$pa = \mathrm{const}. \tag{114.21}$$

按照下式引入物体本动的速度 v,

$$p = \frac{mv}{\sqrt{1 - \dfrac{v^2}{c^2}}},$$

我们得到

$$\frac{va}{\sqrt{1 - \dfrac{v^2}{c^2}}} = \mathrm{const}. \tag{114.22}$$

这些关系决定了速度随时间变化的规律. 随着 a 的增加, 速度 v 单调地减小.

习　　题

1. 求出星系的视亮度作为红移函数的展开式的头两项, 星系绝对亮度随时间按照指数规律 $I_{\text{abs}} = \text{const} \cdot e^{\alpha t}$ 变化 (H. Robertson, 1955).

解: 在 "时刻" η 观察到的星系的视亮度与距离 χ 的关系由下面公式给出 (对于封闭模型)

$$I = \text{const} \cdot e^{\alpha[t(\eta-\chi)-t(\eta)]} \frac{a^2(\eta-\chi)}{a^4(\eta)\sin^2\chi}.$$

按照 (114.7) 定义的红移

$$z = \frac{\omega_0 - \omega}{\omega} = \frac{a(\eta) - a(\eta-\chi)}{a(\eta-\chi)}.$$

将 I 和 z 按 χ 的幂展开 (连同 (112.9), (112.10) 中的函数 $a(\eta)$ 和 $t(\eta)$) 然后从得到的表达式中消去 χ, 结果我们求得

$$I = \text{const} \cdot \frac{1}{z^2} \left[1 - \left(1 - \frac{q}{2} + \frac{\alpha}{H} \right) z \right],$$

其中引入符号

$$q = \frac{2}{1 + \cos\eta} = \frac{\mu}{\mu_k} > 1.$$

对于开放模型得到同样的公式, 但其中

$$q = \frac{2}{1 + \cosh\eta} = \frac{\mu}{\mu_k} < 1.$$

2. 求给定半径的球面内星系数量作为球面边界上红移函数的展开式的头几项 (假设星系的空间分布是均匀的).

解: 位于 $\leqslant \chi$ 的 "距离" 范围内的星系的数量 N 为 (在封闭模型中)

$$N = \text{const} \cdot \int_0^\chi \sin^2\chi \, d\chi \approx \text{const} \cdot \chi^3.$$

向这里代入函数 $\chi(z)$ 的展开式的头两项, 我们得到:

$$N = \text{const} \cdot z^3 \left[1 - \frac{3}{4}(2+q)z \right].$$

这个形式的公式对于开放模型也成立.

§115　各向同性宇宙的引力稳定性

我们来研究关于各向同性模型中微小扰动的演化特征, 也就是说, 关于它的引力稳定性问题 (E. M. Lifshitz, 1946). 我们仅限于研究在相对不大的空间区域内的扰动——该空间区域的线度和半径 a 相比是小量[①].

在每一个这样的区域内, 空间度规在一阶近似中可以取作欧几里得度规, 就是说, 度规 (111.8) 或 (111.12) 可替换为度规

$$dl^2 = a^2(\eta)(dx^2 + dy^2 + dz^2), \tag{115.1}$$

其中 x, y, z 是以 a 为度量单位的笛卡儿坐标. 我们还将像从前那样使用变量 η 作为时间坐标.

不失一般性, 我们将像从前那样在同步参考系中描述被扰动的场, 就是说给度规张量的变分 δg_{ik} 加上条件 $\delta g_{00} = \delta g_{0\alpha} = 0$. 在这些条件下对恒等式 $g_{ik}u^i u^k = 1$ 进行变分 (应注意到, 物质四维速度分量的无扰动的值为 $u^0 = 1/a, u^\alpha = 0$[②]), 我们得到 $g_{00}u^0 \delta u^0 = 0$, 由此 $\delta u^0 = 0$. 扰动 δu^α 一般说来是不为零的, 因此这个参考系已经不是共动参考系.

我们利用 $h_{\alpha\beta} = \delta\gamma_{\alpha\beta} = -\delta g_{\alpha\beta}$ 表示空间度规张量的扰动, 于是 $\delta\gamma^{\alpha\beta} = -h^{\alpha\beta}$, 这里借助未扰动度规 $\gamma_{\alpha\beta}$ 来提升 $h_{\alpha\beta}$ 的指标.

在线性近似下引力场的微小扰动满足方程

$$\delta R_i^k - \frac{1}{2}\delta_i^k \delta R = \frac{8\pi k}{c^4}\delta T_i^k. \tag{115.2}$$

在同步参考系中能量动量张量 (94.9) 的分量的变分等于

$$\delta T_\alpha^\beta = -\delta_\alpha^\beta \delta p, \quad \delta T_0^\alpha = a(p+\varepsilon)\delta u^\alpha, \quad \delta T_0^0 = \delta\varepsilon. \tag{115.3}$$

鉴于 $\delta\varepsilon$ 和 δp 都是小量, 可以写出 $\delta p = \dfrac{dp}{d\varepsilon}\delta\varepsilon$, 然后我们得到关系式

$$\delta T_\alpha^\beta = -\delta_\alpha^\beta \frac{dp}{d\varepsilon}\delta T_0^0. \tag{115.4}$$

针对 δR_i^k 的公式可以通过对 (97.10) 进行变分来获得. 由于未扰动的度规张量 $\gamma_{\alpha\beta} = a^2\delta_{\alpha\beta}$, 那么未扰动值是

$$\varkappa_{\alpha\beta} = \frac{2\dot{a}}{a}\gamma_{\alpha\beta} = \frac{2a'}{a^2}\gamma_{\alpha\beta}, \quad \varkappa_\alpha^\beta = \frac{2a'}{a^2}\delta_\alpha^\beta,$$

---

① 对这个问题更详细的叙述, 包括在线度与 a 相当的区域内的扰动的研究可参考 E. M. Lifshitz//УФН. 1963. T.80. C.411; Adv. in Phys. 1963. V.12. P.208.

② 在本节中, 不再用附加上标 (0) 来表示未扰动的物理量.

其中符号上方的点表示对 ct 微分, 而撇表示对 η 微分. 量 $\varkappa_{\alpha\beta}$ 和 $\varkappa_{\alpha}^{\beta} = \varkappa_{\alpha\gamma}\gamma^{\gamma\beta}$ 的扰动如下:

$$\delta\varkappa_{\alpha\beta} = \dot{h}_{\alpha\beta} = \frac{1}{a}h'_{\alpha\beta}, \quad \delta\varkappa_{\alpha}^{\beta} = -h^{\beta\gamma}\varkappa_{\alpha\gamma} + \gamma^{\beta\gamma}\dot{h}_{\alpha\gamma} = \dot{h}_{\alpha}^{\beta} = \frac{1}{a}h_{\alpha}^{\beta'},$$

其中 $h_{\alpha}^{\beta} = \gamma^{\beta\gamma}h_{\alpha\gamma}$. 对于欧几里得度规 (115.1), 三维张量 P_{α}^{β} 的未扰动值等于零. $\delta P_{\alpha}^{\beta}$ 的变分按照公式 (108.3), (108.4) 计算; 显然, 正如 δR_{ik} 可用 δg_{ik} 表达, $\delta P_{\alpha}^{\beta}$ 可以用 $\delta\gamma_{\alpha\beta}$ 来表达, 所有的张量运算都在带有度规 (115.1) 的三维空间里进行; 鉴于这个度规是欧几里得的, 所有的协变微分可简化为对坐标 x^{α} 的普通微分 (对于逆变微分仍需再除以 a^2). 考虑到所有这些情况 (并且从对 t 的导数全面过渡到对 η 的导数), 在简单的计算之后我们得到:

$$\delta R_{\alpha}^{\beta} = -\frac{1}{2a^2}(h_{\alpha,\gamma}^{\gamma,\beta} + h_{\gamma,\alpha}^{\beta,\gamma} - h_{\alpha,\gamma}^{\beta,\gamma} - h_{,\alpha}^{,\beta}) - \frac{1}{2a^2}h_{\alpha}^{\beta''} - \frac{a'}{a^3}h_{\alpha}^{\beta'} - \frac{a'}{2a^3}h'\delta_{\alpha}^{\beta},$$

$$\delta R_0^0 = -\frac{1}{2a^2}h'' - \frac{a'}{2a^3}h',$$

$$\delta R_0^{\alpha} = \frac{1}{2a^2}(h^{,\alpha} - h_{\beta}^{\alpha,\beta})',$$

$$(h \equiv h_a^{\alpha}). \tag{115.5}$$

这里逗号后面的指标无论在上方还是在下方, 都表示对坐标 x^{α} 的简单微分 (我们继续在上方和下方书写指标, 只是为了保持表示方法的统一性).

把通过 δR_i^k 表达的分量 δT_i^k 按照 (115.2) 式代入 (115.4) 式, 我们将得到关于扰动 h_{α}^{β} 的最终方程. 就这些方程而言, 选择在 $\alpha \neq \beta$ 情形下的 (115.4), 以及按指标 α, β 进行缩并而得的方程是便利的, 它们是:

$$(h_{\alpha,\gamma}^{\gamma,\beta} + h_{\gamma,\alpha}^{\beta,\gamma} - h_{,\alpha}^{,\beta} - h_{\alpha,\gamma}^{\beta,\gamma}) + h_{\alpha}^{\beta''} + 2\frac{a'}{a}h_{\alpha}^{\beta'} = 0, \quad \alpha \neq \beta,$$

$$\frac{1}{2}(h_{\gamma,\delta}^{\delta,\gamma} - h_{,\gamma}^{,\gamma})\left(1 + 3\frac{\mathrm{d}p}{\mathrm{d}\varepsilon}\right) + h'' + h'\frac{a'}{a}\left(2 + 3\frac{\mathrm{d}p}{\mathrm{d}\varepsilon}\right) = 0. \tag{115.6}$$

物质密度和速度的扰动可以按照已知的 h_{α}^{β}, 借助于公式 (115.2), (115.3) 来确定. 因此, 对于密度的相对变化, 我们有:

$$\frac{\delta\varepsilon}{\varepsilon} = \frac{c^4}{8\pi k\varepsilon}\left(\delta R_0^0 - \frac{1}{2}\delta R\right) = \frac{c^4}{16\pi k\varepsilon a^2}\left(h_{\alpha,\beta}^{\beta,\alpha} - h_{,\alpha}^{,\alpha} + \frac{2a'}{a}h'\right). \tag{115.7}$$

在方程 (115.6) 的解当中存在这样的一些解, 它们可以通过简单的参考系变换 (不破坏其同步性) 而被消去, 因此它们不是度规的实际物理变化. 这些解的形式可以借助于 §97 节习题 3 中得到的公式 (1) 和 (2) 提前确立. 将未扰动的值 $\gamma_{\alpha\beta} = a^2\delta_{\alpha\beta}$ 代入其中, 我们将得到下列针对度规的虚拟扰动的表达式:

$$h_{\alpha}^{\beta} = f_{0,\alpha}^{,\beta}\int\frac{\mathrm{d}\eta}{a} + \frac{a'}{a^2}f_0\delta_{\alpha}^{\beta} + (f_{\alpha}^{,\beta} + f^{\beta}_{,\alpha}), \tag{115.8}$$

其中 f_0, f_α 是坐标 x, y, z 的任意（小量的）函数.

由于度规在我们考察的不大的空间区域内设定为欧几里得的，那么任意的扰动在每一个这样的区域可以分解成平面波. 将 x, y, z 作为以 a 为度量单位的笛卡儿坐标，我们可以将平面波的周期性空间因子写成 $e^{i\boldsymbol{n}\cdot\boldsymbol{r}}$ 的形式，其中 $\boldsymbol{n}$ 为无量纲矢量，表示以 $1/a$ 为度量单位的波矢（波矢 $\boldsymbol{k} = \boldsymbol{n}/a$）. 如果在尺度 $\sim l$ 的空间区域内有扰动，那么在它的展开式中会出现波长 $\lambda = 2\pi a/n \sim l$ 的波. 对于局限在尺度 $l \ll a$ 的区域内的扰动，我们相应地假定数 n 足够大 $(n \gg 2\pi)$.

引力扰动可以分为三个类型. 这个分类可归结为确定平面波的可能种类，对称张量 $h_{\alpha\beta}$ 可以用这些不同种类的平面波表示出来. 这样，我们得到下面的分类：

1. 借助于标量函数

$$Q = e^{i\boldsymbol{n}\cdot\boldsymbol{r}}, \tag{115.9}$$

可以构造矢量 $\boldsymbol{P} = \boldsymbol{n}Q$ 和张量①

$$Q_\alpha^\beta = \frac{1}{3}\delta_\alpha^\beta Q, \quad P_\alpha^\beta = \left(\frac{1}{3}\delta_\alpha^\beta - \frac{n_\alpha n^\beta}{n^2}\right)Q. \tag{115.10}$$

这些平面波对应于这样的扰动，其中物质的速度和密度与引力场一起经历着变化，就是说，我们在处理伴随着物质聚集和疏松的扰动. 在这种情况下扰动 h_α^β 通过张量 Q_α^β 和 P_α^β 表达，速度的扰动通过矢量 $\boldsymbol{P}$，而密度的扰动通过标量 Q 表达.

2. 借助于矢量横波

$$\boldsymbol{S} = \boldsymbol{s}e^{i\boldsymbol{n}\cdot\boldsymbol{r}}, \quad \boldsymbol{s}\cdot\boldsymbol{n} = 0, \tag{115.11}$$

可以构造张量 $(n^\beta S_\alpha + n_\alpha S^\beta)$；由于 $\boldsymbol{n}\cdot\boldsymbol{S} = 0$，对应的标量不存在. 这些波对应于这样的扰动，其中速度与引力场一起经历着变化，但不包括物质的密度；它们可以被称作旋转扰动.

3. 张量横波

$$G_\alpha^\beta = g_\alpha^\beta e^{i\boldsymbol{n}\cdot\boldsymbol{r}}, \quad g_\alpha^\beta n_\beta = 0. \tag{115.12}$$

利用张量横波既无法构造矢量，也无法构造标量. 这些波对应于引力场这样的扰动，其中物质不运动，并且在空间中均匀分布. 换句话说，这是各向同性宇宙中的引力波.

---

① 我们书写普通的笛卡儿矢量 $\boldsymbol{n}$ 的分量时也区分上下指标，这样做仅仅是为了保持表示方法的统一性.

最有意义的是第一种类型的扰动. 令

$$h_\alpha^\beta = \lambda(\eta)P_\alpha^\beta + \mu(\eta)Q_\alpha^\beta, \quad h = \mu Q. \tag{115.13}$$

从 (115.7) 中可以得到密度的相对变化:

$$\frac{\delta\varepsilon}{\varepsilon} = \frac{c^4}{24\pi k\varepsilon a^2}\left[n^2(\lambda + \mu) + \frac{3a'}{a}\mu'\right]Q. \tag{115.14}$$

将 (115.13) 代入 (115.6), 得到确定函数 λ 和 μ 的方程

$$\lambda'' + 2\frac{a'}{a}\lambda' - \frac{n^2}{3}(\lambda + \mu) = 0,$$

$$\mu'' + \mu'\frac{a'}{a}\left(2 + 3\frac{\mathrm{d}p}{\mathrm{d}\varepsilon}\right) + \frac{n^2}{3}(\lambda + \mu)\left(1 + 3\frac{\mathrm{d}p}{\mathrm{d}\varepsilon}\right) = 0. \tag{115.15}$$

这些方程具有下列两个特殊积分, 对应于可以通过变换参考系而消除的度规的虚拟变化:

$$\lambda = -\mu = \text{const}, \tag{115.16}$$

$$\lambda = -n^2\int\frac{\mathrm{d}\eta}{a}, \quad \mu = n^2\int\frac{\mathrm{d}\eta}{a} - \frac{3a'}{a^2} \tag{115.17}$$

(其中第一个是从 (115.8) 式通过选取 $f_0 = 0, f_\alpha = P_\alpha$ 得出, 第二个是通过选取 $f_0 = Q, f_\alpha = 0$ 得出).

在宇宙膨胀的早期, 那时的物质用物态方程 $p = \varepsilon/3$ 描述, 我们有 $a \approx a_1\eta, \eta \ll 1$ (在开放模型与封闭模型中都是这样). 方程 (115.15) 取如下形式:

$$\lambda'' + \frac{2}{\eta}\lambda' - \frac{n^2}{3}(\lambda + \mu) = 0, \quad \mu'' + \frac{3}{\eta}\mu' + \frac{2n^2}{3}(\lambda + \mu) = 0. \tag{115.18}$$

针对两种极限情况对这些方程分别进行研究是方便的, 这两种极限情况取决于两个较大的量 n 和 $1/\eta$ 之间的相互关系.

首先我们假设 n 不是非常大 (或者 η 足够小), 于是 $n\eta \ll 1$. 在这种情况下, 以能够使方程 (115.18) 成立所需的精度, 由这些方程我们可以得出:

$$\lambda = \frac{3C_1}{\eta} + C_2\left(1 + \frac{n^2}{9}\eta^2\right), \quad \mu = -\frac{2n^2}{3}C_1\eta + C_2\left(1 - \frac{n^2}{6}\eta^2\right),$$

其中 C_1, C_2 为常数; 从这里排除了形式为 (115.16) 和 (115.17) 的解 (在当前情况下, 这些解一个有 $\lambda = -\mu = \text{const}$, 一个有 $\lambda + \mu \sim 1/\eta^2$). 同时按照 (115.14) 和 (112.15) 计算出 $\delta\varepsilon/\varepsilon$, 我们得到下列关于度规和密度扰动的表达式:

$$h_\alpha^\beta = \frac{3C_1}{\eta}P_\alpha^\beta + C_2(Q_\alpha^\beta + P_\alpha^\beta),$$

$$\frac{\delta\varepsilon}{\varepsilon} = \frac{n^2}{9}(C_1\eta + C_2\eta^2)Q \quad \text{当} \quad p = \frac{\varepsilon}{3}, \quad \eta \ll \frac{1}{n}. \tag{115.19}$$

常数 C_1, C_2 必须满足特定的条件, 这些条件应能反映出扰动在其产生时刻 η_0 是很小的: 应该有 $h_\alpha^\beta \ll 1$ (由此 $\lambda \ll 1, \mu \ll 1$) 和 $\delta\varepsilon/\varepsilon \ll 1$. 将这些条件用于 (115.19) 可导出不等式 $C_1 \ll \eta_0, C_2 \ll 1$.

在 (115.19) 式中有一些项, 它们在膨胀的宇宙中以半径 $a = a_1\eta$ 的不同次幂增长. 但是这个增长并不会导致扰动能够成为大的量: 如果我们应用公式 (115.19) 精确到 $\eta \sim 1/n$ 的数量级, 那么可以看到, (基于上面得到的关于 C_1, C_2 的不等式) 扰动即使在这些公式的应用上限仍然是小量.

现在假设 n 很大, 使得有 $n\eta \gg 1$. 在这个条件下求解方程 (115.18), 我们得到 λ 和 μ 中占主导地位的项是: ①

$$\lambda = -\frac{\mu}{2} = \text{const} \cdot \frac{1}{\eta^2} \mathrm{e}^{in\eta/\sqrt{3}}.$$

由此我们得到度规和密度的扰动:

$$h_\alpha^\beta = \frac{C}{n^2\eta^2}(P_\alpha^\beta - 2Q_\alpha^\beta)\mathrm{e}^{in\eta/\sqrt{3}}, \quad \frac{\delta\varepsilon}{\varepsilon} = -\frac{C}{9}Q\mathrm{e}^{in\eta/\sqrt{3}}$$

$$\text{对于条件 } p = \frac{\varepsilon}{3}, \quad \frac{1}{n} \ll \eta \ll 1, \tag{115.20}$$

其中 C 为复数常数, 满足条件 $|C| \ll 1$. 在这些表达式中周期性因子的出现是十分自然的. 在 n 为大数的条件下我们是在处理这样的扰动, 其空间的周期性取决于大的波矢 $k = n/a$. 这样的扰动应该像声波那样传播, 其速度为

$$u = \sqrt{\frac{\mathrm{d}p}{\mathrm{d}(\varepsilon/c^2)}} = \frac{c}{\sqrt{3}}.$$

相应地, 相位的时间部分就像几何声学里规定的那样, 通过大积分 $\int ku\mathrm{d}t = n\eta/\sqrt{3}$ 来确定. 正如我们所见, 密度相对变化的振幅保持恒定, 而度规扰动的振幅在宇宙膨胀的情况下按照 a^{-2} 减小②.

接下来, 我们研究膨胀的更晚阶段, 那时物质已经稀薄到可以忽略掉其压强的程度 ($p = 0$). 在这种条件下, 我们此处仅局限于 η 很微小的情况, 在这些微小的 η 对应的膨胀阶段内, 半径 a 和它现今的值相比还很小, 但尽管如此物质已经足够稀薄了.

---

① 指数项前面的因数 $1/\eta^2$ 是按 $1/n\eta$ 的幂展开式的第一项. 在当前情况下, 为了确定它, 应该同时考虑展开式的头两项 (方程 (115.18) 的精度是允许这样做的).

② 容易验证 (在 $p = \varepsilon/3$ 的条件下) $n\eta \sim L/\lambda$, 其中 $L \sim u/\sqrt{k\varepsilon/c^2}$. 理所当然, 特征长度 L (它决定波长 $\lambda \ll a$ 的扰动行为) 仅仅包含 "流体力学" 量——物质密度 ε/c^2 和声速 u (还有引力常数 k). 我们指出, 在 $\lambda \gg L$ 的条件下扰动会增长 (见 (115.19)).

在 $p = 0$ 和 $\eta \ll 1$ 的条件下我们有 $a \approx a_0 \eta^2/2$, 并且方程 (115.15) 具有如下形式

$$\lambda'' + \frac{4}{\eta}\lambda' - \frac{n^2}{3}(\lambda + \mu) = 0,$$

$$\mu'' + \frac{4}{\eta}\mu' + \frac{n^2}{3}(\lambda + \mu) = 0.$$

这些方程的解是:

$$\lambda + \mu = 2C_1, \quad \lambda - \mu = 2n^2\left(\frac{C_1\eta^2}{15} + \frac{2C_2}{\eta^3}\right).$$

也可算出 $\delta\varepsilon/\varepsilon$ (利用 (115.14) 和 (112.12)), 我们求得

$$h_\alpha^\beta = C_1(P_\alpha^\beta + Q_\alpha^\beta) + \frac{2n^2C_2}{\eta^3}(P_\alpha^\beta - Q_\alpha^\beta) \quad \text{当} \quad \eta \ll \frac{1}{n},$$

$$h_\alpha^\beta = \frac{C_1}{15}n^2\eta^2(P_\alpha^\beta - Q_\alpha^\beta) + \frac{2n^2C_2}{\eta^3}(P_\alpha^\beta - Q_\alpha^\beta) \quad \text{当} \quad \frac{1}{n} \ll \eta \ll 1, \quad (115.21)$$

$$\frac{\delta\varepsilon}{\varepsilon} = \left(\frac{C_1n^2\eta^2}{30} + \frac{C_2n^2}{\eta^3}\right)Q.$$

我们看到, $\delta\varepsilon/\varepsilon$ 包含正比于 a 的增长项[1]. 但是如果 $n\eta \ll 1$, 那么按照条件 $C_1 \ll 1$, 即使当 $\eta \sim 1/n$ 时 $\delta\varepsilon/\varepsilon$ 还是不能成为大数. 如果 $\eta n \gg 1$, 那么当 $\eta \sim 1$ 时密度的相对变化达到 C_1n^2 的量级, 同时初始扰动的小量特性仅仅要求满足 $C_1n^2\eta_0^2 \ll 1$. 这样一来, 尽管扰动的增长进行得缓慢, 但总的增加可能相当可观, 结果扰动可能会比较大.

前面提到的第二和第三种类型的扰动可以采用类似的方式进行研究. 然而从下述简单的理解出发, 可以不通过计算细节就得到这些扰动的衰减律.

如果在不大的物质区域里 (其线尺度为 l) 有速度为 δv 的旋转扰动, 那么这个区域的角动量 $\sim (\varepsilon/c^2)l^3 \cdot l \cdot v$. 在宇宙膨胀时 l 正比于 a 增加, 而 ε 按照 a^{-3} (在 $p = 0$ 的情况下) 或者 a^{-4} (在 $p = \varepsilon/3$ 的情况下) 减小. 因此基于角动量守恒, 我们有

$$\delta v = \text{const} \quad \text{当} \quad p = \frac{\varepsilon}{3}, \quad \delta v \propto \frac{1}{a} \quad \text{当} \quad p = 0. \quad (115.22)$$

最后, 在宇宙膨胀时引力波的能量密度应该按照 a^{-4} 减小. 从另一方面, 这个密度可通过度规的扰动表示为 $\sim k^2(h_\alpha^\beta)^2$, 其中 $k = n/a$ 为扰动的波矢. 由此可得, 引力波类型的扰动的振幅随时间按照 $1/a$ 的规律减小.

---

[1] 考虑微小压强 $p(\varepsilon)$ 的更细致的分析表明, 满足条件 $u\eta n/c \ll 1$ 时才有可能忽略压强 (其中 $u = c\sqrt{\mathrm{d}p/\mathrm{d}\varepsilon}$ 是微小的声速); 容易验证, 这个条件和条件 $\lambda \gg L$ 是相同的. 这样一来, 只要 $\lambda \gg L$, 扰动总是会增长.

§116　均匀空间

关于空间均匀性和各向同性的假设完全确定了它的度规（只剩下曲率的正负号可自由选取）. 只假设均匀性这一个性质, 而不带有任何附加的对称性, 会留出大得多的自由度. 我们将要考察的问题是, 均匀空间的度规性质是怎样的.

我们将要讨论的是在给定时刻 t 的空间度规. 在假设时空参考系选取为同步的条件下, t 对于整个空间就是统一的同步时间.

均匀性意味着在所有的空间点度规的性质都相同. 这个概念的精确定义, 涉及考虑一组能使空间变为自身, 即保持其度规不变的坐标变换: 如果在变换之前线元是

$$\mathrm{d}l^2 = \gamma_{\alpha\beta}(x^1, x^2, x^3)\mathrm{d}x^\alpha \mathrm{d}x^\beta,$$

那么在变换之后同样的线元是

$$\mathrm{d}l^2 = \gamma_{\alpha\beta}(x'^1, x'^2, x'^3)\mathrm{d}x'^\alpha \mathrm{d}x'^\beta,$$

$\gamma_{\alpha\beta}$ 相对于新坐标具备同样的函数依赖关系. 空间是均匀的, 如果它允许存在一组变换 (或称为**运动群**), 使得它的任何一个给定点可以与其他任意的点相重合. 基于空间的三维特性, 显然, 为了实现这一点, 该群的不同变换应该用三个独立的参量来确定.

于是, 在欧几里得空间里均匀性表现为度规相对于笛卡儿坐标系的平行移动（平移）的不变性. 每个平移由三个参数确定 —— 坐标原点的位移矢量的分量. 所有这些变换保持构造线元的三个独立的微分 $(\mathrm{d}x, \mathrm{d}y, \mathrm{d}z)$ 不变.

在非欧几里得均匀空间的一般情况下, 它的运动群的变换仍然使得三个独立的线性微分形式保持不变, 但是无法简化为某一个坐标函数的全微分. 我们将这些微分形式写成

$$e_\alpha^{(a)}\mathrm{d}x^\alpha, \tag{116.1}$$

其中拉丁字母指标 (a) 用于给三个独立的矢量（坐标的函数）编号, 我们称这些矢量为一个标架.

借助于 (116.1) 式, 相对于给定的运动群保持不变的空间度规可以这样建立

$$\mathrm{d}l^2 = \eta_{ab}(e_\alpha^{(a)}\mathrm{d}x^\alpha)(e_\beta^{(b)}\mathrm{d}x^\beta), \tag{116.2}$$

就是说, 度规张量

$$\gamma_{\alpha\beta} = \eta_{ab}e_\alpha^{(a)}e_\beta^{(b)}, \tag{116.3}$$

其中按指标 a, b 对称的系数 η_{ab} 是时间的函数.

这样一来，借助于三个标架矢量，我们得到了空间度规的"三维标架"表述；在 §98 节中得到的所有公式对这种表述都适用. 标架矢量的选取取决于空间的对称性质，一般说来，这些矢量不是正交的（因此矩阵 η_{ab} 不是对角的）.

如同在 §98 节中，与三个矢量 $e_\alpha^{(a)}$ 一起引入三个与它们互逆的矢量 $e_{(a)}^\alpha$，对于它们

$$e_{(a)}^\alpha e_\alpha^{(b)} = \delta_a^b, \quad e_{(a)}^\alpha e_\beta^{(a)} = \delta_\beta^\alpha. \tag{116.4}$$

在三维情况下，这两组矢量之间的联系可以表示为下列显性的形式，

$$\boldsymbol{e}_{(1)} = \frac{1}{V}\boldsymbol{e}^{(2)} \times \boldsymbol{e}^{(3)}, \quad \boldsymbol{e}_{(2)} = \frac{1}{V}\boldsymbol{e}^{(3)} \times \boldsymbol{e}^{(1)}, \quad \boldsymbol{e}_{(3)} = \frac{1}{V}\boldsymbol{e}^{(1)} \times \boldsymbol{e}^{(2)}, \tag{116.5}$$

其中

$$V = |e_\alpha^{(a)}| = \boldsymbol{e}^{(1)} \cdot \boldsymbol{e}^{(2)} \times \boldsymbol{e}^{(3)},$$

而 $\boldsymbol{e}_{(a)}$ 和 $\boldsymbol{e}^{(a)}$ 应该理解为分别具有分量 $e_{(a)}^\alpha$ 和 $e_\alpha^{(a)}$ 的笛卡儿矢量. 度规张量 (116.3) 的行列式

$$\gamma = \eta v^2, \tag{116.6}$$

其中 η 是矩阵 η_{ab} 的行列式.

微分形式 (116.1) 的不变性意味着，

$$e_\alpha^{(a)}(x)\mathrm{d}x^\alpha = e_\alpha^{(a)}(x')\mathrm{d}x'^\alpha, \tag{116.7}$$

并且在等式两边的 $e_\alpha^{(a)}$ 分别是旧坐标和新坐标的同一个函数. 给这个等式乘以 $e_{(a)}^\beta(x')$，替换 $\mathrm{d}x'^\beta = (\partial x'^\beta/\partial x^\alpha)\mathrm{d}x^\alpha$ 并比较同一个微分 $\mathrm{d}x^\alpha$ 的系数，我们得到

$$\frac{\partial x'^\beta}{\partial x^\alpha} = e_{(a)}^\beta(x')e_\alpha^{(a)}(x). \tag{116.8}$$

一系列微分方程组，决定了给定标架下的函数 $x'^\beta(x)$[①]. 为了使之成为可积的，方程 (116.8) 应该恒定地满足条件

$$\frac{\partial^2 x'^\beta}{\partial x^\alpha \partial x^\gamma} = \frac{\partial^2 x'^\beta}{\partial x^\gamma \partial x^\alpha}.$$

---

① 对于形式为 $x'^\beta = x^\beta + \xi^\beta$ 的变换，其中 ξ^β 为小量，从 (116.8) 中可得到方程

$$\frac{\partial \xi^\beta}{\partial x^\alpha} = \xi^\gamma e_\alpha^{(a)} \frac{\partial e_{(a)}^\beta}{\partial x^\gamma}. \tag{116.8a}$$

这些方程的三个线性独立解 $\xi_{(b)}^\beta$ ($b = 1, 2, 3$) 确定空间运动群的无穷小变换. 矢量 $\xi_{(b)}^\beta$ 被称作**基灵矢量**（与 §94 第一个脚注相比较）.

算出导数, 我们得到

$$\left[\frac{\partial e^{\beta}_{(a)}(x')}{\partial x'^{\delta}}e^{\delta}_{(b)}(x') - \frac{\partial e^{\beta}_{(b)}(x')}{\partial x'^{\delta}}e^{\delta}_{(a)}(x')\right]e^{(b)}_{\gamma}(x)e^{(a)}_{\alpha}(x) =$$

$$= e^{\beta}_{(a)}(x')\left[\frac{\partial e^{(a)}_{\gamma}(x)}{\partial x^{\alpha}} - \frac{\partial e^{(a)}_{\alpha}(x)}{\partial x^{\gamma}}\right].$$

给等式两边乘以 $e^{\alpha}_{(d)}(x)e^{\gamma}_{(c)}(x)e^{(f)}_{\beta}(x')$, 使用 (116.4) 式将微分运算从一些因子上面转移到另一些因子上, 在方程左边我们得到:

$$e^{(f)}_{\beta}(x')\left[\frac{\partial e^{\beta}_{(d)}(x')}{\partial x'^{\delta}}e^{\delta}_{(c)}(x') - \frac{\partial e^{\beta}_{(c)}(x')}{\partial x'^{\delta}}e^{\delta}_{(d)}(x')\right] =$$

$$= e^{\beta}_{(c)}(x')e^{\delta}_{(d)}(x')\left[\frac{\partial e^{(f)}_{\beta}(x')}{\partial x'^{\delta}} - \frac{\partial e^{(f)}_{\delta}(x')}{\partial x'^{\beta}}\right],$$

而在方程右边则得到关于 x 的函数的同样的表达式. 由于 x 和 x' 是任意的, 那么这些表达式应该化为常数:

$$\left(\frac{\partial e^{(c)}_{\alpha}}{\partial x^{\beta}} - \frac{\partial e^{(c)}_{\beta}}{\partial x^{\alpha}}\right)e^{\alpha}_{(a)}e^{\beta}_{(b)} = C^{c}{}_{ab}. \tag{116.9}$$

常数 $C^{c}{}_{ab}$ 被称做群的**结构常数**. 两边同乘以 $e^{\gamma}_{(c)}$, 可以将 (116.9) 重写为如下形式

$$e^{\alpha}_{(a)}\frac{\partial e^{\gamma}_{(b)}}{\partial x^{\alpha}} - e^{\beta}_{(b)}\frac{\partial e^{\gamma}_{(a)}}{\partial x^{\beta}} = C^{c}{}_{ab}e^{\gamma}_{(c)}. \tag{116.10}$$

　　这就是要寻找的空间均匀性的条件. 等式 (116.9) 左边的表达式和量 $\lambda^{c}{}_{ab}$ (98.10) 的定义相同, 这样一来, 量 $\lambda^{c}{}_{ab}$ 是恒定的.

　　从结构常数的定义可以看出, 它关于下标是反对称的:

$$C^{c}{}_{ab} = -C^{c}{}_{ba}. \tag{116.11}$$

对于它们还能得到一个条件, 首先指出, 等式 (116.10) 可以写成对易关系的形式:

$$[X_a, X_b] \equiv X_a X_b - X_b X_a = C^{c}{}_{ab} X_c \tag{116.12}$$

其中线性微分算子[①]

$$X_a = e^{\alpha}_{(a)}\frac{\partial}{\partial x^{\alpha}}. \tag{116.13}$$

---

　　① 在连续群 (或称**李群**) 的数学理论中, 满足 (116.12) 形式的条件的算子称作群的**生成元**. 为了避免在与其他表示相比较时产生误解, 我们还是要指出, 连续群的系统理论通常是以基灵矢量确定的算子 $X_a = \xi^{\alpha}_{(a)}\partial/\partial x^{\alpha}$ 为出发点而建立的.

于是上面提到的关系可从下列恒等式中产生

$$[[X_a, X_b], X_c] + [[X_b, X_c], X_a] + [[X_c, X_a], X_b] = 0$$

（这就是**雅可比恒等式**），并且具有形式

$$C^f{}_{ab}C^d{}_{cf} + C^f{}_{bc}C^d{}_{af} + C^f{}_{ca}C^d{}_{bf} = 0. \tag{116.14}$$

使用一组双指标量来代替三指标常数 $C^c{}_{ab}$ 会呈现出一定的优点. 这些双指标量通过如下对偶变换得到:

$$C^c{}_{ab} = e_{abd}C^{dc}, \tag{116.15}$$

其中 $e_{abc} = e^{abc}$ 为单位反对称符号 (其中 $e_{123} = +1$). 利用这些常数, 对易关系 (116.12) 可写为如下形式

$$e^{abc}X_bX_c = C^{ad}X_d. \tag{116.16}$$

性质 (116.16) 在定义 (116.15) 中已经考虑到了, 而性质 (116.14) 可以采取如下形式

$$e_{bcd}C^{cd}C^{ba} = 0. \tag{116.17}$$

同时我们指出, 对于量 C^{ab} 定义 (116.9) 可以表示为矢量形式

$$C^{ab} = -\frac{1}{v}\boldsymbol{e}^{(a)} \cdot \operatorname{rot} \boldsymbol{e}^{(b)}, \tag{116.18}$$

其中进行矢量运算时, 仍旧把坐标 x^α 视同为笛卡儿坐标.

在微分形式 (116.1) (连同它们一起的还有算子 X_a) 中三个标架矢量的选取当然不是唯一的. 可以对它们施以任意的、带有恒定系数的线性变换:

$$\boldsymbol{e}_{(a)} = A_a^b \boldsymbol{e}_{(b)}. \tag{116.19}$$

在这些变换下, 量 η_{ab} 和 C^{ab} 表现出类似于张量的性质.

条件 (116.17) 是结构常数 C^{ab} 应该满足的唯一条件. 但是在满足这些条件的常数中存在着若干等价组, 同一组中的常数之间的区别仅仅和变换 (116.19) 有关. 均匀空间的分类问题可归结为确定所有的不等价的结构常数组. 利用量 C^{ab} 的 "张量" 性质, 通过下面的简单的方法可以做到这一点 (C. G. Behr, 1962).

不对称的 "张量" C^{ab} 可以分解为对称的和反对称的部分. 第一部分表示为 n^{ab}, 而第二部分通过它的对偶 "矢量" a_c 表示:

$$C^{ab} = n^{ab} + e^{abc}a_c. \tag{116.20}$$

这个表达式代入 (116.17) 会导出条件

$$n^{ab}a_b = 0. \tag{116.21}$$

利用变换 (116.19) 可以将对称 "张量" n^{ab} 化为对角形式;设 n_1, n_2, n_3 是它的主值. 等式 (116.21) 表明,"矢量" a_b(如果它存在) 位于 "张量" n^{ab} 的主方向之一. 即对应于零主值的那个方向. 所以, 不失一般性, 可以令 $a_b = (a, 0, 0)$. 那么 (116.21) 可化为 $an_1 = 0$, 就是说量 a 或者 n_1 的其中之一应该为零. 对易关系 (116.16) 可取如下形式

$$\begin{aligned}
[X_1, X_2] &= -aX_2 + n_3X_3, \\
[X_2, X_3] &= n_1X_1, \\
[X_3, X_1] &= n_2X_2 + aX_3.
\end{aligned} \tag{116.22}$$

在这之后还剩下的自由是改变算子 X_a 的正负号以及它们的任意标度变换 (乘以常数). 这种自由允许我们同时改变所有的 n_1, n_2, n_3 的符号, 同时使得量 a 的符号为正 (如果它不为零). 我们还可以将所有的结构常数化为 ± 1, 只要量 a, n_2, n_3 其中之一为零. 如果这三个量全都不为零, 那么在标度变换下商 a^2/n_2n_3 为不变量[①].

这样, 我们得到均匀空间可能类型的列表如下;表格第一列中的罗马数字表示按照比安基分类法而得的类型的编号 (L. Bianchi, 1918):[②].

类型	a	n_1	n_2	n_3
I	0	0	0	0
II	0	1	0	0
VII_0	0	1	1	0
VI_0	0	1	−1	0
IX	0	1	1	1
VIII	0	1	1	−1
V	1	0	0	0
IV	1	0	0	1
VII_a	a	0	1	1
III$(a=1)$ 〕 VI$_a(a\neq1)$ 〕	a	0	1	−1

①严格说来, 为了使 C^{ab} 的张量特性得到遵循, 应该在定义 (116.15) 中引入因子 $\sqrt{\eta}$ (比较 §83 节中提到的关于应该如何相对于任意的坐标变换来确定反对称的单位张量). 但是这里我们将不再深入到这些细节中:为了我们的目的, 我们可以直接从 (116.22) 中提取出结构常数的变换规律.

②参数 a 可以取任何正数值. 相应的类型事实上是不同群的单参数族, 它们被赋予类型 VI 和 VII 只是出于惯例.

类型 I 是欧几里得空间；空间曲率张量（参考下文的公式（116.24））的所有分量为零. 除了伽利略度规的平凡情形，这里还涉及含时度规，后者将在下一节进行研究.

作为一个特例，恒定正曲率的空间包含于类型 IX 之中. 如果在线元（116.2）中设定 $\eta_{ab} = \delta_{ab}/4\lambda$ 就可以得到它，其中 λ 为正的常数. 实际上，按照（116.24）和条件 $C^{11} = C^{22} = C^{33} = 1$（类型 IX 的结构常数）的计算给出 $P_{(a)(b)} = (1/2)\delta_{ab}$，然后有

$$P_{\alpha\beta} = P_{(a)(b)}e_\alpha^{(a)}e_\beta^{(b)} = 2\lambda\gamma_{\alpha\beta},$$

这正好对应于上面指出的空间（比较（111.3））.

恒定负曲率空间以相似的方式作为一个特例包含在类型 V 中. 实际上，设定 $\eta_{ab} = \delta_{ab}/\lambda$ 并且按照（116.24）和条件 $C^{23} = -C^{32} = 1$ 算出 $P_{(a)(b)}$，我们得到

$$P_{(a)(b)} = -2\delta_{ab}, \quad P_{\alpha\beta} = -2\lambda\gamma_{\alpha\beta},$$

这对应于恒定负曲率.

最后，我们展示一下均匀空间宇宙的爱因斯坦方程是如何归结为只包含时间函数的常微分方程组的. 为了这一目的，我们必须将四维矢量和四维张量沿着空间三维标架的基矢方向分解出空间分量：

$$R_{(a)(b)} = R_{\alpha\beta}e_{(a)}^\alpha e_{(b)}^\beta, \quad R_{0(a)} = R_{0\alpha}e_{(a)}^\alpha, \quad u^{(a)} = u^\alpha e_\alpha^{(a)},$$

所有的这些量现在都只是时间 t 的函数；能量密度 ε 和物质的压强 p 这样的标量同样也是时间的函数.

根据（97.11）—（97.13），同步参考系中的爱因斯坦方程可通过三维张量 $\varkappa_{\alpha\beta}$ 和 $P_{\alpha\beta}$ 来表达. 第一步我们只有

$$\varkappa_{(a)(b)} = \dot{\eta}_{ab}, \quad \varkappa_{(a)}^{(b)} = \dot{\eta}_{ac}\eta^{cb} \tag{116.23}$$

（符号上方的点表示对 t 微分）. $P_{(a)(b)}$ 的分量可以利用（98.14）通过量 η_{ab} 和群的结构常数来表达. 在将三指标的 $\lambda^a{}_{bc} = C^a{}_{bc}$ 替换为双指标的 C^{ab} 并且经过一系列变换[①]之后，我们得到

$$P_{(a)}^{(b)} = \frac{1}{2\eta}\{2C^{bd}C_{ad} + C^{db}C_{ad} + C^{bd}C_{da} - C^d{}_d(C^b{}_a + C_a{}^b) +$$
$$+ \delta_a^b[(C^d{}_d)^2 - 2C^{df}C_{df}]\}. \tag{116.24}$$

[①] 其中使用了公式 $\eta_{ad}\eta_{be}\eta_{cf}e^{def} = \eta e_{abc}, e_{abf}e^{cdf} = \delta_a^c\delta_b^d - \delta_a^d\delta_b^c$.

这里，按照一般的规则

$$C_a{}^b = \eta_{ac}C^{cb}, \quad C_{ab} = \eta_{ac}\eta_{bd}C^{cd}.$$

同时指出，在均匀空间中三维张量 $P_{\alpha\beta}$ 的比安基恒等式具有如下形式

$$P_b^c C^b{}_{ca} + P_a^c C^b{}_{cb} = 0. \tag{116.25}$$

四维里奇张量[①]的三维标架分量的最终表达式如下：

$$
\begin{aligned}
R_0^0 &= -\frac{1}{2}\dot{\varkappa}_{(a)}^{(a)} - \frac{1}{4}\varkappa_{(a)}^{(b)}\varkappa_{(b)}^{(a)}, \\
R_{(a)}^0 &= -\frac{1}{2}\varkappa_{(b)}^{(c)}(C^b{}_{ca} - \delta_a^b C^d{}_{dc}), \\
R_{(a)}^{(b)} &= -\frac{1}{2\sqrt{\eta}}(\sqrt{\eta}\varkappa_{(a)}^{(b)})^{\cdot} - P_{(a)}^{(b)}.
\end{aligned}
\tag{116.26}
$$

我们强调，这样一来，在建构爱因斯坦方程时，没有必要使用标架矢量作为坐标函数那样的显式表达式.

§117　平直各向异性模型

各向同性模型对描述宇宙后期演化是适用的，但不能据此预期，它也适用于描述宇宙靠近时间奇点时的早期演化. 这个问题将在 §119 中详细讨论，而在本节和下一节将对爱因斯坦方程的一些解进行初步研究，这些解同样具有时间奇点，但原则上属于不同的类型（有别于弗里德曼奇异性）.

我们将寻找这样的解，其中度规张量的所有分量在适当选取的参考系下仅仅是一个变量——时间 $x^0 = t$ 的函数[②]. 这样的问题已经在 §109 中研究过，但是，那里只研究了当行列式 $|g_{\alpha\beta}| = 0$ 时的情况. 现在我们将认为这个行列式不为零. 就像在 §109 中讲解的那样，在这种情况下可以不失一般性地令所有的 $g_{0\alpha} = 0$. 通过对变量 t 做 $\sqrt{g_{00}}\mathrm{d}t \to \mathrm{d}t$ 的变换，可以使 g_{00} 等于 1，于是我们得到同步参考系，在其中

$$g_{00} = 1, \quad g_{0\alpha} = 0, \quad g_{\alpha\beta} = -\gamma_{\alpha\beta}(t). \tag{117.1}$$

现在我们可以利用形式为 (97.11)—(97.13) 的爱因斯坦方程. 由于量 $\gamma_{\alpha\beta}$，以及随之三维张量 $\varkappa_{\alpha\beta} = \dot{\gamma}_{\alpha\beta}$ 的分量不依赖于坐标 x^α，于是 $R_{0\alpha} \equiv 0$. 按照同样的原因 $P_{\alpha\beta} \equiv 0$，结果真空中的引力场方程可化为下列方程组：

$$\dot{\varkappa}_\alpha^\alpha + \frac{1}{2}\varkappa_\alpha^\beta \varkappa_\beta^\alpha = 0, \tag{117.2}$$

---

① 包含在 R_α^0 中的协变导数 $\varkappa_{\alpha;\gamma}^\beta$ 可利用 §98 最后一个脚注中列出的公式进行换算.
② 在 §117，§118 节中为了简化公式的书写我们设定 $c = 1$.

$$\frac{1}{\sqrt{\gamma}}(\sqrt{\gamma}\varkappa_\alpha^\beta)^{\cdot} = 0. \tag{117.3}$$

从（117.3）可导出

$$\sqrt{\gamma}\varkappa_\alpha^\beta = 2\lambda_\alpha^\beta, \tag{117.4}$$

其中 λ_α^β 为恒定值. 对指标 α 和 β 进行缩并, 我们得到

$$\varkappa_\alpha^\alpha = \frac{\dot{\gamma}}{\gamma} = \frac{2}{\sqrt{\gamma}}\lambda_\alpha^\alpha,$$

由此可见, $\gamma = \text{const} \cdot t^2$. 不失一般性可以令 $\text{const} = 1$（这一点可以简单地通过改变坐标 x^α 的标度而达到）; 那么 $\lambda_\alpha^\alpha = 1$. 现在将（117.4）代入方程（117.2）可给出关系式

$$\lambda_\alpha^\beta \lambda_\beta^\alpha = 1, \tag{117.5}$$

该式将常数 λ_α^β 彼此之间关联起来.

接下来, 将（117.4）中的指标 β 下降, 将这些等式写成关于 $\gamma_{\alpha\beta}$ 的常微分方程组的形式:

$$\dot{\gamma}_{\alpha\beta} = \frac{2}{t}\lambda_\alpha^\gamma \gamma_{\gamma\beta}. \tag{117.6}$$

系数 λ_α^γ 的集合可以看做某种线性代换的矩阵. 通过坐标 x^1, x^2, x^3（或者等效地, 量 $g_{1\beta}, g_{2\beta}, g_{3\beta}$）的相应线性变换, 一般说来可以将这个矩阵化为对角形式. 我们将它的主值表示为 p_1, p_2, p_3, 并且认为它们全都是实数并且是不同的（其他情况参考下文）; 相应的主轴上的单位矢量是 $\boldsymbol{n}^{(1)}, \boldsymbol{n}^{(2)}, \boldsymbol{n}^{(3)}$. 那么方程（117.6）的解可以表示为如下形式

$$\gamma_{\alpha\beta} = t^{2p_1}n_\alpha^{(1)}n_\beta^{(1)} + t^{2p_2}n_\alpha^{(2)}n_\beta^{(2)} + t^{2p_3}n_\alpha^{(3)}n_\beta^{(3)} \tag{117.7}$$

（通过对坐标作合适的标度变换, 可将 t 的幂的常系数化为 1）. 最后选取矢量 $\boldsymbol{n}^{(1)}, \boldsymbol{n}^{(2)}, \boldsymbol{n}^{(3)}$ 的方向作为坐标轴（将其称为 x, y, z）的方向, 我们最终将度规化为

$$ds^2 = dt^2 - t^{2p_1}dx^2 - t^{2p_2}dy^2 - t^{2p_3}dz^2 \tag{117.8}$$

（E. Kasner, 1922）. 这里 p_1, p_2, p_3 是满足下面两个关系式的任意三个数:

$$p_1 + p_2 + p_3 = 1, \quad p_1^2 + p_2^2 + p_3^2 = 1 \tag{117.9}$$

（第一个由 $-g = t^2$ 导出, 而第二个由（117.5）得到）.

显然, p_1, p_2, p_3 三个数不可能都有相同的值. 他们当中有两个相等的情况是: 取值为 $(0, 0, 1)$ 或 $(-1/3, 2/3, 2/3)$. 在其他任何情况下 p_1, p_2, p_3 是不同的, 并且其中的一个为负, 而另外两个为正. 如果以 $p_1 < p_2 < p_3$ 的顺序排列, 那么它们的值将分别位于区间:

$$-\frac{1}{3} \leqslant p_1 \leqslant 0, \quad 0 \leqslant p_2 \leqslant \frac{2}{3}, \quad \frac{2}{3} \leqslant p_3 \leqslant 1. \tag{117.10}$$

这样一来, 度规 (117.8) 对应于平直、均匀、但各向异性的空间, 其中所有的体积都 (随着时间的增加) 正比于 t 增长, 并且沿两个轴 (y, z) 的线性距离增加, 而沿一个轴 (x) 的线性距离减小. 时刻 $t = 0$ 是解的奇点; 在该点度规有奇异性, 这个奇异性通过任何参考系变换都无法消除, 并且四维曲率张量的不变量趋于无穷大. 只有 $p_1 = p_2 = 0, p_3 = 1$ 的情况是个例外, 这时我们只不过是在和平直时空打交道: 度规 (117.8) 经过变换 $t \sinh z = \zeta, t \cosh z = \tau$ 化为伽利略度规[①].

度规 (117.8) 是真空中爱因斯坦方程的严格解. 而在奇点附近, 在 t 很小的时候, 它也是物质在空间中均匀分布情况的近似解 (精度到 $1/t$ 阶). 物质密度变化的速度和过程在这种情况下只取决于物质在给定引力场中的运动方程, 而物质对场的反作用可以忽略不计. 在 $t \to 0$ 时物质的密度趋向无穷大——对应于奇异性的物理特征 (参考习题 3).

习　　题

1. 在矩阵 λ_α^β 具有一个实数 (p_3) 和两个复数 $(p_{1,2} = p' \pm \mathrm{i} p'')$ 主值的情况下, 求方程 (117.6) 的解.

解: 在这种情况下, 所有的量都依赖于变量 x^0, 后者应该具有类空的特征; 我们将其表示为 $x^0 = x$. 所以, 在 (117.1) 中现在应该有 $g_{00} = -1$. 方程 (117.2) 和 (117.3) 无变化.

在 (117.7) 中矢量 $\boldsymbol{n}^{(1)}, \boldsymbol{n}^{(2)}$ 成为复矢量: $\boldsymbol{n}^{(1,2)} = (\boldsymbol{n}' \pm \mathrm{i} \boldsymbol{n}'')/\sqrt{2}$, 其中 $\boldsymbol{n}', \boldsymbol{n}''$ 为单位矢量. 沿 $\boldsymbol{n}', \boldsymbol{n}'', \boldsymbol{n}^{(3)}$ 的方向选取坐标轴 x^1, x^2, x^3, 我们得到下列形式的解

$$-g_{11} = g_{22} = x^{2p'} \cos\left(2p'' \ln \frac{x}{a}\right), \quad g_{12} = -x^{2p'} \sin\left(2p'' \ln \frac{x}{a}\right),$$

$$g_{33} = -x^{2p_3}, \quad -g = -g_{00}|g_{\alpha\beta}| = x^2,$$

其中 a 为常数 (无法在只对 x 轴作标度变换、同时又不改变上述表达式中其他系数的情况下消除 a). p_1, p_2, p_3 三个数照旧满足关系式 (117.9), 并且实

[①] (117.8) 的参数为类空的情况下也存在同样类型的解; 此时我们只需适当地改变其中的符号, 例如:

$$\mathrm{d}s^2 = x^{2p_1}\mathrm{d}t^2 - \mathrm{d}x^2 - x^{2p_2}\mathrm{d}y^2 - x^{2p_3}\mathrm{d}z^2.$$

但是在这种情况下, 同时还存在另一种类型的解, 这时方程 (117.6) 中的矩阵 λ_α^β 有复数主值或相同的主值 (参考习题 1 和 2). 在类时参数 t 的情况下这些解是不可能存在的, 因为其中的行列式 g 不满足必要条件 $g < 0$.

我们同时给出相关的参考文献, 其中求得了真空中爱因斯坦方程各种不同类型的严格解, 它们与更多的参量相关: B. K. Harrison//Phys. Rev. 1959. V. **116**. P. 1285.

数 p_3 要么小于 $-1/3$，要么大于 1.

2. 在两个主值相同（$p_2 = p_3$）的情况下求解同样的问题.

解：我们知道，根据线性微分方程的一般理论，在这种情况下方程组 (117.6) 可以化为下列正则形式：

$$\dot{g}_{11} = \frac{2p_1}{x}g_{11}, \quad \dot{g}_{2\alpha} = \frac{2p_2}{x}g_{2\alpha}, \quad \dot{g}_{3\alpha} = \frac{2p_2}{x}g_{3\alpha} + \frac{\lambda}{x}g_{2\alpha}, \quad \alpha = 2, 3,$$

其中 λ 是常数. 在 $\lambda = 0$ 时我们回到 (117.8). 在 $\lambda \neq 0$ 时可以设定 $\lambda = 1$；那么

$$g_{11} = -x^{2p_1}, \quad g_{2\alpha} = a_\alpha x^{2p_2}, \quad g_{3\alpha} = a_\alpha x^{2p_2} \ln x + b_\alpha x^{2p_2}.$$

从条件 $g_{32} = g_{23}$ 求得 $a_2 = 0$，$a_3 = b_2$. 通过适当选取坐标轴 x^2, x^3 的标度我们最终将度规化为下列形式：

$$\mathrm{d}s^2 = -\mathrm{d}x^2 - x^{2p_1}(\mathrm{d}x^1)^2 \pm 2x^{2p_2}\mathrm{d}x^2\mathrm{d}x^3 \pm x^{2p_2} \ln\frac{x}{a}(\mathrm{d}x^3)^2.$$

p_1, p_2 可以具有数值 1，0 或者 $-1/3, 2/3$.

3. 设物质均匀分布在度规为 (117.8) 的空间内，求物质的密度在奇点 $t = 0$ 附近随时间的变化规律.

解：忽略物质对场的反作用，从流体力学的运动方程出发

$$\frac{1}{\sqrt{-g}}\frac{\partial}{\partial x^i}(\sqrt{-g}\,\sigma u^i) = 0,$$

$$(p + \varepsilon)u^k\left(\frac{\partial u_i}{\partial x^k} - \frac{1}{2}u^l\frac{\partial g_{kl}}{\partial x^i}\right) = -\frac{\partial p}{\partial x^i} - u_i u^k\frac{\partial p}{\partial x^k}, \tag{1}$$

这些方程包含在方程 $T^k_{i;k} = 0$ 中（参考本教程第六卷 §134）. 这里 σ 是熵密度；在奇点附近应该使用极端相对论物态方程 $p = \varepsilon/3$，那么 $\sigma \propto \varepsilon^{3/4}$.

我们将 (117.8) 中的时间因子表示为 $a = t^{p_1}, b = t^{p_2}, c = t^{p_3}$. 由于所有的量只依赖于时间，而 $\sqrt{-g} = abc$，方程 (1) 给出

$$\frac{\mathrm{d}}{\mathrm{d}t}(abcu_0\varepsilon^{3/4}) = 0, \quad 4\varepsilon\frac{\mathrm{d}u_\alpha}{\mathrm{d}t} + u_\alpha\frac{\mathrm{d}\varepsilon}{\mathrm{d}t} = 0.$$

由此

$$abcu_0\varepsilon^{3/4} = \mathrm{const}, \tag{2}$$

$$u_\alpha\varepsilon^{1/4} = \mathrm{const}. \tag{3}$$

按照 (3)，所有的协变分量 u_α 为相同阶数的量. 在逆变分量中最大的（当 $t \to 0$ 时）是 $u^3 \approx u_3/c^2$. 在恒等式 $u_i u^i = 1$ 中仅保留最大的那些项，从而得到 $u_0^2 \approx u_3 u^3 = (u_3)^2/c^2$，然后由 (2) 和 (3) 可得：

$$\varepsilon \sim \frac{1}{a^2 b^2}, \quad u_\alpha \sim \sqrt{ab},$$

或者

$$\varepsilon \sim t^{-2(p_1+p_2)} = t^{-2(1-p_3)}, \quad u_\alpha \sim t^{(1-p_3)/2}. \tag{4}$$

这样可以得出，对于 p_3 的所有的值，当 $t \to 0$ 时 ε 趋向无穷大，只有当 $p_3 = 1$ 是个例外，——与之对应的事实是，带有指数 $(0, 0, 1)$ 的度规的奇异性是虚假的．

所采用的近似方法的正确性可通过估算分量 T_i^k 来检验，后者在方程 (117.2)，(117.3) 的右边被忽略掉了．它们当中的主项为：

$$T_0^0 \sim \varepsilon u_0^2 \sim t^{-(1+p_3)}, \qquad T_1^1 \sim \varepsilon \sim t^{-2(1-p_3)},$$

$$T_2^2 \sim \varepsilon u_2 u^2 \sim t^{-(1+2p_2-p_3)}, \quad T_3^3 \sim \varepsilon u_3 u^3 \sim t^{-(1+p_3)}.$$

实际上在 $t \to 0$ 时它们全都增长得比方程左边慢，后者以 t^{-2} 增长．

§118　靠近奇点的振动状态

我们将以第 IX 类均匀空间宇宙模型为例，来研究具有振动特性的度规的时间奇异性（В. А. Белинский, Е. М. Лифшиц, И. М. Халатников, 1968）．在下一节中我们将看到，这种特性具有相当普遍的意义．

我们感兴趣的是模型在奇点（我们选作时间原点 $t = 0$）附近的表现．正如在 §117 节研究的卡兹涅尔（Kasner）解中所反映的那样，物质的存在不会对模型表现出的本质属性造成影响，为了简化研究过程，我们将假设空间是空的．

在 (116.3) 中将量 $\eta_{ab}(t)$ 的矩阵设定为对角的，将其对角元表示为 $a^2, b^2,$ c^2；三个标架矢量 $\boldsymbol{e}^{(1)}, \boldsymbol{e}^{(2)}, \boldsymbol{e}^{(3)}$ 现在表示为 $\boldsymbol{l}, \boldsymbol{m}, \boldsymbol{n}$．那么空间度规可写成如下形式

$$\gamma_{\alpha\beta} = a^2 l_\alpha l_\beta + b^2 m_\alpha m_\beta + c^2 n_\alpha n_\beta. \tag{118.1}$$

对于类型 IX 的空间，结构常数如下[①]：

$$C^{11} = C^{22} = C^{33} = 1 \tag{118.2}$$

（和 $C^1{}_{23} = C^2{}_{31} = C^3{}_{12} = 1$）．

从 (116.26) 可以看出，对于这些常数，以及对角矩阵 η_{ab}，里奇张量的分量 $R_{(a)}^0$ 在同步参考系中恒为零．按照 (116.24) 非对角分量 $P_{(a)(b)}$ 同时也为

[①] 对应于这些常数的标架矢量：

$$\boldsymbol{l} = (\sin x^3, -\cos x^3 \sin x^1, 0), \quad \boldsymbol{m} = (\cos x^3, \sin x^3 \sin x^1, 0),$$

$$\boldsymbol{n} = (0, \cos x^1, 1).$$

坐标的取值范围在区间 $0 \leqslant x^1 \leqslant \pi, 0 \leqslant x^2 \leqslant 2\pi, 0 \leqslant x^3 \leqslant 4\pi$ 内．空间是闭合的，并且它的体积

$$V = \int \sqrt{\gamma} \mathrm{d}x^1 \mathrm{d}x^2 \mathrm{d}x^3 = abc \int \sin x^1 \mathrm{d}x^1 \mathrm{d}x^2 \mathrm{d}x^3 = 16\pi^2 abc.$$

当 $a = b = c$ 时它会过渡到曲率半径为 $2a$ 的恒定正曲率空间．

零. 爱因斯坦方程的剩余成分给出针对函数 $a(t), b(t), c(t)$ 的下列方程组:

$$\frac{(\dot{a}bc)^{\cdot}}{abc} = \frac{1}{2a^2b^2c^2}[(b^2-c^2)^2 - a^4],$$

$$\frac{(a\dot{b}c)^{\cdot}}{abc} = \frac{1}{2a^2b^2c^2}[(a^2-c^2)^2 - b^4], \tag{118.3}$$

$$\frac{(ab\dot{c})^{\cdot}}{abc} = \frac{1}{2a^2b^2c^2}[(a^2-b^2)^2 - c^4],$$

$$\frac{\ddot{a}}{a} + \frac{\ddot{b}}{b} + \frac{\ddot{c}}{c} = 0 \tag{118.4}$$

((118.3) 是方程组 $R_{(1)}^{(1)} = R_{(2)}^{(2)} = R_{(3)}^{(3)} = 0$; (118.4) 是方程 $R_{(0)}^{(0)} = 0$).

在方程组 (118.3), (118.4) 中, 对时间的导数项可以有更简单的形式, 只要引入函数 a, b, c 的对数 α, β, γ 来代替它们:

$$a = e^\alpha, \quad b = e^\beta, \quad c = e^\gamma, \tag{118.5}$$

而按下式用变量 τ 代替 t

$$\mathrm{d}t = abc\,\mathrm{d}\tau. \tag{118.6}$$

那么:

$$2\alpha_{,\tau,\tau} = (b^2-c^2)^2 - a^4,$$
$$2\beta_{,\tau,\tau} = (a^2-c^2)^2 - b^4, \tag{118.7}$$
$$2\gamma_{,\tau,\tau} = (a^2-b^2)^2 - c^4,$$

$$\frac{1}{2}(\alpha+\beta+\gamma)_{,\tau,\tau} = \alpha_{,\tau}\beta_{,\tau} + \alpha_{,\tau}\gamma_{,\tau} + \beta_{,\tau}\gamma_{,\tau}, \tag{118.8}$$

其中下标, τ 表示对 τ 微分. 将 (118.7) 的各方程相加, 并用 (118.8) 替换左边的二阶导数之和, 我们得到

$$\alpha_{,\tau}\beta_{,\tau} + \alpha_{,\tau}\gamma_{,\tau} + \beta_{,\tau}\gamma_{,\tau} = \frac{1}{4}(a^4 + b^4 + c^4 - 2a^2b^2 - 2a^2c^2 - 2b^2c^2). \tag{118.9}$$

这个关系式只包含一阶导数并且是方程 (118.7) 的初积分.

方程 (118.3) 和 (118.4) 无法用解析形式严格求解, 但在奇点附近可以进行详细的定性研究.

首先我们指出, 当方程 (118.3) 或 (118.7) 的右边不存在时, 方程组具有严格解, 在其中

$$a \sim t^{p_l}, \quad b \sim t^{p_m}, \quad c \sim t^{p_n}, \tag{118.10}$$

其中 p_l, p_m, p_n 是通过下面的关系式联系起来的数：

$$p_l + p_m + p_n = p_l^2 + p_m^2 + p_n^2 = 1 \tag{118.11}$$

（类似于均匀平直空间的卡兹涅尔解（117.8））. 这里我们将幂指数表示为 p_l, p_m, p_n，并没有确定他们的大小顺序；我们再次使用 §117 中 p_1, p_2, p_3 的表示法，将这三个数按照 $p_1 < p_2 < p_3$ 的大小顺序排列，它们的取值范围见 （117.10）. 这些数可以表示为下列参数形式

$$p_1(u) = \frac{-u}{1 + u + u^2}, \quad p_2(u) = \frac{1 + u}{1 + u + u^2}, \quad p_3(u) = \frac{u(1 + u)}{1 + u + u^2}. \tag{118.12}$$

如果参数 u 在 $u \geqslant 1$ 的全范围内取值，则可以得到 p_1, p_2, p_3 的所有不同的值 （保持大小顺序不变）. $u < 1$ 时同样的数值范围可通过下列替换得到：

$$p_1\left(\frac{1}{u}\right) = p_1(u), \quad p_2\left(\frac{1}{u}\right) = p_3(u), \quad p_3\left(\frac{1}{u}\right) = p_2(u). \tag{118.13}$$

在图 25 中描绘了 p_1, p_2, p_3 依赖于 $1/u$ 的曲线.

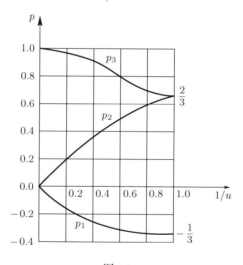

图 25

我们假设在某个时段方程（118.7）的右边确实很小，使得它们可以被忽略，因而有卡兹涅尔状态（118.10）. 但是当 $t \to 0$ 时这样的情况不能无限制地持续，因为在已指出的各项当中总是存在增长的项. 如果负的幂指数对应函数 $a(t)$（$p_l = p_1 < 0$），那么卡兹涅尔状态的扰动从 a^4 项中产生，剩余的项在 t 减小时会下降.

在方程（118.7）的右边仅保留这些扰动项，我们得到方程组：

$$\alpha_{,\tau,\tau} = -\frac{1}{2}e^{4\alpha}, \quad \beta_{,\tau,\tau} = \gamma_{,\tau,\tau} = \frac{1}{2}e^{4\alpha}. \tag{118.14}$$

这些方程的解应该描述度规从"初始"状态的演化[1]，在初始状态中，方程的解通过选取一定的指数（并且 $p_l < 0$），用公式 (118.10) 描述；设 $p_l = p_1, p_m = p_2, p_n = p_3$，于是

$$a = t^{p_1}, \quad b = t^{p_2}, \quad c = t^{p_3}$$

（在下面得到的结果中，不失一般性，可以设定这些表达式中的比例系数等于 1）. 在这种情况下 $abc = t, \tau = \ln t + \mathrm{const}$，因此方程 (118.14) 的初始条件可表示为下列形式：

$$\alpha_{,\tau} = p_1, \quad \beta_{,\tau} = p_2, \quad \gamma_{,\tau} = p_3.$$

方程组 (118.14) 的第一个方程具有粒子在指数形势垒的场中的一维运动方程的形式，其中 α 相当于坐标. 在这个类比中，初始的卡兹涅尔状态对应于恒定速度为 $\alpha_{,\tau} = p_1$ 的自由运动. 从势垒上反射后，粒子将再次以符号相反的速度 $\alpha_{,\tau} = -p_1$ 做自由运动. 同时基于全部的三个方程 (118.14) 可发现

$$\alpha_{,\tau} + \beta_{,\tau} = \mathrm{const}, \quad \alpha_{,\tau} + \gamma_{,\tau} = \mathrm{const},$$

所以我们求得 $\beta_{,\tau}$ 和 $\gamma_{,\tau}$ 取数值 $\beta_{,\tau} = p_2 + 2p_1, \gamma_{,\tau} = p_3 + 2p_1$. 由此使用 (118.6) 确定 α, β, γ，然后还有 t，我们得到

$$e^\alpha \sim e^{-p_1\tau}, \quad e^\beta \sim e^{(p_2+2p_1)\tau}, \quad e^\gamma \sim e^{(p_3+2p_1)\tau}, \quad t \sim e^{(1+2p_1)\tau},$$

即 $a \sim t^{p'_l}, b \sim t^{p'_m}, c \sim t^{p'_n}$，其中

$$p'_l = \frac{|p_1|}{1 - 2|p_1|}, \quad p'_m = -\frac{2|p_1| - p_2}{1 - 2|p_1|}, \quad p'_n = \frac{p_3 - 2|p_1|}{1 - 2|p_1|}. \tag{118.15}$$

这样一来，扰动的作用导致一个"卡兹涅尔状态"替换为另一个，并且 t 的负幂指数从方向 l 跳到方向 m：就是说如果过去 $p_l < 0$，那么现在 $p'_m < 0$. 在替换的过程中函数 $a(t)$ 经过最大值，而 $b(t)$ 经过最小值：先前减小的量 $b(t)$ 开始增大，先前增大的量 $a(t)$ 开始减小，而函数 $c(t)$ 则持续减小. 先前增长的扰动本身（方程 (118.7) 中的 a^4 项），开始下降和停息. 度规的进一步演化以类似方式（由于 (118.7) 式中的 b^4 项）导致扰动增长，变换到下一个卡兹涅尔状态，等等.

指数替换规则 (118.15) 适合于利用参数化的方式 (118.12) 表达：如果

$$p_l = p_1(u), \quad p_m = p_2(u), \quad p_n = p_3(u),$$

---

[1] 提醒一下，我们研究的是 $t \to 0$ 时度规的演化；因此"初始"条件对应着更晚一些，而不是更早一些的时间.

那么

$$p_l' = p_2(u-1), \quad p_m' = p_1(u-1), \quad p_n' = p_3(u-1). \tag{118.16}$$

两个正指数当中较大的那一个仍然是正的.

在卡兹涅尔状态的更替过程中, 存在着理解逼近奇点时度规演化特征的关键.

连续的更替 (118.16) (这种更替伴随着负幂指数 p_1 在 l 和 m 之间的跳跃) 会一直持续到 u 的初值的整数部分尚未消失, $u < 1$ 的情况尚未出现的时候. 数值 $u < 1$ 按照 (118.13) 可以变换为 $u > 1$; 在这个时刻指数 p_l 或者 p_m 为负, 而 p_n 成为两个正数当中较小的一个 ($p_n = p_2$). 下一个系列的更替将在方向 n 和 l 之间或者 n 和 m 之间交换负幂指数. 在 u 为任意 (无理数的) 初值时, 更替过程会无限持续下去.

在对方程严格求解的时候, 指数 p_1, p_2, p_3 当然会失掉自己的严格含义. 我们指出, 这个状况会给这些数 (以及同它们相关的参数 u) 的确定带入某种 "模糊性", 尽管这种模糊性很小, 却会使得对某种方式挑选出的 (例如, 有理数的) 数值 u 的研究失去意义. 正因为如此, 只有在任意的、无理数的 u 这种普遍情况下的规律性才具有现实意义.

这样一来, 模型朝向奇点的演化过程由连续的振荡系列构成, 在每一个振荡系列中沿着两个空间轴方向上的距离在振动, 而沿着第三个轴的距离单调减小; 体积按照近似于 $\sim t$ 的规律减小. 在从一个系列变到下一个系列时, 距离单调下降的方向会从一个轴更替到另一个轴. 这些更替的顺序渐近地具有随机过程的特征. 连续的振动系列的长度 (就是说, 每一个系列的 "卡兹涅尔时代" 数)[①] 的交替顺序也会有随机性质.

连续的振动系列在逼近奇点的时候会变得稠密. 在世界时间的任何一个有限时刻 t 和时刻 $t = 0$ 之间包含无穷多组振动. 描述这个演化的时间进程的自然变量并不是时间 t 本身, 而是它的对数 $\ln t$, 沿着 $\ln t$, 逼近奇点的整个过程被拉伸至 $-\infty$.

在已表述的解中, 我们从一开始就对问题做了些简化, 即假定 (116.3) 中的矩阵 $\eta_{ab}(t)$ 是对角的. 向度规中引入非对角的分量 η_{ab} 不会改变已描述

---

① 如果参数 u 的 "初始" 值为 $u_0 = k_0 + x_0$ (其中 k_0 为整数, 而 $x_0 < 1$), 那么第一个振动系列的长度将为 k_0, 而下一个系列的 u 的 "初始" 值将为 $u_1 = 1/x_0 \equiv k_1 + x_1$, 等等. 由此容易得出结论, 连续系列的长度由单元 $k_0, k_1, k_2, \cdots$ 给出, 后者是将 u_0 按照下式分解成无穷连分数 (在 u_0 为无理数的条件下) 的单元

$$u_0 = k_0 + \cfrac{1}{k_1 + \cfrac{1}{k_2 + \cfrac{1}{k_3 + \cdots}}}.$$

这个展式的更多连续单元值的分布符合统计学规律.

的度规演化的振动特征,以及连续的卡兹涅尔时代的指数 p_l, p_m, p_n 的更替规律(118.16). 但是这会导致出现附加的性质:指数的更替伴随着它们所对应的坐标轴方向的改变[1].

§119 爱因斯坦方程一般宇宙学解的时间奇异性

已经指出过,不能以弗里德曼模型对描述宇宙现今状态的适用性为依据,期望它同样适合于描述宇宙演化的早期阶段. 与此相关首先会产生这样一个问题,存在时间奇点在多大程度上是宇宙学模型必有的一般性质,它和作为宇宙学模型基础的特殊简化假设(首先是对称性假设)到底有没有联系? 我们强调,提到奇点时,我们是指物理奇点——物质密度和四维曲率张量的不变量趋于无穷大之处.

如果奇点的存在与这些假设无关,这就意味着,它不仅存在于爱因斯坦方程的特解中,而且也存在于通解中. 对解的普适性的判据是看它包含的"物理上任意"的函数的数目. 在通解中这些函数的数目应该足够用来在任意选择的时刻任意地给定初始条件(对于真空,这个数目是 4;对于充满了物质的空间,该数目为 8,参考 §95[2]).

在整个空间和全部时间内寻求严格形式的通解显然是不可能的. 但是对于解决提出的问题而言,只要研究奇异性附近的解的形式就足够了.

弗里德曼解具有的奇异性特征在于,空间距离的趋零按照同样的规律发生在所有的方向上. 这种奇异性的类型不是足够一般的:它本质上是仅含坐标的三个任意函数的一类解(参考 §113 的习题). 同时我们指出,这些解只存在于填充了物质的空间.

在上一节中研究的振动类型的奇异性具有如下普适特征——存在带有这种奇异性的爱因斯坦方程的解,且它包含了所需的全部任意函数. 这里我们简短地描述构造这种解的方法,而不深入计算的细节[3].

如同在均匀模型中那样(§118),逼近奇点的状态由相互更替的"卡兹涅尔时代"的连续系列组成. 在每个这样的时代的发展过程中,(在同步参考

---

[1] 关于这一点,以及该类型均匀宇宙模型性质的其他细节可参考 В. А. Белинский, Е. М. Лифшиц, И. М. Халатников//УФН. 1970. Т. 102. С. 463;Adv. in Phys. 1970. V. 19. P. 525;ЖЭТФ. 1971. Т. 60. С. 1969.

[2] 但是我们随即强调,对于爱因斯坦方程这样的非线性微分方程组,通解的概念不是单一的. 原则上可以存在多于一个的一般积分,其中每一个并不涵盖能想到的初始条件的所有的多样性,而只是它有限的一部分. 带有奇异性的通解的存在不排除同时存在另一些不具有奇异性的通解. 例如,没有理由怀疑存在这样的不带有奇异性的通解,它描述质量不太大的稳定的孤立物体.

[3] 它们可以在这些文章中找到:В. А. Белинский, Е. М. Лифшиц, И. М. Халатников//ЖЭТФ. 1972. Т. 62. С. 1606;Adv. in Phys. 1982. V. 31. P. 639.

系中）空间度规张量的主项（对 $1/t$）具有（118.1）的形式，并且包含来自（118.10）的时间函数 a, b, c，但此时矢量 l, m, n 是空间坐标的任意函数（而不像在均匀模型中那样是完全确定的）。此时 p_l, p_m, p_n 同样是函数（而不只是数），它们还像从前那样通过关系式（118.11）那样相互关联。以这种方式构造的度规在某个有限的时间段内满足真空中的场方程 $R_0^0 = 0$ 和 $R_\alpha^\beta = 0$. 方程 $R_\alpha^0 = 0$ 会导出三个关系式（不包含时间），它们应该添加到包含在 $\gamma_{\alpha\beta}$ 里的空间坐标的任意函数上. 这些关系式将 10 个不同的函数相互联系起来：三个矢量 l, m, n 各自的三个分量和位于时间的指数上的一个函数（因为三个函数 p_l, p_m, p_n 通过两个条件（118.11）相联系）。在确定物理上任意的函数的数目时应该同时考虑到，同步参考系还允许在不影响时间的前提下对三个空间坐标进行任意变换. 因此度规总共包含 $10 - 3 - 3 = 4$ 个任意函数——这正是真空中场的通解应当包含的数目.

　　从一个卡兹涅尔状态到另一个的更替（就像在均匀模型中那样）源于六个方程 $R_\alpha^\beta = 0$ 当中的三个里面存在这样一些项，它们在 t 减小时增长得比其他项快，这样一来，它们起到破坏卡兹涅耳状态的扰动的作用. 一般情况下，这些方程与方程（118.14）在形式上的区别仅在于位于它们右边的那些依赖于空间坐标的因子 $(l \cdot \operatorname{rot} l/l \cdot m \times n)^2$（意味着，三个指数 p_l, p_m, p_n 当中 p_l 为负值）[1]. 但是由于方程（118.14）是相对于时间的常微分方程组，这个差别无论怎样也不会影响到它们的解以及由这个解得出的卡兹涅耳指数（118.16）的更替规律，还有在 §118 节中叙述的所有的更进一步的推论[2].

　　解的普适性程度在引入物质时不会降低：物质连同因它引入的全部 4 个新的坐标函数一起被"写入"度规，这 4 个新的坐标函数对于给出物质密度和三个速度分量的初始分布是必需的. 物质的能量动量张量 T_i^k 将 $1/t$ 的更高阶项（高于主项）带入场方程中（完全类似于 §117 节的习题 3 中针对平直均匀模型所示的那样）.

　　这样一来，时间奇点的存在是爱因斯坦方程解的相当普遍的性质，并且逼近奇点的状态在一般情况下具有振荡的特征[3]. 我们强调，这个特征与物质的存在无关（因而与物质的物态方程也无关），而是空的时空所固有的特性. 弗里德曼解所固有的、与物质的存在有关的、单调各向同性类型的奇异

---

　　[1] 对于均匀模型，这个因子与结构常数 C^{11} 的平方相同并且按照定义是常数.

　　[2] 如果对解中的任意函数加上一个附加条件 $l \cdot \operatorname{rot} l = 0$，那么振荡会消失，卡兹涅耳状态将持续到点 $t = 0$ 本身. 然而这样的解比一般情况下要求的少包含一个任意函数.

　　[3] 在爱因斯坦方程的通解中存在奇点的事实最先被彭罗斯（R. Penrose, 1965）采用拓扑学的方法所证明，然而，这些方法不能提供确定奇异性的具体解析特征的可能性. 这些方法的描述和借助于这些方法得到的定理可参考 R. Penrose. *Structure of Space-Time*, W. A. Benjamin, N. Y., 1968.

性只具有特殊的意义.

在提到宇宙学意义上的奇异性时，我们指的是整个空间达到的奇点，而不是空间的有限部分（就像有限物体发生引力坍缩那样）达到的奇点. 但是振动解的普适性给出了下面这个假设的根据，就是有限物体在共动参考系中坍缩到事件视界以内时达到的奇异性也具有同样的特征.

我们一直说逼近奇点的方向就是时间减小的方向；但是鉴于爱因斯坦方程相对于时间反演的对称性，那就可以同样合理地沿着时间增加的方向讨论逼近奇点的问题. 然而，实际上，鉴于未来和过去在物理上并非等效，针对所提出问题的本身而言，在这两种情况之间就存在着实质性的差别. 只有当未来的奇异性在之前某个时刻给定的任意初始条件下都可以实现的情况下，该奇异性才具有物理意义. 可以明白，没有任何根据能够说明，在宇宙演化过程中的某个时刻达到的物质和场的分布能够对应于一些特殊的条件，而这些条件恰好是实现爱因斯坦方程的某个特解所要求的.

在以前所做的仅仅基于一些引力方程的研究中，关于奇异性的类型问题，通常未必能够给出唯一涵义的答案. 自然地想到，和现实世界相对应的解的选择与某些深刻的物理条件有关，这些条件的建立仅仅基于一个现存的引力理论是不可能的，只有继续对物理理论进行整合才有可能揭示这些条件. 就这个意义而言，原则上可以说，这种选择对应着某种特殊的（例如各向同性）类型的奇点.

最后，还有必要作出如下评论. 爱因斯坦方程本身的适用范围绝不会在小的尺度或者大的物质密度这些方面受到限制，这是因为方程在这样的极限下不会导致任何内部矛盾（这与，例如，经典的电动力学方程不同）. 在这个意义上，基于爱因斯坦方程研究时空度规的奇异性是完全合理的. 然而，不用怀疑的是，实际上在该范围内应该存在重要的量子现象，关于后者，在目前的理论状况下，我们还没有什么可说. 只有将来整合了引力理论和量子理论以后，才能够揭示经典理论的结论当中哪些仍然是有意义的. 同时毋庸置疑的是，在爱因斯坦方程的解中，奇异性的产生（无论在宇宙学方面，还是有限物体的坍缩）这个事实本身有着深刻的物理涵义. 不应忽视之点还有，在引力坍缩过程中那些极高密度的获得（在这种情况下还没有根据怀疑经典引力理论的合理性），足以用来讨论物理上"奇异"的现象.

索 引^①

δ 函数　33, 78, 285

A

艾里函数　168

B

巴比涅原理　174
比安基, 空间类型　428
比安基恒等式　293
彼得罗夫正则型　296
毕奥–萨伐尔定律　116
标架矢量　325
标量密度, 张量密度　259
波包　148
波场中的运动　126
波的相位　128
波区　191
波矢　128, 130
泊松方程　99, 330

C

长期移动　343, 373, 380
测地偏离方程　292
测地线　272
场内漂移　64, 67
场强　54, 273
尘埃状物质　322, 405
程函　146, 277
垂直场中的运动　65
磁场强度　54
磁场中的振子　62
磁透镜　158

D

达朗贝尔方程　122
等效原理　251, 268, 273
电动势　75
电荷的辐射　221
电偶极子对光的散射　244
电四极矩　110, 211
电子半径　101
叠加原理　76
动量密度, 能量密度　89
度规张量　18, 257
对偶张量　19, 259
多普勒效应　131

F

反对称单位赝张量　19, 20, 258, 281
费马原理　149, 282
分辨能力　163
辐射时的角动量损失　217, 231, 396
辐射阻尼　231, 235, 243, 396

G

高斯单位制, 赫维赛德单位制　77
高斯定理　23, 259, 272
高斯曲率　294
共动参考系　322, 339, 353
固有长度, 固有体积　12, 13
固有时　9, 260
惯性系　1
惯性质量和引力质量　371
惯性中心　47, 189, 380
光程长　152

---

① 这个索引不重复目录, 而是其补充. 索引中所包括的是目录中未直接反映出来的术语和概念.

译后记

早在 1959 年，任朗、袁炳南二位先生就按 1948 年俄文第二版将本书译为中文出版，深受国内广大读者欢迎. 半个多世纪以来，本书俄文原版历经数次修改和增补，和最初的版本相比篇幅已大为增加，全书的内容（特别是有关引力场理论的内容）多有更新，迫切需要出版包括这些修改和增补的新的中译本. 这次的翻译是在任、袁二位先生原译本的基础上，按 2006 年俄文第八版进行的.

新译本的 1—9 章和 12 章由国家天文台邹振隆先生依据俄文第八版并参考英文第四版进行了校订. 第 10, 11, 13, 14 章的增补部分、序言和索引由鲁欣依俄文第八版翻译，亦由邹振隆先生进行了校订.

特别要感谢北京师范大学物理系裴寿镛和赵峥二位先生，他们在出版前分别审读了 1—9 章和 10—14 章的译稿，提出了许多宝贵的意见，使得译稿更加完善. 也要感谢北京大学力学系李植老师和中国科学院理论物理研究所刘寄星先生依据俄文版对序言译文所作的修改.

还值得一提的是，在本书的编辑过程中，部分读者通过本书的微博对部分译稿进行了试读，特别是复旦大学物理系施郁教授研究组博士生戴越同学通读了全稿，从科学性和文字两方面均提出了很多中肯的修改建议，使我获益匪浅. 最后还要感谢高等教育出版社自然科学学术著作分社王超编辑耐心和细致的编辑.

受专业水平和语言水平的限制，译文中错误和不当之处在所难免. 恳切地希望各位读者发现后批评指正，以便重印时修改.

中国科学院物理研究所　鲁欣

luxin@iphy.ac.cn

2012 年 6 月于北京

郑重声明

高等教育出版社依法对本书享有专有出版权。任何未经许可的复制、销售行为均违反《中华人民共和国著作权法》，其行为人将承担相应的民事责任和行政责任；构成犯罪的，将被依法追究刑事责任。为了维护市场秩序，保护读者的合法权益，避免读者误用盗版书造成不良后果，我社将配合行政执法部门和司法机关对违法犯罪的单位和个人进行严厉打击。社会各界人士如发现上述侵权行为，希望及时举报，我社将奖励举报有功人员。

反盗版举报电话　（010）58581999　58582371

反盗版举报邮箱　dd@hep.com.cn

通信地址　北京市西城区德外大街 4 号
　　　　　高等教育出版社法律事务部

邮政编码　100120

《弹性理论（第五版）》

ISBN:978-7-04-031953-8

本书是《理论物理学教程》的第七卷，根据俄文最新版译出。正如作者所说，本书是一本物理学家为物理学家撰写的弹性理论教学参考书。因此本书除系统地讲述了诸如弹性理论的基本方程、半无限弹性介质问题、固体接触问题的经典解法以及板和壳的问题、杆的扭转和弯曲、弹性系统的稳定性等传统弹性力学的基本内容之外，还深入地阐述了一般弹性力学著作较少提及的弹性波以及振动的理论问题、晶体的弹性性质、位错的力学问题、固体的热传导和黏性以及液晶的弹性力学等问题。本书叙述精练，推演论证严谨，着重所讨论问题的物理概念。本书可作为高等学校物理及力学专业高年级本科生教学参考书，也可供相关专业的研究生和科研人员参考。

《连续介质电动力学（第四版）》

本书是《理论物理学教程》的第八卷，系统阐述了实体介质的电磁场理论以及实物的宏观电学和磁学性质。全书论述条理清晰，内容广泛，包括导体和介电体静电学、恒定电流、恒定磁场、铁磁性和反铁磁性、超导电性、准恒电磁场、磁流体动力学、介质内的电磁波及其传播规律、空间色散、非线性光学和电磁波散射等内容。本书可作为理论物理专业的研究生和高年级本科生教学参考书，也可供科研人员和教师参考。